U0946670

中国国家标准汇编

2008年修订-81

中国标准出版社　编

中国标准出版社
北京

图书在版编目（CIP）数据

中国国家标准汇编：2008年修订.81/中国标准出版社编.—北京：中国标准出版社，2009
ISBN 978-7-5066-5599-6

Ⅰ.中… Ⅱ.中… Ⅲ.国家标准-汇编-中国-2008
Ⅳ.T-652.1

中国版本图书馆CIP数据核字（2009）第204395号

中国标准出版社出版发行
北京复兴门外三里河北街16号
邮政编码:100045
网址 www.spc.net.cn
电话:68523946 68517548
中国标准出版社秦皇岛印刷厂印刷
各地新华书店经销
*
开本 880×1230 1/16 印张 33 字数 987 千字
2009年12月第一版 2009年12月第一次印刷
*
定价 200.00 元

出 版 说 明

1.《中国国家标准汇编》是一部大型综合性国家标准全集。自1983年起，按国家标准顺序号以精装本、平装本两种装帧形式陆续分册汇编出版。它在一定程度上反映了我国建国以来标准化事业发展的基本情况和主要成就，是各级标准化管理机构，工矿企事业单位，农林牧副渔系统，科研、设计、教学等部门必不可少的工具书。

2.《中国国家标准汇编》收入我国每年正式发布的全部国家标准，分为"制定"卷和"修订"卷两种编辑版本。

"制定"卷收入上年度我国发布的、新制定的国家标准，顺延前年度标准编号分成若干分册，封面和书脊上注明"20××年制定"字样及分册号，分册号一直连续。各分册中的标准是按照标准编号顺序连续排列的，如有标准顺序号缺号的，除特殊情况注明外，暂为空号。

"修订"卷收入上年度我国发布的、被修订的国家标准，视篇幅分设若干分册，但与"制定"卷分册号无关联，仅在封面和书脊上注明"20××年修订-1，-2，-3，……"字样。"修订"卷各分册中的标准，仍按标准编号顺序排列（但不连续）；如有遗漏的，均在当年最后一分册中补齐。需提请读者注意的是，个别非顺延前年度标准编号的新制定的国家标准没有收入在"制定"卷中，而是收入在"修订"卷中。

读者配套购买《中国国家标准汇编》"制定"卷和"修订"卷则可收齐上一年度我国制定和修订的全部国家标准。

3. 由于读者需求的变化，自1996年起，《中国国家标准汇编》仅出版精装本。

4. 2008年制修订国家标准共5946项。本分册为"2008年修订-81"，收入新制修订的国家标准27项。

中国标准出版社

2009年10月

目　录

ICS 83.140.30
J 16

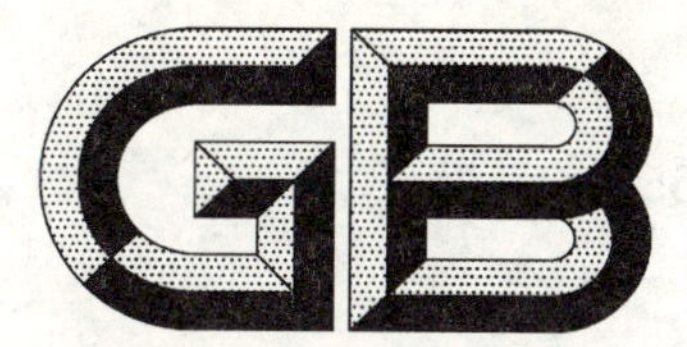

中华人民共和国国家标准

GB 15558.3—2008

燃气用埋地聚乙烯(PE)管道系统 第3部分:阀门

Buried polyethylene(PE)piping systems for the supply of gaseous fuels—Part 3: Valves

(ISO 10933:1997 Polyethylene (PE) valves for gas distribution systems, MOD)

2008-12-15 发布 2010-01-01 实施

中华人民共和国国家质量监督检验检疫总局
中国国家标准化管理委员会 发布

前　言

GB 15558 的本部分的第 4.2、7.2 的表 2 中序号第 1、2、4 项、第 8 章内容为强制性，其余为推荐性。

GB 15558《燃气用埋地聚乙烯(PE)管道系统》分为三个部分：

——第 1 部分：管材；

——第 2 部分：管件；

——第 3 部分：阀门。

本部分为 GB 15558 的第 3 部分。

本部分修改采用 ISO 10933:1997《燃气输配用聚乙烯(PE)阀门》(英文版)。

本部分根据 ISO 10933:1997 重新起草。在附录 A 中列出了本部分章条编号与 ISO 10933:1997 章条编号的对照一览表。

考虑到我国国情，在采用 ISO 10933:1997 时，本部分做了一些编辑性修改，与系列标准一致，便于使用。有关技术性差异已编入正文中并在它们所涉及的条款的页边空白处用垂直单线标识。在附录 B 中给出了这些技术性差异及其原因的一览表以供参考。

GB 15558 的本部分与 ISO 10933:1997 相比，主要差异如下：

——范围(第 1 章)重新进行了编排，阀门口径扩大至 315 mm；

——引用标准(第 2 章)采用了与国际标准相应的国家标准；

——去掉了公称壁厚、任一点壁厚、混配料定义，可参见 GB 15558.1—2003；

——聚乙烯混配料要求直接引用 GB 15558.1—2003 中 4.5 要求(见 4.2)；

——增加了颜色要求(见 5.1)；

——增加了壁厚关系的内容，参考欧洲标准 EN 1555-4:2002(见 6.2)；

——力学性能(7.2)按照表格的格式编排，性能要求增加了耐简支梁弯曲密封性能及耐温度循环性能要求；增加了 225 mm 以上阀门的扭矩要求；

——物理性能(第 8 章)参照欧洲标准 EN 1555-4，去掉了密度、挥发分含量、水分含量、炭黑含量、炭黑分散和颜料分散的要求；

——增加了检验规则(第 10 章)；

——增加了运输、贮存的内容(第 12 章)；

——增加了资料性附录 A“本部分章条编号与 ISO 10933:1997 章条编号对照”；

——增加了资料性附录 B“本部分与 ISO 10933:1997 技术性差异及其原因”；

——增加了规范性附录 C“扭矩试验方法”；

——取消了规范性附录“气体流量/压力降关系的测定”，直接引用 GB 15558.2—2005 的附录 D；

——增加了规范性附录 I“耐简支梁弯曲试验方法”；

——增加了规范性附录 J“耐温度循环试验方法”。

本部分的附录 C、附录 D、附录 E、附录 F、附录 G、附录 H、附录 I、附录 J 为规范性附录，附录 A、附录 B 为资料性附录。

请注意本部分的某些内容有可能涉及专利，本部分的发布机构不应承担识别这些专利的责任。

本部分由中国轻工业联合会提出。

本部分由全国塑料制品标准化技术委员会塑料管材、管件及阀门分技术委员会(TC 48/SC 3)归口。

本部分起草单位：亚大塑料制品有限公司，北京京燃凌云燃气设备有限公司、宁波市宇华电器有限公司、浙江中财管道科技股份有限公司、沧州明珠塑料股份有限公司、北京保利泰克塑料制品有限公司。

本部分主要起草人：马洲、陈裕丰、王志伟、孙兆儿、李伟富、丁良玉、魏炳光、林松月。

本部分为首次发布。

燃气用埋地聚乙烯(PE)管道系统 第3部分:阀门

1 范围

GB 15558的本部分规定了以聚乙烯材料为阀体的燃气用埋地聚乙烯阀门(以下简称“阀门”)的术语和定义、材料、一般要求、几何尺寸、力学性能、物理性能、试验方法、检验规则、标志以及包装、运输、贮存。

本部分适用于PE80和PE100混配料制造的燃气用埋地聚乙烯阀门。

本部分规定的阀门与GB 15558.1—2003规定的管材及GB 15558.2—2005规定的管件配套使用,用于燃气输送。

本部分适用于具有插口端或电熔承口端的双向阀门,阀门的插口端和电熔承口端尺寸符合GB 15558.2—2005,阀门用于与符合GB 15558.1—2003的管材以及符合GB 15558.2—2005的管件连接。

本部分适用于公称外径小于或等于315 mm的阀门,工作温度范围在−20 ℃~40 ℃之间。

在输送人工煤气和液化石油气时,应考虑燃气中存在的其他组分(如芳香烃、冷凝液等)在一定浓度下对阀门性能产生的不利影响。

2 规范性引用文件

下列文件中的条款通过GB 15558本部分的引用而成为本部分的条款。凡是注日期的引用文件,其随后所有的修改单(不包括勘误的内容)或修订版均不适用于本部分,然而,鼓励根据本部分达成协议的各方研究是否可使用这些文件的最新版本。凡是不注日期的引用文件,其最新版本适用于本部分。

GB/T 2828.1—2003 计数抽样检验程序 第1部分:按接收质量限(AQL)检索的逐批检验抽样计划(ISO 2859-1:1999,IDT)

GB/T 2918—1998 塑料试样状态调节和试验的标准环境(idt,ISO 291:1997)

GB/T 3682—2000 热塑性塑料熔体质量流动速率和熔体体积流动速率的测定(idt ISO 1133:1997)

GB/T 6111—2003 流体输送用热塑性塑料管材耐内压试验方法(ISO 1167:1996,IDT)

GB/T 8806 塑料管道系统 塑料部件尺寸的测定(GB/T 8806—2008,ISO 3126:2005,IDT)

GB/T 13927—1992 通用阀门 压力试验(ISO 5208:1982,NEQ)

GB/T 14152—2001 热塑性塑料管材耐外冲击性能试验方法 时针旋转法(eqv ISO 3127:1994)

GB 15558.1—2003 燃气用埋地聚乙烯(PE)管道系统 第1部分:管材(ISO 4437:1997,MOD)

GB 15558.2—2005 燃气用埋地聚乙烯(PE)管道系统 第2部分:管件(ISO 8085-2:2001,ISO 8085-3:2001,MOD)

GB/T 17391—1998 聚乙烯管材与管件热稳定性试验方法(eqv ISO/TR 10837:1991)

GB/T 18251—2000 聚烯烃管材、管件和混配料中颜料或炭黑分散的测定方法(ISO/DIS 18553:1999,NEQ)

GB/T 18252 塑料管道系统 用外推法对热塑性塑料管材长期静液压强度的测定(GB/T 18252—2000,ISO/DIS 9080:1997,NEQ)

GB/T 18475—2001 热塑性塑料压力管材和管件用材料分级和命名 总体使用(设计)系数(eqv ISO 12162:1995)

GB/T 19278—2003 热塑性塑料管材、管件及阀门通用术语及其定义

HG/T 3092—1997 燃气输送管及配件用密封圈橡胶材料(eqv ISO 6447:1983)

ISO 9080:2003 塑料管道系统 用外推法以管材形式对热塑性塑料材料长期静液压强度的测定

3 术语和定义

GB 15558.1—2003、GB 15558.2—2005、GB/T 19278—2003 和下列术语和定义、符号和缩略语适用于本部分。

3.1

公称外径 nominal diameter

d_n

标识尺寸的数字，适用于热塑性塑料管道系统中除法兰和由螺纹尺寸标明的部件以外的所有部件。为方便使用，采用整数。

注：对于符合 GB/T 4217—2001 的公制系列管材，以 mm 为单位的公称外径就是最小平均外径 $d_{em,min}$。本部分阀门的公称外径指与相连管材端口尺寸的公称外径。

3.2

阀门 valve

一种通过操纵开/关机械装置控制气流通断的部件。

3.3

压力 pressure

超过大气压的静态压力值(表压)。

3.4

外密封 external leaktightness

阀体包容的气体与大气间的密封性。

3.5

内密封 internal leaktightness

阀门关闭后，阀门的进口和出口之间的密封性。

3.6

最大工作压力 maximum operating pressure;MOP

管道系统中允许连续使用的流体的最大压力，单位为 MPa。其中考虑了管道系统中组件的物理和机械性能。

3.7

泄漏 leakage

气体从阀体、密封件或其他部件处散逸的现象。

3.8

静液压应力 hydrostatic stress

管材充满压力流体时在管壁内引起的应力值。

3.9

壳体试验 shell test

测定阀门耐内部静液压性能的试验。

静液压强度试验包括壳体试验(7.2 表 2)。

3.10

密封试验(阀座及上密封试验) leaktightness test(seat and packing test)

测定下述性能的一组试验：

——阀门关闭后，阀座的内密封性能(单向阀门从一个方向测试，其他类型阀门从每个方向测试)。

——阀门半开时，阀杆的外部密封性能。

3.11

启动扭矩　initiating torque

启动启闭装置(件)所需的最大扭矩。

3.12

运行扭矩　running torque

在最大允许工作压力下,完全打开或关闭阀门所需的最大扭矩。

4　材料

4.1　总则

阀门制造商应能够向买方提供材料的相关技术数据。

阀门如果使用金属材料应防止腐蚀;如果使用不同的金属材料并可能与水分接触时,应采取措施防止电化学腐蚀。

注:考虑到实际应用等目的,应注意阀门与气体接触的部分应耐燃气、冷凝物及其他物质诸如粉尘等。

4.2　阀体

4.2.1　阀体应使用 PE80 或 PE100 混配料制造。

聚乙烯混配料应符合 GB 15558.1—2003 中 4.5 的要求。不得使用回用料。

4.2.2　材料要求

聚乙烯混配料应有按照 GB/T 18252(或 ISO 9080:2003)确定材料与 20 ℃、50 年、置信度为97.5%时相应的静液压强度 σ_{LCL}。混配料应有图线和单个试验点(破坏时间及环向应力)形式的回归数据。

混配料应按照 GB/T 18475—2001 确定 MRS 并进行分级,混配料应有相应的级别证明。

4.3　密封件

密封件应均匀一致且无内部裂纹、不纯物或杂质,不应含有对其接触材料的性能有负面影响致使其不能满足本部分要求的组分。添加剂应均匀分散。

橡胶圈应符合 HG/T 3092—1997。

其他密封材料应符合相关标准并适用于燃气输送。

4.4　润滑剂

润滑剂不应对阀门各部件有负面影响。

4.5　熔焊性

制造商应按本部分规定测试其阀门与管材的连接性能,以向用户证明阀门与规定管材材料焊接兼容性。制造商应向用户提供熔接条件和熔接机具的技术说明。

5　一般要求

5.1　外观

肉眼观察,阀门内、外表面应洁净,不应有缩孔(坑)、明显的划痕和可能影响符合 GB 15558 本部分要求的其他表面缺陷。

阀体颜色应为黄色或黑色。

5.2　设计

阀门设计应满足 GB 15558.1—2003 的 SDR11 系列管材的最大工作压力。

阀门不应采用轴向升降杆式结构。

全开和全闭位置应设置限位机构。

5.3　结构

5.3.1　主体

阀体可为单个部件或多个部件熔接在一起制成。

阀门应设计成不使用专用工具无法在施工现场拆卸的结构。

5.3.2 操作帽

操作帽应与阀杆制成一体或与其相连,除非借用专门设备,连成一体的操作帽应无法拆卸。关闭阀门应顺时针旋转操作帽。

对于 1/4 圆周旋转的阀门,开关的位置应在操作帽的顶侧清楚标识。

5.3.3 密封件

密封件安装后应能抵抗正常操作产生的机械载荷,应考虑材料的蠕变及低温流体所产生的影响。对密封件施加预紧载荷的各机构应永久性紧固。管道内压力不应作为唯一密封载荷。

6 几何尺寸

6.1 总则

每个阀门应采用其尺寸和相关公差来表征,阀门的公称外径指与相连管材的端口的公称外径。制造商应提供包括安装尺寸在内的技术资料,例如插口长度和阀门总长度。

注:作为技术资料的一部分制造商应提供现场安装指南及内径尺寸参数。

6.2 阀体任一点的壁厚

除表 1 规定外,阀体的任一点壁厚 E 应不小于对应同一材质 SDR 11 管材系列的壁厚。

阀体壁厚 E 和管材壁厚 e_n 的关系应符合表 1。

表 1 管材和阀门的壁厚关系

管材和阀门材料		阀门壁厚(E)和管材壁厚(e_n)的关系
管材	阀门	
PE 80	PE 100	$E \geqslant 0.8e_n$
PE 100	PE 80	$E \geqslant e_n/0.8$

为了避免应力集中,阀门主体壁厚的变化应是渐变的。

6.3 带插口端阀门

按照 9.3 测量,插口端的尺寸应符合 GB 15558.2—2005。

6.4 带电熔承口端的阀门

按照 9.3 测量,电熔承口端的尺寸应符合 GB 15558.2—2005。

6.5 操作帽

操作帽的尺寸应能与 50 mm×50 mm、深 40 mm 的方孔钥匙有效配合,d_n 250 mm 及以上的阀门可设计为与 75 mm×75 mm、深 60 mm 的方孔钥匙有效配合。

操作帽在阀门正常操作过程中不应破坏。

7 力学性能

7.1 总则

除非另有规定,应在阀门生产至少 24 h 后取样。

试验应在阀门与符合 GB 15558.1—2003 的相同管材系列的直管段组装成的试样上进行。试样组装遵循技术规程、由制造商推荐的极限安装条件以及用户要求的限制条件(几何尺寸、不圆度、管材和阀门的尺寸公差、温度、熔接性能)。

注:阀门试样的性能取决于管材和阀门的性能及安装条件(几何尺寸、温度、状态调节的类型和方法、组装和熔接步骤)。

制造商的技术说明应包括:

a) 应用范围(管材和阀门的使用温度限制,SDR 系列和不圆度);

b) 安装指南;

c) 带电熔端的阀门,包括熔接说明(电源要求或限制的熔接参数范围)。如果变更这些熔接参数,制造商应保证阀门组件符合本部分要求。

试验前，试样按照 GB/T 2918—1998 规定，在温度为(23±2)℃下状态调节至少 4 h。

7.2 要求

阀门组合试样的力学性能、试验方法及参数见表 2。

表 2 力学性能

序号	项目	要求	试验参数		试验方法
1	20 ℃静液压强度 (20 ℃,100 h) (壳体试验)	无破坏,无渗漏	环应力: PE 80 管材 PE 100 管材 试验时间	 10.0 MPa 12.4 MPa ≥100 h	见 9.4
	80 ℃静液压强度[a] (80 ℃,165 h) (壳体试验)	无破坏,无渗漏	环应力: PE 80 管材 PE 100 管材 试验时间	 4.5 MPa 5.4 MPa ≥165 h	
	80 ℃静液压强度 (80 ℃,1 000 h) (壳体试验)	无破坏,无渗漏	环应力: PE 80 管材 PE 100 管材 试验时间	 4.0 MPa 5.0 MPa ≥1 000 h	
2	密封性能试验 (阀座及上密封试验)	无破坏,无泄漏	试验温度 试验压力 试验时间	23 ℃ 2.5×10^{-3} MPa 24 h	见 9.5
			试验温度 试验压力 试验持续时间	23 ℃ 0.6 MPa 30 s	
3	压力降	在制造商标称的流量下: $d_n\leqslant63$:$\Delta P\leqslant0.05\times10^{-3}$ MPa $d_n>63$:$\Delta P\leqslant0.01\times10^{-3}$ MPa	空气流量(m^3/h) 试验介质 试验压力	制造商标称 空气 2.5×10^{-3} MPa	见 9.6
4	操作扭矩[b]	操作帽不应损坏,启动扭矩和运行扭矩最大值符合表 3 规定[c]	试验温度 试验介质 试样数量 试验压力	−20 ℃、23 ℃和 40 ℃ 空气 1 最大工作压力	见 9.7
5	止动强度	试样应满足: a) 止动部分无破坏; b) 无内部或外部泄漏	最小止动扭矩 试验温度	$2T_{max}$(见表 3) −20 ℃和 40 ℃	见 9.8
6	对操作装置施加弯矩期间及解除后的密封性能	无破坏,无泄漏	试验温度	23 ℃	见 9.9
7	承受弯矩条件下,温度循环后的密封性能及易操作性 ($d_n\leqslant63$ mm)	无泄漏并满足密封性能试验和操作扭矩要求 (见本表第 2 项和第 4 项)	循环次数 循环温度 试样数量	50 −20 ℃/+40 ℃ 1	见 9.10
8	拉伸载荷后的密封性能及易操作性[d]	无泄漏并且符合操作扭矩要求 (见表 3)	试样数	1	见 9.11

表 2（续）

序号	项目	要 求	试验参数		试验方法
9	冲击后的易操作性	无裂纹产生并且符合止动强度要求 （见本表第 5 项）	冲击高度 h 锤重 重锤类型 试验温度	1 m 3.0 kg d90：符合 GB/T 14152 −20 ℃和 40 ℃	见 9.12
10	持续内部静液压后的密封性能及易操作性	试验后应满足静液压强度和拉伸载荷下的密封性能及易操作性要求 （见本表第 8 项）	试验温度 试验压力[e] PE80 PE100 试验时间	20 ℃±1 ℃ 1.6 MPa 2.0 MPa 1 000 h	见 9.13
11	耐简支梁弯曲密封性能 （d_n>63 mm）	无泄漏并且符合最大操作扭矩的要求（见表 3）	施加载荷 63<d_n≤125 125<d_n≤315	 3.0 kN 6.0 kN	见 9.14
12	耐温度循环 （d_n>63 mm）	无泄漏并且符合最大操作扭矩的要求（见表 3）	试样数	1	见 9.15

[a] 对于（80 ℃ 165 h）静液压试验，仅考虑脆性破坏。如果在规定破坏时间前发生韧性破坏，允许在较低应力下重新进行该试验。重新试验的应力及其最小破坏时间应从表 4 中选择，或从应力/时间关系的曲线上选择。

[b] 应综合考虑启闭件的设计与操作扭矩的大小，避免用手即可简单操作阀门，即无论有无辅助操作柄，如果要启闭阀门应采用某种形式的套筒手柄。在 23 ℃时的测量值应允许作为出厂检验。久置阀门可在启闭并放置 24 h 后测量。

[c] 在 0.6 MPa 的压力下，操作杆和开关之间的抗扭强度应至少为按 9.7 测量的最大操作扭矩值的 1.5 倍。

[d] 管材应在阀门破坏前屈服。

[e] 通过 σ 值计算：考虑用于制造阀门本体的混配料的 MRS 分类的 σ 公称值。如 PE80 取 8.0 MPa；PE100 取 10.0 MPa。

表 3　扭矩和止动强度

公称外径 d_n/mm	最小止动扭矩/Nm	最大操作扭矩/Nm
d_n≤63	$2T_{max}$（T_{max}：最大操作扭矩测量值）且最小为 150 Nm，持续 15 s 内	35 Nm
63<d_n≤125		70 Nm
125<d_n≤225		150 Nm
225<d_n≤315		300 Nm

表 4　静液压强度（80 ℃ 165 h）－应力/最小破坏时间关系

PE 80		PE 100	
环应力/MPa	最小破坏时间/h	环应力/MPa	最小破坏时间/h
4.5	165	5.4	165
4.4	233	5.3	256
4.3	331	5.2	399
4.2	474	5.1	629
4.1	685	5.0	1 000
4.0	1 000	—	—

8　物理性能

按照规定的试验方法及试验参数进行试验，阀体应符合表 5 的物理性能要求。

表 5　阀门物理性能

性能	要求	试验参数		试验方法
氧化诱导时间（热稳定性）	>20 min	试验温度	200 ℃[a]	9.1
熔体质量流动速率（*MFR*）	(0.2≤*MFR*≤1.4)g/10 min，且加工后最大偏差不超过制造阀门用混配料批 *MFR* 测量值的±20%	190 ℃，5 kg		GB/T 3682—2000
[a] 可以在 210 ℃进行试验；有争议时，仲裁温度应为 200 ℃。				

9　试验方法

9.1　氧化诱导时间（热稳定性）

氧化诱导时间按照 GB/T 17391—1998 测定。刮去表层 0.2 mm 后取样。

9.2　熔体质量流动速率

熔体质量流动速率按照 GB/T 3682—2000 测定。分别从原料及阀门上取样。

偏差按公式(1)计算：

$$\left|\frac{MFR_{原料}-MFR_{阀门}}{MFR_{原料}}\right|\times 100\% \qquad \cdots\cdots(1)$$

9.3　尺寸测量

在生产至少 24 h 后取样，在(23±2)℃温度下状态调节至少 4 h，按照 GB/T 8806 进行测量。

承口内径用精度不低于 0.02 mm 的量具测量，取同一平面内两个相互垂直的内径，取其算术平均值做为平均内径。

插口尺寸用 π 尺或精度不低于 0.02 mm 的量具进行测量。

各部位长度用精度不低于 0.02 mm 的量具进行测量。

9.4　静液压强度

静液压试验按照 GB/T 6111—2003（图 1a）规定在阀门组件上进行。试验条件按表 2 规定，试验内外的介质均为水，状态调节时间符合 GB/T 6111—2003 的规定，试样密封接头之间的自由长度为 $2d_n$，试验压力按表 2 中规定的环应力和与阀门连接相同 SDR 管材的公称壁厚计算。

试验压力施加在正常操作下承受管道内压力的阀门的各部分，试验在半开状态下进行。

试样数量为 3 个。

9.5　密封性能试验（阀座及密封件试验）

9.5.1　24 h 试验

试验按照 GB/T 13927—1992 进行，用空气或氮气做介质，在 2.5×10^{-3} MPa 的压力下试验 24 h。

9.5.2　30 s 试验

试验按照 GB/T 13927—1992 进行，用空气或氮气做介质，在 0.6 MPa 的压力下试验 30 s。

9.5.3　试样数量

试样数量至少为 1 个。

9.6　压力降

按照 GB 15558.2—2005 的附录 D 进行，试验数量为 1 个。

制造商在其技术资料中应说明阀门两端压降为 0.05×10^{-3} MPa（$d_n\leq63$ mm）或 0.01×10^{-3} MPa（$d_n>63$ mm）时对应的气体流量（m^3/h）及气体介质类型。

9.7　操作扭矩

操作扭矩按照附录 C 进行。

注：除非另有要求，试验在表 2 规定的温度下进行。

9.8　止动强度

按照附录 C 和 GB/T 13927—1992 进行试验，试验条件如下：

a) 试验压力 P,应为阀门应用的最大工作压力;

b) 首次试验温度 T_1,应为+40 ℃;

c) 试验时间 t,承压状况下应为 24 h;

d) 试验扭矩应为表 2 规定的最小止动扭矩;

e) 第 2 次试验温度 T_2,应为-20 ℃。

试样数量为 1 个。

9.9 对操作机械装置施加弯矩期间及解除后的密封性能

按照附录 D 进行试验,试验条件如下:

a) 弯曲力矩 M,应为 55 Nm;

b) 首次试验压力 P_1,应为 2.5×10^{-3} MPa;

c) 第 2 次试验压力 P_2,应为 0.6 MPa;

d) 除非另有规定,在弯矩前或解除后,维持压力的最小时间应为 1 h。

试验数量至少为 1 个。

9.10 承受弯矩条件下,温度循环后的密封性能及易操作性($d_n\leqslant$63 mm)

按照附录 E 进行试验,相对于弯曲面,至少测试两个阀门试样,一个按照 E.3.1 阀门在弯曲平面内沿径向布置进行试验(辐射形轴),另一个按照 E.3.5 阀杆与弯曲平面垂直进行试验(正交轴),试验条件如下:

a) 组合试样管材的中心线的弯曲半径应为管材平均外径的 25 倍;

b) 高温 T_1,应为+40 ℃±5 ℃;

c) 低温 T_2,应为-20 ℃±5 ℃;

d) 在恒定温度下的试验时间:t_1 和 t_2,均为 10 h;

e) 按照 E.3.2 温度循环 50 次。

注:可以采用双温控制箱方式进行试验,试样转移时间大于 0.5 h,小于 1 h。

9.11 拉伸载荷后阀门的密封性能及易操作性

按照附录 F 进行试验,试验条件如下:

a) 连接管管壁的纵向拉伸应力 σ_x,应为 12 MPa;

b) 内部压力 P,应为 2.5×10^{-3} MPa;

c) 拉伸载荷期间稳定维持时间 t,应为 1 h;

d) 拉伸速度应为 25 mm/min±1 mm/min。

9.12 冲击试验后的易操作性

按照附录 G 进行试验,试验条件如下:

a) 在与冲击点等距的位置刚性支撑阀门,支撑点至冲击点的最大间距应为较短出口端的长度,这样冲击点即位于支撑的操作帽上(最不利位置);

b) 状态调节温度 T_c,应为-20 ℃±2 ℃;

c) 状态调节时间 t_c,应至少为 2 h;

d) 试验温度规定如下:

1) 按照 G.4.2 进行试验;

2) 按照 9.7 和 9.8 进行扭矩测试,每种情况下的试验温度为:-20 ℃和 40 ℃(见表 2)。

9.13 持续内部静液压和冲击后的密封性能及易操作性

按照附录 H 进行试验,测试的阀门数量为偶数个(至少两个),半数的阀门应在关闭的状态下试验,另一半的在开启状态下,试验条件如下:

a) 加压介质和周围环境液体均为水(水-水试验);

b) 静液压下试验温度 T 为 20 ℃±1 ℃;

c) 静液压下试验周期 t 至少为 1 000 h。

9.14 耐简支梁弯曲密封性能

按照附录 I 进行试验,试验条件见表 2。

9.15 耐温度循环(d_n>63 mm)

按照附录J进行试验。

注：可以采用双温控制箱方式进行试验，试样转移时间大于0.5 h，小于1 h。

10 检验规则

10.1 检验分类

检验分为定型检验、型式检验和出厂检验。

10.2 定型检验

10.2.1 制造商生产的每个规格阀门均应进行定型检验。

10.2.2 定型检验项目为本部分规定的所有技术要求中的项目。材料、结构或工艺发生改变应重新进行定型检验。

注：在进行检验过程中，应注意试验的先后顺序，如可以先进行9.13的项目。

10.2.3 判定规则和复验规则

按照本部分规定的试验方法进行检验，依据试验结果和技术要求进行判定。如性能要求有一项达不到规定时，则随机抽取双倍样品对该项进行复验。如仍有不合格，则判该项不合格。

10.3 型式检验

10.3.1 型式检验的项目为第5章、第6章、第7章表2序号第1、2、4、5、6项和第8章的技术要求。

10.3.2 已经定型生产的阀门，按下述要求进行型式检验。

10.3.2.1 分组

使用相同材料、具有相同结构、相同品种的阀门，按表6规定进行尺寸分组。

表6 阀门的尺寸分组和公称外径范围

单位为毫米

尺寸组	1	2	3
公称外径 d_n 范围	d_n<75	75≤d_n<250	250≤d_n≤315

10.3.2.2 根据本部分的技术要求，每个尺寸组合理选取任一规格进行试验，在外观尺寸抽样合格的产品中，进行10.3.1规定的性能检验。每次检验的规格在每个尺寸组内轮换。

10.3.2.3 一般情况下，每隔三年进行一次型式检验。若有以下情况之一，应进行型式试验：

a) 新产品或老产品转厂生产的试制定型鉴定；

b) 结构、材料、工艺有较大变动可能影响产品性能时；

c) 产品长期停产后恢复生产时；

d) 出厂检验结果与上次型式检验结果有较大差异时；

e) 国家质量监督机构提出型式检验的要求时。

10.3.3 判定规则和复验规则

按照本部分规定的试验方法进行检验，依据试验结果和技术要求进行判定。如性能要求有一项达不到规定时，则随机抽取双倍样品对该项进行复验。如仍有不合格，则判该项不合格。

10.4 出厂检验

10.4.1 组批

同一原料、设备和工艺生产的同一规格阀门作为一批。公称外径 d_n<75 mm时，每批数量不超过1 200件；公称外径75 mm≤d_n<250 mm时，每批数量不超过500件；公称外径250 mm≤d_n≤315 mm时，每批数量不超过100件。

10.4.2 出厂检验项目

出厂检验项目为5.1、第6章、第7章中的(80 ℃，165 h)静液压试验、操作扭矩和密封性能试验、第8章中的氧化诱导时间和熔体质量流动速率。

10.4.3 抽检项目及抽样方案

5.1、第6章的出厂检验采用GB/T 2828.1—2003的正常检验一次抽样，其检验水平为一般检验水平Ⅰ、接收质量限(AQL)为2.5的抽样方案见表7。

表7 出厂检验抽样方案

样本单位为件

批量/N	样本量/n	接收数/Ac	拒收数/Re
≤150	8	0	1
151～280	13	1	2
281～500	20	1	2
501～1 200	32	2	3

10.4.4 全检项目

应对每批出厂产品逐个进行操作扭矩试验(23 ℃)和密封性能(23 ℃,30 s)试验，剔除不合格品。

10.4.5 随机检验项目

在外观尺寸抽样合格的产品中，随机抽取样品进行氧化诱导时间、熔体质量流动速率和静液压试验(80 ℃,165 h)，其中静液压强度(80 ℃,165 h)试样数量为1个。

10.4.6 判定规则和复验规则

产品须经制造商质量检验部门检验合格并附有合格标志方可出厂。

按照本部分规定的试验方法进行检验，依据试验结果和技术要求对产品做出质量判定。外观、尺寸按5.1、第6章的要求，按表6进行判定。其他性能有一项达不到规定时，则在该批中随机抽取双倍样品对该项进行复验。如仍不合格，则判该批产品不合格。

11 标志

在阀门上应至少有下列永久标志：

a) 制造商的名称或商标；

b) PE(混配料)材料级别和/或牌号；

c) 公称外径 d_n；

d) SDR系列及MOP值；

e) 对于阀门和其部件的可追溯性编码。

注：制造日期，如用数字或代码表示的年和月，生产地点的名称或代码。

GB 15558.3—2008的信息可以直接成型在阀门上或所附的标签或包装上。

所有标志应在正常贮存、操作、搬运和安装后，保持字迹清晰。标志的方法不应妨碍阀门符合本部分的要求。标志不应位于阀门的最小插口长度范围内。

注：建议考虑采用CJJ 63中给出的设计、搬运和安装操作规程。

12 包装、运输、贮存及产品随行文件

12.1 包装

阀门应有包装，必要时单个保护以防止损坏和污染，一般情况下，应装入包装袋和包装箱中。

包装物应有标识，标明制造商的名称、阀门的类型和尺寸、阀门数量、任何特殊的贮存条件和贮存时间范围要求。

12.2 运输

阀门运输时，不得受到剧烈的撞击、划伤、抛摔、曝晒、雨淋和污染。

12.3 贮存

阀门应合理放置并贮存在地面平整、通风良好、干燥、清洁并保持良好消防的库房内。贮存时，应远离热源，并防止阳光直接照射。

12.4 产品随行文件

阀门的随行文件至少包括制造商信息、技术说明及现场安装指南等。

附 录 A
（资料性附录）
本部分章条编号与 ISO 10933:1997 章条编号对照

表 A.1 给出了本部分章条编号与 ISO 10933:1997 章条编号对照一览表。

表 A.1 本部分章条编号与 ISO 10933:1997 章条编号对照

本部分章条编号	ISO 10933:1997
第 1 章	第 1 章
3.2、3.3	3.4、3.5
3.4、3.5	3.7、3.8
3.7、3.8、3.9～3.12	3.9、3.11、3.12～3.15
第 4 章	第 4 章
7.2	7.2～7.11
—	9.1
9.1	9.2
9.3	—
9.4	9.6
9.5	9.7
9.6、9.7	9.8、9.9
9.8	9.10
9.9～9.13	9.11～9.15
10	—
11	10
12.1	11
12.2、12.3	—
附录 A	—
附录 B	—
附录 C	—
—	附录 A
附录 D	附录 B
附录 E	附录 C
附录 F	附录 D
附录 G	附录 E
附录 H	附录 F
附录 I	—
附录 J	—

注：表中的章条号以外的本部分其他章条编号与 ISO 10933:1997 其他章条编号均相同且内容基本对应。

附 录 B
（资料性附录）
本部分与 ISO 10933:1997 技术性差异及其原因

表 B.1 本部分与 ISO 10933:1997 技术性差异及其原因

本部分的章条编号	技术性差异	原因
1	增加了材料为 PE80 和 PE100 的要求；按照系列标准格式进行了编排。 增加了输送人工煤气和液化石油气的规定。 将阀门口径扩大到 315 mm	考虑到我国产品标准及系列标准的编排格式，明确说明。 以适合我国国情。 考虑到我国的生产和使用现状
2	引用了采用国际标准的我国标准； 增加了 GB/T 2828.1—2003 等	以适合我国国情。 强调与 GB/T 1.1—2000 的一致性
3	去掉了 3.2、3.3、3.10 的有关定义。	因为系列标准，在 GB 15558.1—2003 中已有，在此不再赘述
4.2	去掉了 4.2.3 中表 1，改为直接应用 GB 15558.1—2003 中对原材料的要求	在 GB 15558.1—2003 中已有规定要求，本标准为系统标准的一部分，并考虑到标准及材料的进步
5.1	增加了颜色的要求	参照欧洲标准，外观和颜色是系统标准中的一贯要求
6.2	增加了壁厚关系部分的内容	参照欧洲标准 EN 1555.4—2002 中 6.3，因有 PE 80 和 PE 100 两种材料，宜合理规定
7	按照表格格式编排。	参照欧洲标准，符合系列标准的格式
	力学性能中增加了耐简支梁弯曲密封性能和耐温度循环性能要求	参照 EN 1555-4:2002，保证产品质量
	项目 2 修改了表 2 中(80 ℃ 165 h)的环应力数值，同时修改了表 4 中的相应数据	参照 EN 1555-4:2002 的规定，此为欧洲标准化组织研究改进后的数据，更符合外推曲线，更科学。与系列标准要求一致
	表 3 中增加了对 225 mm 以上阀门的最大操作扭矩要求	考虑本标准阀门尺寸范围，参照韩国和美国标准规定
8	去掉了密度、挥发份含量、水份含量、炭黑含量和炭黑分散、颜料分散的要求及相应试样方法(9章)	参照标准 EN 1555-4:2002 中对物理性能的要求，由 PE 混配料保证这些性能的测试，满足可操作性
10	增加了“检验规则”一章	符合我国产品标准的编写规定，具有操作性
12	增加了运输、贮存的内容	符合我国产品标准的编写规定，要求明确
9.6	取消了 ISO 10933:1997 中附录 C“气体流量/压力降关系的测定”	直接引用 GB 15558.2—2005 的附录 D，符合系列标准
附录 C	增加了规范性附录 C“扭矩试验方法”	参照国际标准 ISO 8233:1988 编写
附录 I	增加了规范性附录 I“耐简支梁弯曲试验方法”	按照欧洲标准 EN 12100:1997 编写
附录 J	增加了规范性附录 J“耐温度循环试验方法”	按照欧洲标准 EN 12119::1997 编写

附　录　C
（规范性附录）
扭矩试验方法

C.1　范围

本附录规定了塑料阀门开启和关闭的扭矩试验方法。

C.2　设备

如果试验介质是空气，应确保安全地使用压缩空气。密封装置不应对阀门产生轴向外力。

注：注意操作帽产生轴向压力或径向力对阀门的影响。

C.2.1　泵

在试验期间应能提供不小于规定的压力。

C.2.2　装置

能提供所需要的扭矩，精度±2%。

C.2.3　测量仪器

在扭矩试验期间，应能够连续读数，并能记录其最大值，精度±2%。

C.3　试验条件

阀门在23±2 ℃和公称压力下用气体试验，连接应符合相关要求，按照C.4进行试验。

C.4　步骤

C.4.1　状态调节

试验前开启和关闭阀门10次，以达到平滑操作，状态调节12 h后进行后续测试。

C.4.2　操作

C.4.2.1　在阀门关闭状态下，压力在60 s内逐渐升高到阀门的最大工作压力，保压5 min。

C.4.2.2　将阀门手柄或阀杆与扭矩测量装置连接，施加扭矩，并逐渐增加到阀门完全开启，试验过程应符合表C.1要求。

表 C.1　试验条件

型　式	公称尺寸[a]/DN	操作时间[b]/s	操作速度/(r/min)
90°旋转阀门	DN≤50	2	—
	DN＞50	DN/30	—
多圈旋转阀门	DN≤50	—	20
	DN＞50	—	10

[a] 阀门的公称外径，数值上等于GB/T 4217—2001中规定的管材的公称外径。

[b] 保留一位小数，小数点后第二位非零数字进位。

C.4.2.3　在整个开启过程中，记录开启扭矩。

C.4.2.4　在最大工作压力下关闭阀门到完全闭合，记录关闭扭矩，如有可能记录整个过程的关闭扭矩。

C.4.2.5　应在两个方向分别进行试验。

C.5 试验报告

试验报告应包含下面的内容：

a) GB 15558.3—2008 的本附录号和试验名称；

b) 阀门的信息：

——阀体和密封件的材料；

——公称尺寸(DN)或外径 d_n，承口直径或插口直径的尺寸；

——阀门的公称压力(PN)；

——制造商名称或商标；

——流动方向(如有需要)。

c) 试验日期；

d) 开启和关闭的扭矩记录。

附 录 D
（规范性附录）
对操作装置施加弯曲力矩及解除后的密封性能试验方法

D.1 设备

当按照 9.5 的规定将阀门与压力源连接进行密封性能试验时，同时操作杆处于半开状态下。当设备对阀门最需要位置（如图 D.1 所示的中心位置操作装置顶端）施加弯曲力矩 M 时，设备仍能对阀门进行支撑。

注：有必要能够依次对阀门的每个端部加压（见 D.3.4）。

D.2 试样制备

阀门在半开且无压情况下，对阀帽（和体腔）做好加压准备。如有必要，可在两端均能加压（可逆转）。

D.3 步骤

D.3.1 将试样安装在设备（D.1）上，在阀门最需要位置（如图 D.1），将操作装置置于半开状态并施加规定的弯曲力矩 M，（55 Nm；见 9.9），然后对阀门施加规定的试验压力 P_1（2.5×10^{-3} MPa，见 9.5.1），按照 9.5.1 检查密封性能，试验一般为 1 h（除规定的试验周期 t_1 外），记录任何观察到的泄漏，若无泄漏，保持压力进行 D.3.2。

注：$F=M/L$（F：应力，用 N 表示，M：弯距力矩，用 N·m 表示；L：阀门中心到支撑点 A 的水平距离，推荐值为 0.25 m）。

D.3.2 去掉弯曲力矩并维持内压 1 h，检查阀门的密封性能，记录试验期间任何观察到的泄漏，若无泄漏，保持压力进行 D.3.3。

D.3.3 调整操作装置到全闭位置按照 9.5.1 检查密封性能，试验时间应为 1 h。

D.3.4 保持阀门关闭，关闭气源，阀门两端泄压，经由阀门的另一端重新施加规定的试验压力。按照 9.5.1 检查密封性能，试验周期为 1 h，记录任何观察到的泄漏，若无泄漏，保持压力进行 D.3.5。

D.3.5 按照 9.5.2 进行密封性能试验，使用试验压力（P_2）和试验周期（t_2）（如使用试验压力为 0.6 MPa，试验周期为 1 h）以外，重复步骤 D.3.1 到 D.3.4。

D.4 试验报告

试验报告应包含下面的内容：

a) 试验阀门的全部标志；

b) GB 15558.3—2008 的本附录号；

c) 任何观察到的泄漏以及相应的操作装置状态（半开或关闭）和试验压力；

d) 任何可能影响结果的因素，诸如任何偶发事件或本附录没有规定的操作细节；

e) 试验日期。

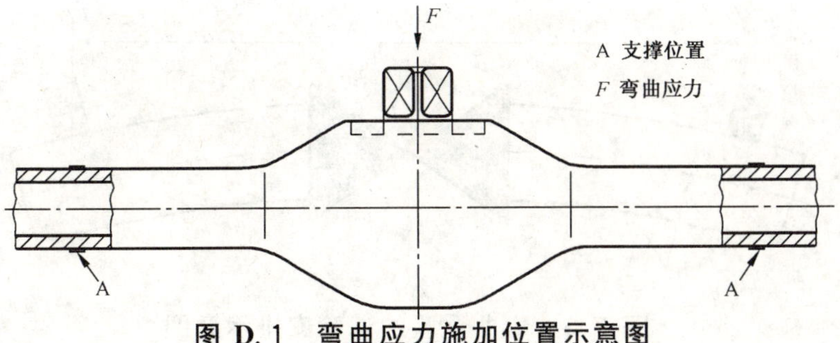

图 D.1 弯曲应力施加位置示意图

附　录　E
（规范性附录）
温度循环下承受弯曲时的密封性能及易操作性($d_n \leqslant 63$ mm)试验方法

E.1　设备

E.1.1　应能够在试样组件上通过3点弯曲施加应力达到规定半径的结构，如图E.1所示。

E.1.2　能够控制温度在规定的温度范围 T_1 和 T_2 之间变化，并在规定恒温期间内保持温度误差不超过±5 ℃，温度变化速率应能设置为1 ℃/min。温度传感器测温点在阀门内部。

E.1.3　设备的布置应便于对试样进行扭矩测试及压力源连接（见9.7和9.5）。

E.2　试样的制备

试验阀门应按照7.1用两段管材组装，管段应足够长，以保证按照E.1.1将试样安装在设备上（图E.1）。将阀门置于合适的操作状态（例如全闭，见9.10）。

E.3　步骤

E.3.1　如图E.1所示，安装试样在设备上，使阀门阀杆沿着弯曲半径方向，如操作装置或阀杆位于弯曲平面内并沿弯曲半径指向外侧，使试样承受3点弯曲达到规定弯曲半径。

E.3.2　升高环境温度到上限温度 T_1，维持此温度至规定的时间 t_1，然后降低环境温度到下限温度 T_2，维持此温度至规定的时间 t_2。

E.3.3　按照E.3.2重复温度循环，总数为50次。

E.3.4　保持弯曲状态，按照9.7进行阀门的扭矩试验并按照9.5.1和9.5.2检查密封性能，记录结果。

注：分别做－20 ℃和40 ℃下的密封性能测试，试验前宜稳定24 h达到与试验环境状态一致。

E.3.5　重新取样，使阀杆与弯曲平面垂直，重复步骤E.3.1～E.3.4。

E.4　试验报告

试验报告应包含下面的内容：

a)　试验阀门的全部标志；
b)　GB 15558.3—2008的本附录号；
c)　弯曲半径；
d)　温度循环的 T_1 和 T_2；
e)　如果时间 t_1 不同于 t_2，分别记录各自温度的时间。
f)　试样在阀杆相对于弯曲平面的方向（沿半径或正交）的扭矩测量值和任何观察到的渗漏；
g)　任何状况或本附录没有规定的操作细节；
h)　试验日期。

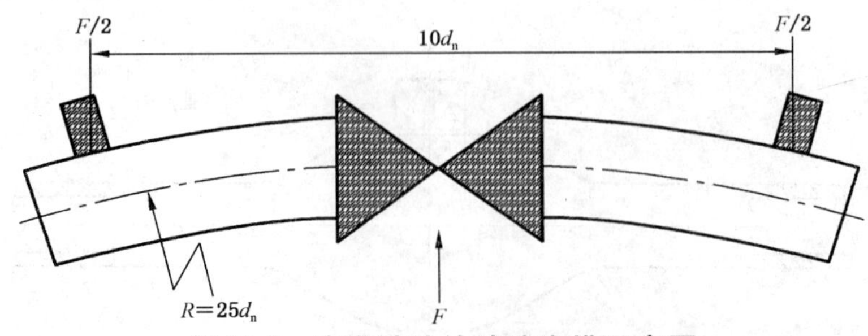

图E.1　弯曲试验的试验安排示意图

附　录　F
（规范性附录）
拉伸载荷后阀门的密封性能和易操作性试验方法

F.1　设备

F.1.1　拉伸试验机，能够对试样施加拉伸载荷，使与阀门相连管段管材壁内产生规定的轴向应力 σ_x，并维持规定的时间 t_1，然后以规定的拉伸速率直到试样屈服或断裂。

F.1.2　夹具或连接器，能够确保试验机（F.1.1）直接或通过中间管件对试样施加合适的载荷。

F.1.3　压力装置，能以适当的连接使其在拉伸应力下提供规定的内部压力 P。

F.2　试样

由阀门和两段 PE 管材组装（见 7.1），每段管材的公称外径 d_n 以及 SDR 系列与阀门相匹配。每段管材长度为 $2d_n$ 或 250 mm（取两者较小者）。

F.3　步骤

F.3.1　保持环境温度为 23 ℃±2 ℃，阀门处于开启状态。安装试样在拉伸试验机上并施加规定的内部压力 P，试验前检查组件的密封性。

F.3.2　施加平滑增加的拉力直到在试验组件的管材管壁轴向拉伸应力达到 σ_x。

F.3.3　保持拉力至规定的时间（t），然后施加规定的拉伸速率拉伸，直到试样发生屈服或断裂。如果出现断裂，记录试验报告。在出现屈服情况下，进行 F.3.4。

F.3.4　卸掉拉伸载荷，按照 9.7 对阀门进行扭矩试验，按照 9.5.1 和 9.5.2 进行密封性能试验，记录试验结果或试验状况。

F.4　试验报告

试验报告应包含下面的内容：

a）试验阀门的全部标志；
b）GB 15558.3—2008 的本附录号；
c）试样使用的管材的尺寸；
d）轴向拉伸应力 σ_x；
e）施加在试样上的拉力；
f）施加在试样上的内部压力 P；
g）拉力维持的时间 t；
h）任何观察到的泄漏迹象；
i）按照 9.7 得到的扭矩试验结果；
j）按照 9.5.1 和 9.5.2 的进行密封性能试验的结果；
k）任何可能影响结果的因素，诸如任何偶发事件或本附录没有规定的操作细节；
l）试验日期。

附　录　G
（规范性附录）
冲击后的止动强度和易操作性试验方法

G.1　设备

G.1.1　落锤冲击试验机，能将试样（见 G.2）紧密夹持在坚固底座上，能从距离阀门冲击点垂直高度 1 m 处释放冲锤。

G.1.2　落锤　在锤体和/或承载之下具有直径为 50 mm 的硬质半球形冲击面。

G.1.3　夹具　能够夹紧固定阀门两出口端使阀门紧密固定在试验机底座上（见 G.2）。如有必要，能够将阀门从状态调节环境中取出（见 G.1.4 和 G.3）并按照 G.4.2 冲击。

G.1.4　温度可控环境（温控室），能够容纳阀门及其夹具等，适应状态调整要求，方便移取（见 G.1.1 和 G.4）。

G.2　试样

试样应包括一个完整的阀门，阀门出口与夹具紧密连接（G.1.3），当装配在试验机底部，冲击点应符合 9.12 要求（最不利位置，如位于阀门支撑的操作帽上）。

G.3　状态调节

在规定的温度 T_c 和规定的时间 t_c 下状态调节试样（阀门带有夹具）后立即进行试验。

G.4　步骤

G.4.1　调整落锤释放机构相对于试验机底座或夹具的高度，使落锤下落至阀门规定冲击位置（见G.2）的高度为 $1^{+0.005}_{0}$ m。

G.4.2　将试样（阀门和夹具）从状态调节环境中取出，释放冲锤使阀门受冲击。在试验机的底部装夹试样（G.1.1）。如有可能（见 G.1.4 的温控室），保持温控环境 T_c 并在此温度下完成冲击；如不具备温控环境，试样应在状态调节后取出立即进行冲击，本步骤在 30 s 内完成。

G.4.3　应按照 9.12 规定的试验温度进行冲击。如果符合，按照 9.7 测试阀门的操作扭矩并记录试验结果，如果不符合表 2 中操作扭矩要求，记录报告，按照 9.8 测试止动强度并记录结果。

G.5　试验报告

试验报告应包含下面的信息：

a)　试验阀门的全部标志；
b)　GB 15558.3—2008 的本附录号；
c)　落锤的质量和下落高度；
d)　阀门（帽）的冲击位置；
e)　状态调节温度；
f)　任何观察到的破裂迹象；
g)　按照 9.7 的扭矩试验结果；
h)　按照 9.8 的止动强度试验结果；
i)　任何可能影响结果的因素，诸如任何偶发事件或本附录没有规定的操作细节；
j)　试验日期。

附　录　H
（规范性附录）
持续内部静液压和冲击后的密封性能及易操作性试验方法

H.1　设备

H.1.1　加压装置

能够在 60 s 内逐渐均匀升压至规定压力，并在规定的试验周期内，压力误差为（+2%～−1%）。

注：宜对每个试样单独加压。不过，在一个试样失效时不影响其他试样压力的情况下，允许使用同时对几个试样加压的装置（如用隔离阀，或对一批试样进行首件失效试验时）。

H.1.2　压力表

能够在规定的范围内检测试样内部压力。

压力表应不污染试验液体。

H.1.3　计时器

在试验期间，能够连续记录施加压力的时间及直至试样失效或压力首次降低。

注：推荐使用对由渗漏或失效引起的压力变化敏感并且能使计时器停止的装置，如有必要，能关闭压力回路。

H.1.4　水箱

充水并保持规定的试验温度 T（见 9.13），在其全部工作容积中，温差在±1 ℃范围内。

H.1.5　支撑或支架

能够使试样浸没在水箱中（H.1.4），且使试样之间、试样与箱壁无接触。

H.2　试样

H.2.1　试样组合

试样由阀门和直管段组合而成（见 7.1），如果多个阀门同时测试，阀门之间管材的自由长度应不小于相连管材的公称外径的 3 倍（例如 $3d_n$）。

H.2.2　试样数量

在开启状态、关闭状态下受试阀门的数量应相等，且至少为 1 个。

启闭状态的试样数量应按本部分规定，且足够用于后续各项测试（见 H.3.2）。

H.3　步骤

H.3.1　施加内部静液压

H.3.1.1　组装试样并充满水，与压力设备（H.1.1）连接后，浸没到水箱（H.1.4）中，保持足够长时间以达到规定的温度 T。

H.3.1.2　在 60 s±5 s 内，平缓加压至规定压力 P，压力误差为（+2%～−1%），保压至规定的试验时间（t），或直到试样发生泄漏或破坏（见 H.3.1.3）。如出现失效，则记录试验报告，在不出现泄漏或破坏的情况下卸压并进行步骤 H.3.2 操作。

H.3.1.3　如果失效发生在距阀门 $1d_n$（管件与阀门连接处）之外的连接管段上，可忽略该结果，对阀门重新试验。

H.3.2　冲击后密封性能和易操作性的评价

卸压 1 h 内，按照 9.12 开始对每个阀门测试，记录结果。如果不符合表 2 中的冲击后的项目 9（易操作性），按照 H.4 出具报告。如果符合，按照 9.5 继续对每个阀门进行试验（表 2 中项目 2），记录试验结果。

H.4 试验报告

试验报告应包含下面的信息：

a) 试验阀门的全部标志；

b) GB 15558.3—2008 的本附录号；

c) 试验压力，试验温度和内部静液压的时间；

d) 静液压下任何损坏、泄漏情况，包括导致重新试验的失效(见 H.3.1.3)；

e) 按照 9.12 的冲击试验出现的任何破裂情况或其他损坏；

f) 按照 9.7 的试验条件和操作扭矩的试验结果，是否符合冲击后的易操作性和操作扭矩要求；

g) 按照 9.8 的试验条件和止动强度的试验结果，是否符合冲击后易操作性和止动强度要求；

h) 按照 9.5 的试验条件和泄漏性能的试验结果，是否符合密封性能试验要求；

i) 本附录没有详细规定的可能影响结果的任何状况或操作细节；

j) 试验日期。

附　录　I
（规范性附录）
耐简支梁弯曲试验方法

I.1　范围

本附录规定了流体输送用PE阀门在双支撑（简支梁）间的耐弯曲性能试验方法，与阀门本体相连管材的公称外径在63 mm到225 mm范围内。

注：本标准中尺寸范围在250 mm≤d_n≤315 mm范围内的阀门参照本附录执行。

I.2　原理

试验在（23±2）℃温度下进行。阀体与两段管材相连接，置于两点支撑上，对阀门施加恒定的外力使其承受弯曲载荷。阀门通气加压，在加载前、加载期间和加载后分别检测密封性能并记录操作扭矩。

I.3　设备

I.3.1　试验机

应能持续施加规定的力，偏差为2%。试验机的固定支架应具有轴向平行且间距可调的两个支撑S，且头部曲率半径为5 mm（见图I.1）。

试验机的移动加载部分根据阀门的类型应配备合适的压头，压头接触部位的曲率半径为5 mm，也可采用半圆柱面或轭状接触表面，压头和支撑S均用硬化钢制造，且轴线彼此平行。

注：力不应直接施加在阀门本体上，以免对启闭件造成破坏，建议L的距离为$2d_n$（见图I.1）。压力及偏差测量指示器，应符合相关标准的精度等级要求。

I.3.2　压力表：（0 MPa～0.005 MPa），精度等级1.6；压力源：能提供（0 MPa～0.005 MPa）气压并可调；扭矩测量装置：精度为±5%；检漏装置：精确至0.1 cm^3/h。

I.3.3　气密封管路系统，包括：

a）　连接管线的管件；

b）　阀门与压缩空气源连接间的开关以及检漏装置（如压力表及刻度管等）。

I.4　试样

I.4.1　试样由阀门和两段PE管段组装而成，管段长度应满足整个试样的支撑间距要求（见I.5.1.3）。试样两端应装有封堵或端帽等（I.3.3）。

I.4.2　除非另有规定，试样数量至少为1个。

I.5　试验步骤

I.5.1　安排

I.5.1.1　进行下面步骤（包括I.5.1.2到I.5.3.5）前，放置试样使阀门操作部分处于以下状况：

——竖直，与施力点反向（见图I.1）；

——水平，与施力方向垂直。

I.5.1.2　试验开始时，记录环境温度。

I.5.1.3　调整支撑间距至$10d_n$（见图I.1）；

I.5.1.4　将试样放在支撑（S）上，使受试阀门与两支撑点等距，且其轴线垂直于压头轴线，操作部分方向为I.5.1.1的规定方向之一。

I.5.1.5 将阀门组件一端与加压系统连接，另一端安置检漏装置。

I.5.2 初始性能检测

按照 GB/T 13927 检测并记录阀门在半开状态下（壳体试验）及关闭状态下的密封性能（启闭件密封性试验）。按照附录 C 测量并记录操作扭矩。

I.5.3 受力后的性能检测

I.5.3.1 按照本部分表 2 的规定（第 11 项），以 25(1±10%)mm/min 的速度在阀门上施加作用力。

I.5.3.2 保持上述作用力（F）10 h，在此期间：按照 GB/T 13927 检测并记录阀门全开（内部）或半开（外部）状态下的密封性能；按照附录 C 测量并记录操作扭矩；如果出现破坏或内、外部泄漏，记录详细情况，可能时，记录泄漏位置并出具试验报告（I.6）。否则，按照 I.5.3.3 到 I.5.3.5 继续进行试验。

I.5.3.3 测量并记录最大挠度，卸除作用力 F。

I.5.3.4 检查阀门及其相连管段的外观并记录任何变形。

I.5.3.5 调整操作部分至 I.5.1.1 规定的另一个位置，重复 I.5.1.2 到 I.5.3.4 的步骤，完成后，按照 I.5.3.6 继续进行试验。

I.5.3.6 按 I.5.2 测定卸除作用力后的最终性能。

I.6 试验报告

试验报告应包括下面内容：

a) GB 15558.3—2008 的本附录号；

b) 试样的完整标志及材料类型、阀门的公称尺寸；

c) 试样数量；

d) 是否观察到任何内部或/和外部泄漏及其位置；

e) 按照 I.5.2，I.5.3.2 和 I.5.3.6 测量的阀门扭矩；

f) 任何影响结果的因素，诸如任何偶然事件或本附录没有规定的操作细节；

g) 试验日期。

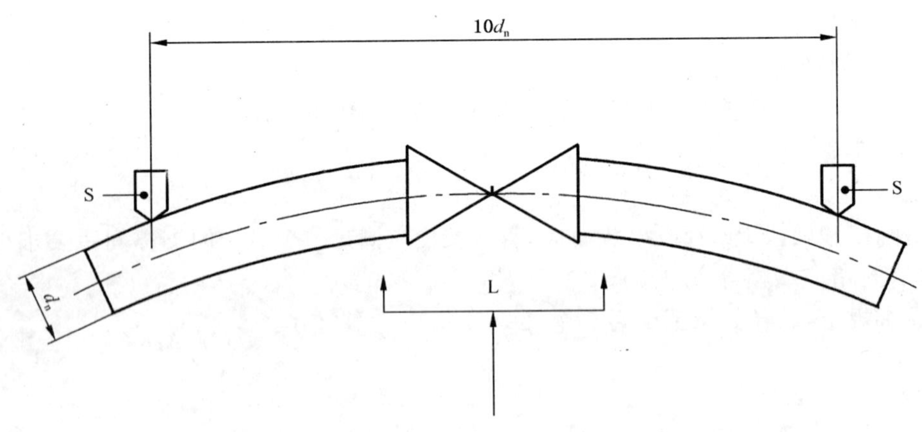

S——支撑。

图 I.1 弯曲试验的试验安排示意图

附 录 J
（规范性附录）
耐温度循环试验方法

J.1 范围

本附录规定了阀门耐温度循环的试验方法，适用于插口端公称外径大于 63 mm 的流体输送用聚乙烯(PE)阀门。

J.2 原理

阀门内初始压力为 0.6 MPa，测量在温度循环的应力下发生的压力变化。

检查测量在压力试验前后的密封性能及操作扭矩。

J.3 设备

J.3.1 调温试验箱 能够控制温度在－20 ℃～＋60 ℃之间某一恒定值或变化值并保持一定时间，偏差为±2 ℃。温度变化速率应能设置为大约 1 ℃/min。

J.3.2 压力记录仪 量程和刻度适宜试验阀门的压力要求，精度 1.5 级。

J.3.3 压缩空气源 能够提供要求的试验压力(见 J.5.4)。

J.3.4 管路 能使试样与压力记录仪及压缩空气源连接并且其上装有可使试样和记录仪组件全部和压力源隔离的阀门。通气阀门应能使压力平缓增加。

J.4 试样

J.4.1 试样应包含一个完整阀门，阀门的封堵应能保证试验按照 J.5 章进行。试验前应在 23 ℃±2 ℃ 下状态调节至少 24 h。

J.4.2 除非另有规定，试验数量至少为 1 个。

J.5 步骤

J.5.1 关闭阀门并放置在 23 ℃±2 ℃的调温试验箱中。

J.5.2 按照附录 C 测量并记录操作扭矩。按照 GB/T 13927 进行试验，当阀门半开(壳体试验)以及当阀门关闭(启闭件密封性能试验)时检测并记录密封性能。

J.5.3 将试样的一端与压缩空气源相连，试样另一端不关闭。

J.5.4 将阀门关闭，在 30s 内将系统的压力逐渐升至 0.6 MPa，偏差为±2%。

J.5.5 等待 30 s 使压力稳定。

J.5.6 断开试样与压力源的连接，维持试样与相应的压力记录仪连接。

J.5.7 按照 J.5.8 和 J.5.9 进行试验，记录如下：

a) 记录循环期间试样压力的变化情况；

b) 如果发生泄漏，记录泄漏发生时的温度及相应的压力变化值；

c) 查找并记录任何泄漏的位置。

J.5.8 调整调温试验箱，使其温度以约 1 ℃/min 的速率变化(J.3.1)。在极限温度(－20±2)℃及(60±2)℃ 分别保温 3 h。

J.5.9 保持试样在试验箱中做 10 个循环，第 1 个循环从 23 ℃升温开始。

J.5.10 循环完成后，在 23 ℃±2 ℃下状态调节至少 24 h，重复 J.5.2 的测试步骤。

J.6 试验报告

试验报告应包括下面内容：

a） GB 15558.3—2008 的本附录号；

b） 试样的完整标志；

c） PE 材料的类型及其他材料(如果有)；

d） 阀门的公称外径；

e） 试样数量；

f） 循环期间的压力记录；

g） 任何泄漏发生的位置及当时温度(如发生)；

h） 稳定循环前后的操作扭矩；

i） 任何影响结果的因素，诸如任何偶然事件或本附录没有规定的操作细节；

j） 试验日期。

参考文献

GB/T 4217—2001　流体输送用热塑性塑料管材　公称外径和公称压力

GB/T 10798—2001　热塑性塑料管材通用壁厚表

ISO 161-1:1996　Thermoplastics pipes for the conveyance of fluids—Nominal outside diameters and nominal pressures—Part 1:Metric series

ISO 4065:1996　Thermoplastics pipes—Universal wall thickness table

ISO 5208:1993　Industrial valves—Pressure testing of valves

ISO/TR 10839:2000　Polyethylene pipes and fittings for the supply of gaseous fuels—Code of practice for design, handling and installation

ISO 8233:1998　Thermoplastics valves—Torque—Test method

EN 1555-4:2002　Plastics piping systems for the supply of gaseous fuels—Polyethylene(PE)—Part 3:valves

EN 12100:1997　Plastics piping systems—Polyethylene(PE) valves—Test method for resistance to bending between supports

EN 12119:1997　Plastics piping systems—Polyethylene(PE) valves—Test method for resistance to thermal cycling

CJJ 63　聚乙烯燃气管道工程技术规程

ICS 17.100
N 13

中华人民共和国国家标准

GB/T 15561—2008
代替 GB/T 15561—1995

静态电子轨道衡

Electronic static rail weighbridge

2008-12-30 发布　　　　2009-09-01 实施

中华人民共和国国家质量监督检验检疫总局
中国国家标准化管理委员会　发布

前　　言

本标准代替 GB/T 15561—1995《静态电子轨道衡》。

本标准与 GB/T 15561—1995 相比主要有如下变化：

——偏载试验按型式评价和出厂检验分别采用不同方法；

——误差计算考虑了零点或接近零点误差；

——鉴别力试验采用加减小砝码方法；

——列表区分型式评价和出厂检验内容。

本标准在计量性能、试验方法等方面参照了国际法制计量组织(OIML)国际建议 R76-1“非自动衡器”。

本标准由中国轻工业联合会提出。

本标准由全国衡器标准化技术委员会归口。

本标准负责起草单位：国家轨道衡计量站。

本标准参加起草单位：国家轨道衡计量站上海分站、长沙衡器传感器研究所、济南金钟电子衡器股份有限公司、梅特勒-托利多(常州)称重设备系统有限公司、徐州衡器厂有限公司。

本标准起草人：陆霖、张一兵、文义诚、高宁一、沈立人、王亚东、刘雪青、武连宝。

本标准所代替标准的历次版本发布情况为：

——GB/T 15561—1995。

静态电子轨道衡

1 范围

本标准规定了标准轨距(1 435 mm)静态电子轨道衡(以下简称"衡器")的术语和定义、基本要求、技术条件、试验方法、检验规则和标志、包装、运输、贮存。其他非标准轨距静态电子轨道衡可参照采用。

本标准适用于标准轨距(1 435 mm)的静态电子轨道衡。

2 规范性引用文件

下列文件中的条款通过本标准的引用而成为本标准的条款。凡是注日期的引用文件,其随后所有的修改单(不包括勘误的内容)或修订版均不适用于本标准,然而,鼓励根据本标准达成协议的各方研究是否可使用这些文件的最新版本。凡是不注日期的引用文件,其最新版本适用于本标准。

GB/T 2423.1 电工电子产品环境试验 第2部分:试验方法 试验A:低温

GB/T 2423.2 电工电子产品环境试验 第2部分:试验方法 试验B:高温

GB/T 2423.3 电工电子产品基本环境试验规程 试验Ca:恒定湿热试验方法

GB/T 2887—2000 电子计算机场地通用规范

GB/T 6587.8 电子测量仪器 电源频率与电压试验

GB/T 7551 称重传感器

GB/T 7724 电子称重仪表

GB 14249.1 电子衡器安全要求

GB/T 14250 衡器术语

GB/T 17626.2 电磁兼容 试验和测量技术 静电放电抗扰度试验

GB/T 17626.3 电磁兼容 试验和测量技术 射频电磁辐射抗扰度试验

GB/T 17626.4 电磁兼容 试验和测量技术 电快速瞬变脉冲群抗扰度试验

GB/T 17626.11 电磁兼容 试验和测量技术 电压暂降、短时中断和电压变化的抗扰度试验

QB/T 1563 衡器产品型号编制方法

JJG 567—2003 检衡车检定规程

3 术语和定义

GB/T 14250 确立的术语和定义适用于本标准。

4 基本要求

4.1 衡器型号按 QB/T 1563 的规定编制。

4.2 衡器在下列环境条件下(见表1)应能正常工作。

表 1

环境参数	室外设备
环境温度[a]/℃	−10～40
环境湿度/%RH	≤85

[a] 可在局部采取调温措施满足要求。环境温度超出规定的地方,应对设备提出特殊要求。

4.3 在下列情况下，衡器应能正常工作：

——额定电压变化：−15%～10%；

——额定电源频率变化：±2%。

5 技术条件

5.1 计量性能要求

5.1.1 准确度等级见表2。

表2

<table>
<tr><th>准确度等级</th><th>最大秤量
Max</th><th>检定分度值
e</th><th>分度数
n=Max/e</th><th>最小秤量
Min</th></tr>
<tr><td>中准确度级(III)</td><td>Max>20 t</td><td rowspan="2">e≥5 kg</td><td>500<n≤10 000</td><td>20e</td></tr>
<tr><td>普通准确度级(IIII)</td><td>Max>8 t</td><td>100<n≤1 000</td><td>10e</td></tr>
</table>

5.1.2 称重最大允许误差应符合表3规定。

表3

称量 m		最大允许误差	
中准确度级(III)	普通准确度级(IIII)	首次检定	使用中检验
0≤m≤500e	0≤m≤50e	±0.5e	±1.0e
500e<m≤2 000e	50e<m≤200e	±1.0e	±2.0e
2 000e<m≤10 000e	200e<m≤1 000e	±1.5e	±3.0e

5.1.3 首次检定最大允许误差见表3。

5.1.4 后续检定最大允许误差执行首次检定的规定。

5.1.5 使用中检验的最大允许误差，是首次检定最大允许误差的两倍，见表3。

5.1.6 重复性。在相对稳定测试条件下，当同一载荷以同样方法多次加载到承载器上时所得结果之差，应不大于该秤量的最大允许误差的绝对值。

5.1.7 偏载。按照6.9的要求进行偏载检定，同一载荷在不同位置的示值，其误差应不大于该秤量的最大允许误差。

在每对支承点上施加的载荷为：

a) 使用 T_{6F} 或 T_7 型砝码检衡车内砝码小车时约为40 t；

b) 使用标准砝码时约为10 t。

5.1.8 多指示装置。包括皮重装置在内的多指示装置的示值之差，应不大于相应秤量的最大允许误差的绝对值。数字指示与数字指示或数字指示与打印数值之间的示值之差应为零。

5.1.9 鉴别力。在处于平衡的轨道衡上，轻缓地放上或取下等于1.4e的砝码，此时原来的示值应改变。

5.1.10 置零装置的准确度。置零后、零点偏差对称量结果的影响应不大于±0.25e。

5.1.11 时间

在稳定的环境条件下，衡器应符合下列要求：

5.1.11.1 蠕变

当任何一载荷施加在衡器上，加载后立即读到的示值与其30 min内读到的示值之差应不大于0.5e，但是在15 min与30 min时读到的示值之差应不大于0.2e。

若上述条件下不能满足，则衡器加载后立即读到示值与其后4 h内读到的示值之差，应不大于相应秤量最大允许误差的绝对值。

5.1.11.2 回零

卸下在衡器上保持 30 min 的载荷后，示值刚一稳定，其回零偏差应不大于±0.5e。

5.2 总体技术要求

5.2.1 衡器最大秤量系列为 100，150，(200)，(250)t。

注：括号内非优选用。

5.2.2 检定分度值 e 以含质量单位的下列数字之一表示：

1×10^K，2×10^K，5×10^K（K 为正整数、负整数或零）

5.2.3 车辆通过衡器的速度应小于 30 km/h。

5.2.4 衡器应具有双向计量检测功能。

5.2.5 显示和打印的内容应清晰、准确、可靠，显示和打印的内容为数字及相应的质量单位名称或符号。同一称量结果的显示和打印数值应一致。

5.2.6 衡器可以有一个或多个置零装置，但最多只能有一个零点跟踪装置，且零点跟踪速率不大于0.5e/s。

置零和零点跟踪装置的范围，应不大于最大秤量的 4%。

置零键应单独设置。

5.2.7 皮重的分度值应等于秤量分度值；除皮装置的准确度对称量结果的影响应不大于±0.25e。除皮键应单独设置。

5.2.8 衡器安全性能应符合 GB 14249.1 的规定，有可靠的防雷措施和防电磁干扰性能。

5.2.9 对于禁止接触或禁止调整的器件和预置控制器，应采取防护措施，对直接影响到衡器的量值的部位应加印封或铅封或电子识别码，印封区域或铅封直径至少为 5 mm。印封或铅封不破坏不能拆下；印封或铅封破坏后，合格即失效。

5.3 主要部件技术要求

5.3.1 称重指示器应符合 GB/T 7724 的规定。

5.3.2 称重传感器应符合 GB/T 7551 的规定。

5.3.3 承载结构应结构牢固、相邻两承重点的中间位置在 40 t 载荷下其挠度不大于 1‰；且稳定可靠、便于安装，并应符合下列要求：

a) 铸件表面应光洁，不允许有裂纹、缩松、冷隔、气孔和夹渣等缺陷；

b) 锻件不允许有裂纹，烧伤和夹渣等缺陷；

c) 焊接件的焊缝应平整、无裂纹、无漏焊等缺陷；采用焊接框架结构的，均须进行整体时效处理以消除内应力；

d) 氧化件的氧化膜色泽均匀，无斑痕；

e) 电镀件的镀层应均匀，无斑痕，划伤，气泡和露底等缺陷；

f) 油漆件的漆膜色泽均匀，不允许有漏漆，起皱，划伤和脱落等缺陷。

5.4 安装技术要求

5.4.1 衡器应安装在直线上，两端直线段应大于 25 m，并设有明显的限速标志。线路坡度不超过 2‰，轨面横向水平高差小于 2 mm。

5.4.2 基坑应有防水、排水设施。

5.4.3 基础强度应满足衡器的要求，防止局部下沉和断裂。

5.4.4 防爬基础与衡器基础为一整体，每端延伸长度不小于 4.5 m。

5.4.5 防爬轨底架和防爬轨长度均不小于 4.5 m。防爬轨与秤量轨的间距为 5 mm～15 mm。防爬轨应高于秤量轨，高低差应小于 2 mm。

5.4.6 衡器两端应设置过渡器，过渡器与秤量轨的横向间距为 1 mm～5 mm；纵向间距为 5 mm～15 mm。

5.4.7 秤量轨和防爬轨应采整轨，不得有钢轨接头和伤损，不得火焰切割；不得加工除安装过渡器之外的缺口和孔。

5.4.8 秤量轨和防爬轨宜采用新钢轨，如使用旧轨时其垂直磨耗应小于 5 mm，侧磨小于 6 mm。

5.4.9 安装时禁止在钢轨上焊接。秤体的纵、横向限位装置应安装在秤体的上半部位。

5.4.10 传感器的接线盒应具有防潮措施，接线盒应安装在秤房内。

5.4.11 秤量轨和防爬轨的安装应保证在使用中不发生窜轨和错牙。

5.5 秤房

5.5.1 使用面积应大于 15 m^2，地面应进行防潮处理。

5.5.2 秤房温度和湿度应符合 GB/T 2887—2000 中 B 级的规定，应有调车信号和便于观察车辆运行状态的窗口。

5.5.3 室内设有电源、仪表地线，接地电阻值应小于 4 Ω。

5.5.4 秤房应保暖、隔热、防盗，并配置自动调温设备。

5.5.5 室内测量仪表与室外设备的连线应采用全程护管或暗埋方式。

5.5.6 室内或室外附近应备有 380 V/20 A 的三相动力电源，供检定用。

6 试验方法

6.1 标准器

6.1.1 检衡车

社会公用计量标准 T_{6F} 和 T_7 型砝码检衡车的误差应符合 JJG 567—2003 的规定。

6.1.2 砝码

试验用的标准砝码误差，应不大于轨道衡相应秤量最大允许误差的 1/3。

6.1.3 检定用标准砝码的替代

衡器在检定时可以用其他固定载荷替代标准砝码，所提供的标准砝码至少为最大秤量的 1/2。

如果重复性误差不大于 0.3e，标准砝码可以减少到最大秤量的 1/3。

如果重复性误差不大于 0.2e，标准砝码可以减少到最大秤量的 1/5。

重复性误差是用约为替代物重量的载荷（砝码或任意其他载荷）在承载器上重复施加 3 次确定的。

6.2 试验前的准备工作

a) 检查各功能键的动作是否正常；

b) 通电预热 30 min。

6.3 打印机构

打印机构应符合 5.2.5 的规定。

6.4 称重传感器

称重传感器应具有出厂合格证书。

6.5 称重指示器

称重指示器应具有出厂合格证书。

6.6 外观试验

目测。应符合 5.3.3 的规定。

6.7 线路、基础，防爬轨，过渡器试验

有量值要求的均用卷尺和钢直尺检验，其他目测，应分别符合 5.4 的各项规定。

6.8 空秤试验

6.8.1 置零的准确度

6.8.1.1 非自动和半自动置零

当空秤时将衡器置零，然后在承载器上加放砝码，使示值由零变为零上一个分度值，然后按 6.11 计

算零点误差，其误差应符合第 5.1.10 的规定。

6.8.1.2 **自动置零和零点跟踪**

使示值摆脱自动置零和零点跟踪范围（在承载器上放置 10e 砝码），再加放砝码使示值增加一个分度值，然后按 6.11 计算零点附近误差，其误差应符合第 5.1.10 的规定。

6.8.2 **空秤变动性**

检验前将衡器置零，用相当于衡器最大秤量 80％的重车或机车以允许过衡速度往返碾压承载器各三次，每次空秤示置的误差应符合第 5.1.2 的规定。

注 1：空秤检验后，允许置零。

注 2：衡器不计量时允许通过车速应在产品说明书中标明。

6.8.3 **加载前的置零**

按下述方法置零或确定零点：

a) 对非自动置零衡器，将 0.5e 的小砝码放于承载器上，调整衡器直至出现示值在零与零上一个分度值之间闪变，取下小砝码，即获得零位的中心；

b) 对半自动置零、自动置零或零点跟踪的衡器，零点误差按 6.11 计算。

6.9 **偏载试验**

6.9.1 **T_{6F}或 T_7 检衡车法（型式试验）**

将质量 40 t 的装载砝码小车由承载器一端开始依次推至各承重点及相邻两承重点的中间位置，记录示值，由另一端推离承载器，往返各 5 次，每次小车离开承载器后，记录空秤示值。各示值应用零点误差 E_0 修正后的误差应符合 5.1 的规定，具有四组传感器的衡器，砝码小车在承载器上停放位置如图 1 所示。

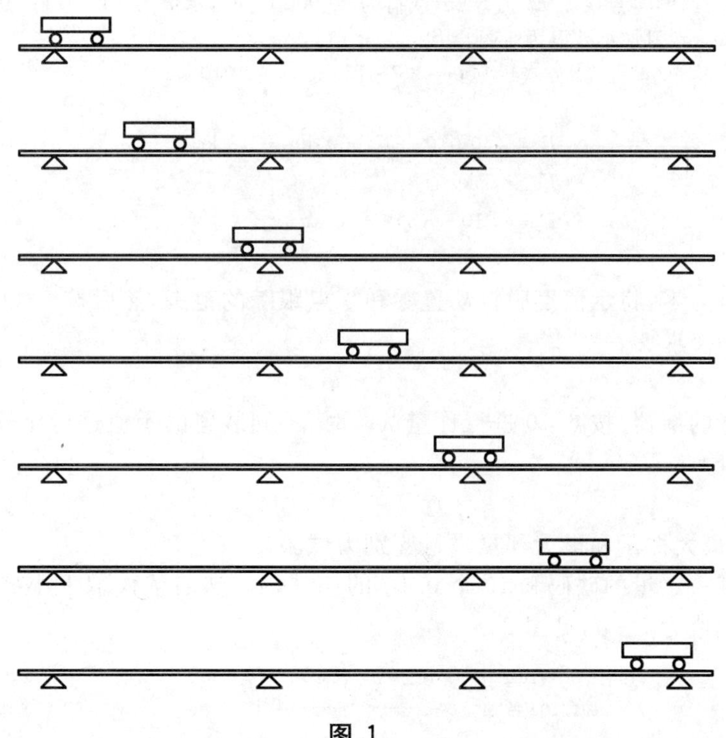

图 1

6.9.2 **标准砝码法（出厂检验）**

标准砝码的误差应不大于衡器相应秤量最大允许误差的 1/3。

将质量约为 10 t 的标准砝码依次分别压在每对承重点上，记录示值，砝码吊离承载器后记录空秤示值。各示值的误差应符合 5.1 的规定。

如果衡器具有自动置零或零点跟踪功能，偏载试验期间不能运行。

6.10 称量试验

型式试验采用 T_{6F} 或 T_7 砝码检衡车，出厂检验采用标准砝码。称量检验按秤量由小到大的顺序进行。在检验过程中，不得重调零点，应检验下列秤量：

最小秤量；

最大允许误差改变的秤量，如：

中准确度级：500e，2 000e；

普通准确度级：50e，200e；

大于 80 t 秤量（小于最小秤量或大于最大秤量不做检验）。

型式试验各秤量应检验三个往返。

如果衡器装配了自动置零或零点跟踪装置，在试验中可以运行。

6.11 误差计算

无指示较小分度值（不大于 0.2e）的衡器，采用闪变点方法来确定化整前的示值，方法如下：

衡器上的砝码为 m，示值是 I，逐一加放 0.1e 的小砝码，直至衡器的示值明显地增加了一个 e，变成（$I+e$），所有附加的小砝码为 Δm，化整前的示值为 P，则 P 由下列公式(1)给出：

$$P = I + 0.5e - \Delta m \quad \cdots\cdots(1)$$

化整前的误差为

$$E = P - m = I + 0.5e - \Delta m - m$$

化整前的修正误差为

$$E_c = E - E_0 \leqslant MPE$$

式中：E_0 为零点或接近零点（如 10e）的误差。

示例：一台 e=50 kg 的衡器，零点误差 E_0 为 5 kg，载荷为 40 000 kg 时，示值为 40 000 kg，逐一加放 5 kg 砝码，示值由 40 000 kg 变为了 40 050 kg，附加小砝码为 15 kg，代入公式(1)：

$$P = (40\ 000 + 25 - 15)\text{kg} = 40\ 010\ \text{kg}$$

化整前误差为

$$E = (40\ 010 - 40\ 000)\text{kg} = 10\ \text{kg}$$

$$E_0 = 5\ \text{kg}$$

$$E_c = [10 - (5)] = 5\ \text{kg}$$

6.12 除皮准确度

先把除皮装置调整为零，将示值摆脱自动置零和零点跟踪的范围，然后按 6.11 误差计算零点误差，其结果应符合 5.2.7 的要求。

6.13 多指示装置

具有多个指示装置的衡器，按 6.10 进行称量试验时，不同装置的示值进行比较，其示值之差不超过 5.1.8 的规定。

6.14 鉴别力试验

在最小秤量、50%最大秤量和最大秤量进行鉴别力试验。

在承载器上加放某一定量的砝码和 10 个 0.1d 的小砝码。然后依次取下小砝码，直到示值 I 确定地减少了一个实际分度值为 $I-d$，见图 2。

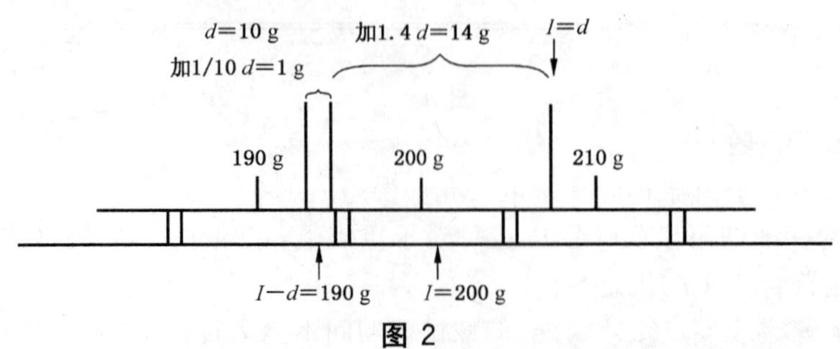

图 2

开始示值为 200 g，取下一些小砝码，直到示值变为 $I-d=190$ g。加上 $0.1d=1$ g 后，再加 $1.4d=14$ g，则示值必须为 $I+d=210$ g。

鉴别力试验可在称量试验中进行。

注：在进行 6.9，6.10 的试验时，各抽检一次鉴别力。

6.15 重复性试验

分别在约 50% 最大秤量和接近最大秤量进行两组测试，每组至少重复 3 次。每次测试前，应将衡器调至零点位置。如果秤具有自动置零或零点跟踪装置，测试时应运行。

对所有的测试，都应执行首次检定的最大允许误差。

6.16 环境试验

静态低温试验应符合 GB/T 2423.1 的规定。

静态高温试验应符合 GB/T 2423.2 的规定。

稳态湿热试验应符合 GB/T 2423.3 的规定。

6.17 抗干扰试验

短时电源电压低降试验应符合 GB/T 17626.11 的规定。

电脉冲串试验应符合 GB/T 17626.4 的规定。

静电放电试验应符合 GB/T 17626.2 的规定。

电磁敏感性试验应符合 GB/T 17626.3 的规定。

6.18 频率和电压试验

频率和电压试验应符合 GB/T 6587.8 的规定。

6.19 安全试验

安全试验应符合 GB 14249.1 的规定。

7 检验规则

试验中每项检测应连续进行。

7.1 型式评价

衡器应按本标准第 6 章要求进行型式评价(参见表 4)。在下列情况下需进行型式评价：

a) 新产品批量生产前；

b) 既有产品转厂生产时；

c) 正常生产后，如在结构、材料、工艺、称重软件等方面有较大改变，可能会影响产品性能时；

d) 产品停产 2 年以上恢复生产时。

在型式评价中，检测结果如有一项指标达不到本标准技术要求，则判该型式评价不合格。

7.2 出厂检验(交收检验)

每台产品出厂前应按表 4 进行检验，合格后才能出厂，并应附有产品合格证书。

表 4

检验项目	型式评价	出厂检验
打印机构	+	—
称重传感器	+	—
称重指示器	+	—
外观试验	+	+
基础、防爬轨、过渡器	+	—
空秤	+	+

表 4（续）

检验项目	型式评价	出厂检验
偏载	+	+
称量	+	+
鉴别力	+	+
重复性	+	−
环境	+	−
抗干扰	+	−
频率和电压	+	−
安全	+	−
注：表内“+”表示评价项目，“−”表示非评价项目。		

8 标志、包装、运输、贮存

8.1 标志

8.1.1 说明性标志

衡器应具备下列标志。

8.1.1.1 强制必备标志

——制造厂的名称和商标；

——准确度等级：中准确度级，符号为(III)；

普通准确度级，符号为(IIII)；

——最大秤量（*Max*）…；

——最小秤量（*Min*）…；

——检定分度值（*e*）…；

——制造许可证标志和编号。

8.1.1.2 必要时可备标志

——出厂编号；

——单独而又相互关联的模块组成的衡器，其每一模块均应有识别标志；

——型式批准标志和编号；

——最大安全载荷，表示为⑳*Lim*=…；

——衡器在满足正常工作要求时的特定温度界限表示为…℃/…℃。

8.1.1.3 附加标志

根据衡器的特殊用途需要，可增加附加标志，例如：

——不用于贸易结算；

——专用于……。

8.1.1.4 对说明性标志的要求

说明标志应牢固可靠，其字迹大小和形状必须清楚、易读。

这些标志应集中在明显易见的地方，标志在称量结果附近，固定于衡器的一块铭牌上，或在衡器的一个部位上。标志的铭牌应加封，不破坏铭牌无法将其拆下。

8.1.2 检定标志

8.1.2.1 位置

检定标志的位置应当：

a） 不破坏标志就无法将其拆下；

b） 标志容易固定；

c） 在使用中就可以看见标志。

8.1.2.2 固定

采用自粘型检定标志，衡器上醒目处应留出能持久保存检定标志的位置，位置的直径至少为25 mm×50 mm。

8.2 包装

包装应确保衡器在正常装卸运输、仓库贮存等过程中不发生损坏、丢失、锈蚀、长霉、降低准确度等情况。

尽可能使包装件重心靠中和靠下，包装箱内必须进行支撑、垫平、卡紧，并加以固定，以防碰撞造成损伤。

内包装箱与外包箱之间应有一定的间隙，并采取有效措施，以防止产品在运输过程中发生窜动和碰撞。

所有包装材料不应引起产品油漆或电镀件等表面色泽改变或锈蚀。

8.3 运输

衡器运输时应小心轻放，禁止抛掷、碰撞和倒置，防止剧烈震动和雨淋。

8.4 贮存

衡器的承载结构部分应贮存在有防雨、防水措施的场所。

称重传感器、称重指示器、电器设备等应贮存在温度范围为－10 ℃～40 ℃、相对湿度不大于85％的通风室内，且室内不得含有腐蚀性气体。

ICS 01.080.01
A 22

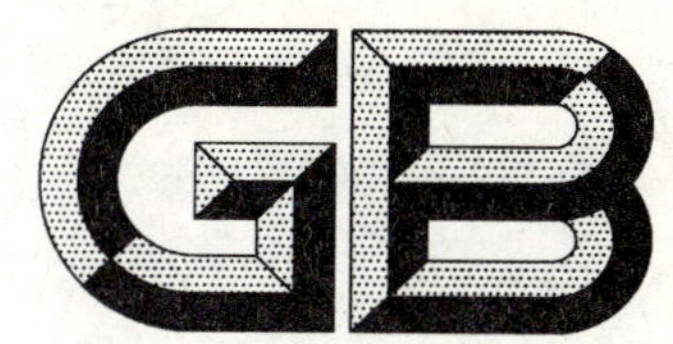

中华人民共和国国家标准

GB/T 15565.1—2008
代替 GB/T 15565—1995

图形符号　术语
第1部分:通用

Graphical symbols—Terms—
Part 1:General

2008-07-16 发布　　2009-01-01 实施

中华人民共和国国家质量监督检验检疫总局
中国国家标准化管理委员会　发布

前言

GB/T 15565《图形符号 术语》分为两个部分：

——第1部分：通用；

——第2部分：标志及导向系统。

本部分是GB/T 15565的第1部分。

本部分代替GB/T 15565—1995《图形符号 术语》，与GB/T 15565—1995的主要区别为：

——将原标准中所有与标志相关的术语移出并纳入到GB/T 15565.2《图形符号 术语 第2部分：标志及导向系统》中，包括：标志、图形标志、环境信息标志、局部信息标志、禁止标志、警告标志、指令标志、限制标志、提示标志、导向标志、文字标志、补充标志、形状符号、颜色符号、边框、衬底色、衬边、醒目度、觉察、视角、观察角、观察距离、偏移、偏移角；

——删除了原标准中的部分术语，包括：文字辅助标志、方向辅助标志、基准点、定向线、基准图、视觉对中线、适当性排序测试、回忆性测试、混淆测试、背景；

——增加了一些原标准中没有的术语，包括：字符、字符集、文字符号、注册的符号原图、符号族、图标、公共信息图形符号、安全符号、V形符号、否定、视重、图像内容、应用场合、应用形式、易理解性、理解度测试、易理解性评价测试；

——对保留的原标准中的部分术语做了较大改动，主要包括：成组符号改为符号集、限定符号改为限定要素、否定直杠改为否定要素等。

本部分由全国图形符号标准化技术委员会(SAC/TC 59)提出并归口。

本部分起草单位：中国标准化研究院、机械科学研究总院、轻工业标准化研究所、北京市地铁线路公司、中国民用航空总局航空安全技术中心。

本部分主要起草人：白殿一、陈永权、郭汀、强毅、张亮、邹传瑜、杨柞年、周克、刘家伟。

本标准于1995年首次发布，本次为第一次修订。

图形符号　术语
第1部分:通用

1　范围

GB/T 15565的本部分界定了图形符号的基本术语及其定义。

本部分适用于图形符号及相关领域。

2　符号

2.1

字符　character

单一的字母、数字、标点符号或其他特定符号。

2.2

字符集　character set

不同图形**字符**(2.1)的有限集合。

2.3

符号　symbol

表达一定事物或概念,具有简化特征的视觉形象。

2.4

文字符号　letter symbol

由字母、数字、汉字或其组合形成的**符号**(2.3)。

[GB/T 20001.2—2001,定义3.3]

2.5

图形符号　graphical symbol

以图形为主要特征,信息传递不依赖于语言的**符号**(2.3)。

2.5.1

符号原图　symbol original

按照**图形符号**(2.5)表示规则在设计模板上绘制的用来作为基准或进行复制的图形符号设计图。

注:**技术产品文件用图形符号**(2.5.12)、**设备用图形符号**(2.5.13)和**标志用图形符号**(2.5.14)的设计模板分别为**基本网格**(3.1)、**基本图型**(3.2)和**基本模型**(3.3)。

2.5.2

注册的符号原图　registered symbol original

已由有关标准化机构或组织将其作为既定样式登记的**符号原图**(2.5.1)。

2.5.3

通用符号　common symbol

适用多个领域、专业或普遍使用的**图形符号**(2.5)。

2.5.4

专用符号　special symbol

只适用某个领域、专业或专为某种需要而使用的**图形符号**(2.5)。

2.5.5

详细符号　detailed symbol

表示对象的功能、类型和(或)外部特征等细节的**图形符号**(2.5)。

2.5.6

简化符号　simplified symbol

省略部分**符号细节**(3.10)的**图形符号**(2.5)。

2.5.7

一般符号　general symbol

基本符号　basic symbol

表示一类事物或其特征,或作为**符号族**(2.5.11)中各个**图形符号**(2.5)组成基础的较简明的图形符号。

2.5.8

特定符号　specified symbol

将**限定要素**(3.7)或其他**符号要素**(3.6)附加在**一般符号**(2.5.7)之上形成的含义具体的**图形符号**(2.5)。

2.5.9

方框符号　block symbol

用以表示元件、设备等的组合及其功能,既不给出元件、设备的细节也不考虑所有的连接,形状为矩形的**图形符号**(2.5)。

2.5.10

符号集　symbol set

对象(3.14)或**符号要素**(3.6)间具有相关性的一组**图形符号**(2.5)。

2.5.11

符号族　symbol family

使用具有特定含义的图形特征表示共同概念的一组**图形符号**(2.5)。

2.5.12

技术产品文件用图形符号　graphical symbols for use in technical product documentation

tpd 符号　tpd symbols

用于技术产品文件,表示对象和(或)功能,或表明生产、检验和安装的特定指示的**图形符号**(2.5)。

2.5.12.1

简图用符号　symbols for diagram

在简图中表示系统或设备各组成部分之间相互关系的**技术产品文件用图形符号**(2.5.12)。

2.5.12.2

标注用符号　symbols for indicating

表示在产品设计、制造、测量和质量保证等全过程中涉及的几何特性(如尺寸、距离、角度、形状、位置、定向等)和制造工艺等的**技术产品文件用图形符号**(2.5.12)。

2.5.13

设备用图形符号　graphical symbols for use on equipment

用于各种设备,作为操作指示或显示其功能、工作状态的**图形符号**(2.5)。

2.5.13.1

显示符号　display symbol

呈现设备的功能或工作状态的**设备用图形符号**(2.5.13)。

2.5.13.2

控制符号　control symbol

作为操作指示的**设备用图形符号**(2.5.13)。

2.5.13.3

图标 **icon**

呈现在屏幕或显示器上的**设备用图形符号**(2.5.13)。

注：图标可分静态图标、根据用户的输入改变的交互式图标和根据设备状态改变的动态图标。

2.5.14

标志用图形符号 **graphical symbols for use on sign**

用于图形标志，表示公共、安全、交通、包装储运等信息的**图形符号**(2.5)。

注：术语“图形标志”见 GB/T 15565.2。

2.5.14.1

公共信息图形符号 **public information graphical symbol**

向公众传递信息，无需专业培训或训练即可理解的**标志用图形符号**(2.5.14)。

2.5.14.2

安全符号 **safety symbol**

与安全色及安全形状共同形成安全标志的**标志用图形符号**(2.5.14)。

注：术语“安全色”、“安全形状”和“安全标志”见 GB/T 15565.2。

3 图形符号设计

3.1

基本网格 **basic grid**

用于设计**技术产品文件用图形符号**(2.5.12)的坐标网格。

注：基本网格的格线间距为某一模数 M(见图 1)，可在格线间再作出 10 等分的辅助格线。如将基本网格用点阵图形代替则称为基本点阵。

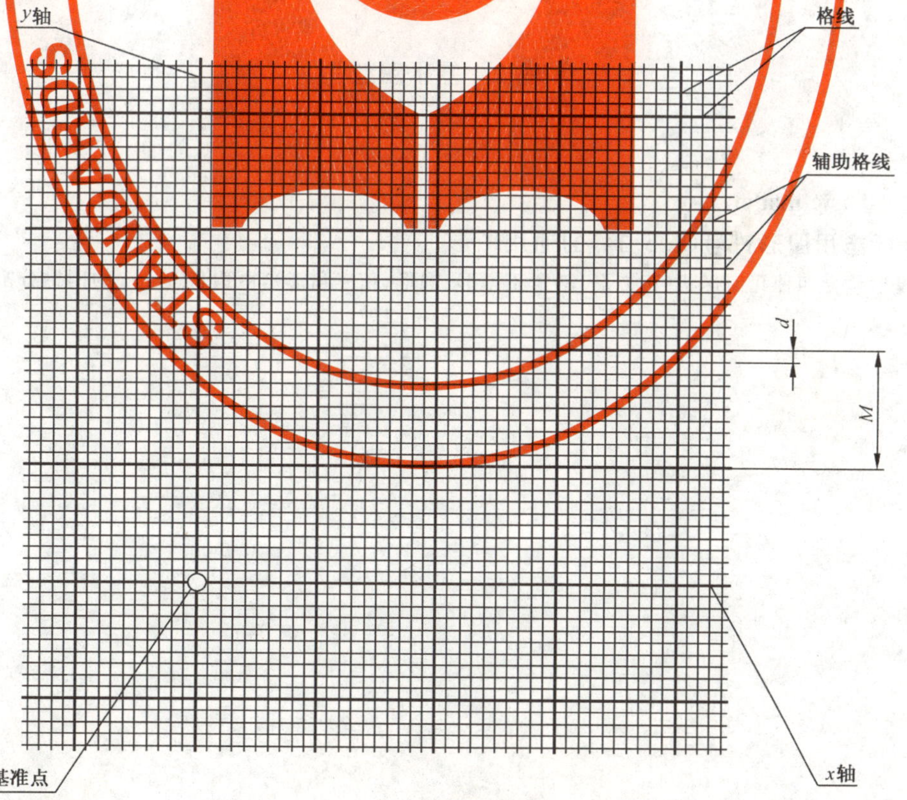

注：$d=(1/10)M$。

图 1 基本网格

3.2

基本图型　basic pattern

用于设计**设备用图形符号**(2.5.13)的通用图形。

注：基本图型由12.5 mm的方格组成的边长75 mm的正方形及叠加在其上的七种几何形状构成(见图2)。

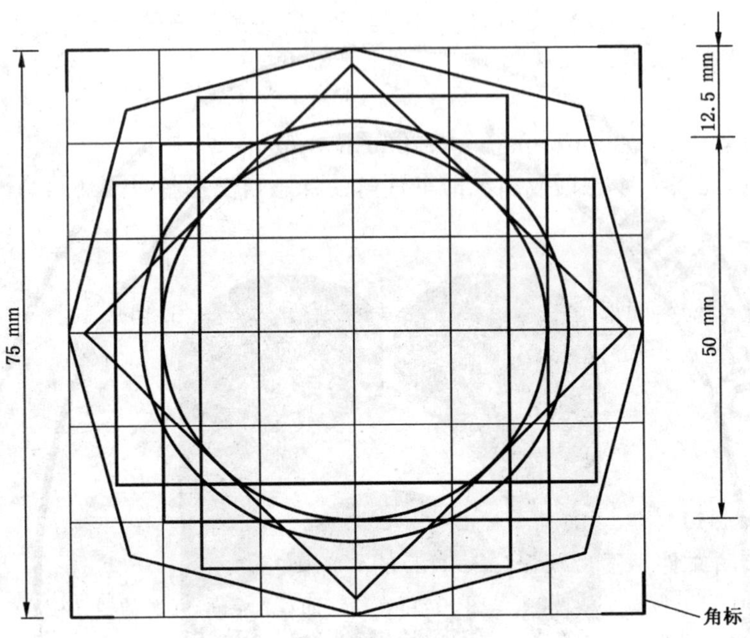

图2　基本图型

3.3

基本模型　basic model

用于设计**标志用图形符号**(2.5.14)的通用图形。

注：基本模型包含四种几何形状(正方形、斜置正方形、圆形、正三角形)，由边长5 mm的网格分割(见图3)。

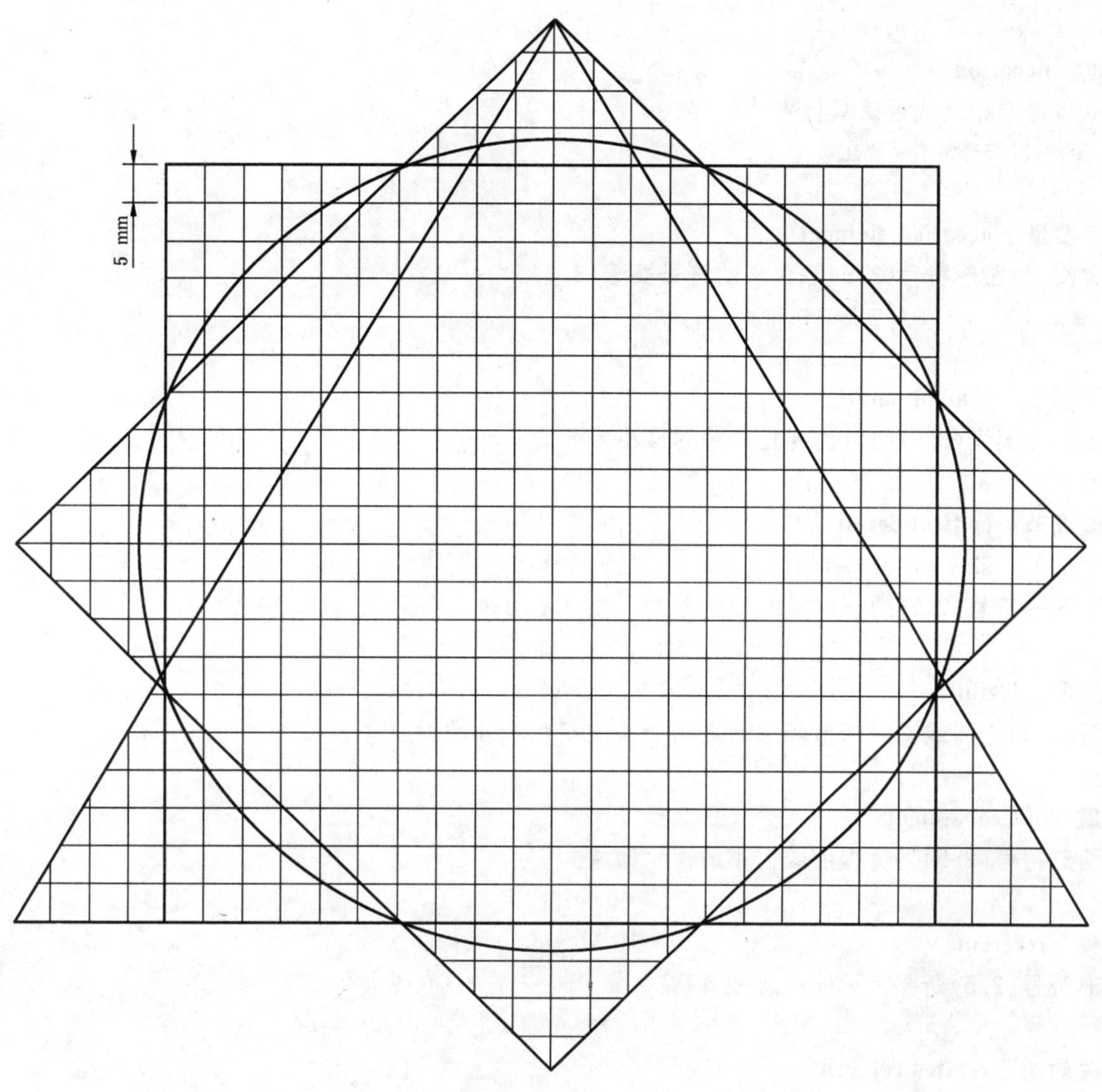

图 3　基本模型

3.4

角标　corner marking

位于**基本图型**(3.2)最外沿四个拐角处的垂直相交线。

注：角标由长度为 6 mm 的垂直线和水平线组成(见图 2)。

3.5

公称尺寸　nominal size

便于**图形符号**(2.5)复制的参考尺寸。

注：在**设备用图形符号**(2.5.13)的**符号原图**(2.5.1)上为 50 mm(见图 2)。

3.6

符号要素　symbol element

具有特定含义的**图形符号**(2.5)的组成部分。

3.7

限定要素　determinant

附加于**一般符号**(2.5.7)或其他**图形符号**(2.5)之上，以提供某种确定或附加信息，不能单独使用的**符号要素**(3.6)。

注：**一般符号**(2.5.7)也可作为**限定要素**(3.7)使用。

3.8

否定 negation

表示与肯定相反或否认具体事物的存在的一种方法。

注：否定(3.8)通常表示禁止。

3.9

否定要素 negation element

否定(3.8)图形符号(2.5)原含义的符号要素(3.6)。

注：否定要素(3.9)通常包括直杠和叉形两种形式。

3.10

符号细节 symbol detail

构成符号要素(3.6)的可由视觉分辨的最小单元。

3.11

关键细节 critical detail

重要细节 significant detail

对于图形符号(2.5)的理解或图形符号的完整必不可少的符号细节(3.10)。

3.12

清晰度 legibility

字符(2.1)之间或符号细节(3.10)之间能够被相互区分的程度。

3.13

视重 optical weight

对图形符号(2.5)显著程度或大小的视觉印象。

3.14

对象 referent

图形符号(2.5)所要表示的概念或事物。

3.15

相关对象 related referent

在同一符号系统中具有关联或相似功能的对象(3.14)。

注：例如“壁球”和“网球”。

3.16

对象的否定 negation of a referent

通过在图形符号(2.5)上添加否定要素(3.9)来否定图形符号的含义。

3.17

方案 variant

针对给定对象(3.14)提出的可供选择的图形符号(2.5)设计图案。

3.18

功能 function

图形符号(2.5)所要表示的对象(3.14)的用途或作用。

3.19

排斥功能 excluded function

图形符号(2.5)不表示的对象(3.14)或相关对象(3.15)所具有的功能(3.18)。

3.20

说明 description

解释图形符号(2.5)的功能(3.18)、应用场所(3.22)和应用形式(3.23)的文字。

3.21

图像内容　image content

对**图形符号**(2.5)中**符号要素**(3.6)及其相对位置的描述。

3.22

应用场所　field of application

图形符号(2.5)的应用环境或范围。

3.23

应用形式　format of application

承载和显示**图形符号**(2.5)或标志的客体类型。

3.24

被试　respondent

在进行**方案**(3.17)测试时作出反应的人。

3.25

易理解性　comprehensibility

图形符号(2.5)被理解为预定含义的可能程度。

3.26

理解度测试　comprehension test

对**方案**(3.17)的理解程度进行量化的测试程序。

3.27

易理解性评价测试　comprehensibility judgement test

评价测试　judgement test

用于评价**方案**(3.17)的**易理解性**(3.25)的测试程序。

参 考 文 献

[1] GB/T 16901.2—2000 图形符号表示规则 产品技术文件用图形符号 第2部分:图形符号(包括基准符号库中的图形符号)的计算机电子文件格式规范及其交换要求

[2] GB/T 20001.2—2001 标准编写规则 第2部分:符号

[3] ISO 9186:2001 图形符号 易理解性评价和理解度的测试方法

[4] ISO 17724:2003 图形符号 术语

[5] IEC TR 62154:2005 信息结构、技术文件和图形符号领域中的术语

汉语拼音索引

英文对应词索引

ICS 01.080.10
A 22

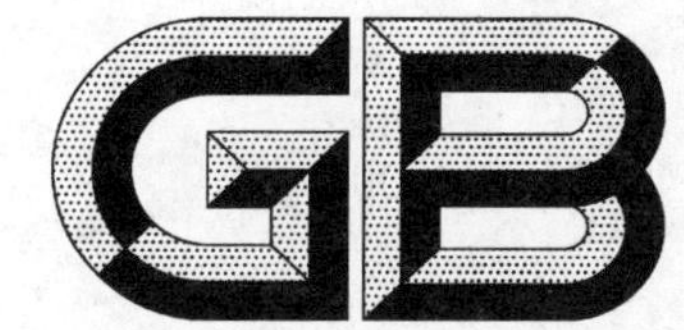

中华人民共和国国家标准

GB/T 15565.2—2008

图形符号 术语
第2部分:标志及导向系统

Graphical symbols—Terms—
Part 2:Signs and guidance system

2008-12-30 发布 2009-07-01 实施

中华人民共和国国家质量监督检验检疫总局
中国国家标准化管理委员会 发布

前　言

GB/T 15565《图形符号　术语》分为两个部分：

——第 1 部分：通用；

——第 2 部分：标志及导向系统。

本部分是 GB/T 15565 的第 2 部分。

本部分由全国图形符号标准化技术委员会(SAC/TC 59)提出并归口。

本部分起草单位：中国标准化研究院、机械科学研究总院、轻工业标准化研究所、中国民用航空总局航空安全技术中心、北京市地铁线路公司。

本部分主要起草人：陈永权、白殿一、强毅、郭汀、邹传瑜、张亮、杨柞年、刘家伟、周克。

图形符号 术语
第2部分:标志及导向系统

1 范围

GB/T 15565 的本部分界定了标志及导向系统的基本术语及其定义。

本部分适用于标志、导向系统及相关领域。

2 标志及其应用

2.1 标志

2.1.1

标志 sign

由符号、文字、颜色和几何形状(或边框)等组合形成的传递特定信息的视觉形象。

2.1.2

图形标志 graphical sign

由标志用图形符号、颜色、几何形状(或边框)等组合形成的**标志**(2.1.1)。

示例:“禁止烟火”图形标志,见图1。

注:术语“标志用图形符号”见 GB/T 15565.1。

图1 图形标志示例

2.1.3

文字标志 letter sign

由文字、颜色或边框等组合形成的矩形**标志**(2.1.1)。

示例:“人民医院”文字标志,见图2。

人民医院

图2 文字标志示例

2.1.4

主标志 main sign

相对于**辅助标志**(2.1.5)或**补充标志**(2.1.6),传递主要信息或起主要作用的**图形标志**(2.1.2)。

示例:如图3和图4所示,图中的图形标志为主标志。

图 3 主标志与辅助标志示例

图 4 主标志与补充标志示例

2.1.5

辅助标志 **supplementary sign**

从属于**主标志**(2.1.4),用文字解释主标志所传递信息的**标志**(2.1.1)。

示例:如图 3 所示,图中的文字标志为辅助标志。

2.1.6

补充标志 **complementary sign**

从属于**主标志**(2.1.4),传递附加信息的**标志**(2.1.1)。

示例:如图 4 所示,图中的文字标志为补充标志。

2.1.7

单一标志 **single sign**

由一个**图形标志**(2.1.2)或**文字标志**(2.1.3)形成的表达唯一信息的**标志**(2.1.1)。

2.1.8

组合标志 **combination sign**

在同一**标志载体**(2.3.20)上由**主标志**(2.1.4)与**辅助标志**(2.1.5)或**补充标志**(2.1.6)形成的共同表达某一信息的**标志**(2.1.1)。

2.1.9

集合标志 **multiple sign**

在同一**标志载体**(2.3.20)上由两个或多个**单一标志**(2.1.7)或**组合标志**(2.1.8)形成的表达多个信息的**标志**(2.1.1)。

2.1.10

公共信息图形标志 **public information graphical sign**

传递公共场所、**公共设施**(3.4)及**服务功能**(3.7)等信息的**图形标志**(2.1.2)。

2.1.11

道路交通标志 **road traffic sign**

传递道路交通信息的**标志**(2.1.1)。

2.1.12

安全标志 **safety sign**

由安全符号与**安全色**(2.2.5)、**安全形状**(2.2.7)等组合形成,传递特定安全信息的**标志**(2.1.1)。

注:根据**安全色**(2.2.5)与**安全形状**(2.2.7)不同组合所形成的标志含义,安全标志可分为**禁止标志**(2.1.12.1)、**警告标志**(2.1.12.2)、**指令标志**(2.1.12.3)、**安全条件标志**(2.1.12.4)和**消防设施标志**(2.1.12.5)等。

2.1.12.1

禁止标志 **prohibition sign**

禁止某种行为或动作的**安全标志**(2.1.12)。

示例:"禁止烟火"标志,见图1。

2.1.12.2

警告标志 **warning sign**

提醒注意周围环境、事物,避免潜在危害的**安全标志**(2.1.12)。

示例:"当心触电"标志,见图5。

图5 警告标志示例

2.1.12.3

指令标志 **mandatory sign**

强制采取某种安全措施或做出某种动作的**安全标志**(2.1.12)。

示例:"必须接地"标志,见图6。

图6 指令标志示例

2.1.12.4

安全条件标志 **safety condition sign**

提示安全行为或指示安全设备、安全设施以及**疏散路线**(4.6)所在位置的**安全标志**(2.1.12)。

示例:"紧急出口"标志,见图7。

图7 安全条件标志示例

2.1.12.5

消防设施标志 fire equipment sign

指示消防设施所在位置或提示如何使用消防设施的**安全标志**(2.1.12)。

示例:"灭火器"标志,见图 8。

图 8 消防设施标志示例

2.1.13

安全标记 safety marking

出于安全目的使某个对象或地点变得醒目的标记。

注:通常由**安全色**(2.2.5)、对比色、发光材料、分隔开的点光源等方式形成。

示例:见图 9。

图 9 安全标记示例

2.1.14

区域信息标志 environmental information sign

所提供的信息涉及某一范围的**图形标志**(2.1.2)。

注:例如,在大厅中设置的"禁止吸烟"标志,表示在大厅的范围内禁止吸烟。

2.1.15

局部信息标志 partial information sign

所提供的信息只涉及某具体地点、设备或部件的**图形标志**(2.1.2)。

注:例如,在电气设备上设置的"当心触电"标志,表示当心触电的警告信息只针对该设备有效。

2.2 标志构成

2.2.1

边框 enclosure

形成**标志**(2.1.1)形状的,具有一定宽度的线条。

示例:见图 10。

图 10 标志的衬边、边框和衬底色示例

2.2.2

衬边 border

标志(2.1.1)的边框(2.2.1)(外缘)周围与边框(外缘)颜色成对比色的具有一定宽度的条带。

示例:见图10。

2.2.3

衬底色 background colour

标志(2.1.1)中衬托图形符号或文字的颜色。

示例:见图10。

2.2.4

颜色代码 colour code

用于表示特定含义的一组颜色。

2.2.5

安全色 safety colour

被赋予安全含义而具有特殊属性的颜色。

2.2.6

形状代码 shape code

用于表示特定含义的一组形状。

注:常以不同形状代表禁止、警告、指令、限制、安全条件(消防设施)等信息。

2.2.7

安全形状 safety shape

被赋予安全含义的几何形状。

2.2.8

反差 contrast

图像中最大光密度与最小光密度间的差。

参见:正反差(2.2.8.1),负反差(2.2.8.2)。

2.2.8.1

正反差 positive contrast

在白色或浅色背景上使用黑色或深色字符形成的反差。

参见:负反差(2.2.8.2)。

注:术语"字符"见GB/T 15565.1。

2.2.8.2

负反差 negative contrast

在黑色或深色背景上使用白色或浅色字符形成的反差。

参见:正反差(2.2.8.1)。

注:术语"字符"见GB/T 15565.1。

2.3 标志应用

2.3.1

醒目度 conspicuity

视野内的标志(2.1.1)较其环境背景易于引起注意的程度。

2.3.2

可见度 visibility

在一定的距离、光线和特定时间的一般天气条件下,标志(2.1.1)被视觉感知的可能程度。

2.3.3

觉察　detection

视觉系统对出现在视野内的刺激做出反应的过程。

2.3.4

观察距离　observation distance

l

在观察者视野内，标志(2.1.1)对于观察者清晰且醒目的最大距离。

示例：见图11。

2.3.5

分辨力　resolution

观察者区分图形细节的视觉能力。

2.3.6

视敏度　visual acuity

观察者能够清楚地看到具有非常小角距的细微细节的能力。

2.3.7

偏移　displacement

X

标志(2.1.1)中心点到观察者视野法向中心线的垂直距离。

示例：见图11。

2.3.8

偏移角　angle of displacement

θ

观察者注视标志(2.1.1)中心点的视线与观察者视野法向中心线之间的夹角。

示例：见图11。

2.3.9

观察角　viewing angle

α

标志(2.1.1)所在平面与观察者视线所形成的夹角。

示例：见图11。

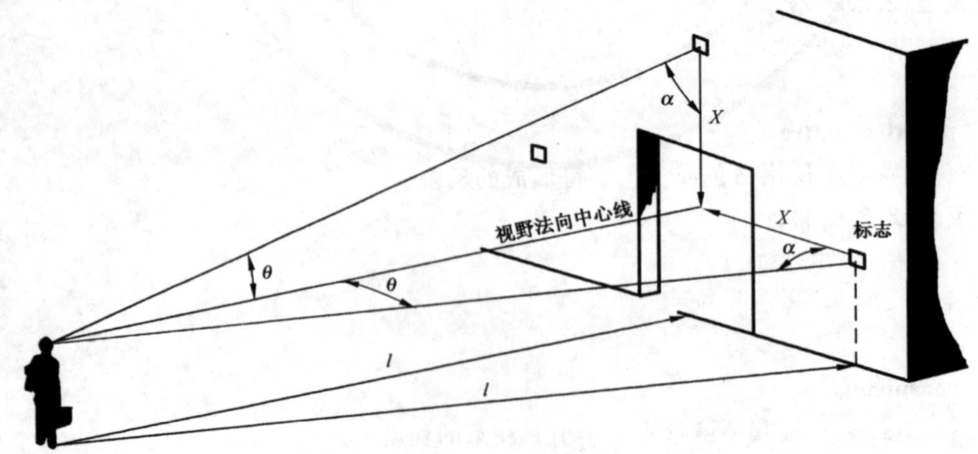

注：α为观察角，l为观察距离，X为偏移，θ为偏移角。

图11　观察角、观察距离、偏移和偏移角示例

2.3.10

视角　visual angle

从观察者眼睛到被观看标志(2.1.1)的最长轴两端的连线所形成的夹角。

示例:见图 12。

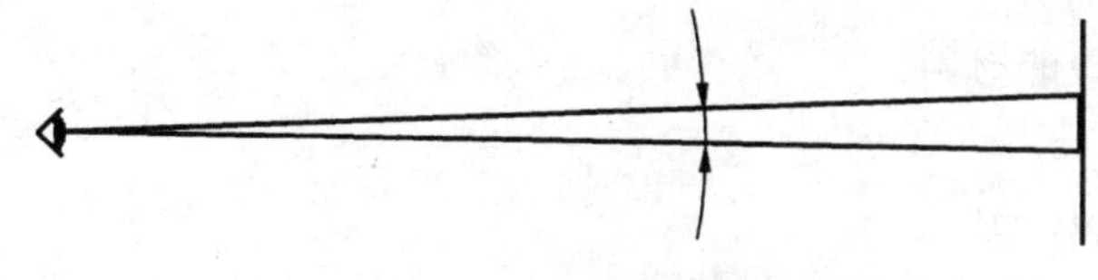

图 12　视角示例

2.3.11

标志高度　sign height

h

几何形状为圆形的标志(2.1.1)的直径或几何形状为矩形(或三角形)的标志的高。

2.3.12

距离因数　factor of distance

z

观察距离(l)(2.3.4)和标志高度(h)(2.3.11)之比。

$$z=l/h$$

2.3.13

表观尺寸　apparent size

不考虑图形符号或不同形状边框(2.2.1)的实际尺寸而对标志大小的主观感觉。

注:具有不同几何尺寸的形体可被人眼感知成相同大小。例如,正方形、斜置正方形、圆形、等边三角形尺寸保持 25∶25∶28∶35 的比例关系时,各几何形状标志的表观大小基本一致。

2.3.14

亮度对比度　luminance contrast

k

安全标志(2.1.12)中对比色亮度 L_1 与安全色(2.2.5)亮度 L_2 的比值,其中 L_1 大于 L_2。

$$k=L_1/L_2$$

2.3.15

亮度因数　luminance factor

在相同照明条件下,试样表面沿某一给定方向的亮度与全反射或全透射散射体的亮度之比。

2.3.16

逆反射　retroreflection

反射光线沿接近入射光线方向的反方向的反射。

2.3.17

逆反射系数　coefficient of retroreflection

R′

<平面逆反射表面>平面逆反射材料(2.3.22)沿观察方向的发光强度(I)除以该逆反射面在与入射光垂直的平面上的照度($E_\perp$)与其面积(A)之积。

$$R'=\frac{I}{E_\perp A}$$

2.3.18

光致发光　photoluminescence

因吸收光辐射而导致的发光。

2.3.19

磷光　phosphorescence

由中间能量级中存储的能量所迟延的**光致发光**(2.3.18)。

2.3.20

标志载体　sign carrier

承载和显示**标志**(2.1.1)的材料。

2.3.21

普通材料　ordinary material

不能**逆反射**(2.3.16)光也不能发光的材料。

2.3.22

逆反射材料　retroreflecting material

只能**逆反射**(2.3.16)光的材料。

2.3.23

组合材料　combined material

同时具有光致发光材料和**逆反射材料**(2.3.22)的光学特性的材料。

2.3.24

内光源标志　internally illuminated sign

由透明或半透明材料制作,通过**标志载体**(2.3.20)内部或后部光源透射显示的标志。

3　公共信息导向

3.1

公共信息导向系统　public information guidance system

由**导向要素**(3.2)构成的引导人们在公共场所进行有序活动的标志系统。

3.2

导向要素　guidance element

导向系统中具有特定功能的最小组成部分。

注：在**公共信息导向系统**(3.1)中,导向要素主要包括**位置标志**(3.2.1)、**导向标志**(3.2.2)、**平面示意图**(3.2.3)、**信息板**(3.2.4)、**街区导向图**(3.2.5)、**便携印刷品**(3.2.6)等。

3.2.1

位置标志　location sign

由**图形标志**(2.1.2)和(或)**文字标志**(2.1.3)形成,用于标明**服务设施**(3.6)或**服务功能**(3.7)所在位置的**公共信息图形标志**(2.1.10)。

3.2.2

导向标志　direction sign

由**图形标志**(2.1.2)和(或)**文字标志**(2.1.3)与箭头符号组合形成,用于指示通往预期目的地路线的**公共信息图形标志**(2.1.10)。

3.2.3

平面示意图　layout plan

显示特定区域或场所内**服务功能**(3.7)或**服务设施**(3.6)位置分布信息的平面图。

3.2.4

信息板　information board

显示特定场所或范围内**服务功能**(3.7)或**服务设施**(3.6)位置索引信息的**标志**(2.1.1)。

3.2.5

街区导向图　street guidance map

提供街区内主要自然地理信息、**公共设施**(3.4)位置分布信息和导向信息的简化地图。

3.2.6

便携印刷品　portable printing matter

便于使用者携带和随时查阅的导向资料。

3.2.6.1

功能列项图　function list

在**便携印刷品**(3.2.6)中以列表形式提供**服务设施**(3.6)主要功能信息的图。

3.2.6.2

位置图　location map

在**便携印刷品**(3.2.6)中标注某一场所或区域的位置并提供其周边环境和交通信息的示意图。

3.2.6.3

分布图　distribution map

在**便携印刷品**(3.2.6)中提供某类**公共设施**(3.4)或**服务设施**(3.6)的地理分布位置信息的示意图。

3.2.6.4

路线图　path map

在**便携印刷品**(3.2.6)中提供从特定出发点到达目标的路线信息的示意图。

3.3

劝阻标志　instruction sign

限制人们的某种行为的**公共信息图形标志**(2.1.10)。

注：例如"请保持安静"标志,"请勿乱扔废弃物"标志等。

3.4

公共设施　public facility

在一定场所或范围内因公共需要所提供的为公众使用的建筑物、构筑物等有形物体及设备。

注：如电梯、卫生间等。

3.5

交通设施　traffic facility

为公众出行提供服务的**公共设施**(3.4)。

注：如公共电(汽)车站、铁路旅客车站等。

3.6

服务设施　service facility

为公众提供某种服务的**公共设施**(3.4)。

注：如医院、商场等。

3.7

服务功能　service function

服务设施(3.6)为公众提供的服务。

注：如购物服务、医疗服务等。

3.8

图例　legend

对图中所使用的符号、标志或特定含义的颜色的说明。

3.9

观察者位置　observer location

在**平面示意图**(3.2.3)或**街区导向图**(3.2.5)中,用符号表示的观察者在图中所处的位置。

3.10

节点　intersection

导向系统中导向路线与其他路径的交会处或行进方向的变更处。

3.11

地名标志　place name sign

标示地理实体专有名称的**标志**(2.1.1)。

3.12

导向线 guidance line

设置在地面或墙面,指示行进路线方向的带有颜色的线形标记。

4　应急导向

4.1

应急导向系统　safety way guidance system(SWGS)

通过**安全标志**(2.1.12)、**安全标记**(2.1.13)等应急导向要素,指引人们在紧急情况下沿着指定**疏散路线**(4.6)撤离危险区域的导向系统。

4.2

应急导向线　emergency guidance line

标示**疏散路线**(4.6)或确定通过开阔区域的疏散路径的明显线形标记。

4.3

紧急出口 emergency exit

疏散路线(4.6)中通向安全地点的门或通道。

4.4

终端出口　final exit

连接**疏散路线**(4.6)和安全场所的最终**紧急出口**(4.3)。

4.5

疏散平面图　escape plan

为设施使用者提供**疏散路线**(4.6)和消防设施等信息的平面图。

4.6

疏散路线　escape route

从建筑物内任意位置通往到**终端出口**(4.4)的安全路线。

4.7

疏散路线标志　escape route sign

引导人们沿着**疏散路线**(4.6)到达**终端出口**(4.4)的**导向标志**(3.2.2)。

4.8

疏散距离　travel distance

从建筑物内任意位置到达受到保护的**疏散路线**(4.6)、外部疏散路线或**终端出口**(4.4)的距离。

4.9

集合区　assembly area

在危险区域之外指定的供疏散者集中的安全区域。

4.10

尽端式走廊　dead end corridor

袋形走廊

只有一条单向**疏散路线**(4.6)的走廊或走廊的一段。

4.11

应急照明　emergency lighting

在正常照明发生故障时提供的照明。

4.12

应急疏散照明　emergency escape lighting

为疏散撤离或在撤离前试图终止潜在危险的人所提供的**应急照明**(4.11)。

4.13

低位　low location

＜应急导向系统＞**安全标志**(2.1.12)、**安全标记**(2.1.13)等应急导向要素安装在地面上或略高于地面的安装位置。

4.14

中位　intermediate location

＜应急导向系统＞**安全标志**(2.1.12)、**安全标记**(2.1.13)等应急导向要素安装在介于**低位**(4.13)和**高位**(4.15)之间的安装位置,特指在视线水平高度的安装位置。

4.15

高位　high location

＜应急导向系统＞**安全标志**(2.1.12)、**安全标记**(2.1.13)等应急导向要素安装在与天花板等高或距离地板水平面不低于1.8 m的安装位置。

参 考 文 献

［1］ GB/T 2893.1—2004 图形符号 安全色和安全标志 第1部分:公共场所和公共区域中安全标志的设计原则

［2］ GB/T 15565.1 图形符号 术语 第1部分:通用

［3］ GB/T 20501—2006(所有部分) 公共信息导向系统 要素的设计原则与要求

［4］ ISO 16069:2004 图形符号 安全标志 安全路线导向系统

［5］ ISO 17724:2003 图形符号 术语

［6］ UIC 413:2000 方便铁路旅客的措施

索　引

汉语拼音索引

英文对应词索引

ICS 83.120
Q 23

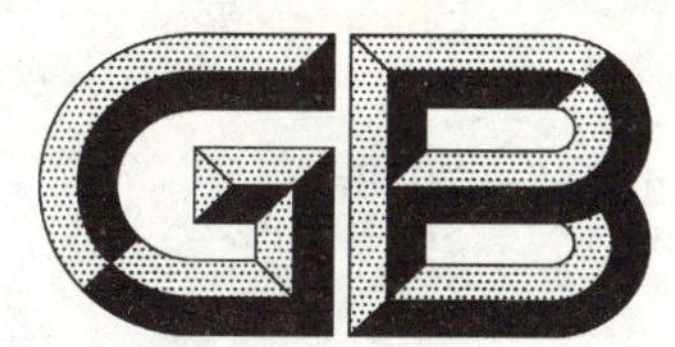

中华人民共和国国家标准

GB/T 15568—2008
代替 GB/T 15568—1995

通用型片状模塑料(SMC)

Sheet molding compound (SMC) for general purposes

2008-06-30 发布　　　　2009-04-01 实施

中华人民共和国国家质量监督检验检疫总局
中国国家标准化管理委员会　发布

前　言

本标准对应于BS 5734:Part 5:1990《用于电器和其他用途的聚酯模塑料　第5部分:机械型SMC片材标准》,与BS 5734:Part 5:1990的一致性程度为非等效。

本标准代替GB/T 15568—1995《通用型片状模塑料(SMC)》。

本标准与GB/T 15568—1995相比主要变化如下:

——增加了术语和定义(见第3章);

——修改了产品分类,增加了性能分类中的按收缩性能分类和按燃烧性能分类(GB/T 15568—1995中的第3章,本标准的第4章);

——将玻璃纤维含量允许偏差从±4%修改为±3%(GB/T 15568—1995中的4.2,本标准的5.2);

——将单位面积质量允许偏差从±12%修改为±7%(GB/T 15568—1995中的4.3.1,本标准的5.3);

——删除了单位面积质量分布允许偏差(GB/T 15568—1995中的4.3.2);

——增加了燃烧性能要求(见5.4.3);

——修改了出厂检验和型式检验的抽样方案及判定准则(GB/T 15568—1995中的6.2、6.3,本标准的7.1.2、7.2.3);

——包装方式中增加了箱式包装(GB/T 15568—1995中的7.2.1,本标准的8.2.1);

——对储存条件的储存温度和储存期进行了修改(GB/T 15568—1995中的7.4,本标准的8.4);

——对纤维含量的计算公式进行了修改(GB/T 15568—1995中的附录A,本标准的附录A);

——对单位面积质量偏差表示方式进行了修改,去掉了质量分布偏差的计算公式(GB/T 15568—1995中的附录B,本标准的附录B);

——对模塑收缩率试验的试样尺寸进行了修改(GB/T 15568—1995中的附录C,本标准的附录C)。

本标准的附录A、附录B和附录C均为规范性附录。

本标准由中国建筑材料联合会提出。

本标准由全国纤维增强塑料标准化技术委员会归口。

本标准起草单位:北京玻钢院复合材料有限公司、北京汽车玻璃钢制品有限公司、常州华日新材有限公司、哈尔滨玻璃钢研究院。

本标准起草人:陈强、张荣琪、高红梅、李文仿、汪照军、付金存、郑学森、李军、丁新静。

本标准所代替标准的历次版本发布情况为:

——GB/T 15568—1995。

通用型片状模塑料(SMC)

1 范围

本标准规定了通用型片状模塑料(以下简称 SMC)的分类标记、要求、试验方法、检验规则及标志、包装、运输、贮存等。

本标准适用于玻璃纤维增强不饱和聚酯树脂的通用型片状模塑料。

2 规范性引用文件

下列文件中的条款通过本标准的引用而成为本标准的条款。凡是注日期的引用文件,其随后所有的修改单(不包括勘误的内容)或修订版均不适用于本标准,然而,鼓励根据本标准达成协议的各方研究是否可使用这些文件的最新版本。凡是不注日期的引用文件,其最新版本适用于本标准。

GB/T 1446 纤维增强塑料性能试验方法总则

GB/T 1449 纤维增强塑料弯曲性能试验方法

GB/T 1451 纤维增强塑料简支梁式冲击韧性试验方法

GB/T 4609 塑料燃烧性能试验方法

GB/T 8924 纤维增强塑料燃烧性能试验方法 氧指数法

3 术语和定义

下列术语和定义适用于本标准。

3.1

片状模塑料 sheet molding compound (SMC)

一种由可增稠的树脂、短切(和/或连续的)玻璃纤维增强材料、填料、助剂等材料组成,上下两面覆盖承载薄膜的片状复合物。

3.2

通用片状模塑料 Sheet molding compound (SMC) for general purposes

一种以不饱和聚酯树脂和玻璃纤维为主要原材料的 SMC。

4 分类及标记

4.1 分类

按力学性能将 SMC 分为 3 类:M_1 型、M_2 型、M_3 型。

按收缩性能将 SMC 分为 4 类:S_1 型、S_2 型、S_3 型、S_4 型。

按燃烧性能将 SMC 分为 4 类:F_1 型、F_2 型、F_3 型、F_4 型。

4.2 标记

产品按力学性能、收缩性能、燃烧性能、SMC 代号和本标准号进行标记。

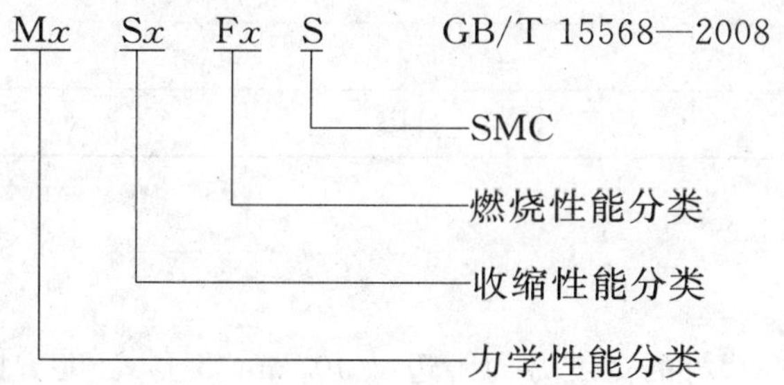

示例：力学性能为 M_1 型，收缩性能为 S_2 型，燃烧性能为 F_3 型，按照 GB/T 15568—2008 生产的 SMC 标记为：

$M_1S_2F_3S$　GB/T 15568—2008。

5 要求

5.1 外观质量

外观应平整、颜色均匀、纤维浸渍良好、无杂质，覆盖薄膜无破损。

5.2 玻璃纤维含量允许偏差

SMC 玻璃纤维含量允许偏差为±3%。

5.3 单位面积质量允许偏差

SMC 的单位面积质量允许偏差为±7%。

5.4 性能分类

5.4.1 力学性能

SMC 的模塑试样，其力学性能应符合表 1 的要求。

表 1　力学性能

分类	项目		
	弯曲强度/MPa	弯曲模量/GPa	冲击韧性/(kJ/m^2)
M_1 型	≥170	≥10.0	≥60
M_2 型	≥135	≥8.0	≥45
M_3 型	≥100	≥7.0	≥35

5.4.2 收缩性能

SMC 的模塑试样，其收缩性能应符合表 2 的要求。

表 2　收缩性能

分类	收缩率/%
S_1 型(零收缩)	<0
S_2 型(低轮廓)	0～0.05
S_3 型(低收缩)	>0.05～0.1
S_4 型(普　通)	>0.1～0.2

5.4.3 燃烧性能

SMC 的模塑试样，其燃烧性能应符合表 3 的要求。

表 3　燃烧性能

分类	项目	
	燃烧等级	氧指数/%
F_1 型	FV-0	≥36
F2 型	FV-1	≥32
F_3 型	FV-2	≥28
F_4 型	HB	≥20

6 试验方法

6.1 取样方式

除 5.1 外，测试取样时，在片材的宽度方向距边缘 40 mm 以上、长度方向距端头 40 mm 以上切取。

6.2 外观检验

目测。

6.3 玻璃纤维含量

按附录 A 测试。

6.4 单位面积质量

按附录 B 测试。

6.5 力学性能

6.5.1 试样制备按 SMC 生产厂家提供的模塑成型工艺条件和 GB/T 1446 的规定进行。

6.5.2 弯曲强度和弯曲模量按 GB/T 1449 测试。

6.5.3 冲击韧性按 GB/T 1451 测试。

6.6 模塑收缩率

按附录 C 测试。

6.7 燃烧性能

6.7.1 燃烧等级按 GB/T 4609 测试。

6.7.2 氧指数按 GB/T 8924 测试。

7 检验规则

7.1 出厂检验

7.1.1 检验项目

出厂检验项目为外观质量、玻璃纤维含量允许偏差、单位面积质量允许偏差。

7.1.2 抽样方案

以相同配方，相同生产工艺，单班连续生产的 10 t SMC 料为一批，小于 10 t 以一批计，每批随机抽取一个样本进行检验。

7.1.3 判定准则

若检验项目全部合格则判该批为合格，若有不合格项，则对不合格项进行加倍检验。如仍不合格，则判该批不合格。

7.2 型式检验

7.2.1 检验条件

有下列情况之一时，应进行型式检验：

a) 原材料或生产工艺有较大改变，可能影响产品性能时；
b) 每生产满一年时；
c) 停产一年以上，恢复生产时；
d) 出厂检验结果与上次型式检验有较大差异时；
e) 质量监督机构提出型式检验要求时；
f) 客户提出要求时。

7.2.2 检验项目

第 5 章的全部内容。

7.2.3 抽样方案

以相同配方，相同生产工艺，单班连续生产的 10 t SMC 料为一批，小于 10 t 以一批计，每批随机抽取一个样本进行检验。

7.2.4 判定准则

若检验项目全部合格则判该批为合格，若有不合格项，则对不合格项进行加倍检验。如仍不合格，则判该批不合格。

8 标志、包装、运输、贮存

8.1 标志

产品的包装上必须附有合格证,合格证上应含有以下内容:

a) 产品标记;

b) 生产厂家和商标;

c) 种类和颜色;

d) 批号;

e) 生产日期;

f) 玻璃纤维含量;

g) 单位面积质量;

h) 毛重、净重;

i) 贮存期。

8.2 包装

8.2.1 产品可采用卷式包装,每卷都应卷在结实的空心管上,亦可采用箱式包装。

8.2.2 包装应用不渗透苯乙烯的薄膜包裹,用薄膜包裹后密封以防透气。薄膜材料可以是玻璃纸、镀铝膜等。

8.2.3 当采用卷式包装时,可用木箱、纸箱或其他包装物进行外包装,外包装上需有防潮、防晒标志。

8.2.4 每批产品内要附有产品合格证及产品使用说明书。产品使用说明书包括下述内容:

a) 种类;

b) 性能指标;

c) 成型工艺条件;

d) 贮存条件,储存条件要根据包装不同,规定码放层数。

8.3 运输

运输中应采取遮篷或密闭等手段避免日晒、受热、受潮和污染,避免包装损坏。

8.4 贮存

应贮存在阴凉、通风、干燥的室内,远离热源、火种、避免受潮和污染,保持包装的完好。SMC的贮存条件及贮存期,根据生产厂家的要求而定。

附 录 A
（规范性附录）
SMC 纤维含量试验方法

A.1 仪器和试剂

A.1.1 仪器

A.1.1.1 分析天平，感量 0.1 mg。

A.1.1.2 箱式电阻炉，额定温度 800 ℃，控温精度±20 ℃。

A.1.1.3 电热鼓风恒温干燥箱，额定温度 200 ℃，控温精度±2 ℃。

A.1.1.4 滤网，180 目。

A.1.1.5 抽尘装置（含抽尘罩与抽风机）。

A.1.1.6 玻璃烧杯，大于 200 mL。

A.1.1.7 瓷坩埚，30 mL 或 40 mL。

A.1.1.8 干燥器。

A.1.2 试剂

A.1.2.1 10％盐酸（HCl）溶液，化学纯。

A.1.2.2 丙酮，化学纯。

A.2 取样

取增稠好的 SMC 片材，沿 SMC 片材宽度方向（离边缘 40 mm），等距离切取 50 mm×50 mm 试样五个。

A.3 试验步骤

A.3.1 将坩锅置于（600±5）℃的箱式电阻炉中灼烧，恒定其质量，使坩锅在干燥器中冷却至室温，称其质量，精确至 0.1 mg，记为 m_1。

A.3.2 揭去试样两面薄膜，依次放入灼烧恒重的瓷坩埚内，迅速称量试样质量，精确至 0.1 mg，记为 m_2。

A.3.3 将盛有试样的瓷坩埚放入（600±5）℃的箱式电阻炉内灼烧 3 h。

A.3.4 取出放有试样的瓷坩埚，放入干燥器中冷却至室温。

A.3.5 往烧杯中加入 10％的 HCl 溶液 100 mL，洗涤试样，用 180 目金属过滤网过滤后，再用丙酮洗涤三次，将试样放入恒重的器皿（m_3）中，在室温下晾干。

A.3.6 将盛有试样的器皿放入（110±2）℃的烘箱中烘 1.5 h。

A.3.7 取出盛有试样的坩埚，置于干燥器内冷却至室温，称取质量，精确至 0.1 mg，记为 m_4。

注 1：试样在移送过程中，切勿用手触摸试样，谨防试样受损失。

注 2：在加热阶段，试样不得接触炉壁。

A.4 试验结果的计算

玻璃纤维含量（质量分数）按式（A.1）计算，数值以％表示：

$$GF = \frac{m_4 - m_3}{m_2 - m_1} \times 100 \qquad \cdots\cdots(A.1)$$

式中：

GF——玻璃纤维含量，%；

m_4——灼烧恒重的器皿与经灼烧、洗涤、干燥后的试样的总质量，单位为克(g)；

m_3——灼烧恒重的器皿的质量，单位为克(g)；

m_2——灼烧恒重的坩锅与灼烧前试样的总质量，单位为克(g)；

m_1——灼烧恒重的坩锅质量，单位为克(g)。

A.5 试验结果

按 GB/T 1446 的规定进行。

A.6 试验报告

按 GB/T 1446 的规定进行。

附　录　B
（规范性附录）
SMC单位面积质量试验方法

B.1　仪器和工器具

B.1.1　分析天平，感量1 g。

B.1.2　样板长（300～400）mm，宽（250～300）mm（或相当尺寸），厚（3～5）mm。

B.1.3　小刀或其他刀具。

B.2　试验方法

B.2.1　片材幅宽大于830 mm时，以片材长度的平行方向为长边，以片材宽度的平行方向为短边，在一条与片材宽度方向的平行线上用样板切取试样3块，揭开薄膜后称量，精确到1 g，记为m。

B.2.2　片材幅宽等于或小于830 mm时，试样宽度取片材宽度的四分之一。以片材长度的平行方向为长边，以片材宽度的平行方向为短边，在一条与片材宽度方向的平行线上用样板切取试样3块，揭开薄膜称量，精确到1 g，记为m。

B.3　计算

SMC的单位面积质量按式（B.1）计算：

$$M=\frac{m}{a\times b}\times 1\ 000 \qquad \text{(B.1)}$$

式中：

M——单位面积质量，单位为千克每平方米（kg/m²）；

m——试样质量，单位为克（g）；

a——试样长，单位为毫米（mm）；

b——试样宽，单位为毫米（mm）。

B.4　试验结果

按GB/T 1446的规定进行。

B.5　试验报告

按GB/T 1446的规定进行。

附　录　C
（规范性附录）
SMC 模塑收缩率试验方法

C.1　设备和工器具

C.1.1　测量工具：游标卡尺或其他测量工具，精度至 0.02 mm。

C.1.2　压机：能满足 SMC 成型工艺条件的压机。

C.1.3　模具：能满足试样尺寸要求和模压成型工艺要求的金属模具。

C.2　试样

C.2.1　试样尺寸

试样尺寸如图 C.1 所示。

C.2.2　试样制备方法

按生产厂家提供的成型工艺条件进行模压成型。

单位为毫米

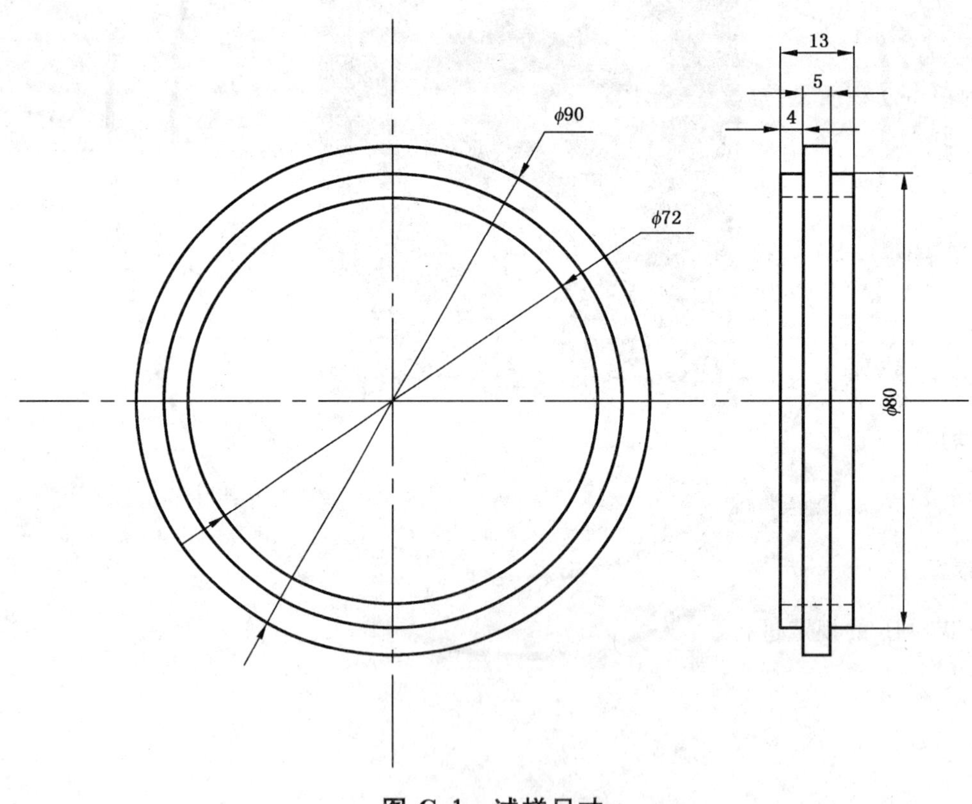

图 C.1　试样尺寸

C.3　试验步骤

C.3.1　测量模腔的内径，在(23±2)℃下测量模腔内径，精确至 0.02 mm，记为 L_0。

注 1：如无恒温条件，可在室温下测量。

注 2：除直接测量外，还可用冷模铅试样，通过测量铅试样的尺寸来获得模腔的内径尺寸。

C.3.2　按成型工艺条件模压试样。

C.3.3 将脱模后的试样放在玻璃钢或石棉板上，待试样降至室温后，将试样放在干燥器中存放 48 h。

C.3.4 测量试样直径，精确至 0.02 mm，记为 L_1。

C.4 计算

模塑收缩率按式(C.1)计算：

$$MS = \frac{L_0 - L_1}{L_0} \times 100 \qquad \cdots\cdots (C.1)$$

式中：

MS——模塑收缩率，%；

L_0——模具模腔的内径，单位为毫米(mm)；

L_1——试样的直径，单位为毫米(mm)。

C.5 试验结果

按 GB/T 1446 的规定进行。

C.6 试验报告

按 GB/T 1446 的规定进行。

ICS 77.140.01
H 40

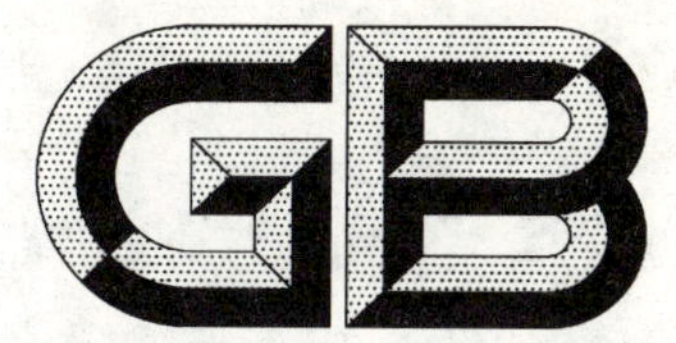

中华人民共和国国家标准

GB/T 15575—2008
代替 GB/T 15575—1995

钢产品标记代号

Steel products standard designation

2008-05-13 发布　　2008-11-01 实施

中华人民共和国国家质量监督检验检疫总局
中国国家标准化管理委员会　发布

前　言

本标准代替 GB/T 15575—1995《钢产品标记代号》。

本标准与 GB/T 15575—1995 标准相比，主要变化如下：

——在“加工方法”中将“热轧”、“热锻”、“热扩”、“热挤压”和“冷轧”、冷挤压分别进行标记，并增加了“焊接”的标记代号；

——在“截面形状和符号”中增加了“圆钢”、“方钢”等标记代号的示例；

——删除了“热处理类型”代号中的字母 T；

——删除了“力学性能”代号；

——修改了“尺寸精度”的标记方法；

——在“表面种类”中增加了“涂层”标记代号，并修改了“镀层”的标记代号；

——在“表面处理”中增加了“涂油”、“耐指纹处理”等标记代号；

——在“冲压性能”中增加了“特深冲级”、“超深冲级”和“特超深冲级”；

——删除了“一般用途”、“重要用途”、“特殊用途”和“其他用途”的代号。

本标准的附录 A 为资料性附录。

本标准由中国钢铁工业协会提出。

本标准由全国钢标准化技术委员会归口。

本标准起草单位：冶金工业信息标准研究院。

本标准主要起草人：刘宝石、戴强、栾燕。

本标准 1995 年 6 月首次发布。

钢产品标记代号

1 范围

本标准规定了钢产品标记代号表示方法及常用标记代号。

本标准适用于条钢、扁平材、钢管、盘条等产品的标记代号。

2 分类

钢产品标记代号分类如下：

2.1 加工方法

2.2 截面形状和型号

2.3 尺寸(外形)精度

2.4 边缘状态

2.5 表面质量

2.6 表面种类

2.7 表面处理

2.8 软化程度

2.9 硬化程度

2.10 热处理类型

2.11 冲压性能

2.12 使用加工方法

3 钢产品标记代号表示方法

3.1 钢产品标记代号采用与类别名称相应的英文名称首位字母(大写)和(或)阿拉伯数字组合表示。

3.1.1 钢产品的标记代号由表示类别和特征两部分的标记代号组成。

例如：切边钢带的标记代号 EC。

E——代表类别为边缘状态；

C——代表特征为切边。

3.1.2 可以采用阿拉伯数字作为表示产品特征的标记代号。

例如：低冷硬的钢带标记代号 H 1/4。

H——代表类别为硬化程度；

1/4——代表特征为低冷硬。

3.1.3 根据习惯和通用性，可采用国际通用标记代号。例如，热轧可用 AR 表示，控制轧制可用 CR 表示，正火轧制可采用＋N 表示，热机械控制轧制(TMCP)可采用 M 表示。

3.2 本标准未规定的标记代号可按上述方法予以规定。

4 常用标记代号

钢产品采用本标准 4.1～4.12 中规定的代号进行标记。

4.1 加工方法

加工方法		W
a)	热加工	WH

	热轧	WHR (或 AR)
	热扩	WHE
	热挤	WHEX
	热锻	WHF
b)	冷加工	WC
	冷轧	WCR
	冷挤压	WCE
	冷拉(拔)	WCD
c)	焊接	WW

4.2 截面形状和型号

用表示产品截面形状特征的英文字母作为标记代号。例如:圆钢——R、方钢——S、扁钢——F、六角型钢——HE、八角型钢——O、角钢——A、H 型钢——H、U 型钢——U、方型空心型钢——QHS 等。

如果产品有型号(或规格),应在表示产品形状特征的标记代号后加上型号(或规格)。如 15×50 规格的 C 型钢的标记代号为 C15×50。

4.3 尺寸(外形)精度

尺寸(外形)精度采用如下方法表示:

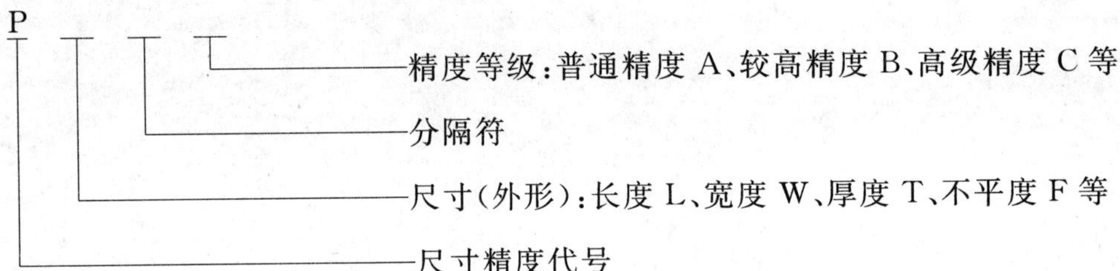

例如:表示长度普通精度的代号为 PL. A,表示宽度较高精度的代号为 PW. B,表示厚度高级精度的代号为 PT. C,表示不平度普通精度的代号为 PF. A。

4.4 边缘状态

边缘状态		E
a)	切边	EC
b)	不切边	EM
c)	磨边	ER

4.5 表面质量

表面质量		F
a)	普通级	FA
b)	较高级	FB
c)	高级	FC

4.6 表面种类

表面种类		S
a)	压力加工表面	SPP
b)	酸洗	SA
c)	喷丸(砂)	SS
d)	剥皮	SF
e)	磨光	SP
f)	抛光	SB

g) 发蓝 SBL

h) 镀层 S__ __(见示例 1)

i) 涂层 SC ____(见示例 2)

示例 1:

S__ __

└─ 镀层方式:热镀 H、电镀 E。

└─ 镀层种类:镀锌 / 锌铁合金 Z/ZF、镀锡 S、铝锌合金 AZ 等。

例如,热镀锌的代号为 SZH,电镀铝锌合金的代号为 SAZE。

示例 2:

SC__

└─ 涂层类型。

4.7 表面处理

表面处理		ST
a)	钝化(铬酸)	STC
b)	磷化	STP
c)	涂油	STO
d)	耐指纹处理	STS

当产品采用多于一种的表面处理方法时,可采用组合标记的方法。例如:钝化+涂油,可表示为 STCO。

4.8 软化程度

软化程度		S
a)	1/4 软	S 1/4
b)	半软	S 1/2
c)	软	S
d)	特软	S2

4.9 硬化程度

硬化程度		H
a)	低冷硬	H 1/4
b)	半冷硬	H 1/2
c)	冷硬	H
d)	特硬	H2

4.10 热处理类型

热处理类型		
a)	退火	A
b)	软化退火	SA
c)	球化退火	G
d)	光亮退火	L
e)	正火	N
f)	回火	T
g)	淬火+回火[a]	QT
h)	正火+回火	NT
i)	固溶	S
j)	时效	AG

[a] 淬火+回火即调质。

4.11 冲压性能

冲压性能

a)	普通级	CQ
b)	冲压级	DQ
c)	深冲级	DDQ
d)	特深冲级	EDDQ
e)	超深冲级	SDDQ
f)	特超深冲	ESDDQ

4.12 使用加工方法

使用加工方法		U
a)	压力加工用	UP
	热加工用	UHP
	冷加工用	UCP
b)	顶锻用	UF
	热顶锻用	UHF
	冷顶锻用	UCF
c)	切削加工用	UC

附 录 A
（资料性附录）
钢产品标记代号中英文名称对照表

表 A.1 钢产品标记代号中英文名称对照表

代 号	中文名称	英文名称
W	加工状态(方法)	working condition
WH	热加工	hot working
WHR	热轧	hot rolling
WHE	热扩	hot expansion
WHEX	热挤	hot extrusion
WHF	热锻	hot forging
WC	冷加工	cold working
WC	冷轧	cold rolling
WCE	冷挤压	cold extrusion
WCD	冷拉(拔)	cold draw
WW	焊接	weld
P_._	尺寸精度	precision of dimensions
E	边缘状态	edge condition
EC	切边	cut edge
EM	不切边	mill edge
ER	磨边	rub edge
F	表面质量	workmanship finish and appearance
FA	普通级	A class
FB	较高级	B class
FC	高级	C class
S	表面种类	surface kind
SPP	压力加工表面	pressure process
SA	酸洗	acid
SS	喷丸(砂)	shot blast
SF	剥皮	flake
SP	磨光	polish
SB	抛光	buff
SBL	发蓝	blue
S__	镀层	metallic coating
SC__	涂层	organic coating

表 A.1(续)

代　　号	中文名称	英文名称
ST	表面处理	treatment surface
STC	钝化(铬酸)	passivation
STP	磷化	phosphatization
STO	涂油	oiled
STS	耐指纹处理	sealed
S	软化程度	soft grade
S 1/4	1/4 软	soft quarter
S 1/2	半软	soft half
S	软	soft
S2	特软	soft special
H	硬化程度	hard grade
H 1/4	低冷硬	hard low
H 1/2	半冷硬	hard half
H	冷硬	hard
H2	特硬	hard special
	热处理类型	
A	退火	annealing
SA	软化退火	soft annealing
G	球化退火	globurizing
L	光亮退火	light annealing
N	正火	normalizing
T	回火	tempering
QT	淬火＋回火	quenching and tempering
NT	正火＋回火	normalizing and tempering
S	固溶	solution treatment
AG	时效	aging
	冲压性能	
CQ	普通级	commercial quality
DQ	冲压级	drawing quality
DDQ	深冲级	deep drawing quality
EDDQ	特深冲级	extra deep drawing quality
SDDQ	超深冲级	super deep drawing quality
ESDDQ	特超深冲级	extra super deep drawing quality
U	使用加工方法	use
UP	压力加工用	use for pressure process

表 A.1（续）

代　　号	中文名称	英文名称
UHP	热加工用	use for hot process
UCP	冷加工用	use for cold process
UF	顶锻用	use for forge process
UHF	热顶锻用	use for hot forge process
UCF	冷顶锻用	use for cold forge process
UC	切削加工用	use for cutting process

ICS 29.120.50
K 31

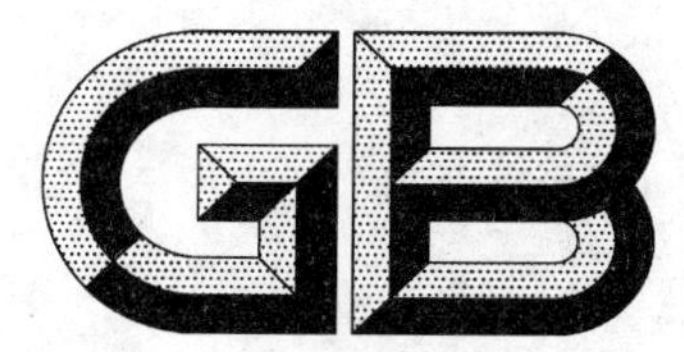

中华人民共和国国家标准

GB/T 15576—2008
代替 GB/T 15576—1995

低压成套无功功率补偿装置

Low-voltage reactive power compensation assemblies

2008-06-30 发布　　2009-04-01 实施

中华人民共和国国家质量监督检验检疫总局
中国国家标准化管理委员会　发布

前　言

本标准代替 GB/T 15576—1995《低压无功功率静态补偿装置总技术条件》。

本标准是依据近年低压成套无功功率补偿装置的发展及低压成套设备标准 GB 7251.1—2005 的要求,对 GB/T 15576—1995 进行修改编制而成。本标准与 GB/T 15576—1995 相比,除在文字上有部分改动,一些章条有增加及修改,涉及到的主要技术差异如下:

——原集中补偿装置额定短时耐受电流分为 80 kA、50 kA、30 kA、15 kA,改为补偿装置的补偿容量不小于 150 kvar 时装置的额定短时耐受电流应不小于 15 kA;

——原放电设施应保证电容器断电后,从额定电压峰值放电至 50 V,历时不大于 1 min,改为 3 min;

——原验证预期短路时试验电源电压应等于 1.1 倍额定工作电压,改为按 GB 7251.1—2005 8.2.3 的试验方法进行,预期短路时试验电源电压为 1.05 倍额定工作电压;

——6.10.1 中增加对非自动控制投切的设备,宜装有过电流保护;

——增加 6.3　装置防护等级的最低要求;

——增加 7.10　噪声测试(仅适用于有抑制谐波或滤波功能的装置);

——增加 7.9　电磁兼容性试验;

——增加 7.14　动态响应时间试验(适用于半导体电子开关和复合开关);

——增加 7.15　缺相保护试验(仅适用于有缺相保护的装置);

——增加 7.16　抑制谐波或滤波功能验证(仅适用于有抑制谐波或滤波功能的装置);

——增加 7.17　基本环境试验(仅适用于户外型装置)。

本标准由中国电器工业协会提出。

本标准由全国低压成套开关设备和控制设备标准化技术委员会归口。

本标准起草单位:天津电气传动设计研究所、中国电力科学研究院、深圳市华冠电气有限公司、深圳市奇辉电气有限公司、天津市津开电气有限公司、深圳市宝安任达电器实业有限公司、瑞安市工泰电器有限公司、川开电气有限公司、厦门 ABB 低压电器设备有限公司、西安中舰配电节能研究院、北京中煤电气有限公司、天津天传电控配电有限公司、杭州乾龙伟业电器成套有限公司、广州白云电器设备有限公司、成都市产品质量检测所、天津市三源电力设备制造有限公司、上海安科瑞电气有限公司、指月集团有限公司、临海市电力实业公司电力设备厂、指明电气有限公司、北京京仪敬业电工集团有限公司、国网武汉高压研究所、宁夏力成电气集团有限公司、浙宝电气(杭州)集团有限公司、广东必达电器有限公司、余姚市电力设备修造厂、华鹏集团有限公司、杭州杭开电气有限公司、深圳市力量科技有限公司、吉林龙鼎电气股份有限公司、北京国电康能科技有限公司。

本标准主要起草人:陈雪梅、张庆、邓宏芬、黄冠、陈彦武、孙泽林、王富敏、蔡甫寒、焦安举、刘阳、岳振华、徐华云、李乾伟、张宇怀、冯永翔、董伟、李文权、王培波、罗正阳、汤珍敏、王博、乔清博、刘晓军、林必宝、邢志刚、陈少华、夏惠钧、陈云华、寿萍、林川、李岩、李志宏、李达。

本标准所替代标准的历次版本发布情况为:

——GB/T 15576—1995。

低压成套无功功率补偿装置

1 范围与目的

本标准规定了低压成套无功功率补偿装置术语和定义、技术和试验要求。

本标准适用于额定交流电压不超过 1 000 V(或 1 140 V),频率不超过 1 000 Hz 的低压成套无功功率补偿装置(以下简称装置)。

2 规范性引用文件

下列文件中的条款通过本标准的引用而成为本标准的条款。凡是注日期的引用文件,其随后所有的修改单(不包括勘误的内容)或修订版均不适用于本标准,然而,鼓励根据本标准达成协议的各方研究是否可使用这些文件的最新版本。凡是不注日期的引用文件,其最新版本适用于本标准。

GB/T 4025 人-机界面标志标识的基本和安全规则 指示器和操作器的编码规则(GB/T 4025—2003,IEC 60073:1996,IDT)

GB 4208 外壳防护等级(IP 代码)(GB 4208—2008,IEC 60529:2001,IDT)

GB 7251.1—2005 低压成套开关设备和控制设备 第 1 部分:型式试验和部分型式试验成套设备(IEC 60439-1:1999,IDT)

GB 7947 导体的颜色或数字标识(GB/T 7947—1997,idt IEC 60446:1989)

GB 10229 电抗器(GB/T 10229—1988,eqv IEC 60289:1987)

GB/T 10233—2005 低压成套开关设备和电控设备基本试验方法

GB/T 12747.1 标称电压 1 kV 及以下交流电力系统用自愈式并联电容器 第 1 部分:总则——性能、试验和定额——安全要求——安装和运行导则(GB/T 12747.1—2004,IEC 60831-1:1996,IDT)

GB/T 14549—1993 电能质量 公用电网谐波

GB/T 20641 低压成套开关设备和控制设备空壳体的一般要求(GB/T 20641—2006,IEC 62208:2002,IDT)

JB/T 2436.1 导线用铜压接端头 第 1 部分:0.5~6.0 mm^2 导线用铜压接端头

JB/T 2436.2 导线用铜压接端头 第 2 部分:10~300 mm^2 导线用铜压接端头

JB/T 3085 电气传动控制装置的产品包装与运输规程

JB/T 9663 低压无功功率自动补偿控制器

3 术语和定义

GB 7251.1—2005 确定的以及下列术语和定义适用于本标准。

3.1

低压成套无功功率补偿装置 low-voltage reactive power compensation assembly

由一个或多个低压开关设备、低压电容器和与之相关的控制、测量、信号、保护、调节等设备,由制造商完成所有内部的电气和机械的连接,用结构部件完整地组装在一起的一种组合体。

3.2

集中补偿装置 integrative compensation assembly

将低压成套无功功率补偿装置安装在变电所对无功功率进行集中补偿的装置。

3.3

分组补偿装置　paragraph compensation assembly

将低压成套无功功率补偿装置安装在功率因数较低的用电单元或母线上对供配电系统中的一部分(区域)无功功率进行分段(区域)补偿的装置。

3.4

末端补偿装置　terminal compensation assembly

将低压成套无功功率补偿装置直接安装在感性用电设备附近对无功功率进行补偿的装置。

3.5

涌流　transient inrush current

电容器投入瞬间产生的最大瞬态电流。

3.6

动态响应时间　dynamic response time

T

从系统的无功变化达到设定值时刻起到装置输出无功时的时间间隔。

3.7

基波(分量)　fundamental (component)

对发生畸变的工频交流量进行傅立叶级数分解,得到与工频相同的频率分量。

3.8

谐波(分量)　harmonic (component)

对周期性交流量进行傅立叶级数分解,得到的为基波频率大于1的整数倍的频率分量。

3.9

谐波次数　harmonic order

h

谐波频率与基波频率的整数比。

3.10

谐波含量(电压或电流)　harmonic content (for voltage or current)

从周期性交流量中去掉基波分量后所得的量。

3.11

谐波含有率　harmonic ratio;HR

周期性交流量中含有的第 h 次谐波分量的方均根值与基波分量的方均根值之比(用百分数表示)。第 h 次谐波电压含有率以 HRU_h 表示,第 h 次谐波电流含有率以 HRI_h 表示。

3.12

总谐波畸变率　total harmonic distortion;THD

周期性交流量中的谐波含量的方均根值与其基波分量的方均根均值之比(用百分数表示)。电压总谐波畸变率以 THD_u 表示,电流总谐波畸变率以 THD_i 表示。

3.13

额定容量　rated capacity

电容器组的额定容量(或标称容量)。

4　装置的分类

4.1　按使用场所划分

a)　户外型;

b)　户内型。

4.2 按安装的部位划分

a) 集中补偿；

b) 分组补偿；

c) 末端补偿。

4.3 按补偿相数划分

a) 分相补偿；

b) 三相补偿；

c) 混合补偿(单相、三相混合补偿)。

4.4 按投切电容器的元件类型划分

a) 机电开关(例：接触器)；

b) 半导体电子开关(例：晶闸管)；

c) 复合开关(半导体电子开关和机电开关并联的组合体)。

4.5 按有无抑制谐波或滤波功能划分

a) 无抑制谐波或滤波功能；

b) 有抑制谐波功能：装置投入运行不能使系统谐波含量增加；

c) 有滤波功能：装置投入运行使系统谐波含量减少。

5 使用条件

5.1 正常使用条件

5.1.1 周围空气温度

5.1.1.1 户内装置的周围空气温度

周围空气温度应不超过＋40 ℃，而且在24 h内其平均温度不超过＋35 ℃。

周围空气温度的下限为－5 ℃。

5.1.1.2 户外装置的周围空气温度

周围空气温度应不超过＋40 ℃，而且在24 h内其平均温度不超过＋35 ℃。

周围空气温度的下限为－25 ℃。

注：严寒地区为－50 ℃，如在严寒地区使用装置，制造商与用户之间需要达成一个专门的协议。

5.1.2 大气条件

5.1.2.1 户内装置的大气条件

空气清洁，在最高温度为＋40 ℃时，其相对湿度应不超过50％。在较低温度时，允许有较大的相对湿度。例如：＋20 ℃时相对湿度为90％。但应考虑到由于温度的变化，有可能会偶尔产生适度的凝露。

5.1.2.2 户外装置的大气条件

最高温度为＋25 ℃时，相对湿度短时可高达100％。

5.1.3 污染等级

如果没有其他规定，装置一般在污染等级3环境中使用。而其他污染等级可以根据特殊用途或微观环境考虑采用。

注：装置的微观环境污染等级可能受外壳内安装结构的影响。

5.1.4 海拔

安装场地的海拔应不超过2 000 m。

注：对于在海拔高于1 000 m处使用的电子设备，有必要考虑介电强度的降低和空气冷却效果的减弱。打算在这些条件下使用的电子设备，建议按照制造商与用户之间的协议进行设计和使用。

5.1.5 安装地点条件

装置安装地点的系统电压波动范围不超过额定工作电压的±10％，无抑制谐波或滤波功能的装置电压总谐波畸变率不大于5%。

注1：使用条件不符合上述要求或特殊使用条件的用户可与制造厂协商解决；

注2：在安装地点的电压为1.1倍的电容器额定电压的情况下，谐波量不使电容器的电流大于其额定电流的1.3倍。

5.2 特殊使用条件

如存在与5.1不符合或符合GB 7251.1—2005中6.2所述任何一种特殊使用条件，应遵守适用的特殊要求或制造商与用户之间应签订专门的协议。如果存在这类特殊使用条件的话，用户应向制造商提出。

5.3 运输、存放条件

如果运输、存放的条件，例如温度和湿度条件与5.1中的规定不符时，应由用户与制造商签订专门的协议。

如果没有其他的规定，适用于运输和存放过程的温度范围在－25 ℃～＋55 ℃之间，且在短时间内(不超过24 h)可达到＋70 ℃。

装置在未运行的情况下经受上述极限温度后，不应遭受任何不可恢复的损坏，然后在规定的条件下应能正常工作。

6 技术要求

6.1 结构

6.1.1 装置的外壳应符合GB/T 20641的要求。装置应由能承受一定的机械、电气和热应力的材料构成，应能够承受元件安装或短路时可能产生的电动力和热应力。同时不因装置的吊装、运输等情况影响装置的性能，在正常使用条件下应经得起可能会遇到的潮湿影响。

注：对于有抑制谐波或滤波功能的装置的壳体考虑因滤波电容器、滤波电抗器、大功率电力电子投切开关等重量的增加，应采取必要措施保证壳体的承重能力和机械强度。

6.1.2 装置的门应能在不小于90°的角度内灵活启闭。

6.1.3 装置壳体的外表面，一般应喷涂无眩目反光的覆盖层，表面不应有起泡、裂纹或流痕等缺陷。

6.1.4 装置的所有金属紧固件均应有合适的镀层，镀层不应脱落、变色及生锈。

6.1.5 装置的焊接件应焊接牢固，焊缝应均匀美观，无焊穿、裂纹、咬边、残渣、气孔等现象。

6.1.6 装置内母线的相序排列从装置正面观察，相序标识及排列一般应符合表1的规定，接地线为黄绿双色。

表1 相序标识及排列

相 序	标 识	垂直排列	水平排列	前后排列
L1相	L1或黄色	上	左	远
L2相	L2或绿色	中	中	中
L3相	L3或红色	下	右	近
中性线	N	最下	最右	最近

注：特殊情况下，相序排列与表1不符应有明显的标识。

6.2 元器件及辅件的选择与安装

6.2.1 装置内安装的所有独立的电器元件及辅件(例如：电容器、投切开关、无功功率自动补偿控制器、电抗器、绝缘支撑件等)应符合本标准和相关元器件自身标准(例如：自愈式电容器应符合GB/T 12747.1、电抗器应符合GB 10229、无功功率自动补偿控制器应符合JB/T 9663的规定)。电容器应保证在1.1倍的额定电压下长期运行，通常元器件及辅件的选择应满足1.3倍电容器额定电流条件下连续运行，但应考虑电容器最大电容量可达1.10 C_n，这时电容器的最大电流可达1.43倍额定电流，则元器件及辅件的选择应满足1.43倍电容器额定电流条件下连续运行。所有电器元件及辅件应满足使用的技术要求，并按照其制造商的说明书进行安装。

对于滤波电容器的最大允许电流由电容器制造商提供。

注：若不满足上述要求则该电器元件、辅件应按其各自的产品标准进行型式试验、出厂试验。

6.2.2 电器元件的布置应整齐、端正，便于安装、接线、维修和更换，应设有与电路图一致的符号或代号；所有的紧固件都应采取防松措施，暂不接线的螺钉也应拧紧。

6.2.3 需要在装置内部操作，调整和复位的元件应易于操作。

与外部连线的接线座应固定在装置安装基准面上方至少0.2 m高度处。

仪表的安装高度不宜高出装置安装基准面2 m。

操作器件(如手柄、按钮等)的安装高度，其中心线不宜高于装置基准面2 m。紧急操作器件宜装在距装置安装基准面的0.8 m~1.6 m范围内。

6.2.4 指示灯及按钮

装置中所选用的指示灯和按钮的颜色应符合GB/T 4025的规定。

6.2.5 母线及绝缘导线

6.2.5.1 装置中所选用的导线及母线的颜色应符合GB 7947的规定。

6.2.5.2 装置中的连接导线，应具有与额定工作电压相适应的绝缘。

6.2.5.3 主电路母线的截面积按该电路的额定工作电流选择；支路导线的载流量按电容器的最大工作电流选择，例如：安装在无谐波场所的装置，电容器支路导线的载流量一般为不小于电容器额定电流的1.5倍；辅助电路导线的截面积应不小于1.0 mm^2 的铜芯多股绝缘导线；电流测量回路的导线截面积应不小于2.5 mm^2。

6.2.5.4 装置的绝缘导线应选用多股绝缘导线，采用冷压接端头连接。冷压接端头及压接技术、压接工具等应符合JB/T 2436.1及JB/T 2436.2的规定。

6.2.5.5 母线的材料、连接和布置方式以及绝缘支持件应具有承受装置的短时耐受电流能力。

6.2.5.6 装置的布线应整齐美观，不应贴近具有不同电位的裸露带电部件或有尖角的边缘进行敷设，布线时应采用适当的支撑固定或装入行线槽内。

6.2.5.7 连接安装在门上的电器元件的导线，设计时应考虑门启闭时不使这些导线承受过度的张力或遭受任何机械损伤。

6.2.5.8 通常，一个连接端子只连接一根导线，必要时允许连接两根导线，但应采取适当措施。对于有三个及以上补偿支路的装置，应设置汇流母线或汇流端子，采用由主母线向补偿支路供电的方式连接。

6.3 装置的防护等级

对户内使用的装置防护等级应不低于IP20，户外装置防护等级应不低于IP44。当装置采用通风孔散热时，通风孔的设置不应降低装置的防护等级。

6.4 噪声(适用于有抑制谐波和滤波功能的装置)

有抑制谐波和滤波功能的装置在正常工作时产生的噪声，应不大于声压级70 dB(A声级)。

6.5 温升

温升限值按照GB 7251.1—2005中8.2.1规定的方法验证，装置的温升限值应不超过表2的规定。

表2 温升限值

部　　位	温升/K
内装元件	根据不同元件的有关要求，或(如有的话)根据制造厂的说明书，考虑装置内的温度
用于连接外部绝缘导线的端子 内装元件与母线连接处	70

表 2（续）

部　　位	温升/K
母线固定连接处：	
裸铜-裸铜	60
铜搪锡-铜搪锡	65
铜镀银-铜镀银	70
操作手柄：	
金属的	15
绝缘材料的	25
可接近的外壳和覆板：	
金属表面	30
绝缘表面	40

6.6 电气间隙和爬电距离

6.6.1 装置内的电器元件应符合各自标准的规定，在正常使用条件下，应保持其电气间隙和爬电距离。

6.6.2 装置的不同极性的裸露带电体之间，以及它们与地之间的电气间隙和爬电距离应不小于表 3 的规定。

表 3 电气间隙和爬电距离

额定绝缘电压 U_i/V	电气间隙/mm	爬电距离/mm
$U_i \leqslant 60$	5	5
$60 < U_i \leqslant 300$	6	10
$300 < U_i \leqslant 690$	10	14
$690 < U_i \leqslant 800$	16	20
$800 < U_i \leqslant 1\ 000$(或 1 140)	18	24

6.7 装置的介电性能

6.7.1 绝缘电阻验证

应用电压至少为 500 V 的绝缘测量仪器进行绝缘测量。

如果带电体之间、带电体与裸露导电部件之间、带电体对地的绝缘电阻不小于 1 000 Ω/V(标称电压)，则此项试验通过。

6.7.2 工频耐压试验电压

主电路和与主电路直接连接的辅助电路应能耐受表 4 规定的工频耐压试验电压。

表 4 试验电压值

额定绝缘电压 U_i/V	试验电压(交流方均根值)/V
$U_i \leqslant 60$	1 000
$60 < U_i \leqslant 300$	2 000
$300 < U_i \leqslant 690$	2 500
$690 < U_i \leqslant 800$	3 000
$800 < U_i \leqslant 1\ 000$(或 1 140)	3 500

不与主电路直接连接的辅助电路应能耐受表5规定的工频耐压试验电压。

表5　不由主电路直接供电的辅助电路试验电压值

额定绝缘电压 U_i/V	试验电压(交流方均根值)/V
$U_i \leqslant 12$	250
$12 < U_i \leqslant 60$	500
$U_i > 60$	$2U_i + 1\,000$,但不小于1 500

6.8　短路耐受强度和短路保护功能

装置的短路耐受强度应符合GB 7251.1—2005中7.5的规定。装置应能够耐受短路电流所产生的热应力和电动应力,对于无功补偿容量不小于150 kvar的装置,其主电路的额定短时耐受电流应不小于15 kA。

装置应具有短路保护功能,任何一条输出支路发生短路时,安装在该故障支路中的器件应将故障电路断开,而不影响其他支路正常工作,应确保保护系统的选择性。

6.9　安全防护

6.9.1　对直接接触的防护可以依靠装置本身的结构措施,也可依靠装置在安装时采取的附加措施,制造商应在使用说明书中提供这种资料。

6.9.2　对间接接触的防护应采用装置内的保护电路。保护电路可通过单独装设保护导体来实现,也可利用装置的结构部件(如外壳、框架等)来实现。

6.9.3　装置的金属壳体、可能带电的金属件及要求接地的电器元件的金属底座(包括因绝缘损坏可能会带电的金属件)、装有电器元件的门、板、支架与主接地点间应保证具有可靠的电气连接,其与主接地点间的电阻值应不大于0.1 Ω。

6.9.4　装置内保护电路的所有部件的设计应保证它们足以耐受装置在安装场所可能遇到的最大热应力和电动应力。

6.9.5　保护导体(PE)的截面积应不小于表6中给出的值。中性导体电流不超过相电流的30%时,表6也可以用于PEN导体,铜PEN导体的最小截面积应为10 mm^2。

注:如果按表6选择的导线不是标准尺寸时,应采用最接近的较大的标准截面积的保护导体。当相导线与保护导线的材料不同时,应进行修正,使之达到同一种材料的导电效果。保护导体的最小截面积应不小于2.5 mm^2。

表6　保护导体的截面积(PE、PEN)

相导线的截面积 S/mm^2	相应保护导体的最小截面积 S_P(PE、PEN)/mm^2
$S \leqslant 16$	S
$16 < S \leqslant 35$	16
$35 < S \leqslant 400$	$S/2$
$400 < S \leqslant 800$	200
$800 < S$	$S/4$

6.9.6　当装置的框架或外壳作保护电路的一部分时,其导电能力至少应等效于表6规定的相应最小截面积。

6.9.7　为便于识别,保护导体的颜色应采用黄绿双色,黄绿双色除作为保护导体的识别颜色外,不应用于其他用途。

6.9.8　装置的放电设施应保证电容器断电后,从额定电压峰值放电至50 V的时间不大于3 min。电容器未放电前,接触会造成危险,应装有警告标志。

6.9.9　外接保护导体的端子应有标注,其图形符号为⏚。如果外部保护导体与能明显识别的带有黄绿双色的内部保护导体连接时，则不要求此符号。

6.10 装置的控制和保护

6.10.1 并联电容器与其他大多数电器不同，总是在满负荷下运行。如在运行中电压、电流和温度超过了规定值，就会缩短电容器的寿命，甚至造成电容器故障，所以应设有适当的保护及符合规定的投切控制。对自动控制投切的设备，应设有工频过电压保护；对非自动控制投切的设备，宜装有过电流保护，但应保证过电流未排除前不得再投入，以防止反复投切造成事故。由于影响电容器质量、寿命的因素较多，在使用中应符合相关标准、制造厂说明书的要求。采用无功功率补偿控制器控制电容器的投切，可按循环投切或编码投切等方式进行控制，但应符合相关规定，保证装置正常工作。

6.10.2 采用机电开关投入电容器时，应保证每一组电容器在自动投入过程中，其端子间的电压不高于电容器额定电压的10%（例如：当电容器再次投入时有一定的延时时间）。

6.10.3 装置应设有瞬态过电压保护，装置的瞬态过电压是指通断操作过电压和雷击过电压，为了保证装置的可靠运行，应将这种过电压限制在 $2\sqrt{2}$ 倍的额定电压以下。

6.10.4 应采取措施限制电容器投入瞬间所产生的涌流，采用半导体电子开关及复合开关投切电容器的涌流应限制在该组电容器额定电流的5倍以下，采用机电开关投切电容器的涌流应限制在该组电容器额定电流的100倍以下。

6.10.5 多于2条补偿支路的三相补偿装置宜设有缺相保护。缺相保护应保证当主电路缺相或支路缺相时，将全部或缺相支路电容器切除。

6.10.6 装置的工频过电压保护

对自动控制投切的装置，应设有工频过电压保护，保护动作电压至少在1.1～1.2倍装置的额定电压间可调。当装置的过电压达到设定值，应在1 min内将电容器组全部切除，通常采用逐组切除。

6.11 单台电动机的补偿

6.11.1 对单台电动机过多的补偿，在电源切除而电动机尚未停止转动时，易因自激起发电机作用，而将出现过电压。因此，补偿电流（即电容器的电流）应不超过电动机励磁电流的0.9倍。

6.11.2 对电动机回路的技术要求

电动机为不可逆连续工作制，且无大的冲击性负载。

电动机在断电后仍在转动或产生相当大的反电动势时，不应再起动。

星-三角、自耦减压启动装置中避免使用使电容器开路的转换线路。

6.12 电磁兼容性（EMC）

装置的电磁兼容性（EMC）按GB 7251.1—2005中7.10的规定执行，如果满足7251.1—2005中7.10.2中的a)、b)则可不做EMC试验。

6.13 装置的动态响应时间

装置的动态响应时间应满足系统的要求。

采用半导体电子开关或复合开关投切的装置，其动态响应时间应不大于1 s。

6.14 有抑制谐波或滤波功能装置的要求

有抑制谐波或滤波功能装置，应满足制造商规定的装置抑制谐波或滤谐波的技术参数。

由于不同的用电场所谐波不同，用户要求也不同，制造商应根据用电场所的谐波参数，依据GB/T 14549—1993中公用电网谐波电压（相电压）限值的规定（见6.14.1）及公用电网谐波电流允许值的规定（见6.14.2），与用户协商确定装置抑制谐波或滤谐波的技术参数，以满足用户的要求。

6.14.1 公用电网谐波电压（相电压）限值

用户接入公用电网（公共连接点）的全部用户向该点注入的谐波电压（相电压）不应超过表7中规定的限值。

表 7 公用电网谐波电压(相电压)限值

电网标称电压/kV	电压总谐波畸变率/%	各次谐波电压含有率/%	
		奇次	偶次
0.38	5.0	4.0	2.0
6	4.0	3.2	1.6
10			
35	3.0	2.4	1.2
66			
110	2.0	1.6	0.8

6.14.2 公用电网谐波电流允许值

用户接入公用电网(公共连接点)的全部用户向该点注入的谐波电流分量(方均根值)不应超过表 8 中规定的允许值。

表 8 谐波电流允许值

标准电压/kV	基准短路容量/MVA	谐波次数及谐波电流允许值/A																							
		2	3	4	5	6	7	8	9	10	11	12	13	14	15	16	17	18	19	20	21	22	23	24	25
0.38	10	78	62	39	62	26	44	19	21	16	28	13	24	11	12	9.7	18	8.6	16	7.8	8.9	7.1	14	6.5	12
6	100	43	34	21	34	14	24	11	11	8.5	16	7.1	13	6.1	6.8	5.3	10	4.7	9.0	4.3	4.9	3.9	7.4	3.6	6.8
10	100	26	20	13	20	8.5	15	6.4	6.8	5.1	9.3	4.3	7.9	3.7	4.1	3.2	6.0	2.8	5.4	2.6	2.9	2.3	4.5	2.1	4.1
35	250	15	12	7.7	12	5.1	8.8	3.8	4.1	3.1	5.6	2.6	4.7	2.2	2.5	1.9	3.6	1.7	3.2	1.5	1.8	1.4	2.7	1.3	2.5
66	500	16	13	8.1	13	5.4	9.3	4.1	4.3	3.3	5.9	2.7	5.0	2.3	2.6	2.0	3.8	1.8	3.4	1.6	1.9	1.5	2.8	1.4	2.6
110	750	12	9.6	6.0	9.6	4.0	6.8	3.0	3.2	2.4	4.3	2.0	3.7	1.7	1.9	1.5	2.8	1.3	2.5	1.2	1.4	1.1	2.1	1.0	1.9

当电网公共连接点的最小短路容量不同于表 8 基准短路容量时,按式(1)修正换算表 8 中的谐波电流允许值:

$$I_h = \frac{S_{k1}}{S_{k2}} I_{hp} \quad \cdots\cdots\cdots\cdots (1)$$

式中:

S_{k1}——公共连接点的最小短路容量,单位为兆伏安(MVA);

S_{k2}——基准短路容量,单位为兆伏安(MVA);

I_{hp}——表 8 中的第 h 次谐波电流允许值,单位为安(A);

I_h——短路容量为 S_{k1} 时的第 h 次谐波电流允许值,单位为安(A)。

6.14.3 通电操作试验要求

a) 有抑制谐波功能的装置,应根据装置提供的抑制谐波技术参数,通以适量谐波以验证装置的抑制谐波单元通电工作正常,装置投入后系统的谐波电流含量不应增加;

b) 有滤波功能的装置,应根据装置提供的滤谐波技术参数,通以适量谐波以验证装置的滤波单元通电工作正常,装置投入后系统的电流谐波含量至少应减少到规定值的 50%。

7 试验方法

7.1 一般检查

7.1.1 按 6.1 的规定检查装置的结构。

7.1.2 按6.2的规定检查装置电器元件及辅件的选择和安装。

7.1.3 按6.2.5的规定检查装置的母线与绝缘导线。

7.1.4 按6.6的规定检查装置的电气间隙和爬电距离。

7.1.5 按6.9的规定检查装置的安全防护。

7.1.6 按6.10.1、6.10.2、6.10.3的规定检查装置的控制和保护。

7.1.7 按6.9.9、6.2.2、6.9.8、9.1的规定检查标识和铭牌。

7.2 通电操作试验

试验前需先检查装置的内部连线，当所有接线正确无误后，在通以额定电压的85%和110%的条件下，各操作5次，所有电器元件的动作符合电路图的要求，各个电器元件动作灵活。

有抑制谐波或滤波功能装置还应符合6.14.3的要求。

符合以上规定，则此项试验通过。

7.3 温升试验

温升试验时，周围空气温度在+10 ℃～+40 ℃范围内，应对电容器单元施加工频交流电压，在整个试验过程中，电压值应使电容器支路的电流不小于其额定电流。试验时装置的防护等级应满足规定的要求。

试验时应有足够的时间使温度上升达稳定值，一般当温度变化不超过1 K/h时，即认为温度稳定，然后测取各部分温升。测量可用温度计或热电偶。

测取温升时，需测量装置的周围空气温度，此测量应在试验周期的最后四分之一期间内进行。至少应该用两个温度计或热电偶均匀布置在装置的周围，在高度约等于装置的二分之一，距装置1 m远的地方安装，然后取它们读数的平均值，即为装置的周围空气温度。测量时应防止空气流动和热辐射对测量仪器的影响。

试验结果若温升不超过表2的规定，则温升试验通过。

7.4 机械操作试验

装置手动操作的部件，型式试验的操作次数应不少于50次，出厂试验不少于5次。同时，应检查与这些动作相关的机械连锁机构的操作。如果器件、连锁机构等的工作条件未受影响，而且所要求的操作力与以前一样，则此项试验通过。

7.5 介电强度试验

7.5.1 试验包括以下内容：

——绝缘电阻验证；

——工频耐压试验。

试验前应将消耗电流的器件(如线圈、测量仪器)、半导体器件和不能承受试验电压的元件(如电容器等)断开或旁路。

7.5.2 绝缘电阻验证

应用电压至少为500 V的绝缘测量仪器进行绝缘测量。测量的部位：

a) 相间；

b) 相导体与裸露导电部件之间。

每条电路的绝缘电阻至少为1 000 Ω/V(标称电压)，则此项试验通过。

7.5.3 工频耐压试验

按6.7.2规定施加试验电压，试验电压应施加于：

a) 装置的所有带电部件与裸露导电部件之间。

b) 每个极与为此试验被连接到装置相互连接的裸露导电部件上的所有其他极之间。

c) 带电部件与绝缘材料制造或覆盖的手柄之间。

介电试验是在带电部件和用金属箔裹缠整个表面的手柄之间施加表4规定的1.5倍试验电压

值。进行该试验时,框架不应当接地。也不能同其他电路相连接。

d) 用绝缘材料制造的外壳,还应进行一次补充的介电试验。在外壳的外面包覆一层能覆盖所有的开孔和接缝的金属箔,试验电压则施加于这层金属箔和外壳内靠近开孔和接缝的相互连接的带电部件以及裸露导电部件之间。对于这种补充试验,其试验电压应等于表4中规定数的1.5倍。

开始施加时的试验电压应不超过试验电压的50%。然后在几秒钟之内将试验电压平稳增加至试验电压值并保持5 s。出厂试验耐压时间为1 s。

交流电源应具有足够的功率以维持试验电压,可以不考虑漏电流。此试验电压应为正弦波,频率在45 Hz~62 Hz之间。

在试验过程中,没有发生击穿或放电现象,则此项试验通过。

7.6 保护电路有效性验证

7.6.1 装置的裸露导电部件和保护电路之间的有效连接验证

检查保护接地措施是否完整,各连接处的连接情况是否良好。

应验证装置的不同裸露导电部件是否有效地连接在保护电路上,进线保护导体和相关的裸露导电部件之间的电阻不应超过0.1 Ω。

应使用电阻测量仪器进行验证,此仪器可以使至少10 A交流或直流电流通过电阻测量点之间0.1 Ω的阻抗,试验时间限制在5 s。

7.6.2 通过试验验证保护电路的短路强度

一个单相试验电源,一极连接在一相的进线端子上,另一极连接到进线保护导体的端子上。如成套装置带有单独的保护导体,应使用最近的相导体。对于每个有代表性的出线单元应进行单独试验,即用螺栓在单元的对应相的出线端子和相关的出线保护导体之间进行短路连接。

试验中的每个出线单元应配有保护装置,该保护装置可使单元通过最大峰值电流和 I^2t 值。此试验允许用装置外部的保护器件来进行。

对于此试验,装置的框架应与地绝缘。试验电压应等于额定工作电压的单相值。所用预期短路电流值应是装置三相短路耐受试验的预期短路电流值的60%。

此试验的所有其他条件应同GB 7251.1—2005的8.2.3.2相似。

7.7 防护等级试验

按照GB 4208规定的方法进行验证,装置的防护等级应不低于6.3的规定。

7.8 短路强度试验和短路保护功能验证

做本项试验时,应将电容器拆除。

装置的短路耐受强度和短路保护功能试验方法及要求按GB 7251.1—2005中8.2.3的规定进行。应满足6.8的规定。

试验后,导线不应有任何过大的变形,只要电气间隙和爬电距离仍符合6.6的规定,母排的微小变形是允许的。同时,导线的绝缘和绝缘支撑部件不应有任何明显的损伤痕迹,也就是说,绝缘物的主要性能仍保证装置的机械性能和电气性能满足本标准的要求。

检测器件不应指示出有故障电流发生。

导线的连接部件不应松动,而且导线不应从输出端子上脱落。

在不影响防护等级,电气间隙不减小到小于规定数值的条件下,外壳的变形是允许的。

母排电路或装置框架的任何变形影响了抽出式部件或可移式部件的正常插入的情况,应视为故障。

在有疑问的情况下,应检查装置的内装元件的状况是否符合有关规定。

另外,在试验之后,被试装置应能承受按6.7.2规定的介电试验电压值,试验耐压时间为5 s。试验在如下部位进行:

a) 在所有带电部件与装置的框架之间;

b) 在每一极和与装置的框架连接的所有其他极之间。

在试验过程中，不应有击穿放电。

7.9 电磁兼容性试验(EMC)

按 GB 7251.1—2005 中 8.2.8 的规定进行 EMC 试验。

7.10 噪声测试

试验方法按 GB/T 10233—2005 中 4.13 的规定，噪声应不超过 6.4 的规定，则噪声试验通过。

7.11 工频过电压保护试验

给装置接上电源，并将电容器投切开关闭合，调整电源电压至设定值，过电压保护器件应将电容器支路断开。

做本项试验时，根据电容器情况，考虑安全，可以先将电容器拆除，然后再给装置接上电源。

装置符合 6.10.6 的规定，则此项试验通过。

7.12 放电试验

放电试验在不同容量的电容器上进行，用直流法将电容器充电至额定电压峰值，然后接通放电设备，符合 6.9.8 规定的要求，则此项试验通过。

7.13 涌流试验

涌流试验应检测投入最后一组电容器时电路中的涌流值。试验时，先将其余电容器全部通以额定电压，待它们工作稳定后再投入最后一组电容器，检测该最后一组电容器的涌流值。随机投入试验应不少于 20 次(或在峰值时投入，试验 3 次)，如果最大涌流值不大于 6.10.4 规定值，则此项试验通过。

7.14 动态响应时间检测

首先将装置放在自动工作状态，给装置施加额定电压，在主电路中投入大于设定值的感性负荷，检测感性负荷电压的变化，并记录该时刻为 T_1，同时检测电容器投入的电流变化，记录补偿电容器输出电流发生变化的时刻 T_2，则 T_2-T_1 为装置的动态响应时间 T。试验做 3 次取最长时间 T 值。

若 T 满足 6.13 的规定，则此项试验通过。

7.15 缺相保护试验(仅适用于有缺相保护的装置)

首先将装置电容器全部投入运行，将主电路或支路的任何一相断开，装置的工作状态符合 6.10.5 的规定，则此项试验通过。

7.16 抑制谐波或滤波功能验证

测量谐波的方法、数据处理及测量仪器的要求应满足 GB/T 14549—1993 附录 D 的要求。

试验在有谐波源的条件下进行，谐波源为有谐波产生的用电系统，也可以是有谐波产生的谐波发生设备。谐波源及其参数可与制造商协商确定。分别检测并记录抑制谐波或滤波功能单元投入运行之前及抑制谐波功能单元或滤波功能单元投入运行之后的谐波电压值或/和谐波电流值。抑制谐波功能单元或滤波功能单元投入运行之后的谐波电压值或/和谐波电流值符合 6.14 的规定，则此项试验通过。

7.17 基本环境试验(仅适用于户外型装置)

7.17.1 环境温度性能试验

环境温度性能试验是考核装有电子器件的户外型无功功率补偿装置在规定的环境空气温度上限和下限情况下长期运行的可靠性。

将装置分别置于规定的最高环境空气温度+40 ℃±3 ℃和最低环境空气温度－25 ℃±3 ℃的条件下，然后给装置接通电源，待装置内部元件的温升达到稳定值后(但不少于 4 h)，观察装置的动作功能，若这些功能均准确无误，则此项试验通过。

7.17.2 耐老化验证[仅适用于外壳是由绝缘(合成材料)及绝缘和金属混合组成的补偿装置]

按 GB/T 20641—2006 中 9.11 的规定进行耐老化验证。

7.17.3 耐腐蚀验证

按 GB/T 20641—2006 中 9.12.1b)的规定进行耐腐蚀验证。

8 检验规则

8.1 出厂试验

出厂试验是用来检查装置在设计、制造工艺上的缺陷和对某些需要调整的电器元件进行电器参数的调整。出厂试验应在每台装配完成后的装置上进行。

8.2 型式试验

型式试验是对产品进行全面的性能和质量检验以验证该产品是否符合本标准的要求。型式试验产品应是经过出厂试验合格后的产品。全部型式试验可在一台装置样品上或在按相同设计的装置的多个部件上进行。型式试验应包括所有出厂试验的项目。

8.3 装置的外壳、电器及独立元件的试验

装置的外壳及装置内装的开关器件、元件应符合其各自标准,并且是按照制造商的说明书进行安装的,则不要求进行型式试验或出厂试验,否则应按其标准进行型式试验或补充试验。

8.4 检验项目

装置的出厂试验、型式试验项目见表9。

表9 出厂试验、型式试验检验项目

序号	试验项目	依据标准条款	检验分类	
			型式试验	出厂试验
1	一般检查	7.1	√	√
2	通电操作试验	7.2	√	√
3	温升试验	7.3	√	
4	机械操作试验	7.4	√	√
5	介电强度试验	7.5	√	√
6	保护电路有效性试验	7.6	√	仅7.6.1
7	防护等级试验	7.7	√	
8	短路强度试验和短路保护功能验证	7.8	√	
9	电磁兼容(EMC)试验	7.9	√	
10	噪声测试	7.10	√	
11	工频过电压保护试验	7.11	√	√
12	放电试验	7.12	√	
13	涌流试验	7.13	√	
14	动态响应时间检测	7.14	√	
15	缺相保护试验	7.15	√	√
16	抑制谐波或滤波功能验证	7.16	√	
17	基本环境试验	7.17	√	

9 标志、铭牌、文件资料、包装

9.1 标志、铭牌、文件资料

9.1.1 标志

在装置内部,应能辨别出单独的电路及电器元件。电器元件所用的标记应与随同装置一起提供的电路图上的标记一致。

9.1.2 **铭牌**

每台装置应配备一至数个铭牌，铭牌字迹应清晰，安装应坚固、耐久，其位置应该是在装置安装好后，易于看见的地方。

a) 制造商(生产厂)或商标；

注：制造商是对完整的成套设备承担责任的机构。

b) 型号或其他标记，据此可以从制造商得到有关的资料；

c) 执行标准；

d) 额定电压；

e) 制造日期；

f) 出厂编号；

g) 额定容量(或标称容量)；

h) 额定频率；

i) 防护等级；

j) 户内使用、户外使用；

k) 外形尺寸，其顺序为高度、宽度(或长度)、深度；

l) 额定电流；

m) 短路耐受强度；

n) 重量。

a)和 g) 项的资料应在铭牌上标出。

h)～n) 项的数据，如果适用的话，可以在铭牌上给出，也可以在制造商的技术文件中给出。

9.1.3 **文件资料**

制造厂应按每批产品的类型，随附下列文件资料：

a) 装箱文件资料清单；

b) 安装与使用说明书；

c) 电路图；

d) 产品合格证明书。

在技术文件中规定装置电气元件的安装、操作和维修条件。

如果有必要，装置的运输、安装和使用说明书上应指出某些方法，这些方法对合理地、正确地安装、交付使用与操作装置是极为重要的。

如果电器元件的安装排列使电路的识别不很明显，则应提供有关资料，诸如接线图或接线表。

9.2 **包装与运输**

装置的包装与运输应符合 JB/T 3085。

ICS 25.160.30
J 64

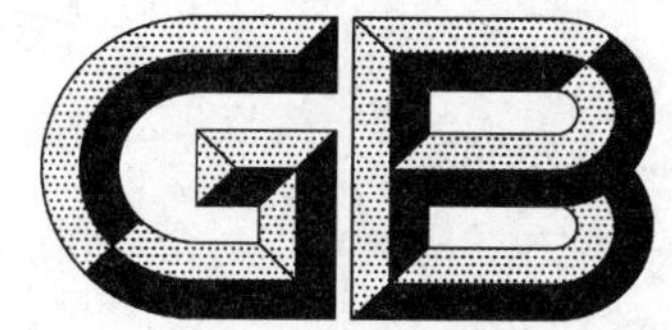

中华人民共和国国家标准

GB 15578—2008
代替 GB 15578—1995

电阻焊机的安全要求

Safety requirements for resistance welding machine

2008-09-24 发布 2009-08-01 实施

中华人民共和国国家质量监督检验检疫总局
中国国家标准化管理委员会 发布

前　言

本标准的第3章“术语和定义”为推荐性，其余为强制性。

本标准代替GB 15578—1995。

本标准与GB 15578—1995相比主要变化如下：

——扩大了标准的适用范围。原标准仅适用于单相工频交流电阻焊机。

——对介电强度试验电压值和温升限值做了修改。

——增加了术语和定义。

——增加了电气间隙和爬电距离要求。

——增加了与保护性导体的连接要求。

——增加了电源通/断开关装置和漏电保护器要求。

——增加了元器件符合性要求。

——增加了使用说明书和铭牌要求。

——增加了附录A和附录B内容。

本标准的附录A和附录B均为资料性附录。

本标准由中国电器工业协会提出。

本标准由全国电焊机标准化技术委员会(SAC/TC 70)归口。

本标准主要起草单位：天津七所高科技有限公司、广州松兴电器有限公司、上海东升焊接集团有限公司、成都电焊机研究所、成都三方电气有限公司。

本标准主要起草人：何为、刘国瑛、胡成平、尹显华、张作文。

本标准于1995年首次发布，此次为第1次修订。

电阻焊机的安全要求

1 范围

本标准规定了电阻焊机的通用安全要求、检验规则和试验方法。

本标准适用于不超过 GB/T 156 标准中表 1 规定的电压供电或由机械设备驱动的电阻焊机和类似工艺所用的焊机及电阻焊机控制器(以下简称控制器),包括单独和多站使用的焊机。

控制器与电阻焊机可以组成为一体,也可以分开为单独设备,但不论采取哪种结构形式,都适用于本标准。

注:本标准不包括电磁兼容性(EMC)要求。

2 规范性引用文件

下列文件中的条款通过本标准的引用而成为本标准的条款。凡是注日期的引用文件,其随后所有的修改单(不包括勘误的内容)或修订版均不适用于本标准,然而,鼓励根据本标准达成协议的各方研究是否可使用这些文件的最新版本。凡是不注日期的引用文件,其最新版本适用于本标准。

GB/T 156—2007 标准电压(IEC 60038:2002,MOD)

GB/T 2900.22—2005 电工名词术语 电焊机

GB/T 3805—1993 特低电压(ELV)限值(eqv IEC 61201)

GB/T 4207—2003 固定绝缘材料在潮湿条件下相比电痕化指数和耐电痕化指数的测定方法(IEC 60112:1979,IDT)

GB 4208—2008 外壳防护等级(IP 代码)(IEC 60529:2001,IDT)

GB 5226.1—2002 机械安全 机械电气设备 第 1 部分:通用技术条件(IEC 60204-1:2000,IDT)

GB/T 5465.2 电气设备用图形符号(GB/T 5465.2—2008,IEC 60417 DB:2007,IDT)

GB/T 8366—2004 阻焊 电阻焊机 机械和电气要求(ISO 669:2000,MOD)

GB 14050—1993 系统接地的型式及安全技术要求

GB/T 15543—1995 电能质量 三相电压允许不平衡度

GB/T 16935.1—1997 低压系统内设备的绝缘配合 第 1 部分:原理、要求和试验(idt IEC 60664-1:1992)

GB/T 16935.3—2005 低压系统内设备的绝缘配合 第 3 部分:利用涂层、罐封和模压进行防污保护(IEC 60664-3:2003,IDT)

GB/T 17045—2006 电击防护 装置和设备的通用部分(IEC 61140:2001,IDT)

GB/T 17211—1998 干式电力变压器负载导则(eqv IEC 60905:1987)

GB/T 20113—2006 电气绝缘结构(EIS) 热分级(IEC 62114:2001,IDT)

IEC 60050-151:2001 国际电工名词术语(IEV) 第 151 部分:电磁装置

IEC 60050-851:1991 国际电工名词术语(IEV) 第 851 部分:电焊

3 术语和定义

本标准采用下列术语和定义以及 IEC 60050(151)、IEC 60050(851)、GB/T 2900.22、GB 5226.1 和 GB/T 16935.1 中的定义。

3.1

电阻焊机和类似电阻焊工艺用设备　equipment for resistance welding and allied processes

由电源、电极、机身和控制装置等组成、能完成电阻焊接过程或类似工艺过程的设备。

注1：可以是单独的设备，也可以是综合机械设备的一部分。

注2：在下文中使用“电阻焊机”一词。

3.2

类似电阻焊工艺　processes allied to resistance welding

在类似电阻焊机的机械装置上进行的类似于电阻焊的工艺，例如电阻铜焊、电阻钎焊或电阻加热等。

3.3

手持式电阻焊机　hand-held resistance welding machine

手持式的、内装变压器的电阻焊机。

3.4

移动式电阻焊机　portable resistance welding machine

工件固定，焊机按焊点位置移动的电阻焊机。

3.5

固定式电阻焊机　stationary resistance welding machine

工件移动，安装在固定位置使用的电阻焊机。

3.6

电阻焊机控制器　resistance welding controller

用以控制电阻焊机的工作过程和焊接参数的装置。

3.7

型式检验　type test

对按照某种设计方案制造的一台或多台产品所进行的试验，以检验其是否符合有关标准的要求。(IEV851-02-09)

3.8

例行检验　routine test

在生产过程中或产品制成后，对每台产品所进行的试验，以检验其是否符合有关标准或规程要求。(IEV 851-02-10)

3.9

一般目测检验　general visual inspection

用肉眼观察来证实产品不存在与有关标准明显不符合的缺陷。

3.10

焊接回路　welding circuit

焊接电流通过的所有导电部件的电路。

3.11

控制回路　control circuit

用于电阻焊机焊接的操作控制和用于对电源电路进行保护的电路。

3.12

焊接电流　welding current

在焊接过程中电阻焊机输出的电流。

3.13

空载电压　no-load voltage

在外部焊接回路开路时，电阻焊机输出端的电压。

3.14

额定值　rated value

制造厂为了明确部件、装置或设备的运行条件而规定的值。

3.15

负载持续率　duty cycle；duty factor

X

给定的负载持续时间与全周期时间之比。

注：这一比值在 0～1 之间，可用百分数表示。

3.16

电气间隙　clearance

两个导电部件之间在空气中的最小距离。

3.17

爬电距离　creepage distance

两个导电部件之间沿着绝缘材料表面的最小距离。

3.18

介电强度　dielectric strength

材料能承受而不致遭到破坏的最高电场强度。在规定的试验条件下发生击穿的电压除以施加电压的两电极之间距离所得的商。

3.19

污染等级　pollution degree

以数字表示的局部环境的污染程度。

注：为评定电气间隙和爬电距离，设立下述四种局部环境的污染等级。

a) 1 级污染

无污染或只是干燥、非导电性的污染，这种污染无影响。

b) 2 级污染

通常只是非导电性的污染，但偶尔发生因凝露引起的暂时性导电。

c) 3 级污染

导电性的污染或干燥的、非导电性污染，但会由于凝露而变成导电的。

d) 4 级污染

导电尘埃或雨雪之类的污染会造成持久性的导电。

3.20

局部环境　micro-environment

邻近绝缘的环境，对确定爬电距离的大小有重要影响。

3.21

材料分类　material group

按其相比漏电起痕指数值（CTI）分为如下 4 类材料：

Ⅰ类材料　　　　$600 \leqslant CTI$

Ⅱ类材料　　　　$400 \leqslant CTI < 600$

Ⅲa 类材料　　　　　　175≤CTI<400

Ⅲb 类材料　　　　　　100≤CTI<175

上述 CTI 值参照 GB/T 4207 出版物。

注：对于不产生漏电起痕的无机绝缘材料，例如玻璃或陶瓷等，为了达到等同绝缘，其爬电距离不需要大于相应的电气间隙。

3.22

温升　temperature rise

电阻焊机某部分的温度与周围空气温度的差值。

3.23

Ⅰ类保护设备　protection class Ⅰ equipment

该类设备的带电部件与外露导电部件之间有基本绝缘，而外露导电部件与外部保护性导体用连接装置予以连结。

注 1：Ⅰ类保护设备的部件可以用双重绝缘或加强绝缘。

注 2：不要把Ⅰ类保护和Ⅱ类保护与某些国家使用的焊接工艺分类相混淆。

3.24

Ⅱ类保护设备　protection class Ⅱ equipment

该类设备的防直接接触保护不仅靠基本绝缘，而且配备附加安全措施，以避免带电部件与可触及表面之间的漏电。

注：不要把Ⅰ类保护和Ⅱ类保护与某些国家使用的焊接工艺分类相混淆。

3.25

基本绝缘　basic insulation

带电部件的绝缘，它的损坏会造成触电危险。

3.26

附加绝缘　supplementary insulation

附加在基本绝缘上的单独绝缘，用以防止基本绝缘损坏时发生触电事故。

3.27

双重绝缘　double insulation

由基本绝缘和附加绝缘组成的绝缘。

3.28

加强绝缘　reinforced insulation

带电部件的单独绝缘，其防触电性能不低于双重绝缘。

注：并不意味着必须是单一的绝缘层，它可以由几层组成，但不能像附加绝缘或基本绝缘那样单独做试验。

3.29

安全(特低)电压　SELV

在通过安全隔离变压器这种装置与供电电源隔离的电路里，导体之间或导体与地之间的电压不超过交流 50 V 或直流(无纹波)电压 120 V。

注 1：低于交流 50 V 或直流(无纹波)电压 120 V 的最大电压可规定在特殊要求中，尤其是允许直接接触带电部件时。

注 2：当电源作为安全隔离变压器时，电压在满载和空载之间的任何负载时也不能超过电压限制。

3.30

带电部分　live part

正常工作时带电的导线或导体，包括中性导体 N，但规定不含 PEN 导体。

3.31

导电部分　conductive part

能导电，但不一定承载工作电流的部分。

3.32

外露导电部分　exposed conductive part

易触及的、平时不带电、但在故障情况下可能带电的电气设备的可导电部分。

4　使用条件

4.1　环境条件

符合本标准要求的电阻焊机应能在下述环境条件下正常工作：

a)　周围环境空气温度范围：5 ℃～40 ℃

空气相对湿度：40 ℃时不超过 50%

20 ℃时不超过 90%

周围空气中的灰尘、酸、腐蚀性气体或物质等不超过正常含量，由于焊接过程而产生的这些物质除外。

b)　冷却介质的温度不应超过：

1)　液体冷却　进口处　　30 ℃

注：若添加防冻液，则最低环境温度可相应降低，以不凝固为条件。

2)　空气冷却　　40 ℃

c)　液体冷却液的进口压力范围：0.15 MPa～0.3 MPa。

d)　液体冷却液应符合相应标准，采用水冷却的水质应符合工业用水水质标准。

e)　海拔高度应不超过 1 000 m。

注：制造厂和用户之间可以商定不同的环境条件，商定后的电阻焊机要进行标注。

4.2　供电电源

供电电源应符合 GB/T 156—2007 的规定。供电电网品质应达到下列要求：

a)　电压波形应为实际的正弦波；

b)　电网电压的波动不超过额定值的±10%；

c)　电网电压频率的波动不超过额定值的±1%；

d)　三相电压允许不平衡度≤±4%。

5　试验条件

5.1　试验条件

应在 10 ℃～40 ℃的环境温度下，对新的、干燥的、安装完整的电阻焊机进行试验。采用液体冷却的电阻焊机应在制造厂规定的液体冷却条件下进行试验。

5.2　测量仪器

测量仪器的准确度或精度要求：

a)　电气测量仪表：0.5 级（满量程的±0.5%）

绝缘电阻和介电强度测量时例外，对于测量绝缘电阻和介电强度的仪器的精度没有规定，但测量时应考虑精度问题。

b) 焊接电流测量仪表:5 级

c) 温度测量仪表:±2 K

d) 压力测量仪表:1 级

5.3 型式检验

除非另有规定,本标准中要求的检验项目均为型式检验项目。

电阻焊机应同与其配套的、可能影响检验结果的辅助设备一起进行试验。

除非有特殊规定,否则所有型式检验都应在同一台电阻焊机上进行。

5.4 例行检验

每台电阻焊机都应通过所有的例行检验。检验项目如下:

a) 一般目测检验(参见 3.9);

b) 与保护性导体的连接(参见 6.4);

c) 绝缘电阻(参见 6.1.4);

d) 介电强度(参见 6.1.5);

e) 额定空载电压(参见 6.2.1);

f) 液体冷却系统(参见 9);

g) 气路系统(参见 10);

h) 液压系统(参见 11);

i) 一般目测检验(复检(参见 3.9))。

6 电气安全

6.1 绝缘

6.1.1 通则

按照 GB/T 16935.1—1997 规定,绝大多数的电阻焊机属于Ⅲ类过电压设备,所以至少应按用于 3 级污染的环境设计。

液体冷却的设备应考虑液体的冷凝问题。

如部件或组件按 GB/T 16935.3—2005 要求利用涂层、罐封和模压进行防污保护,则允许采用 2 级污染环境的电气间隙和爬电距离。

如果电阻焊机是根据线对中性点的电压值进行设计的,则这类电阻焊机应有警示,以告知该电阻焊机仅用于中性点接地的三相四线制的供电系统或中性点接地的单相三线制供电系统。

电阻焊机除焊接回路外,其他部分应达到 GB/T 17045—2006 规定的Ⅰ类或Ⅱ类保护。

6.1.2 电气间隙

按 GB/T 16935.1—1997 规定,采用基本绝缘、附加绝缘和加强绝缘的Ⅲ类过电压设备的最小电气间隙见表 1。

表 1 Ⅲ类过电压设备的最小电气间隙

<table>
<tr><th rowspan="4">电压[a]有效值/V</th><th colspan="5">基本绝缘或附加绝缘</th><th colspan="5">加强绝缘</th></tr>
<tr><th rowspan="3">额定脉冲试验电压峰值/V</th><th rowspan="3">交流试验电压有效值/V</th><th colspan="3">污染等级</th><th rowspan="3">额定脉冲试验电压峰值/V</th><th rowspan="3">交流试验电压有效值/V</th><th colspan="3">污染等级</th></tr>
<tr><th>2</th><th>3</th><th>4</th><th>2</th><th>3</th><th>4</th></tr>
<tr><th colspan="3">电气间隙/mm</th><th colspan="3">电气间隙/mm</th></tr>
<tr><td>50</td><td>800</td><td>566</td><td>0.2</td><td rowspan="2">0.8</td><td rowspan="3">1.6</td><td>1 500</td><td>1 061</td><td>0.5</td><td>0.8</td><td rowspan="2">1.6</td></tr>
<tr><td>100</td><td>1 500</td><td>1 061</td><td>0.5</td><td>2 500</td><td>1 768</td><td colspan="2">1.5</td></tr>
<tr><td>150</td><td>2 500</td><td>1 768</td><td colspan="2">1.5</td><td>4 000</td><td>2 828</td><td colspan="3">3</td></tr>
</table>

表 1（续）

<table>
<tr><td rowspan="3">电压[a]
有效值/
V</td><td colspan="5">基本绝缘或附加绝缘</td><td colspan="5">加强绝缘</td></tr>
<tr><td rowspan="2">额定脉冲
试验电压
峰值/V</td><td rowspan="2">交流试验
电压有效
值/V</td><td colspan="3">污染等级</td><td rowspan="2">额定脉冲
试验电压
峰值/V</td><td rowspan="2">交流试验
电压有效
值/V</td><td colspan="3">污染等级</td></tr>
<tr><td>2</td><td>3</td><td>4</td><td>2</td><td>3</td><td>4</td></tr>
<tr><td></td><td></td><td></td><td colspan="3">电气间隙/mm</td><td></td><td></td><td colspan="3">电气间隙/mm</td></tr>
<tr><td>300</td><td>4 000</td><td>2 828</td><td colspan="3">3</td><td>6 000</td><td>4 243</td><td colspan="3">5.5</td></tr>
<tr><td>600</td><td>6 000</td><td>4 243</td><td colspan="3">5.5</td><td>8 000</td><td>5 657</td><td colspan="3">8</td></tr>
<tr><td>1 000</td><td>8 000</td><td>5 657</td><td colspan="3">8</td><td>12 000</td><td>8 485</td><td colspan="3">14</td></tr>
<tr><td colspan="11">注 1：本表数值取自 GB/T 16935.1—1997 中的表 1 和表 2。
注 2：对于其他污染等级和过电压类别可参见 GB/T 16935.1—1997。</td></tr>
<tr><td colspan="11">[a] 见附录 A。</td></tr>
</table>

在测定易接近的非导电表面的电气间隙时，不管用 GB 4208 出版物规定的试指可能触及到这些表面的哪个部位，均应将这些表面看作是包覆了一层金属箔。

电气间隙不能用插入法。

用过电压限制装置（例如金属氧化物压敏电阻）保护的电阻焊机的部件（例如电子线路或元件）之间的电气间隙可按 I 类过电压确定（见 GB/T 16935.1—1997）。

表 1 的数值也适用于与输入回路隔离（例如用变压器）的控制回路 。

如果控制回路直接与输入回路相连，则应采用输入电压值。

按 GB/T 16935.1—1997 中 4.2 要求测量电气间隙检查其合格与否。在无法测量的情况下，可以用表 1 中给定的电压对电阻焊机进行冲击电压试验。

做冲击电压试验时，每一极性至少施加 3 个脉冲，每两个脉冲之间的时间间隔至少为 1 s，电压值按表 1 规定。所用冲击电压发生器应具有脉宽为 1.2/50 μs 的输出波形，且输出阻抗低于 500 Ω。

也可以用表 1 中给定的交流试验电压进行试验，试验持续时间为 3 个周波；也可用一数值等于脉冲电压值的无纹波直流电压进行试验，每一极性试验 3 次，每次 10 ms。

设备应能承受试验电压而无闪络或击穿现象。

6.1.3 爬电距离

按 GB/T 16935.1—1997 规定，基本绝缘、附加绝缘和加强绝缘的最小爬电距离见表 2。

表 2 最小爬电距离

<table>
<tr><td rowspan="6">电压[a]
有效值/
V</td><td colspan="9">基本或附加绝缘</td><td colspan="9">加强绝缘</td></tr>
<tr><td colspan="9">污染等级</td><td colspan="9">污染等级</td></tr>
<tr><td colspan="3">2</td><td colspan="3">3</td><td colspan="3">4</td><td colspan="3">2</td><td colspan="3">3</td><td colspan="3">4</td></tr>
<tr><td colspan="3">材料类别</td><td colspan="3">材料类别</td><td colspan="3">材料类别</td><td colspan="3">材料类别</td><td colspan="3">材料类别</td><td colspan="3">材料类别</td></tr>
<tr><td>Ⅰ</td><td>Ⅱ</td><td>Ⅲ</td><td>Ⅰ</td><td>Ⅱ</td><td>Ⅲ</td><td>Ⅰ</td><td>Ⅱ</td><td>Ⅲ</td><td>Ⅰ</td><td>Ⅱ</td><td>Ⅲ</td><td>Ⅰ</td><td>Ⅱ</td><td>Ⅲ</td><td>Ⅰ</td><td>Ⅱ</td><td>Ⅲ</td></tr>
<tr><td colspan="3">爬电距离/mm</td><td colspan="3">爬电距离/mm</td><td colspan="3">爬电距离/mm</td><td colspan="3">爬电距离/mm</td><td colspan="3">爬电距离/mm</td><td colspan="3">爬电距离/mm</td></tr>
<tr><td>10</td><td colspan="3">0.40</td><td colspan="3">1</td><td colspan="3">1.6</td><td colspan="3">0.48</td><td colspan="3">1.2</td><td colspan="3">1.6</td></tr>
<tr><td>12.5</td><td colspan="3">0.42</td><td colspan="3">1.05</td><td colspan="3">1.6</td><td colspan="3">0.5</td><td colspan="3">1.25</td><td colspan="3">1.7</td></tr>
<tr><td>16</td><td colspan="3">0.45</td><td colspan="3">1.1</td><td colspan="3">1.6</td><td colspan="3">0.53</td><td colspan="3">1.3</td><td colspan="3">1.8</td></tr>
<tr><td>20</td><td colspan="3">0.48</td><td colspan="3">1.2</td><td colspan="3">1.6</td><td>0.56</td><td>0.8</td><td>1.1</td><td>1.4</td><td>1.6</td><td>1.8</td><td>1.9</td><td>2.4</td><td>3</td></tr>
<tr><td>25</td><td colspan="3">0.50</td><td colspan="3">1.25</td><td colspan="3">1.7</td><td>0.6</td><td>0.85</td><td>1.2</td><td>1.5</td><td>1.7</td><td>1.9</td><td>2</td><td>2.5</td><td>3.2</td></tr>
</table>

表 2（续）

电压[a]有效值/V	基本或附加绝缘									加强绝缘								
	污染等级									污染等级								
	2			3			4			2			3			4		
	材料类别			材料类别			材料类别			材料类别			材料类别			材料类别		
	Ⅰ	Ⅱ	Ⅲ	Ⅰ	Ⅱ	Ⅲ	Ⅰ	Ⅱ	Ⅲ	Ⅰ	Ⅱ	Ⅲ	Ⅰ	Ⅱ	Ⅲ	Ⅰ	Ⅱ	Ⅲ
	爬电距离/mm			爬电距离/mm			爬电距离/mm			爬电距离/mm			爬电距离/mm			爬电距离/mm		
32	0.53			1.30			1.8			0.63	0.9	1.25	1.6	1.8	2	2.1	2.6	3.4
40	0.56	0.8	1.1	1.4	1.6	1.8	1.9	2.4	3	0.67	0.95	1.3	1.7	1.9	2.1	2.2	2.8	3.6
50	0.6	0.85	1.2	1.5	1.7	1.9	2	2.5	3.2	0.71	1	1.4	1.8	2	2.2	2.4	3	3.8
63	0.63	0.9	1.25	1.6	1.8	2	2.1	2.6	3.4	0.75	1.05	1.5	1.9	2.1	2.4	2.5	3.2	4
80	0.67	0.95	1.3	1.7	1.9	2.1	2.2	2.8	3.6	0.8	1.1	1.6	2	2.2	2.5	3.2	4	5
100	0.71	1	1.4	1.8	2	2.2	2.4	3	3.8	1	1.4	2	2.5	2.8	3.2	4	5	6.3
125	0.75	1.05	1.5	1.9	2.1	2.4	2.5	3.2	4	1.25	1.8	2.5	3.2	3.6	4	5	6.3	8
160	0.8	1.1	1.6	2	2.2	2.5	3.2	4	5	1.6	2.2	3.2	4	4.5	5	6.3	8	10
200	1	1.4	2	2.5	2.8	3.2	4	5	6.3	2	2.8	4	5	5.6	6.3	8	10	12.5
250	1.25	1.8	2.5	3.2	3.6	4	5	6.3	8	2.5	3.6	5	6.3	7.1	8	10	12.5	16
320	1.6	2.2	3.2	4	4.5	5	6.3	8	10	3.2	4.5	6.3	8	9	10	12.5	16	20
400	2	2.8	4	5	5.6	6.3	8	10	12.5	4	5.6	8	10	11	12.5	16	20	25
500	2.5	3.6	5	6.3	7.1	8	10	12.5	16	5	7.1	10	12.5	14	16	20	25	32
630	3.2	4.5	6.3	8	9	10	12.5	16	20	6.3	9	12.5	16	18	20	25	32	40
800	4	5.6	8	10	11	12.5	16	20	25	8	11	16	20	22	25	32	40	55
1 000	5	7.1	10	12.5	14	16	20	25	32	10	14	20	25	28	32	40	50	63
注：表内数值采用 GB/T 16935.1—1997 中的表 4。																		
[a] 见附录 A。																		

在测定易接近的绝缘物体表面的爬电距离时，不管用 GB 4208 规定的试指可能触及到这些表面的哪个部位，均应将这些表面看作是覆盖了一层金属箔。

表 2 各行列出了最高额定电压下的爬电距离，在较低额定电压下，可用插入法。

表 2 中的数值也适用于与输入回路相隔离（例如变压器）的控制回路。

爬电距离不能低于相应的电气间隙，最小爬电距离应等于其所要求的电气间隙。

如果控制回路与输入回路直接相连，则应采用输入电压值。

用长度测量仪按 GB/T 16935.1—1997 中 4.2 规定测量其合格与否。

6.1.4 绝缘电阻

绝缘电阻应不低于表 3 给出的数值。

表 3 绝缘电阻

输入回路（包括与之相连的控制回路）对焊接回路（包括与之相连的控制回路）	5 MΩ
控制回路和外露导电部件对所有回路	2.5 MΩ

与保护性导体相连的所有控制回路或辅助回路在本试验中应视为外露导电部件。

在室温下,施加 500 V 的直流电压,在不接干扰抑制或保护电容器的情况下,测稳定的绝缘电阻值来检查其合格与否。

测量时,固态电子组件及其保护装置可予以短接。

6.1.5 介电强度

绝缘应能承受下述试验电压而无闪络或击穿现象发生:

a) 电阻焊机的初次试验,用表 4 所列试验电压;

b) 同一台电阻焊机的重复试验,用表 4 所列试验电压的 80%。

表 4 介电强度试验电压

最大额定电压有效值[a]/V	交流介电强度试验电压有效值/V			
所有回路	所有回路对外露导电部件,输入回路对除焊接回路以外的所有回路		除输入回路以外的所有回路对焊接回路	输入回路对焊接回路
	Ⅰ类保护	Ⅱ类保护		
≤50	250	500	500	—
200	1 000	2 000	1 000	2 000
450	1 875	3 750	1 875	3 750
700	2 500	5 000	2 500	5 000
1 000	2 750	5 500	—	5 500

注 1:最大额定电压对接地和未接地的系统都有效。

注 2:在本标准中控制回路的介电强度试验是指对除输入回路和焊接回路以外的进出机壳的任何回路。

[a] 除 200 V 至 450 V 之外,允许用插入法确定试验电压。

试验用的交流电压频率为 50 Hz 或 60 Hz,波形为近似正弦波,峰值不超过有效值的 1.45 倍。

保护装置断路前应能提供规定的电压,保护装置断路电流设定值为 100 mA,保护断路装置动作应视为闪络或击穿。

应施加试验电压检验其合格与否,试验电压的持续时间为:

a) 60 s(型式检验);

b) 5 s(例行检验);或

c) 1 s(例行检验时试验电压增加 20%)。

注:为了操作者的安全,推荐采用泄漏电流的设置档≤10 mA。

替换试验:也可以用数值为交流有效值 1.4 倍的直流电压进行试验。

除非满足下列的 a)、b)或 c)条,否则器件或组件不能被拆除或短路。

a) 按有关标准规定低于本标准试验电压的器件或组件:

这些器件或组件不是同时与输入回路和焊接回路相连,并且它们的拆除或短路不会使被试电路隔断。

b) 仅与输入回路相连或仅与焊接回路相连的器件或组件,它们的拆除或短路不会使被试电路隔断。

例如:电子线路。

c) 输入回路或焊接回路与外露导电部件之间的干扰抑制或保护性电容器(符合其有关标准)。

连接到保护性导体接线端的控制回路在试验过程中不能断开,应按外露导电部件进行试验。

试验电压按制造厂要求缓慢上升至满值。

带整流器的电阻焊机，应在整流器与变压器的输出回路保持正常的连接，并在电阻焊机整机装配完成之后进行试验。试验时，整流器及其保护装置和其他固态电子组件或电容器可以短路。

液体冷却的设备应在填充冷却液体之前进行试验。

6.2　正常使用中的防触电保护(直接接触)

6.2.1　额定空载电压

在各调节档位，输出端的额定空载电压都不应超过 GB/T 3805 规定的安全(特低)电压值并符合铭牌规定。

经测量检查确定合格与否。

6.2.2　外壳防护

电阻焊机的供电输入部分和与供电输入部分有电气连接部分最低防护等级应为 IP20，按 GB 4208 的规定检查合格与否。

电阻焊机或控制器中暴露在外，而且易于人体接触的电路，其电压不应超过交流 42 V，直流 48 V。

应采取适当的保护措施防止可能出现的冷却系统泄漏情况。任何液体的进入不应影响电阻焊机的正常工作和安全。

6.2.3　电容器

电容器作为电阻焊机的一个部件，如跨接在供电电源线上或并在提供焊接电流的变压器线圈上，应当：

a)　易燃液体量不超过 1 L；

b)　在正常使用条件下，不出现液体泄漏现象；

c)　电容器应放置在电阻焊机的壳体内或其他符合本标准的相关要求的壳体内。

通过目测检查其合格与否。

即使电容器损坏，也不能使电阻焊机出现电气击穿或着火的危险。

通过下述试验检查其合格与否。

电阻焊机在额定输入电压下空载运行。试验时，供电电源应装额定电流小于或等于 200%额定最大输入电流的熔断器或断路器。将所有电容器或任意一个电容器短路，直至：

a)　电阻焊机的任一熔断器或过电流装置动作；或

b)　供电电源熔断器或断路器断开；或

c)　电阻焊机的输入部分达到稳定温度，但不超过 7.3 的规定值。

在本标准规定的型式检验的任何阶段，电容器不应出现液体泄漏现象。

对于容量不大于 10 μF 的电容器或具有内部熔断或断流器的电容器，不必进行此项试验。

6.2.4　输入电容器的自动放电

每个电容器均应设置放电回路，以保证在可能接近与电容器相连的带电部件所需的时间内，电容器的端电压降至 60 V 或更低，或者使用一个适当的警示符号。对因电容器而带电的插头而言，该接近时间可定为 1 s。

额定容量不超过 0.1 μF 的电容器，可看作不会引起触电危险。

通过目测和下列试验检查其合格与否：

电阻焊机在最高额定输入电压下运行，然后切断电阻焊机与电网的联系，使用对测量值没有显著影响的仪表测量电压。

6.3　发生事故时的防触电保护(非直接接触)

6.3.1　输入回路与焊接回路的隔离

焊接回路应与输入回路及电压值高于安全(特低)电压值的所有其他回路(例如辅助电源的回路)在

电气上隔离，隔离方式可采用加强绝缘或双重绝缘或满足6.1要求的等效方式。如果有一回路与焊接回路相连接，则该回路的电源应由一只隔离变压器或相当的装置供给。

如果焊接回路在内部与焊接电源的外部保护性导体连接装置、外壳、机架或铁心相连接，则必须在机壳上适当部位明示。

6.3.2 内部导体及其连接

内部导体及其接线应固定牢固，以免因偶然的松脱而导致输入回路或任何其他回路和焊接回路之间发生电气连接，使输出电压高于允许的空载电压。

在绝缘导线穿过金属部件的地方应配备绝缘衬套或留有倒角半径不小于1.5 mm的光滑孔。

裸导体应予以固定，以可靠地保持相互间以及与导电部件之间的电气间隙与爬电距离。

不同回路的导线如果其放置的方式不影响各自的功能，则可以并排放置，可以处在同一个管线中（例如：导管、电缆护套系统），或是多芯电缆线。反之，导线之间应采用适当的屏蔽线加以分开或者按同一个管线内的线路的最高工作电压进行绝缘。

通过目测和测量检查其合格与否。

6.4 Ⅰ类保护的电阻焊机与保护性导体的连接

将易触及的可导电部分及其保护屏障直接或通过其他外露可导电部分、单独的导体、设备的金属构件或以上部分的组合，连接到保护性导体上。

保护连接应能耐受由于设备内部故障电流可能引起的最高热效应及最大动应力；应能耐受可预见的机械应力及环境效应（包括腐蚀效应），应具有足够低的阻抗，以避免各部分间显著的电位差。

可移动的导体连接件（例如铰链和滑片）不应是两部分间唯一的保护连接件。在预计移开设备某一部件时，不应切断其余部件的保护连接，除非这些部件的电源事先已切断；设备和组件的供电和保护连接的通断由耦合器或插头插座控制时，保护连接不宜在供电导体断路之前切断，供电导体不宜在保护连接接通之前接通；切断器件（例如开关）不应安装在保护连接上。

随设备一起提供的电源线中的保护性导体的绝缘层颜色应是绿黄双色。

保护性导体截面积按表5取值。

当保护性导体与相导体材质不同时，表5值应按电导值进行换算，使保护性导体截面积的电导率与按表5选取的截面积的电导率相同。

表5 保护性导体的最小截面积

电气装置中相导体的截面积 S/mm^2	相应保护性导体的最小截面积/mm^2
$S \leqslant 16$	S
$16 < S \leqslant 35$	16
$S > 35$	$S/2$

连接保护性导体必须保证良好的电气连续性，以防止产生接触不良等故障。按GB 5226.1—2002的19.2要求检查其合格与否。

保护性导体接线端应标示符号“⏚”，可附加选用字母“PE”。标示符号“⏚”不宜放置或固定在螺钉、垫圈或连接导体时可移开的其他零件上。

保护性导体接线端的直径应按相应保护性导体的最小截面积选取。

对于与主机组装为一体的控制器，允许本身不加保护性导体接线端而采用其他的安全措施。

保护性导体接线端不得用作其他机械紧固之用。

6.5 电源通/断开关装置

若电阻焊机装有电源通/断开关装置（例如开关、接触器或断路器）时，则通/断开关装置应能：

——通断所有非接地的电源线；

——清晰地显示线路的通断；

——满足使用要求，有足够的分断能力。

通过目测检查其合格与否。

6.6 漏电保护器（RCD）

人体直接接触的由高于安全（特低）电压值的电压输入的阻焊变压器组成的手持式电阻焊机应增设漏电保护器（剩余电流动作保护器，RCD）。

安装漏电保护器的控制器为组成该手持式电阻焊机的一部分。基于人身安全的角度考虑，应选用与手持式电阻焊机电气额定参数匹配的额定漏电动作电流为 30 mA 及以下的高灵敏度快速型（≤0.1 s）漏电保护器。

安装的漏电保护器应符合本标准的要求。

通过目测和操作检查其合格与否。

保护性导体不能接入漏电保护器。

7 热性能要求

7.1 温升试验

7.1.1 试验条件

测量装置只允许经由带盖板的孔道、观察窗或制造厂设置的易于拆卸的板安置。测试地点的通风以及所采用的测量装置不能妨碍电阻焊机的正常通风或使热交换异常。

7.1.2 试验设备运行

输入电阻焊机的工作电流按如下要求选取：

a) 100％负载持续率所对应的连续电流（I_{1p}）：

$$I_{1p}=\frac{S_p}{U_{1N}} \quad\cdots\cdots(1)$$

式中：

I_{1p}——输入电阻焊机的连续电流，A；

U_{1N}——电阻焊机的额定输入电压，V；

S_p——100％负载持续率下的最大输入视在功率，kVA；它与 50％负载持续率下的功率（S_{50}）的关系为：$S_p = S_{50}/\sqrt{2}$ 。

试验时，电阻焊机应按 GB/T 8366 规定的条件短路。

b) 实际工作条件确定的循环时间下的负载持续率所对应的最大短路电流（I_{2CC}）。

a)和 b)两种方式根据适用情况选择一种进行试验。

液体冷却的电阻焊机，其液体流量应为 100％负载持续率时所规定的流量。

7.1.3 试验参数的允差

在温升试验的最后 60 min 内，试验参数的允差应满足：

a) 输出电流：选定的输出电流的±5％；

b) 冷却液体流量（如有的话）：额定流量的±5％；

c) 输入电压：选定的额定输入电压的±5％。

7.1.4 温升试验的开始

采用埋入式温度传感器法或表面温度传感器法测量时，试验可以在电阻焊机未达到周围环境温度或冷却液体温度平衡时就开始。

采用电阻法测量时，试验只有在冷却液体通 30 min 以上，且进口处和出口处的温差在 1 K 以内时才能开始(液体冷却的电阻焊机)。

冷却液体的温度 t_1 作为线圈的初始温度，测量此时的线圈电阻。

7.1.5 温升试验的持续时间

温升试验应进行到电阻焊机的任何部件温度上升速率不超过 2 K/h，试验时间不少于 60 min。

7.1.6 温升试验结束

试验结束应按下列步骤操作，步骤之间不要延迟：

a) 切断冷却液(如适用)；

b) 切断电流；

c) 记录数据。

7.2 温度测量方法

7.2.1 测量条件

温度应在最后一个周期加载时间结束的同时按以下方法测定：

a) 对于绕组，用表面温度传感器法或埋入式温度传感器法或电阻法；

b) 对于其他部件，用表面温度传感器法。

7.2.2 表面温度传感器法

按照下述规定条件，将温度传感器放在绕组或其他部件可达到的表面来测定温度。

注：典型的温度传感器有热电偶、电阻温度计等。

不能用水银温度计来测定绕组和易接近表面的温度。

温度传感器应放在能达到的可能出现最高温度的点上，建议进行初步检查以预先确定发热点的位置。

注：绕组上热点的大小和分布取决于电阻焊机的设计。

应保证测量点与温度传感器之间的有效热传导并提供防护使温度传感器不受气流和辐射的影响。

7.2.3 电阻法

本方法仅适用于绕组。绕组的温升通过电阻的增大来测定，铜绕组的温升按下述公式求得：

$$t_2 - t_a = \frac{R_2 - R_1}{R_1}(235 + t_1) + (t_1 - t_a) \qquad \cdots\cdots(2)$$

式中：

t_1——测量 R_1 时的绕组温度，℃；

t_2——试验结束时的绕组温度计算值，℃；

t_a——试验结束时的环境温度(或冷却液体的温度)，℃；

R_1——绕组初始电阻，Ω；

R_2——试验结束时的绕组电阻，Ω。

对于铝绕组，应用 225 代替上述公式中的常数 235。

对于非冷却液体冷却的电阻焊机，t_1 应在环境温度±3 K 范围内。

7.2.4 埋入式温度传感器法

这种方法是将热电偶或大小相近的其他测温器件埋入最热部分来测定温度。

测定绕组温度时，热电偶应直接放置在导体上，靠导体本身的绝缘层将热电偶与金属回路隔开。

把热电偶放置在单层绕组的最热点上应视为埋入法。

7.2.5 环境温度的测定

测定环境温度时，至少用 3 只测温装置均匀分布在电阻焊机的周围。测温装置大致安放在电阻焊机的一半高度，与其表面相距 1 m～2 m 的地方，并使其免受气流和异常加热的影响。应取温度读数的平均值作为环境温度。

对于空气冷却的电阻焊机，测温装置应放置在冷却系统的进风口。温升试验结束前的15 min内，按同样时间间隔测得的温度的平均值作为环境温度。

7.2.6 冷却液体的温度测定

温度计应放置在电阻焊机的冷却液体的进口处。

温升试验的最后60 min内测得的平均温度作为冷却液体的温度。

7.2.7 温度的读取

在可能条件下，应记录设备运行时和停机后的温度。对于在设备运行时无法记录其温度的那些部件，应在停机后按下述方法读取温度。

在停机瞬间到最终的温度测定总要经过一些时间，温度会有所变化，应作适当校正，以获得尽可能接近停机瞬间的实际温度。可按附录B要求绘制曲线得出停机瞬间的温度。在停机后的5 min内至少要读取4点温度。如果停机后连续测得的温度呈上升趋势，应取其最高值作为停机瞬间的温度。

7.3 温升限值

7.3.1 绕组

绕组的温升不应超过表6规定的限值。测量绕组温升限值时应尽量采用电阻法或埋入式温度传感器法。

任何部件都不应达到损坏其他部件的温度，尽管该部件的温升符合表6要求。

试验时若不采用100%负载持续率，则任何周期的峰值温度不应超过表6规定值。

按7.2测量，检查其合格与否。

表6 绕组的温升限值

耐热等级（如果绝缘按照GB/T 20113）	峰值温度/℃（按GB/T 17211）	温升限值/K			
		空气冷却		液体冷却	
		表面或埋入式温度传感器法	电阻法	表面或埋入式温度传感器法	电阻法
105(A)	140	60	60	70	70
120(E)	155	75	75	85	85
130(B)	165	85	85	95	95
155(F)	190	110	105	120	115
180(H)	220	135	130	145	140
200	235	155	145	165	155
220(C)	250	175	160	185	170

注1：一般来说，表面温度是最低的，用电阻法测得的温度是绕组内各处温度的平均值，用表面或埋入式热电偶可以测出绕组内的最高温度（热点）。

注2：可以选用温度限值高于本表的耐热等级的材料（见GB/T 20113）。

注3：初次级绕组整体浇注、且为液体冷却的电阻焊机，适用于液体冷却绕组温升限值。

7.3.2 焊接回路

人体易于触及的焊接回路及其零部件（电极除外）的温升不应超过60 K。

7.3.3 易接近表面

易接近表面的温升不应超过表7限值。

表 7 易接近表面的温升限值

易接近表面	温升限值/K	
	空气冷却	液体冷却
裸金属外壳	25	35
喷漆金属外壳	35	45
非金属外壳	45	55
金属手柄	10	20
非金属手柄	30	40

按 7.2 测量，检查其合格与否。

7.3.4 其他部件

其他部件的最高温度不应超过其相关标准规定的额定最高温度。7.1 的温升试验中各自的最高温度应再加上 40 ℃与实际环境温度（参见 7.2.5）的差值作为最高温度的修正值。

输入回路或输出回路可能会使用电力电子开关元件或整流装置。在进行温升试验的过程中，电力电子开关元件或整流装置的温度不应超过元件生产厂规定的限值。

注：应关注电力电子开关元件或整流装置的断续负载特性。

8 机械危险防护

8.1 防护措施

电阻焊机应具有下列防护装置：

——电源故障和紧急停止装置动作时，禁止重新启动的装置；

——当气动/液压供给系统出现故障可能导致机械危险时，能实现停止的装置；

——采用强迫空气冷却的电阻焊机的风机排风口（或进风口）应符合 IP2X 的要求。

8.2 元器件符合性

在涉及安全的情况下，元器件应符合本标准的要求，或者符合相关元器件的国家、行业标准或相关的国际标准中与安全有关的要求。

——当元器件已被证实符合相关的元器件国家、行业标准或相关的国际标准相协调的某一标准时，应检查该元器件是否按其额定值正确应用和使用。该元器件还应作为电阻焊机的一个组成部分承受本标准规定的有关试验，但不承受相关的元器件国家、行业标准或相关的国际标准中规定的那部分试验；

——如果某元器件没有对应的国家、行业标准或相关的国际标准，或元器件在电路中不按它们规定的额定值使用，则该元器件应按电阻焊机中实际存在的条件进行试验。

8.3 提升装置

电阻焊机应能安全地吊运。

对于悬挂式电阻焊机，除设置可靠的主吊装置外，还应有辅吊装置，以便在主吊装置损坏时起到保护作用。

9 液体冷却系统

9.1 冷却液体流量

电阻焊机的液体冷却系统在 0.15 MPa 压力下，应能达到铭牌规定的流量。在 0.3 MPa 压力下应能可靠地工作，并无渗漏现象。

9.2 冷却系统保护

对带有液体冷却的电力电子开关元件的电阻焊机或控制器，应装有热保护装置，否则，应在其液体冷却系统装设流量或压力监控装置。当液体流量或压力低于或等于极限值时，监控装置应能自动断开主回路或阻止主回路导通。

对于不带有液体冷却电力电子开关元件控制的电阻焊机，其主机液体冷却系统如何监控由产品标准规定。

9.3 带电冷却软管长度

对于直接液体冷却的电力电子开关元件，在带有输入电压的冷却部位应使用绝缘性能优良的软管作为冷却管。电阻焊机或控制器液体进口侧及出口侧的冷却管的长度应不短于0.7 m。

测量直接液体冷却的电力电子开关元件带电部分液体进口侧及出口侧冷却管的长度。

9.4 液体流动观察装置

电阻焊机的液体冷却系统应有液体流动观察装置。

9.5 冷却系统的密封性

液体冷却系统的密封性试验应在液体出口密封的状态下进行。调节冷却液体的压力为0.5 MPa，历时10 min做密封性试验。

对于焊机上的旋转密封装置可不做此项试验。

检查液体冷却系统的密封性。

10 气路系统

当气动系统压缩空气的压力为额定压力的1.2倍时，电阻焊机的气路系统应能正常工作，无漏气现象。

气路系统密封性试验时，接通压缩空气气源，使气路系统的压力达到额定值的1.2倍，堵住出气口，维持5 min，检查各接头处及有关部位是否漏气。

11 液压系统

电阻焊机的液压系统工作时应没有异常噪声和冲击，其油温不应超过70 ℃。液压传动机构应能承受1.5倍额定工作压力，不应出现故障或损坏。

液压系统密封性试验时，调节进口压力，使液压传动机构的压力达到额定工作压力的1.5倍，但不超过油泵允许的试验压力，维持5 min，检查油路系统的密封性。

12 紧急停止操作件的颜色

电阻焊机如果配备有用于执行紧急停止、紧急断开功能操作的“紧急停止”开关、手柄或按钮等操作件的颜色必须是“红色”，其他操作件的颜色不允许用红色。

目测检查其合格与否。

13 使用说明书和铭牌

13.1 使用说明书

每台电阻焊机交货时应附有包括下列内容的使用说明书：

a） 概述；

b） 电阻焊机的电气参数、外形尺寸及质量；

c） 各种指示标记和图示符号说明；

d） 输入电源的连接方式和输入电缆及保护性导体的规格；

e） 焊接能力、机械特性、负载持续率限制和有关的热保护说明；

f） 使用限制说明（例如环境要求）；

g） 正确使用电阻焊机的有关说明（例如冷却要求、控制装置、指示器等）；

h） 操作的正确方法、注意事项和对操作者及工作区域的人员人身防护的要点（例如焊接烟尘、噪声、气体、加热的金属和火花、电磁污染）；

i） 有关安全的警示提示；

j） 电阻焊机的安装方法；

k） 电阻焊机的运输和贮存的方法；

l） 辅助电源的信息(例如照明灯或电动工具的插座)；

m) 维护须知(预防和例行维修说明)；

n） 有关的电气原理图和元器件清单；

o） 基本备件清单。

可以给出耐热等级、污染等级、效率、外壳防护等级等其他有用的信息。

通过阅读使用说明书，检查其合格与否。

13.2 铭牌

13.2.1 总则

每台电阻焊机上都应有安装可靠或印制标记清晰且不易擦掉的铭牌。

用浸过水的布摩擦铭牌 15 s，再用浸过汽油的布摩擦 15 s，检查其合格与否。

经上述试验后，标记仍应清晰可辨，铭牌不应移动，也不应出现卷边。

13.2.2 说明

铭牌应划分为包含信息和数据的若干区域：

a） 标志；

b） 焊接输出；

c） 供电电源；

d） 其他特性。

允许将上述各个部分相互分开并固定在与操作者更接近或方便的位置。

对用于几种焊接工艺的电阻焊机，可以用一块组合铭牌，也可以用几块单独的铭牌。

注：需要时，可给出附加信息，而其他有用资料，如耐热等级、污染等级、外壳防护等级、功率因数等可列在制造厂提供的产品说明书中。

13.2.3 内容

13.2.3.1 总则

下述解释对应于图 1 所示的方框编号。

a） 标志

1)	2)
3)	4)

b） 焊接输出

5)	6)
7)	8)

c） 供电电源

9)	10)
11)	12)

d） 其他信息

13)	14)
15)	16)
17)	18)
19)	

图 1 铭牌的组成原则

13.2.3.2 标志

1) 制造商、销售商或进口商的名称和地址，必要情况下可选原产国名和商标

2) 产品型号

3) 产品编号以及制造日期

4) 符合本标准的标注

13.2.3.3 焊接输出

5) 焊接电流符号，如：

⎓	直流
∼	交流以及额定频率 Hz(如：～Hz)

6) U_{20}＝…V 至…V，在…调节挡	额定交流空载电压的范围以及可调节的挡数
U_{2di}＝…V 至…V，在…调节挡	额定直流空载电压的范围以及可调节的挡数
U_{2d}＝…V 至…V，在…调节挡	逆变焊机的额定直流空载电压的范围以及可调节的挡数
7) I_{2CC}＝…A	最大短路输出电流(标出对应的负载持续率)
8) I_{2p}＝…A	连续输出电流

13.2.3.4 供电电源

9) …～…Hz	相数(单相用 1 表示，三相用 3 表示)，交流电流的符号(～)以及额定频率
10) U_{1N}＝…V	额定输入电压
11) S_p＝…kVA	连续功率(100％负载持续率时)
12) S_{50}＝…kVA	50％负载持续率下的功率

13.2.3.5 其他特性

13) Q＝…L/min	额定冷却液流量
14) ΔP＝…MPa	额定冷却液压降
15)	气源工作压力
16)	外壳防护等级
17)	变压器耐热等级
18) 质量＝…kg	焊机质量
19)	适用时的附加信息

13.2.3.6 允差

电阻焊机相关参数实测值对额定值的允差应满足：

a) U_{20}	按 6.2.1 测量，额定交流空载电压 (V)±2％；
b) I_{2CC}	最大短路输出电流(A)不能小于铭牌规定的数值； 对于通过焊接电缆将焊接执行机构与主机连接的移动式电阻焊机，其最大短路输出电流测量要求由制造厂和用户商定；
c) I_{2p}	连续输出电流(A)不能小于铭牌规定的数值；
d) S_{50}	50％负载持续率下的功率(kVA)$^{+10\%}_{0}$。

通过测量和比较检查合格与否。

附 录 A
（资料性附录）
供电系统的标称电压

单位为伏

从交流或直流标称电压导出线对中性点电压（小于或等于）	世界上目前使用的标称电压			
	三相四线制（中性点接地） 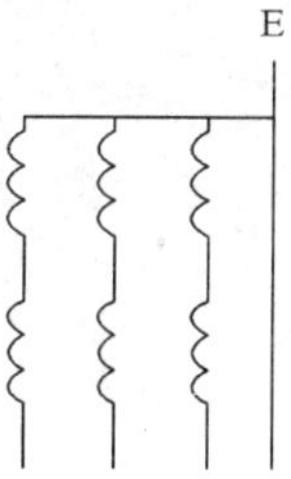	三相三线制（接地或不接地） 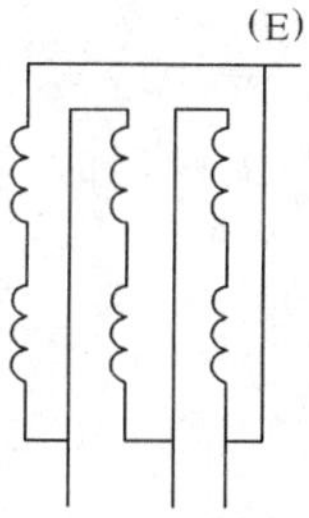	单相双线制（交流或直流） 	单相三线制（交流或直流） 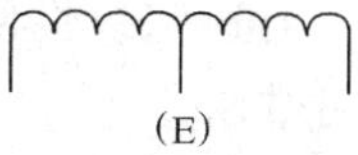
	E	(E)		(E)
50	—	—	12.5;24;25;30;42;48	30～60
100	66/115	66	60	—
150	120/208;127/220	115;120;127	110;120	110～220 120～240
300	220/380;230/400;240/415;260/440;277/480	220;230;240;260;277	220	220～440
600	347/600;380/660;400/690;417/720;480/830	347;380;400;415;440;480 500;577;600	480	480～960
1 000	—	660;690;720;830;1 000	1 000	—

注 1：本表数据取自 GB/T 16935.1—1997 中表 B.1。

附　录　B
（资料性附录）
关机时刻温度的推算

当关机时刻的温度无法记录时，需要通过推算来获取此温度。具体方法如下：

a） 记录关机瞬间的时间；

b） 从关机时刻起，逐次记下关机后的每一时刻及对应的温度值；

c） 对每一推算的温度值至少取4个读数；

d） 用对数/线性坐标纸绘制图表。温度读数标在对数坐标上，关机后时间标在线性坐标上。将各点连线反方向延伸到 $t=0$，就可外推出关机时刻的温度值。

替代法：

也可用数学回归分析代替图解法。

若选定线性回归，则利用温度的对数值与关机后时间的线性读数值，用回归分析法推算到 $t=0$，取反对数求得 $t=0$ 时的实际温度。

ICS 25.160.30
J 64

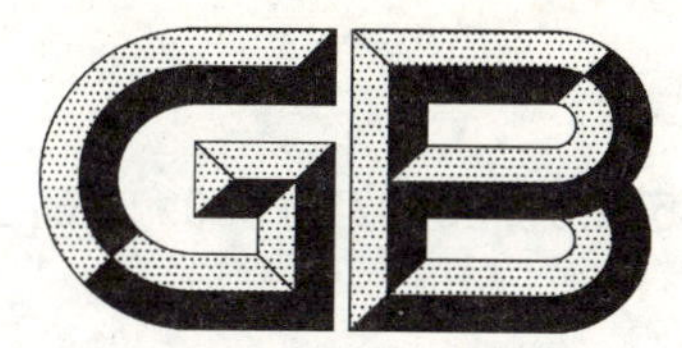

中华人民共和国国家标准

GB 15579.6—2008/IEC 60974-6:2003

弧焊设备 第6部分:限制负载的手工金属弧焊电源

Arc welding equipment—Part 6:Limited duty manual metal arc welding power sources

(IEC 60974-6:2003,IDT)

2008-06-19 发布 2009-06-01 实施

中华人民共和国国家质量监督检验检疫总局
中国国家标准化管理委员会 发布

前言

本部分的第3章"定义"为推荐性,其余为强制性。

《弧焊设备》涉及的范围为电弧焊机及其辅助机具,预计结构是分为12个部分,分别是:

——第1部分:焊接电源;

——第2部分:冷却系统;

——第3部分:引弧和稳弧装置;

——第4部分:使用期间的检查和试验;

——第5部分:送丝装置;

——第6部分:限制负载的手工金属弧焊电源;

——第7部分:焊炬(枪);

——第8部分:等离子切割系统的气路装置;

——第9部分:安装和使用;

——第10部分:电磁兼容(EMC)要求;

——第11部分:电焊钳;

——第12部分:焊接电缆耦合装置。

本部分为《弧焊设备》的第6部分。

本部分等同采用IEC 60974-6:2003《弧焊设备 第6部分:限制负载的手工金属弧焊电源》。

本部分与IEC 60974-6:2003的差异:

——取消了国际标准的前言;

——在3.3的E 43R后面增加我国对应的焊条型号E 4303。

本部分的附录A为资料性附录。

本部分由中国电器工业协会提出。

本部分由全国电焊机标准化技术委员会(SAC/TC 70)归口。

本部分起草单位:上海沪工电焊机制造有限公司、凯尔达电焊机有限公司、浙江肯得焊接设备有限公司、华南理工大学、成都电气检验所、宁波隆兴焊割科技股份有限公司、重庆三峡变压器厂、广州市同诚焊接设备技术有限公司。

本部分起草人:舒宏瑞、褚华、朱宣辉、黄石生、邢军、陈定龙、王志勇、王振民。

本部分是首次制定。

弧焊设备　第6部分:限制负载的手工金属弧焊电源

1　范围

本部分适用于带热切断装置的、限制负载的手工金属弧焊电源。

这些弧焊电源主要由非专业人员使用。

本部分规定了额定最大焊接电流不超过160 A的弧焊电源的结构安全要求和性能要求。

本部分不适用于:

——旋转式弧焊电源;

——带遥控的弧焊电源;

——变频式的弧焊电源。

2　规范性引用文件

下列文件中的条款通过GB 15579的本部分的引用而成为本部分的条款。凡是注日期的引用文件,其随后所有的修改单(不包括勘误的内容)或修订版均不适用于本部分,然而,鼓励根据本部分达成协议的各方研究是否可使用这些文件的最新版本。凡是不注日期的引用文件,其最新版本适用于本部分。

GB/T 5013.6　额定电压450/750 V及以下橡皮绝缘电缆　第6部分:电焊机电缆(GB/T 5013.6—2008,IEC 60245-6:1994,IDT)

GB 5226.1—2002　机械安全　机械电气设备　第1部分:通用技术条件(IEC 60204-1:2000,IDT)

GB 15579.1—2004　弧焊设备　第1部分:焊接电源(IEC 60974-1:2000,IDT)

GB/T 16842　检验外壳防护用的试具(GB/T 16842—2008,IEC 61032:1997,IDT)

GB/T 16935.1—2008　低压系统内设备的绝缘配合　第1部分:原理、要求和试验(IEC 60664-1:2007,IDT)

ISO 857-1　焊接和类似工艺　名词术语　第1部分:金属焊接工艺

ISO 2560　低碳钢和低合金钢手工电弧焊用药皮焊条　标志的符号代码

IEC 60050-151:2001　国际电工名词术语(IEV)　第151部分:电磁装置

IEC 60050-851:1991　国际电工名词术语(IEV)　第851部分:电焊

3　定义

IEC 60050-151:2001、IEC 60050-851:1991、GB/T 5226.1—2002、GB/T 16935.1—2008和GB 15579.1—2004确立的术语以及下列定义适用于本部分。

3.1

手工金属电弧焊　manual metal arc welding

采用药皮焊条进行手工操作的金属电弧焊。

[ISO 857-1, 4.2.4.4]

3.2

限制负载的弧焊电源　limited duty welding power source

由热切断装置的动作(断开、接通)来决定工作状态的弧焊电源。

3.3

指定焊条 reference electrode

直径和额定焊接电流符合 ISO 2560 规定的 E 43R(E 4303) 型号的焊条。

3.4

非专业人员 layman

非焊接职业的人员，且可能对弧焊仅有一点或根本没有使用常识的人。

3.5

热切断装置 thermal cut-out device

通过自动断开电路或降低电流来限制弧焊电源的部件温度的感温装置，该装置可自动复位。

3.6

负载时间 load time

t_w

热切断装置的复位(接通)与断开电路(关断)之间的时间。

3.7

复位时间 reset time

t_r

热切断装置的断开电路(关断)与复位(接通)之间的时间。

3.8

循环周期 cycle time

热切断装置在两次连续复位(接通电路)或连续断开电路(关断)之间的时间。

3.9

最大有效输入电流 maximum effective supply current

I_{1eff}

通过公式计算的有效输入电流的最大值。

$$I_{1eff} = \sqrt{I_1^2 \times \frac{t_w}{t_w + t_r} + I_0^2 \times \frac{t_r}{t_w + t_r}}$$

式中：

t_w——负载时间；

t_r——复位时间；

I_1——额定输入电流；

I_0——额定空载输入电流。

4 环境条件

见 GB 15579.1—2004 的第 4 章规定。

5 试验条件

按 GB 15579.1—2004 的第 5 章规定，并作下列修改：

发热试验期间的环境温度应不低于 20 ℃。

5.1 型式检验

按 GB 15579.1—2004 的 5.1 规定，并作下列修改：

本部分第 9 章规定的“热切断装置”代替 GB 15579.1—2004 的 5.1d)的“热保护”。

5.2 例行检验

按 GB 15579.1—2004 的 5.2 规定，并作下列修改：

额定最小焊接电流的检测条款不适用。

例行检验项目根据制造厂规定的检验程序，可在短路状态下进行。

6 防触电保护

6.1 绝缘

见 GB 15579.1—2004 的 6.1。

6.2 正常使用中的防触电保护（直接接触）

6.2.1 外壳防护

见 GB 15579.1—2004 的 6.2.1。

此外，使用 a）、b）两种方法：

a） 一根 50 mm 长的试针（参见 GB/T 16842 中的试指 12）从除底边以外的各边插入机壳；

b） 一根 15 mm 长的试针（参见 GB/T 16842 中的试指 13）从底边插入机壳。

不应触及机壳内的

a） 输入回路的带电部件；或

b） Ⅱ类弧焊电源的任何金属部件，该金属部件与带电部件仅通过基本绝缘而隔离。

按 GB/T 16842 检查其合格与否。

6.2.2 电容器

见 GB 15579.1—2004 的 6.2.2。

6.2.3 输入电容器的自动放电

见 GB 15579.1—2004 的 6.2.3。

6.3 发生事故时的防触电保护（非直接接触）

6.3.1 输入回路与焊接回路的绝缘

见 GB 15579.1—2004 的 6.3.1。

6.3.2 输入回路绕组与焊接回路绕组之间的绝缘

见 GB 15579.1—2004 的 6.3.2。

6.3.3 内部导体及其连接

见 GB 15579.1—2004 的 6.3.3。

6.3.4 可动线圈和铁心

如果采用可动线圈或可动铁心调节焊接电流，其结构应能保持规定的电气间隙和爬电距离，并应考虑电气和机械应力的作用。

6.3.5 初级泄漏电流

从外露导电体表面至输入耦合装置或至外部保护性导体接线端的初级泄漏电流在下列条件下不应超过 5 mA：

a） 弧焊电源是：

——与地面隔离；

——由最高额定输入电压供电；

——不与保护接地端连接。

b） 输出回路处于空载状态。

c） 不拆除输入电容器。

d） 拆除或不拆除干扰抑制电容器。

用下列型式的仪表检查合格与否：

a） 电子或直接显示；

b） 1 500 Ω 的端子阻抗，通过 0.15 μF 的电容旁路；

c) 平均响应；

d) 在 50/60 Hz 时校准；

e) 0.5 mA 时的指示精度为 5%，显示标准正弦波的有效值。

7 热性能要求

对弧焊电源的热性能要求为：

a) 绕组按 7.3.1；

b) 外表面按 7.3.2；

c) 弧焊电源按 7.4；

d) 其他部件的材料按 7.1 的发热试验中各自的最高温升再加上 40 ℃与实际环境温度(参见 7.2.4)的差值，这是因为最高环境温度规定为 40 ℃。

7.1 发热试验

7.1.1 试验方法

弧焊电源应在约定焊接条件下根据 11.2 进行发热试验：

a) 额定最大焊接电流 I_{2max}；及

b) 根据表 1 在铭牌中给出的其他额定焊接电流 I_2。

如果在 a)和 b)的情况下运行都未达到最大发热，则应在其额定范围内，以达到最大发热的位置作试验。

注 1：最大发热可能发生在空载情况下。

注 2：有关试验可以接着做，无需等弧焊电源恢复至环境温度。

表 1 选用焊条所对应的额定焊接电流

焊条直径/mm	1.4/1.6	2	2.5/2.6	3.2	4
焊接电流 I_2/A	40	55	80	115	160

为确定额定值，试验应在第一次循环后的最短时间为 1 小时的整数次热循环中进行。在这一时间内，应测试下列数据：

a) 每一循环的负载时间(t_{wi})；

b) 每一循环的复位时间(t_{ri})；以及

c) 除第一次循环外的热循环总数(N_T)。

7.1.2 计算

应计算下列数据：

a) 用下列公式计算对每一额定焊接电流下的平均负载时间(t_w)

$$t_w = \frac{\sum t_{wi}}{N_T}$$

式中：

t_{wi}——每一循环的负载时间；

N_T——热循环总数。

b) 用下列公式计算对每一额定焊接电流下的平均复位时间(t_r)

$$t_r = \frac{\sum t_{ri}}{N_T}$$

式中：

t_{ri}——每一循环的复位时间；

N_T——热循环总数。

按 7.1.1 b)进行发热试验时，平均负载时间 t_w 应不低于 55 s。

应在最后一次负载时间的前 10 s 中测量输入电流和焊接电流。

7.1.3 测试参数的允差

在发热试验中，额定焊接电流 I_2 及约定的额定负载电压 U_2 应通过下列调整维持在±5% 范围内：

a) 约定负载

和/或

b) 供电电源电压有±10%的裕度。

7.2 温度测量方法

在每个循环周期，峰值温度和最低温度应按以下方法测定：

a) 对于绕组，用电阻法或表面温度传感器法或埋入式温度传感器法；

注 1：应优先选用电阻法。

注 2：对于串接有开关触点的低电阻绕组，用电阻法可能得到不正确的结果。

b) 对于其他部件，用表面温度传感器法。

7.2.1 表面温度传感器法

见 GB 15579.1—2004 的 7.2.1。

7.2.2 电阻法

见 GB 15579.1—2004 的 7.2.2。

7.2.3 埋入式温度传感器法

见 GB 15579.1—2004 的 7.2.3。

7.2.4 环境温度的测定

见 GB 15579.1—2004 的 7.2.4。

7.2.5 温度的读取

见 GB 15579.1—2004 的 7.2.5。

7.3 温升限值

7.3.1 绕组

见 GB 15579.1—2004 的 7.3.1。

7.3.2 外表面

见 GB 15579.1—2004 的 7.3.2。

7.4 负载试验

弧焊电源应能承受循环负载而不出现损坏或功能故障。

通过下述试验以及检查试验过程中弧焊电源是否出现损坏或功能性故障来判断其合格与否。

弧焊电源从冷态启动，在额定最大焊接电流下负载运行，直到热切断装置动作。

热切断装置复位后，立即进行下述试验：

将弧焊电源调节到额定最大焊接电流位置，在外接电阻为 8 mΩ～ 10 mΩ 的情况下加载 60 次，每次短路 2 s，停止 3 s。

8 非常规运行

见 GB 15579.1—2004 的第 8 章规定，并做下列修改：

GB 15579.1—2004 的 8.1 中的风扇堵转试验的持续时间为 2 h。

GB 15579.1—2004 的 8.3 不适用。

9 热切断装置

9.1 动作

限制负载的弧焊电源应配备热切断装置。

热切断装置应能防止弧焊电源绕组温度超过 GB 15579.1—2004 中表 6 规定的峰值温度。

9.2 复位

在温度尚未降至表6给定的温度值以下时,热切断装置应不能复位。

通过动作和温度测量,检验其合格与否。

9.3 动作能力

热切断装置应能在额定最大焊接电流下连续地切断输入电流或焊接电流200次而不失效。

用适当的过载方式,使一个与热切断装置所在电路具有相同电特性(尤其是电流和电抗)的电路持续通断所要求的次数,检验其合格与否。

试验后,应满足9.1和9.2的要求。

10 供电电源的连接

10.1 输入电压

输入电压在额定值的±10%范围内,弧焊电源应能正常运行。这时可能产生对额定值的偏差。

10.2 电源

见GB 15579.1—2004的10.2。

10.3 连接方式

弧焊电源应装配符合10.8要求的柔性输入电缆或器具插座。

通过目测,检查其合格与否。

10.4 供电电源接线端

见GB 15579.1—2004的10.4。

10.5 电缆固定装置

见GB 15579.1—2004的10.5。

10.6 进线孔

见GB 15579.1—2004的10.6。

10.7 电源通/断开关装置

若电源装有通/断全极开关装置(如开关、接触器或断路器)时,则通/断开关装置应能:

a) 通断所有输入导体,保护性接地导体除外。

b) 清晰地显示线路的通断。

c) 规格应是:

——电压:不低于铭牌所示值;

——电流:不低于铭牌所示最大有效输入电流。

d) 适合使用要求。

按GB 15579.1—2004的10.7检查其合格与否。

10.8 输入电缆

见GB 15579.1—2004的10.8。

10.9 输入耦合装置(插头)

输入耦合装置作为弧焊电源的一个部件时,应满足使用条件及国家和地方的法规要求。额定电流不应小于a)和b)的规定值:

a) 第8章试验要求的保险丝的额定电流,此时不考虑是否装有电源开关;

b) 最大有效输入电流 I_{1eff}。

11 输出

11.1 额定空载电压(U_0)

弧焊电源在各调节位置的额定空载电压都不得超过表2规定的数值。

表 2 允许的额定空载电压值一览表

工 作 条 件	额定空载电压值
触电危险性较大的环境	直流 113 V 峰值 交流 68 V 峰值和 48 V 有效值
触电危险性不大的环境	直流 113 V 峰值 交流 78 V 峰值和 55 V 有效值

通过测试、线路分析和/或故障模拟检查其合格与否。

a) 有效值

用一个真有效值表并联一个 5 kΩ(最大允差±5%)电阻进行测量。

b) 峰值

为了测得具有重现性的峰值，可忽略无危险性的脉冲，测试线路见 GB 15579.1—2004 的 11.1 的图 2。

电压表应指示平均值，选用表的量程应尽可能接近实际的空载电压值。电压表的内阻至少 1 MΩ。

测量回路中元件参数值的允差不得超过±5%。

测量时，电位器应在 0～5 kΩ 之间变化，以测得在 200 Ω～5.2 kΩ 负载下的最高峰值电压。用极性转换装置的两种接法进行重复测量。

11.2 型式检验的约定负载电压值

弧焊电源应能在整个调节范围内提供符合下述公式要求的约定负载电压(U_2)下的约定焊接电流(I_2)。

下降特性的弧焊电源：$U_2=(18+0.04I_2)$V

11.3 调节输出用的机械式开关装置

见 GB 15579.1—2004 的 11.3，但试验限制在 3 000 次。

11.4 输出连接

见 GB 15579.1—2004 的 11.4，但 11.4.4 除外。

11.5 焊接电缆

如果弧焊电源装配有焊接电缆，则焊接电缆应满足 GB/T 5013.6 的要求。

12 控制回路

见 GB 15579.1—2004 的第 12 章。

13 防触电装置

GB 15579.1—2004 的第 13 章不适用。

14 机械要求

见 GB 15579.1—2004 的第 14 章。

14.1 外壳

见 GB 15579.1—2004 的 14.1。

14.2 手把、按钮等的耐冲击性

见 GB 15579.1—2004 的 14.2。

14.3 提升装置

弧焊电源应能安全地吊运(见第 17 章)。

弧焊电源如有提升装置(如手柄、吊环或凸耳),应能承受自由落体试验的机械应力。

通过目测和下述试验检查其合格与否:

弧焊电源装上可能要装备的所有附件,然后将弧焊电源用一条系在提升装置上的链条或钢索悬挂在一个刚性部件上,并置于直接自由下落的位置。在将弧焊电源吊起呈悬挂状态使全部下落力承载于提升装置之前,要调整好链条或钢索悬挂机构以提供 50 mm 的自由下落。

试验应做三次。

14.4 跌落

见 GB 15579.1—2004 的 14.4。

14.5 倾斜稳定性

见 GB 15579.1—2004 的 14.5。

15 铭牌

见 GB 15579.1—2004 的第 15 章。

15.1 说明

铭牌应划分为包含信息和数据的若干区域:

a) 标志;

b) 焊接输出;

c) 能量输入。

数据资料的排列和顺序应按照图 1 所示的原则(实例见附录 A)进行。

铭牌大小不作规定,可自行选择。

允许将上述各个部分相互分开,并固定在与操作者更接近或方便的位置。

注:可给出附加信息,而其他有用资料,如绝缘等级、污染等级或功率因数可列在制造厂提供的产品使用说明书中(详见第 17 章)。

a) 标志

<table>
<tr><td colspan="3">1)</td></tr>
<tr><td>2)</td><td>3)</td><td>5)</td></tr>
</table>

b) 焊接输出

<table>
<tr><td colspan="2">8)</td><td colspan="2">9)</td><td>10)</td></tr>
<tr><td rowspan="4">7)</td><td>11)</td><td>11a)</td><td>11b)</td><td>11c)</td></tr>
<tr><td>12)</td><td>12a)</td><td>12b)</td><td>12c)</td></tr>
<tr><td>13.1)</td><td>13.1a)</td><td>13.1b)</td><td>13.1c)</td></tr>
<tr><td>13.2)</td><td>13.2a)</td><td>13.2b)</td><td>13.2c)</td></tr>
</table>

c) 能量输入

<table>
<tr><td rowspan="2">14)</td><td>15)</td><td>16)</td><td>17)</td></tr>
<tr><td>22)</td><td colspan="2">23)</td></tr>
</table>

图 1 铭牌组成原则

15.2 内容

下述解释对应于图1所示的方框编号。

注：下述方框编号与GB 15579.1—2004的方框编号相对应。

a) 标志

编号1 见GB 15579.1—2004的15.2

编号2 见GB 15579.1—2004的15.2

编号3 见GB 15579.1—2004的15.2

编号5 见GB 15579.1—2004的15.2

b) 焊接输出

编号7 见GB 15579.1—2004的15.2

编号8 见GB 15579.1—2004的15.2

编号9 U_0…V 额定空载电压

——直流电用算术平均值；

——交流电用有效值。

编号10 …A/…V 应给出最大焊接电流及其相应的约定负载电压

编号11 E 焊条直径符号

编号11a),11b),11c) mm 焊条直径

编号12a),12b),12c) A 额定焊接电流

编号13.1 t_w 平均负载时间符号

编号13.2 t_r 平均复位时间符号

编号13.1a),13.1b),13.1c) s 平均负载时间

编号13.2a),13.2b),13.2c) s 平均复位时间

c) 能量输入

编号14 见GB 15579.1—2004的15.2,仅用第1个符号

编号15 见GB 15579.1—2004的15.2

编号16 见GB 15579.1—2004的15.2

编号17 见GB 15579.1—2004的15.2

编号22 见GB 15579.1—2004的15.2

编号23 见GB 15579.1—2004的15.2

15.3 允差

弧焊电源的实测值对额定值的允差应满足：

a) U_0 按11.1测量,额定空载电压(V)±5%,但不得超过表2限值；

b) I_{2min},I_{2max} 额定最小和额定最大焊接电流(A)±10%；

c) U_{2min},U_{2max} 额定最小和额定最大约定负载电压(V)±5%；

d) I_{1max},I_{1eff} 额定最大和有效输入电流(A)±10%。

在约定焊接条件下,在发热试验的最后一个周期的第10 s时进行测量以检查其合格与否。

16 输出调节

16.1 调节形式

见GB 15579.1—2004的16.1。

16.2 调节装置的标记

见GB 15579.1—2004的16.2,但d)条除外。

16.3 电流或电压的控制指示

见 GB 15579.1—2004 的 16.3。

17 使用说明书和标识

见 GB 15579.1—2004 的第 17 章。

附　录　A
（资料性附录）
铭牌的实例(见 15.1)

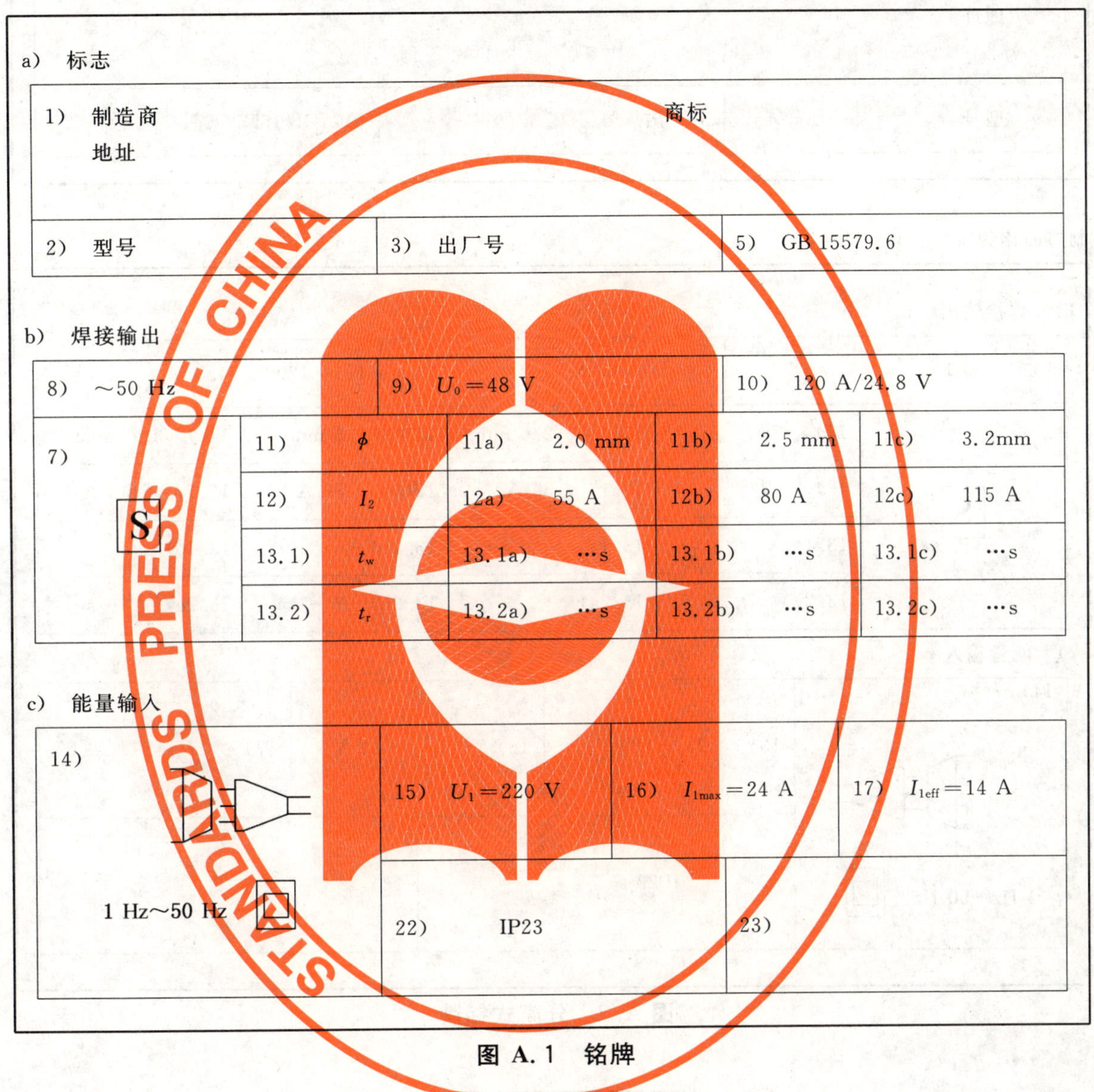

a）标志

1）制造商 地址		商标
2）型号	3）出厂号	5）GB 15579.6

b）焊接输出

8）～50 Hz		9）U_0=48 V		10）120 A/24.8 V	
7） S	11）	ϕ	11a）2.0 mm	11b）2.5 mm	11c）3.2mm
	12）	I_2	12a）55 A	12b）80 A	12c）115 A
	13.1）	t_w	13.1a）…s	13.1b）…s	13.1c）…s
	13.2）	t_r	13.2a）…s	13.2b）…s	13.2c）…s

c）能量输入

14） 1 Hz～50 Hz	15）U_1=220 V	16）I_{1max}=24 A	17）I_{1eff}=14 A
	22）IP23	23）	

图 A.1　铭牌

经销商铭牌

a） 标志

1） 制造商 地址		商标
2） 型号	3） 出厂号	5） GB 15579.6

制造商铭牌

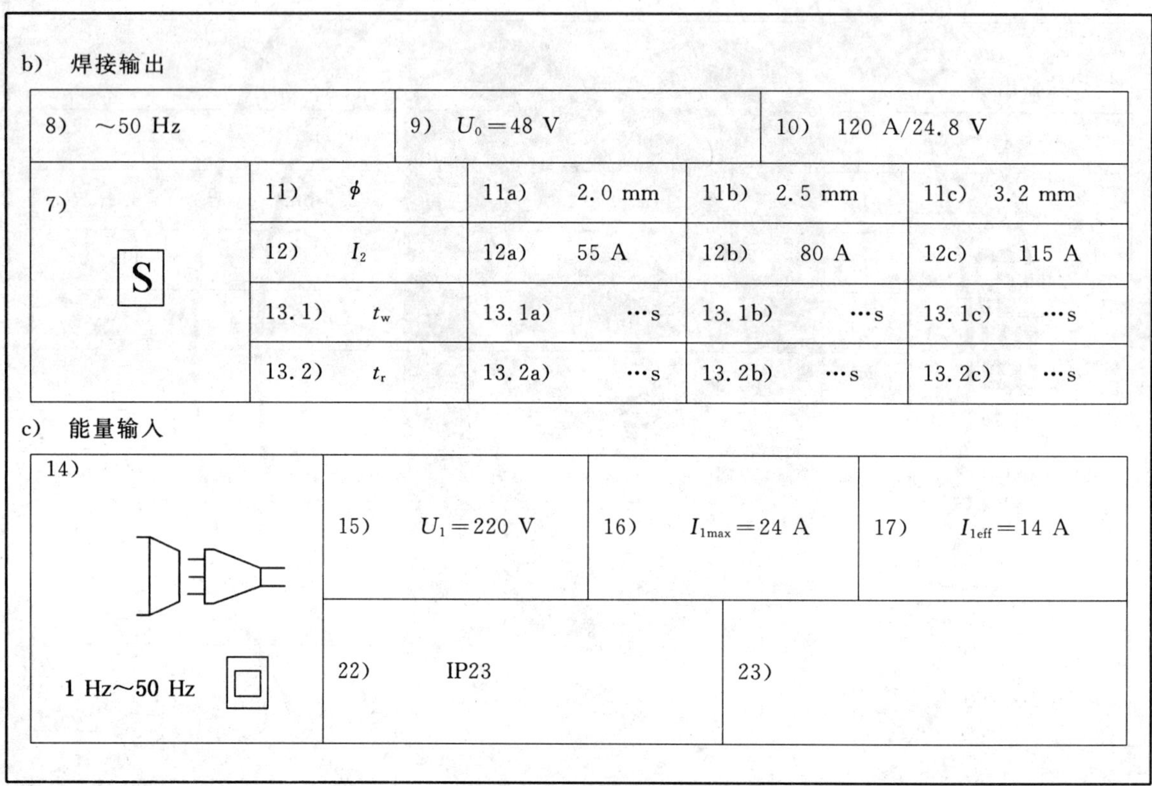

b） 焊接输出

8） ～50 Hz		9） U_0＝48 V		10） 120 A/24.8 V
7） S	11） ϕ	11a） 2.0 mm	11b） 2.5 mm	11c） 3.2 mm
	12） I_2	12a） 55 A	12b） 80 A	12c） 115 A
	13.1） t_w	13.1a） …s	13.1b） …s	13.1c） …s
	13.2） t_r	13.2a） …s	13.2b） …s	13.2c） …s

c） 能量输入

14） 1 Hz～50 Hz	15） U_1＝220 V	16） I_{1max}＝24 A	17） I_{1eff}＝14 A
	22） IP23	23）	

图 A.2 分离式铭牌

ICS 25.160.30
J 64

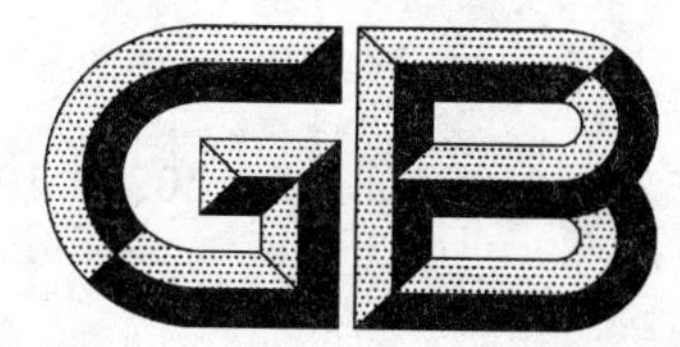

中华人民共和国国家标准

GB 15579.10—2008/IEC 60974-10:2007

弧焊设备　第10部分:电磁兼容性(EMC)要求

Arc welding equipment—Part 10:Electromagnetic compatibility (EMC) requirements

(IEC 60974-10:2007,IDT)

2008-12-31 发布　　2009-12-01 实施

中华人民共和国国家质量监督检验检疫总局
中国国家标准化管理委员会　发布

前　言

本部分除第3章“术语和定义”为推荐性条文外，其余条文均为强制性条文。

《弧焊设备》涉及的范围为电弧焊机及其辅机具，预计结构是分为12个部分，分别是：

——第1部分：焊接电源；

——第2部分：冷却系统；

——第3部分：引弧和稳弧装置；

——第4部分：使用期间的检查和试验；

——第5部分：送丝装置；

——第6部分：限制负载的手工金属弧焊电源；

——第7部分：焊炬(枪)；

——第8部分：等离子切割系统的气路装置；

——第9部分：安装和使用；

——第10部分：电磁兼容性(EMC)要求；

——第11部分：电焊钳；

——第12部分：焊接电缆耦合装置。

本部分为《弧焊设备》的第10部分。

本部分等同采用IEC 60974-10:2007《弧焊设备　第10部分：电磁兼容性(EMC)要求》。

本部分的附录A和附录B为资料性附录。

本部分由中国电器工业协会提出。

本部分由全国电焊机标准化技术委员会(SAC/TC 70)归口。

本部分起草单位：北京工业大学、北京时代科技股份有限公司、山东山大奥太电气有限公司、凯尔达电焊机有限公司、浙江肯得焊接设备有限公司、成都熊谷电器工业有限公司、上海沪工电焊机制造有限公司、无锡汉神电气有限公司、成都电焊机研究所、成都三方电气有限公司、深圳市瑞凌实业有限公司。

本部分起草人：陈树君、鲍云杰、李爱文、王仕凯、朱宣辉、肖介光、舒宏瑞、何晓阳、尹显华、潘颖、邱光、吴月涛。

本部分为首次发布。

弧焊设备 第10部分:电磁兼容性(EMC)要求

1 范围

本部分规定了:

a) 射频发射的标准和试验方法;

b) 谐波电流发射、电压波动和闪烁的标准和试验方法;

c) 抗扰度要求和试验方法,包括连续骚扰、瞬态骚扰、传导骚扰、辐射骚扰和静电放电。

本部分适用于弧焊及类似工艺的设备,包括电源及辅助设备,如送丝装置、冷却系统、引弧和稳弧装置等。

注1:类似工艺是指如等离子切割,电弧螺柱焊等工艺。

注2:本部分不涉及弧焊设备的基本安全要求,如防电击、非常规运行、绝缘配合和相关的介电强度试验。

本部分适用于所有场合的弧焊设备。

2 规范性引用文件

下列文件中的条款通过GB 15579的本部分的引用而成为本部分的条款。凡是注日期的引用文件,其随后所有的修改单(不包括勘误的内容)或修订版均不适用于本部分,然而,鼓励根据本部分达成协议的各方研究是否可使用这些文件的最新版本。凡是不注日期的引用文件,其最新版本适用于本部分。

GB 4343.1 电磁兼容 家用电器、电动工具和类似器具的要求 第1部分:发射(GB 4343.1—2003,IEC/CISPR 14-1:2000,IDT)

GB/T 4365 电工术语 电磁兼容(GB/T 4365—2003,IEC 60050(161):1990,IDT)

GB 4824—2004 工业、科学和医疗(ISM)射频设备 电磁骚扰特性 限值和测量方法(CISPR 11:2003,IDT)

GB/T 6113.101 无线电骚扰和抗扰度测量设备和测量方法规范 第1-1部分:无线电骚扰和抗扰度测量设备 测量设备(GB/T 6113.101—2008,CISPR 16-1-1:2006,IDT)

GB/T 6113.102 无线电骚扰和抗扰度测量设备和测量方法规范 第1-2部分:无线电骚扰和抗扰度测量设备 辅助设备 传导骚扰(GB/T 6113.102—2008,CISPR 16-1-2:2006,IDT)

GB/T 6113.104 无线电骚扰和抗扰度测量设备和测量方法规范 第1-4部分:无线电骚扰和抗扰度测量设备 辅助设备 辐射骚扰(GB/T 6113.104—2008,CISPR 16-1-4:2005,IDT)

GB 15579.1 弧焊设备 第1部分:焊接电源(GB 15579.1—2004,IEC 60974-1:2000,IDT)

GB 15579.6 弧焊设备 第6部分:限制负载的手工金属弧焊电源(GB 15579.6—2008,IEC 60974-6:2003,IDT)

GB 17625.1 电磁兼容 限值 谐波电流发射限值(设备每相输入电流≤16 A)(GB 17625.1—2003,IEC 61000-3-2:2001,IDT)

GB 17625.2—2007 电磁兼容 限值 对每相额定电流≤16 A且无条件接入的设备在公用低压供电系统中产生的电压变化、电压波动和闪烁的限制(IEC 61000-3-3:2005,IDT)

GB/Z 17625.6 电磁兼容 限值 对额定电流大于16 A的设备在低压供电系统中产生的谐波电流的限制(GB/Z 17625.6—2003,IEC/TR 61000-3-4:1998,IDT)

GB/T 17626.2 电磁兼容 试验和测量技术 静电放电抗扰度试验(GB/T 17626.2—2006,IEC 61000-4-2:2001,IDT)

GB/T 17626.3　电磁兼容　试验和测量技术　射频电磁场辐射抗扰度试验(GB/T 17626.3—2006,IEC 61000-4-3:2002,IDT)

GB/T 17626.4　电磁兼容　试验和测量技术　电快速瞬变脉冲群抗扰度试验(GB/T 17626.4—2008,IEC 61000-4-4:2004,IDT)

GB/T 17626.5　电磁兼容　试验和测量技术　浪涌(冲击)抗扰度试验(GB/T 17626.5—2008,IEC 61000-4-5:2005,IDT)

GB/T 17626.6　电磁兼容　试验和测量技术　射频场感应的传导骚扰抗扰度(GB/T 17626.6—2008,IEC 61000-4-6:2006,IDT)

GB/T 17626.11　电磁兼容　试验和测量技术　电压暂降、短时中断和电压变化的抗扰度试验(GB/T 17626.11—2008,IEC 61000-4-11:2004,IDT)

IEC 60050-851　国际电工术语　第851章:电焊

IEC 60974-3　弧焊设备　第3部分:引弧和稳弧装置

IEC 61000-3-11:2000　电磁兼容(EMC)第3-11部分:限值　对额定电流每相小于75 A和有条件接入系统的设备在公用低压供电系统中产生的电压变化、电压波动和闪烁的限制

IEC 61000-3-12:2004　电磁兼容(EMC)第3-12部分:与输入电流每相16 A到75 A的公用低压系统连接的设备产生的谐波电流的限值

3　术语和定义

GB/T 4365、GB 4824、GB/T 6113和GB 15579.1确立的以及下列术语和定义适用于本部分。

3.1

喀呖声　click

幅值超过连续骚扰限值,持续时间不超过200 ms并与下一个骚扰至少间隔200 ms的骚扰。

注1:两种时间间隔都与连续骚扰限值的电平有关。

注2:一个咯呖声可能包含一串脉冲,此时,相关时间是从第一个脉冲的起始到最后一个脉冲的结束。

3.2

闲置状态　idle state

电源通电,但无焊接电流输出的状态。

4　通用试验要求

4.1　试验条件

试验应在GB 15579.1或GB 15579.6规定的条件以及额定的输入电压及频率下进行。在50 Hz下得到的测试结果对60 Hz下的同一操作模式来说同样有效,反之亦然。

4.2　测量装置

测量装置应符合GB/T 6113.101的要求以及表1、表2、表3中提到的标准的要求。

4.3　人工电源网络

应利用符合GB/T 6113.102规定的50 Ω/50 μH的V型人工电源网络测量电源端子骚扰电压值。

人工电源网络应能在射频范围内向受试设备端子之间提供一个规定的阻抗,并能将受试设备同供电线路的无用射频信号隔离开来。

4.4　电压探头

在不能使用人工电源网络时,应使用电压探头进行测试。探头分别接在每根电源线与参考地之间。探头由一个电阻器和一个隔直电容器组成,使电源线与地之间总的电阻值至少为1 500 Ω。电容器或任何测量用保护装置对测量精度的影响都不应超过1 dB,否则应予以校准。

4.5　天线

在30 MHz～1 GHz频段范围内,天线应符合GB/T 6113.104的规定,并在水平和垂直极化方向上

进行测量。天线与地面之间的距离不应小于0.2 m。

5 发射及抗扰度试验布局

5.1 总则

发射及抗扰度试验应在图1所示的布局条件下进行。在这样的布局下,受试的弧焊设备认为满足本部分所需的要求。

如果由于弧焊设备的设计原因而使这些试验不能按上述规定进行,可以采纳制造商的建议(如可以暂时旁路或屏蔽某些控制电路),以完成试验。弧焊设备的任何临时改变都应在文件中记载下来。

受试设备的试验布局图应记录在测试报告中。

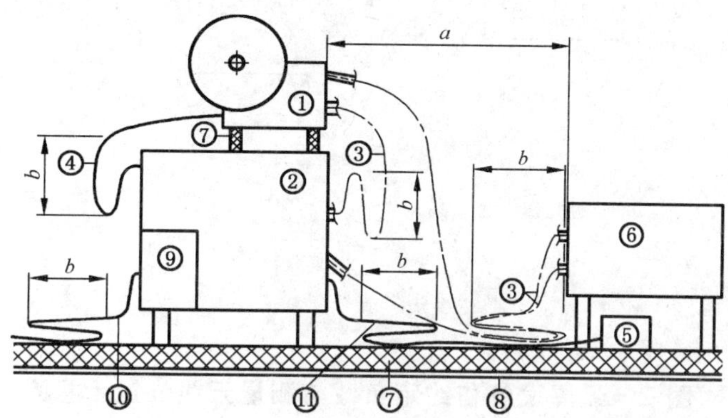

1——送丝装置;

2——焊接电源;

3——焊接电缆(捆扎);

4——内部连接电缆(捆扎);

5——遥控器;

6——约定负载;

7——绝缘层;

8——接地面;

9——冷却系统;

10——供电输入电缆;

11——遥控电缆。

$a=1$ m

$b\leqslant 0.4$ m

注:1、5、9和11是辅助设备,按照实际情况选用。

图1 采用约定负载的弧焊设备的典型布局

如果辅助设备能够被连接到焊接电源,则焊接电源应采用测试端口所需的最小辅助设备配置进行试验。如果焊接电源有许多类似的端口,或带有类似连接的端口,那么,试验时必须选择足够数量的端口模拟弧焊设备的实际运行情况,以确保覆盖所有不同类型的端口。

射频传导发射试验时,焊接电源应尽可能通过符合4.3要求的V型人工电源网络与电网相连。V型人工电源网络最接近受试设备的表面与受试设备的边界之间的距离不应小于0.8 m。输入电缆的长度至少为2 m。

焊接电源应通过截面积与焊接电流相匹配的焊接电缆或带连接装置的相应的焊枪(炬)或电焊钳与约定负载连接。焊接电缆长度至少为2 m。

射频发射试验时,焊接电源应采用一个厚度不超过12 mm的绝缘垫(或绝缘体)或者是通过其自身的底座(适用时)使其绝缘。

辐射发射和抗扰度试验时，弧焊电源和约定负载应放置在离天线等距离的位置上，见图2。

电缆应自然放置到地面，如果输入电缆、焊接电缆或连接焊枪的电缆过长，应当根据实际情况反复折叠成长度不超过0.4 m的线束。

抗扰度试验的要求见表1、表2和表3。

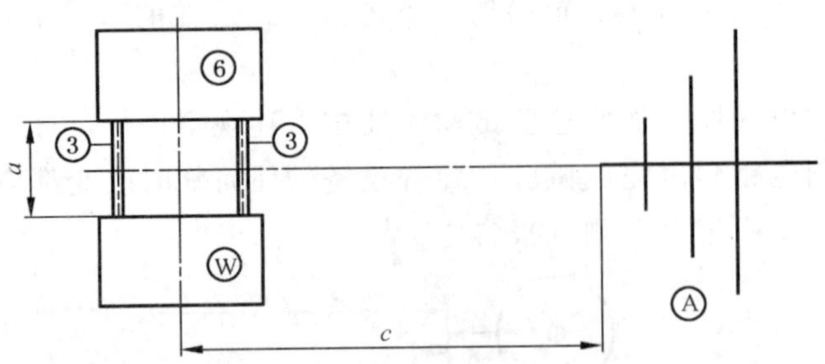

W——弧焊设备；

A——天线；

3——焊接电缆；

6——约定负载；

a——=1 m；

c——见GB/T 17626.3和6.3.3。

图2 弧焊设备和约定负载与测量天线位置示意图

5.2 负载

在试验过程中，通过施加GB 15579.1规定的约定负载模拟弧焊作业情况。进行射频发射试验时，约定负载应采用一个厚度不超过12 mm的绝缘垫(或绝缘体)或者是通过其自身的底座(适用时)使其绝缘。

5.3 辅助装置

5.3.1 总体要求

辅助设备应与焊接电源一起进行试验，并按制造商的建议进行连接和安装。

下面给出的是送丝装置和遥控器的一些特殊要求。

5.3.2 送丝装置

送丝装置应根据设计要求放置在焊接电源的上面或者旁边。如送丝装置可安放在焊接电源机箱的内部或外部，则放在外部。若送丝装置是设计成放置在地面上的，则射频发射试验时，送丝装置应采用一个厚度不超过12 mm的绝缘垫(或绝缘体)或者是通过其自身的底座(适用时)使其与地面绝缘。

用于连接送丝装置和焊接电源的焊接电缆线的长度应至少2 m，并保证适于通过焊接电源的额定电流。如果制造商提供的焊接电缆的长度超过2 m，则超长部分应尽可能往复折叠成长度不超过0.4 m的线束。如果设备有特殊要求，焊接电缆长度可以小于2 m。

送丝装置和焊接电源之间的连接电缆应采用制造商推荐的型号和长度。超出的部分应根据实际要求，往复折叠成不超过0.4 m长的线束。

可以用制造商推荐的焊枪(炬)代替焊接电缆来实现送丝装置与约定负载的连接。

5.3.3 遥控器

如果焊接电源可以遥控操作，则试验应在连接了遥控器后进行，以使其处于最大电磁发射和最低抗干扰能力的状态。遥控器应尽可能地放置在负载旁边的地面上，并与地面绝缘。射频发射试验时，绝缘层厚度不应超过12 mm。遥控器作为焊接设备的附件在使用过程中应放置在预期使用的位置上。

多出的电缆线应根据实际的需要，折叠成不超过0.4 m长的线束。

6 发射试验

6.1 射频发射试验分类

6.1.1 A 类设备

A 类设备为非家用和不直接连接到住宅低压供电网设施中使用的设备。

A 类设备应满足 6.3 中规定的 A 类限值。

6.1.2 B 类设备

B 类设备为家用设备和直接连接到住宅低压供电网设施中使用的设备。

B 类设备应满足 6.3 中规定的 B 类限值。

6.2 试验条件

6.2.1 焊接电源

6.2.1.1 射频发射试验条件

焊接电源根据 6.2.2 给出的约定负载电压(见 b)和 c)),在下述三种输出状态下分别进行试验:

a) 闲置状态;

b) 额定最小焊接电流;

c) 100%负载持续率的额定焊接电流。

如适用,闲置状态的试验布局如图 1 所示,在负载开路情况下进行。

在上述的任一种输出条件下,如果输入电流超过 25 A,那么可以调整输出,使输入电流降低到 25 A。但是如果输入电流不能降到 25 A 或者更小时,在 6.3.2 条件下,可以用 4.4 规定的电压探头代替人工电源网络。

如焊接电源具有交流和直流两种输出模式,则两种模式都应进行试验。

多功能焊接电源应在设定电流下能给出最高负载电压的约定负载状态下进行试验。如果焊接电源包含多种输出回路(例如:有等离子切割和手工电弧焊两种功能),则每一回路应分别进行试验。

外接送丝装置的焊接电源,只能在 MIG 焊配置下以 MIG 焊的约定负载电压进行试验。

6.2.1.2 谐波试验条件

属于 GB 15579.1 规定范围的弧焊电源应按 6.2.2 给出的约定负载电压,在额定负载持续率所对应的额定最大焊接电流下进行试验。观测期为 10 min。

如焊接电源具有交流和直流两种输出模式,则两种模式都应进行试验。

多功能焊接电源应在设定电流下能给出最高负载电压的约定负载状态下进行试验。

属于 GB 15579.6 范围的焊接电源的试验条件见 GB 17625.1 的规定。

6.2.1.3 电压波动和闪烁的试验条件

焊接电源的试验条件见 GB 17625.2 的规定。

6.2.2 负载

约定负载电压值见 GB 15579.1 或 GB 15579.6。

6.2.3 送丝装置

送丝装置应尽可能在 50%最大送丝速度挡下进行试验。对于预编程式和协同式的送丝装置应在焊接电源的输出设置下进行试验。

试验期间,应去除送丝装置驱动轮上的压力,焊接电源应根据 6.2.1.1 的规定进行加载。

6.2.4 辅助装置

其他辅助装置的试验应根据制造商的建议进行。

引弧和稳弧装置以及螺柱焊设备应属于A类设备。若引弧和稳弧装置的能量符合IEC 60974-3标准限值,不用再做射频发射试验。

6.3 发射限值

6.3.1 总则

规定发射限值的目的是减少对外界的干扰,但并非在所有的情况下都能消除干扰,例如接收仪器非常接近骚扰源或其具有很高的灵敏度时。

弧焊设备与其他无线电和电力系统的兼容能力在很大程度上取决于其安装和使用方式。因此,本标准规定了安装和使用规范(见附录A)。这些安装和使用规范是弧焊设备实现电磁兼容的重要条件。

A类设备不适用于由公共低压供电系统供电的居民住宅。在提供给用户的文件中应声明,该类设备在这些住宅环境应用时可能难以保证电磁兼容性。

6.3.2 电源端子骚扰电压

6.3.2.1 闲置模式

A类弧焊设备的电源端子骚扰电压限值见GB 4824—2004中表2a的1组设备的限值。

B类弧焊设备的电源端子骚扰电压限值见GB 4824—2004中表2b的1组设备的限值。

受试设备需应同时满足用平均值检波器测量时所规定的平均值限值和用准峰值检波器测量时所规定的准峰值限值,或者使用准峰值检波器测量时满足平均值限值。

6.3.2.2 负载模式

A类弧焊设备的电源端子骚扰电压限值见GB 4824—2004中表2a的2组设备的限值。应根据额定最大输入电流 I_{1max} 选择相应的限值。

B类弧焊设备的电源端子骚扰电压限值见GB 4824—2004中表2b的2组设备的限值。

受试设备需应同时满足用平均值检波器测量时所规定的平均值限值和用准峰值检波器测量时所规定的准峰值限值,或者使用准峰值检波器测量时满足平均值限值。

A类设备脉冲噪音(喀听声)少于每分钟5次,则不予考虑。

B类设备脉冲噪音(喀听声)少于每分钟0.2次,则允许把限值放宽到44 dB。

喀听声在每分钟0.2次至每分钟30次之间时,允许把限值放宽到20lg(30/N)dB(N为每分钟喀听声的次数)。对于断续的喀听声见GB 4343.1。

6.3.3 电磁辐射骚扰

6.3.3.1 总则

在辐射骚扰发射测试中,天线和被测试设备之间的分布应按GB 4824—2004的第5章。

6.3.3.2 闲置模式

A类弧焊设备的电磁辐射骚扰限值见GB 4824—2004中表3的第1组限值。

B类弧焊设备的电磁辐射骚扰限值见GB 4824—2004中表3的第1组限值。

6.3.3.3 负载模式

A类弧焊设备的电磁辐射骚扰限值见GB 4824—2004中表5b的规定值。

B类弧焊设备在30 MHz到1 000 MHz频率范围内电磁辐射骚扰限值见GB 4824—2004中表4的第2组限值。

6.3.4 谐波、电压波动与闪烁

a) 谐波电流发射限值见GB 17625.1和IEC 61000-3-12;

b) 电压波动与闪烁限值见 GB 17625.2 和 IEC 61000-3-11。

这些限值适用于本部分覆盖的弧焊设备。

注：GB/Z 17625.6 可用于指导输入电流大于 75 A 的弧焊设备在低压供电系统中的安装。

7 抗扰度试验

7.1 分类

7.1.1 试验的应用

本部分覆盖的弧焊设备根据抗扰度性能的判别分为两类。第 1 类弧焊设备不需要试验就能判定满足必要的抗扰度要求，第 2 类弧焊设备应能满足 7.4 的要求。

7.1.2 第 1 类

指那些不含电子控制线路的弧焊设备，例如弧焊变压器、弧焊整流器、无源遥控器、冷却系统、CO_2 加热器和不带驱动电路的送丝装置。

由电感、射频抑制网络、工频变压器、整流器、二极管和电阻器等无源器件组成的电路不属于电子控制电路。

7.1.3 第 2 类

不属于第 1 类弧焊设备的所有弧焊设备。

7.2 试验条件

根据 6.2.2，焊接电源接约定负载，在空载和 100％负载持续率所对应的焊接电流下进行试验。

测量空载电压和焊接电流的平均值检查其合格与否。

送丝装置的试验应在 50％最大送丝速度下进行。应采用转速表或其他等效装置测量送丝速度。

注：试验时应去掉送丝轮上的压力。

7.3 抗扰性判据

7.3.1 判据 A

弧焊设备应连续运行。除非制造商另有规定，否则允许焊接电流、送丝速度和行走速度在不超过设定值的±10％范围内变化。弧焊设备的所有控制应连续发挥作用，特别是能够用提供的常规开关切断焊接电流，例如用 MIG/MAG 焊枪上的开关或者脚踏开关中断电流输出。不允许出现存储数据丢失情况。试验完毕输出应恢复初始设置。在任何情况下，空载电压都不应超过 GB 15579.1 的规定值。

7.3.2 判据 B

焊接电流、送丝速度和行走速度允许在设定值的$^{+50}_{-100}$％范围内变化（这可能会导致熄弧，这时操作人员可以采用正常方法再引弧）。能够用提供的常规开关中断焊接电流输出，例如用 MIG/MAG 焊枪上的开关或者脚踏开关中断电流输出，不允许出现存储数据丢失情况。试验完毕输出应恢复初始设置。在任何情况下，空载电压都不应超过 GB 15579.1 的规定值。

7.3.3 判据 C

允许功能暂时性丧失，但要求弧焊设备可以手动复位。

注：这要求设备能够启动和关闭。

除非数据能够重新恢复，否则不允许存储数据丢失。在任何情况下，空载电压都不应超过 GB 15579.1的规定值。

7.4 抗扰度电平

外壳的抗扰度要求见表 1，交流输入端口的抗扰度要求见表 2，检测和控制端口的抗扰度要求见表 3。

表 1　外壳的抗扰度电平

<table>
<tr><th colspan="2">测试项目</th><th>单位</th><th>试验规范</th><th>基本标准</th><th>备注</th><th>判据</th></tr>
<tr><td colspan="2">射频电磁场，幅度调制</td><td>MHz
V/m(unmod. r. m. s.)
% AM(1 kHz)</td><td>80～1 000
10
80</td><td>GB/T 17626.3</td><td>规定的试验电平优先于调制</td><td>A</td></tr>
<tr><td rowspan="2">静电放电</td><td>接触放电</td><td>kV(放电电压)</td><td>±4[a]</td><td rowspan="2">GB/T 17626.2</td><td rowspan="2">见基本标准中接触和/或空气放电试验的适用范围</td><td>B</td></tr>
<tr><td>空气放电</td><td>kV(放电电压)</td><td>±8[a]</td><td>B</td></tr>
<tr><td colspan="7">[a] 低于上述等级的试验不做要求。</td></tr>
</table>

表 2　AC 输入电源端口的抗扰度电平

<table>
<tr><th>测试项目</th><th>单位</th><th>试验规范</th><th>基本标准</th><th>备注</th><th>判据</th></tr>
<tr><td>快速瞬变</td><td>kV(峰值)
重复频率 kHz
Tr/Th ns</td><td>±2
5
5/50</td><td>GB/T 17626.4</td><td>直接注入</td><td>B</td></tr>
<tr><td>射频共模</td><td>MHz
V(unmod. r. m. s.)
% AM(1kHz)</td><td>0.15～80
10
80</td><td>GB/T 17626.6</td><td>见注释
规定的试验电平优先于调制</td><td>A</td></tr>
<tr><td>浪涌
线对线
线对地</td><td>Tr/Th μs
kV(开路电压)
kV(开路电压)</td><td>1.2/50(8/20)
±1
±2</td><td>GB/T 17626.5</td><td>若 CDN 导致 EUT 不能实现正常功能时，不做此试验</td><td>B</td></tr>
<tr><td rowspan="2">电压暂降</td><td>%减少
周期</td><td>30
0.5</td><td rowspan="2">GB/T 17626.11</td><td rowspan="2">—</td><td>B</td></tr>
<tr><td>%减少
周期</td><td>60
5</td><td>C</td></tr>
<tr><td colspan="6">注：试验电平也可以按流入 150 Ω 负载的等效电流来确定。</td></tr>
</table>

表 3　检测和控制端口的抗扰度电平

<table>
<tr><th>测试项目</th><th>单位</th><th>试验规范</th><th>基本标准</th><th>备注</th><th>判据</th></tr>
<tr><td>快速瞬变</td><td>kV(峰值)
Tr/Th ns
重复频率 kHz</td><td>±2
5/50
5</td><td>GB/T 17626.4</td><td>容性耦合夹</td><td>B</td></tr>
<tr><td>射频共模</td><td>MHz
V(unmod. r. m. s.)
% AM(1 kHz)</td><td>0.15～80
10
80</td><td>GB/T 17626.6</td><td>见注
规定的试验电平优先于调制</td><td>A</td></tr>
<tr><td colspan="6">注 1：适用于连接着电缆的检测和控制端口，除非制造商声明文件中要求电缆长度小 3 m。
注 2：试验电平也可以按流入 150 Ω 负载的等效电流来确定。</td></tr>
</table>

8 用户文件

给予用户的文件中应清晰地标明设备的类别。

应告知用户，通过采取适当的安装方式和正确的使用方法，使弧焊设备的干扰发射减至最小。制造商或者代理商应对每一台焊接电源的使用说明书和信息负责。这些信息如下：

a) 对于B类设备，应书面声明其符合工业和住宅环境包括由公共低压供电系统供电的住宅环境中的电磁兼容要求；

b) 对于A类设备，使用说明书中应包括下列文字或相应文字：

警告：A类设备不适用于由公共低压供电系统供电的住宅环境。由于传导和辐射骚扰，在这些环境中难以保证电磁兼容性。

c) 对于每相输入电流低于75 A、仅适用于非公共低压系统的设备，当其不满足IEC 61000-3-12的要求时，该设备的使用说明书中应包括下列文字或相应文字：

警告：本设备不满足IEC 61000-3-12要求。如果需要将其与公共低压供电系统连接，设备的安装者或使用者应与供电公司联系(必要时)，确认该设备可以连接。

d) 提示用户为实现电磁兼容应采取的所有措施，如必须使用屏蔽电缆等。

e) 环境评估建议，为减少电磁骚扰在安装和使用方面应采取的必要措施，见附录A.2。

f) 减少电磁骚扰措施建议，见附录A.3。

g) 提醒用户注意焊接引起的电磁干扰。

附 录 A
(资料性附录)
安装和使用

A.1 总则

用户应按照制造商的说明安装和使用弧焊设备。如果检测到电磁骚扰,用户应在制造商的技术支持下解决这一问题。在某些情况下,补救措施只需要将焊接设备接地即可(见注意事项)。有时可能需要将焊接电源进行电磁屏蔽并安装必要的输入滤波器,以将电磁骚扰水平降低至限值以下。

注:根据安全因素决定焊接回路是否接地。只有专业人员的授权才可以改变接地布置。例如并联焊接电流回路可能损害其他设备的接地电路。详见 IEC/TS 62081(弧焊设备的安装和使用)。

A.2 环境评估

在安装弧焊设备前,用户应对周围环境中潜在的电磁骚扰问题进行评估。考虑事项如下:

a) 在弧焊设备周围的其他供电电缆、控制电缆、信号和电话线等;
b) 广播以及电视的发射和接收设备;
c) 计算机及其他控制设备;
d) 安全关键设备,如工业设备的安全监护设备;
e) 周围工作人员的健康,如有无戴助听器的人和用心脏起搏器的人;
f) 用于校准或检测的设备;
g) 要注意周围其他设备的抗扰度。用户应确保周围使用的其他设备是互相兼容,这可能需要额外的保护措施;
h) 一天中焊接或其他活动的执行时间。

所考虑环境的范围取决于建筑物结构和其他可能进行的活动。该范围可能会超出建筑物本身的边界。

A.3 减少发射的方法

A.3.1 公用供电系统

弧焊设备应按制造商所推荐的方式接入公用供电系统。如果干扰发生,应采取附加的预防措施,如对公用供电系统的滤波。对于固定安装的弧焊设备要考虑其供电电缆的屏蔽问题,可以用金属管或其他等效的方法屏蔽。屏蔽要保持电气上的连续性。屏蔽层要和焊接电源外壳相连接以保证良好的电接触。

A.3.2 弧焊设备的维护

弧焊设备应按制造商的建议进行例行维护。当弧焊设备运行时,所有的端口、维修门及盖板都应关闭并拧紧。弧焊设备不应做任何形式的修改,除非在说明书上允许有相应的变动和调整。特别是引弧和稳弧装置的火花塞的间隙,应根据制造商指定的方法进行调整和维护。

A.3.3 焊接电缆

焊接电缆应尽量短并互相靠近,紧靠或贴近地面走线。

A.3.4 等电位搭接

应注意周边环境中所有金属物体的搭接问题。金属物体与工件搭接在一起会增加工作的危险性,当操作人员同时触及这些金属物体和电极的时候可能遭到电击。操作人员应与所有这些金属物体保持绝缘。

A.3.5 工件的接地

出于用电安全或工件位置、尺寸等原因，工件可能不接地，如船体或建筑钢架。工件与地连接有时会降低发射，但并不总是如此。所以一定要防止工件接地导致的用户触电危险增加及其他电气设备损坏。必要时，应将工件直接与地相接，但在有些国家则不允许直接联接，只能根据所在国的规定选择合适的电容与地相连。

A.3.6 屏蔽

对周围设备和其他电缆有选择地进行屏蔽可以减少电磁干扰。在特殊应用场合可以考虑对整个焊接区域进行屏蔽。

附 录 B
（资料性附录）
限 值

B.1 总则

本附录总结了本标准所涉及的相关标准的限值。参考文献中的图表和限值，只引用了与本标准相关的部分。

B.2 电源端子骚扰电压限值

来源：GB 4824—2004

表 B.1 闲置状态下设备电源端子骚扰电压限值

频率范围/MHz	B类 dBμV		A类 dBμV	
	准峰值	平均值	准峰值	平均值
0.15～0.50	66 随频率对数线性减小 56	56 随频率对数线性减小 46	79	66
0.50～30	56	46	73	60

表 B.2 负载状态下设备电源端子骚扰电压限值

频率范围/MHz	B类 dBμV		A类 dBμV		A类>100 A[a] dBμV	
	准峰值	平均值	准峰值	平均值	准峰值	平均值
0.15～0.50	66 随频率对数线性减小 56	56 随频率对数线性减小 46	100	90	130	120
0.50～5	56	46	86	76	125	115
5～30	60	50	90 随频率对数线性减小 70	80 随频率对数线性减小 60	115	105

a 适用于输入电流 I_{1max} 超过每相 100 A 的设备。

B.3 电磁辐射骚扰限值

来源：GB 4824—2004

表 B.3 闲置状态下电磁辐射骚扰限值

频率范围/MHz	B类（测量距离 10 m）dB(μV/m)	A类（测量距离 10 m）dB(μV/m)
30～230	30	40
230～1 000	37	47

表 B.4 负载状态下电磁辐射骚扰限值

频率范围/MHz	B类（测量距离 10 m）dB(μV/m)	A类（测量距离 10 m）dB(μV/m)
30～80.872	30	80 随频率对数线性减小至 60
80.872～81.848	50	
81.848～134.786	30	
134.786～136.414	50	
136.414～230	30	
230～1 000	37	60

B.4 谐波电流限值

来源：GB 17625.1 和 IEC 61000-3-12:2004

表 B.5 输入电流 $I_{1\max}$≤16 A 的非专用设备最大允许谐波电流限值

谐波次数 n	谐波电流/A
奇次谐波	
3	3.45
5	1.71
7	1.16
9	0.60
11	0.50
13	0.32
15≤n≤39	0.23×15/n
偶次谐波	
2	1.62
4	0.65
6	0.45
8≤n≤40	0.35×8/n

表 B.6 $I_{1\max}$≤75 A 的专用设备的电流发射限值(非三相平衡设备)

最小 R_{sce}	允许的单个谐波电流 I_n/I_1[a] %						允许的电流谐波畸变率 %	
	I_3	I_5	I_7	I_9	I_{11}	I_{13}	*THD*	*PWHD*
33	21.6	10.7	7.2	3.8	3.1	2	23	23
66	24	13	8	5	4	3	26	26
120	27	15	10	6	5	4	30	30
250	35	20	13	9	8	6	40	40
≥350	41	24	15	12	10	8	47	47

注 1:12 次以下的偶次谐波电流不能超过 16/*n*%。大于 12 次的偶次谐波用与奇次谐波相同方法计入 *THD* 和 *PWHD* 值。

注 2:允许相邻的 R_{sce} 各值之间采用线性插值。

[a] I_1=基波电流;I_n=各次谐波电流。

表 B.7 $I_{1\max}$≤75 A 的专用三相平衡设备的电流发射限值

最小 R_{sce}	允许的单个谐波电流 I_n/I_1[a] %				允许的电流谐波畸变率 %	
	I_5	I_7	I_{11}	I_{13}	*THD*	*PWHD*
33	10.7	7.2	3.1	2	13	22
66	14	9	5	3	16	25
120	19	12	7	4	22	28
250	31	20	12	7	37	38
≥350	40	25	15	10	48	46

注 1:12 次以下的偶次谐波电流不能超过 16/*n* %。大于 12 次的偶次谐波用与奇次谐波相同方法计入 *THD* 和 *PWHD* 值。

注 2:允许相邻的 R_{sce} 各值之间采用线性插值。

[a] I_1=基波电流;I_n=各次谐波电流。

表 B.8 $I_{1\max}$≤75 A 的专用三相平衡设备在特定条件下的电流发射限值

最小 R_{sce}	允许的单个谐波电流 I_n/I_1[a] %				允许的电流谐波畸变率 %	
	I_5	I_7	I_{11}	I_{13}	*THD*	*PWHD*
33	10.7	7.2	3.1	2	13	22
≥120	40	25	15	10	48	46

注 1:12 次以下的偶次谐波电流不能超过 16/*n* %。大于 12 次的偶次谐波用与奇次谐波相同方法计入 *THD* 和 *PWHD* 值。

注 2:允许相邻的 R_{sce} 各值之间采用线性插值。

[a] I_1=基波电流;I_n=各次谐波电流。

满足以下的任何一个条件时，可用表 B.8 的限值（三相平衡设备）。

a） 5 次谐波电流相对于基波电压相角在 90°～150°。

注：这种情况通常可以采用不可控整流桥和电容滤波的设备，包括 3%交流或 4%直流的电抗来实现。

b） 设备的自身设计导致 5 次谐波相角在 0°～360°的范围内没有一个固定的值。

注：这种情况通常针对于带有晶闸管全控整流桥的设备。

c） 5 次和 7 次谐波电流都小于基波电流的 5%。

注：这种情况通常用“12 脉波”设备来实现。

B.5 电压波动与闪烁的限值

来源：GB 17625.2 和 IEC 61000-3-11。

表 B.9 $I_{1\,max}$≤75 A 的弧焊设备的限值

最大相对电压变化 d_{max} %	相对稳态电压变化 d_c[a] %	短时闪烁指示值 P_{st}[a]
7	3.3	1.0
[a] d_c 和 P_{st}限值只适用于手工金属电弧焊。		

P_{st}的要求不适用于由手动调整而产生的电压变化。

根据 GB 17625.2 给定的参考阻抗评价或测试设备时，设备不能满足表 B.9 的限值，则制造商可采取以下措施：

a） 根据 IEC 61000-3-11:2000 的 6.3，确定允许的最大系统阻抗 Z_{max}，并在使用说明书中注明，或

b） 根据 IEC 61000-3-11:2000 的 6.2 测试设备，并在使用说明书中标明设备要求供电系统必须具有每相大于 100 A 电流的供电能力。

ICS 27.010
F 01

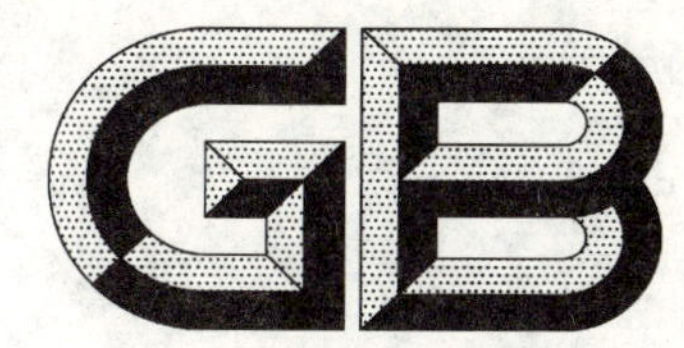

中华人民共和国国家标准

GB/T 15587—2008
代替 GB/T 15587—1995

工业企业能源管理导则

Guideline for energy management in industry enterprise

2008-09-18 发布 2009-05-01 实施

中华人民共和国国家质量监督检验检疫总局
中国国家标准化管理委员会 发布

前　言

本标准代替 GB/T 15587—1995《工业企业能源管理导则》。

本标准与 GB/T 15587—1995 相比，主要变化如下：

——增加了“能源规划及设计管理”(第 4 章)；

——增加了“能源计量检测”(第 9 章)；

——合并了原标准“能源管理系统”(第 3 章)和“检查和评价”(第 10 章)，并补充完善为“管理”(第 3 章)。

本标准由全国能源基础与管理标准化技术委员会提出。

本标准由全国能源基础与管理标准化技术委员会归口。

本标准起草单位：同济大学、中国标准化研究院、天津商业大学机械工程学院、中国建筑西北设计研究院、上海理工大学、深圳佩尔优科技有限公司、中国建筑科学研究院、山东烟台市建筑设计研究院、际高建业有限公司、上海大智科技发展有限公司、江苏常州旺月新材料公司、河南同济恒爱暖通消防有限公司、上海电子工程设计研究院有限公司、中南建筑设计院、中国石化上海石油化工股份有限公司。

本标准主要起草人：明岗、吴喜平、成建宏、刘泽勤、周敏、黄晨、钟超颖、徐伟、王志刚、翟克俊、陈凤君、霍小平、蒋建东、刘移山、周志刚、马有才、吴敏青。

本标准于 1995 年首次发布。

工业企业能源管理导则

1 范围

本标准规定了工业企业建立能源管理系统，实施能源管理的一般要求。

本标准适用于新建、扩建、既有工业企业能源管理。

2 规范性引用文件

下列文件中的条款通过本标准的引用而成为本标准的条款。凡是注日期的引用文件，其随后所有的修改单(不包括勘误的内容)或修订版均不适用于本标准，然而，鼓励根据本标准达成协议的各方研究是否可使用这些文件的最新版本。凡是不注日期的引用文件，其最新版本适用于本标准。

GB/T 2589 综合能耗计算通则

GB/T 3484 企业能量平衡通则

GB/T 12723 单位产品能源消耗限额编制通则

GB/T 17166 企业能源审计技术通则

GB 17167 用能单位能源计量器具配备和管理通则

GB/T 19000 质量管理体系 基础和术语

GB/T 19001 质量管理体系 要求

3 管理

3.1 为实施能源管理，企业应设立专门的能源管理机构，建立责任分工明确、完善的能源管理制度，落实管理职责。

3.2 应根据本企业总的经营方针和目标，执行国家能源政策和有关法律、法规，充分考虑经济、社会和环境效益，确定明确的能源管理方针和定量指标体系。

3.2.1 应根据企业能源管理方针，明确定量指标体系中的能耗和节能目标。能源管理能耗目标要能体现能源消耗量，能源管理节能目标要能体现能源消耗节约量，并可分别制定年度目标和长远目标。

3.2.2 能源管理方针和目标应以书面文件颁发，使企业所有相关人员明确，并贯彻执行。

3.3 应根据企业自身特点，完成以下能源管理的主要环节：

a) 能源规划及设计；

b) 能源输入；

c) 能源转换；

d) 能源分配和传输；

e) 能源使用(消耗)；

f) 能耗分析与评价；

g) 节能技术进步。

3.4 为实现能源管理目标，企业应建立、保持和完善具有明确的职责范围、权限和奖惩制度的能源管理系统。

3.4.1 能源主管部门应系统地分析本企业能源管理各主要环节及其各项活动过程，分层次把各项具体工作任务落实到有关部门、人员和岗位，确保完成各项具体能源管理工作。

3.4.2 在分配落实能源管理职责的同时，要授予履行该职责所必要的权限。

3.4.3 建立全体员工参与的能源管理和节能体制，对节能有成绩或对节能技术有创新的员工，根据节能效果大小,给予精神鼓励或物质奖励,并建立相应的奖惩制度。

3.4.4 培训能源管理的管理人才、技术人才,培育企业基层的能源管理技术骨干。

3.5 应按照 GB 17167 配备能源计量器具,建立相应的管理制度。

3.6 为了规范和协调各项能源管理活动,应系统地制定各种文件。能源管理所需文件应包括管理文件、技术文件和记录档案等。

3.6.1 管理文件是对能源管理活动的原则、职责权限、工作程序、协调联系方法、原始记录要求等所作的规定。如:管理制度、管理标准及各种规定等。制定管理文件应做到程序明确,相互协调,简明易懂,便于执行。

3.6.2 技术文件是对能源管理活动中有关技术方面的规定,包括:技术要求、操作规程、测试方法等。制定能源技术文件,应参照国家、行业和地方能源政策及标准,规定其内容应准确、先进、合理。

3.6.3 记录档案是对能源管理中的计量数据、检测结果、分析报告等的记录,应按规定保存,作为分析、检查和评价的依据。

3.6.4 应对所有文件的制定、批准、发放、修订以及文件的废止作出明确规定,确保文件执行准确有效。

3.7 应定期组织对能源管理系统进行检查、评价,发现问题应及时改进。

3.7.1 应组织有关部门,按规定的期限定期对能源管理系统进行全面检查。发现能源消耗状况异常时,应对有关环节进行分析诊断。

3.7.2 检查应依据管理文件和技术文件,跟踪检查每一项能源管理工作执行情况,确认各项能源管理工作是否按文件规定开展,达到预期效果。

a) 文件规定的职责是否落实,责任人是否明确自己的职责和工作任务、具备相应技能、熟悉工作程序、掌握工作方法;
b) 有关人员执行的文件是否正确有效,文件规定的记录是否齐全、准确,并按规定保存和传递;
c) 对能源消耗异常情况是否及时作出反应,予以纠正;
d) 能源消耗指标和节能目标能否完成。

3.7.3 检查完成后应提出检查报告,报告应包括发现的问题及分析,提出改进措施,必要时调整能源管理体系。

3.8 当企业生产工艺、产品结构和品种、组织机构发生大的变化后,企业有关部门应对能源管理系统进行评价,就以下问题作出判断和决策:

a) 能源管理系统能否实现能源管理目标;
b) 能源管理系统能否适应企业所发生的变化;
c) 调整能源管理系统。

3.9 政府相关职能部门、企业主管部门应对企业的能源管理现状按照国家相关法律法规及标准的要求进行审核,同时通过组织培训、产学研合作等多种方式,促进企业提高能源管理水平。

4 能源规划及设计管理

4.1 企业和设计部门应在建设前期科学地规划能源并在使用中有效地管理能源,在生产过程中应及时地根据国家的能源方针和政策适时地调整能源结构。

4.2 新建企业在建设前期,应配合设计单位科学地规划企业的各种能源种类和总量。

4.3 扩建和改建项目,企业应在延续能源规划的前提下,依据现行国家的能源方针和政策,确定合适的能源。

4.4 需要分期建设的工厂,应协调好总体工艺、能源和环保等规划,协调好分期建设的产品方案、物料平衡和能量平衡,实现综合利用,避免高品位的余热的排放及中间产品或最终产品的放空或焚烧。

4.5 企业应建立能源规划管理档案,档案包括:企业使用能源和节能的中长期规划及计划、适时调整使用能源的可行性报告等。

4.6 一切耗能设备从设计开始直到生产和使用,都要符合节能规范及标准的要求。

4.7 设计的各个环节,均应重视合理利用能源和节约量。在可行性研究和基础设计文件中,必须有合理利用能源的专门篇(章)论述。

4.8 确定新建工厂产品方案时,除考虑市场需求和发展趋势外,还应考虑与能耗直接相关的装置或系列设备的生产能力,使其达到经济规模。

4.9 进行企业生产使用的能源调整,局部调整可在本企业设计、能源管理等相关部门的参与下进行;重大调整应由专业单位(人员)在充分调查、研究以及论证的前提下进行。

5 能源输入管理

5.1 企业应参照 GB/T 19000、GB/T 19001 的要求,对能源输入进行严格管理,准确掌握输入能源的数量和质量,为合理使用能源和核算总的消耗量提供依据。应制定和实施文件并开展以下活动:

a) 选择能源供方;

b) 签订采购合同;

c) 能源计量及质量检测;

d) 贮存。

5.2 选择能源供方除应考虑价格、运输等因素外,还应符合国家相关能源政策并对所供能源的质量进行评价,并确认其供应能力。

5.3 与能源供方签订的采购合同中,应明确规定以下内容:

a) 能源供应期限;

b) 能源数量及计量方法;

c) 能源质量要求及检查方法;

d) 能源数量及质量发生异议时的处理规则。

5.4 根据检测要求和费用,合理确定输入能源质量抽检的项目和频次,采用国家或行业标准规定的通用方法检验输入能源的质量。规定有关人员的职责、抽样规则、判定基准及记录、报告是否合格的判定程序。

5.5 制定和执行能源贮存管理文件,规定贮存损耗限额,在确保安全的同时,减少贮存损耗。

6 能源加工转换管理

6.1 根据生产要求、设备状况和运行状况,制定转换设备调度规程,确定最佳运行方案,各方面应相互配合,使转换设备保持最佳工况。

6.2 运行操作人员应经培训后执证上岗。制定运行操作规程时,对转换设备的操作方法、事故处理、日常维护、原始记录等作出明确规定,并予严格执行。

6.3 应定期测定重点转换设备的运行效率,以其运行效率是否处于经济运行范围作为安排检修的依据之一。为保证检修质量,掌握设备状况,应制定并执行检修规程和检修验收的技术条件。

7 能源分配和传输管理

7.1 能源分配和传输的管理,遵照企业使用能源的设计规划进行。企业应制定可执行的相关文件,在条件允许的情况下应有量化指标和参数。

7.2 应明确界定内部能源分配传输系统的范围,规定有关单位和人员的管理职责和权限,以及有关的管理工作制度原则和方法。

7.3 在合理布局设置内部能源分配传输系统的前提下,合理调度,优化分配,并适时调整,减少传输损耗。

7.4 对输配电线路,供水、供气、供汽、供热、供冷、供油管道等要定期巡查,测定其损耗。根据生产运行状况,制定计划,合理安排检修。

7.5 要建立能源分配和传输的使用制度,制定用能计划,对各部门的单位用能准确地进行计量,并建立记录档案台账,定期进行归纳和统计。

8 能源使用管理

8.1 产品生产工艺的设计和调整,应把能源消耗作为重要考虑因素之一,利用能源系统优化的原则,合理安排工艺过程,充分利用、回收原本放散的可燃气体,余热、余压等。

8.2 应对各工序,特别是主要耗能工序,优选工艺参数,加强监测调控,改进产品加工方法,降低能源消耗。

8.3 选择耗能生产设备,应以有利于节能、环保和提高综合经济效益为原则,选用高效节能设备,淘汰高耗能设备。

8.4 要严格贯彻执行操作规程,不断改进操作方法,加强日常维护和定期检修,使耗能设备正常高效运行。

8.5 应根据设备特性和生产加工需要,合理安排生产计划和生产调度,确保耗能设备在最佳状况下经济运行。

8.6 应制定能源消耗定额,作为判断能耗状况的重要依据,并考核完成情况。应制定能源使用管理文件,其内容应包括:

a) 能源消耗定额的制定;

b) 定额的下达和责任落实;

c) 实际用能量的计量和核定;

d) 考核。

8.7 企业能源主管部门应按照 GB/T 12723、GB/T 2589 和行业的有关规定,分别制定各用能部门、主要耗能设备和工序的能耗定额。

8.8 能源消耗定额应按规定的程序逐级下达,并明确规定完成各项定额的责任部门、单位和责任人。

8.9 要落实有关人员的职责,按规定的方法,对各用能部门、主要耗能设备和工序的实际用能量进行计量、统计和核算,在规定时间内报告。

8.10 企业应根据自身特点和具体情况,选定适当的方法对定额完成情况进行考核和奖惩。当实际用能量超出定额时,应查明原因并采取纠正措施。

8.11 应根据生产条件变化和完成情况,及时修订能耗定额。

9 能源计量检测

9.1 建立能源计量管理制度、明确企业管理者的职责和能源计量队伍的建设。

9.2 企业应执行 GB 17167 的规定,配备满足管理需要的能源计量器具,制定和实施有关文件,对计量器具的购置、安装、维护和定期检定实行管理,保证其准确可靠。

9.3 应按合同规定的方法对输入能源进行计量。明确规定相应人员的职责和权限、计量和计算方法、记录内容和发现问题时报告、裁定的程序。

9.4 在自动控制方案设计中,除满足一般生产要求外,还应根据节能的要求,合理配置各种监控、调节、检测及计量等仪表装置及控制系统。

9.5 企业应建立能源计量数据采集管理系统,以利于数据的分析利用,将采集到的水、电、气、蒸汽和煤、油、焦炭等能源的供应(生产)、消耗情况随时统计、储存、分析、处理后,供生产调度、节能监督管理等公司各部门应用。

9.6 要大力推广应用计算机网络控制技术,逐步实现对能源输入到消耗全过程的连续监测、集中控制、统一调度。

10 能耗分析

10.1 企业能源主管部门应根据行业特点确定本部门的能耗与节能指标体系，并应定期对全企业能耗状况及其费用进行分析。各用能部门应对本部门管辖的主要耗能设备、工序的能源利用现状进行分析。

10.2 挖掘节能潜力，采取节能措施。用于局部改进的列入中短期计划，用于重大节能技术措施的列入长期计划。并把节能规划和发展生产、降低成本、防止公害结合起来。

10.3 企业根据实际情况，选择以下分析方法：

a) 统计分析方法。可根据本企业特点，运用数理统计方法对能耗有关数据进行处理，设计和绘制各种图表，用以对能耗状况进行经常性分析。

b) 能源审计方法。以企业为体系，按 GB/T 17166 及有关规定，采用投入产出分析的方法，宏观分析企业能源利用状况。

c) 能量平衡方法。根据需要进行以企业为整体的能量平衡，能量平衡方法按 GB/T 3484 及有关标准规定进行。对内部用能部门和主要耗能设备、工序，当耗能异常原因不明时，或产品、生产工艺和设备发生变化时，应进行能量平衡测试。

10.4 分析完成后应提供报告，一般应包括以下内容：

a) 所采用的能耗分析方法；

b) 能源管理目标和能耗定额完成情况；

c) 能耗及其费用上升或下降的原因及其影响因素分析；

d) 企业或部门用能水平评价；

e) 改进措施和节能潜力分析。

11 节能技术进步

11.1 企业应制定和执行管理文件，规范和协调节能技术及措施在实施过程中的各项工作，内容应包括：

a) 可行性研究；

b) 方案和实施；

c) 寿命周期效益评价。

11.2 企业应组织有关部门和人员对节能技术措施的建议进行研究，作出决策。对重大节能技术措施应进行可行性研究，主要从以下几个方面进行评估：

a) 节能效果和经济效益；

b) 投资额及回收期；

c) 实施过程中对生产的影响；

d) 环境影响。

11.3 节能技术措施的实施，应明确主要负责部门和责任人、配合的部门和责任人。重大节能技术改造项目及对生产影响大的节能技术措施，应单独制定实施计划。

11.4 节能技术措施实施后应测试能耗状况，并与该措施实施前进行比较，评价节能效果和经济效益。当生产运转正常后，应修订有关技术文件和能耗定额，保持节能效果。

11.5 企业应关注本行业节能技术应用，积极采用新技术、新工艺、新材料、新设备、新能源以及可再生能源。

11.6 企业应积极开发节能技术，鼓励技术创新，推广节能示范工程。用能设备的效率和能量消耗应达到国家及行业标准规定。

ICS 73.040
D 26

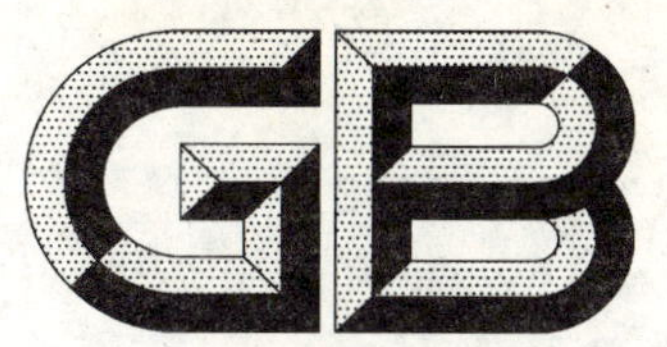

中华人民共和国国家标准

GB/T 15590—2008
代替 GB/T 15590—1995

显微煤岩类型测定方法

Method of determining microlithotype composition

(ISO 7404-4:1988,Methods for the petrographic analysis of bituminous coal and anthracite—Part 4:Method of determining microlithotype,carbominerite and minerite composition, MOD)

2008-08-07 发布　　　　2009-03-01 实施

中华人民共和国国家质量监督检验检疫总局
中国国家标准化管理委员会　发布

前　言

本标准修改采用 ISO 7404-4:1988(E)《烟煤和无烟煤的煤岩分析方法　第 4 部分:显微煤岩类型、显微矿化类型和显微矿质类型组成的测定方法》(英文版)。

本标准根据 ISO 7404-4:1988(E)重新起草。为了方便比较,在资料性附录 A 中列出了本国家标准条款和国际标准条款的对照一览表。

由于我国法律要求和实际情况,本标准在采用国际标准时进行了修改。这些技术性差异用垂直单线标识在它们所涉及的条款的页边空白处。附录 B 中给出了技术性差异及其原因的一览表以供参考。

为便于使用,本标准还做了下列编辑性修改:

a) “本国际标准”一词改为“本标准”;

b) 用小数点“.”代替作为小数点的逗号“,”;

c) 删除国际标准的前言和引言。

本标准代替 GB/T 15590—1995《显微煤岩类型测定方法》。

本标准与 GB/T 15590—1995 相比的变化如下:

——按 GB/T 1.1—2000《标准化工作导则　第 1 部分:标准的结构和编写规则》的要求,修改了标准的编写格式。技术内容无明显变化。

本标准的附录 A、附录 B、附录 C、附录 D 为资料性附录。

本标准由中国煤炭工业协会提出。

本标准由全国煤炭标准化技术委员会归口。

本标准起草单位:煤炭科学研究总院西安研究院。

本标准主要起草人:肖文钊、张秀仪。

本标准所代替标准的历次版本发布情况为:

——GB/T 15590—1995。

显微煤岩类型测定方法

1 范围

本标准规定了在粉煤光片或块煤光片上测定显微煤岩类型体积分数的方法。

本标准适用于烟煤和无烟煤的显微煤岩类型测定。

2 规范性引用文件

下列文件中的条款通过本标准的引用而成为本标准的条款。凡是注日期的引用文件，其随后所有的修改单(不包括勘误的内容)或修订版均不适用于本标准，然而，鼓励根据本标准达成协议的各方研究是否可使用这些文件的最新版本。凡是不注日期的引用文件，其最新版本适用于本标准。

GB/T 6948—2008 煤的镜质体反射率显微镜测定方法(ISO 7404-5:1994，Methods for the petrographic analysis of bituminous coal and anthracite—Part 5:Method of determining microscopically the reflectance of vitrinite，MOD)

GB/T 8899—1998 煤的显微组分组和矿物测定方法(eqv ISO 7404-3:1994，Methods for the petrographic analysis of bituminous coal and anthracite—Part 3: Methods of determining maceral group composition)

GB/T 12937 煤岩术语(GB/T 12937—2008，ISO 7404-1:1994，Methods for the petrographic analysis of bituminous coal and anthracite—Part 1:Vocabulary，MOD)

GB/T 16773 煤岩分析样品制备方法(GB/T 16773—2008，ISO 7404-2:1985，Methods for the petrographic analysis of bituminous coal and anthracite—Part 2:Method of preparing coal samples，MOD)

3 术语和定义

GB/T 12937 中确立的术语和定义适用于本标准。

4 方法要点

在反光显微镜目镜中放入二十点网格片，在油浸物镜下，对按 GB/T 16773 所述方法制备的有代表性的粉煤光片(或块煤光片)，根据各种显微组分组(或显微组分)和矿物在网格交点下的数量来鉴定显微煤岩类型、显微矿化类型和显微矿质类型，用数点法统计每种类型的体积分数。

5 仪器、材料

5.1 反光显微镜

备有×25 至×60 的油浸物镜和×8 至×12 的目镜，目镜中应能放置二十点网格片。

5.2 二十点网格片

应与目镜尺寸相吻合，且使目镜、物镜组合后投影到试样上的有效覆盖面积为 50 μm×50 μm，网格形式见图 1。

5.3 计数器

能分别记录各类型的测点数和总点数。

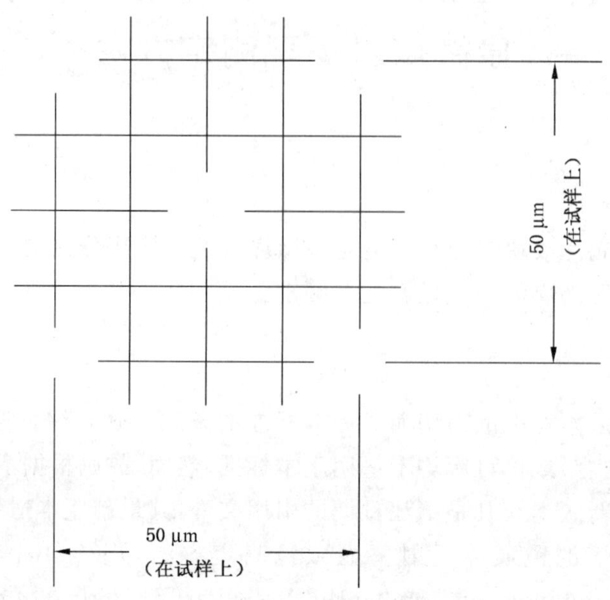

图 1 二十点网格示意图

5.4 样品安装设备

载物台移动尺、压平器、载片、胶泥。

5.5 材料

油浸液。如果在同一光片上还需要测定反射率时，应用 GB/T 6948—2008 中 5.1 所规定的油浸液。

6 试样的制备

按 GB/T 16773 的要求制备测定用粉煤光片(或块煤光片)。

7 测定步骤

7.1 准备工作

将相应规格的二十点网格片(5.2)放入显微镜目镜中(5.1)。调节显微镜为克勒(Köhler)照明方式，把待测定的试样整平后放在装有移动尺的载物台上，加油浸液(5.5)并使之准焦。

7.2 在粉煤光片上的测定

从试样的一端开始，观察视域中落到煤粒上的二十点网格的交点数目。若一个视域中煤粒上的交点小于 10 个，则为无效测点；若大于或等于 10 个交点，该视域应视为一个有效测点。有效测点的显微煤岩类型按表 1、表 2、表 3 的规定确定。当落在矿物上的交点数在表 1 规定的范围内时，按表 2 的规定确定显微煤岩类型；超过表 1 给定界限时，按表 3 的规定确定显微矿化类型；大于表 3 上限时为显微矿质类型。

表 1 显微煤岩类型中矿物上的允许交点数

煤粒上的总交点数	黏土、石英、碳酸盐类矿物上的交点数	硫化物类矿物上的交点数
16～20	3	0
11～15	2	0
10	1	0

表 2 显微煤岩类型的判别标准

显微煤岩类型	落在显微组分组上的交点数(不含矿物上的交点)
微镜煤	所有交点均在镜质体上
微壳煤	所有交点均在壳质体上
微惰煤	所有交点均在惰质体上
微亮煤	所有交点均在镜质体和壳质体上,每组至少有一点
微暗煤	所有交点均在惰质体和壳质体上,每组至少有一点
微镜惰煤	所有交点均在镜质体和惰质体上,每组至少有一点
微三合煤	所有交点均在镜质体、壳质体和惰质体上,每组至少有一点

表 3 显微矿化类型的判别标准

煤粒上的总交点数	落在黏土、石英、碳酸盐类矿物上的总交点数	只落在硫化物类矿物上的交点数	落在含硫化物类矿物的复矿质煤中其他矿物上的交点数	
			硫化物类矿物交点为1时	硫化物类矿物交点为2时
19～20	4～11	1～3	1～7	1～3
17～18	4～10	1～3	1～6	1～2
16	4～9	1～3	1～5	1
14～15	3～8	1～2	1～4	
12～13	3～7	1～2	1～3	
11	3～6	1～2	1～2	
10	2～5	1	1	

注 1：当二十点网格交点落在某一显微组分的空腔(不是矿物)或原生裂隙上时,按落在该种显微组分上处理;

注 2：二十点网格某一点落在不同显微组分或矿物的边界上时,按 GB/T 8899—1998 中 6.4 条处理;

注 3：二十点网格交点落在两个不同的煤粒上时,选大于或等于 10 个交点的煤粒作为测点。

鉴定完一个视域(即一个测点)之后,按预定方向和步长移动试样,继续观察下一个视域,直到 500 个以上的测点均匀布满全片为止。点距和行距为 0.4 mm～0.6 mm。

7.3 在块煤光片上的测定

当需要在块煤光片上测定时,制备块煤光片时应注意选取宏观煤岩类型有代表性的煤块,也应按 7.2 条的规定进行,但测线应垂直于层理布置,在测定面积不低于 25 mm×25 mm 的范围内,其点距为 0.2 mm～0.4 mm,行距为 3 mm～5 mm。总点数不少于 500。

7.4 显微煤岩类型和显微组分组的联合测定

显微煤岩类型的测定也可与显微组分组的测定联合进行,其测定方法参见附录 C。

8 结果表述

显微煤岩类型、显微矿化类型和显微矿质类型的体积分数以其统计的测点数占总有效测点数的百分数表示,计算结果取小数点后两位,修约至小数点后一位。

测定结果报出格式参见附录 D。

9 精密度

9.1 重复性限

重复性限按表 4 的规定执行。

表 4 显微煤岩类型测定的重复性限

%

某种显微煤岩类型的体积分数	重复性限
≤10	2.0
>10～30	3.0
>30～60	4.0
>60～90	4.5
>90	4.0

9.2 再现性限

再现性限不应超过表 4 中重复性限的 1.5 倍。

附　录　A
（资料性附录）
本标准章条号与 ISO 7404-4：1988 章条编号对照

表 A.1 中给出了本标准章条编号与 ISO 7404-4：1988 的章条编号对照一览表。

表 A.1　本标准章条号与 ISO 7404-4：1988 章条编号对照表

本标准章条编号	ISO 7404-4：1988 国际标准章条编号
1	1
2	2
3	3
4	4
5.1	6.1
5.2	6.2
5.3	6.4
5.4	6.3、6.5
5.5	5
6	第 7 章中第二段的部分内容
7.1、7.2	7
7.3	—
7.4	—
8	8
9	9
附录 A	—
附录 B	—
附录 C	—
附录 D	第 8 章中表 5

附 录 B
（资料性附录）
本标准章条号与 ISO 7404-4：1988 章条编号对照

表 B.1 中给出了本标准与 ISO 7404-4：1988 的技术性差异及其原因的一览表。

表 B.1 本标准与 ISO 7404-4：1988 技术性差异及其原因

本标准的章条编号	技术性差异	原因
1	增加了在块煤光片上测定显微煤岩类型	在本标准的应用时多一种选择
4	用“方法要点”代替 ISO 7404-4 中的“原理”	将“最少含量为 5%、最小尺寸为 50 μm 的规定”纳入 GB/T 15589《显微煤岩类型分类》中
6	用单独的一章代替 ISO 7404-4 第 7 章中第二段的“按 ISO 7404-2 制备的粉煤光片”	试样的制备是测定工作的基础，用单独的一章来表述是为了强调其重要性
7.2	删除了 ISO 7404-4 中图 2(测定过程中有效点和无效点的判别标准)	本标准的条文及表格中已有明确的表述
7.3	增加了在块煤光片上测定显微煤岩类型的方法	让显微煤岩类型的测定方法多一种选择
7.4	增加了显微煤岩类型和显微组分组联合测定方法	比显微煤岩类型和显微组分组含量分别测定可得到更多的信息
8、附录 D	用附录 D 的报告格式代替 ISO 7404-4 中表 5。同时精密度要求更高	更符合我国实际情况
9.1	用表 4 代替 ISO 7404-4 中表 7。同时精密度要求更高	通过多方论证，证明 ISO 7404-4 中计算标准偏差时的对测点数 N 的认识有误，此时应考虑胶结物的点数
附录 C	增加了显微煤岩类型和显微组分组联合测定方法	作为资料性附录，可供参考

附 录 C
（资料性附录）
显微煤岩类型和显微组分组联合测定方法

C.1 在按第7章的规定测定显微煤岩类型的同时，可用二十点网格片中某一近中心的固定交点，测定显微组分组和矿物的体积分数。

C.2 测点统计的规定

C.2.1 当二十点网格的固定交点和其他9个以上交点落在某一煤粒上时（见图C.1a），除统计显微煤岩类型外，同时统计固定交点下的显微组分组（或矿物），并记入两者相对应的栏目中（见表C.1），对每个试样，这种联合测点的总点数应大于500点。

C.2.2 当视域中一煤粒上落有10个以上交点，但确定显微组分的固定交点不在煤粒上时，这种测点称为“单独的显微煤岩类型”，只作显微煤岩类型的统计（见图C.1b）。

a——显微组分固定交点与相应的显微煤岩类型在同一煤粒上；

b——单独的显微煤岩类型；

c、d——单独的显微组分；

e——“单独的显微煤岩类型”和“单独的显微组分”同时出现在两个煤粒上。

图C.1 联合测定时测点判别示意图

C.2.3 当确定显微组分的固定交点落在一煤粒上，但落在任一煤粒上的总交点数不足10个时，这种测点称为“单独的显微组分”，只作显微组分组的统计（见图C.1c、C.1d）。

C.2.4 当二十点网格交点同时落在两个煤粒上，其中一个煤粒上有10个以上的交点，而确定显微组分的固定交点却落在另一煤粒上时，分别作“单独的显微煤岩类型”和“单独的显微组分”统计（见图C.1e）。

C.3 联合测定的原始记录可参见表C.1。联合测定结果报告格式可参见表C.2。

表C.1 显微煤岩类型和显微组分组联合测定记录表

实验室样品编号： 来样编号：

显微煤岩类型	显微组分组			矿物					单独的显微煤岩类型	合计
	镜质组	壳质组	惰质组	黏土类	氧化硅类	碳酸盐类	硫化物类	其他矿物类		
单独的显微组分	82	1	51							134
微镜煤	136								11	147
微壳煤										
微惰煤			62						9	71
微亮煤	23	6							2	31
微暗煤		4	9						1	14
微镜惰煤	239		154						25	418
微三合煤	75	21	37						4	137
显微矿化类型	1			3					1	5
显微矿质类型										
合计	556	32	313	3					53	957

审核： 测定者： 测定时间：

表 C.2 显微煤岩类型和显微组分组联合测定报告表

实验室样品编号： 送样单位：

来样编号： 联系人：

采样地点： 送样日期：

显微组分组和矿物/%		显微煤岩类型/%		各显微煤岩类型中显微组分组和矿物的含量/%							
				镜质组	壳质组	惰质组	黏土类	氧化硅类	碳酸盐类	硫化物类	其他矿物类
镜质组	61.5	微镜煤	17.9	100							
壳质组	3.6	微壳煤									
惰质组	34.6	微惰煤	8.6			100					
黏土类	0.3	微亮煤	3.8	79.3	20.6						
氧化硅类		微暗煤	1.7		30.8	69.2					
碳酸盐类		微镜惰煤	50.8	60.8		39.2					
硫化物类		微三合煤	16.6	56.8	15.1	28.0					
其他矿物类		显微矿化类型	0.6	50.0			50.0				
合计	100	显微矿质类型									
		合计	100								

测定单位： 测定者：

校 核： 测定日期：

附　录　D
（资料性附录）
显微煤岩类型测定结果报告表

显微煤岩类型测定结果的报告格式参见表 D.1。

表 D.1　显微煤岩类型测定结果报告表

送样单位：　　　　　　　　送样日期：

实验室样品编号	送样编号	显微煤岩类型(体积分数)/%								显微矿化类型(体积分数)/%						显微矿质类型(体积分数)/%						总测点数
		微镜煤	微壳煤	微惰煤	微亮煤	微暗煤	微镜惰煤	微三合煤	小计	微泥质煤	微硅质煤	微碳酸盐质煤	微硫化物质煤	微复矿质煤	小计	微泥质型	微硅质型	微碳酸盐质型	微硫化物质型	微复矿质型	小计	
2008-028	YH23-1	43.4	2.8	17.2	8.9	1.4	6.7	3.6	84.0	2.1	4.2	3.7	1.0	1.0	12.0	2.2	0.8	0.5	0.5		4.0	589

测定单位：　　　　　　　　测定者：

校　　核：　　　　　　　　测定日期：

ICS 83.080.20
G 32

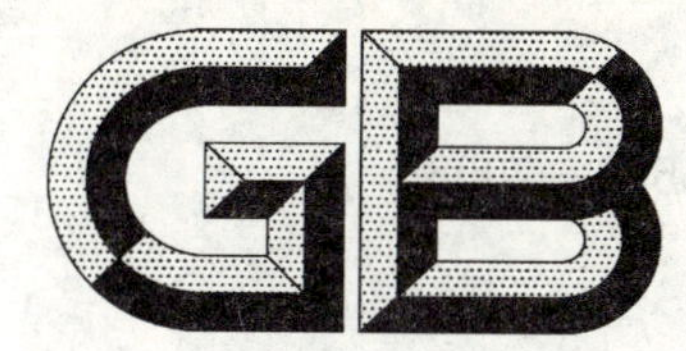

中华人民共和国国家标准

GB 15592—2008
代替 GB 15592—1995

聚氯乙烯糊用树脂

Polyvinyl chloride paste resins

2008-06-18 发布　　　　2009-06-01 实施

中华人民共和国国家质量监督检验检疫总局
中国国家标准化管理委员会　发布

前言

本标准的第八章中第8.1条为强制性的，表4的部分指标为强制性的，其余为推荐性的。

请注意本标准的某些内容有可能涉及专利。本标准的发布机构不应承担识别这些专利的责任。

本标准对应于ГОСТ 14039—1978(1984年确认)(RU)《乳液法聚氯乙烯树脂》，与ГОСТ 14039—1978的一致性程度为非等效。

本标准代替GB 15592—1995《糊用聚氯乙烯树脂》。

本标准与GB 15592—1995主要技术差异如下：

——修改了标准名称；

——增加了部分规范性引用文件(本版第2章)；

——修改了黏数代码的范围(1995年版表1，本版表1)；

——修改了标准糊配比(1995年版表2，本版表3)；

——修改了部分物化性能指标(1995年版表3，本版表4)；

——增加了“刮板细度”项目及指标(本版表4中第10项)；

——删除了采用标准糊配比B的产品无优等品的规定(1995年版表3中的注2)；

——增加了对采用标准糊配比B的产品糊增稠率项目不要求的规定(本版表4中的脚注a)；

——增加了一种糊的制备方法(本版5.3.1)；

——增加了采用标准糊配比A测定杂质粒子数的校正公式(本版公式1)；

——修改了糊增稠率的计算方法(1995年版5.8，本版5.8)；

——增加了测定“刮板细度”的试验方法(本版5.11)；

——删除了样品保存期限的规定(1995年版6.2.3)；

——修改了包装中关于净含量及净含量的计量要求的规定(1995年版7.2，本版8.1)。

本标准由中国石油和化学工业协会提出。

本标准由全国塑料标准化技术委员会聚氯乙烯树脂产品分会(SAC/TC 15/SC 7)归口。

本标准起草单位：锦西化工研究院、天津渤天化工有限责任公司、沈阳化工股份有限公司。

本标准主要起草人：陈沛云、孙丽娟、霍敏、刘晓罡、郝晶、谭琛。

本标准所代替标准的历次版本发布情况为：

——GB 15592—1995。

聚氯乙烯糊用树脂

1 范围

本标准规定了聚氯乙烯糊用树脂的产品分类、要求、试验方法、检验规则及标志、包装、运输和贮存等。

本标准适用于乳液法、微悬浮法以及其他聚合方法生产的聚氯乙烯糊用树脂。

2 规范性引用文件

下列文件中的条款通过本标准的引用而成为本标准的条款。凡是注日期的引用文件，其随后所有的修改单(不包括勘误的内容)或修订版均不适用于本标准，然而，鼓励根据本标准达成协议的各方研究是否可使用这些文件的最新版本。凡是不注日期的引用文件，其最新版本适用于本标准。

GB/T 1250 极限数值的表示方法和判定方法

GB/T 2913 塑料白度试验方法

GB/T 2914 塑料 氯乙烯均聚和共聚树脂 挥发物(包括水)的测定(GB/T 2914—1999,idt ISO 1269:1980)

GB/T 2917.1 以氯乙烯均聚和共聚物为主的共混物及制品在高温时放出氯化氢和任何其他酸性产物的测定 刚果红法(GB/T 2917.1—2002,eqv ISO 182-1:1990)

GB/T 3401 用毛细管黏度计测定聚氯乙烯树脂稀溶液的黏度[GB/T 3401—2007，ISO 1628-2:1998,Determination of the viscosity of Polymers in dilute solution using capillary viscometers—Part 2:Poly(vinyl chloride) resins,MOD]

GB/T 3402.1 塑料 氯乙烯均聚和共聚树脂 第1部分:命名体系和规范基础(GB/T 3402.1—2005 ISO 1060-1:1998,MOD)

GB/T 4615 聚氯乙烯树脂 残留氯乙烯单体含量的测定 气相色谱法

GB/T 5761—2006 悬浮法通用型聚氯乙烯树脂

GB/T 6679—2003 固体化工产品采样通则

GB/T 9349 聚氯乙烯、相关含氯均聚物和共聚物及其共混物热稳定性的测定 变色法(GB/T 9349—2002,eqv ISO 305:1990)

GB/T 9350 塑料 氯乙烯均聚和共聚树脂水萃取液pH值的测定(GB/T 9350—2003,ISO 1264:1980,IDT)

GB/T 12004.2—1996 聚氯乙烯糊树脂 糊的制备(eqv ISO 4612:1979)

GB/T 12004.4 聚氯乙烯增塑糊表观黏度的测定 Brookfield试验法

GB/T 15595 聚氯乙烯树脂热稳定性试验方法 白度法

GB/T 16613 塑料 试验用聚氯乙烯(PVC)糊的制备 分散器法(GB/T 16613—2008,ISO 11468:1997,IDT)

GB/T 21992 糊用聚氯乙烯树脂 杂质与外来粒子数的测定

GB/T 21990 聚氯乙烯(PVC)糊 刮板细度的测定

GB/T 21988 塑料 氯乙烯均聚和共聚树脂 水中筛分析(GB/T 21988—2008,ISO 1624:2001,MOD)

GB/T 21993　聚氯乙烯树脂　甲醇或乙醇萃取物含量的测定

JJF 1070—2005　定量包装商品净含量计量检验规则

ISO 1060-2　塑料　氯乙烯均聚和共聚树脂　第2部分：试样制备及性能检测

3　产品分类

3.1　聚氯乙烯糊用树脂产品由GB/T 3402.1中规定的产品名称、聚合方法和用途以及黏数、标准糊配比、标准糊黏度等六项组成的代码分类。聚合方法、用途、黏数、标准糊配比、标准糊黏度的代码组合称为型号。

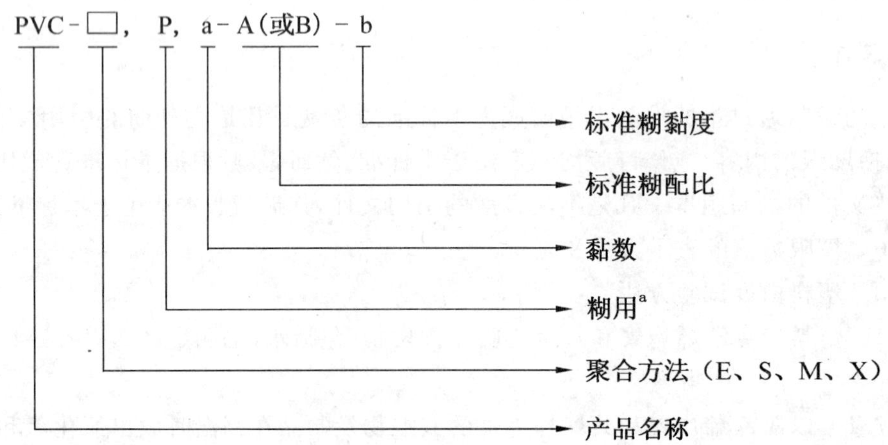

[a] 专用树脂可用尽量少的英文字母接在P之后表示。

其中，黏数与标准糊黏度代码在GB/T 3402.1的基础上调整见表1、表2。

表1　黏数代码

代码(a)	170	155	140	125	110	095	080
黏数/(mL/g)	＞160	165～145	150～130	135～115	120～100	105～85	＜90

表2　标准糊黏度代码

代码(b)	1	2	3	4	5
标准糊黏度(B式)/Pa·s	＜4.0	3.0～7.0	6.0～10.0	9.0～13.0	＞13.0

标准糊配比按ISO 1060-2规定见表3：

表3　标准糊配比(质量分数)

标准糊类型	PVC树脂	邻苯二甲酸-(2-乙基)-已酯(DOP)
A	100	60
B	100	100

3.2　允许在包装标志和出厂检验报告中的本型号后加括号标出相应的原企业标准中的型号。

4　要求

4.1　外观，白色粉末。

4.2　物化性能，应符合表4要求。

表 4 物化性能要求

<table>
<tr><th rowspan="2">序号</th><th rowspan="2" colspan="2">项目</th><th colspan="7">型号</th></tr>
<tr><th colspan="7">PVC—□,P,a-A(或 B)-b</th></tr>
<tr><td rowspan="2">1</td><td colspan="2">黏数代码(a)</td><td>170</td><td>155</td><td>140</td><td>125</td><td>110</td><td>095</td><td>080</td></tr>
<tr><td colspan="2">黏数/(mL/g)
(或 K 值)
[或平均聚合度]</td><td>>160
(>78.0)
[>1880]</td><td>165～145
(79.0～75.0)
[1950～1570]</td><td>150～130
(76.0～71.5)
[1650～1300]</td><td>135～115
(72.5～67.5)
[1350～1100]</td><td>120～100
(69.0～63.5)
[1150～900]</td><td>105～85
(65.0～59.0)
[950～720]</td><td><90
(<60.5)
[<790]</td></tr>
<tr><td rowspan="2">2</td><td colspan="2">标准糊黏度代码(b)</td><td>1</td><td colspan="2">2</td><td>3</td><td colspan="2">4</td><td>5</td></tr>
<tr><td colspan="2">标准糊黏度(B 式)/Pa·s</td><td>≤4.0</td><td colspan="2">3.0～7.0</td><td>6.0～10.0</td><td colspan="2">9.0～13.0</td><td>>13.0</td></tr>
<tr><td rowspan="2"></td><td rowspan="2" colspan="2"></td><td colspan="7">等级</td></tr>
<tr><td colspan="2">优等品</td><td colspan="2">一等品</td><td colspan="3">合格品</td></tr>
<tr><td>3</td><td colspan="2">杂质粒子数/个 ≤</td><td colspan="2">12</td><td colspan="2">20</td><td colspan="3">40</td></tr>
<tr><td>4</td><td colspan="2">挥发物(包括水)的质量分数/% ≤</td><td colspan="2">0.40</td><td colspan="2">0.50</td><td colspan="3">0.50</td></tr>
<tr><td rowspan="2">5</td><td rowspan="2">筛余物/%</td><td>250 μm 筛孔 ≤</td><td colspan="2">0</td><td colspan="2">0.1</td><td colspan="3">0.2</td></tr>
<tr><td>63 μm 筛孔 ≤</td><td colspan="2">0.1</td><td colspan="2">1.0</td><td colspan="3">3.0</td></tr>
<tr><td>6</td><td colspan="2">糊增稠率[a](24 h)/% ≤</td><td colspan="2">100</td><td colspan="2">100</td><td colspan="3">—</td></tr>
<tr><td>7</td><td colspan="2">白度(160 ℃,10 min)/% ≥</td><td colspan="2">80</td><td colspan="2">76</td><td colspan="3">—</td></tr>
<tr><td>8</td><td colspan="2">水萃取液 pH 值 ≤</td><td colspan="2">8.0</td><td colspan="2">9.0</td><td colspan="3">—</td></tr>
<tr><td>9</td><td colspan="2">醇萃取物的质量分数/% ≤</td><td colspan="2">3.0</td><td colspan="2">4.0</td><td colspan="3">—</td></tr>
<tr><td>10</td><td colspan="2">刮板细度/μm ≤</td><td colspan="2">100</td><td colspan="2">—</td><td colspan="3">—</td></tr>
<tr><td>11</td><td colspan="2">残留氯乙烯单体含量[b]/(μg/g) ≤</td><td colspan="2">5</td><td colspan="2">10</td><td colspan="3">10</td></tr>
<tr><td colspan="10">a 标准糊配比 B 的产品糊增稠率项目不要求，若用户对此有要求，由供需双方协商。
b 残留氯乙烯单体含量指标强制。</td></tr>
</table>

5 试验方法

5.1 外观

目视观察或依据供需双方协议按 GB/T 2913 执行。

5.2 黏数(或 *K* 值或平均聚合度)的测定

黏数、*K* 值和平均聚合度的测定方法可任选其一。若有争议，以 GB/T 3401 为仲裁方法。

5.2.1 黏数和 *K* 值的测定

按 GB/T 3401 进行。

5.2.2 平均聚合度的测定

按 GB/T 5761—2006 附录 A 进行。

5.3 标准糊黏度(B 式)的测定

5.3.1 以表 3 中的标准糊配比，按 GB/T 12004.2—1996 或 GB/T 16613 制糊。若有争议，以

GB/T 12004.2—1996 制备的糊为仲裁用糊。

5.3.2 标准糊黏度的测定按 GB/T 12004.4 进行。其中转子规定为 3#（NDJ 型黏度计）或与其相当的转子，若采用其他规格转子，需在报告中说明。

5.4 杂质粒子数的测定

按 GB/T 21992《糊用聚氯乙烯树脂 杂质与外来粒子数的测定》进行。若以 5.3.1 中制备的糊为试料，且采用标准糊配比 A，则按 GB/T 21992(《糊用聚氯乙烯树脂 杂质与外来粒子数的测定》)测定后，结果按式(1)校正：

$$\text{杂质粒子数} = \text{实测杂质粒子数} \times 0.8 \qquad \cdots\cdots(1)$$

5.5 挥发物(包括水)的测定

按 GB/T 2914 进行。

5.6 筛余物的测定

按 GB/T 21988《塑料 氯乙烯均聚和共聚树脂 水中筛分析》进行。其中对含有助剂的产品，在调糊时可加适量氨水(如 1 mL)后调制。如在筛分过程中发现有“细粒子的自聚团”存在，可用长毛板刷轻荡法消除。

5.7 糊增稠率的测定

将 5.3.1 中制备的糊测定后在常温下放置 24 h(测定前需在 23 ℃±1 ℃下放置 2 h)后(应无沉析现象)，按 GB/T 12004.4 进行测定。糊增稠率按式(2)计算：

$$\text{糊增稠率}(\%) = \frac{\eta - \eta_0}{\eta_0} \times 100 \qquad \cdots\cdots(2)$$

式中：

η_0——初始糊黏度的数值，单位为帕斯卡·秒(Pa·s)；

η——24 h 后的糊黏度的数值，单位为帕斯卡·秒(Pa·s)。

5.8 白度(160 ℃，10 min)的测定

按 GB/T 15595 进行。其中试样受热温度为(160±1)℃，时间为 10 min。若用户对热稳定性的测试方法还有其他要求时，可由供需双方协商，选用 GB/T 2917.1 或 GB/T 9349 进行测定。

5.9 水萃取液 pH 值的测定

按 GB/T 9350 进行。其中磨口三角烧瓶的容量为 250 mL，氯化钠水溶液的用量为 100 mL，搅拌时间为 30 min，搅拌后直接测定。

5.10 醇萃取物的测定

按 GB/T 21993《聚氯乙烯树脂 甲醇或乙醇萃取物含量的测定》进行。其中萃取时间和萃取速度分别为 3 h 和 10 次/h。

5.11 刮板细度的测定

按 GB/T 21990《聚氯乙烯(PVC)糊 刮板细度的测定》进行。

5.12 残留氯乙烯单体含量的测定

按 GB/T 4615 进行。

6 检验规则

6.1 组批

以单釜所得产品或同聚合条件的数釜产品经混合均匀为一批。

6.2 采样

6.2.1 从批量总袋数中按下述规定的采样单元数进行随机采样。当总袋数(N)小于或等于 500 时，按表 5 确定；大于 500 时，以公式 $n = 3 \times \sqrt[3]{N}$ 确定，如遇小数进为整数。

表 5　选取采样袋数的规定

总袋数	采样袋数	总袋数	采样袋数
1～10	全部	182～216	18
11～49	11	217～254	19
50～64	12	255～296	20
65～81	13	297～343	21
82～101	14	344～394	22
102～123	15	395～450	23
124～151	16	451～512	24
152～181	17		

6.2.2　采样时，用采样探子(GB/T 6679—2003 附录 A 和附录 C 或相似探子)自袋的中心垂直插入深度的 3/4 处采取样品，或用连续自动采样器(或人工)在包装线按采样单元数确定的间隔采取样品。

6.2.3　采样量不少于 2 kg，混匀后装于洁净干燥的容器(或塑料袋)中封严(用于残留氯乙烯单体含量测定的样品，应贮存在密封良好的样品瓶中并压实充满)，并标明产品批号和采样日期。

6.3　出厂检验

6.3.1　产品出厂前应由生产企业技术检验部门进行质量检验，并附有质量检验报告单，其内容包括生产企业名称、产品名称、型号、批号、批量、质量指标、等级、生产日期，并有检验章。未满足标准要求的产品不得声明符合本标准。

6.3.2　物化性能要求中出厂检验项目为黏数、标准糊黏度、筛余物、杂质粒子数、挥发物含量、残留氯乙烯单体含量，其余检验项目为型式检验项目中的抽检项目。如有停产后复产、原料或者工艺有重大改变、合同规定等情况，应进行型式检验。在连续正常生产时抽检项目应保证达到本标准规定指标，每季度抽检一次，当抽检不达标时应每批都进行检验，直至连续五批检验结果都符合标准规定后，方可按正常抽检。

6.3.3　检验结果中如某项指标不符合本标准要求时，应自同批产品中以双倍采样单元数采样对不符合本标准要求项目进行复检，以复检结果确定。如仍不符合本标准的要求，即为不合格品。

6.3.4　本标准产品质量指标极限数值的判定，采用 GB/T 1250 中“修约值比较法”。

6.4　用户验收

用户有权按本标准规定对收到的产品进行验收。如发现产品有不符合本标准规定时，自收到之日起，三个月内向供货方提出处理意见。

7　标志

包装袋上应标明商标、产品名称、产品标准号、净含量和生产厂名称及地址，并标识产品型号及等级。

8　包装、运输和贮存

8.1　包装

本产品用内衬塑料薄膜袋的“牛皮”纸袋、聚丙烯编织袋或“牛皮”纸与聚丙烯编织物复合袋包装。每袋净含量 20 kg，亦可采用适宜的其他包装方式和包装量。

净含量的计量要求应按 JJF 1070—2005 中 4.3 规定执行。

应保证产品在正常贮运中包装不破损，产品不被污染、不泄漏。

8.2 运输

运输时应用洁净的运输工具,并防止雨淋。

本产品为非危险品,可按一般货物运输。

8.3 贮存

产品应存放在干燥通风的仓库内,以批为单位分开存放,不得露天堆放,防止日晒和受潮。

ICS 83.080.20
G 32

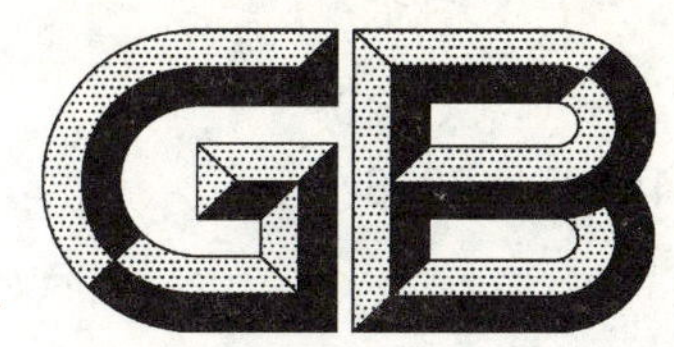

中华人民共和国国家标准

GB/T 15595—2008
代替 GB/T 15595—1995

聚氯乙烯树脂 热稳定性试验方法 白度法

Polyvinyl chloride resins—Test methods for the thermal stability—Whiteness method

2008-05-15 发布 2008-11-01 实施

中华人民共和国国家质量监督检验检疫总局
中国国家标准化管理委员会 发布

前　言

本标准代替 GB/T 15595—1995《聚氯乙烯树脂热稳定性试验方法　白度法》。

本标准与 GB/T 15595—1995 主要差异如下：

——修改了仪器最小示值(1995 年版 3.1.3,本版 3.1.3)；

——规定以测量系统的照明与探测条件为 d/0 结构的仪器为仲裁(本版 5.2.4)。

本标准由中国石油和化学工业协会提出。

本标准由全国塑料标准化技术委员会聚氯乙烯树脂产品分会(SAC/TC 15/SC 7)归口。

本标准起草单位：锦西化工研究院、中国石化股份有限公司齐鲁分公司氯碱厂。

本标准主要起草人：谭琛、郝晶、翟怀吉、孙丽娟、陈沛云。

本标准于 1995 年首次发布。

请注意本标准的某些内容有可能涉及专利，本标准的发布机构不应承担识别这些专利的责任。

聚氯乙烯树脂　热稳定性试验方法　白度法

注意：本标准规定的一些试验过程可能导致危险情况。

1　范围

本标准规定了粉末状聚氯乙烯树脂于热试验箱中在规定的条件下受热后，通过测定白度，表征其热稳定性的测试方法。

本标准适用于粉末状聚氯乙烯树脂热稳定性的测定。

2　原理

聚氯乙烯树脂在高温下发生分解反应的同时，呈现出白度下降。而不同样品在相同受热条件下得到的白度存在差别，从而体现出耐热性的不同。本标准根据这一特性，采用热试验箱，将试样在规定条件下受热后测定白度。所测结果可作为样品间在规定条件下热稳定性的相对比较值。

3　仪器

3.1　白度仪，应符合下列条件：

a)　测量系统的照明与探测条件为 d/0 或符合国际照明委员会(CIE)规定的其他结构。所测白度为 R 457 白度；

b)　测量系统的光谱特性为主峰波长 457 nm，半峰宽 44 nm；

c)　仪器读数最小示值 0.1%，重复性≤0.5%。

3.2　热试验箱，带转盘和鼓风，箱内温度均匀，可控制在(130～200)℃±1℃。

3.3　试样瓶(或称量瓶)，ϕ70 mm×35 mm，不具盖，壁厚均匀，质量为(45±5)g。

3.4　天平，准确至 0.1 g。

3.5　试验筛，筛孔尺寸为 0.250 mm。

3.6　样品勺(或不锈钢汤勺)。

3.7　秒表。

4　防护措施

在热试验箱中取、放试样瓶(或转盘)时，手臂应带好防护用具，以防烫伤。

5　试验步骤

5.1　试料的制备

试样的受热温度和时间，按产品标准中规定或协议中要求进行。

5.1.1　称取(9.5～10.5)g 试样，均匀地铺在试样瓶底部。

5.1.2　热试验箱升至规定温度后，打开箱门，迅速地把该试样瓶放在箱内的转盘上，此时试样瓶的上平面与温度计的垂直距离应为 1 cm，并立即关门计时，同时开动转盘。此时箱内温度与规定的温度差应不大于 5℃，并应在 2 min 内升至规定温度。

注：若一次同时进行多个试样的测试，为了取放试样瓶方便，可在热试验箱外先把装有试样的试样瓶放在转盘上，用夹子将试样瓶固定，当打开箱门后，将其一同安放在箱内。

5.1.3 距规定的受热时间±5 s时,关停转盘,取出试样瓶。及时用样品勺把试样瓶中结块的试样搅成粉末,过筛后待测。

5.2 白度的测定

5.2.1 按仪器使用说明书规定的使用条件,把仪器调整到工作状态。

5.2.2 将待测试料(5.1.3)置于样品池中,并超过池框表面。用玻璃板压实,再用金属尺刮去多余的试料,使表面平整无凸凹、斑痕等现象。

5.2.3 将此样品池放在仪器的样品座上测定白度,读至0.1%。再将样品池在座上水平旋转90°测定白度,读至0.1%。取其算术平均值为测定值。

5.2.4 若有争议,以测量系统的照明与探测条件为d/0结构的仪器为仲裁。

6 结果表示

同一试样以相同条件进行两次测定,取两次测定值的算术平均值为测定结果。如果两次测定值之差的绝对值大于2.0%时需重新测定。

7 试验报告

试验报告至少应包括以下内容:

a) 采用本标准;

b) 试样的完整标识;

c) 试样受热温度和时间;

d) 白度仪测量系统的照明与探测条件;

e) 测定结果;

f) 可能影响测定结果的各种情况;

g) 试验人员和日期等。

ICS 13.100
C 70

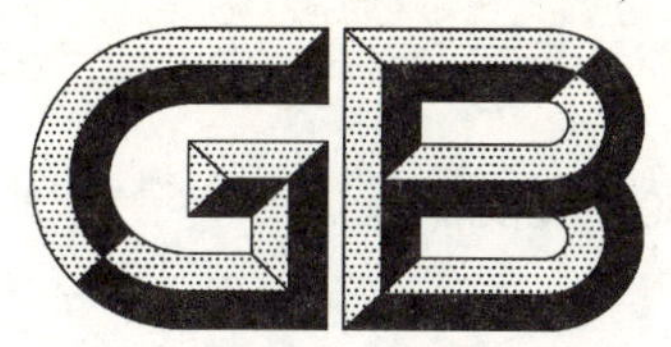

中华人民共和国国家标准

GB 15600—2008
代替 GB 15600—1995

炭素生产安全卫生规程

Safety and health codes for carbon and graphite production

2008-12-23 发布　　2009-12-01 实施

中华人民共和国国家质量监督检验检疫总局
中国国家标准化管理委员会　发布

前　言

本标准5.2.2、5.2.4、6.8.6、6.8.8、6.9.5、7.2.3、7.2.13、11.1.2.4条为推荐性的，其余为强制性的。

本标准代替GB 15600—1995《炭素生产安全卫生规程》。

本标准与GB 15600—1995相比，主要作了如下改变：

——增加了“术语和定义”一章；

——将基本要求中关于厂房建筑的相关条款纳入第5章“厂址选择、厂区布置及厂房”；

——将基本要求改为第4章“总则”；

——增加二次焙烧相关规定；

——将原标准中有关规定与现行相关标准统一。

本标准由国家安全生产监督管理总局提出。

本标准由全国安全生产标准化技术委员会防尘防毒分技术委员会归口。

本标准负责起草单位：中钢集团武汉安全环保研究院。

本标准参加起草单位：中钢集团吉林炭素股份有限公司。

本标准主要起草人：李晓飞、孟庆春、赵丹力、胡东涛、隋庆武、陈乃康、李敏、陈强。

本标准所代替标准的历次版本发布情况为：

——GB 15600—1995。

炭素生产安全卫生规程

1 范围

本标准规定了炭素企业安全和卫生的基本要求。

本标准适用于炭素企业的设计、施工、验收、生产、维护、检修和管理。

2 规范性引用文件

下列文件中的条款通过本标准的引用而成为本标准的条款。凡是注日期的引用文件，其随后所有的修改单(不包括勘误的内容)或修订版均不适用于本标准，然而，鼓励根据本标准达成协议的各方研究是否可使用这些文件的最新版本。凡是不注日期的引用文件，其最新版本适用于本标准。

GB 4387 工业企业厂内铁路、道路运输安全规程

GB 5082 起重吊运指挥信号

GB/T 6067 起重机械安全规程

GB 6222 工业企业煤气安全规程

GB 6389 工业企业铁路道口安全标准

GB/T 11651 劳动防护用品选用规则

GB 50016 建筑设计防火规范

GB 50031 乙炔站设计规范

GB 50034 建筑照明设计标准

GB 50041 锅炉房设计规范

GB 50053 10 kV 及以下变电所设计规范

GB 50059 35～110 kV 变电所设计规范

GB 50074 石油库设计规范

DL 408 电业安全工作规程

3 术语和定义

下列术语和定义适用于本标准。

3.1

炭素生产 carbon production

利用各种碳原料经过一系列加工制造各类炭素制品的过程。

3.2

煅烧 calcination

炭质原料在与空气隔离的条件下进行高温热处理过程。

3.3

混捏 kneading

将定量的碳素材料和定量粘结剂在一定的温度下，混合、捏合成可塑性糊料的工艺过程。

3.4

成型 molding

碳质材料的成型，是把混捏好的糊料用成型设备压制成具有一定形状、尺寸、密度和强度的制品，满足用户要求。

3.5

焙烧 roasting

成型后的碳素生坯制品在焙烧炉内，通过一定介质的保护，在隔绝空气的条件下，按一定温度进行高温热处理，使生坯制品内的粘结剂结焦炭化，并将骨料颗粒固结成一体的工艺过程。

3.6

浸渍 impregnation

将产品置于压力容器内，在一定温度和压力下迫使某些呈液体状态的材料即浸渍剂渗透到产品的气孔中的工艺过程。

3.7

二次焙烧 twice calcinations

焙烧品浸渍后进行再次焙烧，使浸入焙烧品孔隙中沥青炭化的工艺过程。

3.8

石墨化 graphitization

炭材料，无论是矿物煤还是天然石墨，其基体都具有二维平面碳网结构。碳网的二维结构向三维结构的转化过程就是碳的石墨化过程，是强电流下的高温热处理过程(一般需要2 300 ℃以上)。

3.9

碳-石墨制品机械加工 carbon-graphite products mechanical processing

各类碳制品和石墨制品在焙烧和石墨化后，由于表面粘附着一些填充料，同时，由于炼钢等对碳和石墨制品在使用时需要达到一定尺寸和形状要求，因此，各类不同品种的制品均需要进行不同的机械加工，以满足加工尺寸和形状要求。

4 总则

4.1 炭素生产建设中应认真贯彻落实安全第一、预防为主、综合治理的安全生产方针。建设工程的初步设计文件应有《职业安全卫生》篇。安全卫生设计应贯穿于各专业设计之中。

4.2 新建、改建、扩建工程项目的安全卫生设施，应与主体工程同时设计、同时施工、同时投入生产和使用。安全卫生设施的投资应纳入建设项目预算。

4.3 设计应优先选用技术先进、自动化程度高、具有良好职业安全卫生条件的工艺和设备，以减轻操作者的劳动强度及减少人身危害因素。特别危险及尘毒危害严重的作业应优先选用自动化操作或遥控操作，不能取代人工操作的危险场所，应设特殊防护及急救设施。

4.4 炭素生产主体设施的设计和制造应有完整的技术文件，设计审查应有使用单位的安全卫生部门参加。

4.5 施工应按设计进行，如有修改应经设计单位书面同意。工程中的隐蔽部分，应经设计单位、建设单位、监理单位和施工单位共同检查合格，才能封闭。施工完毕，应由施工单位编制竣工说明书及竣工图，交付使用单位存档。

4.6 新建、扩建、改造的设施，应经过检查验收合格，并有完整的安全操作规程，才能投入运行。炭素企业生产设施的验收，应有使用单位的安全卫生部门参加。

4.7 炭素企业应建立健全安全管理制度，完善安全生产责任制。

企业负责人对本企业的安全生产负全面责任，各级主要负责人对本单位的安全生产负责。

各级机构对其职能范围的安全生产负责。

4.8 炭素企业应依法设置安全管理机构，配备安全生产管理人员，负责管理本企业的安全生产工作。

4.9 存在危险物质的场所、要害部位、铁路与道路的平交道口以及道路路口等处，均应设醒目的安全标志标识，并采取必要的措施。经常使用有毒物质的场所，应设置急救设施。防毒面具应存放在专用的保管室内。

4.10　设备外露的运转部分和有危及人身安全的部位，均应设防护罩、防护栏或防护挡板。坑、沟、井、池应设防护围栏或盖板，若因作业移动或搬动，随后应立即复原。

4.11　应根据易燃、易爆物质的物理及化学性质，合理设计防火防爆系统及合理选择灭火设备类型（如非水灭火）。合理布置消防水栓，并保证水量、水压。对国家强制淘汰的消防器材要及时清理和更新。

4.12　沥青库、电除尘器、煤气管道、煤气发生站和热媒锅炉房等，应设有防火、防爆设施。

4.13　各种高温炉窑周围应有防火、防潮措施，盛装金属液体的容器应保持干燥。

4.14　浸渍罐等液压及液压蓄势罐和其他压力容器的设计、制造和使用，应符合国家现行安全规定。

4.15　采用新工艺、新技术、新设备、新材料，应制定相应的安全技术措施；对有关生产人员，应进行专门的安全卫生技术培训，并经考核合格方可上岗。企业应定期对作业人员进行岗位技能、操作规范和职业安全卫生等方面的培训。特种作业人员的培训、考核、发证及复审，应按国家有关规定执行。重点设备设施的作业人员，应经专门的安全教育和培训。

4.16　企业应建立操作确认制度。变、配电站等重要部门应建立严格的工作票制度和操作牌制度。

4.17　企业应建立重大危险源管理档案，进行定期检测、评估、监控，并按照国家有关规定将本单位重大危险源及相关安全措施、应急措施报当地人民政府负责安全生产监督管理部门备案。

4.18　企业应建立事故应急救援预案，并配备必要的器材与设施，定期演练。

4.19　企业应为员工缴纳工伤保险费，保障劳动者应该享受的基本权利。

4.20　企业发生重大生产安全事故时，企业的主要负责人应立即组织抢救，采取有效措施迅速处理，并及时分析原因，认真总结经验教训，提出防止同类事故发生的措施。

事故发生后，应按国家有关规定及时、如实报告。

5　厂址选择、厂区布置及厂房

5.1　厂址选择

5.1.1　厂址选择应全面考虑周围环境，合理布局。

5.1.2　炭素厂应建在规划区域内，周边远离当地生活饮用水水源地、居民生活区等。生产区应位于夏季最小频率方向的上风侧。

5.1.3　厂址选择应有良好的工程地质和水文地质条件，应避开断层、地下河道、塌陷、岩溶、膨胀土地区、湿陷量大的湿陷性黄土区域等不良地质地段及发震断层地区和基本裂度大于9度以上的地震区、地下水位高且有侵蚀性的地区等。

5.1.4　厂址应避免布置在下列地区：

——具有开采价值的矿床上；

——爆破危险区和采矿陷落及最终错动区；

——大型水库、油库、发电站、重要的桥梁、隧道、交通枢纽、机场、电台、电视台、军事基地、战略目标，以及生活饮用水源地等的防护区域之内；

——城市园林区、疗养区、风景区、重要文化古迹和考古区；

——自然疫源地，有害气体及烟尘污染严重地区。

5.1.5　不允许在不能确保安全的水库、尾矿坝下游建厂。

5.1.6　厂址标高应高出常年洪水水位（包括波浪侵袭及壅水位高）0.5 m以上。

5.1.7　厂区边缘与居住区之间，应设置一定的安全卫生防护距离。在安全卫生防护距离内不允许设置经常居住的房屋，并应设卫生防护带或绿化。

5.2　厂区及车间布置

5.2.1　厂区布置应适当划分主要生产车间区、原料成品储存区、辅助设施区、管理区、生活区等，并将性质相同、功能相近、联系密切、对环境要求相近的建、构筑物布置在相对集中的区域内。

5.2.2　根据生产要求及地形、气象等因素，合理布置产生尘、毒、噪声、放射性的车间及生产和存贮易燃易爆等危险化学品的车间和仓库。产生危害较大的有害物质的车间，宜布置在厂区下风侧；产生较大噪声的车间或声源宜布置在厂区边缘；高温车间宜布置在通风好的地段。

5.2.3 厂区布置和主要车间的工艺布置，应设有安全通道，供人员、消防车和救护车在异常情况或紧急抢救情况下使用。

5.2.4 煅烧、沥青熔化、焙烧、浸渍和石墨化等厂房的主要迎风面，宜与最大频率风向成45°角。

5.2.5 车间生产设备的布置应使操作人员有足够的工作场地，应尽量使物件搬运路线短捷，使生产线不产生交叉，储运方式合理。

5.2.6 桥式起重机在车间库场的配置，应便于操作和检修，并应有足够的避免伤害的安全区和通道。

5.2.7 原料仓库应沿运输线路布置，并位于厂区边缘和下风侧，在库外要留有一定的场地作备用堆场。

5.2.8 石墨化车间应布置在较为开阔、通风好、避免西晒的地带及主导风向的下风侧，配电室和休息室应位于车间的上风侧。石墨化母线地沟应封闭。生产高纯产品的石墨化车间，还应适当留有净化回收的场地。

5.3 厂房建筑

5.3.1 厂房建筑防火设计应遵守GB 50016等相关规范的要求。

5.3.2 各种建、构筑物的生产火灾危险性分类和耐火等级应符合表1的规定。

表1 建、构筑物在生产过程中的火灾危险性及其耐火等级

序号	建、构筑物名称	生产过程的火灾危险性	最低耐火等级
1	危险品库	甲	二级
2	沥青熔化库	丙	二级
3	煤仓	丙	二级
4	煅烧车间	丁	二级
5	中碎配料车间	丁	二级
6	焙烧车间	丁	二级
7	镀锡车间	乙	二级
8	树脂浸渍车间	丙	二级
9	沥青浸渍车间	丁	二级
10	金属浸渍车间	丙	二级
11	石墨化车间(砂焦填料)	丁	二级
12	石墨化车间(炭黑填料)	丙	二级
13	树脂类粘结剂、浸渍剂配制室	甲	二级
14	机械加工车间	丁	二级
15	氢气站	甲	一级
16	乙炔站	甲	一级
17	氧气站	乙	二级
18	煤气发生站	乙	二级
19	变压器室	丙	一级
20	油泵房	丙	二级
21	变电所控制室	戊	二级
22	配电室(每台装油量>60 kg的设备)	丙	二级
23	配电室(每台装油量≤60 kg的设备)	丁	二级

表 1（续）

序号	建、构筑物名称	生产过程的火灾危险性	最低耐火等级
24	空压机室	丁	三级
25	燃料油库	甲	二级
26	润滑油库	丙	二级
27	除尘设备构筑物	丁	二级
28	烟囱	丁	二级
29	汽车库	丁	二级
30	锅炉房	丁	二级
31	热媒锅炉房	乙	二级
32	实验室	丙	二级

5.3.3 有火灾爆炸危险的厂房，通风空气不应循环使用，通风设备应有独立的风机室或采取隔离措施。必要的设备及工具应采用有色金属制造或采取其他避免产生火花等防爆措施。

5.3.4 利用原有旧建筑物，应对原建筑物进行检测、鉴定，在确认符合安全卫生要求后方可利用。如不符合要求，应采取相应措施。

5.3.5 煅烧、混捏、成型、焙烧、石墨化等车间的厂房，应设置避风天窗，最大限度地利用自然通风。当自然通风不能满足要求时，应设机械通风。

5.3.6 煅烧、混捏、成型、焙烧、石墨化等车间的厂房，应适当增加高度。新建、改扩建的石墨化厂房，桥式起重机轨面标高不应低于 10 m。

6 炭素工艺

6.1 原材料

6.1.1 原材料库房、料场应集中设置并配置防火设施，尽量做到贮用合一。

6.1.2 煤堆场一般应设在露天，场地应有排水设施，煤堆场地下不允许敷设电缆、采暖管道和易燃、可燃液体管道。室内储煤应有良好通风，煤堆距顶棚距离不应小于 1.9 m，距可燃墙壁距离不应小于 1.5 m。

6.1.3 沥青储存，应采取防止沥青粘结的措施。中温沥青储存在库房内，不应露天堆放。

6.1.4 熔化沥青应用蒸汽或热媒油加热，不应用烟气加热。沥青熔化应密闭，沥青熔化槽、干燥器和破碎机应设通风除尘设施，烟气应净化。

6.2 煅烧

6.2.1 罐式煅烧炉应尽量采取密闭加料和排料，并保证良好通风。加料和排料应在控制室操作。

6.2.2 罐式煅烧炉炉体最外侧距离厂房最内侧宽度，不应小于 3 m；工作平台应采用防滑、非易燃材料铺设，且不应与炉体和厂房墙壁固定连接。

6.2.3 罐式炉应保持负压操作，当出现正压时，应立即停止加料，不允许打开看火口。

6.2.4 处理罐式炉结焦、棚料时，应带防护眼镜、穿防护服，不允许打开看火口，不允许正对火口，不允许捅料时加料。

6.2.5 回转窑的排烟机应设温度报警装置。窑头及窑尾应分设事故贮水箱。窑体应采取防止热辐射的措施。

6.2.6 处理回转窑加料口堵塞时，应站在侧面，不应正对火口。

6.2.7 回转窑下料口堵塞时应停煤气，保持窑头有一定负压并及时排除。

6.2.8 进入窑内工作应遵守下列规定：

——切断电源；

——配电盘上挂检修牌；

——窑外设专人监护；

——待窑内温度降到 60 ℃以下。

6.3 **中碎配料和磨粉**

6.3.1 生制品应采用机械设备破碎，不应采用人工敲打。

6.3.2 中碎配料应采用自动连续配料或间断密闭配料。

6.3.3 配料部应采用高层建筑，密闭立体输送。斗式提升机运行中，观察孔应关严，不允许探头或伸手到斗式提升机观察孔内。

6.3.4 配料过程中如出现下列情况，应停机处理：

——设备有严重缺陷；

——密闭不好，跑灰严重；

——工作地点照明不足。

6.3.5 破碎和磨粉设备应采取消音、隔音等措施。

6.4 **混捏**

6.4.1 混捏厂房应设排烟系统并有良好的通风设施。

6.4.2 混捏锅的沥青下料口和干料下料口均应密闭，糊料出口应安装抽风罩。

6.4.3 间断混捏机如在地坑中排料，应设有输送装置，地坑内应有良好通风。

6.4.4 混捏锅工作时，不允许将手或工具伸入锅内取样，测温前应停车，待搅刀停止运转后方可进行。

6.4.5 倾翻式混捏锅后部应设护栏，下料前应先开抽风机，出料时翻转角度不应大于 90°，应等翻锅到位后方可开动绞刀。连续混捏机四周 1 m 处，应设栅栏。

6.4.6 应采用底开式混捏锅代替倾翻式混捏锅。

6.5 **成型**

6.5.1 振动成型机的基础应采用防振措施。振动成型机的振动台和操作台应分开，不允许两者接触，外围 1 m 处应安装栅栏，振动子应密封消音。振动台发生振动时，人员不允许上振动台操作；清理重锤上的粘结料时，人应距离锤 0.5 m 以上。

6.5.2 凉料应尽量采用筒式凉料机。凉料平台应装设防护栏杆和机械排烟装置。凉料台的防护栏杆上不允许坐人。

6.5.3 液压机挤出口正前方，应设安全挡板。液压机运转中不允许润滑，挡板、剪刀运转时不允许掏料，管路有压力时，不允许修理液压机或拆卸阀门。

6.5.4 链式辊道炭块输送机应安设防止炭块跑偏的导向栅栏。辊道运行中不允许吊运炭块、电极等。

6.5.5 立式液压机和偏心压力机压制时，应有专人操作。不允许将手伸入模具内。

6.6 **焙烧**

6.6.1 焙烧后的产品应采用机械清理。

6.6.2 焙烧炉体最外侧与墙最内侧之间的距离，不应小于 1 m。不允许在环式焙烧炉上及两旁的管道上堆放产品。

6.6.3 焙烧炉在操作时应遵守下列规定：

——在焙烧过程中更换排烟机或移动转接烟斗时，应暂停煤气加热或减少煤气用量；

——移动烧火架时，应对煤气进行吹洗放散；

——烟道内的焦油每年应进行一次处理；

——不允许在焙烧炉上清理产品。

6.6.4 焙烧炉因故临时停电时，应事先与车间取得联系，停排烟机、电除尘器，并打开旁路烟道。

6.6.5 进入炉室工作时，炉口应有专人监护。不允许起重机在有人工作的炉室上方进行吊装作业。

6.6.6 作业人员进出炉应用梯子出入，不允许随吊钩上下。

6.6.7 使用氮气或分解氨作为保护气体的连续电炉，在通电前应先通保护气体，维持一段时间，点燃排出管口火苗后，再通电。

6.7 浸渍

6.7.1 新建、改建、扩建的浸渍厂房应独立设置。

6.7.2 浸渍系统的设备应密闭，并设局部排烟设施。

6.7.3 浸渍罐的加压应遵守下列规定：

——空气加压不应超过 0.68 MPa(7 kg/cm^2)；

——氮气加压不应超过 1.176 MPa(12 kg/cm^2)；

——浸渍加压不应超过设计规定的压力。

6.7.4 当用压机浸渍熔融金属时，应对压机机座和钟罩采取隔热措施。通惰性气体加压时，操作人员应远离压机 6 m 以上。

6.7.5 抽真空或加压时，应缓慢进行。增压或真空后，不应撞击管道和一切受压容器。出料前应将表压降为零。

6.7.6 对热出罐应设置冷却通廊和通风设施。

6.7.7 在装卸产品时，起重机钢丝绳与起重物应垂直，不应斜拉，重物下不应有人停留或行走。

6.7.8 不允许沥青储罐里流入水分，应防止沥青跑出伤人。打开排空阀、开启浸渍罐时，应确认罐内无压力。

6.7.9 浸渍罐内通水冷却之前，应关闭沥青管、真空管、压缩空气管和加热阀门。

6.7.10 当进入沥青储罐或浸渍罐内工作时，其内部温度不应高于 35 ℃，罐口应设人监护。

6.8 二次焙烧

6.8.1 采用外燃式的二次焙烧隧道窑应符合下列要求：

——所有的窑门和窑车的推、挂装置应灵活，好用；

——所有的自动控制装置应能准确的动作；

——所有的发讯装置应准确，接收装置应自动接收、显示和记录；

——窑车装、卸料工作应采用机械化操作。

6.8.2 二次焙烧隧道窑运输系统应有专人操作。进、出窑车时应监视程序信号是否正常，非操作人员不允许启动按钮和开关。

6.8.3 窑车进窑前，应检查与更新车与车之间的密封材料。

6.8.4 窑车加装匣钵时，应吊落到位，否则不应进窑。

6.8.5 窑点火时应按程序进行，点火后应及时关闭液化气罐的手阀。

6.8.6 操作人员监视氧含量的变化。当氧含量超过 5%时，不宜用燃烧器热点火。

6.8.7 操作人员应监视窑压的变化。当窑压高于 20 Pa 或低于 0 Pa 时，应及时进行调整。

6.8.8 无论出现何种故障，均不宜点动操作。

6.8.9 人员进入窑内工作时，应采取以下措施：

——预热区进口门和主冷区出口门两侧插好安全销；

——加热区进、出口门和预冷区出口门提起后，安装好门支架。

6.8.10 操作人员应时刻注意控制室的信号变化，发现问题及时处理。

6.8.11 操作人员应加强现场巡视，检查各部位设备和水系统的运行情况，发现问题及时通知有关人员处理。

6.8.12 预防混合气体爆炸：

——在风机的出口和燃烧室之间增设性能可靠的手动阀门，一旦燃烧室意外熄火，应紧急关闭；

——热启动点火之前对燃烧室内的混合气体进行抽样检测，以决定是否可以开始安全点火；

——燃烧室尾部及其管道设置必要的泄爆口；

——燃烧室尾气进入焙烧窑之前设置隔爆装置，一旦燃烧室发生意外，应切断燃烧室与焙烧窑的通道；

——监控燃烧室熄火时烟气浓度；

——监控窑内氧浓度。

6.9 石墨化

6.9.1 石墨化炉应符合下列要求：

——炉子基础不应有水渗漏，炭黑填充料不应受潮；

——铺料及产品的装、出炉，应采用机械操作；

——串接式石墨化炉炉体应加罩，填充料应采取机械输送；

——生产高纯石墨制品的石墨化炉应加罩，烟气应进行处理，符合标准后才能排放。

6.9.2 移动式石墨化炉转运系统应有专人操纵和指挥。转运车轨道和地面轨道没对准时，不应牵引炉车。转运车的牵引杆不在原位、炉车没完全运到转运车上和炉车没完全脱离转运车时，不允许开车。

6.9.3 转运车运炉时，炉车上不允许载人，并检查通道排除障碍。高温炉应注意窜火，运行要平缓。

6.9.4 石墨化炉的保温料、电阻料及返回料，应有固定的堆放场地。

6.9.5 石墨化后的产品宜采用机械清理。

6.9.6 不允许用起重机吊挂重物撞击石墨化产品的保温料硬壳。

6.10 炭制品加工

6.10.1 机械设备外露的传动部位都应设有防护装置，不允许任意拆除。

6.10.2 加工车间应有良好的抽尘和负压清扫设施，厂房地面应采取防滑措施。

6.10.3 加工电极制品的各机床之间，应设有相应的运输辊道，各机床旁应配备小型悬臂吊车。

6.10.4 炭块加工应有良好的吊装卡定工具和防滑设施。

6.11 炭制品堆放

6.11.1 原材料、成品、半成品和废料的堆放，应整齐稳固，不应妨碍通行和装卸。

6.11.2 炭素产品的堆放，应符合下列规定：

——ϕ350 mm 及以上的电极堆垛不应超过 3.0 m；

——ϕ300 mm 及以下的电极堆垛不应超过 2.5 m；

——ϕ150 mm 及以下的电极应堆放在专用平台上；

——化学阳极堆垛不应超过 1.2 m。

6.11.3 炭块(底块、高炉块)、侧块应纵横交错堆垛，最多不应超过 8 层，长度小于 600 mm 的不应超过 6 层。

6.11.4 产品堆放两端头伸缩应保持在 100 mm 内，堆垛内的产品间不应悬空。

6.11.5 焙烧与石墨化制品的堆放，垛与垛之间的平行距离不应小于 0.5 m～1.0 m；垛与房墙的间距离不应小于 0.7 m～1.0 m。

7 辅助设施

7.1 油库

油库的设计和使用应符合 GB 50074 等国家现行相关规定。

7.2 危险品库

7.2.1 对易燃、易爆、危险化学物品以及有火灾和爆炸危险的设施，应严格管理，并采取有效的安全措施。

7.2.2 爆炸危险物品不应存放在建筑物的地下室或半地下室内。

7.2.3 爆炸危险物品库房的安全出口数目，不宜少于两个。库房门宜向外开。

7.2.4 危险化学品仓库应符合下列规定：

——库房檐口高度不应低于 3.5 m，屋顶应采用双层通风；

——库房门窗外部应设遮阳板，并加设门斗；

——库房应采用高窗，窗下部离地不应低于 2 m，窗上应装防护栅栏和毛玻璃或涂色玻璃。

7.2.5 储存氧化剂、易燃液体与固体和剧毒物品的库房，应选用易冲洗的不燃地面。

7.2.6 易燃、易爆危险品库房，应安装防爆的电气照明设备和装设避雷装置。

7.2.7 剧毒物品的储存地点，应远离明火、热源、氧化剂、酸类、食用品、食品添加剂等，一般不和其他各类的物品共同储存。库房内应有良好通风。

7.2.8 科研、化验等部门使用的少量剧毒物品，应设储存专柜，并由专人负责保管和监督。

7.2.9 剧毒物品的运输，必要时应指派专人押运。装运过剧毒物品的车、船，应彻底清洗处理。否则，不允许装运其他物品。装卸剧毒物品，不应扛、背、摔碰、翻滚。

7.2.10 危险化学物品应有专用仓库储存。专用仓库应根据储存物品的种类和性质，设置相应的通风、防爆、泄压、防火、防雷、防晒、调湿、消除静电、报警、灭火、防护围堤等安全设施，并采取隔热降温和避光等措施。

7.2.11 危险化学物品应当分类分项存放，堆垛之间应有一定的安全距离。化学性质或防护、灭火方法相互抵触的危险化学物品，不应在同一仓库或同一储存室内存放。

7.2.12 储存受阳光照射容易燃烧、爆炸或产生有毒气体的危险化学品和桶装、罐装等易燃液体、气体时，应有防晒、通风设施。

7.2.13 储存强酸的仓库宜为单层建筑，不宜设置在地下。

7.2.14 储存强酸的仓库内应有良好通风，地面应为耐酸地面。不同类的酸如储存在同一座库房内，应用防护墙分隔。酸类仓库的地板，应用耐酸耐火材料铺砌。仓库内应储备吸收和中和酸类的物质。

7.2.15 危险化学品储罐应设在独立区域内，并应有检测、报警等安全装置。同类罐应能互换，且应留有空罐。

7.2.16 输送危险化学品的设备和管道的材料应符合输送物质的化学、物理性能要求，根据具体情况应采取防泄漏、防腐蚀、防静电、耐压等措施。输送腐蚀性液体的管道与其他管道并行时，腐蚀性液体管道不应置于其他管道的上方。

7.2.17 在危险化学品的大型仓库、贮罐和重要的输送管道区域，应有安全标志并涂安全色。

7.2.18 瓶装低浓度的硫酸和盐酸，冬季应储存在有采暖设备的仓库内。

7.2.19 对于使用、储存危险化学品的单位要按规定进行安全评价，并获取相应资质。

7.3 锅炉房

锅炉房的设计和使用应符合 GB 50041 等国家现行相关规定。

7.4 煤气发生站

煤气发生炉的设计和使用应符合 GB 6222 等国家现行相关规定。

7.5 空压站和乙炔站

7.5.1 空压站应远离散发爆炸性、腐蚀性和有毒气体及粉尘等有害物质的场所，并位于上述场所全年最小频率风向的下风侧。

7.5.2 空压站内立式储气罐与机器间外墙的净距，不应小于储气罐高度一半。

7.5.3 乙炔站的设计和使用应符合 GB 50031 等国家现行相关规定。

7.6 气瓶

7.6.1 氧气瓶、氢气瓶和乙炔气瓶等，不应放在阳光下曝晒，不应放在煅烧炉、石墨化炉、煤气炉锅炉和各种窑炉附近，不应靠近暖气和火炉，距离明火不应小于 10 m，氧气瓶、氢气瓶不应与油质接触。氢气钢瓶与液氯钢瓶、氢气钢瓶与氧气钢瓶、液氯钢瓶与液氨钢瓶等，均不应同仓混放。

7.6.2 乙炔瓶的储存、运输、使用应遵守下列规定：

——环境温度一般不应超过 40 ℃,否则应采取降温措施;

——使用现场的储存量不应超过 5 瓶;

——乙炔瓶在运输中应妥善固定,用汽车装运时,车厢高度不应低于瓶高的三分之二;

——夏季运输应有遮阳设施,炎热地区不应白天运输;

——车上不允许有烟火,并应备有干粉或二氧化碳灭火器,不允许使用四氯化碳灭火器;

——不允许与氧气瓶、氯气瓶及易燃物品同车运输,同间储存;

——使用乙炔瓶不应敲击、碰撞,不应放置在通风不良、有放射性的场所或放在橡胶等绝缘体上;

——吊装搬运时,应使用专用吊具和防振运输车,不应用电磁起重机和链绳吊装搬运。

7.6.3 液氯钢瓶在钢瓶库内应单层放置。在太阳直射或潮湿地面以及存在腐蚀性物质的场所,不应堆放液氯钢瓶,并应与其他有毒气瓶分室储存。

7.6.4 使用液氯钢瓶时,应在钢瓶和使用设备之间设置压力缓冲器和防止倒灌装置,室内应保持良好通风,并应采取防止发生跑氯事故的防范措施。

7.6.5 液氯钢瓶卸气时,不允许用火、开水、蒸汽直接加热瓶体。

7.6.6 液氨瓶仓库内应阴凉,不应有热源、明火,液氨瓶不应在阳光下曝晒,也不应长期雨淋。

7.6.7 液氨瓶和液氯不应同室存放,更不应在同一场所内同时使用。

8 电气设施

8.1 变电所

变电所的设计和使用应符合 GB 50053、GB 50059、DL 408 的相关规定。

8.2 用电安全

8.2.1 大、中型炭素厂应有两路电源供电。

8.2.2 各车间的配电及电气控制盘均应设在单独的房间内。配电柜应密封。不应擅自在车间的配电柜或其他线路上乱挂电线。

8.2.3 易燃、易爆场所和粉尘散发量较大的场所,电气设备应采用防爆、防尘型。

8.2.4 所有电气设备的金属外壳均应有良好的接地,静电除尘器外壳应安装两处以上的接地线,其高压整流室应装有保护开关、铜质放电接地线和备有高绝缘性的绝缘棒。高压整流室的门应设有保护开关。

8.2.5 接地线不应搭在氧气、煤气、乙炔等易燃、易爆的管道和设备上,应接在中性线或接地网上。

8.2.6 手动操作多油开关、贫油开关、隔离开关时,应穿绝缘鞋,戴上绝缘手套并站在绝缘垫上,并有专人监护。

8.2.7 使用手持电动工具、手持行灯应遵守下列规定:

——使用前应检查绝缘是否良好,并戴绝缘手套;

——电源线应为多芯橡皮绝缘软线;

——手持行灯电压不应大于 36 V,在金属容器内和潮湿场所不应大于 12 V;

——不应用自耦变压器以装设附加电阻的办法来获取安全电压。

8.2.8 施工、检修工作结束后,应检查现场有无遗留的工具、材料;及时拆除施工临时装用线、接地线、各种标志牌和临时遮栏,恢复原有装用线和常设遮栏。

8.3 照明

8.3.1 厂房的自然采光和照明,应能确保安全作业和人员行走的安全。

8.3.2 厂房内的一般照明,距地面高度应在 2.5 m 以上。如厂房过低,但室内干燥,灯座固定,不易触电,可低于此高度。如系潮湿或危险作业区域,应将电压降为 36 V 以下或加防护网、罩等。

8.3.3 在易燃、易爆场所,应采用防爆灯具和开关,在潮湿或有灰尘的场所,应装防尘、防潮灯具和开关。

8.3.4 机床和工作台使用的局部照明灯，其电压不应大于 36 V。

8.3.5 各种工作灯应配有一定形式的聚光设备如灯罩，不应使用纸片和铁片代替，更不允许用金属丝在灯头等处缠绑。行灯应备有胶木或木制手柄及保护网罩，不允许使用一般灯头代替。手柄处的导线应加套管等防磨设施。

8.3.6 生产车间和作业场所一般照明的最低照度值应符合 GB 50034 的规定。

8.3.7 表 2 中所列的工作场所应设一般事故照明。

表 2 设一般事故照明的工作场所

车 间	工 作 场 所
原 料	沥青熔化库
配 料	配料部
煅 烧	煅烧炉测温平台、回转窑操作平台
成 型	油泵房、水泵房
焙 烧	装出炉地点、调温室
浸 渍	浸渍部、浸渍剂储存地点
石墨化	变压器室、配电室
其 他	排烟机室、变电所控制室、煤气发生站、调度室、热媒锅炉房

9 起重与厂内运输

9.1 起重机械的使用与管理应遵守 GB/T 6067 的规定。

9.2 起重作业的现场指挥人员和起重机司机使用的基本信号应遵守 GB 5082 的规定。

9.3 起重机的工作地点应有足够的照明设施和畅通的吊运通道，与附近的设备和建筑物应保持一定的安全距离。

9.4 起重机不应超负荷作业。作业时不允许吊物从人员上方通过，无关人员不允许进入起重机作业区。

9.5 焙烧、石墨化等车间的起重机司机室，应采取隔热、降温和防尘措施。在沥青熔化等存在粉尘或有害气体场所使用的起重机司机室，应设有防尘、防毒设施。

9.6 高层建筑如配料部配备的客货两用电梯应由专人操作。

9.7 电梯运行前，应检查操纵盘上的按钮开关、指示灯、层门、轿门各类机械联锁、电气联锁开关等是否正常，如有故障和异常情况，应及时修复。不允许电梯带病运行。

9.8 电梯运行时，轿厢内的载运物品应堆稳放妥。不允许用电梯运载易燃、易爆危险品。

9.9 厂内铁路、道路的运输应遵守 GB 4387 的规定。

9.10 厂内铁路线路应按标准铺设，并保持路基稳固，边坡整齐、道床密实、排水设施完整、畅通。

9.11 厂内铁路道口的设置、道口的分级、道口安全设施的配备和看守、道口信号标志等应遵守 GB 6389 的规定。

9.12 厂内道路应设置交通标志，并应保持路面平整，路基稳固，照明设施完好，排水良好。

9.13 胶带运输机应设有下列装置：

——安全绳等事故停车装置；

——密封罩；

——启动信号装置；

——头、尾轮清扫器。

10 检修

10.1 设备检修应停机进行,并应悬挂检修标志。

10.2 检修工作地点应有良好的照明与通风,施工区域应设明显标志,危险地段应设专人监护。同一地点多工种交叉作业和高处多层交叉作业,应制定专门的安全措施,并由专人统一指挥。

10.3 厂区路面和铁路专用线的施工,应经有关部门批准。施工时应设安全围栏和标记,夜间应设红灯。

10.4 清理沥青等油槽时,应打开人孔和上盖,并用蒸汽吹扫,在空气充分流通的情况下,经检验气体合格,方可进入槽内作业。

10.5 清理沥青的熔化、干燥、破碎设备时,应戴专用防毒面具,并在外露皮肤上涂保护剂。熔化设备应冷却到常温或沥青软化点以下再进行清理。

10.6 沥青、重油、导热油、煤气等储槽及其输送管道清理维修时,不应动火。如需动火,动火前采取可靠的防护措施。采用导热油的沥青熔化输送系统不应泄漏,并预防自燃,应建立防止火灾的应急救援预案。

10.7 压机蓄势器及其管路系统检修时,应泄压。

10.8 焙烧炉修炉时,不允许相邻两条火道同时施工,进入料箱施工时,应有专人在炉上监护。

10.9 石墨化厂房应定期进行检修。石墨化炉的母线地沟作业前,应强制通风,经检验气体合格方可进入。地沟应设有排水设施。

10.10 石墨化炉修炉时,不允许用手和工具直接接触母线、漏电炉子以及保护装置。

11 职业卫生

11.1 管理和监测

11.1.1 防尘防毒

11.1.1.1 凡产生有毒气体、气溶胶和粉尘的工艺设备均应密闭,并设排气装置,保持负压。不能密闭的尘毒逸散口应设吸风罩。

11.1.1.2 生产车间和作业场所空气中职业危害因素的接触限值,应符合表3、表4规定。

表3 工作场所空气中化学物质容许浓度

物质名称	职业接触限值/(mg/m³)			备　注
	最高容许浓度	时间加权平均容许浓度[a]	短时间接触容许浓度[b]	
二氧化硫	—	5	10	
氟化氢(按F计)	2	—	—	
氟化物(不含氟化氢)(按F计)	—	2	—	
氯	1	—	—	
氰化氢(按CN计)	1	—	—	皮[c]
铅及其无机化合物(按Pb计) 铅尘 铅烟	 — —	 0.05 0.03	 — —	G2B[d](铅), G2A[e](铅的无机化合物)
一氧化碳 非高原 海拔2 000 m～3 000 m 海拔>3 000 m	 — 20 15	 20 — —	 30 — —	

表 3（续）

物质名称	职业接触限值/(mg/m³)			备　注
	最高容许浓度	时间加权平均容许浓度[a]	短时间接触容许浓度[b]	
铜(按 Cu 计) 铜尘 铜烟	 — —	 1 0.2	 — —	
煤焦油沥青挥发物(按苯溶物计)	—	0.2	—	G1[f]

a 以时间为权数规定的 8 h 工作日、40 h 工作周的平均容许接触浓度；

b 在遵守 PC-TWA 前提下容许短时间(15 min)接触的浓度；

c 表示可经完整的皮肤吸收；

d 可疑人类致癌物；

e 可能人类致癌物；

f 确认人类致癌物。

表 4　工作场所空气中粉尘容许浓度

物质名称	时间加权平均容许浓度/(mg/m³)		备　注
	总尘	呼尘	
矽尘 10%≤游离 SiO_2 含量≤50% 50%<游离 SiO_2 含量≤80% 游离 SiO_2 含量>80%	 1 0.7 0.5	 0.7 0.3 0.2	G1(结晶型)
炭黑粉尘	4	—	G2B
石墨粉尘	4	2	
碳纤维粉尘	3	—	

11.1.1.3　生产过程中可能突然产生大量有毒气体、粉尘或有爆炸危险气体的车间，应设危险气体或粉尘监测装置，必要时设自动报警装置，并应设有事故排风装置及应急救援装置。职业危害较严重的岗位设置警示标识和警示说明。

11.1.1.4　对毒性较大、有烟尘、粉尘积落的车间，其内部结构表面应光滑，不易积尘，便于清扫。应采用不吸毒物的材料，必要时加设保护层，以便清洗。清扫应配备吸尘装置，避免二次扬尘。

11.1.1.5　搬运有毒物品时，不应进食、饮水和吸烟，并穿戴防护用品。防护用品应符合 GB/T 11651 的要求。

11.1.1.6　不允许将有毒物品与无机氧化剂、强酸等混放。

11.1.1.7　使用有机酸、树脂等危害较大的物质和产生氰化氢等有害气体的作业场所，应采取下列措施：

——密闭生产设备；

——设置通风、净化回收装置；

——远距离操作或遥控。

11.1.1.8　对可能产生急性职业中毒的作业场所，应健全职业病危害事故应急救援预案，并组织演练，定期修订。

11.1.1.9　在产生有毒、有害气体等危险场所，应佩带好防护器具，作业人员应两人以上。

11.1.2 防沥青危害

11.1.2.1 装卸、搬运、使用沥青及含有沥青制品的作业人员，应穿戴全副防护用品，对外露皮肤和脸部、颈部，应遍涂防护药膏，工作完毕，应洗澡。

11.1.2.2 经常进行沥青工作的现场，应设置足够的温水淋浴，水质应符合卫生要求。偶尔进行沥青工作的场所，应设简单的洗澡用具。

11.1.2.3 装卸、搬运及使用沥青的单位，每次工作开始之前，应将沥青工作的注意事项向工人说明，并随时检查防护用品佩戴情况。工作现场应在专人负责指导下进行工作。

11.1.2.4 沥青的装卸、搬运，宜在夜间或无阳光照射的情况下进行。桶装的沥青一般可在白天进行装卸、搬运，但炎热的天气不宜进行。

11.1.2.5 使用沥青，应遵守下列规定：

——沥青操作岗位位于上风侧；

——采用人与沥青不直接接触的生产工序；

——沥青的加工过程密闭；

——产生沥青粉尘、烟气的作业场所，设通风或净化设施。

11.1.2.6 焙烧炉高温沥青烟应设净化回收装置，回收的焦油应妥善处理。沥青熔化、混捏、凉料、浸渍、焙烧、成型、石墨化等散发沥青的作业场所，应采用自然通风、机械通风和局部排风，并尽量将沥青烟进行净化处理。

11.1.2.7 皮肤病患者、结膜疾病患者，以及对沥青过敏人员等职业禁忌人员，不应从事沥青工作。

11.1.3 防止铅中毒

11.1.3.1 有尘毒飞扬的铅物料在运输、转移及生产过程中，均应采用密闭排风、净化措施。

11.1.3.2 铅作业场所应设置吸尘式清扫装置，定期对设备、地面、侧墙和房顶进行清扫。

11.1.3.3 铅作业人员的劳动防护用品应在厂内集中洗涤，不应携带出厂，不应穿工作服进入食堂。

11.1.3.4 工厂应设置热水浴室及两套衣箱，分别放置劳动保护用品及个人服装。

11.1.3.5 饮水、进食前，应漱口、洗脸、洗手，不应在作业场所吸烟和进食。

11.1.4 噪声和振动控制

11.1.4.1 工作场所操作人员每天连续接触噪声的时间，应随噪声声级的不同而异，并应符合表5的规定。但最高限值不应超过115 dB(A)。接触碰撞和冲击等的脉冲噪声，应不超过表6的规定。

表5 工作地点噪声声级的卫生限值

日接触噪声时间/h	卫生限值/dB(A)
8	85
4	88
2	91
1	94
1/2	97
1/4	100
1/8	103
最高不得超过115 dB(A)	

表6 工作地点脉冲噪声声级的卫生限值

工作日接触脉冲次数	峰值/dB(A)
100	140
1 000	130
10 000	120

11.1.4.2 对于生产过程和设备产生的噪声，应首先从声源上进行控制，以低噪声的工艺和设备代替高噪声的工艺和设备；如仍达不到要求，则应采用隔声、消声、吸声、隔振以及综合控制等噪声控制措施。

11.1.4.3 产生强烈振动的设备或工具应采取下列措施：

——设备安装在单独隔音的防振地基上；

——操作岗位与振动源隔离；

——设备或工具安装减振装置。

11.1.5 采暖、降温

11.1.5.1 石墨化、焙烧等高温车间应尽量利用自然通风。若自然通风达不到要求，应采取机械通风换气。操作岗位达不到要求时，应采取局部送风。

11.1.5.2 高温车间应有专用休息室，夏季室内应设空调或采取其他有效的降温措施。

11.1.5.3 在非集中采暖地区，可在工作地点及休息场所设局部采暖装置。

11.2 健康监护

11.2.1 企业对接触粉尘、噪声及有毒有害物质的工作人员，应定期进行健康检查。体检结果建立“职业健康监护档案”。

11.2.2 接触放射源的工作人员，应配戴个人剂量仪表，接近最大允许剂量当量者，每年至少体检一次，遇特殊情况应立即体检。

11.2.3 对身患职业病、职业禁忌或过敏症，应及时根据有关规定进行医治和安排。

ICS 73.120
A 28

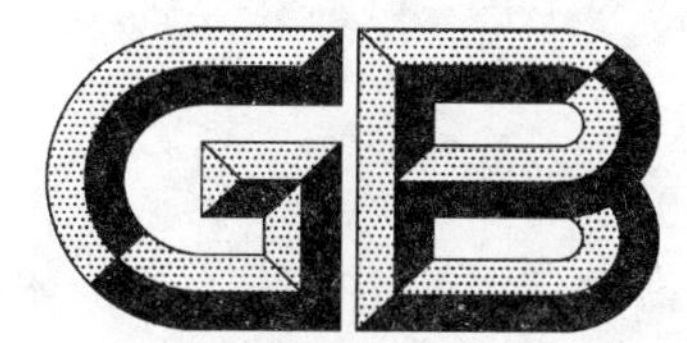

中华人民共和国国家标准

GB/T 15602—2008
代替 GB/T 15602—1995

工业用筛和筛分 术语

Industrial screens and screening—Vocabulary

(ISO 9045:1990,MOD)

2008-07-18 发布　　　　2009-02-01 实施

中华人民共和国国家质量监督检验检疫总局
中国国家标准化管理委员会　发布

前　　言

本标准修改采用 ISO 9045:1990《工业用筛和筛分　术语》(英文版)。

本标准与 ISO 9045:1990 相比主要变化如下:

——在规范性引用文件中,用我国国家标准代替对应的国际标准;

——增加了中文索引;

——按照汉语习惯对部分文字做了编辑性修改。

本标准代替 GB/T 15602—1995《工业用筛和筛分　术语》。

本标准与 GB/T 15602—1995 相比主要变化如下:

——增加了"2　规范性引用文件";

——对术语中的一些错误进行了修改;

——对部分文字做了编辑性修改。

本标准由全国筛网筛分和颗粒分检方法标准化技术委员会(SAC/TC 168)提出并归口。

本标准起草单位:中机生产力促进中心、新乡市巴山精密滤材有限公司。

本标准主要起草人:余方、刘鹤青。

本标准所代替标准的历次版本发布情况为:

——GB /T 15602—1995。

工业用筛和筛分　术语

1　范围

本标准规定了工业用筛和筛分术语和定义。

本标准适用于工业筛分的专用术语。

本标准涉及到的筛分过程所用筛网，其表面应符合 GB/T 5330.1、GB/T 17492、GB/T 19628.2 和 ISO 4783-3 的规定。

2　规范性引用文件

下列文件中的条款通过本标准的引用而成为本标准的条款。凡是注日期的引用文件，其随后所有的修改单(不包括勘误的内容)或修订版均不适用于本标准，然而，鼓励根据本标准达成协议的各方研究是否可使用这些文件的最新版本。凡是不注日期的引用文件，其最新版本适用于本标准。ISO 和 IEC 成员保存登记当前有效的国际标准。

GB/T 5330.1　工业用金属筛网和金属丝编织网　网孔尺寸与金属丝直径组合选择指南　通则(GB/T 5330.1—2000,eqv ISO 4783-1:1989)

GB/T 17492　工业用金属丝编织网　技术要求和检验(GB/T 17492—1998,eqv ISO 9044:1990)

GB/T 19628.2　工业用金属丝网和金属丝编织网　网孔尺寸与金属丝直径组合选择指南　金属丝编织网的优先组合选择(GB/T 19628.2—2005,ISO 4783-2:1989,MOD)

ISO 4783-3　工业用金属丝网和金属丝编织网　网孔尺寸和金属丝直径组合选择指南　第3部分:预弯成形或压力焊的金属丝网的优选组合

3　术语和定义

3.1　待筛物料　material to be screened

3.1.1

颗粒　particle

不论其尺寸大小的物料的离散单体。

3.1.2

颗粒尺寸　particle size

过筛颗粒尺寸　sieve size of a particle

一个颗粒在最有利的姿态下能通过的最小筛孔尺寸。

3.1.3

团块　agglomerate

粘附在一起的若干颗粒。

3.1.4

细粒　fines

小于规定尺寸的颗粒。

3.1.5

固有湿度　inherent moisture

原有湿度　contained moisture

物料样品中含有的液体(通常是水)量，一般用占样品质量的百分率表示。

3.1.6

表面湿度　surface moisture

物料样品中颗粒的暴露表面上附着的液体，一般用占样品质量的百分率表示。

3.1.7

完全干燥　bone dry

在指定温度下烘至恒重，即物料没有表面湿度。

3.1.8

容积密度　bulk density

每单位容积内松散的粒状物料(包括颗粒内和颗粒之间的空隙)在空气中的质量。

3.1.9

相对密度　relative density

给定容积内的固体颗粒在空气中的质量与相同容积内的水的质量之比。

3.1.10

固体百分率　percent solids

物料中干燥固体与固体-液体混合物总和之比，用质量的百分率表示。

3.1.11

静止角　angle of repose

物料在自然静止堆的状态时堆面母线与水平线的夹角，也称"自然坡角"或"内摩擦角"。

3.1.12

给料　feed

为进行筛分作业送入筛子的物料。

3.2　工业用筛　industrial screens

3.2.1

筛　screen

工业上用来进行筛分作业的装置。

注：术语"筛"通常为"筛面"或"筛板"的简称(见3.2.2)。

3.2.2

筛面　screening surface;screen deck

用作筛分的一个面，其上具有规则排列的，尺寸相同的整齐的筛孔(见3.3.1)。

3.2.3

金属丝编织网　woven wire cloth

金属丝筛网　wire screen

由金属丝编织形成的或由两层平行的金属丝按90°交叉焊后形成的具有大小均匀的正方形或矩形筛孔的筛面。在编织之前，可以预先将金属丝弯曲。

注：在英语中，一般将可以卷起的软性筛面称为"woven wire cloth"。较硬的筛面，主要是由预弯曲的金属丝制造或压焊而成的，称为"wire screen"。

3.2.4

穿孔板　perforated plate

由具有规则排列的均匀的孔的板构成的筛面。孔可以是正方形、长圆形、圆形或其他规则的几何形状。

3.2.5

开孔面积百分率　percentage open area

a)　对金属丝编织网和金属丝筛网而言，孔的总面积和网总面积的比值。用百分率表示。

b) 对于穿孔板,孔的总面积与板的开孔部分总面积的比值(任何没开孔的部分都不包括在内)。用百分率表示。

3.2.6

圆孔当量 round hole equivalent

与具有规定圆孔的穿孔板起类似筛分作用的穿孔板或金属丝编织网中的正方形的尺寸。

3.2.7

当量圆孔 equivalent round hole

与具有规定正方孔的穿孔板或金属丝编织网起类似筛分作用的一个穿孔板中圆孔的直径。

3.2.8

筛孔数 mesh count

目数

金属丝编织网或金属丝筛网中单位长度上的筛孔数量。

3.2.9

金属丝直径 wire diameter

金属丝编织网的金属丝在编织前测得的直径。

3.2.10

筛孔尺寸 aperture size

筛面上开孔的尺寸。

3.2.11

正方形筛孔 square mesh

金属丝编织网上标称为正方形的筛孔。

3.2.12

长方形筛孔 slotted mesh

金属丝编织网上一个方向的尺寸大于另一个方向的尺寸的筛孔。

3.2.13

经丝 warp

编织后,网上所有的纵向的金属丝。

3.2.14

纬丝 weft;shoot

编织后,网上所有的横向的金属丝。

3.2.15

编织型式 type of weave

经丝和纬丝相互交织的方式。

3.2.16

弯皱 crimp

由预成型或编织所成形成的金属丝中的连续弯曲。

3.2.17

平纹编织 plain weave

每根经丝交叉地在每根纬丝上下穿过,每根纬丝也交叉地在每根经丝上下穿过的一种编织方式。

3.2.18

斜纹编织 twilled weave

每根经丝交叉地在每两根纬丝上下穿过,每根纬丝也交叉地在每两根经丝上下穿过的一种编织方式。

3.2.19

冲孔面 punch side

冲头进入穿孔板的一面。

3.2.20

板厚 plate thickness

穿孔前的筛板的厚度。

3.2.21

孔距 pitch

金属丝编织网、金属丝筛网或穿孔板上相邻两孔的对应点之间的距离。

3.2.22

筋宽 bridge width;bar

穿孔板上相邻两孔的最近边缘之间的距离。

3.2.23

边宽 margin

穿孔板的边与其最外一排孔的外边缘之间的距离。

3.2.24

筛分器 sifter

基本上在筛面平面中作平移旋转运动,一般用来筛分较小颗粒(例如 1 mm 以下颗粒)的一种筛子的类型。

3.2.25

格筛 grizzly

由固定的或活动的条、圆盘、异型转筒或滚筒构成的,一般用来筛分较大的颗粒(例如 100 mm 以上的颗粒)的一种坚固的筛子。

3.2.26

铁栅筛 bar screen

由若干以固定尺寸相间隔的纵向条构成,待筛物料从上方进入的一种固定倾斜筛子。俗称"篦子筛"。

3.2.27

条形筛 rod screen

由若干平行金属丝条构成筛面,金属丝条的布置与筛子上物料的流向成合适的角度。

3.2.28

楔形金属丝筛网 wedge wire screen; profile wire deck

由若干固定尺寸相间隔的三角形或梯形截面金属丝构成的一种筛面,其中筛下物通过其截面逐步扩大的孔。

3.2.29

辊轴筛 roll screen

由若干水平旋转轴构成的筛子,装有若干排列为筛分孔的元件。

3.2.30

旋转筛 revolving screen

转筒筛　trommel

装在卧式旋转轴或滚筒上，筛面为圆柱体或平截头圆锥体的一种筛子。待筛物料是被运入旋转筛内部的。

3.2.31

固定筛　fixed screen

静止筛　static screen

利用重力，用来从干燥物料中分离出一部分细颗粒，或从浆物或薄浆中分离出一部分液体或细颗粒的一种静止倾斜筛。

3.2.32

防护筛　guard screen

用来防止可能干扰机器运行的粗颗粒进入机器入口的筛子。

3.2.33

筛盘　backing screen

为收集通过筛面的细粒装配在筛子下面的盘子。

3.2.34

尺寸不足物控制筛　undersize control screen

选碎机　breakage screen

用来从给料中分离出尺寸不足物的一种筛子。

3.2.35

减荷层　relieving deck

装在下层筛面的上面，筛孔尺寸一般至少比下层大一倍以上，用来减轻下层的筛面的负荷和磨损的一种筛子。

3.2.36

弧形筛　sieve bend

用来通过一个静止弯曲板将悬浮在液体中的细粒加以筛分，从而使筛下物液体中的较小颗粒得以分离出来的一种装置。这个装置也用作初级脱水装置。

3.2.37

往复筛　reciprocating screen

跳动筛　jigging screen

由一根曲轴和若干连接杆传递水平和垂直的组合运动的一个或一对筛子。筛面是水平的或倾斜一个小的角度。

3.2.38

振动筛　vibrating screen

由机械或电磁方式使之振动的一种筛子。

3.2.39

共振筛　resonance screen

其振动周期接近弹性机架自然振动周期的一种筛子。

3.2.40

倾斜筛　inclined screen

具有直线或圆周振动运动，安装角度一般在10°或36°之间的一种振动筛。

3.2.41

水平筛　horizontal screen

基本上在垂直平面中的一条直线上运动的一种振动筛。一般是水平安装的，但也可以倾斜不大于8°。

3.2.42

高频筛　high speed screen

具有直线或圆周振动运动，一般在高于 20 Hz 的频率下运行的一种倾斜筛。

3.2.43

振幅　amplitude

振动运动中偏离平衡位置的最大值。在直线运动中，振幅是总行程的一半；对于椭圆运动，振幅是椭圆长轴的一半。

3.2.44

摆程　stroke

行程　throw

摆动时两极端位置的间距，摆程为振幅的两倍。

3.2.45

偏心距　eccentricity

圆周振动运动中，偏离平衡位置的最大值，一般为圆的半径。

3.2.46

频率　frequency

对于振动筛，频率为单位时间内筛的振动次数，以 Hz 表示。

3.2.47

边缘预整　edge preparation

为耐久或拉紧目的，对筛段的边缘进行整备。

3.2.48

筛板　screen panel

包括边缘预整在内的已制成的筛分工具。

3.2.49

钩　hook

用来拉紧或固定筛段的金属边缘。

3.2.50

端面拉紧　end tensioning

对平行于筛面上的物料流向的筛段进行拉紧，也称"纵向拉紧"。

3.2.51

侧面拉紧　side tensioning

对与筛面上的物料流向成直角的筛段进行的拉紧，也称"横向拉紧"。

3.3　筛分过程　the screening process

3.3.1

筛分　screening

使物料一部分留存在具有筛孔的筛面上，其余通过筛孔的方式，将颗粒状的固体物料按颗粒大小加以分离的一种工业过程。

3.3.2

分级　sizing

将颗粒状物料筛分为不同的粒度级，每个粒度有其尺寸范围。

3.3.3

湿筛分　wet screening

通常以喷洒形式加入液体所进行的筛分。

3.3.4

干筛分　dry screening

不加入液体的筛分。

3.3.5

筛出粗料　scalping

除去一小部分给料，通常是不需要的尺寸过大的物料。

3.3.6

脱水/除水　dewatering

从固体物料中除去游离水分。

3.3.7

冲洗　rinsing

通过喷洒(一般用水)，除去存在于较大颗粒之间的或附着于他们之上的细料或外来物质。

3.3.8

除矿泥　de-sliming

用干燥或湿式方法从给料中除去其他物质。

3.3.9

除灰　de-dusting

打光　polishing

用干燥的方法从给料中除去极细的颗粒。

3.3.10

筛上物　overflow

未通过筛孔而留存在筛面上的那部分给料。

3.3.11

筛下物　underflow

通过筛面筛孔的那部分给料。

3.3.12

分层　stratification

通过摇动或振动，使物料层中较小颗粒透过空隙落到底部，而使较大颗粒升到上部的过程。

3.3.13

卡住　pegging

颗粒嵌入筛孔，是堵塞的一种情况。

3.3.14

堵塞　blinding;clogging

极细小的颗粒附着于筛面上从而减小甚至完全阻塞筛孔的情况，俗称“糊筛”。

3.4　筛分产物　products of screening

3.4.1

产物　product

通常指通过某一操作所获得的物料，尤其是指通过一系列操作而最终产生的物料，例如筛分产物、成品产物等。筛分产物可以是筛上物，也可以是筛下物，是工艺希望得到的物质。

3.4.2

粒度级　size fraction

物料的两个规定尺寸极限之间的范围，以及该范围内的颗粒尺寸。

3.4.3

标称尺寸　nominal size

用来描述分级操作产物的颗粒尺寸。

3.4.4

平均尺寸　mean size

颗粒状物料的一个样品、一批或一次交货量中的颗粒尺寸的加权平均值。

3.4.5

近似尺寸的物料　near-sized material;near-mesh material

其尺寸近似于筛面筛孔尺寸的颗粒。

3.4.6

尺寸不足产物　undersize

其尺寸小于规定尺寸的筛分产物。

3.4.7

尺寸过大产物　oversize

其尺寸大于规定尺寸的筛分产物。

中 文 索 引

英 文 索 引

A

B

C

D

E

F

G

H

I

J

M

N

O

P

V

W

ICS 13.230
C 67

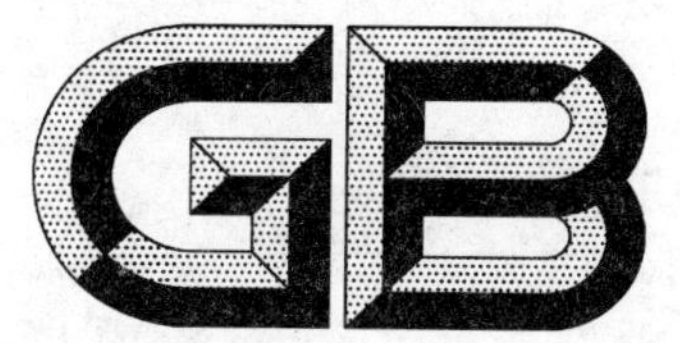

中华人民共和国国家标准

GB/T 15604—2008
代替 GB/T 15604—1995

粉尘防爆术语

Terminology for dust explosion prevention

2008-12-15 发布

2009-10-01 实施

中华人民共和国国家质量监督检验检疫总局
中国国家标准化管理委员会
发布

前　言

本标准修订并代替 GB/T 15604—1995《粉尘防爆术语》。

本标准与 GB/T 15604—1995 相比主要变化如下：

——新增“可爆粉尘”、“冲击波”的定义，删除了“粉尘燃烧”、“粘结粉尘法”、“最高允许氧含量”、“连续喷雾法”的定义。

——基本概念一节中的“粉尘”、“粉尘爆炸”、“粉尘爆轰”、“粉尘爆燃”、“粉尘着火”、“点燃源”、“火焰传播速度”、“粉尘层燃烧速度”、“爆炸压力”、“二次爆炸”等术语的定义进行了修改和完善。

——爆炸特征一节中的“粉尘爆炸特性参数”、“粉尘云最大爆炸压力”、“粉尘爆炸最低氧含量”术语的定义进行了修改和完善。

——粉尘爆炸预防一节中的“防爆”、“惰化”术语的定义进行了修改和完善。

——粉尘爆炸控制一节中的“抑爆”、“泄爆”、“泄压面积”、“释放压力”、“阻火器”、“阻爆器”、“阻爆阀门”、“抑爆器”等术语的定义进行了修改和完善，并进行了顺序的调整。

——标准中其他名词定义中的一些语句问题进行了修改。

——删除了引用标准一章。

本标准由国家安全生产监督管理总局提出。

本标准由全国安全生产标准化技术委员会粉尘防爆分技术委员会归口。

本标准起草单位：煤炭科学研究总院重庆研究院。

本标准主要起草人：张延松、费国云、樊小涛、刘新强。

原标准于 1996 年 1 月首次发布。

本标准所代替标准的历次版本发布情况为：

——GB/T 15604—1995。

粉 尘 防 爆 术 语

1 范围

本标准规定了粉尘防爆的专业术语。

本标准适用于粉尘防爆标准的制定、技术文件的编制、专业手册及教材书刊编写和翻译。

本标准不适用于炸药粉尘和烟花爆竹。

2 基本概念

2.1

粉尘 dust

细微的固体颗粒。

2.2

可燃粉尘 combustible dust

可与助燃气体发生氧化反应而燃烧的粉尘。

2.3

可爆粉尘 explosible dust

可与助燃气体发生剧烈氧化反应而爆炸的粉尘。

2.4

粉尘云 dust cloud

悬浮在助燃气体中的高浓度可燃粉尘与助燃气体的混和物。

2.5

粉尘层 dust layer

沉(堆)积在地面或物体表面上的可燃性粉尘群。

2.6

可燃性杂混物 combustible hybrid

可燃粉尘、可燃气体或可燃液体蒸气同助燃气体混合而成的多相流体。

2.7

粉尘比电阻 specific resistance of a dust

截面积为 100 mm^2，长为 100 mm 的粉尘层在规定试验条件下测得电阻，并经计算求得的比电阻值。

2.8

导电粉尘 conductive dust

比电阻不大于 10^3 Ω·m 的粉尘。

2.9

非导电粉尘 non-conductive dust

比电阻大于 10^3 Ω·m 的粉尘。

2.10

粉尘比表面积 specific surface area of a dust

单位质量的粉尘颗粒表面积的总和。

2.11

粉尘爆炸　dust explosion

火焰在粉尘云中传播,引起压力、温度明显跃升的现象。

2.12

粉尘爆轰　dust detonation

火焰速度超过原始粉尘云中音速的粉尘爆炸现象。

2.13

粉尘爆燃　dust deflagration

火焰速度低于原始粉尘云中音速的粉尘爆炸现象。

2.14

粉尘着火　dust ignition

局部粉尘云或粉尘层受热时,使粉尘云或粉尘层内部温度极不稳定地上升而发生突变(即形成火焰)的现象。

2.15

粉尘层自然发火　spontaneous ignition of a dust layer

粉尘层自燃　spontaneous combustion of a dust layer

粉尘自身的缓慢氧化放出的热量在粉尘层内部积聚、温度升高并使粉尘着火的现象。

2.16

点燃源　ignition source

点火源　ignition source

能使局部粉尘云的温度发生突变形成火焰的高温热源。

2.17

爆炸产物　explosion products

粉尘云发生爆炸后,生成的气态、液态、固态物质。

2.18

火焰阵面　flame front

燃烧产物与未燃烧的粉尘云之间的分界面。

2.19

火焰传播速度　flame propagation velocity

火焰速度　flame velocity

火焰阵面单位时间的位移。

2.20

粉尘层燃烧速度　burning velocity of dust layer

在给定条件下,给定的粉尘层长度与自其端部着火至粉尘层燃烧尽所需时间的比值。

2.21

冲击波　blast wave

爆炸过程中形成的使介质状态参数突跃的压力波。

2.22

爆风　explosion wind

粉尘云发生爆炸时,伴随冲击波阵面的混合物质点的运动。

2.23

爆炸温度　explosion temperature

爆炸火焰温度　explosion flame temperature

在定容绝热条件下，粉尘云发生爆炸形成稳定化合物所放出的全部热量使爆炸产物升温达到的最高温度。

2.24

爆炸压力　explosion pressure

在定容绝热条件下，爆炸产物膨胀作用于外界的单位面积上的力。

2.25

二次爆炸　subsequent explosion

发生粉尘爆炸时，初始爆炸的冲击波将未发生爆炸区域内的沉积粉尘扬起，形成粉尘云，并被传播来的火焰引燃发生的爆炸。

2.26

粉尘最小击穿场强　minimum breakdown field strength of a dust layer

给定厚度的粉尘层被击穿时，加在粉尘层上的电场强度的最小值。

2.27

粉尘层的临界比电阻　critical specific resistance of a dust layer

非导电粉尘层被最小电场强度击穿时的比电阻。

3　爆炸特性

3.1

粉尘爆炸特性参数　parameters of dust explosibility

表示粉尘爆炸危险特性的各种参数。

3.2

爆炸危险性分级　classification of dust explosion hazards

根据粉尘爆炸特性参数值，将不同种类粉尘按相对爆炸危险性的大小分成若干等级。

3.3

粉尘云爆炸极限浓度　limiting explosible concentraion of a dust

粉尘云在给定能量点火源作用下，能发生自持燃烧的最低浓度或最高浓度。亦称为粉尘爆炸的下限浓度或上限浓度。

3.4

最易着火浓度　optimum explosible concentration of a dust

用最小点火能量能点燃粉尘云的粉尘浓度。

3.5

粉尘云最低着火温度　minimum ignition temperature of a dust cloud

粉尘云受热时，使粉尘云温度发生突变(点燃)的最低加热温度(环境温度)。

3.6

粉尘层最低着火温度　minimum ignition temperature of a dust layer

粉尘层受热时，使粉尘层的温度发生突变(点燃)的最低加热温度(环境温度)。

3.7

着火感应期　induction time of ignition

粉尘云与点火源接触至粉尘云温度发生突变(形成火焰)的间隔时间。

3.8

粉尘最小点火能量　minimum ignition energy of a dust cloud

粉尘云处于最容易着火浓度条件下，使粉尘云着火的点火源能量的最小值。

3.9

粉尘最大爆炸压力　maximum explosion pressure of a dust cloud

p_{max}

在规定容积和点火能量下，不同浓度粉尘云对应的爆炸压力峰值的最大值。

3.10

粉尘最大爆炸压力上升速率　maximum rate of pressure rise of a dust explosion

$(\frac{dp}{dt})_{max}$

粉尘爆炸产生最大爆炸压力时的压力(p)-时间(t)上升曲线的斜率的最大值。

3.11

粉尘爆炸指数　explosion index of a dust cloud

K_{max}

在密闭容器内，粉尘爆炸试验中最大爆炸压力上升速率与容器容积的立方根的乘积为一常数，这个常数称为粉尘的爆炸指数。即：

$$K_{max} = (dp/dt)_{max}V^{1/3}$$

式中：V——容器的容积，单位为升(L)。

3.12

粉尘爆炸最低氧含量　minimum oxygen content concentration for dust explosion

可使粉尘云爆炸的混合物中氧含量的最小体积浓度。

3.13

粉尘爆炸危险场所　area subject to dust explosion hazards

存在可燃粉尘、助燃气体和点燃源的场所。

4　粉尘爆炸预防

4.1

防爆　explosion prevention

消除、惰化可燃粉尘，避免形成粉尘云及一切可能出现的着火源，预防发生粉尘爆炸的技术。

4.2

惰化　inerting

向有粉尘爆炸危险的场所，充入惰性气体或惰性粉尘，使可燃粉尘失去爆炸性的方法。

4.3

保护作用时间　effective protection time

对需要周期性实施的防爆措施而言，从措施实施起到其失去防爆作用的间隔时间。

5　粉尘爆炸控制

5.1

爆炸控制　explosion mitigation

采用措施限制爆炸传播，使爆炸事故不致于扩大的技术。

5.2

抑爆　explosion suppression

爆炸初始阶段，通过物理化学作用扑灭火焰，抑制爆炸发展的技术。

5.3

自动抑爆　automatic suppression of explosion

依靠对爆炸信息的超前探测，强制性地把消焰剂喷撒到火焰阵面上及前方，将火焰扑灭，达到抑制爆炸形成及传播的技术。

5.4

抑爆器　suppressor

装有抑爆消焰剂，且在有压气体作用下能将消焰剂迅速喷出的装置。有压气体可以是贮存的，也可以通过化学反应即时获得。

5.5

隔爆　explosion isolation

爆炸发生后，通过物理化学作用扑灭火焰，阻止爆炸传播的技术。

5.6

被动式隔爆　passive isolation of explosion

依赖粉尘爆炸冲击波的动力抛撒消焰剂，形成抑制带，扑灭滞后于冲击波到达的火焰，隔绝爆炸传播的技术。

5.7

消焰剂　extinguishing agent for explosion suppression；suppressant

抑爆剂　powder of explosion suppression

与爆炸火焰接触时，在短暂时间内能够起吸热、隔热、降低氧含量或消除活性基团，终止燃烧链等物理化学作用，使爆炸不能继续进行的物质。

5.8

泄爆　venting of dust explosions

存在于围包体内的粉尘云发生爆炸时，在爆炸压力尚未达到围包体的极限强度之前，爆炸产物通过泄压膜泄除，使围包体不致被破坏的控爆技术。

5.9

泄压比　ratio of vent area to vessel volume

泄爆面积与围包体容积的比值。

5.10

泄压面积　vent area

能够有效泄除围包体内爆炸压力的泄压口的面积。

5.11

泄压膜　pressure venting membrane

爆破膜　blasting membrane

安装在泄压口上的在释放压力下能够迅速破碎的膜片。

5.12

泄压活门　pressure venting valve；pressure venting flap

安装在围包体上的在释放压力下能够自动快速开启的阀门。

5.13

释放压力　releasing pressure；venting pressure

预先设定的、能使泄压膜片破碎或泄压活门开启的压力。

5.14

阻爆　explosion arrestment

在含有可燃粉尘的通道中，设置能够阻止火焰通过和阻波、消波的设备，将爆炸阻断在一定范围内的技术。

5.15

阻火器 flame arrester

装在可燃粉尘输送管路中的可阻止粉尘燃烧火焰通过的器具。

5.16

阻爆器 explosion barrier;explosion arrester

装在可燃粉尘输送管路中的可以阻断粉尘爆炸冲击波和火焰的器具。

5.17

阻爆阀门 rapid-action valve for explosion isolation

装在可燃粉尘输送管路中的,正常情况下处于常开、爆炸时自动关闭的,使爆炸区与未爆炸区分开的阀门。

ICS 13.230
C 67

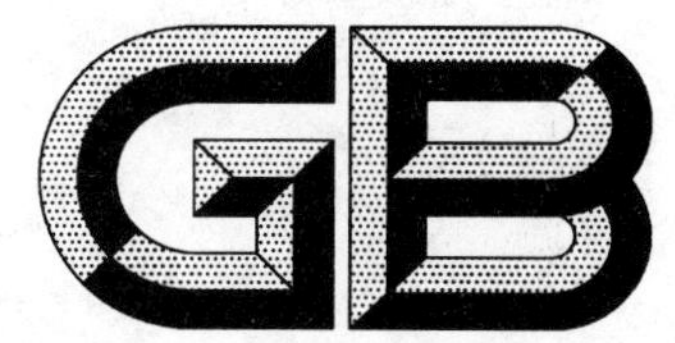

中华人民共和国国家标准

GB/T 15605—2008
代替 GB/T 15605—1995

粉尘爆炸泄压指南

Guide for pressure venting of dust explosions

2008-12-15 发布　　　　2009-10-01 实施

中华人民共和国国家质量监督检验检疫总局
中国国家标准化管理委员会　发布

前　言

本标准代替 GB/T 15605—1995《粉尘爆炸泄压指南》。

本标准是对 GB/T 15605—1995 进行修订的标准。

本标准与 VDI 3673《粉尘爆炸泄压》(2002 年英文版,以下简称原文)的一致性程度为非等效,主要差异如下：

——删除了原文中理论知识介绍和相关规定的解释性说明；

——删除了原文的参考文献和与标准主要内容关联不大的附图；

——表述方式修改为适用于我国标准的形式；

——增加了规范性引用文件(见第 2 章)；

——将 VDI 3673 的第 3,4,5,11,12 章合并为本标准的第 4 章；

——将原文第 7,8,9,10 章调整为本标准第 5,6,7,8 章,原文第 13 章调整为本标准第 9 章,原文第 6 章调整为本标准第 10 章；

——本标准第 11 章内容主要参照 GB/T 15605—1995 年版修改,其内容包含了原文第 14 章的内容；

——压力单位改为国际单位制。

本标准与 GB/T 15605—1995 相比,主要有如下变化：

——修改了术语和定义,删除了部分已经在基础术语标准中给出的术语和定义,增加了与火焰和压力危害相关的术语和定义(1995 年版的第 3 章,本版的第 3 章)；

——爆炸泄压的应用:本版采用 VDI 3673 的第 3,4,5,11,12 章内容,对容器、建筑物、管道、管道相连的系统等不同场所泄压应用分别进行规定。删除了 1995 年版的第 6 章和第 7 章,将其内容与 1995 年版的第 4 章合并为本版的第 4 章(1995 年版的第 4,6,7 章;本版的第 4 章)；

——泄压面积计算方法:1995 年版主要采用 NFPA 68:1988 计算方法,本标准采用 VDI 3673:2002 的计算方法(1995 年版的第 5 章和第 8 章,本版的第 5 章)；

——本版不再使用泄爆面积计算诺谟图,而是使用拟合公式(1995 年版的第 5 章和第 8 章,本版的第 5 章)；

——增加了泄压过程中火焰及压力的危害、反冲力的计算(见第 6,8 章)；

——将泄压导管相关设计单独列出(1995 年版 5.3,本版第 7 章)；

——修改了可燃混杂物泄压设计方法(1995 年版第 9 章,本版第 9 章)；

——修改了第 10 章泄压装置,删除了对泄压装置的技术规定,增加了防真空吸气阀面积计算诺谟图(1995 年版第 10 章;本版第 10 章)；

——删除了第 11 章开启压力测定；

——删除了附录 A“管道、通道和长形容器的泄爆”、附录 B“粉尘泄爆基本原理”、附录 C“可燃粉尘的爆炸性”。

——增加了规范性附录“特殊输送系统泄压面积计算”(见附录 A)、资料性附录“设计举例”(见附录 B)和资料性附录“计算泄压面积时确定被保护容器/料仓的长径比”(见附录 C)。

本标准的附录 A 为规范性附录,附录 B 和附录 C 为资料性附录。

本标准由国家安全生产监督管理总局提出。

本标准由全国安全生产标准化技术委员会粉尘防爆分技术委员会(SAC/TC 288/SC 5)归口。

本标准起草单位:东北大学工业爆炸及防护研究所、沈阳航天新光安全系统有限公司。

本标准主要起草人：钟圣俊、邓煦帆、党君祥、李刚、徐欣。

本标准所代替标准的历次版本发布情况为：

——GB/T 15605—1995

引　言

GB/T 15605—1995 主要依据美国防火协会标准 NFPA 68:1988《爆燃泄压指南》制定。本标准 1995 年版发布以来，粉尘爆炸防护技术又有了很大发展，并体现在相关的国际标准中。另外，1996 年版的泄压面积计算方法主要采用诺谟图，应用很不方便。为了适应我国爆炸防护工作的需要，对 1995 年版进行了修订。本次修订主要参照德国工程师协会标准 VDI 3673:2002《粉尘爆炸泄压》。

粉尘爆炸泄压技术是缓解粉尘爆炸危害方法之一，是应用于可燃粉尘处理设备的一种保护性措施。爆炸泄压不能预防爆炸，只能减轻爆炸危害。在采用了爆炸泄压方法的情况下，也应采取爆炸预防措施（如避免爆炸性粉尘/空气混合物和点火源的形成）。

爆炸泄压会带来火焰和压力的危害，并可能对环境造成不同程度的影响。在爆炸泄压设计中，对以上危害和影响应予于考虑。

粉尘爆炸泄压指南

1 范围

本标准给出了在出现可燃粉尘和杂混物的场所进行爆炸泄压设计的基本方法。

本标准适用于一般工业粉尘。

本标准不适用于有毒性和腐蚀性的粉尘、火炸药或含能材料。

本标准不适用于受到爆轰灾害的设备。

本标准的爆炸泄压技术仅在它不严重危害周围环境，不导致人员的安全和健康受到伤害的条件下才允许使用。

如果通过实际试验证明，可保证获得与本标准相同的安全水平，则所采用的方法和计算的泄压面积允许偏离本标准。

2 规范性引用文件

下列文件中的条款通过本标准的引用而成为本标准的条款。凡是注日期的引用文件，其随后所有的修改单(不包括勘误的内容)或修订版均不适用于本标准，然而，鼓励根据本标准达成协议的各方研究是否可使用这些文件的最新版本。凡是不注日期的引用文件，其最新版本适用于本标准。

GB/T 15604 粉尘防爆术语

GB/T 16426 粉尘云最大爆炸压力和最大压力上升速率测定方法(GB/T 16426—1996，eqv ISO/DIS 6181-1)

3 术语和定义

下列术语和定义适用于本标准。

3.1

爆炸泄压 explosion pressure venting

一种限制爆炸压力的防护方法，它通过打开预先设计的泄压口，释放未燃混合物与燃烧产物，防止压力上升超过设计强度以保护容器，简称泄爆或泄压。

3.2

开启压力 activation overpressure

3.2.1

静开启压力 static activation overpressure p_{stat}，**MPa**

通过压力缓慢上升使泄压装置开启的压力。

注：压力应为压强，习惯上称为压力。单位：MPa(兆帕)。

3.2.2

动开启压力 dynamic activation overpressure p_{dyn}，**MPa**

爆炸时打开泄压装置的压力。它可能高于静开启压力。

3.3

泄爆压力 reduced explosion overpressure，p_{red}，**MPa**

在泄压保护的容器中，某一浓度粉尘与空气混合物爆炸泄压时产生的最大压力。

3.4

泄爆压力上升速率 reduced rate of pressure rise，$(dp/dt)_{red}$，**MPa·s**$^{-1}$

在泄压保护的容器中，某一浓度粉尘与空气混合物爆炸泄压时产生的最大压力上升速率。

3.5

最大泄爆压力　maximum reduced explosion overpressure，$p_{red,max}$，MPa

在规定的测试条件下，系统地改变粉尘浓度所测得泄爆压力 p_{red} 中的最大值。

3.6

最大泄爆压力上升速率　maximum reduced rate of pressure rise$(dp/dt)_{red,max}$，MPa·s^{-1}

在规定的测试条件下，系统地改变粉尘浓度所测得泄爆压力上升速率(dp/dt)red 中的最大值。

3.7

泄压面积　venting area，A，m^2

泄压装置泄压开口的几何面积。

3.8

有效泄压面积　effective vent area，A_w，m^2

泄压装置的有效泄压面积 A_w，等于达到同样泄爆效果的、几乎无惯性的泄压装置的泄压面积 A。

注 1：标准的爆破片/爆破膜被认为是几乎无惯性的泄压装置，其有效泄压面积 A_w 等于其几何面积 A。

注 2："同样泄爆效果"一般用达到同样的最大泄爆压力来衡量。

3.9

泄压效率　venting efficiency，E_F

有效泄压面积 A_w 与泄压面积 A 的比值。

3.10

泄压装置　pressure venting devices

正常操作时封闭泄压口，而在爆炸时打开泄压口的装置。

3.11

爆破片/爆破膜　rapture disk/bursting foil

一种不能重新关闭泄压口，且不能再次使用的泄压装置，它在一定的开启压力下破裂打开泄压口。

3.12

泄爆门　explosion door

一种泄压装置，它在给定的开启压力下打开泄压口，而在泄爆后通常又能关闭泄压口。

3.13

泄压元件　venting element

泄压系统的一部分，它封闭泄压口，并在爆炸条件下开启泄压口。它可以是可重复使用的，也可以是一次性消耗的。

3.14

泄压导管　vent duct

为了安全泄出压力波、火焰和燃烧产物，安装在泄压装置下游的通道(管道)。

3.15

当量直径　equivalent diameter　D_E，m

面积与任何形状面积 A^* 相等的圆，称为参考圆。D_E 为参考圆的直径。

$$D_E = 2 \cdot \sqrt{\frac{A^*}{\pi}} \qquad \cdots\cdots (1)$$

3.16

长径比　length diameter ratio

3.16.1

长径比 L/D　length diameter ratio L/D

圆筒形容器或料仓的最长线性尺寸 L(长，高)与几何直径 D 的比值。

3.16.2

长径比 L/D_E　length diameter ratio L/D_E

角型容器或料仓的最长线性尺寸 L(长,高)与其当量直径 D_E 的比值。

3.16.3

有效长径比　effective length diameter ratio,L_{eff}/D_{eff}

任何形状的容器或筒仓泄压时,有效火焰传播距离 L_{eff}与有效直径 D_{eff}的比值。有效直径 D_{eff}为爆炸火焰传播的有效容积的直径,用式(2)计算:

$$D_{eff}=\sqrt{\frac{4V_{eff}}{\pi\cdot L_{eff}}} \qquad \cdots\cdots(2)$$

注 1:有效长径比 L_{eff}/D_{eff}决定于容器的形状与泄压装置的现场布置。

注 2:有效长径比计算举例见附录 C。

3.17

火焰长度/外部峰值压力　reach of flame/external peak overpressure

3.17.1

最大火焰长度　maximum reach of flame,L_F,m

爆炸泄压时,火焰向泄压口外喷出的最大长度。

3.17.2

最大外部峰值压力　maximum external peak overpressure,$p_{max,a}$, MPa

爆炸泄压时,泄压口外 R_s 处测得的最大压力峰值。

3.17.3

外部峰值压力　external peak overpressure,p_r,MPa

在泄压口外侧距离 $r\geqslant R_s$ 处测得的压力峰值。

3.17.4

距离 R_s　distance R_s

从泄压口沿泄压方向到出现最大外部峰值压力 $p_{max,a}$的距离。

$$R_s=0.25\cdot L_F \qquad \cdots\cdots(3)$$

3.18

反冲持续时间　recoil duration,t_D,s

从泄压装置打开到容器内达到周围大气压力的时间间隔。

3.19

最大反冲力　maximum recoil force,$F_{R,max}$,kN

泄爆时产生的与泄压方向相反的最大作用力。

3.20

抗爆性　explosion resistant

容器或设备设计的抗爆炸压力或抗爆炸冲击的强度特性。

3.20.1

抗爆炸压力　explosion pressure resistant

容器或设备能承受预计的爆炸压力而不发生永久变形的强度特性。

3.20.2

抗爆炸冲击　explosion pressure shock resistant

容器或装置能承受预计的爆炸压力而不破裂,但允许有永久变形的强度特性。

4 爆炸泄压的应用

4.1 容器、筒仓与设备的爆炸泄压

4.1.1 最大泄爆压力不应超过设备的设计压力。设备上所有承受爆炸压力的部件,如阀门、视镜、人

孔、清扫口以及管道都应具备此设计强度。

4.1.2 泄压装置的安装应避免人员受到泄爆危害，且不应使对安全有重要意义的设备操作受到影响。

4.1.3 如果被保护的设备位于建筑物内，应采用泄压导管将泄压口引到建筑物外，或采用不产生火焰或火星的泄压装置。

4.1.4 对于粉尘爆炸指数很大，容器、筒仓与设备上无法设置足够的泄压面积的情况，可考虑综合应用爆炸泄压和其他爆炸控制技术，例如抑爆和抗爆性设计。

4.2 建筑物的爆炸泄压

4.2.1 有粉尘爆炸危险的房间或建筑物各部分应采用爆炸泄压方法加以保护。泄压可利用房间窗户、外墙或屋顶来实现。

4.2.2 泄压口附近应设置足够的安全区，使人员不会受到危害，且使有关安全的设备和主要设备的操作不受到影响。

4.2.3 采用侧面泄压方式时，应设置坚固栏杆以防人员摔落。应采用不形成大的带锋利边的碎片的材料。普通玻璃或类似的易碎材料，不应用作泄压装置的材料。如果采用安全玻璃，应考虑防止碎片飞出的安全措施。

4.3 管道爆炸泄压

4.3.1 管道各段应进行径向泄压，泄压面积应不小于管道的横截面积。

4.3.2 管道如安装在建筑物内，则管道应设计为靠近外墙，并安装通向建筑物外的泄压导管。

4.3.3 管道泄压装置的静开启压力不应大于与管道相连设备的泄压装置的静开启压力。

4.3.4 宜每隔 6 m 设置一个径向泄压口。对于竖直管道，可每楼层设置一个泄压口。

4.4 容器、筒仓、管道组合系统内的爆炸泄压

4.4.1 在容器和管道的组合系统中，应采用隔爆方法减小爆炸危害。

4.4.2 对采用公称直径为 DN300 且长度不超过 6 m 管道连接的系统，可以采用爆炸泄压的方法减弱爆炸，但要遵循以下准则：

——泄压装置应设计为静开启压力 $p_{stat}<0.02$ MPa；

——两个容器应容积相近(容积差不大于 10%)，并按式(4)与式(5)计算泄压面积。

——如容器容积不同，则泄压面积采用最大泄爆压力 $p_{red,max}\leqslant 0.1$ MPa 进行计算。

4.4.3 被保护容器的设计强度应不小于 0.2 MPa。如果较小的容器不能进行泄压，则此容器的强度应按承受最大爆炸压力设计，且较大容器的泄压面积应加倍。

4.4.4 如果较大容器不能按上述要求进行泄压，则仅采用泄压技术是不可行的。

4.4.5 对于连接管道的公称直径 DN＞300 的组合系统的泄爆问题，应向专家咨询。

5 泄压面积计算

5.1 一般规定

5.1.1 最大爆炸压力 p_{max}，爆炸指数 K_{max}(也记为 K_{St})应按照 GB/T 16426 规定的方法测定。

5.1.2 泄压装置的静开启压力 p_{stat} 应小于容器的强度 p，容器的强度至少应达到预计的最大泄爆压力 $p_{red,max}$。

5.1.3 如必须向封闭的、为挡风雨而非永久性操作的空间(如筒仓顶层)泄压，则此空间也应进行泄压。通常采用整个屋顶泄压。

5.2 容器、筒仓与设备的泄压

5.2.1 本节计算公式适用于粉尘爆炸等级为 St1 与 St2 且最大爆炸压力 $p_{max}\leqslant 1$ MPa 的粉尘，也适用于粉尘爆炸等级为 St3 且最大爆炸压力 $p_{max}\leqslant 1.2$ MPa 的粉尘。两种情况下，均应满足正常操作压力不超过 0.02 MPa 的条件。

5.2.2 容器容积不包括其中障碍物的体积。容器内如有障碍物(如滤袋、封套、滤筒)，则容器容积应减

去过滤部件所占体积或过滤介质包围的体积。应保证泄压过程不被障碍物阻挡，因此滤框不应覆盖泄压口。如无法避免障碍物阻挡泄压口，应在泄压面积计算中采用合理的泄压效率。

5.2.3 采用式(4)和式(5)计算泄压面积 A，m^2(例外情况见附录A)。

对 $p_{red,max}<0.15$ MPa 按下式计算：

$$A = B\left(1 + C \cdot \lg\left(\frac{L}{D_E}\right)\right) \quad \cdots\cdots(4)$$

对 $p_{red,max} \geqslant 0.15$ MPa 则按下式计算：

$$A = B \quad \cdots\cdots(5)$$

$$B = [8.805 \times 10^{-4} \cdot p_{max} \cdot K_{max} \cdot p_{red,max}^{-0.569} + 0.854(p_{stat} - 0.01) \cdot p_{red,max}^{-0.5}] \cdot V^{0.753} \quad \cdots\cdots(6)$$

$$C = (-4.305 \cdot \lg p_{red,max} - 3.547) \quad \cdots\cdots(7)$$

$$D_E = 2 \cdot \sqrt{\frac{A^*}{\pi}} \quad \cdots\cdots(8)$$

上述公式有效范围：

——容器容积：$0.1\ m^3 \leqslant V \leqslant 10\ 000\ m^3$；

——泄压装置的静开启压力：$0.01\ MPa \leqslant p_{stat} \leqslant 0.1\ MPa$；

——最大泄爆压力：$0.01\ MPa \leqslant p_{red,max} \leqslant 0.2\ MPa$；

——$p_{red,max} > p_{stat}$。p_{stat} 应为泄压装置的静开启压力允许误差范围的上限；

——最大爆炸压力：对粉尘爆炸参数特性值为 $1\ MPa \cdot m \cdot s^{-1} \leqslant K_{max} \leqslant 30\ MPa \cdot m \cdot s^{-1}$ 的粉尘为：$0.5 MPa \leqslant p_{max} \leqslant 1\ MPa$，对粉尘爆炸指数为 $30\ MPa \cdot m \cdot s^{-1} < K_{max} \leqslant 80\ MPa \cdot m \cdot s^{-1}$ 的粉尘为：$0.5\ MPa \leqslant p_{max} \leqslant 1.2\ MPa$；

——$L/D_E \leqslant 20$；

——长径比 L/D_E 受以下条件限制：不应使泄压面积大于容器或筒仓的截面积；

——泄压效率：$E_F = 1$。

如果泄压效率 $E_F = 1$，A 就是所需的泄压面积。对于泄压效率小于1的泄压装置，所需的泄压面积为 A/E_F。

注：如果最大爆炸压力、粉尘爆炸指数或静开启压力数值小于规定的应用范围，则采用相应参数范围的最小值后，仍可以用式(4)和式(5)进行计算。

泄压面积的计算示例见附录B.1，确定长径比 L/D_E 的示例见附录C。

5.3 建筑物泄压面积计算

5.3.1 矩型建筑物如筒仓地下室、通廊或楼梯间等需泄压时，所需泄压面积可按式(9)与式(10)计算：

$$A = 8.805 \times 10^{-4} \cdot p_{max} \cdot K_{St} \cdot p_{red,max}^{-0.569} \cdot V^{0.753}\left(1 + C \cdot \lg\left(\frac{L_3}{D_E}\right)\right) \quad \cdots\cdots(9)$$

$$C = (-4.305 \cdot \lg p_{red,max} - 3.547) \quad \cdots\cdots(10)$$

式中：

$V = L_1 \cdot L_2 \cdot L_3$，单位为立方米($m^3$)；

L_3——最长边的尺寸，单位为米(m)；

$D_E = 2\sqrt{L_1 \cdot L_2 / \pi}$，单位为米(m)。

式(9)与式(10)的适用范围为：

——最大泄爆压力：$0.002\ MPa \leqslant p_{red,max} \leqslant 0.01\ MPa$(相当于低强度建筑物的强度)；

——开启压力：$p_{stat} < 0.5\ p_{red,max}$；

——泄压元件采用轻质泄压系统，如泄爆片和泄爆膜；

——最大爆炸压力：对粉尘爆炸指数为 $1\ MPa \cdot m \cdot s^{-1} \leqslant K_{max} \leqslant 30\ MPa \cdot m \cdot s^{-1}$ 的粉尘，其最大爆炸压力满足 $0.5\ MPa \leqslant p_{max} \leqslant 1\ MPa$；

——泄压效率：$E_F=1$。

如最大爆炸压力、粉尘爆炸指数或静开启压力小于上述参数的适用范围，也可应用式(9)和式(10)，但应将参数适用范围的最小值代入式中计算。

5.3.2 泄爆口应在房间墙体上均匀分布。

5.3.3 房间的压力载荷等于其结构最薄弱部分所能承受而不倒塌的静载荷。房间的压力载荷承受能力应大于或等于式(9)与式(10)中的 $p_{red,max}$。

5.3.4 应对所有结构部件如墙体、窗户、天花板、吊棚与屋顶进行强度分析。

6 火焰及压力的危害

6.1 一般规定

6.1.1 泄压过程不应危及人员，也不应使任何与安全有重要关系的设备操作受到限制。

注：例如，可采用向上泄压方式。

6.1.2 如果向上泄压不可行，则泄压口应设在容器侧面尽量高的位置。为此，应考虑与翻转力矩有关的反冲力的问题。

6.1.3 由于有粉尘喷射危险，应注意容器中粉尘的堆放高度，容器的最高料位不应达到泄压口下边缘。

6.1.4 可燃物质不应放置在泄压口附近。

6.1.5 对室外安装的设备泄压时，应确保周围不会受到喷出火焰和压力的危害。

6.1.6 对于建筑物内设备的爆炸泄压，应通过管道(泄压导管)向室外安全的方向泄压。

6.1.7 在一定条件下，使用经认证的无火焰泄压装置，能防止从泄压设备喷出的火焰。

6.2 火焰传播

从容器喷出的最大火焰伸长按照式(11)与式(12)确定：

对水平泄压：

$$L_F = 10 \cdot V^{1/3} \qquad \cdots\cdots(11)$$

对垂直泄压：

$$L_F = 8 \cdot V^{1/3} \qquad \cdots\cdots(12)$$

式(11)和式(12)的适用范围为：

——容积：$0.1\ m^3 \leqslant V \leqslant 10\ 000\ m^3$；

——爆破片静开启压力：$0.01\ MPa \leqslant p_{stat} \leqslant 0.02\ MPa$；

——最大泄爆压力：$0.01\ MPa < p_{red,max} \leqslant 0.2\ MPa$，且 $p_{red,max} > p_{stat}$；

——$p_{red,max} > p_{stat}$，p_{stat}应为泄压装置的静开启压力的允许偏差上限；

——最大爆炸压力：$p_{max} \leqslant 1\ MPa$；

——粉尘爆炸指数：$K_{max} \leqslant 30\ MPa \cdot m \cdot s^{-1}$；

——$L/D_E < 2$。

火焰伸长大于 60 m 的情况，即使在容积更大时也不会出现。

计算示例见 B.3。

6.3 压力传播

压力传播的影响因素很多，本标准仅能对容器外部泄压面附近的压力传播作指导性陈述。这种压力传播的压力-时间历程，是以两个压力峰为特征的。第一个压力峰是由爆炸压力泄放引起的；另一个是由在泄压口前喷出的粉尘与空气混合后爆炸引起的。二者均受粉尘爆炸指数 K_{max} 与容器内点火源位置的影响。

对用爆破片泄压的容器，其最大外峰压力 $p_{max,a}$ 可用式(13)进行估算：

$$p_{max,a} = 0.2 \cdot p_{red,max} \cdot A^{0.1} \cdot V^{0.18} \qquad \cdots\cdots(13)$$

最大外部峰值压力 $p_{max,a}$ 发生的位置，是在泄压面轴向的泄压方向上，与泄压口的距离为 $R_s=0.25 \cdot L_F$ 处。

距离更远的 r 处的外峰压力 p_r 会减小如式(14)所示：

$$p_r = p_{max,a} \cdot \left(\frac{R_s}{r}\right)^{1.5} \quad \cdots\cdots (14)$$

式(13)与式(14)的适用范围：

——容积：$V \leqslant 250\ m^3$；

——爆破片的静开启压力：$p_{stat} \leqslant 0.01$ MPa；

——最大泄爆压力：0.01 MPa$< p_{red,max} \leqslant 0.1$ MPa；

——最大爆炸压力：$p_{max} \leqslant 0.9$ MPa；

——粉尘爆炸指数：$K_{max} \leqslant 20$ MPa·m·s^{-1}；

——$L/D_E < 2$。

计算示例见 B.3。

7 泄压导管

7.1 一般规定

7.1.1 泄压导管应尽量短而直。

7.1.2 泄压面的轴线与泄压导管之间的夹角不应超过 20°。

7.1.3 泄压导管的截面积应不小于泄压口面积，其强度应不低于被保护容器的强度。

7.1.4 泄压导管内不应有减小的截面。

7.1.5 如果为了维修在泄压设备附近设置了检查门，则其盖子与外壳应至少具有泄压导管同样的强度。

7.1.6 原则上泄压装置下游通向室外的泄压导管不应关闭，但允许用轻的物体覆盖，如塑料布或橡胶模夹夹住的板，以防止雨雪进入。这些覆盖物应能被很低的开启压力($p_{stat} \ll 0.01$ MPa)打开，并应不影响泄压过程或危及人和物的安全。

7.2 泄压导管对最大泄爆压力的影响

二次爆炸的火焰传播达到声速时，泄压导管对压力升高的影响最显著。此时，泄压导管的长度满足式(15)：

$$l = l_s = 1.947 \cdot p_{red,max}^{-0.37} \quad \cdots\cdots (15)$$

式中：

l——泄压导管长度，单位为米(m)；

l_s——$p_{red,max}$受到最显著影响时泄压导管的长度，单位为米(m)。

如泄压导管长度达到 l_s 后继续增加，则最大泄爆压力不再增加。因此，l_s 是需要考虑的最大长度。

注：如果 $l > l_s$，则取 $l = l_s$。

式(15)不适用于金属粉尘。

安装泄压导管的最大泄爆压力 $p'_{red,max}$(又称为增高的最大泄爆压力)可用下式计算出：

$$p'_{red,max} = p_{red,max}(1 + 17.3 \cdot (A \cdot V^{-0.753})^{1.6} \cdot l) \quad \cdots\cdots (16)$$

式中：

$p_{red,max}$——无泄压导管时最大泄爆压力，单位为兆帕(MPa)；

$p'_{red,max}$——有泄压导管的最大泄爆压力，单位为兆帕(MPa)；

A——无泄压导管容器的几何泄压面积，单位为平方米(m^2)；

V——被保护的容器的容积，单位为立方米(m^3)；

l——泄压导管长度(其最大值为 l_s)，单位为米(m)。

式(16)的适用范围为：

——容积：$0.1\ m^3 \leqslant V \leqslant 10\ 000\ m^3$；

——泄压装置的静开启压力：$0.01\ MPa \leqslant p_{stat} \leqslant 0.1\ MPa$；

——最大泄爆压力：$0.01\ MPa < p_{red,max} \leqslant 0.2\ MPa$，且 $p_{red,max} > p_{stat}$；

——最大爆炸压力：对粉尘爆炸指数为 $1.0\ MPa \cdot m \cdot s^{-1} \leqslant K_{max} \leqslant 80\ MPa \cdot m \cdot s^{-1}$ 的粉尘，其 p_{max} 范围为 $0.5\ MPa \leqslant p_{max} \leqslant 1.2\ MPa$；

——长径比：$L/D_E = 1$。

如最大爆炸压力、粉尘爆炸指数或静开启压力值小于上述参数规定的适用范围，式(16)仍可应用，但应采用上述适用范围中相应参数的最小值。

泄压导管对最大泄爆压力的影响，随着容器长径比 L/D_E 的增大而显著减小。对于长径比不为1的情况，有泄压导管的容器最大泄爆压力可用式(17)或式(18)进行计算。

如长径比 $L/D_E = 6$，增高的最大泄爆压力 $p'_{red,max}$ 的计算式为：

$$p'_{red,max} = 0.1 \cdot (0.058\ 6 \cdot l + 1.023)(10 \cdot p_{red,max})^{(0.981 - 0.019\ 07 \cdot l)} \quad \cdots\cdots(17)$$

对所有其他情况(长径比不为1或6)，在满足下列条件时：

——无泄压导管容器的最大爆炸压力 $p_{red,max} \leqslant 0.2\ MPa$；

——长径比：$1 \leqslant L/D_E \leqslant 6$；

——泄压导管长度：$l \leqslant l_s$。

则可采用对式(16)与式(17)进行线性插值的式(18)：

$$p'_{red,max} = 0.2 \cdot (C_1 - C_2)\left(1 - \frac{L}{D_E}\right) + C_1 \quad \cdots\cdots(18)$$

式中：C_1 为 $L/D_E = 1$ 时，根据式(16)计算出的 $p'_{red,max}$；C_2 为 $L/D_E = 6$ 时由式(17)计算出的 $p'_{red,max}$。

计算示例见B.2。

8 反冲力

8.1 一般规定

在泄爆压程中，反冲力是由于未燃混合物与燃烧产物流过泄压口产生的。此作用力施加于被保护设备上，其大小决定于最大泄爆压力与泄压面积的数值。应通过对称安排相同大小的泄压口于正面相对的壁上，以抵消反冲力的影响。

8.2 反冲力的计算

每次泄压的最大反冲力 $F_{R,max}$ 可作为最大泄爆压力 $p_{red,max}$ 与泄压面积 A 的函数由式(19)计算出：

$$F_{R,max} = 10 \cdot \alpha \cdot A \cdot p_{red,max} \quad \cdots\cdots(19)$$

式中：

$F_{R,max}$——最大反冲力，单位为千牛顿(kN)；

α——动力系数。$\alpha = 119$ 可满足所有的实际情况；

$p_{red,max}$——最大泄爆压力，单位为兆帕(MPa)。

计算示例见B.4。

8.3 反冲力持续时间的计算

反冲力随时间的变化都对泄爆容器支持结构的实际设计有重要意义。反冲力持续时间可用式(20)估算：

$$t_D = 10^{-4} \cdot \frac{K_{max} \cdot V}{(A \cdot p_{red,max})} \quad \cdots\cdots(20)$$

式中：

t_D——反冲力持续时间，单位为秒(s)。

计算示例见 B.4。

8.4 反冲力冲量的计算

为了确定作用在泄压容器上的总冲量 I，真实的载荷—时间历程可用具有相同面积的矩形载荷来代替。冲量可表达为式(21)：

$$I = 0.52 \cdot F_{R,max} \cdot t_D \qquad (21)$$

式中：

I——作用在泄压容器上的总冲量，单位为千牛秒(kN·s)。

计算示例见 B.4。

9 杂混物

9.1 如果气体与蒸气在任意位置上的浓度都保持低于其爆炸下限($LEL_{气,蒸气}$)的 20%，则纯粉尘与空气混合物的安全数据可用来评估该杂混物的安全性。如果产品中可燃溶剂的质量分数不大于 0.5%，可以预期它的蒸气的浓度小于其 $LEL_{气,蒸气}$ 的 20%。

9.2 经过干燥的粉尘或含尘物料，如可燃溶剂的最大质量分数不大于 0.5%，并且在低于其干燥温度下操作，则在本标准框架内可认为此产品不含可燃溶剂。但挥发条件改变，例如在研磨过程，气体或蒸气在混合物中的浓度应予于考虑。

9.3 如可燃粉尘应属于爆炸等级 St1 或 St2，并且可燃气体或蒸气的爆炸性参数(p_{max}和 K_{max})不大于丙烷。可将下列数值代入式(4)与式(5)计算泄压面积。

——最大爆炸压力 p_{max}=1 MPa；

——粉尘爆炸指数 K_{max}=50 MPa·m·s^{-1}。

9.4 如不符合上述要求，应测定杂混物的爆炸特性。

9.5 对由爆炸等级为 St3(K_{max}>30 MPa·m·s^{-1})的可燃粉尘与可燃气体组成的杂混物，应向专家咨询。

10 泄压装置

10.1 爆破片/爆破膜/爆破板

10.1.1 污垢、积雪、过多摩擦、腐蚀或材料疲劳会损坏泄压装置的有效性能，并影响泄压效率。

10.1.2 爆破片的设计应能防止碎片飞出。

10.1.3 爆破片/爆破膜应在使用寿命内更换。

10.1.4 如泄压装置为用橡胶夹或其他装置夹住的爆破板，应用牢靠的绳子或其他限制装置防止爆破板飞出。

10.2 泄爆门

10.2.1 泄爆门应按照设计的安装方式安装。

注：泄爆门在爆炸时打开泄压口后，根据需要或者保持开启状态，或者重新关闭泄压口。泄爆门的安装方式影响其开启与关闭的动作，同时影响泄压效率。

10.2.2 泄爆门应通过试验以确定其泄压效率。

10.2.3 应对泄爆门进行适用性试验，以证明此泄爆门能在预计的爆炸条件下起作用，并且不会有飞出物引起灾害。

10.2.4 泄压装置开启时引起的反冲力在泄压容器的设计中应加以考虑(如采用滑槽)。

10.2.5 泄爆门可动元件的腐蚀、不恰当的涂漆以及结冰积雪会导致开启压力增高。因此泄压元件的可动性能与静开启压力应在预定条件下进行检验。

10.3 真空消除器

10.3.1 使用泄爆门时，泄爆门在泄爆后关闭泄压口，容器内燃烧的热气体冷却后会产生真空，从而引起容器变形。为了防止这种现象发生,应采用真空消除器。

10.3.2 图1描述了消除真空所需的吸气口面积与被保护容器(筒仓)的容积及容器抗真空强度的关系。应按图1设计真空消除器,防止产生设备无法承受的高真空。

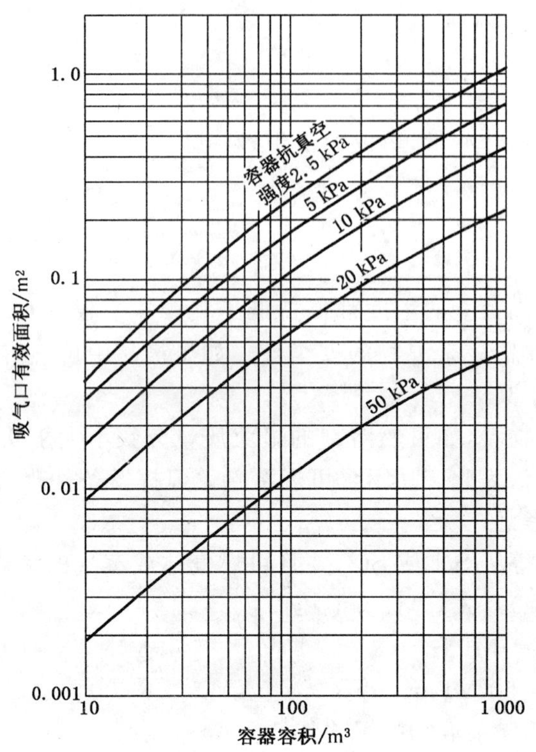

参数为设备抗真空强度

图1 确定在容器(筒仓)上的真空吸气口面积的诺谟图

11 维修

11.1 设备安装和维修宜在专家或产品生产厂家指导下进行。

11.2 使用单位应对泄压设备和器件进行定期检查和维护,并保证其功能完好。检查内容包括:

——泄压设备表面是否有积尘、积雪、积冰或存在其他影响泄压设备正常功能的因素;

——爆破片是否破损;

——泄爆板或门的链、钩、夹紧装置、密封垫是否正常。

11.3 泄爆口不宜作为检查口或通道使用。

11.4 工艺过程运行时,不宜进行泄压装置维修。如必须在工艺过程运行时维修泄压装置,应清除施工处粉尘,不应动火和采取其他易于产生点火源的行为如冲击、振打。

11.5 泄爆门被爆炸打开后,就应检查其是否可继续使用。

11.6 要避免因维修不当,如涂刷油漆或涂料等而使泄压装置开启压力改变。

11.7 泄压设备的安装与维修信息应记录归档。

附 录 A
(规范性附录)
特殊输送系统泄压面积计算

A.1 容器、筒仓气力输送轴向中心进料

与实际应用很接近的气力输送系统的研究表明,容器、筒仓以中心轴向方式进料,其最大泄爆压力低于式(4)与式(5)所依据的最大泄爆压力。其原因是在容器、筒仓中心局部的粉尘浓度和湍流度,要比根据按 GB/T 16426 所规定的方法产生的粉尘云的相应数值低得多。在实际工况中,粉尘与空气混合物的燃烧速率较低,导致较弱的爆炸行为与较低的泄爆压力,因而可采用较小的泄压面积。

下面的经验公式可用来计算在上述进料方式下容器所需泄压面积 A:

如容器高度 $L \leqslant 10\,\mathrm{m}$,用式(A.1)计算:

$$A = X\left(1 + Y \cdot \lg\left(\frac{L}{D_E}\right)\right) \quad \cdots\cdots(A.1)$$

对容器高度 $L > 10\,\mathrm{m}$,用式(A.2)计算:

$$A = 0.1 \cdot L \cdot X \cdot \left(1 + Y \cdot \lg\left(\frac{L}{D_E}\right)\right) \quad \cdots\cdots(A.2)$$

式中:

$$X = \left(\frac{1}{D_Z} \cdot (8.6 \cdot \lg p_{red,max} + 2.6) - 5.5 \cdot \lg p_{red,max} - 1.8\right) \cdot 0.11 \cdot K_{max} \cdot D_F \quad \cdots(A.3)$$

$$Y = 0.0575 p_{red,max}^{-1.27} \quad \cdots\cdots(A.4)$$

式(A.1)至式(A.4)与输送流的负载无关,其适用范围如下:

——进料方式:在料仓上方轴向、中心位置,通过直径为 D_F 的管道,向无障碍物的料仓内进料(不考虑测量装置);

——料仓容积 V:$5\,\mathrm{m^3} \leqslant V \leqslant 10\,000\,\mathrm{m^3}$;

——空气输送速度:$u_L \leqslant 40\,\mathrm{m \cdot s^{-1}}$;

——空气流量:$Q \leqslant 2\,500\,\mathrm{m^3 \cdot h^{-1}}$;

——管径:$D_F \leqslant 0.3\,\mathrm{m}$;

——泄压装置的静开启压力:$p_{stat} \leqslant 0.01\,\mathrm{MPa}$;

——最大泄爆压力:$0.01\,\mathrm{MPa} < p_{red,max} \leqslant 0.2\,\mathrm{MPa}$,且 $p_{red,max} > p_{stat}$,p_{stat} 应为泄压装置静开启压力允许偏差的上限;

——最大爆炸压力:$p_{max} \leqslant 0.9\,\mathrm{MPa}$;

——粉尘爆炸指数:$5\,\mathrm{MPa \cdot m \cdot s^{-1}} \leqslant K_{max} \leqslant 30\,\mathrm{MPa \cdot m \cdot s^{-1}}$;

——泄压效率:$E_F = 1$。

将被保护的料仓的容积 V 与一个长径比为 1 的圆筒容积相等,则圆筒的直径 D_Z 为:

$$D_Z = \sqrt[3]{\frac{4 \cdot V}{\pi}} \quad \cdots\cdots(A.5)$$

如果容器的设计强度为 $p \geqslant 0.025\,\mathrm{MPa}$,则对于较大的气流($Q \leqslant 5\,000\,\mathrm{m^3 \cdot h^{-1}}$),依据式(A.1)和式(A.2)仍可得到所需的泄压面积,但计算时应取 $p_{red,max} = 0.01\,\mathrm{MPa}$。

A.2 容器、筒仓气力输送切向进料

实际研究表明,容器、筒仓以中心切向方式进料,其最大泄爆压力低于式(4)与式(5)计算中所依据的最大泄爆压力。对于切向气力输送进料,用式(A.6)~式(A.8)计算所需的泄压面积:

$$A = X\left(1 + Y \cdot \lg\left(\frac{L}{D_E}\right)\right) \quad \text{(A.6)}$$

$$X = \left\{\frac{1}{D_Z}\left[\frac{8.6}{k}(1 + \lg(p_{red,max})) - \frac{K_{St}}{4.4} - 0.513\right] - \frac{5.5}{k} \cdot [1 + \lg(p_{red,max})] + \frac{K_{St}}{6.9} + 0.191\right\} \cdot 0.11 \cdot K_{St} \cdot D_F \quad \text{(A.7)}$$

$$Y = 0.166 \cdot \exp\left(\frac{K_{St}}{12.9}\right) \cdot (10 \cdot p_{red,max})^{-1.27/k} \quad \text{(A.8)}$$

其中，对于 0.01 MPa$\leqslant p_{red,max} \leqslant$0.1MPa，则 $k=1$；

对于 0.1MPa$< p_{red,max} \leqslant$0.17 MPa，则 $k=2$。

在气力输送切向进料的条件下，上述公式与输送流的负载无关，其适用范围如下：

——通过一根直径为 $D_F \leqslant 0.2$ m 的管道，向料仓内切向进料；

——无内部障碍的圆形的容器/料仓(体积较小的测量设备例外)；

——容器的容积 V：6 m$^3 \leqslant V \leqslant$120 m^3；

——设备长径比 L/D_E：$1 \leqslant L/D_E \leqslant 5$；

——空气输送速度 u_L：$u_L \leqslant$30 m·s^{-1}；

——空气流量 Q：$Q \leqslant$2 500 m^3·h^{-1}；

——泄压装置的静开启压力 p_{stat}：$p_{stat} \leqslant$0.01 MPa；

——最大泄爆压力 $p_{red,max}$：0.01 MPa $< p_{red,max} \leqslant$0.17 MPa；

——最大爆炸压力 p_{max}：$p_{max} \leqslant$0.9 MPa；

——爆炸指数 K_{max}：10 MPa·m·s$^{-1} \leqslant K_{max} \leqslant$22 MPa·m·s^{-1}，对于 K_{max} 值较小的情况，采用 K_{max}=10 MPa·m·s^{-1}进行计算；

——D_Z 按式(A.5)计算；

——泄压效率 E_F=1。

A.3 自由落体式进料

如果物料是通过旋转阀或者螺旋给料器以自由落体(重力)方式向容器内进料，式(A.1)～式(A.4)可用来计算所需的泄压面积。

这种进料方式，给料速率应限制为小于或等于 8 000 kg·h^{-1}，并且在公式中应采用进料口的当量直径代替 D_F。其他条件应与附录 A.1 中公式的适用条件相同。

附 录 B
（资料性附录）
设计举例

在下面的例题中，将用第5章经验公式进行容器、筒仓中粉尘与空气混合物的爆炸泄压计算。为了方便，计算结果精确到小数点后2位。对实际应用，建议基本上精确到小数点后1位即可。

B.1 容器、料仓泄压面积的计算

B.1.1 容器的设计强度对泄压面积的影响

下面将应用第5.1节中的式(4)与式(5)计算容积为20 m^3 的容器(长径比 $L/D_E=1$)的泄压面积 A。此容器内无障碍物，并用爆破片(泄压效率 $E_F=1$)封闭泄压口。

对粉尘爆炸等级为St1、最大爆炸压力 $p_{max}=0.9$ MPa、爆破片的静开启升 $p_{stat}=0.01$ MPa 的条件，计算出来的不同设计强度 p 的容器所需泄压面积 A 如表B.1所示。

表 B.1 长径比为1，不同设计强度的容器所需的泄压面积

($V=20$ m^3，$L/D_E=1$，$p_{max}=0.9$ MPa，$K_{max}=20$ MPa·m·s^{-1}，$p_{stat}=0.01$ MPa，$E_F=1$)

$p=p_{red,max}$/MPa	泄压面积 A/m^2
0.025	1.23
0.050	0.83
0.100	0.56
0.150	0.45

B.1.2 容器长径比对泄压面积的影响

对于设计强度低的容器，所需有效泄压面积显著地受容器长径比 L/D_E 的影响。这种影响随着最大泄爆压力的增大而减小，并在 $p_{red,max}=0.15$ MPa 时消失。

如将B.1.1例题中20 m^3 容器的长径比改为 $L/D_E=3$，而其他的条件不变，则所需泄压面积如表B.2所示。

表 B.2 长径比为3，不同设计强度的容器所需的泄压面积

($V=20$ m^3，$L/D_E=3$，$p_{max}=0.9$ MPa，$K_{max}=20$ MPa·m·s^{-1}，$p_{stat}=0.01$ MPa，$E_F=1$)

$p=p_{red,max}$/MPa	泄压面积 A/m^2
0.025	3.21
0.050	1.50
0.100	0.76
0.150	0.45

B.1.3 泄压装置的泄压效率对所需泄压面积的影响

泄压装置的惯性会妨碍泄压过程进行，因此应确定泄压装置的泄压效率 E_F。E_F 是“有效泄压面积”A_W 被几何泄压面积 A 除的比值。泄压装置的泄压效率 E_F 或有效泄压面积 A_W 可从泄压装置检验书上获得。

几乎无惯性的泄压装置(例如聚乙烯薄膜或铝箔)的泄压效率 $E_F=1$ (理想条件下)。泄爆门泄压效率的典型数据范围为 $E_F=0.5\sim0.8$。

取设计强度 $p=p_{red,max}=0.05$ MPa，将不同的泄压效率 E_F 值代入式(4)，对B.1.1例中20 m^3 容器所需泄压面积进行计算，其结果如表B.3所示。

表 B.3 泄压效率对泄压面积的影响

($V=20\ m^3$, $L/D_E=1$, $p_{red,max}=0.05$ MPa, $p_{max}=0.9$ MPa, $K_{max}=20$ MPa·m·s^{-1}, $p_{stat}=0.01$ MPa)

泄压效率 E_F	泄压面积 A/m^2
1	0.83
0.8	1.04
0.6	1.38

B.2 泄压导管对容器设计强度的影响

如在爆破片/爆破膜的下游装有泄压导管，则容器的设计强度 p 应按式(16)增至 $p'_{red,max}$，如表 B.4 所示。

表 B.4 根据不同长度泄压导管计算出的最大泄爆压力

($V=20\ m^3$, $L/D_E=1$, $p_{max}=0.9$ MPa, $K_{max}=20$ MPa·m·s^{-1}, $p_{stat}=0.1$ MPa, $E_F=1$)

$p_{red,max}$/MPa	A/m^2	l_s/m	泄压导管长度		
			2 m	4 m	8 m
			$p=p'_{red,max}$	$p=p'_{red,max}$	$p=p'_{red,max}$
0.025	1.23	7.62	0.057	0.090	0.150
0.050	0.83	5.90	0.084	0.119	0.153
0.100	0.56	4.56	0.137	0.174	0.185
0.150	0.45	3.93	0.187	0.227	0.227

B.3 泄压容器外部火焰长度与外部峰值压力

用第 6 章给出的式(11)～式(13)估算火焰伸出容器的泄压面后的最大长度 L_F 与二次爆炸的最大外部峰值压力 $p_{max,a}$。表 B.5 中列出了两个不同容积容器的外部峰压力 p_r，它随着与泄压口距离 r 的增大而降低。

表 B.5 泄压容器的火焰长度与外部峰值压力

($p_{max}=0.9$ MPa, $L/D_E=1$, $E_F=1$, $K_{max}=20$ MPa·m·s^{-1}, $p_{stat}=0.01$ MPa)

V/m^3	L_F/m	A/m^2	$p_{red,max}$/MPa	$p_{max,a}$/MPa	R_s/m	与泄爆面的距离 r/m		
						10	20	40
						p_r/MPa		
20	27.14	1.23	0.025	0.008 8	6.79	0.004 9	0.001 7	0.000 6
		0.83	0.050	0.016 8		0.009 4	0.003 3	0.001 2
		0.56	0.100	0.032 2		0.018 1	0.006 4	0.002 3
60	39.15	2.83	0.025	0.011 6	9.79	0.011 2	0.004 0	0.001 4
		1.90	0.050	0.022 3		0.021 6	0.007 6	0.002 7
		1.28	0.100	0.042 8		0.041 5	0.014 7	0.005 2

B.4 反冲力

表 B.6 列出了 St1 爆炸指数等级的粉尘，在两个向上爆炸泄压的容器中，泄爆时所施加给容器支撑结构的反冲力 $F_{R,max}$(式(19))，反冲力持续时间 t_D(式(20))和所导致的冲量 I(式(21))。

表 B.6 有关反冲力的计算示例

（$p_{max}=0.9$ MPa，$L/D_E=1$，$K_{max}=20$ MPa · m · s^{-1}，$p_{stat}=0.01$ MPa，$E_F=1$）

V/m^3	A/m^2	$p_{red,max}$/MPa	$F_{R,max}$/kN	t_D/s	I/(kN · s)
20	1.23	0.025	36.59	1.30	24.75
	0.83	0.050	49.39	0.96	24.75
	0.56	0.100	66.64	0.71	24.75
60	2.82	0.025	83.90	1.70	74.26
	1.90	0.050	113.05	1.26	74.26
	1.28	0.100	152.32	0.94	74.26

附 录 C
（资料性附录）
计算泄压面积时确定被保护容器/料仓的长径比

应用式(4)、式(5)、式(A.1)、式(A.3)和式(A.6)计算泄压面积时，需要确定长径比 L/D_E。L/D_E 与容器的形状和泄压口的位置有关，其值与容器表观上的长径比不必一定相等。

式(4)、式(5)、式(A.1)、式(A.3)和式(A.6)能用于最坏的情况，即泄压口设置在容器的顶部。因为在此情况下，火焰在泄出前可能从容器的一端通过整个容器的长度才到达泄压口。

在上述情况下，如果容器是圆筒形或矩形，则可以直接从容器的物理尺寸(长度和直径或宽度与深度)计算长径比 L/D_E。如果容器由圆筒体部分和圆锥部分组成，或者泄压设备设置在容器的侧面，长径比 L/D_E 恰当的数值就只能根据容器或料仓的设计、容器内有效火焰传播距离(火焰在泄压前通过的距离)L_{eff}和有效火焰体积(火焰在泄压前通过的体积)V_{eff}进行估计求得。

注 1：对于纵向放置的容器，有效火焰传播距离 L_{eff}通过垂直方向的测量得到，其长度包含泄压设备。如果容器横向放置，则通过水平方向的测量得到(见图 C.2)。

注 2：不要将用于计算长径比 L/D_E 的有效火焰体积 V_{eff}与容器的容积 V 相混淆。V 是受保护的设备容积，是计算泄压面积的基本输入参数。

C.1 带锥体的圆筒形容器，顶部泄压

有效火焰传播距离 L_{eff}

由于火焰在锥体中不能充分伸展，有效火焰传播距离 L_{eff} 为锥体高度的 1/3 加上圆筒高度(见图 C.1)。

L_{eff}=1/3 锥体高+圆柱体高=0.667 m+4.0 m=4.667 m

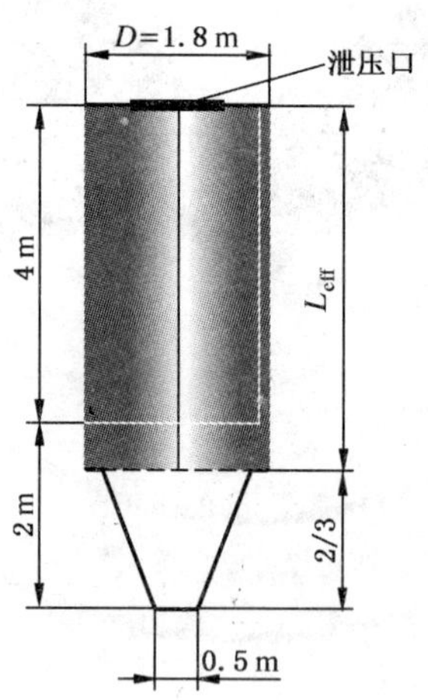

图 C.1 带锥体圆柱形容器，顶部泄压

有效火焰体积 V_{eff}

火焰通过的全部有效体积 V_{eff}为锥体容积的 1/3 加上圆筒的容积。

1/3 锥体容积=$2\times\pi/3\times(0.9^2+0.9\times0.25+0.25^2)/3=0.766\ m^3$

圆筒的容积=$\pi\times0.9^2\times4=10.179\ m^3$。

有效火焰体积 $V_{eff}=0.766\ m^3+10.179\ m^3=10.945\ m^3$(图 C.1 中的阴影部分)。

有效横截面积 A_{eff}

$A_{eff}=V_{eff}/L_{eff}=10.945\ m^3/4.667\ m=2.345\ m^2$。

有效直径 D_{eff}

$D_{eff}=(4A_{eff}/\pi)^{0.5}=(4\times 2.345m^2/\pi)^{0.5}=1.728$ m。

有效长径比 L_{eff}/D_{eff}，等于 L/D_E

$L_{eff}/D_{eff}=L/D_E=4.667$ m/1.728 m=2.701=2.70。

C.2 矩形干燥器，侧面泄压

有效火焰传播距离 L_{eff}

有效火焰传播距离为顶部到泄压设备底部的垂直距离（如图 C.2），$L_{eff}=4.5$ m。

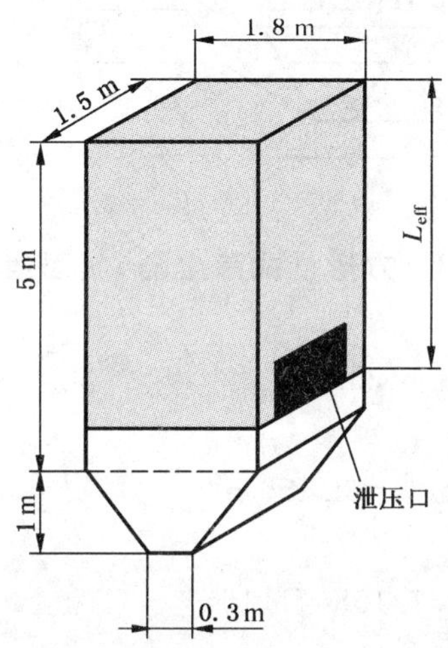

图 C.2 矩形干燥器，侧面泄压

有效火焰体积 V_{eff}

火焰通过的有效自由体积为从矩形容器顶部到泄压装置底部的空间：

$V_{eff}=1.5\ m\times 4.8\ m\times 4.5\ m=12.150\ m^3$（图 C.2 中的阴影部分）。

有效横截面积 A_{eff}

$A_{eff}=V_{eff}/L_{eff}=12.150\ m^3/4.5m=2.70\ m^2$。

有效直径 D_{eff}

$D_{eff}=(4A_{eff}/\pi)^{0.5}=(4\times 2.70\ m^2/\pi)^{0.5}=1.854$ m。

有效长径比 L_{eff}/D_{eff}，等于 L/D_E

$L_{eff}/D_{eff}=L/D_E=4.5$ m/1.854 m=2.427=2.43。

C.3 带锥体的方形袋式除尘器，侧面泄压

有效火焰传播距离 L_{eff}

由于火焰在锥体中不能充分伸展，方形除尘器内的有效火焰传播距离 L_{eff} 为锥体高度的 1/3 加上从方形箱体底部到泄压装置的上边界的垂直距离（见图 C.3）。

$L_{eff}=0.5\ m+2.0\ m=2.5\ m$。

有效火焰体积 V_{eff}

火焰通过的有效自由体积为下部锥体容积的 1/3 加上方形箱体从底部到泄压装置上边界的空间：

1/3 锥体的容积=$\{1.5\ m\times[2\ m\times 2\ m+(2\ m+0.3\ m)\times(2\ m+2\ m)+0.3\ m\times 2\ m]/6\}/3=1.15\ m^3$

方形箱体的容积=$2\ m\times 2\ m\times 2\ m=8.00\ m^3$

$V_{eff} = 1.15\ m^3 + 8.00\ m^3 = 9.15\ m^3$（图 C.3 中的阴影部分）。

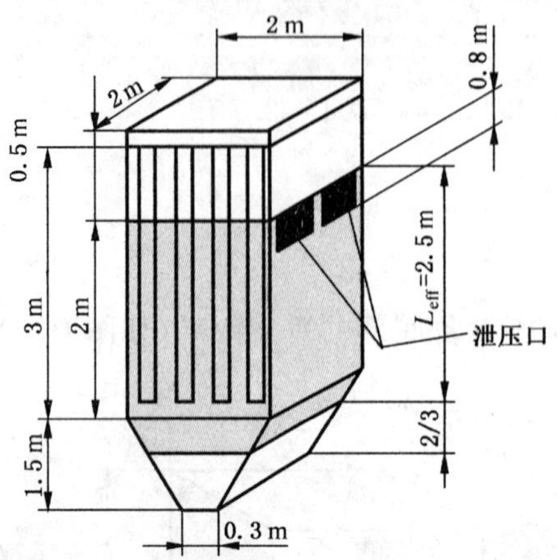

图 C.3　方形袋式除尘器，侧面泄压

有效横截面积 A_{eff}

$A_{eff} = V_{eff}/L_{eff} = 9.15\ m^3 / 2.5\ m = 3.66\ m^2$。

有效直径 D_{eff}

$D_{eff} = (4A_{eff}/\pi)^{0.5} = (4 \times 3.66\ m^2/\pi)^{0.5} = 2.159\ m$。

有效长径比 L_{eff}/D_{eff}，等于 L/D_E

$L_{eff}/D_{eff} = L/D_E = 2.5\ m/2.159\ m = 1.158 = 1.16$。

ICS 13.100
C 68

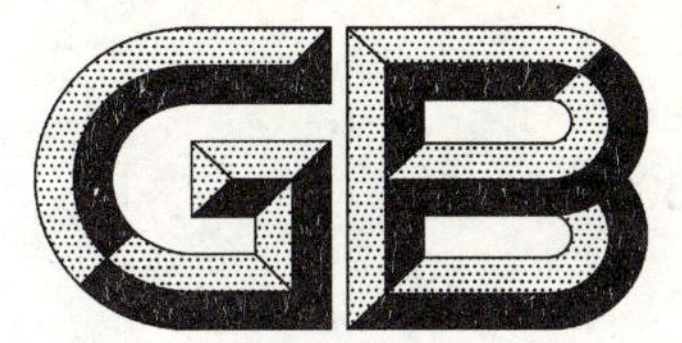

中华人民共和国国家标准

GB 15606—2008
代替 GB 15606—1995

木工(材)车间安全生产通则

General rules for safety production of woodworking shop

2008-12-23 发布　　2009-12-01 实施

中华人民共和国国家质量监督检验检疫总局
中国国家标准化管理委员会　发布

前　言

本标准的全部技术内容为强制性的。

本标准代替 GB 15606—1995《木工(材)车间安全生产通则》。

本标准与 GB 15606—1995 相比有如下差异：

——调整了一些术语，增加了 3.5，3.6，3.7，3.8，3.9，3.10，3.10.1，3.10.2，3.11，3.12，取消了原标准的 3.4；

——对 4.3 和 4.4 内容的修改；

——删除了原标准第 6 章和第 7 章中的具体内容；

——增加了木工(材)车间防火防爆的要求。

本标准由国家安全生产监督管理总局提出。

本标准由全国安全生产标准化技术委员会归口。

本标准起草单位：福州木工机床研究所。

本标准起草人：肖晓晖、郑莉。

本标准所代替标准的历次版本发布情况为：

——GB 15606—1995。

木工(材)车间安全生产通则

1 范围

本标准规定了木工(材)车间的作业环境、平面布置、防火与防爆的要求、设备与安全装置、安全操作、安全管理与教育等。

本标准适用于原木制材、配料仓库、木制品加工、三板二次加工、木模加工等木工(材)车间。

2 规范性引用文件

下列文件中的条款通过本标准的引用而成为本标准的条款。凡是注日期的引用文件,其随后所有的修改单(不包括勘误的内容)或修订版均不适用于本标准,然而,鼓励根据本标准达成协议的各方研究是否可使用这些文件的最新版本。凡是不注日期的引用文件,其最新版本适用于本标准。

GB 2893 安全色

GB 2894 安全标志及其使用导则

GB 5083 生产设备安全卫生设计总则

GB 5226.1—2002 机械安全 机械电气设备 第1部分:通用技术条件(IEC 60204-1:2000,IDT)

GB 12557 木工机床 安全通则

GB 50016 建筑设计防火规范

GB 50034—2004 建筑照明设计标准

3 术语

3.1

木工 woodworking

木材的机械加工,不包括手工和三板制造加工。

3.2

木工(材)车间 woodworking shop

单纯的木材加工车间(工厂)、单纯的木制品(木器、木模、模型、家具、门窗、三板的二次加工)制造车间(工厂),也指木材与木制品综合的加工车间。

3.3

车间(工厂) shop

企业生产的基本实施组织。车间一般指有适度的规模,承担一个或多个独立产品或部件的生产加工任务。

3.4

三板 wood-based panels

泛指木质人造板,主要是指胶合板、纤维板、刨花板。

3.5

粉尘收集系统 dust collection system

为收集粉尘和木屑而专门设计的气动输送系统。它能将粉尘和木屑从其产生的源头(通常有多个源头)输送到除尘系统。

3.6

粉尘收集器　dust collector

用于将粉尘和木屑与气流分离的任何装置，包括且不限于：旋风分离器、介质型过滤器（布袋式除尘器）和敞开式集尘器。

3.7

含水率（湿度）　moisture content（wet basis）

样品通过干燥处理后所减少的质量（即排出水分的质量）的最大值与样品原来质量的百分比。

3.8

气动输送系统　pneumatic conveying system

包括材料进给装置、气屑分离机、封闭的管道系统，以及将可燃固体颗粒通过空气或其他气体从一处运到另一处的气体传送装置。

3.9

木制品　wood

纤维质材料，源自木材或以下但不限于以下材料：麦杆、亚麻、甘蔗渣、椰子壳、玉米杆、大麻纤维、谷壳、纸或其他木材替代品或辅助产品。

3.10

木屑（木粉尘）　wood dust

3.10.1

易燃木屑（木粉尘）　deflagrable wood dust

平均直径小于或等于420 μm的木屑，其含水率小于25%。

3.10.2

干燥不易燃木屑（木粉尘）　dry nondeflagrable wood dust

平均直径大于420 μm的木屑，其含水率小于25%。

3.11

照度　illuminance

见GB 50034—2004中2.0.6。

3.12

局部照明　local lighting

见GB 50034—2004中2.0.15。

4　作业环境

4.1　温度

4.1.1　防暑

4.1.1.1　车间作业地点夏季空气温度，应按车间内外温差计算。其室外温差的限度，应根据实际出现的本地区夏委通风室外计算温度确定，不得超过表1的规定。

表1　车间内工作地点的夏季空气温度规定

夏季通风室外计算温度/℃	22及以下	23	24	25	26	27	28	29～32	32及以上
工作地点与室外温差/℃	10	9	8	7	6	5	4	3	2

4.1.1.2　当作业地点气温≥37 ℃时应采取局部降温和综合防暑措施，并应减少接触时间。

4.1.1.3　高温作业车间应设有工间休息室，休息室内气温不应高于室外气温；设有空调的休息室室内气温应保持在25 ℃～27 ℃。

4.1.2 防寒

4.1.2.1 凡近十年每年最冷月平均气温≤8 ℃的月份在三个月及三个月以上的地区应设集中采暖设施；出现≤8 ℃的月份为两个月以下的地区应设局部采暖设施。

4.1.2.2 集中采暖车间，当每名工人占用的建筑面积较大时(≥50 m^2)，仅要求工作地点及休息地点设局部采暖设施。

4.1.2.3 冬季采暖室外计算温度等于或小于－20 ℃的地区，为防止车间大门长时间或频繁开放而受冷空气的侵袭，应根据具体情况设置门斗、外室或热空气幕。

4.1.2.4 生产时用水较多或产生大量湿气的车间，设计时应采取必要的排水防湿设施，防止顶棚滴水和地面积水。

4.1.2.5 车间的围护结构应防止雨水渗透，冬季需要采暖的车间，围护结构内表面应防止凝结水气，围护结构不包括门窗。

4.2 通风

4.2.1 木工车间应有自然通风或机械通风设施以形成良好的空气循环。车间空气中有害物质浓度应符合国家相应标准的规定。

4.2.2 车间生产中会产生大量粉尘的设备，应有单机吸尘或集中吸尘的设施，车间空气中的木屑(木粉尘)浓度不得高于3 mg/m^3。

4.3 照明

4.3.1 木工车间照明应符合GB 50034的有关规定。

4.3.2 木工车间的工作空间应有良好的照明。白天采用天然照明时，应避免太阳光直射到工作台。当照明不足时，应增加局部照明。

4.3.3 工作照明应符合表2要求。

表2 木工车间照明要求

场所		参考平面及其高度	照度标准值/lx	UGR[a]	Ra[b]	备注
一般机器加工		0.75 m水平面	200	22	60	防频闪
精细机器加工		0.75 m水平面	500	19	80	防频闪
锯木区		0.75 m水平面	300	25	60	防频闪
模型区	一般	0.75 m水平面	300	22	60	
	精细	0.75 m水平面	750	22	60	
胶合、组装		0.75 m水平面	300	25	60	
磨光、异形细木工		0.75 m水平面	750	22	80	

注：需增加局部照明的作业面，增加的局部照明照度值宜按该场所一般照明照度值的1.0～3.0倍选取。

a 为统一眩光值。

b 为显色指数。

4.3.4 照明不得采用有色光源，也不得干扰光电安全防护装置。

4.3.5 照明器应定期维修保养，保持表面清洁。

4.3.6 照明设备的设计、安装和维护，应不会因正常加工所产生的热量或设备故障等因素造成火灾隐患。

4.4 噪声与振动

4.4.1 各类木工机床空运转时的噪声限值应符合GB 12557的规定。

4.4.2 噪声和振动强度较大的生产设备应安装在单层厂房或多层厂房的底层；对振幅、功率大的设备应设计减振基础。

4.4.3 工作场所操作人员每天连续接触噪声 8 h,噪声声级卫生限值为 85 dB(A)。对于操作人员每天接触噪声不足 8 h 的场合,可根据实际接触噪声的时间,按接触时间减半,噪声声级卫生限值增加 3 dB(A)的原则,确定气噪声声级限值。但最高限值不得超过 115 dB(A)。

5 平面布置

5.1 一般要求

5.1.1 木工车间生产线的工艺流程应顺畅,尽量避免返回,便于生产管理。各功能区域应用区域线划分。区域线一般宽为 50 mm,用白色或黄色(安全通道用绿色)材料涂覆或镶嵌在车间地坪上(镶嵌区域线不得高出地坪)。

5.1.2 车间工作地面应平整、坚固,且能承受工作时规定的荷重。

5.1.3 车间工作地面应经常保持清洁。在工作地周围地面上,不允许存放与生产无关的物料。

5.1.4 车间平面布置的防火、防爆要求应符合第 6 章的规定。

5.2 木工机床和其他设备的布置

5.2.1 木工机床(设备)的布置应留有与产品品种、批量相适应的堆料场地。并考虑生产时上下料用地及废品、半成品的过渡性堆放。同时还要考虑工辅器具箱(架)等摆设位置,使各机床(设备)之间的生产活动不相互干扰。

5.2.2 凡有多人操作的机床(设备),其操作台的布置应确保操作人员能彼此相望。

5.2.3 木工机床(设备)的基础和厂房构件的基础和其他埋地构件的平面投影不能重叠,并至少保持 200 mm 的距离。

5.2.4 木工机床的外露移动件的行程达到极限位置时,其边缘距相邻的设备和厂房构件不得小于 800 mm。

5.2.5 木工机床的布置应考虑生产活动对相邻设备的操作人员不会构成意外的伤害。

5.2.6 制材带锯机不能布置在车间电气走线的下方。

5.2.7 对于生产设备中包含木材烘干设备和木材定型设备等高温设备的车间,其布置应符合下列要求:

a) 车间的纵轴应与当地夏季主导风向相垂直。当受条件限制时,其角度不得小于 45°。

b) 厂房建筑方位应保证室内有良好的自然通风和自然采光。相邻两建筑物的间距一般不得小于相邻两个建筑物中较高建筑物的高度。高温、热加工、有特殊要求和人员较多的建筑物应避免西晒。

c) 能布置在车间外的高温热源,尺可能地布置在车间外当地夏季最小频率风向的上风侧,不能布置在车间外的高温热源和工业窑炉应布置在天窗下方或靠近车间下风侧的外墙侧窗附近。

d) 车间内发热设备相对于操作岗位应设计安置在夏季最小风向频率上风侧,车间天窗下方的部位。

5.2.8 木工机床必须可靠固定,以防止翻倒和意外位移。小装置必须固定在条凳、工作台架或有足够强度的支座上(手提、电气和气动工具除外)。

5.3 工位物料的存放

5.3.1 一般要求

木工机床的生产工位附近,可根据工件流转及运输要求来布置堆放各种规格的木料和加工(半)成品的场地;加工废料及木屑按综合利用要求存放;工辅器具等按集中存放工具箱内的原则进行布局。各类物料堆放位置的顺序应便于加工作业,且应确保作业安全。

5.3.2 堆放场地

木工车间原材料、加工(半)成品宜堆码放置,场地的大小应保证堆垛容量能满足生产批量的要求。

5.3.3 原木堆放

木工车间原木堆放的位置应确保在原木最大容量时，原木沿楞腿方向到工位的最小距离不小于2 m。

5.3.4 板、方料堆放

5.3.4.1 板、方料应分别横竖交错层层堆放，须同方向堆放时应考虑通风，堆放应结实整齐，不下陷不歪斜。垛间距离不得小于1 m。

5.3.4.2 板、方料应堆放于不滚动的楞腿上，楞腿应平整坚固，承受上部荷重时不变形不破裂，楞腿间距不宜大于1 m，楞腿高应大于100 mm。

5.3.5 棒料可采用密料形堆放，短棒料可用货架或货箱存放。采用密料形堆放时，其楞腿垫木高度、间距要求同5.3.4.2，且堆垛两边的堆放坡度不得大于堆料的自然堆积坡度(稳定坡度)。而采用体贴架或货箱存放时，货架(箱)应有足够的强度，不致压坏。

5.4 通道

5.4.1 木工车间内宜设有贯穿车间的纵横通道。主通道的宽度应根据运行车辆的种类而定，最窄处不得小于2 m。

5.4.2 单独用作安全疏散用的通道，其最小宽度不得小于1.4 m。

6 防火和防爆

6.1 目的

为木工车间提供经济可行的防火、防爆保护，以避免火灾和爆炸，保护人身、财产安全并维持工作的连续性。

6.2 车间设计要求

6.2.1 木工车间的平面布置应综合考虑消防的要求，且要符合GB 50016的规定。

6.2.2 设计时，应对木工机床(设备)、材料堆放、加工过程、及由此而产生火灾或爆燃的危险隐患的风险评估基础上，设计其防火、防爆安全的条款。

6.2.3 对于易燃木屑(木粉尘)的系统，其设计和安装应在具备该系统及相关危险性知识的专业技术人员的监督下进行。

6.2.4 机床(设备)、材料堆放、加工过程的设计、加工和维护上应能将受火灾、爆燃、爆炸的危害降到最小，在必要时应及时进行人员疏散、安置及对未直接受到火灾危害的场地进行保护。

6.2.5 车间设施、材料堆放、加工过程的设计、加工和维护上应能防止火灾或爆燃蔓延到邻近区域，并能防止人员受伤。

6.2.6 车间设施、材料堆放、加工过程的设计、加工和维护上应设计成：在火灾或爆燃时对人员进行疏散、安置或对未直接受到火灾危害的场地进行保护时，仍能保持其建筑结构的完整性。

6.2.7 木工车间内应在明显并便于取用处放置消火栓、砂箱及相应的灭火器。

6.2.8 木工车间的安全出口的门须往外开，不得设门坎和台阶。

6.2.9 木工车间内任一点到最近安全出口的距离应符合表3的规定。

表3 木工车间内任一点到最近安全出口的距离

单位为米

车间建筑耐火等级	单层	多层
一、二	80	60
三、四	60	40

6.2.10 木工车间应在进口处的明显位置设有醒目的严禁烟火的标志。车间内作业场所严禁吸烟和采用明火。

6.2.11 车间内必须进行焊接作业时，应采取相应的防范措施。

6.3 人员、场地的安全

6.3.1 木工车间应防范火灾，保证人身安全。

当满足下列条件时，可认为已防范火灾，可保证人身安全：

a) 防止着火；

b) 阻止火势扩散；

c) 在火场上，无人员暴露在火灾险情中(除专门控制火势的人员外)；

d) 在火场上，无建筑物构件受损，其构件足以支撑直至人员疏散结束。

6.3.2 木工车间应防范爆燃、保证人身安全。

当满足下列条件时，可认为已防范爆燃，可保证人身安全：

a) 防止着火；

b) 在火场上，无人员暴露在爆燃险情中(除专门处理火势的人员外)；

c) 在火场上，无人员(除专门控制火势的人员外)被爆燃引起的抛射物击中；

d) 在火场上，无建筑物构件受损，其构件足以支撑直至人员疏散结束。

6.3.3 在火灾、爆燃时，无建筑物因构件损坏而不能支撑其设计负荷时，可认为已满足 6.2.6 保证结构完整性的要求。

6.4 厂房建造的要求

6.4.1 应搭建防火墙、防火隔离物和防火间隔墙等防护措施来阻止火势或爆燃扩散到邻近区域。

6.4.2 墙、地板或天花板的开口，应有隔火装置。

6.4.3 隔离墙用于防止粉尘危害时，开口应是密闭防尘的。

6.4.4 防火门、隔离墙上开口等，在实际无使用的情况下，应始终关闭。

6.4.5 厂房的设计应保证，人员撤离措施有效并清楚标示撤离路线。

7 设备和安全装置

7.1 生产设备应符合 GB 5083 的要求。

7.2 木工机床(设备)的安全应符合 GB 12557 的要求。

7.3 各类木工机床(设备)的安全应符合具体机床的安全要求。

7.4 木料在进行切削、成型、刨削、磨削等加工时，应对加工材料的进给速度和加工机床进行调节控制，以防起火。

7.5 所有设备，应最大程度地降低粉尘从设备中散发出来。

7.6 切削、成型及刨削机床(设备)，其刀具的锋利度应保持在使木加工产生最小热量的水平上。

7.7 对于生产设备中包含木材烘干设备和木材定型设备等高温设备应防止热危险，并设有高温危险警告标志。

7.8 使用研磨切削砂带、砂盘和其他装置时，不能超过其设计的使用寿命。

8 电气系统

机床(设备)的电气系统应符合 GB 5226.1—2002 的要求。木工(材)车间中使用的电气设备(包括动力配电箱(柜)、电气开关盒等)，其防护等级应达到 IP54 的要求。

9 加工系统、操作系统及吸尘系统

9.1 加工前的检查

9.1.1 在加工前，应检查所加工的木工料是否含有异物，例如钉子、金属丝等。

9.1.2 应防止引起木屑(木粉尘)和废木起火的异物，进入木料和木屑(木粉尘)处理设备中。

9.1.3 全部机床(设备)应保持精度，并充分润滑，以防止摩擦而起火。

9.2 吸尘装置

9.2.1 一般要求

9.2.1.1 粉尘收集系统应配备收集装置，其尺寸和能力应足以保持所要求的气流，通过气动输送系统从吸出的空气中有效地分离木屑(木粉尘)。

9.2.1.2 粉尘收集系统的设计和制造，应完全采用不可燃材料。

9.2.1.3 吸尘设备应具备独立的支承结构，以支承吸收器、被吸收材料等的重量。

9.2.2 安装于室内的粉尘收集器应满足以下要求：

a) 吸尘装置只用于从木工机床(设备)中吸出粉尘和木屑(木粉尘)，不能用于其他用途；

b) 为确保有效工作，应每天清除所吸出的粉尘和木屑(木粉尘)，如有必要，可提高清除频率；

c) 吸尘装置放置的位置至少离出口或人员经常出入的区域 6 m 远；

d) 同一室内多个吸尘装置至少相隔不小于 6 m。

9.2.3 具有火灾危险的吸尘装置应配备自动喷淋系统。

9.2.4 具有爆燃危险的吸尘装置宜安放于户外。

9.2.5 木工(材)车间应防止发生扬尘，扬尘处理应依据车间扬尘和逸散有毒物质的作业点的位置、数量，设计相应的防尘和排毒设施；对移动的扬尘和逸散有毒物质的作业，应与主体工程同时设计移动式轻便防尘和排毒措施。

10 安全操作、管理及教育

10.1 各类机床的安全操作方法见具体机床的安全标准。

10.2 作业前应仔细检查工具、设备、安全装置是否完好和工作区内有无异物，在确认完好和无异物后方可起动设备。

10.3 作业时各类作业人员应按规定正确使用劳动防护用品。

10.4 设备检修和刀具调整、拆换、修复时，必须切断电源，并在设备起动开关处挂告示牌。

10.5 禁止在设备运转或已切断电源但仍在惯性运转时，将手伸到刀刃部取出木材、清理设备、剔除木屑(木粉尘)及木块。

10.6 多人操作的机床(设备)、同辅助工人有相关的设备以及有人穿行的传送设备，在每天工作开始、换班起动及停机后重新起动时必须先发信号，如声光报警信号等。

10.7 应定期对车间的安全装置与设备安全设施进行检查与维护，以保证其有效性与可靠性。

10.8 木工车间各区域(空间)和设备，凡能危及人身安全的地方，应按 GB 2894 有关规定，在醒目处设标志牌。

10.9 木工车间各类设备易造成人身危险部件的涂色，应符合 GB 2893 的有关规定。

10.10 木工机床(设备)在运行时应禁止非操作人员或非维修人员接触。

10.11 工厂应按工种每年都应制定培训大纲；应对新工人，来厂实习的学生进行安全教育，特殊工种还应考核合格后方能上岗。

ICS 13.100
C 66

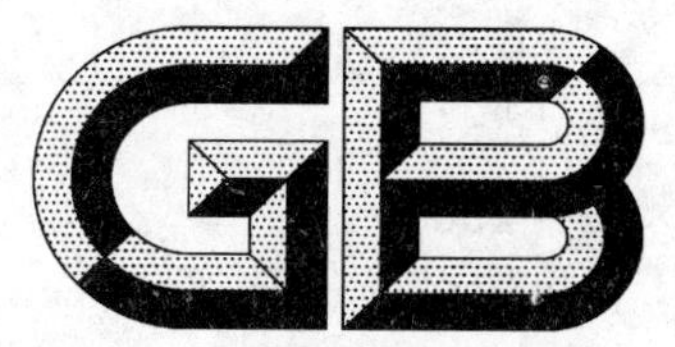

中华人民共和国国家标准

GB 15607—2008
代替 GB 15607—1995

涂装作业安全规程 粉末静电喷涂工艺安全

Safety code for painting— Safety for electrostatic powder spraying process

2008-12-11 发布 2009-10-01 实施

中华人民共和国国家质量监督检验检疫总局
中国国家标准化管理委员会 发布

前　言

本标准除第1章，第2章，第3章外，其他所有条款均为强制性。

《涂装作业安全规程》系列国家标准已发布的共有12项：

——GB 6514—2008《涂装作业安全规程　涂漆工艺安全及其通风净化》；

——GB 7691—2003《涂装作业安全规程　安全管理通则》；

——GB 7692—1999《涂装作业安全规程　涂漆前处理工艺安全及其通风净化》；

——GB 12367—2006《涂装作业安全规程　静电喷漆工艺安全》；

——GB 12942—2006《涂装作业安全规程　有限空间作业安全技术要求》；

——GB/T 14441—2008《涂装作业安全规程　术语》；

——GB 14443—2007《涂装作业安全规程　涂层烘干室安全技术规定》；

——GB 14444—2006《涂装作业安全规程　喷漆室安全技术规定》；

——GB 14773—2007《涂装作业安全规程　静电喷枪及其辅助装置安全技术条件》；

——GB 15607—2008《涂装作业安全规程　粉末静电喷涂工艺安全》；

——GB 17750—1999《涂装作业安全规程　浸涂工艺安全》；

——GB 20101—2006《涂装作业安全规程　有机废气净化装置安全技术规定》。

本标准为《涂装作业安全规程》系列标准之一，是该标准体系中针对粉末静电喷涂工艺的一项安全技术标准，与本标准系列中的其他标准相配套，和国家有关法规、标准协调一致。

本标准修订并代替GB 15607—1995《涂装作业安全规程　粉末静电喷涂工艺安全》。本次修订保留了GB 15607—1995中已经实践证明适合我国国情又与国外先进标准相适应的内容，同时参考了美国防火协会标准NFPA 33《易燃和可燃材料喷涂作业标准》(2007版)中有关粉末静电喷涂的内容。

本标准与前一版本相比主要变化如下：

——增加了新的术语“可燃粉末”(本版3.7)；

——对喷粉区范围作了修订，更清楚确定喷涂区的范围[1995版和本版4.1d)]；

——对喷粉室出口排风管中悬浮粉末浓度的要求进行了调整，在限定条件下降低了要求[1995版4.3.3a)和本版4.3.2a)]；

——对部分章节进行了合并和删减(1995版第4章、第5章)；

——增加了喷粉室制造材料的要求(1995版和本版5.1.1)；

——增加了对采用自动喷涂时回收系统阻力自动检测的要求(1995版和本版6.4.3)；

——修改了对粉末回收、过滤设备设置泄压装置的要求(1995版和本版6.4.4)；

——增加了对风机制造方面的要求(本版6.4.7)。

本标准的附录A、附录B均为资料性附录。

本标准由国家安全生产监督管理总局提出。

本标准由全国安全生产标准化技术委员会涂装作业分技术委员会(SAC/TC 288/SC 6)归口。

本标准负责起草单位：江苏省安全生产科学研究院、浙江华立涂装设备有限公司、浙江明泉工业涂装有限公司。

本标准参加起草单位：上海志林工程有限公司。

本标准主要起草人：孙明义、李忠慧、柏萍、吕建立、黄立明、茅立安、潘元琛。

本标准所代替标准的历次版本发布情况为：

——GB 15607—1995。

涂装作业安全规程
粉末静电喷涂工艺安全

1 范围

本标准规定了粉末静电喷涂工艺设计及其设备的设计、安装、操作、维修和管理方面的安全卫生要求。

本标准适用于粉末静电喷涂工艺设计及其设备的设计、安装、使用、维修和管理，也适用于粉末静电喷涂工程的验收。静电流化床法、流化床法及其他流化涂装法也可参照执行。

2 规范性引用文件

下列文件中的条款通过本标准的引用而成为本标准的条款。凡是注日期的引用文件，其随后所有的修改单(不包括勘误的内容)或修订版均不适用于本标准，然而，鼓励根据本标准达成协议的各方研究是否可使用这些文件的最新版本。凡是不注日期的引用文件，其最新版本适用于本标准。

GB 2893　安全色(GB 2893—2001,ISO 3864:1984,NEQ)

GB 2894　安全标志及其使用导则(GB 2894—1996,ISO 3864:1984,NEQ)

GB 5083　生产设备安全卫生设计总则

GB 6514　涂装作业安全规程　涂漆工艺安全及其通风净化

GB 7691　涂装作业安全规程　安全管理通则

GB 12158　防止静电事故通用导则

GB 12367—2006　涂装作业安全规程　静电喷漆工艺安全

GB/T 14441　涂装作业安全规程　术语

GB 14443　涂装作业安全规程　涂层烘干室安全技术规定

GB 14773　涂装作业安全规程　静电喷枪及其辅助装置安全技术条件

GB 50058　爆炸和火灾危险环境电力装置设计规范

GB 50140　建筑灭火器配置设计规范

3 术语和定义

GB/T 14441 确立的以及下列术语和定义适用于本标准。

3.1

粉末静电喷涂　electrostatic powder spraying

由于一定电场强度的电晕放电及空气动力作用，使粉末涂料粒子荷电或极化而吸附于工件表面的涂装方法。

同义词：静电喷粉。

3.2

静电喷粉室　booth for electrostatic powder spraying

一个封闭或半封闭的、不易积聚粉末的、具有良好机械通风不外逸粉末并设有回收装置的专门用于粉末静电喷涂的室体或围护结构。

3.3

供粉装置　powder feeder

能连续均匀地供给喷涂用粉末涂料的装置。

3.4

粉末回收装置　recovery equipment of powder

专门收集未涂着粉末，并具有粉-气分离功能的装置。

3.5

粉末净化装置　equipment of cleansing powder

用于捕集粉末回收装置难以捕获的微细粉末，并使排放气体符合排放标准的装置。

3.6

喷粉区　powder area

由于粉末喷涂作业而存在一定量的悬浮或积聚可燃粉末的区域。

3.7

可燃粉末　combustible powder

任何能够被点燃的细微而分散的固体涂料。

4　喷粉区工艺安全

4.1　喷粉区范围一般应包括：

a)　喷粉室、供粉装置(包括循环供粉装置的粉料输送装置、粉料仓及其卸料装置)、回收装置、风机、净化装置及与其相连的粉末输送管道；

b)　喷粉室开口处向外水平 3 m 及垂直 1 m 方向内区域；

c)　在喷涂现场存放或堆积有粉末涂料的场所；

d)　排风管内部、空气循环过滤器及其维护结构内部以及其他有可能产生具有爆炸性悬浮状粉尘或堆积状粉尘的区域。

4.2　喷粉区防火防爆等级

4.2.1　喷粉区火灾危险区域划为 22 区。

4.2.2　喷粉区按爆炸性粉尘环境危险区域划为 11 区。符合 GB 50058 规定者可划为非爆炸危险区域。

4.3　设计

4.3.1　粉末静电喷涂工艺设计、粉末静电喷涂设备与器械的研制、设计与制造应符合 GB 7691 的规定。

4.3.2　喷粉室安全卫生指标应符合以下规定：

a)　除喷枪出口等局部区域外，喷粉室内悬浮粉末平均浓度(即喷粉室出口排风管内浓度)应低于该粉末最低爆炸浓度值一半，未知其最低爆炸浓度(MEC)者，其最高浓度不允许超过 15 g/m^3。系统中若有抑爆设备，则喷粉室出口排风管中悬浮粉末的浓度允许超过最小爆炸浓度的 50%；

b)　静电喷粉枪及其辅助装置的使用应符合 GB 14773 的要求；

c)　工作场所空气中总尘容许浓度为 8 mg/m^3；

d)　喷粉室开口面风速宜为 0.3 m/s～0.6 m/s。

4.4　场所

4.4.1　粉末静电喷涂作业与喷漆作业不宜设置在同一作业区内。若设置在同一作业区内，其爆炸危险区域和火灾危险区域应按喷漆区划分。

4.4.2　喷粉作业区宜布置在单层厂房内；如布置在多层厂房内，宜布置在建筑物顶层，如布置在多跨厂房内，宜布置在边跨，并符合 GB 6514 的有关规定。

4.4.3　喷粉作业应在符合第 5 章规定的喷粉室内进行。

4.4.4　喷粉室应布置在不产生干扰气流的方位上，并应避免与产生或散逸水蒸气、酸雾以及其他具有粘附性、腐蚀性、易燃、易爆等介质的装置布置在一起，并应与产生以上介质的区域隔离布置。

4.4.5 喷粉室不应兼作喷漆室。

4.5 防火、防爆

4.5.1 进入喷粉室的工件，其表面温度应比其所用粉末引燃温度低28℃。

4.5.2 喷粉区内应遵循以下规定：

a) 不允许存在发火源、明火和产生火花的设备及器具；

b) 禁止撞击或摩擦产生火花；

c) 应选用不会引燃粉末或粉气混合物的取暖设备；

d) 防火按GB 50140配置灭火器，但不宜使用易使粉末涂料飞扬或污染的灭火器。

4.5.3 在自动喷粉室内，应安装可靠的报警装置和自动灭火系统。在发生火灾时，能自动切断供气系统和电源。

4.6 地面

喷粉区地面应采用不燃或难燃的防静电材料铺设。地面应平整光滑无缝隙、凹槽，便于清扫积粉。

4.7 照明

喷粉区应采用防尘型冷光源灯具照明，其照度应符合GB 12367—2006中4.3.1的规定。当采用透明材料作隔板照明时，应符合以下要求：

a) 采用固定式灯具作光源；

b) 用隔板将灯具与喷粉区隔开，其安装密封应能保证粉尘不会进入灯具；

c) 隔板应选用不易破损的，不燃或难燃材料；

d) 隔板上的沉积物厚度不允许影响规定的照度；

e) 隔板的表面温度不超过93℃。

4.8 设备

所有设备应满足工艺安全要求，设备的选用应符合GB 5083的要求以及第5章规定。

4.8.1 喷粉区内电气设备应采用防爆、防尘型电气设备，其选型应符合表1的规定。

表1 电气设备防爆结构的选型

编号	电气设备	防爆结构	爆炸危险场所 11区		
			正压	IP65	IP54
1	电机	鼠笼式			√
		带电刷	√		√
2	电器和仪表	固定安装		√	
3		移动式		√	
4		携带式		√	
注：符号√表示适用。					

4.8.2 喷粉区内，接触粉体的设备表面温度不得高于粉末的软化点温度，电气设备表面温升应符合GB 50058的规定。

4.9 电气线路

进入喷粉区内的电气线路应符合GB 50058的规定。

4.10 静电接地

喷粉区内所有导体都应可靠接地，每组专设的静电接电体接地电阻应小于100 Ω，带电体的带电区对大地总泄漏电阻一般应小于1×10^{6} Ω，特殊情况下可放宽至1×10^{9} Ω。挂具与工件的接触区域应采用尖刺或刀刃状，确保工件接地电阻不大于1×10^{6} Ω。也可采用静电消除器，消除工件的积聚电荷。

4.11 安全色与安全标志

在喷粉区的醒目位置应设置符合 GB 2893 和 GB 2894 要求的安全色与安全标志。

4.12 喷粉区应保持一定的相对湿度，自动连续喷涂的喷粉区空气相对湿度宜为 40%～70%。作业区环境噪声应按照 GB 6514 的规定执行。

5 喷粉设备及其辅助装置

5.1 喷粉室及其相连管道

5.1.1 喷粉室应采用不燃材料制造。铝材不允许作为支撑构件，也不允许用作喷粉室及其联接管道。喷粉室的显示和观察面板及喷粉室联接管道允许用难燃材料制造。

5.1.2 喷粉室室体及通风管道内壁应光滑无凹凸缘；应保持喷粉室及其系统内不积聚粉末，并能使未涂着粉末有组织地导入回收装置。

5.1.3 刚性回收装置和基本封闭的喷粉室应有足够的空间容积，并设置泄压装置。

5.1.4 喷粉室内的静电喷涂器(枪)之电极与工件、室壁、导流板、挂具以及运载装置等间距宜不小于 250 mm。工件之间也应有足够大的距离，不得相互撞击。

5.1.5 自动化生产的流水作业在喷粉室与回收装置之间应采取联锁控制，一旦有火情时，能迅速自动切断连接通道。

5.1.6 自动喷粉室内应安装火灾报警装置，该装置应与关闭压缩空气、切断电源，以及启动自动灭器、停止工件输送的控制装置进行联锁。

5.1.7 自动喷涂的回收风机与喷枪应采用电器联锁保护。

5.2 烘干(固化)室

5.2.1 烘干室包括烘箱、烘房及烘道，其设计、安装、使用的安全要求应符合 GB 14443 的规定。

5.2.2 进入烘干室的工件应避免撞击、振动、强气流冲刷。

5.2.3 烘干室内工件上每公斤粉末应送入 10 m^3 的新鲜空气，其可燃性气体允许浓度不应超过其爆炸极限的 25%，空气中粉末含量应符合 4.3.2a)的规定。

5.2.4 烘干(固化)室的结构应便于清理积粉。

5.3 其他设备

5.3.1 回收、供粉、筛粉等设备均应符合 4.8、4.9、4.10 的规定，其中回收装置应符合 6.4 的规定。

5.3.2 供粉、筛粉装置应采用不燃或难燃材料制作，并应设计成不外逸粉末、不易积聚粉末而易清理的结构形式。

5.3.3 风机的轴承和其他运载设备的部件应设置防止粉尘侵入的防护装置。

6 通风与净化

6.1 通风净化应符合 GB 6514 的有关规定。

6.2 应按 4.3.2 的规定从安全与卫生两方面计算和核算喷粉室的排风量，为确保有足够排风量，应遵循以下原则进行计算：

a) 开口面积应包括所有自动与手动操作口、工件进出口、悬链出入口、其他工艺安装孔；

b) 喷室内粉末最大悬浮量应包括所有自动、手动枪的最大出粉量，但应考虑到沉积到工件上减少的粉量和空喷时未沉积到工件上的粉量，以及供粉器返回喷室的悬浮粉量；

c) 风机排风量应附加 10%～15%系统漏风量；

d) 排风量计算方法见附录 A。

6.3 喷粉室的铭牌上应标明额定最低排风量。

6.4 回收系统

6.4.1 回收系统一级旋风分离应按吸入式将风机布置在旋风分离器出口，风机叶片宜选用铝合金材料制作，严禁使用塑料风机，如风机后串联二级袋式除尘器，而且为自动喷涂，则风机应选择防爆型。其电动机选型应符合4.8.1的规定。

6.4.2 回收装置应选用导电材料制作。袋滤器应选择防静电滤料。

6.4.3 过滤式回收装置应采用有效的清粉装置，不宜采用易积聚粉末的折叠式结构。自动喷涂时，应能自动检测系统阻力，当过滤器无气流通过或气流量减少到某设定值时，能停止作业。

6.4.4 与喷粉室相连的粉末回收装置以及高效过滤器应设置能将爆炸压力引向安全位置的泄压装置。

6.4.5 风机应定期校核排风量，如果排风量下降过大，应停止作业进行检修。

6.4.6 连续自动喷粉作业的回收系统应配备风量监测器，当风量低于安全值时，喷粉装置能自动停止喷粉。

6.4.7 排风机转动部件应为不发火材料，风机内部件不应产生相互摩擦、碰撞，并同时留有足够的间隙防止火花产生。转轴不允许因偏重或安装而改变同心度。

6.5 通风管道应保持一定风速，同时应有良好接地，防止粉末和静电积聚。

6.6 喷粉作业如循环使用排放废气时，应遵守以下规定：

a) 回流到作业区的空气含尘量不能超过 3 mg/m^3；

b) 不允许产生粉尘沉积；

c) 回流气体不含有易燃易爆气体；

d) 监测排出气体中粉尘浓度。

6.7 含粉尘的排风管道应采用法兰连接的圆形管道敷设。

7 粉末涂料的贮存和输送

7.1 在喷粉区内只允许存放当班所需的粉末涂料量，不应存放过多的粉末涂料。

7.2 用粉量较大的连续自动喷涂，粉末应贮存在较大的密闭筒仓(容器)内，并应采取以下防护措施：

a) 筒仓(容器)应用围护栏杆围成安全隔离带，隔离带内严禁一切火种和热源进入；

b) 筒仓(容器)材料应使用导电材料制作并有效地接地；

c) 卸料应防止粉末飞扬，若用旋转阀卸料，应防止粉末发黏、焦结；

d) 筒仓(容器)与喷粉区需设置防止燃烧或爆炸传递的装置。

7.3 不应使用易产生静电积聚的材料包装粉末涂料，不应一次性连续大量投料和强烈抖动。

7.4 不应将粉末涂料置于烘道、取暖设备等易触及热源的场所。

7.5 粉末涂料不应与溶剂型涂料及稀释剂存放在一起。

7.6 粉末涂料应用圆型管道输送，不应用其他异型管道输送。输送粉末涂料的管道宜采用防静电材料制作并有效接地，不宜用非金属材料管道作长距离输送。

7.7 输送粉末管道管径不应过小，并具有足够大的弯曲半径。管道、阀门、管件应采用不易堵塞的结构，管道内壁光滑不宜设置网格等妨碍输送的物体，并防止有外界杂物混入。

8 操作与维护

8.1 喷粉操作应在排风机启动后至少 3 min，方可开启高压静电发生器和喷粉装置。在停止作业时，应先停高压静电发生器和喷粉装置，3 min 后再关闭风机。

8.2 以下设备或部件及其规定指标应作定期检查并做记录。检查其是否正常及符合有关规定：

a) 风机、回收装置及其风量、作业区粉末浓度、喷粉室内粉末浓度、喷粉室开口断面风速、粉尘排放浓度；

b) 风机轴承及其他运转部件是否粘附或焦结粉末，粉管及设备是否堵塞；

c) 高压静电发生器、喷枪接地、烘干(固化)室是否正常；

d) 设备器具检查和积粉清理周期见附录B。

8.3　当出现喷粉室开口断面风速低于最小设计风速、风机故障、回收供粉系统堵塞、高压系统故障、漏粉跑粉等非正常状态时，应停止作业，待故障排除后方可继续作业。

8.4　喷粉室日常积粉清理和清粉换色时应注意呼吸系统的防护并对所用器具采取接地等防静电措施。积粉清理宜采用负压吸入方式，不应采用吹扫的清理方式。

8.5　应及时清除作业区地面、设备、管道、墙壁上沉积的粉末，以防止形成悬浮状粉气混合物。

8.6　挂具上涂层应经常清理，以确保工件接地要求。

8.7　及时清理烘干固化室加热元件表面积粉，以防止粉末裂解气化导致的燃烧。

8.8　当自动喷粉系统处于运行状态时，除补喷工位持枪者手臂外，人体各部分均不应进入喷室。

8.9　不应在设备运行高压未切断时进行设备维修。

8.10　在回收、净化装置的卸料口及卸料过程中，应有防止粉尘飞逸的措施。

8.11　作业运行中应注意观察，挂具及工件不得有卡死、摇摆、碰撞和偏位滑落现象。

8.12　操作人员应穿戴防静电工作服、鞋、帽，不应戴手套及金属饰物。

8.13　操作人员应按 GB 7691 要求进行岗前培训。

8.14　操作人员应定期进行身体检查。有职业禁忌证的人，不应从事喷粉作业。

附 录 A
（资料性附录）
静电喷粉室排风量（抽风量）计算方法

A.1 静电喷粉室排风量通常是为了喷粉作业时的安全与操作工人的健康设定的，分别用安全与卫生两种方法计算然后取其大值。

A.1.1 以安全角度计，见式(A.1)。

$$Q_1 = \frac{G \cdot n(1-K) \cdot K_1 \cdot K_2}{0.5c} \times 60 \quad \cdots\cdots\cdots (A.1)$$

式中：

Q_1——按安全方式计算的最小排风量，单位为立方米每小时(m^3/h)；

G——单支喷枪最大出粉量，单位为克每分钟(g/min)；

n——同时喷涂的喷枪数；

K——粉末上粉率，一般取0.4～0.8；

K_1——工件不连续进入(工件间有空隙)积粉系数1.2～1.6；

K_2——粉末在喷室内悬浮系数，一般为0.5～0.7；

c——粉末爆炸最低浓度，单位为克每立方米(g/m^3)。

A.1.2 以防止粉尘外逸计，见式(A.2)。

$$Q_2 = 3\,600(A_1 + A_2 + A_3)V \quad \cdots\cdots\cdots (A.2)$$

式中：

Q_2——按卫生要求计最小排风量，单位为立方米每小时(m^3/h)；

A_1——操作面开口面积，单位为平方米(m^2)；

A_2——工件进出口面积，单位为平方米(m^2)；

A_3——工艺及其他孔洞面积，单位为平方米(m^2)；

V——开口处断面风速，一般取0.3 m/s～0.6 m/s。

附 录 B
（资料性附录）
例行检查清理一览表

见表 B.1。

表 B.1 例行检查清理一览表

序 号	部位名称或指标	内 容	周期/d
1	风机轴承及其他运转部件	粉尘粘附或焦结	1
2	风机抽风量	检查	7
3	喷粉室及作业区粉末浓度	检查	7
4	喷粉室开口处断面风速	检查	7
5	回收废气排放浓度	检查	30
6	喷粉室内积粉	清理	当班～1
7	挂具涂层	检查清理	随时
8	过滤式回收装置及净化器	检查清理	3～7
9	旋风式回收装置及湿法净化器	检查	7～10
10	高压静电发生器、接地、烘干(固化)室	检查	7
11	作业区地面	清理	当班
12	设备、管道外壁	清理	3～7
13	墙壁及天花板	清理	3～7
14	粉管及输粉设备	检查堵塞漏粉	随时
15	回收排风与喷粉室联锁	检查	7

ICS 33.160.25
M 74

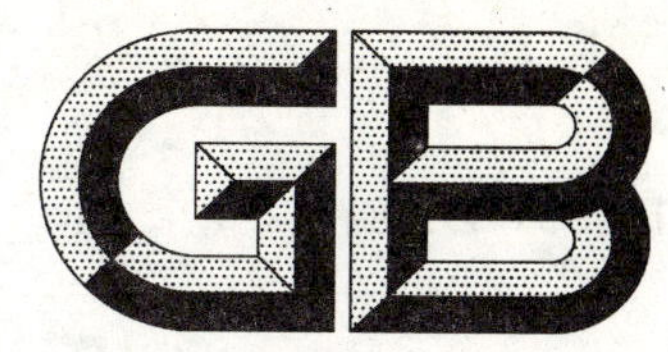

中华人民共和国国家标准

GB/T 15609—2008
代替 GB/T 15609—1995

彩色显示器色度测量方法

Measurement methods for the chromaticity of color displays

2008-05-26 发布　　　　2008-11-01 实施

中华人民共和国国家质量监督检验检疫总局
中国国家标准化管理委员会　发布

前　言

本标准代替 GB/T 15609—1995《彩色电视色度测量方法》。

本标准与 GB/T 15609—1995 相比主要变化如下：

——对 GB/T 15609—1995 标准的名称进行了更改；

——增加对光谱辐射计和光电色度计技术要求的规定；

——增加显示器色度与观测角关系的测量；

——增加在显示器屏幕中心正交的光轴上，测量显示器的基准白和白平衡的规定；

——增加对色域覆盖率的测量。

本标准由全国颜色标准化技术委员会提出。

本标准由全国颜色标准化技术委员会归口。

本标准起草单位：深圳市海川实业股份有限公司、深圳海川色彩科技有限公司。

本标准主要起草人：何唯平、黄永衡、汤惠工、高剑、倪孟麟。

本标准所代替标准的历次版本发布情况为：

——GB/T 15609—1995。

彩色显示器色度测量方法

1 范围

本标准规定了彩色显示器色度的测试条件、测量方法分类、光谱光度测色法、三刺激值直读法、显示器色度的测量、测量结果的表示。

本标准适用于彩色显示器色度的测量。

2 规范性引用文件

下列文件中的条款通过本标准的引用而成为本标准的条款。凡是注日期的引用文件，其随后所有的修改单（不包括勘误的内容）或修订版均不适用于本标准，然而，鼓励根据本标准达成协议的各方研究是否可使用这些文件的最新版本。凡是不注日期的引用文件，其最新版本适用于本标准。

GB/T 5698—2001　颜色术语

GB/T 17309.1—1998　电视广播接收机测量方法　第1部分：一般考虑　射频和视频电性能测量以及显示性能的测量（IEC 60107-1:1995,IDT）

SJ/T 11348—2006　数字电视平板显示器测量方法

IEC 60107-1:1997　电视广播传输接收机的测量方法　第1部分：一般要求　广播和电视频率显示的测量

3 术语和定义

本标准术语和定义应符合GB/T 5698—2001的规定。

4 测试条件

4.1　标准光源、校准用光源和待测显示器应经过预热，使其发光稳定。

4.2　应在相同的几何条件下对标准光源、校准用光源和待测显示器测试。

4.3　测试场所不应有影响测试结果的环境光，杂散光照度小于或等于1 lx。测量亮度、色度时，应在暗室中进行。

4.4　测试场所不应有明显影响测试结果的外界电场和磁场。

4.5　主要测试仪表应定期校准。

5 测量方法分类

5.1　在一般情况下应使用三刺激值直读法。

5.2　对测试的准确度要求高时，或为标准传递的基准时，应使用光谱光度测色法。

6 光谱光度测色法

6.1 光谱辐射计的要求

6.1.1　波长范围：380 nm～780 nm，一般不小于400 nm～700 nm。

6.1.2　波长准确度：误差≤0.5 nm。

6.1.3　波长间隔和通带宽度：用于基准测量时<2 nm，用于一般测量时<5 nm。

6.1.4　当测量LCD显示器、PDP显示器、DLP显示器时，应选择带有望远透镜的光谱辐射计。

6.1.5　测光重复性应在1%以内。

6.2 标准光源的要求

用于标定光谱辐射计的标准光源应定期经过国家计量部门标定。

6.3 相对光谱分布的计算方法

显示器屏幕色的相对光谱功率分布 $S_c(\lambda)$可由式(1)求出：

$$S_c(\lambda)=\frac{R_c(\lambda)}{R_s(\lambda)}S_s(\lambda) \qquad \cdots\cdots(1)$$

式中：

$S_s(\lambda)$——标准光源的相对光谱功率分布值；

$R_s(\lambda)$——标准光源在波长 λ 的光电探测器读数；

$R_c(\lambda)$——待测显示器屏幕色在波长 λ 的光电探测器读数。

6.4 由式(2)计算三刺激值

$$\left.\begin{aligned} X&=K\sum_{\lambda}S_c(\lambda)\,\bar{x}(\lambda)\Delta\lambda\\ Y&=K\sum_{\lambda}S_c(\lambda)\,\bar{y}(\lambda)\Delta\lambda\\ Z&=K\sum_{\lambda}S_c(\lambda)\,\bar{z}(\lambda)\Delta\lambda \end{aligned}\right\} \qquad \cdots\cdots(2)$$

式中：

$K=\dfrac{100}{\sum_{\lambda}S_c(\lambda)\,\bar{y}(\lambda)\Delta\lambda}$；

$\bar{x}(\lambda)$、$\bar{y}(\lambda)$、$\bar{z}(\lambda)$——CIE 1931 标准色度观察者光谱三刺激值；

$\Delta\lambda$——测量选用的波长间隔；

K——归一化系数。

6.5 色度坐标的计算方法

CIE 1931-XYZ 标准色度系统色度坐标 x、y 按式(3)求出：

$$\left.\begin{aligned} x&=\frac{X}{X+Y+Z}\\ y&=\frac{Y}{X+Y+Z} \end{aligned}\right\} \qquad \cdots\cdots(3)$$

由三刺激值 X、Y、Z 根据式(4)可得到 CIE 1976 均匀色空间的 u'、v'坐标。

$$\left.\begin{aligned} u'&=\frac{4X}{X+15Y+3Z}\\ v'&=\frac{9Y}{X+15Y+3Z} \end{aligned}\right\} \qquad \cdots\cdots(4)$$

7 三刺激值直读法

7.1 光电色度计的要求

光电色度计的相对光谱响应度需符合 CIE 1931-XYZ 标准色度观察者光谱三刺激值，并能直接测量显示器屏幕色三刺激值或色度坐标。

根据 IEC 60107-1：1997 及 GB/T 17309.1—1998 要求，光电色度计能在亮度低于 2 cd/m^2 时，测量屏幕上小面积的色度坐标，被测面积应是直径小于屏幕宽度 4%的圆。当测量 LCD 显示器、PDP 显示器、DLP 显示器时，应在离开屏幕的点上测量亮度和色度，并应使用带有望远透镜的测量仪。

7.2 校准用光源技术要求

7.2.1 发光性能处于稳定状态时，方可进行校准。

7.2.2 校准用光源的相对光谱分布应与显示器屏幕色相对光谱分布基本相同。

7.2.3 校准用光源的三刺激值用光谱光度法求得。

7.3 光电色度计的校准

7.3.1 在相同的条件下，对校准用光源和被测显示器屏幕色进行定标与校准。

7.3.2 光电色度计不应在超载状态下进行校准。

7.3.3 测试十次取其平均值作为测量结果。

8 显示器色度的测量

8.1 测量条件

在显示器屏幕中心正交的光轴上，测量显示器的基准白、白平衡与色域覆盖率时，标准观测距离应为屏幕高度的 3～4 倍。光谱辐射计和光电色度计应安放在此标准观测位置上。

测量显示器的基准白、白平衡、色度不均匀性、色域覆盖率及色度与观测角的关系时，显示器的调谐状态、测试信号以及测量步骤应符合 IEC 60107-1:1997、GB/T 17309.1—1998 或 SJ/T 11348—2006 中相关条文的要求，中心值为 x、y，u'、v'，偏差值为 x_{mi}、y_{mi}，u'_{mi}、v'_{mi}。

8.2 测量点的位置

测量点位置见图 1。

图 1 测量点位置示意图

8.3 基准白与色度不均匀性

在亮度为 100 cd/m² 时，测量屏幕中心 P_0 点色度坐标可代表基准白。测量屏幕中心和周围边缘之间图像色度的差异代表色度不均匀性。测量 P_0 到 P_8 的色度坐标为$(x_0,y_0)(u'_0,v'_0)$到$(x_8,y_8)(u'_8,v'_8)$。

由式(5)计算这些点的色度差：

$$\Delta x = x_i - x_0, \Delta y = y_i - y_0,$$
$$\Delta u' = u'_i - u'_0 \quad \Delta v' = v'_i - v'_0 \quad \Delta c = [(u'_i - u'_0)^2 + (v'_i - v'_0)^2]^{1/2} \qquad \cdots\cdots (5)$$

测量结果用表表示。

8.4　白平衡

测量屏幕中心不同亮度下的色度坐标，计算其与亮度为 100 cd/m^2 时屏幕中心色度坐标的偏差，或测量 10%到 100%与 50%灰电平时屏幕中心色度坐标的偏差。测量结果用表表示。

8.5　基色色度坐标与色域覆盖率

8.5.1　分别将全红场、全绿场和全蓝场测试信号输入。

8.5.2　用光电色度计或光谱辐射计测 P_0 点色度坐标(u'_r，v'_r)、(u'_g，v'_g)和(u'_b，v'_b)。

8.5.3　按式(6)计算色域面积：

$$\text{色域面积} = 0.5[(u'_r - u'_b)(v'_g - v'_b) - (u'_g - u'_b)(v'_r - v'_b)] \qquad (6)$$

8.5.4　色域覆盖率＝色域面积÷0.195 2×100%

色域覆盖率表征均匀色空间坐标中，基色(R、G、B)所对应显色三角形的面积度量。

8.6　色度与观测角的关系

8.6.1　对 LCD 显示器、PDP 显示器及 DLP 显示器的测量，应测量色度与观测角的关系，色度与观测角的关系见图 2。

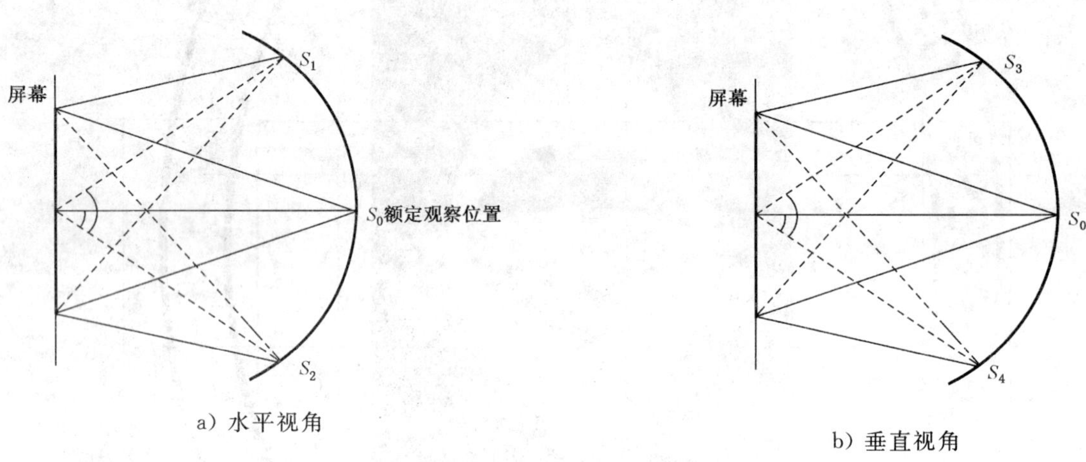

a) 水平视角　　b) 垂直视角

图 2　观测角的测量

8.6.2　用光电色度计或光谱辐射计在标准观测位置 S_0 处测量 P_0 和 P_5、P_6、P_7、P_8 各点的色度坐标。

8.6.3　可从相应于 1/3 亮度的右 S_1、左 S_2、上 S_3、下 S_4 观测角位置分别测量 P_0 和 P_5、P_6、P_7、P_8 各点的色度坐标。

8.6.4　分别计算四个位置、五个测量点与 S_0 处相应各点的色度误差。

8.6.5　测量结果用表格表示。

8.6.6　当需要对比各台显示器的特性时，可在同一观测角下作出测量和对比，并测量基色色度坐标随观测角的变化。

9　测量结果的表示

测量结果应记录的事项如下：

a）显示器制造厂家及型号。

b）测量内容。

c）测色仪器：光谱辐射计或光电色度计型号。

d）测试条件。

e）用光谱光度测色法时，应记录波长间隔和通带宽度。

f）记录测量标准光源，校准用光源和显示器的预热时间。

g) 对 LCD 显示器、PDP 显示器及 DLP 显示器的测量，应注明观测角。

h) 测量结果：x、y 及 u'、v'。

偏差值：x_{mi}、y_{mi} 及 u'_{mi}、v'_{mi}。

色度误差：$\Delta C=[(u'-u'_{mi})^2+(v'-v'_{mi})^2]^{1/2}$。

ICS 01.070
A 26

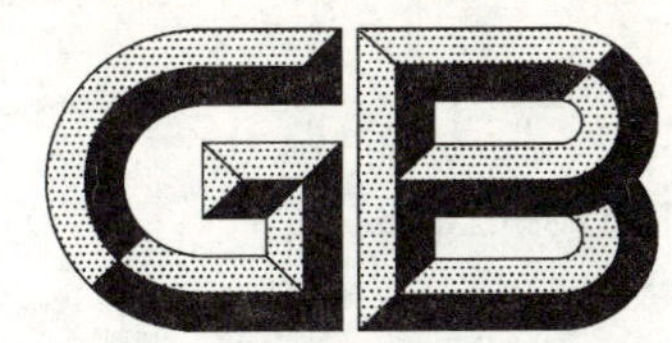

中华人民共和国国家标准

GB/T 15610—2008
代替 GB/T 15610—1995

同色异谱的目视评价方法

Method for visual appraisal of metamerism

2008-05-26 发布　　2008-11-01 实施

中华人民共和国国家质量监督检验检疫总局
中国国家标准化管理委员会　发布

前　言

本标准是对 GB/T 15610—1995《同色异谱的目视评价方法》的修订。

本标准与 GB/T 15610—1995 相比主要变化如下：

——增加了前言；

——增加了第 3 章“术语和定义”。

本标准由全国颜色标准化技术委员会提出并归口。

本标准负责起草单位：中国科学院心理研究所、深圳市海川实业股份有限公司。

本标准主要起草人：韩布新、黄端、林仲贤、何唯平、黄永衡。

本标准所代替标准的历次版本发布情况为：

——GB/T 15610—1995。

同色异谱的目视评价方法

1 范围

本标准规定了同色异谱的目视评价方法。

本标准适用于对同色异谱的目视评价和色差估算。

2 规范性引用文件

下列文件中的条款通过本标准的引用成为本标准的条款。凡是注日期的引用文件，其随后所有的修改单(不包括勘误的内容)或修订版均不适用于本标准，然而，鼓励根据本标准达成协议的各方研究是否使用这些文件的最新版本。凡是不注日期的引用文件，其最新版本适用于本标准。

GB 250 评定变色用灰色样卡

GB/T 5698 颜色术语

3 术语和定义

GB/T 5698 确立的以及下列术语和定义适用于本标准。

3.1

照明观察条件 illuminating and viewing conditions

目视评价物体色样品时，照明光源和人眼与色样之间的几何位置关系，区别于色度测量仪器的几何条件。

4 评价用标准光源及比色条件

4.1 评价用标准光源

评价时采用模拟 D65 照明体的光源和标准光源 A。

4.2 比色条件

4.2.1 评价视场大于 4°。

4.2.2 照度条件

对样品进行评价时，观察区的照度条件应为(1 000±200)lx。

4.2.3 照明观察条件

采用以下两种照明观察方式之一：

4.2.3.1 0°:45°x

照明光束从上向下垂直于样品表面，照明光束的光轴和样品表面法线间的夹角不应超过 10°。观察者在与样品表面法线成 45°(误差不超过±5°)的方向观察。

4.2.3.2 45°x :0°

照明光束的轴线与样品表面的法线成 45°(误差不超过±5°)，观察者的观察方向和样品表面的法线之间的夹角不应超过 10°。照明光束的任意光线和照明光束轴之间的夹角不应超过 5°，观察视线也应遵守同样的限制。

4.2.4 背景和周围环境

评价区周围应由遮挡屏遮挡或由一个永久性的建筑物屏蔽起来，以防杂散光线的干扰。遮挡屏的颜色应为中性灰色(Y_{10}=30～40)。样品放置的背景色也应为中性灰色(Y_{10}≈30)。背景和周围表面光泽度应在 5～10 光泽单位范围内。

5 目视评价者

5.1 色觉正常，并有辨色经验。

5.2 年龄一般在18岁～35岁之间。

6 被评价用样品的技术要求

6.1 样品尺寸

样品面积应不小于5 cm×5 cm。

6.2 透明度

一般情况下应选择不透明样品做光泽度和颜色评价。如须对半透明或透明样品进行评价，应按下列要求进行。

6.2.1 光泽度评价

6.2.1.1 样品的厚度应能避免来自样品背后或背面的反射光。

6.2.1.2 评价较薄的样品时，还应采取下列步骤之一：

a) 将具有与样品同等反射系数的不透明衬板置于样品背面；

b) 衬黑色板于样品背面。

6.2.2 颜色评价

即使样品透明度很小，背衬板也会影响评价结果。因此，应按下列要求之一进行：

a) 将相同材料所制作的衬板置于样品背面。背衬板所选用的材料和颜色应可以再次获得，并且有稳定性和耐久性；

b) 将有相同光反射性的材料衬板置于样品背面；

c) 将黑色板（如涂漆色板或黑玻璃）置于样品背面；

d) 将已知反射率的白板置于样品背面。

6.3 被评价样品和标准样品的表面状态应保持一致。样品的颜色、平整度、光滑度应保持稳定，无划痕、无污迹；基板质地不能显露，以免影响评价精度。样品应具有一定强度。

6.4 清洁样品

6.4.1 无光泽样品因其表面特性一般不宜做样品清洁。

6.4.2 有光泽样品如需要清洁，应遵守以下程序并谨慎进行。具有较高等级光泽的样品通常可用清水洗涤，然后用新镜头布或纸巾轻轻擦干。耐久性好的样品，可用软布或软刷蘸少量中性不上膜的非离子清洗剂清洁。如这类样品沾有油迹或不易去除的斑点，可用相应的试剂清洁。使用上述各种清洁方法后，应随即用清水清洁，并用新的无棉纸巾吸干水分。

6.5 拿样品时应只接触其边缘。

7 同色异谱目视评价程序

7.1 所有被评价样品应在本标准规定的两种标准光源条件下评价，才能确认同色异谱程度。即一对样品在某种标准光源条件下（如D65照明体）目视颜色相同，还需相同的观察者在另一种标准光源条件（如标准光源A）下再次评价。

7.2 评价样品同色异谱程度时，使用GB 250所规定的标准灰色样卡判断其色差级别。

7.3 色差评定方法

将一对同色异谱被评样品与标准灰色样卡水平地放在同一视场的相邻位置，与不同的标准灰色样卡作比较，直至二者达到最佳匹配。记录CIE LAB色差值（见表1）。如色差在相邻标准样品的级差之间，则采用内插法取其中间值。如有需要可通过描述色调变动（较蓝或较绿等），或饱和度变动（较浅、较深），或明度变动（较亮、较暗）来记录色差的变动方向。

表 1 灰色样卡数据

级 差	CIE LAB 色差	容 差
5	0	±0.2
(4～5)	0.8	±0.2
4	1.7	±0.3
(3～4)	2.5	±0.35
3	3.4	±0.4
(2～3)	4.8	±0.5
2	6.8	±0.6
(1～2)	9.6	±0.7
1	13.6	±1.0

8 评价结果的精度

8.1 当评价过程满足第 4 章的有关规定时，可使用下列关于重复性和再现性的定义来评估。

8.1.1 重复性

在相同实验室，由同一观察者再次评估相同样品，其再次评价结果与前一次评价结果的误差应不大于原匹配色差的半级。

8.1.2 再现性

在不同实验室、由不同观察者或使用不同标准灰色样卡，再次评价相同样品，所得结果与前一次评价结果的误差应不大于原色差的一级。

9 报告

报告包含以下内容：

a) 样品的标号、光泽度和表面特性。

b) 评价程序。

c) 观察结果，包括经比较得到的标准灰色样卡色差级。

d) 观察者人数及对其色觉检查的结果。

e) 所用标准照明体型号。

ICS 27.140
K 55

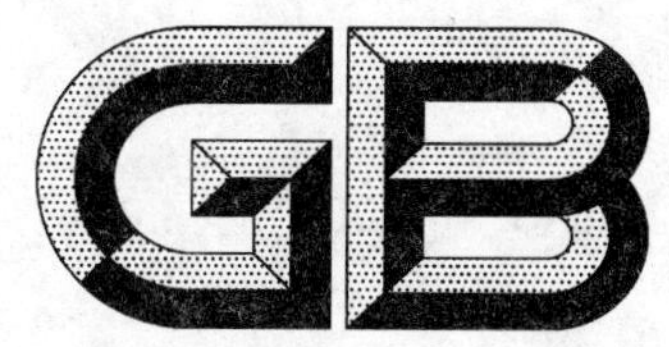

中华人民共和国国家标准

GB/T 15613.1—2008
代替 GB/T 15613—1995

水轮机、蓄能泵和水泵水轮机模型验收试验 第一部分:通用规定

Model acceptance tests of hydraulic turbines, storage pumps and pump-turbines—Part 1: General rules

(IEC 60193:1999, NEQ)

2008-06-30 发布　　2009-04-01 实施

中华人民共和国国家质量监督检验检疫总局
中国国家标准化管理委员会　发布

前　言

GB/T 15613《水轮机、蓄能泵和水泵水轮机模型验收试验》分为三部分：

——第一部分：通用规定；

——第二部分：常规水力性能试验；

——第三部分：辅助性能试验

本部分是 GB/T 15613 的第 1 部分，对应于 IEC 60193：1999《水轮机、蓄能泵和水泵水轮机模型验收试验》的第一章和第二章。本部分与 IEC 60193：1999 的一致性程度为非等效采用，主要差异如下：

——按 GB/T 1.1—2000 的要求，对书写格式进行了修改；

——用小数点“.”代替作为小数点的逗号；

——删除了 IEC 前言；

——将规范性引用文件的内容进行了调整，将原 IEC 标准中有对应的国家标准的均予更换。

本部分替代 GB/T 15613—1995《水轮机模型验收试验规程》。

本部分与 GB/T 15613—1995《水轮机模型验收试验》相比主要变化如下：

——根据 IEC 60193：1999《水轮机、蓄能泵和水泵水轮机模型验收试验》的第一章和第二章对水轮机模型验收试验的内容、方法和原则进行了修改，增减了部分内容，并对规程名称、章条结构和顺序进行了调整，使之尽可能与 IEC 60193 保持一致；

——对文字、单位和图表进行了规范化处理。

本部分的附录 B、附录 F、附录 G、附录 K、附录 L、附录 M 是规范性附录。

本部分的附录 A、附录 C、附录 D、附录 E、附录 H、附录 J、附录 N、附录 P、附录 Q 是资料性附录。

本部分由中国电器工业协会提出。

本部分由全国水轮机标准化技术委员会(SAC/TC 175)归口。

本部分起草单位：哈尔滨大电机研究所、中国水利水电科学研究院、东方电机股份有限公司。

本部分主要起草人：覃大清、孟晓超、胡江艺、赵越、潘罗平、温国珍。

本部分所代替标准的历次版本发布情况为：

——GB/T 15613—1995。

水轮机、蓄能泵和水泵水轮机模型验收试验 第一部分:通用规定

1 范围

1.1 范围

本部分适用于在试验室条件下所试验的各种类型的冲击式和反击式的水轮机、蓄能泵或水泵水轮机。

本部分适用于机组功率大于10 MW或公称直径大于3.3 m的原型所对应的模型。如将本部分所规定的步骤完全地应用于机组功率或直径较小的水轮机,一般来讲并不合适,但若供需双方协议认可,此类机械上也可采用本部分。

在本部分中,术语"水轮机"包括作水轮机方式运行的水泵水轮机,术语"水泵"包括做水泵方式运行的水泵水轮机。

除了必须与试验有关的事项之外,本部分不包括纯商业利益的事项。

只要机械的结构或部件不影响模型的性能或模型与原型间的相互关系,那么本部分既不涉及机械的详细结构,也不涉及机械部件的机械性能。

1.2 目的

本部分包括为了验证主要水力性能的合同保证值是否得到满足所进行的水轮机、蓄能泵和水泵水轮机的模型验收试验。

如果对试验的任何步骤持异议,那么可参看本部分,它包含了指导试验进行的规则和描述了所采取的测量方法。

本部分的主要目的是:

——定义使用的术语和参数;

——为了确定模型的水力性能,规定试验方法和所涉及的测量参数;

——规定结果的计算方法和与保证值的比较方法;

——决定本部分所规定的范围内的合同保证值是否得到满足;

——定义最终报告的范围、内容和结构。

保证值可以以下列一种方式给出:

——由考虑了比尺效应的模型试验结果计算出原型水力性能的保证值;

——模型水力性能的保证值。

此外,为了水轮机原型的设计或运行,也需要确定一些辅助性能数据(见4.4)。与GB/T 15613.2对主要水力性能的要求不同,GB/T 15613.3给出的有关辅助性能数据的信息对使用者仅具有建议或指导性质。

如果现场验收试验(见GB/T 20043)的预期条件不能验证原型的给定保证值的性能,那么更应进行模型验收试验。

本部分也适用于其他目的模型试验,例如比较试验和研究及开发性的工作。

如果模型验收试验已经完成,现场试验可以仅限于进行指数试验(见GB/T 20043第8章)

2 规范性引用文件

下列文件中的条款通过GB/T 15613的本部分的引用而成为本部分的条款。凡是注日期的引用文

件，其随后所有的修改单（不包括勘误的内容）或修订版均不适用于本部分，然而，鼓励根据本部分达成协议的各方研究是否可使用这些文件的最新版本。凡是不注日期的引用文件，其最新版本适用于本部分。

GB/T 15613.2—2008　水轮机、蓄能泵和水泵水轮机模型验收试验　第二部分：常规水力性能试验（IEC 60193：1999，MOD）

GB/T 15613.3—2008　水轮机、蓄能泵和水泵水轮机模型验收试验　第三部分：辅助性能试验（IEC 60193：1999，MOD）

GB/T 10969　水轮机通流部件技术条件（neq IEC 60193：1977）

GB/T 17189　水力机械（水轮机、蓄能泵和水泵水轮机）振动和脉动现场测试规程

GB/T 20043　水轮机、蓄能泵和水泵水轮机水力性能现场验收试验规程（GB/T 20043—2005，IEC 60041：1991，MOD）

ISO 31-3：1992　参数和单位　第3部分：机械

ISO 31-12：1992　参数和单位　第12部分：特性数值

ISO 2533　标准大气压

ISO 4185：1980　封闭管道中的液流测量　重量法

ISO 5168：1978　液流的测量　流速测量置信度的估计

VIM：1993　计量用基本和一般术语的国际词汇（BIPM-IEC-ISO-OIML）

3　术语、定义、符号和单位

3.1　总则

本部分中将采用下列通用的术语、定义、符号和单位，特殊术语将在出现处给予解释。

供需双方在试验前应对有异议的术语、定义或度量单位做出澄清。

3.1.1

试验点　point

试验点是由在不改变运行条件和设置情况下，由一个或多个连续一组读数和/或记录组成，它足以计算出在该运行条件和设置下机械的性能。

3.1.2

试验　test

试验是整个规定运行范围内足以计算出机械性能的一系列试验点和结果。

3.1.3

水力性能　hydraulic performance

由于流体动力作用于机械的各种性能参数。

3.1.4

主要水力性能数据　main hydraulic performance data

一组水力性能参数，如：功率、流量和/或比能、效率、稳态飞逸和/或流量。这里必须考虑空化的影响。

3.1.5

辅助性能数据　additional data

一组水力性能数据，它可从模型试验得出（见4.4），然而由于只能应用粗略的相似规则，由此得出的相应原型数据预测精度要低于由主要水力性能数据得出的结果。

3.1.6

保证值　garantees

合同中商定的规定性能数据。

3.2 单位

本部分采用国际单位制(SI,见 ISO 31-3:1992)。

所有术语都由 SI 基本单位或由此导出的相关单位给出[1]。使用这些单位的基本等式均是有效的,如某些数据使用与 SI 非相关的其他单位时也必须考虑这种情况(例如,功率中千瓦代替瓦,压力中千帕或巴代替帕斯卡、以每分钟转速中每分钟代替每秒钟等)。因为绝对温度(以凯尔文表示)很少需要,所以温度以摄氏度给出。

仅在供需双方以书面形式同意的情况下,可以使用任何其他单位制。

3.3 术语、定义、符号和单位表

3.3.1 下标和符号

子项	术　　语	定　　义	下标和符号
3.3.1.1	高压基准断面[1] high pressure reference section	性能保证所指定的机械高压侧断面(见图 1)	1
3.3.1.2	低压基准断面[1] low pressure reference section	性能保证所指定的机械低压侧断面(见图 1)	2
3.3.1.3	高压测量断面 high pressure measuring sections	这些断面应尽可能与断面 1 一致,或其测量值可换算到断面 1	1′,1″,…
3.3.1.4	低压测量断面 low pressure measuring sections	这些断面应尽可能与断面 2 一致,或其测量值可换算到断面 2	2′,2″,…
3.3.1.5	规定值 specified	带有下标的量值,如转速、流量等,以其用以保证其他量值	sp
3.3.1.6	最大值/最小值 maximum/minimum	表明任何术语的最大与最小值的下标	max min
3.3.1.7	极值 limits	合同规定值 ——不应超出值 ——应达到值	/// □或////
3.3.1.8	原型 prototype	与原型有关值的下标	P
3.3.1.9	模型 model	与模型有关值的下标	M
3.3.1.10	雷诺数为常数下的模型 model at constant reynolds number	与模型在雷诺数为常数下有关值的下标	M*
3.3.1.11	基准 reference	与规定基准条件有关值的下标	ref
3.3.1.12	最优 optimum	最优效率点的下标	opt
3.3.1.13	环境 ambient	指在周围大气条件下的下标	amb
3.3.1.14	电站 plant	与电站原型运行条件有关值的下标	pl
3.3.1.15	飞逸 runaway	与飞逸条件有关值的下标	R

1) 术语“高压”和“低压”定义为机械的两侧并与水流方向无关,因此它们与机械的运行方式也无关。

1) $N=kg\cdot m\cdot s^{-2}$,$Pa=kg\cdot m^{-1}\cdot s^{-2}$,$J=kg\cdot m^{2}\cdot s^{-2}$,$W=kg\cdot m^{2}\cdot s^{-3}$。

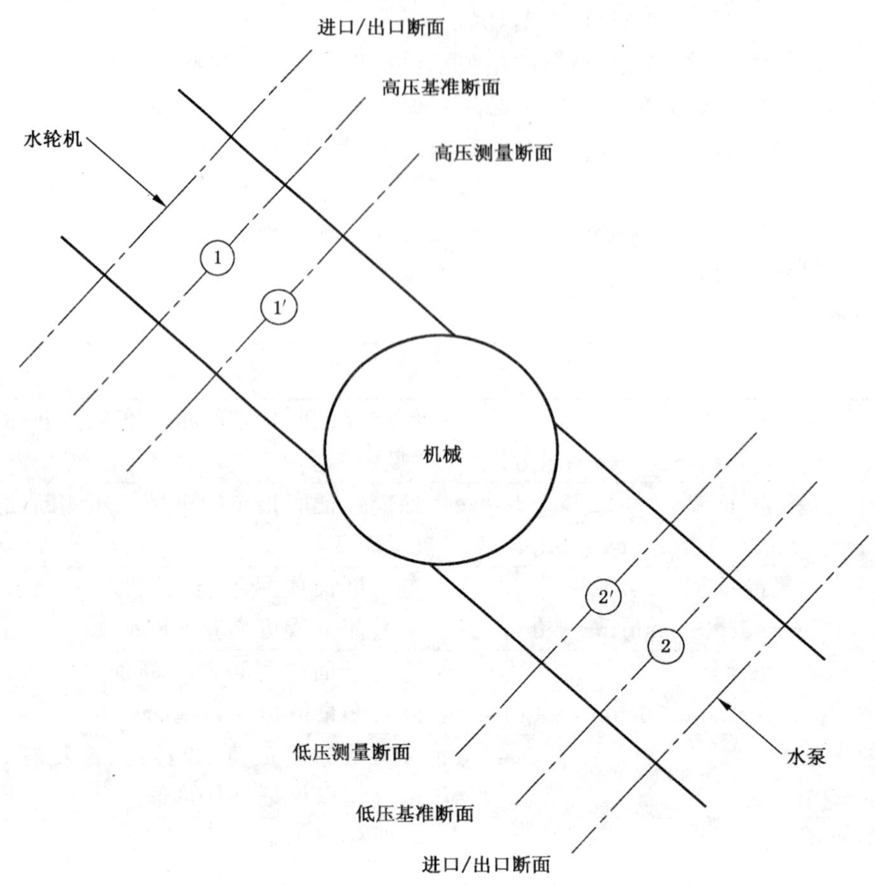

图 1 水力机械示意图

3.3.2 几何术语

子项	术　　语	定　　义	符号	单位
3.3.2.1	面积 Area	垂直于主流流动方向的净面积	A	m^2
3.3.2.2	导叶开度 Guide vane opening	相邻导叶间的平均最短距离(若必要可指规定断面处)(见图 2)	a	m
3.3.2.3	导叶角度 Guide vane angle	从关闭位置算起的平均导叶角度	α	°
3.3.2.4	喷针行程(冲击式水轮机) Needle stroke(impulse turbine)	从关闭位置开始测得的喷针平均行程	s	m
3.3.2.5	转轮/叶轮叶片角度 Runner/impeller blade angle	从给定位置算起测得的转轮叶片的平均角度	β	°
3.3.2.6	公称直径 Reference diameter	如图 3 给出的水力机械的公称直径	D	m
3.3.2.7	转轮/叶轮进出口开度 Runner outlet/ Impeller inlet width	转轮/叶轮相邻叶片间的平均最短距离(见 GB/T 10969)	a_1, a_2	m
3.3.2.8	水斗宽度 Bucket width	冲击式水轮机水斗斗内最大宽度(见图 3)	B	m

子项	术　语	定　义	符号	单位
3.3.2.9	尺寸比 Length scale ratio	原型和模型间有代表性的尺寸比值；正常情况下是机械的直径比，在确认此为基准值有困难的情况下，也可采用其他重要长度的比值	λ_L	
3.3.2.10	高程 Level	系统中某一点位于规定的基准面(通常指海平面)以上的高程	z	m

图 2　导叶开度和角度

图 3　公称直径和水斗宽度

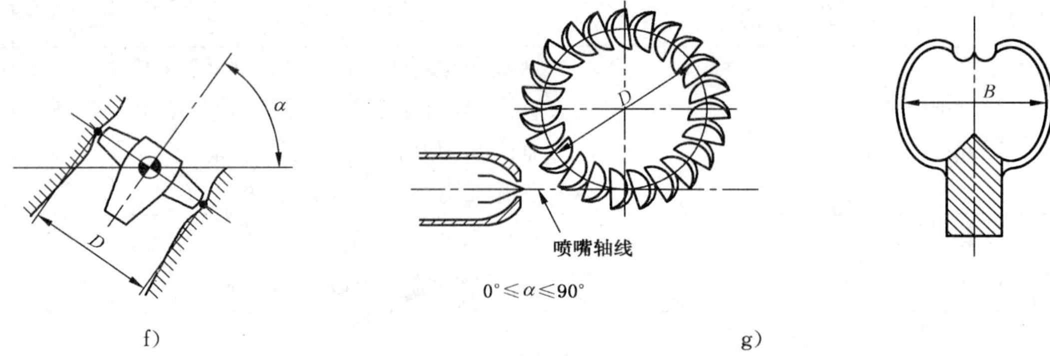

f)　　　　g)

a)　径向机械，公称直径 D 为 D_1 或 D_2，D_1 为叶片高压边与下环交点的直径，D_2 为叶片低压边与下环交点的直径，D_1 和 D_2 的单位同 D；

b)　斜流式(混流，半轴流)机械带固定转轮/叶轮叶片和转轮/叶轮下环；

c)　斜流式(混流，半轴流)机械带固定转轮/叶轮叶片，不带转轮/叶轮下环；

d)　斜流式(混流，半轴流)机械带可调节转轮/叶轮叶片；

e)　轴流式机械，例如定桨式水轮机，贯流式水轮机[2)]，轴流泵和水泵水轮机，带固定转轮/叶轮叶片；

f)　轴流式机械，例如转桨式水轮机，贯流式水轮机，轴流泵和水泵水轮机带可调节转轮/叶轮叶片；

g)　水斗式水轮机。

图 3（续）

3.3.3　物理量和特性

子项	术　语	定　义	符号	单位
3.3.3.1	重力加速度 Acceleration due to gravity	试验地点的 g 值(见 5.5.2)；作为纬度和海拔函数的理论值见附录 B 中的表 B.1	g	$m \cdot s^{-2}$
3.3.3.2	温度 Temperature	热力学温度 摄氏度 $\theta = \Theta - 273.15$	Θ θ	K ℃
3.3.3.3	密度 Density	单位体积的质量 a)　水的密度 通常，用 ρ 代替 ρ_w，蒸馏水的 ρ_{wd} 见 5.5.3.1.3 和附录 B 中的表 B.2 b)　空气密度 空气值见 5.5.4.1 和附录 B 中的表 B.5 c)　水银密度 水银值见 5.5.5 和附录 B 中的表 B.7	ρ ρ_w ρ_a ρ_{Hg}	$k \cdot gm^{-3}$ $k \cdot gm^{-3}$ $k \cdot gm^{-3}$ $k \cdot gm^{-3}$
3.3.3.4	汽化压力(绝对) Vapour pressure(absolute)	在热力学平衡条件下，在液气混合物中饱和蒸汽的绝对分压力。汽化压力只与温度有关。蒸馏水的汽化压力见 5.5.3.4和附录 B 中的表 B.4	p_{va}	Pa
3.3.3.5	动力黏度 Dynamic viscosity	表征液体一种机械性能的量 (见 ISO 31-3:1992)	μ	Pa s

2)　术语“贯流式水轮机”包括灯泡式、竖井贯流式、全贯流式和 S 型机组。

子项	术　　语	定　　义	符号	单位
3.3.3.6	运动黏度 Kinematic viscosity	动力黏度与密度之比。以温度作为函数的蒸馏水的运动黏度见5.5.3.3和附录B中的表B.3	ν	$m^2 \cdot s^{-1}$
3.3.3.7	表面张力 Surface tension	表征两种液体间界面机械性能的量(见ISO 31-3:1992)	σ^*	$J \cdot m^{-2}$

3.3.4 流量、速度和转速术语

子项	术　　语	定　　义	符号	单位
3.3.4.1	流量(体积流量) Discharge(volume flow rate)	单位时间内流过系统的任一断面的水的体积	Q	$m^3 \cdot s^{-1}$
3.3.4.2	质量流量 Mass flow rate	单位时间流过系统中任一断面的水的质量。ρ 和 Q 必须在同一断面及该断面现有条件下确定 注:如果在两断面之间没有注入或取出水,则其质量流量不变。	(ρQ)	$kg \cdot s^{-1}$
3.3.4.3	测量流量 Measured discharge	单位时间内流过任一测量断面如 $1'$ 的水的体积(见 3.3.1.3 和 3.3.1.4)	$Q_{1'}$ 或 $Q_{2'}$	$m^3 \cdot s^{-1}$
3.3.4.4	基准断面流量 Discharge at reference section	单位时间内流过基准断面 1 或 2 处的水的体积	Q_1 或 Q_2	$m^3 \cdot s^{-1}$
3.3.4.5	基准断面处修正后的流量 Corrected discharge at reference section	相对于环境压力条件下单位时间内流过的基准断面水的体积(见 3.3.5.2),例如 $Q_{1c} \doteq (\rho Q)_1/\rho_{amb}$ 正常条件下的模型试验,可以假定 $Q_{1c}=Q_1$	Q_{1c} 或 Q_{2c}	$m^3 \cdot s^{-1}$
3.3.4.6	稳态飞逸流量 Discharge at steady-state runaway speed	在 n_R 条件下的流量(见 3.3.4.12)	Q_R	$m^3 \cdot s^{-1}$
3.3.4.7	空载流量 No-load turbine discharge	水轮机在规定转速、规定单位比能及空载下且发电机无励磁时的流量	Q_0	$m^3 \cdot s^{-1}$
3.3.4.8	漏水流量 Leakage flowrate	如图 6 所示的体积损失	q	$m^3 \cdot s^{-1}$
3.3.4.9	平均流速 Mean velocity	流量 Q 除以面积 A	v	$m \cdot s^{-1}$
3.3.4.10	圆周速度 Peripheral velocity	公称直径处的圆周速度(见图 3) $u=\pi Dn$	u	$m \cdot s^{-1}$
3.3.4.11	转速 Rotational speed	单位时间的转速	n	s^{-1}

子项	术　语	定　义	符号	单位
3.3.4.12	稳态飞逸转速 Steady-state runaway speed	在规定水力条件和规定导叶/叶片/喷针开度和零机械功率条件下的稳态转速值	n_R	s^{-1}
3.3.4.13	最大稳态飞逸转速 Maximum steady-state runaway speed	在规定水力条件下的稳态飞逸转速的最高值(对于原型机,详细定义见GB/T 20043)	n_{Rmax}	s^{-1}

3.3.5 压力术语

子项	术　语	定　义	符号	单位
3.3.5.1	绝对压力 Absolute pressure	所测流体相对于理想真空的静压力	p_{abs}	Pa
3.3.5.2	环境压力 Ambient pressure	周围空气的绝对压力(见5.5.4.2)。以海拔为函数的标准大气值见附录B中的表B.6	p_{amb}	Pa
3.3.5.3	表计压力 Gauge pressure	在同一测量地点和测量时间,流体的绝对压力与环境压力之差 $p=p_{abs}-p_{amb}$	p	Pa

3.3.6 比能术语

在国际单位制中,质量(kg)是基本单位之一,单位质量的能量,即比能,作为本部分的主要术语,以代替早期出版物每单位重量的能量,即以水头表示的术语。

后一术语(水头)有一个缺点,即重量取决于重力加速度 g,而它要随着纬度和海拔高度不同而变化。尽管如此,因为水头这一术语使用很广泛,因此在这里仍然加以应用。这两个有关能量的术语都列入表中,即本条的术语比能和3.3.7中的水头术语。它们的区别只是 g 这一因素,这里 g 是与所处地点有关的重力加速度有关。

子项	术　语	定　义	符号	单位
3.3.6.1	比能 Specific energy	任意断面处每单位质量的水具有的能量	e	$J\cdot kg^{-1}$
3.3.6.2	机械的水力比能 Specific hydraulic energy of machine	机械的高压侧和低压侧基准断面1和2之间的水具有的比能,其中要考虑到水的可压缩性[1)2)] $E=\frac{p_{abs1}-p_{abs2}}{\bar{\rho}}+\frac{v_1^2-v_2^2}{2}+(z_1-z_2)g$ 式中:$\bar{\rho}=\frac{\rho_1+\rho_2}{2}$ 并假设 $g=g_1=g_2$ ρ_1 和 ρ_2 可分别由 p_{abs1} 和 p_{abs2} 计算并考虑 θ_1 或 θ_2 对两值的影响,这里温度对 ρ 的影响可忽略不计	E	$J\cdot kg^{-1}$

子项	术　语	定　义	符号	单位
3.3.6.3	水泵零流量(断流)时的水力比能 Zero-discharge(shut-off) specific hydraulic energy of the pump	水泵在高压侧断流时，在指定的转速和指定的转轮/叶轮叶片设置下的比能	E_0	$J\cdot kg^{-1}$
3.3.6.4	机械的吸出/吸入[3]位置比能 Suction specific potential energy of the machine	相应于机械基准面(见3.3.7.6)和断面2处测压计平面之间压差在断面2处的位置比能 $E_s=g(z_r-z_{2'})=g(z_r-z_2)-\dfrac{p_{abs2}-p_{abm}}{\rho_2}$ (见GB/T 15613.2—2008图21)	E_s	$J\cdot kg^{-1}$
3.3.6.5	净正吸出比能 Net positive suction specific energy	断面2处绝对比能减去机械基准处汽化压力p_{va}[4]所形成的比能(见GB/T 15613.2—2008图8) $NPSE=\dfrac{p_{abs2}-p_{va}}{\rho_2}+\dfrac{v_2^2}{2}-g(z_r-z_2)$ $=-E_s+\dfrac{p_{abs2}-p_{va}}{\rho_2}+\dfrac{v_2^2}{2}$	$NPSE$	$J\cdot kg^{-1}$

1) GB/T 15613.2—2008第8章中图解说明了关于单位比能基本公式的应用情况。

2) 关于E的推导，见附录C。

3) 我国习惯，术语“吸出/吸入”对于水泵称为吸入，对于水轮机则称为吸出。

4) 见3.3.3.4。

子项	术　语	定　义	符号	单位
3.3.6.6	空化系数(空化系数) Thoma number	无量纲术语，表明机械运行时的空化情况。它被表示为净正吸入比能$NPSE$与比能E的比值(见3.3.12.9)	σ	—
3.3.6.10	临界空化系数[1](规定的空化系数) Defined Thoma number	与所规定的空化开始状态有关的空化系数，例如规定能量下降值	$\sigma_d\sigma_c$	—
3.3.6.8	空化系数0[1](临界空化系数之一) Thoma number zero	对于选定的性能参数(通常是效率)，其值与高空化系数相比保持不变时的最低空化系数。在某些情况下，空化曲线$\eta_h(\sigma)$的形状很难确定空化系数0(见图4)	σ_0	—
3.3.6.9	空化系数1[1](临界空化系数之一) Thoma number one	效率与空化系数0相比时，效率下降1%时所对应的空化系数。在某些情况下，空化曲线形状很难确定空化系数1(见图4)	σ_1	—

子项	术　语	定　义	符号	单位
3.3.6.10	规定的空化系数[1)]（托马数） Defined Thoma number	与所规定的空化开始状态有关的空化系数，例如规定能量下降值	σ_d	
3.3.6.11	初生空化系数[1)]（初生空化系数） Incipient Thoma number	转轮/叶轮可见空化现象开始时的空化系数，通常由观察得到，三个叶片出现气泡	σ_i	—
3.3.6.12	电站空化系数(电站空化系数) Plant Thoma number	原型在运行条件下的空化系数(见附录 M)	σ_{pl}	—
3.3.6.13	水力比能损失 Specific hydraulic energy loss	任意两个断面间水力比能的损失	E_L	$J \cdot kg^{-1}$
1)　也可以对空化系数给出相似定义(见图 4)。				

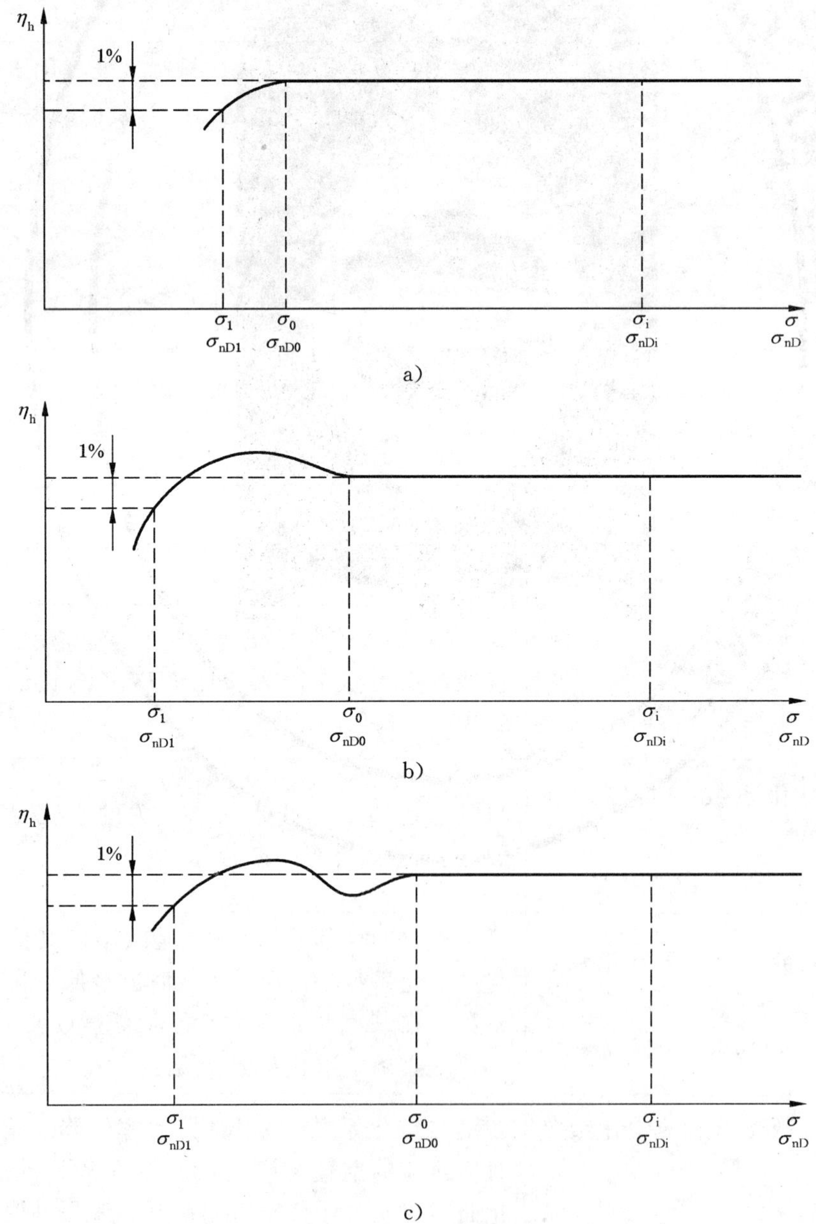

图 4　$\boldsymbol{\sigma_0}$ 和 $\boldsymbol{\sigma_1}$ 的定义

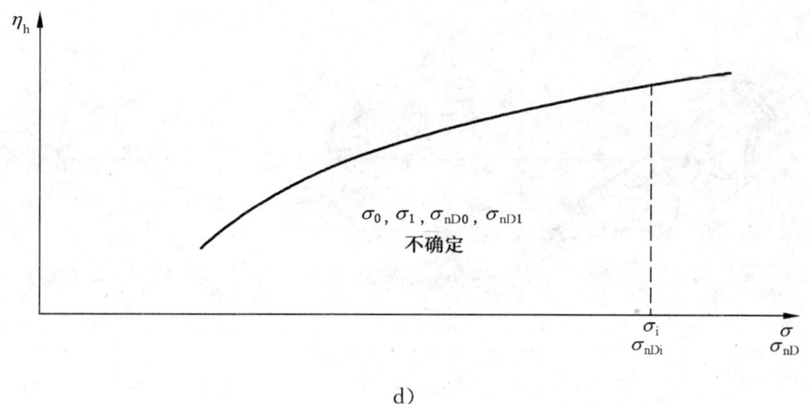

d)

图 4（续）

3.3.7 高程和水头术语

子项	术　语	定　义	符号	单位
3.3.7.1	水头 Head	任意断面处单位重量水的能量 $h=e/g$ e 的定义见 3.3.6.1	h	m
3.3.7.2	水轮机水头或水泵扬程 Turbine or pump head	$H=E/g$ E 的定义见 3.3.6.2	H	m
3.3.7.3	水泵零流量(断流)扬程 Zero discharge(shut-off) head of pump	$H_0=E_0/g$ E_0 的定义见 3.3.6.3	H_0	m
3.3.7.4	吸出高程 Suction height	$Z_s=E_s/g$ E_s 的定义见 3.3.6.4	Z_s	m
3.3.7.5	净正吸入水头 Net positive suction head	$NPSH=NPSE/g$ $NPSH$ 的定义见 3.3.6.5	$NPSH$	m
3.3.7.6	水力机械的基准面 Reference level of the machine	按图 5 定义的机械上作为基准的某一点的高程	z_r	m
3.3.7.7	空化基准面 Cavitation reference level	模型试验时作为空化高程基准面的机械的某一点的高程(见 5.3.1.5.1)	z_c	m
3.3.7.8	压力测量仪器基准面 Reference level of the pressure measuring instrument	压力测量装置的高程 (见 GB/T 15613.2—2008 图 14)	z_M	m

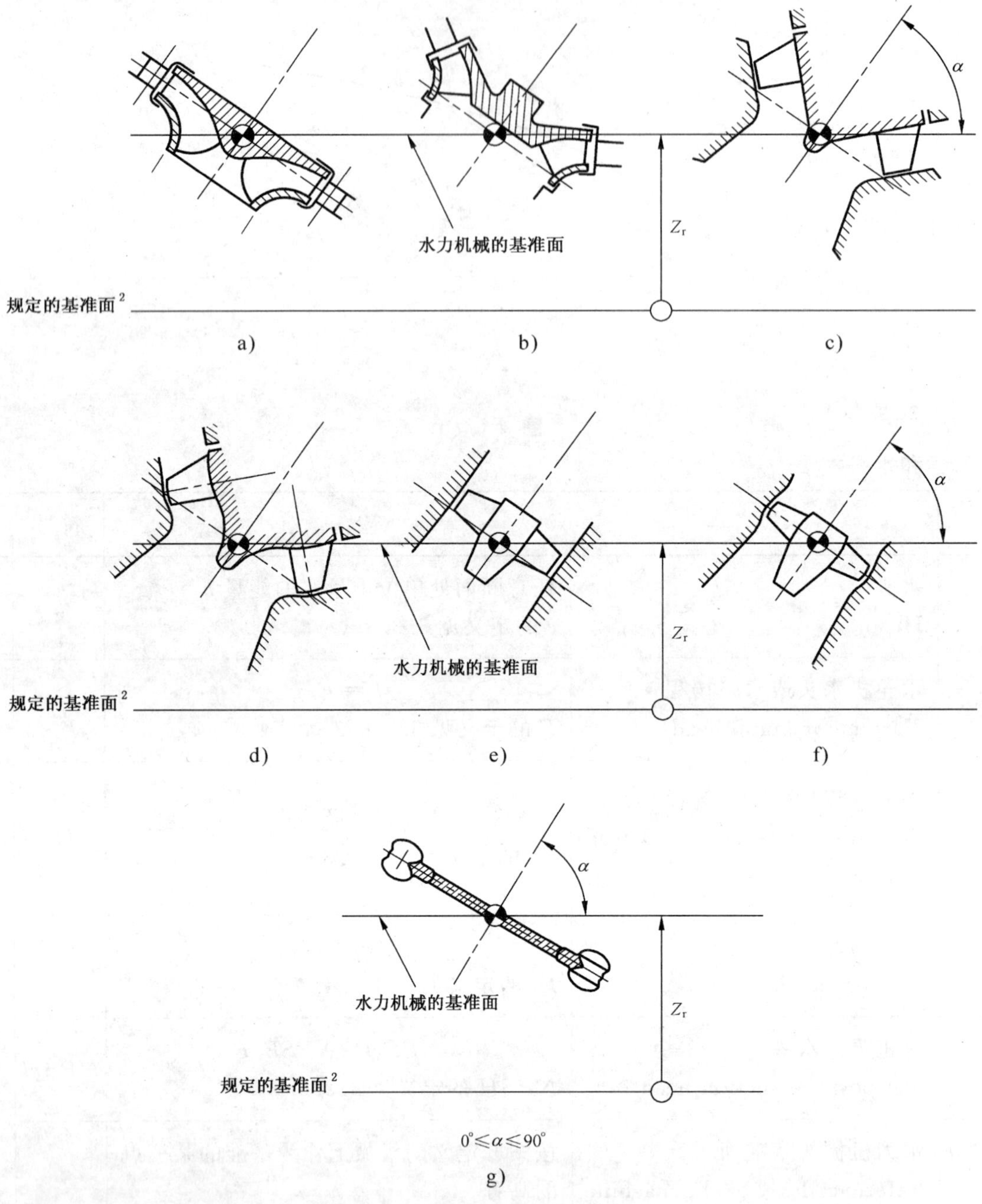

a) 径向机械，例如混流式水轮机，径向(离心式)泵和水泵水轮机；

b) 斜流式(混流，半轴流)机械带固定转轮/叶轮叶片和转轮/叶轮下环；

c) 斜流式(混流，半轴流)机械带固定转轮/叶轮叶片，不带转轮/叶轮下环；

d) 斜流式(混流，半轴流)机械带可调节转轮/叶轮叶片；

e) 轴流式机械，例如定桨式水轮机，贯流式水轮机[3)]，轴流泵和水泵水轮机，带固定转轮/叶轮叶片；

f) 轴流式机械，例如转桨式水轮机，贯流式水轮机[4)]，轴流泵和水泵水轮机带可调节转轮/叶轮叶片；

g) 冲击式水轮机。

图 5 水力机械的基准面

---

3) 术语“贯流式水轮机”包括灯泡式，竖井贯流式，全贯流式和 S 型机组。

4) 见 3.3.2.10。

3.3.8 功率和力矩术语

子项	术　语	定　义	符号	单位
3.3.8.1	水力功率 Hydraulic Power	可产生功率(水轮机)或赋予水功率(水泵)的水力功率 $P_h = E(\rho Q)_1$	P_h	W
3.3.8.2	机械的机械功率(功率) Mechanical power of the machine (power)	由水轮机主轴提供或供给水泵主轴的机械功率,其中包括由水力机械有关轴承和轴密封分担的损失(见图6)	P	W
3.3.8.3	转轮/叶轮机械功率 Mechanical power of runner(s)/impeller(s)	通过转轮/叶轮和主轴的连接法兰传递的机械功率(见图6)	P_m	W
3.3.8.4	机械功率损失 Mechanical power losses	水力机械的导轴承、推力轴承和轴承密封中损失的机械功率(见图6)	P_{Lm}	W
3.3.8.5	水泵零流量(断流)功率 Zero discharge(shut-off) power of the pump	在高压侧断流时,在指定的转速和指定的导叶和叶轮位置下的水泵功率	P_0	W
3.3.8.6	轴力矩 Shaft torque	作用在水力机械轴上且相应于机械的机械功率的力矩(见3.3.8.2)	T	N·m
3.3.8.7	转轮/叶轮力矩 Runner/impeller torque	通过转轮/叶轮和轴的联接传递且相应于转轮/叶轮的机械功率的力矩(见3.3.8.3)	T_m	N·m
3.3.8.8	摩擦力矩 Friction torque	机械的导轴承、推力轴承和轴密封中的摩擦力矩(见3.3.8.4)	T_{Lm}	N·m

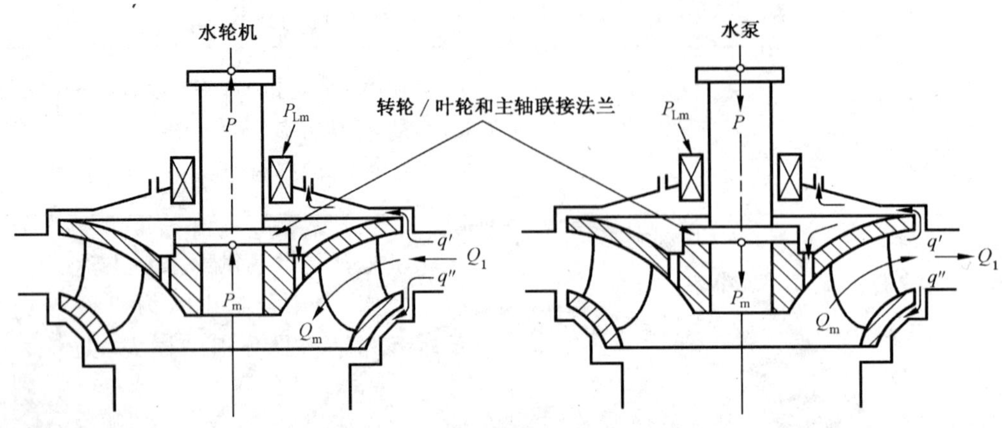

	水轮机	水泵
	$q=q'+q''$	$q=q'+q''$
	$Q_1=Q_m+q$	$Q_1=Q_m-q$
	$P_h=E\cdot(\rho\cdot Q)_1$	$P_h=E\cdot(\rho\cdot Q)_1$
	$P=P_m-P_{Lm}$	$P=P_m+P_{Lm}$
容积效率	$\eta_v=\frac{Q_m}{Q_1}$	$\eta_v=\frac{Q_1}{Q_m}$
水力效率(注3)	$\eta_h=\frac{P_m}{P_h}$	$\eta_h=\frac{P_h}{P_m}$
效率	$\eta=\frac{P}{P_h}$	$\eta=\frac{P_h}{P}$

注：1) 公式未计及水的可压缩性。

2) 内部损失的详细分析，参见附录N。

3) 圆盘摩擦损失和漏水损失(容积损失)在此公式中可看作是水力损失。这里“圆盘摩擦损失”是指与流经转轮/叶轮叶片的 Q_m 无关的转轮/叶轮外表面的摩擦损失。

图6 功率和流量的流程图

3.3.9 效率术语

子项	术　　语	定　　义	符号	单位
3.3.9.1	水力效率[1)] Hydraulic efficiency	a) 水轮机:转轮机械功率与水力功率比值 $\eta_h = \frac{P_m}{P_h}$ b) 水泵:水力功率与叶轮机械功率比值 $\eta_h = \frac{P_h}{P_m}$ 见图6	η_h	—
3.3.9.2	机械效率 Mechanical efficiency	a) 水轮机 $\eta_m = \frac{P}{P_m}$ b) 水泵 $\eta_m = \frac{P_m}{P}$	η_m	—
3.3.9.3	效率 Efficiency	a) 水轮机 $\eta = \frac{P}{P_h} = \eta_h \eta_m$ b) 水泵 $\eta = \frac{P_h}{P} = \eta_h \eta_m$	η	—
3.3.9.4	加权平均效率 Weighted average efficiency	由下述公式计算的效率 $\eta_w = \frac{w_1 \eta_1 + w_2 \eta_2 + w_3 \eta_3 + \cdots}{w_1 + w_2 + w_3 + \cdots}$ 此处 η_1,η_2,η_3 是在规定运行工况点的效率值,而 w_1,w_2,w_3 是对应的经过商定的加权系数	η_w	—
3.3.9.5	算术平均效率 Arithmetic average efficiency	当 $w_1 = w_2 = w_3 = \cdots$ 的加权平均效率(3.3.9.4)	η_a	—

1) 圆盘损失和漏水损失(容积损失)被包括其中,并在此可看作是水力损失。圆盘损失是转轮/叶轮外表面的摩擦损失,是与经过叶片的流动无关的那部分。

3.3.10 与振动量有关的一般术语

GB/T 17189 提供了这些术语的意义，下表列出了一些补充术语，其中的一些说明如图 7 所示：

子项	术　语	定　义	符号	相应的 GB/T 17189 条目
3.3.10.1	离散量 Discrete quantity	由瞬时值表示的量	X	
3.3.10.2	波动量(脉动量) Fluctuation of quantity (pulsation of quantity)	在预先设定的时间间隔 Δt 内，量 X 的振动变化与平均值的比值	$\widetilde{X}(t)$	3.2.2.6 等
3.3.10.3	平均量 Mean value	$\overline{X}=\frac{\sum_{1}^{N}X_n}{N}$	$\overline{X}$	3.2.3.1
3.3.10.4	最大值 Maximum value		X_{max}	
3.3.10.5	最小值 Minimum value		X_{min}	
3.3.10.6	标准偏差(相对于平均值的有效偏差值) Standard deviation (effective value referred to the mean)	$\widetilde{X}_{eff}=\sqrt{\frac{\sum_{1}^{N}(X_n-\overline{X})^2}{N}}$	$\widetilde{X}_{eff}$	3.2.3.2
3.3.10.7	均方根值 Root-mean-square value	$X_{rms}=\sqrt{\frac{\sum_{1}^{N}X_n^2}{N}}$	X_{rms}	3.2.3.3
3.3.10.8	峰峰值 Peak-to peak value	$\Delta X_{pp}=X_{max}-X_{min}$	ΔX_{pp}	3.2.1.12
3.3.10.9	幅值 Amplitude	正弦量 $X(t)$ 的最大值 $A=\frac{1}{2}\Delta X_{pp}$	A	3.2.1.11

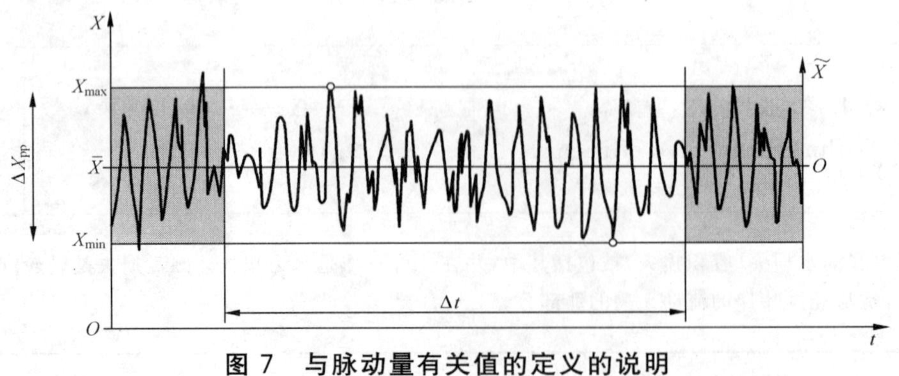

图 7　与脉动量有关值的定义的说明

3.3.11 流体动力学及比尺术语[1)]

子项	术语	定义	符号	单位
3.3.11.1	雷诺数[2)] Reynolds number	惯性力与黏性力的比值 $Re=\frac{Du}{v}$ 或 $\frac{Bu}{v}$ 见(5.3.1.1)	Re	—
3.3.11.2	弗劳德数[3)] Froude number	惯性力与重力的比值 $Fr=\left[\frac{E}{gD}\right]^{1/2}$ 或 $\left[\frac{E}{gB}\right]^{1/2}$ 见(5.3.1.1)	Fr	—
3.3.11.3	韦伯数[3)] Weber number	惯性力与表面张力的比值 $We=\frac{\rho L v^2}{\sigma^*}$ 式中: v——速度; σ^*——表面张力; ρ——密度; L——线性尺寸	We	
3.3.11.4	欧拉数 Euler number	压力与惯性力的比值 $Eu=\frac{\Delta p}{\rho v^2}$ 此处 Δp 为压差	Eu	—
3.3.11.5	损失分布系数 Loss distribution coefficient	可换算损失与相对总损失之比	V	—
3.3.11.6	可换算的损失 Relative scalable loss	$\delta=(1-\eta_h)V$	δ	—
3.3.11.7	不可换算的损失 Relative non-scalable loss	$\delta_{ns}=(1-\eta_h)-\delta=(1-\eta_h)\cdot(1-V)$	δ_{ns}	—
3.3.11.8	总的相对损失 Relative total loss	$1-\eta_h=\delta+\delta_{ns}$		—
3.3.11.9	水力效率差值 Difference of hydraulic efficiency	在不同雷诺数下,在两水力相似[4)]运行工况点水力效率的差值	$\Delta\eta_h$	—

1) 见 ISO 31-12:1992。

2) 对于径流式水力机械,雷诺数计算公式中的公称直径 D 采用 D_2。

3) 在其他科学手册中也可以查到这些参数的定义。

4) 见 5.3.1.2。

3.3.12 无量纲术语

机械性能可以由基于 $E=1,D=1$ 和 $\rho=1$ 或 $n=1,D=1$ 和 $\rho=1$[5] 的无量纲术语表示。

无量纲术语相对其他已有术语之间的关系见附录 A。

子项	术　语	定　义	符号	关　系
3.3.12.1	转速因数 Speed factor	$\frac{nD}{E^{0.5}}$	n_{ED}	$=\frac{1}{E_{nD}^{0.5}}$
3.3.12.2	流量因数 Discharge factor	$\frac{Q_1}{D^2E^{0.5}}$	Q_{ED}	$\frac{Q_{nD}}{E_{nD}^{0.5}}$
3.3.12.3	力矩因数 Torque factor	$\frac{T_m}{\rho_1 D^3 E}$	T_{ED}	$=\frac{T_{nD}}{E_{nD}}=\frac{P_{ED}}{2\pi n_{ED}}$
3.3.12.4	功率因数[1] Power factor	$\frac{P_m}{\rho_1 D^2 E^{1.5}}$	P_{ED}	$=Q_{ED}\eta_{hT}$（水轮机） $=\frac{Q_{ED}}{\eta_{hP}}$（水泵） $=\frac{P_{nD}}{E_{nD}^{1.5}}=P_{nD}n_{ED}^3$ $=2\pi n_{ED}T_{ED}$
3.3.12.5	能量系数 Energy coefficient	$\frac{E}{n^2D^2}$	E_{nD}	$=\frac{1}{n_{ED}^2}$
3.3.12.6	流量系数 Discharge coefficient	$\frac{Q_1}{nD^3}$	Q_{nD}	$=\frac{Q_{ED}}{n_{ED}}=Q_{ED}E_{nD}^{0.5}$
3.3.12.7	力矩系数 Torque coefficient	$\frac{T_m}{\rho_1 n^2 D^5}$	T_{nD}	$=\frac{T_{ED}}{n_{ED}^2}=T_{ED}E_{nD}=\frac{P_{nD}}{2\pi}$
3.3.12.8	功率系数[1] Power coefficient	$\frac{P_m}{\rho_1 n^3 D^5}$	P_{nD}	$=E_{nD}Q_{nD}\eta_{hT}$（水轮机） $=\frac{E_{nD}Q_{nD}}{\eta_{hP}}$（水泵） $=\frac{P_{ED}}{n_{ED}^3}=P_{ED}E_{nD}^{1.5}=2\pi T_{nD}$
3.3.12.9	空化系数(托马数) Thoma number	$\frac{NPSE}{E}$	σ	$=\frac{\sigma_{nD}}{E_{nD}}=\sigma_{nD}n_{ED}^2$
3.3.12.10	空化系数 Cavitation coefficient	$\frac{NPSE}{n^2D^2}$	σ_{nD}	$=\sigma E_{nD}=\frac{\sigma}{n_{ED}^2}$
3.3.12.11	比转速[2] Specific speed	$\frac{nQ^{0.5}}{E^{0.75}}$	N_{QE}	$=n_{ED}Q_{ED}^{0.5}=\frac{Q_{nD}^{0.5}}{E_{nD}^{0.75}}$

1) 这是基于转轮/叶轮的机械功率定义的，通常在模型上测定。

2) 国内习惯，$n_s=\frac{nP^{0.5}}{H^{1.25}}$，$n_q=\frac{nQ^{0.5}}{H^{0.75}}$，$n_s$ 单位为 m · kW，n_q 单位为 m · m³/s，n 单位为 r/min，P 单位为 kW，Q 单位为 m³/s。

5) 单位：H(m)；D(m)；E(J · kg^{-1})；n(s^{-1})；ρ(kg · m^{-3})；T(N · m)；P(W)；Q(m³ · s^{-1})。

3.3.13 与脉动量有关的无量纲术语

对于测量的脉动量的表达和分析公式，建议使用GB/T 15613.3—2008中5.1～5.4所定义的无量纲术语。它们由带有机械部件名称和单位值为角标的测量值的符号构成。例如$T_{G,ED}$定义为导叶力矩因数，即基于机械的水力比能和公称直径得出的作用在导叶上的力矩。用于定义测量的符号如下：

- 测量量

  F——力；
  M——力矩；
  p——压力；
  T——转矩。
- 机械部件的角标代号是：

  B——转轮叶片；
  D——水斗式水轮机折向器；
  G——导叶；
  N——水斗式水轮机的喷针。
- 力和力矩分量的角标代号是：

  a——轴向；
  r——径向；
  x,y,z——与机械有关的坐标轴。

下表列出了与振动量有关的无量纲术语。

子项	术　语	定　义	符　号
3.3.13.1	力矩因数 Torque factor	$T_{ED}=\frac{T}{\rho D^3 E}$	T_{ED}
3.3.13.2	力因数 Force factor	$F_{ED}=\frac{F}{\rho D^2 E}$	F_{ED}
3.3.13.3	力矩系数 Torque coefficient	$T_{nD}=\frac{T}{\rho n^2 D^5}$	T_{nD}
3.3.13.4	力系数 Force coefficient	$F_{nD}=\frac{F}{\rho n^2 D^4}$	F_{nD}
3.3.13.5	相对压力脉动 Factor of pressure fluctuation	$\widetilde{p}_E=\frac{\widetilde{p}}{\rho E}$	$\widetilde{p}_E$

3.3.14 单位参数

子项	术　语	定　义	符　号
3.3.14.1	单位转速 Unit speed	$n_{11}=\frac{n\cdot D}{\sqrt{H}}$	n_{11}
3.3.14.2	单位流量 Unit discharge	$Q_{11}=\frac{Q}{D^2\cdot\sqrt{H}}$	Q_{11}
3.3.14.3	单位功率 Unit power	$P_{11}=\frac{P}{D^2\cdot H^{3/2}}$	P_{11}
计算单位参数时，单位转速n_{11}单位为r/min，单位流量Q_{11}单位为m^3/s，单位功率P_{11}单位为kW，转速n单位为r/min，水轮机转轮公称直径D单位为m，水头H单位为m，流量Q单位为m^3/s，功率P单位为kW。			

4 水力性能保证值的性质和范围

4.1 概述

4.1.1 设计数据及商定值

需方必须对基于保证值的如基准断面、水位、水力比能(见 3.3.6.2)、水力比能损失等规定数据负责。需方还必须负责对机械的管道、电气和机械部分相互作用方面进行协调。

需方应向机械供方提供下列精确并足够详细的数据:

——水库的水位运行范围;

——从进口至出口水管的每一部分水力损失;

——包括阀门和闸门与水力机械相连接的水力管道的设计图纸;

——管道中与流态相关的情况,例如管道的模型试验结果;

——对于现有机械的修复改造,要特别注意现有机械的限制条件(例如开度等)。

应注意模型进出口的流态条件(见 5.1.2.4 和 5.1.3.3)。多数情况下,模型范围应稍超过高压和低压基准断面。模型试验应包括这些断面以符合本部分的要求。如果对原型条件已有理由认为其水力管道的总的流态不能完全在模型上再现时,合同中应规定采取的步骤,这其中包括规定模型水力通道的范围。在有些情况下,所采用条件的有效性必须由需方在模型试验之前通过电站的局部模型试验进行验证。

4.1.2 水力性能保证值的定义

原型水力机械,合同中应至少保证包括功率、流量和/或比能、效率、最大暂态飞逸转速、最大/最小暂态压力和最大稳态飞逸转速(对于水泵为反向飞逸)以及与空化相关的保证。

对于水泵,保证范围还可能包括最大比能(扬程)和零流量功率。零流量功率指叶轮在规定转速下在水或空气中旋转所消耗的功率。

保证值也可以对一个或各个运行点给出(见 4.2.2)。这些点可归结成机械的性能曲线,通常由供方提供。在有些情况下(如小水轮机),提供一个表就足够了。

根据目前技术水平,可对原型的一些保证值通过模型试验验证(见 4.2),另一些则不能通过模型试验验证(见 4.3)。然而,通过模型获得的辅助性能数据可作为预测原型运行的指导(见 4.4)。

4.1.3 相关量的保证

建议合同对相关量不应要求多于一种的保证,例如,对于可调节水轮机工况,可对效率相对流量或效率相对功率做出保证,但不能两者都保证。

4.1.4 保证格式

试验模型的原型性能是否能被接受,可以采用下列两种保证格式的一种:

a) 在考虑了比尺效应后,由模型试验结果计算原型水力性能的保证值。对于反击式水轮机,根据 GB/T 15613.2—2008 第 11 章考虑比尺效应。对于冲击式水轮机,若在合同中已同意,可按附录 K 考虑比尺效应。

b) 相对某一雷诺数下的模型水力性能的保证值,这须在合同中做出规定(雷诺数、弗劳德数以及冲击式水轮机的韦伯数)。

对于任一情况,必须满足 5.3.1 规定的模拟条件。

4.2 通过模型试验验证的主要水力性能的保证值

4.2.1 各种类型机械的保证量

通过模型试验验证原型或模型主要水力性能保证值的详细叙述见下面的 4.2.1.1~4.2.1.5。

4.2.1.1 功率

术语"功率"通常指转轮/叶轮的机械功率(见 3.3.8.3)。对于原型,当保证机械的机械功率时(见 3.3.8.2),机械功率损失就必须进行考虑(见 3.3.8.4)。

4.2.1.2 **流量和/或比能**

这是指机械在规定比能运行时基准断面处的流量(见 3.3.4.4)或指机械在规定流量下获得的比能。

4.2.1.3 **效率**

除非另有规定,否则术语"效率"是指水力效率(见 3.3.9.1)。当保证原型效率时(见 3.3.9.3),机械功率损失(见 3.3.8.4)或机械效率(见 3.3.9.2)必须给予考虑。

对于反击式水轮机,在最优点附近,由于雷诺数比尺效应引起的模型和原型效率间的关系,在 GB/T 15613.2—2008 第 11 章中已有很好解释。目前接受的换算方法是将此关系应用到整个效率保证范围内(见附录 F),然而,应承认在远离最优点处换算的可靠性较最优工况附近处要下降。

4.2.1.4 **稳态飞逸转速和/或流量**

最大稳态飞逸转速(见 3.3.4.12)或水泵工况反向飞逸转速的保证是必需的,在飞逸条件下最大流量的辅助保证也是需要的。

水轮机运行时,空载流量应为飞逸特性曲线的一部分(见 GB/T 15613.2—2008 图 31)。

4.2.1.5 **空化对水力性能的影响**

对于水力性能的保证,合同中应清楚地陈述水力条件(比能和净正吸入比能)。

原型水力性能的保证应包括空化的影响。根据目前工程经验,此种影响可以依据 5.3.1.5.1、5.3.3.3.6、GB/T 15613.2—2008 中的 11.2.3.7 和 11.3.2,通过模型试验决定。

考虑雷诺数的效率比尺换算的应用需根据 GB/T 15613.2—2008 中 11.2.4.2 规定的 σ 值限制范围内。如果 σ_{pL} 落在这个范围之外,合同中应另有规定。

在有些情况下,合同在空化规定方面可能包含一些附加条款,作为判据选择的空化系数(σ_d)值应低于电站空化系数 σ_{pl} 使有一安全裕量(见 GB/T 15613.2—2008 中的 13.5),合同中应对判据和安全裕量做出规定。

4.2.2 **各类型水轮机的特有规定**

4.2.2.1 **可调节水轮机(见 GB/T 15613.2—2008 中的 13.3.1)**

功率:应在一个或多个比能下达到;

流量:应在一个或多个比能下达到;

效率:需在一个或多个如下比能下需要保证如下:

——一个或多个规定的功率或流量处,或

——整个规定的功率或流量范围内加权平均效率,或

——整个规定的功率或流量范围内算术平均效率[6)]。

飞逸转速:当运行在最大或任何规定的比能下,稳态飞逸转速值没有被超过。

在双调节水轮机情况下,也应指明保证值是指导叶开度和转轮叶片安放角间关系保持最优(协联)或/和最大飞逸转速发生在最坏的非协联条件。

空化:在一个或多个比能,流量或功率下做出如 4.2.1.5 所示的保证值可能是需要的,通常对应于最小的 σ_{pL} 值。

4.2.2.2 **不可调节水轮机(见 GB/T 15613.2—2008 中的 13.3.2)**

功率:在整个规定的比能范围内功率需达到值或不能超过的值[7)]。

流量:在整个规定的比能范围内,流量达到和/或没有超过,该值通常由相应的功率保证值代替。

效率:需保证的值如下:

——在一个或多个比能下,或

——在规定的比能范围内的加权平均效率,或

——在规定的比能范围内的算术平均效率[8)]。

---

6) 加权或算术平均效率和一系列单个效率不能同时做出保证。

7) 相应于规定比能条件下的功率的合同限制,见 GB/T 15613.2—2008 中的 13.3.2。

8) 加权或算术平均效率和一系列单个效率不能同时做出保证。

飞逸转速：当机械运行在最大比能下，稳态飞逸转速值没有被超过。

空化：如 1.4.2.15 所示，一个或多个比能下作出保证可能是需要的，通常相应于最小的 σ_{pl} 值。

4.2.2.3 不可调节/可调节水泵(见 GB/T 15613.2—2008 中的 13.3.3)

功率：在整个规定的比能或流量范围内，功率没有被超过。

流量和/或比能：在比能规定范围内的流量或规定流量范围内的比能，包括达到值和/或不能超过值。

效率：在如下一个或多个比能或流量下的保证值是必要的：

——在一个或多个比能或流量下，或

——在整个规定比能或流量范围内的加权平均效率，或

——在整个规定比能或流量范围内的算术平均效率[1]。

飞逸转速：当水泵运行在最大比能下，最大稳态反向飞逸转速没有被超过的保证值。

在双调节机械情况下，应明确保证值是在导叶开度和转轮叶片安效角保持最优(协联)或/和最坏的非协联情况下的最大飞逸转速。

空化：如 4.2.1.5 所示，一个或多个比能，流量或功率下的保证值可能是必要的，通常相应于最小的 σ_{pl} 值。

4.3 模型试验不能验证的保证值

下列保证值不能通过模型试验验证。

4.3.1 空蚀的保证

空蚀量只在原型上保证。原型上这一保证值的评价将依据 GB/T 15469.1 和 GB/T 15469.2 的建议进行。

模型试验中通过可视观察可以发现一些空蚀的潜在区域(见 5.3.3.3.6)。

4.3.2 最大瞬态过速和最大瞬态压力上升的保证值

瞬态过速(包括瞬态飞逸转速)和压力上升主要取决于水管道的几何尺寸(钢管长度、调压井等)、机组旋转部件的惯性和导叶的操作规律。因此它们不能由模型上的动态试验直接决定，因为模型试验既不能再现应用管道的所有范围、机组的惯性，也不能再现调速器的特性。然而，经转换到原型的稳态模型试验数据可以为之提供数值，这些数值可使瞬态现象的计算具有足够精度。

4.3.3 噪声和振动的保证值

通过模型试验确定原型的噪声和振动超出了本部分的范围。本部分仅作为评价上述现象的水力原因的辅助手段(例如，通过分析压力脉动或其他动态负荷)。

4.4 辅助性能数据

可以从模型试验中获得辅助数据并可以作为预测原型运行的指导：

a) 压力脉动见 GB/T 15613.3—2008 中的 5.1；

b) 轴力矩波动见 GB/T 15613.3—2008 中的 5.2；

c) 水推力，包括轴向力和径向力 GB/T 15613.3—2008 中的 5.3；

d) 在整个运行范围内，导叶和可调节转轮/叶轮的水力矩，或作用在喷针和折向器上的水作用力；

e) 包括泵的叶轮在水或空气中旋转，零流量(断流)时的功率和比能在内的四象限运行特性 GB/T 15613.3—2008 中的 5.5；

f) 与原型指数试验有关的差压测量 GB/T 15613.3—2008 中的 5.6；

g) 双调节机械情况下，最优性能协联关系(导叶和转轮/叶轮叶片开度的关系)GB/T 15613.2—2008 第 11 章也可以规定以确定其他辅助性能数据，例如机械不同部件处的速度或压力分布。

5 试验的执行

5.1 对试验台和模型的要求

5.1.1 试验室的选择

任何一个在总体布置、仪器数量和功能方面能满足本部分的都被认为是适合的，有时选择一个中立

试验室是合适的，特别是对不同制造厂的模型进行比较试验时。

5.1.2 试验台

5.1.2.1 试验管路的一般特性

当模型出现空化现象的时候，试验管路其他部位不应发生影响设备稳定或其满意运行或模型性能测量的情况。

模型试验中由于空化导致的汽泡不应影响测量仪器的性能，特别是流量和压力测量装置。

在流量测量仪器和模型之间，试验管路应设计成不漏水或不让额外水进入的状态，该情况应易于验证。

5.1.2.2 试验台的能力

试验台能力(例如功率、压力、比能、流量和 *NPSE*)应适合于模型尺寸最小值和满足 5.3.2.2 中的试验条件。

试验的运行应是稳定和稳态的而没有振动或波动效应(见 5.3.2.3)。

5.1.2.3 水的条件

试验用水应是洁净、清澈的，无可能影响到像黏度和汽化压力等特性的任何固体悬浮物和化学物质，试验前应尽可能排除自由气体和汽泡。

试验时应记录试验台用水中的气体含量(见 5.3.1.6.2)，包括存在和溶于水的气体，这在考虑空化试验结果的重复性和以比较为目的时尤为重要。应在接近于模型的进口处测量(见 5.5.3.2)。

封闭管路的经验表明，水中溶解的空气可以产生核，核的含量在迁移着的空化中扮演了主要角色[9)]。它明显地影响了空化行为和最终空化特性(见 5.3.1.5、5.3.1.6.2、GB/T 15613.2—2008 图 47 和图 48)。

应考虑通过使用合适的比能和/或核注入等试验以考虑空化相似。

原则上水温不应超过 35 ℃，并且在试验期间不应有显著的变化(例如每天 5 ℃)。水温和仪器的环境温度间应该避免大的差别，因为它们可能影响测量精度。

5.1.2.4 由试验台给定的流动条件

在模型进口，试验设备应确保水力条件有利于远离涡带、不该有的湍流和不稳定流。

在模型出口，流态不应受到试验台的布置或结构的影响。

5.1.2.5 测量仪器

决定主要参数的测量设备应满足本部分规定的条件。

每一个仪器被国家或国际标准认可的可追溯性应得到保证。所有仪器应进行原位标定，特别是流量和力矩测量仪器。

为了便于验证，测量仪器独立于数采系统的直接读数应是可能的。

5.1.3 模型要求

5.1.3.1 模型尺寸

5.3.2.2 中确定了模型尺寸的最小值。

正常地，模型不能小于上述值且应尽可能地大，对于与主要水力性能保证值相关的所有试验和空化的影响试验应使用同一模型(见 4.2)。比较模型试验应在相同尺寸的模型上完成。

5.1.3.2 模型的布置和结构设计

模型的布置和结构设计应满足试验规定的项目。下列内容应给予仔细考虑：

——通过适当的设计和材料的选择，在选定的试验水头下，应使由于负荷作用引起的变形最小；

——结构中需要改变不同几何形状的部件(例如转轮/叶轮、导叶、喷嘴)应能保持在同一位置下重复使用；

---

9) 核是指半径小于 50 μm 的小气体或汽泡，迁移着的空化必须有汽泡随水流的运动。在混流式水轮机的出口，迁移着的空化是一种典型的现象(见附录 P 参考文献[1])。

——轴承系统，轴和转动部件应有足够的刚度，以避免在正常试验时碰到迷宫环；
——建议流道是水力光滑表面。

此外对表面条件有一个总的要求，为了避免局部脱流，应特别注意联接部位的匹配：

——应选择可避免氧化和电化学腐蚀的材料，在实验期间，过流表面应保持良好的状态；
——为了流道的易于清理或修复，模型应分成几个部件；
——为了观察转轮/叶轮和尾水管邻近部分的流态（多级泵的低压级），应有一个透明的锥管或观察窗；
——当进行比较模型试验时，若轴密封和轴承是模型中的一部分（例如多级机），则应对这些部件采用相同设计；
——在同一模型上进行不同叶轮/转轮的比较试验时，所有转轮/叶轮应具有同一间隙；
——当进行辅助特性试验时（例如压力脉动，导叶水力矩，速度分布），模型应该易于安装和检查相应的测量设备；
——如果出现任何不模拟条件（例如转轮下环/上冠厚度、间隙设计等的不同），要对不同之处进行分析说明并且应取得互相认可。

5.1.3.3 模型范围

基准断面位置和模型上包括的从进口到出口的水力通道范围应在合同中明确规定（至少是高压至低压基准断面之间部分，见图1和GB/T 15613.2—2008中图20的示例）。

影响原型性能的所有水力通道，例如进出流条件应尽可能地包括在模型中。

特别是对于低比能水轮机，建议模型范围是从原型进口至尾水管出口。

模拟上下游的闸门槽是不必要的，除非它们被设置在机械的测量或基准断面之间，这些部件对机械水力性能影响情况可以从模型验收试验以外的另外试验中获得。

5.1.3.4 模型和原型的几何相似

5.1.3.4.1 总的要求

从模型试验决定原型性能的一个基本要求乃是模型和原型间必须几何模拟，因此有必要比较两个机械的几何尺寸和所有与水流接触部件的表面粗糙度。

模型和原型间的几何模拟可以根据5.2检查。

除非有另外规定，模型都应与原型的过流部分是几何模拟的且在5.1.3.3中所定义的限值范围内，这里还应包括对性能有一些影响的细节。然而，在个别情况下，由于相似上的一些较小偏差是不可避免的，那么不管是否需要对结果进行修正，都应该对此进行商定。

在对模型和原型都进行验收试验的情况下，如果可能，应采用同一测量断面。

对于模型比较试验，所有模型水轮机都应有相同的旋转方向。

5.1.3.4.2 多级机械

正常情况下，模型试验应该与原型具有相同数目的级数。

对于四级或更多级的原型，在个别情况下，模型试验可以在减少的级数上进行，例如对于四级的原型可以采用三级模型试验。

5.1.3.4.3 迷宫密封和轴向力平压措施

由于结构上的原因，不可能或不可能期望（特别在大的缩比情况下）模型和原型间的轴和转轮/叶轮密封间隙和轴向力平压措施方面也几何相似或水力等效。在这种情况下，模型和原型间的漏水损失和轴向力系数是不同的。这种差别可以忽略也可准确估计以计算出原型的水力效率或轴向力。

试验前应关心监视和测量漏水量 q'（见图6）并在确定机械性能时是否予以考虑应达成一致意见。

5.2 模型和原型尺寸的检查

参照GB/T 10969水轮机通流部件技术条件执行。

5.3 水力相似、试验条件和试验程序

5.3.1 水力相似

5.3.1.1 理论基本要求和模拟数

理论上，为了获得两个水轮机 A 和 B 的水力相似(这里 A 代表模型，B 代表原型)，下述条件应该满足：

a) 机械 A 和机械 B 应几何模拟；

b) 作用在每一个机械上的流体和部件间各种力有确定的比率。

这些比率由无量纲术语确定，并由相似数识别。

本部分中，主要的相似数如表 2 所述。

表 2 相似数

相似数(符号)	力的比值	总的定义	本部分使用的定义
雷诺数(Re)	惯性力/黏性力	$\frac{v_c \cdot L_c}{\nu}$	见 3.3.11.1
欧拉数(Eu)	压力/惯性力	$\frac{\Delta p_c}{\rho \cdot v_c^2}$	见 3.3.11.4
空化系数(托马数)(σ)		$\frac{NPSE}{E}$	见 3.3.6.6
弗劳德数(Fr)	惯性力/重力	$\frac{v_c}{(gL_c)^{1/2}}$	见 3.3.11.2
韦伯数(We)	惯性力/表面张力	$\frac{\rho \cdot L_c \cdot v_c^2}{\sigma^*}$	见 3.3.11.3

L_c——特征长度；
v_c——特征速度；
Δp_c——特征差压值；
σ^*——流体的表面张力。

通常，不可能选择同时满足各种相似数的试验条件。因此，所考虑的相似条件应该是对结果有最大影响的一种。

在多数模型试验中，不可能获得相应于原型的相似数。因此，当将这些结果转换到原型条件时，必须对模型试验结果进行修正。如果模型性能数据的雷诺数与规定雷诺数不同，也要进行这种修正。

5.3.1.2 本部分中采用的水力相似条件

从上述基本要求中可知，若下述条件被满足，可以使两台机械 A 和机械 B 在水力相似运行条件下运行：

a) 5.1.3.4 和 5.2 中规定的 A 和 B 几何相似要求被满足；

b) 两台机械在任何相似点的相应速度矢量的比值是确定的，转轮/叶轮相应的速度三角形几何相似(由其绝对速度、圆周速度和相对速度组成)。

由此，在相应的运行工况点，两台机械有确定的流量，比能和空化系数(见 3.3.12)；

相同的流量系数 $(Q_{nD})_A=(Q_{nD})_B$

和相同的能量系数 $(E_{nD})_A=(E_{nD})_B$

和相同的空化系数 $(\sigma_{nD})_A=(\sigma_{nD})_B$

或确定的流量因数和转速因数及空化系数(见 3.3.12)

相同的流量因数 $(Q_{ED})_A=(Q_{ED})_B$

和相同的转速因数 $(n_{ED})_A=(n_{ED})_B$

和相同的空化系数 $\sigma_A=\sigma_B$

这些系数和因数的相等表征了两台机械的水力模拟，这在根据第 4 章所保证或规定的“水力”特征和/或数据方面是很重要的。

其他在“机械”方面为很重要的相似条件(例如流体弹性等)不包括在本部分中。

5.3.1.3 不同类型模型试验的相似性要求

表3给出了原型及其相关模型相似条件的概述。

为了使模型和原型达到水力相似,不管进行何种形式的试验,至少流量、比能或转速及空化(如果空化可能有影响的话)应完全满足5.3.1.2中的b)项。

以下条款5.3.1.4、5.3.1.5和5.3.1.6给出了本部分中包括的各种相似条件的影响。

表3 各种类型模型试验的相似性要求

反击式水轮机	
试验类型	需遵守的相似条件和建议
能量试验	空化对比能、效率和功率所引起的可能影响应在空化试验中对所选定的工况点(变化σ)进行校核,这与商定在$\sigma_M=\sigma_{pl}$或$\sigma_M>\sigma_{pl}$下进行此试验是两回事。
	效率、功率: 在保证范围内应考虑Re影响(见5.3.1.4.1),因为通常$Re_M<Re_P$,故对效率和功率应予修正,见GB/T 15613.2—2008中的11.2.4。
	流量、比能: 这里设想Re及Fr对其无影响。
空化试验	应考虑Fr、Re及水质的影响(见5.3.1.6),若$Fr_M\neq Fr_P$,至少应遵守$\sigma_M=\sigma_{pl}$(见5.3.1.5)。
飞逸试验	这里设想Re及Fr对其无影响。空化的影响应予考虑。
四象限试验及辅助性能试验	这里设想Re及Fr对其无影响。在某些运行范围及有些情况下,空化的影响应予考虑。
冲击式水轮机	
试验类型	需遵守的相似条件和建议
能量试验	对能量试验,推荐遵照Fr相似准则(见5.3.1.5.2)。
	效率、功率: Fr、We和Re数的影响按GB/T 15613.2—2008中的11.2.4及附录K考虑。
	流量、比能 这里设想Fr、We和Re数和空化对其无影响。
空化试验	通常不进行。
飞逸试验	这里设想仅需考虑Fr相似准则。
辅助性能试验	这里设想Fr、We和Re数和空化对其无影响。
注:这里设想存在一σ的下限值,低于此值,雷诺数的影响可以不再考虑,这是由于此时两相流的影响是起决定作用的。	

5.3.1.4 雷诺数相似

5.3.1.4.1 反击式机械

若水流处于水力光滑区,则摩擦损失主要由雷诺数决定,因为按公称直径(或一个部件的特征长度)的模型雷诺数通常比原型雷诺数小,摩擦损失和总损失的比值,也是模型比原型的相应比值要大。因此,在多数情况下,模型效率总是比原型效率低一些。

所以,在保证工况范围内,摩擦损失与总损失的比值是很重要的,当基准的雷诺数不同于测试时的雷诺数时,需要改正模型的效率和功率因数或系数,例如,将模型结果按比例增加到原型条件(见GB/T 15613.2—2008中的11.8)。

不考虑雷诺数的影响之处为:

——在保证效率范围内，如果空化的影响使效率下降大于 0.5%按 GB/T 15613.2—2008 中的 11.8.2.4.2执行；

——超出保证范围，例如，在偏离设计工况很远处，此外摩擦损失与总损失的比值很小。例如，适用于下列情况：

- 飞逸工况；
- 水泵关闭工况；
- 水泵水轮机四象限运行（在保证运行范围之内者除外）。

5.3.1.4.2 **冲击式水轮机**

雷诺数对水力效率的影响参见附录 K 和 GB/T 15613.2—2008 中的 11.8.2.4。

5.3.1.5 **弗劳德数相似和空化试验**

出现下述试验情况时，模型试验中应满足弗劳德数相似：

——双相流（如，转轮叶片上大片产生空化的区域、尾水管涡流区或在空气中有排水、溅水的水斗式水轮机的机壳内部）；

——具有自由水面的流动（如有可能出现自由涡的水泵进口）。

在电站条件下，当性能受到转轮/叶轮叶片内的空化水流或尾水管内出现空化旋涡时，弗劳德数对冲击式水轮机和低比能的反击式水轮机的影响尤为重要。

空化试验时，整个转轮/叶轮尺寸的最高点和最低点间垂直距离相对于电站水轮机/水泵的水头（扬程）很显著时，应考虑弗劳德数相似的应用，低比能运行的大型卧轴机械就是这种情况。

5.3.1.5.1 **反击式水轮机的空化试验**

a) 空化基准面 z_c

空化基准面 z_c 应对应空化发生的位置来选择，这会导致空化基准面 z_c（见 3.3.7.7）与在 3.3.7.6 中定义的机械基准面 z_r 不同，因为发生最大空化的位置不一定在 z_r 处。机械安装高程的水位 z_r 和 z_c 的几何关系见图 8。下面公式给出了适用于模型和原型对应的 σ 值之间的关系。国内工程实践中，通常空化基准面 z_c 简化为导叶中心线。

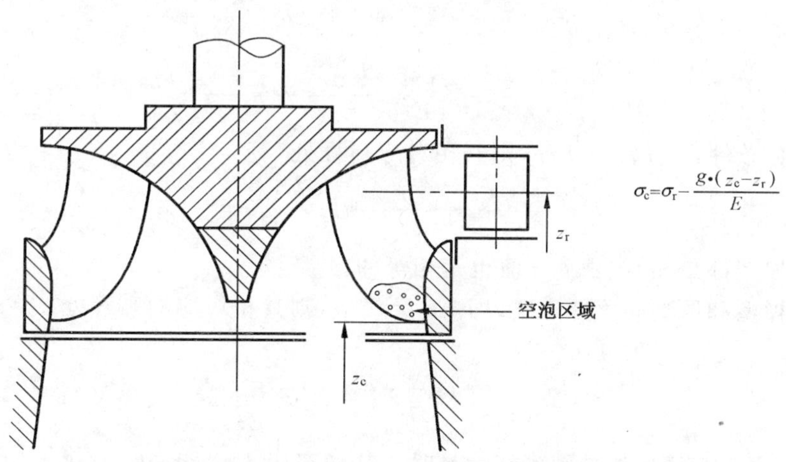

图 8 混流式水轮机基准面 z_r 空化基准面 z_c 间的关系

b) 应用弗劳德数相似的空化试验

除非合同中另有规定，空化试验可以在大尺寸模型上用具有与原型相同的主轴型式（竖轴式或卧轴式），且在弗劳德数相似要求的比能下进行。

由此，模型与原型各相应高程处具有相同的空化系数，在图 8 和图 9 中采用了相应的空化基准面 z_c。

c) 不完全应用弗劳德数的空化试验

如相对电站水轮机/水泵的水头而言，原型的尺寸不占很大比例时，模型试验时采用 σ_{pl} 便能使模型与原型的空化模态达到足够相似。然而，模型与原型间采用相应的空化基准面 z_c 是十分重要的。

当弗劳德数相似导致模型尺寸过大或比 5.3.2.2 中的比能最小值还要小时，就不能应用弗劳德数相似条件。

不应用弗劳德数相似的各种情况下，在模型和原型的各相应高程处不能同时获得相同的空化系数 σ，建议在试验前相互同意的情况下，采用对应的基准高程 z_{cP} 和 z_{cM}（遵守空化系数相等，$\sigma_{cP}=\sigma_{cM}$）（见图 9）。

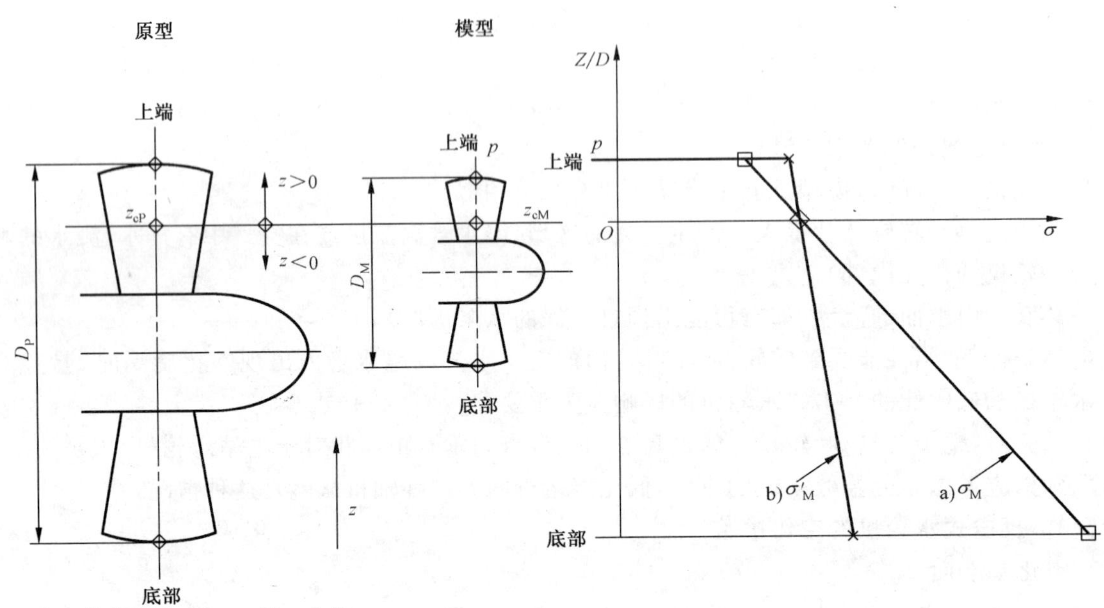

a） 遵守弗劳德数：$Fr_M=Fr_P$ 由此 $\sigma_M=\sigma_P$

b） 不遵守弗劳德数：$Fr_M>Fr_P$ 由此 $\sigma'_M\neq\sigma_P$

图 9　z 高程处原型与模型间的 σ 值

卧轴机组模型与原型最高点与最低点之间的关系见图 9，如下：

$$\sigma_{底部}=\sigma_c-\frac{g\cdot(z_{底部}-z_c)}{E}=\sigma_c-\frac{g\cdot Z_{底部}}{E}$$

$$\sigma_{上端}=\sigma_c-\frac{g\cdot(z_{上端}-z_c)}{E}=\sigma_c-\frac{g\cdot Z_{上端}}{E}$$

若遵守弗劳德数条件，即 $Fr_M=Fr_P$，则其相对应高程处

$$\frac{g\cdot(z-z_c)}{E}\quad 或\quad \frac{g\cdot Z}{E}$$

的比值对于模型和原型都是相等，由此 σ 值也是相等的。

若弗劳德数在模型和原型间不能遵守，即 $Fr_M\neq Fr_P$，则其相对应的高程处 $z\neq z_c$，$\sigma_P-\sigma'_M$之间的差值为[10)]：

$$\sigma_P-\sigma'_M=g\left[\frac{(z-z_c)_M}{E_M}-\frac{(z-z_c)_P}{E_P}\right]$$

在空化试验时，当弗劳德相似准则不能满足时。其净正吸入比能或其空化系数必须调整以覆盖合同中所规定的各种条件（尾水位的变化），并在最小的 σ_{Pl} 和合同规定的值如 σ_d 之间有安全裕量（见 3.3.6.10），以考虑如图 9 中所示的 $\sigma_P-\sigma'_M$差值。

在有些情况下，可采用的空化基准面可多于一个，如在大型卧轴贯流式水轮机时，其性能特性可以在空化系数相对于位于转轮上端的 0.2D 处，或相对于转轮上端处，或相对于转轮轮毂处进行测量，双

10） 当水力比能 E_M 比弗劳德数条件所要求的大时，即 $(z-z_c)_M/E_M<(z-z_c)_P/E_P$，对所有空化基准面之上的相似高程则有 $\sigma'_M>\sigma_P$（模型的空化条件好于原型）。对所有相似高程在所选择的空化基准面之下，则相反。

方应予商定以形成可依据的试验程序和形成对试验结果的随后解释。

d) 水泵水轮机的空化试验

对水泵水轮机，原则上对水轮机工况和水泵工况应采用3.3.6.6或3.3.6.7定义的相同的空化系数。

5.3.1.5.2 冲击式水轮机性能试验

由于冲击式水轮机机壳中存在两相流，使得冲击式(即水斗式)水轮机的效率受弗劳德数影响强烈。因此，建议在冲击式水轮机的模型试验中，选择适合于弗劳德数相似的比能。

5.3.1.6 其他相似条件

5.3.1.6.1 韦伯数

虽然本部分中未考虑任何有关韦伯数的影响(附录K除外)，但是应该说明的是，韦伯数对于发生在冲击式水轮机机壳中的两相流来说非常重要。韦伯数决定水滴的扩散度，并对风损和/或射流干扰有影响。

通常对于冲击式水轮机模型试验来说不可能同时对弗劳德数和韦伯数相似进行模拟。弗劳德数相似在大多数情况下可以满足，因为弗劳德数相似的影响比韦伯数相似更占主导作用，因此在大多数情况下保证弗劳德数相似。

5.3.1.6.2 空化核含量对空化形态和性能的影响

根据研究资料(见附录P参考文献[1]和[3])，水中的核(不可见的空气或气泡，半径小于50 μm)含量对空泡的可视程度和得出的空化特性影响很大。

目前，无法确定所需核含量和溶解气体含量的最低值，因为相关参数，例如：机械型式、比能等的影响尚未得到满意的结论。

核含量的测量见5.5.3.2。空化从出现到能够被观测到取决于空化的型式，它是与机械型式相关联的。特别对于中高比转速的混流式水轮机转轮空化试验而言(σ-变化)，空化通常发生在转轮出口处，其重要之处是水中含有足量的核，以便它们能在局部压力等于汽化压力的区域内成长。

原型测量表明通常水中含有足量的核，只要出现汽化压力，则空化可以在转轮/叶轮的任何区域发生。

然而，对于有封闭管道的试验装置来说，在空化试验时，由于从水中排气的影响，核的数量和尺寸都相对减小。结果导致在规定的σ值(例如σ-电站)下，在低压区核含量不足，使可视的空化减少。

因此，就空化而言，若模型水中核含量能够确保只要局部压力等于或小于汽化压力的模型所有区域内均能使空化发展，就认为模型的水质与原型的水质相似。这意味着，在这种条件下，由于空化的影响所发生可视空化的区域范围和最终引起的效率下降可以不再受不同试验条件的影响。这可以通过从转轮/叶轮上游向水中注入核以改变其含量或通过提高试验比能来检验，当然这样违背了弗劳德数相似。

5.3.2 试验条件

5.3.2.1 试验条件的确定

不同类型试验的试验条件基于如下进行选择：

——试验台的试验能力及其测试仪表；

——模型装置的尺寸大小及其结构设计；

——保证和/或规定的运行范围。

能量和空化试验采用同一模型。

对原型已给出保证值或规定数据，则模型试验所要求的参数可根据水力相似计算而得(见5.3.1.2中的b)项)。

有必要对以下几个方面进行考虑。

——满足表4中允许的最小值；

——模型设计中有关机械方面的限制条件应予检查；

——由于试验台设计和运行以及可采用仪器方面的限制应予考虑。

用来作对比试验的模型应该是有相同尺寸，而且应该在相近的雷诺数条件下进行试验(见5.1.3.2)。

进行能量试验时，为减少测量的相对误差，有时推荐选择高于最小值的比能进行试验以获得较高的雷诺数(冲击式水轮机为弗劳德数)使之更接近于原型值。

不必要求空化模型试验的比能与原型的值相同,不过,通常不希望在十分低的比能的情况下进行试验,因为在低压区中试验由于有含气量析出的危险会降低测量的精确度。

根据以上条件,模型参数的绝对值范围,即各种试验的试验条件可由以下定出:

——速度或水力比能;

——流量;

——功率和/或转矩;

——净正吸入比能(对于反击式水轮机)。

5.3.2.2 **模型尺寸的最小值和应满足的试验条件**

为了在模型和原型之中得到较好的水力相似,除了模型和原型几何相似和模型和原型表面粗糙度按5.1.3.4和5.2中的规定外,应限定模型尺寸最小值,雷诺数及比能并列于表4。

满足这些最小值的目的在于:

——采用正常的制造工艺可保证所需的尺寸精度。

——可获得足够测量精度的试验结果。不需考虑其他试验条件是否可接受(例如由于空化试验时空气和气体分离)。

——由于采用合适的雷诺数和弗劳德数进行试验,可减少原型与模型间的比尺影响。

不同的最小值彼此是独立的,并且都应该满足的,通常,模型应尽可能大,但绝不应比规定的值小。

表4 模型尺寸最小值及试验参数

参数	机械型式			
	径流式(混流式)	斜流式(斜流式)	轴流式(轴流转桨式和灯泡式)	冲击式(水斗式)
雷诺数 Re(—)	4×10^6	4×10^6	4×10^6	2×10^6
单位比能(每级) $E/(J\cdot kg^{-1})$[1)]	100	50	30[2)]	500
公称直径 D/m	0.25[3)]	0.30	0.30	……
水斗宽度 B/m	……	……	……	0.08

1) 在遵守弗劳德数相似条件下进行空化试验,所选的比能值可导致雷诺数低于规定值。

2) 若 $D\geqslant0.4$ m,则 $E_{min}=20\ J\cdot kg^{-1}$。

3) 对于径流式水力机械,公称直径 D 为 D_2。对低比速水泵和水泵水轮机若其外径等于或大于0.5 m时,则其公称直径在 $0.2\ m\leqslant D_2\leqslant0.25$ m内应该是允许的。

5.3.2.3 **试验状态稳定性**

各种测量数值的波动是不可避免的,这样的波动在很大频率范围内是呈周期或随机性的,这些波动可以由试验台引起(如:增压泵,节流装置,低压控制系统等)及/或由于模型装置所引起(如:尾水管中的旋涡,转动时脱流等)。模型试验时,在所有工况点获得可重复的稳、恒态运行条件是十分重要的,在原型的保证运行范围内尤为重要。

5.3.2.3.1 **测量期间的稳定性和波动**

每个工况点测量之前及期间,试验台的运行稳定性对同一工况点不同测量值的重复测量结果应在规定的随机不确定度之内(如对效率接近最佳效率时在0.3%之内)。这也意味着流量、比能、速度和净正吸入比能的漂移应在很小范围内的波动(例如在±0.3%)之内。漂移效应一般引入系统错误,并将因此而被消除。

如果试验台配置合适的数据采集系统,测量每一点期间的波动可通过测量数的标准偏差或导出随机不确定度的方法来检查。如果波动影响结果，可能需要采用线性的水力缓冲装置(见GB/T 15613.2—2008中的6.3.4)，可能需要调节电信号的滤波(见GB/T 15613.2—2008中的4.4.3.2)，调整试验条件或运用其他方法以消去这些影响。当然，这些方法应不影响测量结果。

5.3.2.3.2 工况点的调节

当被测量的工况点按合同规定的无量纲量值(速度因数，流量因数，空化系数或其他无量纲量)确定时，调节试验条件时应尽可能接近这些规定值是必要的，对于速度因数、流量因数或功率系数或因数的测量值与规定值之间偏差不应超过±0.5%，空化系数或托马列数不应超过±0.3%。

5.3.3 试验步骤

5.3.3.1 试验的组织

当规划模型试验时，通常应在准备组织和实施方面给予澄清并经有关各方同意。

5.3.3.1.1 模型试验的技术规范

模型试验的技术规范是规划和准备模型验收试验以及起草详细的试验大纲的基础(见5.3.3.3.2)。模型试验规范通常是业主方或其工程师单位颁发的整个项目中的总体技术/或商务规范中的一部分(如水轮机或转轮改造的制造及供货)。

这些项目中，模型试验规范中应规定：

——模型试验的目的、范围和内容；

——有关保证的及规定的电站数据；

——有关试验标准；

——模型比例和/或尺寸；

——模型或其某些部件的生产地点；

——模型试验地点；

——试验结果的各种文件(试验报告)；

——试验时间，至少应说明模型试验工作的起始和结束日期。

5.3.3.1.2 试验日程

应商定日程，至少应说明各个阶段、截止日期和/或以下项目的持续时间。

——模型图的提交(特别是给出模型结构和模型装置高低压过渡段的主要尺寸)；

——试验设备的描述(包括标定的方法，试验结果的计算及表达方式和预期的不确定度)；

——仪器标定；

——模型几何尺寸的检查；

——初步和验收(或见证)试验以及在模型对比试验情况下的各模型的试验次序；

——试验报告。

无论制造商其在自身的试验室或在其他地方的试验室都应给予足够的时间来制造模型，进行必要的尺寸检验和进行自身的预备试验，如在初步或验收试验期间，试验设备或模型装置出现缺陷，则双方应商定修改日程或/和试验大纲。

5.3.3.1.3 人员及其职责

试验开始前，应在事先充裕的时间内任命需方负责人和/或其工程师、供方负责人及独立试验室负责人，他们的责任和权利应予明确，以便使试验准备和进行期间出现的任一问题能很快解决。

在整个涉及合同事项的试验以及模型和原型的检查及尺寸测量，供需双方应有授权代表在场，以便确认所完成的项目是遵循标准和事先的协议进行的。

进行试验时(如5.3.3.3.1所述)应该指派一个试验负责人。

试验负责人应从在该处进行试验的模型试验室专业人员中选出或按双方商定的协议，指定一位中立的专家作为试验负责人，试验负责人将对仪器的正确标定，试验的执行和结果的计算包括测量的不确定度的确定和最终试验报告中的试验结果资料承担全部责任。试验负责人应考虑任一方参加试验的正式授权代表的意见和建议，当模型试验在一个独立的或外部的试验室进行时，供方应在整个模型试验活动中在场，包括安装和各种预备试验。

试验应由对试验设备有经验的人员来进行。

5.3.3.1.4 模型设计和试验安装准备

为准备模型和试验设备，模型试验的技术规范(见 5.3.3.3.1)中应提供所有模型械设计和制造的有关细节。如：

——模型中高和低压侧包括的范围；

——压力测量断面的位置；

——观察窗的位置和数量；

——更换和/或调节模型中部件的规定；

——各种特殊试验的规定(空化试验的录像、压力脉动、导叶力特性、轴向或径向推力，速度分布等)；

——各项规定试验的试验条件；

——几何参数的调节范围(如最大导叶开度等)。

此外，应对所有试验项目给出足够数据来确定其试验范围和条件，以便于模型装置的设计并按当代技术水平进行准备。这样才可能进一步选择合适的试验设施，并检查模型在试验台上的总体布置，如有必要，还可修改或重新安排试验台中的某些已有部件。

建议进口和出口部分、测压断面的定义位置以及测压点的数量在模型设计的前期就商定。

5.3.3.1.5 测试设备和试验数据的处理

所选定试验室的负责人或试验负责人应该向需方或其工程师提供装于试验台上各标准测试设备的描述，包括测量和校正方法，包括标定结果的处理、试验数据和试验结果的记录等。

在有些试验中，装有两个或更多的仪器用于测量某一量值，则只有其中之一的测量信号值或指示值用于计算结果，而其他的仅仅用于参考或作为功能性的控制用。

有时，试验结果计算的一些步骤中，采用了多于一个计算机系统，在这种情况下，涉及量的评估步骤应该详细地规定。应商定哪些量值是在线处理的并当时以记录或图表形式示出，和哪些试验结果需在以后计算并记录。

5.3.3.1.6 尺寸检查

试验验收之前，期间或之后将被检查的部件应明确规定，尺寸检验的方法和大致范围及检验尺寸的数量(见 5.2)应有充足的时间商定，以便能准备相应的文件资料及测量设备。如果双方认可，在验收期间也可只进行抽样检查。

5.3.3.2 检查与标定

初步试验和/或验收试验刚开始前，模型、试验台、测试设备和数据采集和处理系统应由双方代表和试验负责人彻底检查以确保试验结果不受任何模型或试验设备中机械、结构方面或其他缺陷所影响。

试验前或试验完成后，若双方中有一方提出，则所有的测试仪器应该用原级方法进行标定。如果标准的测试设备出现严重问题，则在试验期间进行重新标定是必要的。例如：一个仪器或一个测量环节或一个测量信号在其零点或其参照基准出现较大的和系统的偏差时就是如此。

在初试验或验收试验开始之前，双方应商定各种标定的方法和范围以及步骤(抽样检验或全部标定)。基于由试验室负责人或试验负责人所提出的有资质的证书，双方可以商定对某些仪器可采用最近标定过的数据而不再进行进一步的标定或检查。

5.3.3.2.1 模型装置的检查

——按模型图纸鉴别模型部件(尤其是试验期间是否准备更换或修改某个部件)；

——按 5.2 进行几何尺寸记录；

——用于计算试验结果的特征尺寸(高压和低压测量处的面积)；

——密封间隙和/或叶片端部间隙；

——导叶安放角的单个值和平均值或喷针开度和/或转轮/叶轮叶片开度；

——不同部件的表面质量、夹杂和局部缺陷；

——部件间连接处的配合状况；

——与模型图上的参考尺寸的符合程度。

若机械故障或缺陷在试验期间出现(见5.3.3.4)，或是在见证试验结束时出现，且双方授权代表均在场，则如有需要，可重新进行检查。此项检查为正式验收试验的组成部分。

5.3.3.2.2 水力试验循环系统的检查

至少应进行下列检查：

——在模型和流量测量面之间无漏水或额外供水；

——在测压头和测量管路之间无漏水(在低压侧，如果内部压力低于环境压力，无空气进入水路)；

——接近模型进口和出口处和接近流量测量截面处流态是规则的，流道中应无干涉之处，过流面应具有较好的表面质量；

——增压泵和调节装置(阀门、水和压缩空气的供给等)都应运行正常；

——水的质量和温度应是稳定的(见5.1.2.3)。

如有必要，某些检查可在验收试验结束时在双方人员在场时重复进行。

5.3.3.2.3 仪表的标定和数据采集系统的检查

应由有关双方商定：

——对各类设备进行标定或抽样检查的范围；

——是否所有仪表在验收试验前后都要抽样检验或标定；

——在验收试验过程中或在此之后，某个仪表要进行重新标定的条件；

——对各类设备的标定范围，标定或检查点的数量；

——对标定数据和各测量值用于评估系统不确定度的基本数据和步骤。

验收之前和之后，至少应进行下述检查或测量：

——所使用仪器和/或测量装置的验明；

——"零读数"即各种仪器在明文规定条件下的读数，以查明在试验期间是否有结果漂动发生；

——在明确规定的工作条件下通过重复测量检查数据采集系统，手动试样计算可证明试验数据(通常自动的)的采集、传送及处理是否工作正常。

——轴承和主轴密封当其不与摇摆式的定子相连接时摩擦力矩的测量(采用摇摆式时转轮或叶轮可自动补偿力矩)，以便确定是否采用进一步修正。

"零读数"通常在初步试验和验收试验期间检查，如有必要，在验收试验结束时，在双方在场的情况下进行所有其他检查和标定。

如果两次检查或标定之间的差额小于试验开始时系统不确定度的评估值。试验数据是有效的，无需修正的，如果两次标定或检验之间差额比预期的系统不稳定产生值要大得多时，试验应作废并重新进行。

为了确保标定结果的有效性，在标定和试验期间将可产生影响的量值保持在一个合理范围内是必要的(例如环境温度和湿度、输入功率、电磁场等)。

试验过程当中，任一有关方可因公认的及有根据的原因要求对任何仪器进行再次标定。

5.3.3.3 试验的实施

5.3.3.3.1 试验的种类

为使验收试验成功进行，需要对相关的预备性试验进行足有成效的准备。根据初步试验和验收试验的结果，有时需补做一些试验。为了较容易地鉴别试验状态并改善有关方之间的交流，本部分规定了以下种类的试验：

a） 预试验[11]

通常对这些试验不作详细规定，但对这些试验一步的试验质量是必不可少的。预试验包括：

——进行检查并试验以确信模型能量性能和空化图形不受模型或试验台机械缺陷和测试设备的影响。

——检查测试设备和数据采集系统是否工作正常。通常，至少应对一个工况点在 σ 为常数条件下进行变试验转速的系统试验（即变化 E）和在 E 为常数的条件下进行变化 $NPSE$（即变化 σ）的试验。

试验结果的用途：

通常仅供供方和试验室内部使用。

b） 初步试验

应包括技术规范（见 5.3.3.1.1）或技术大纲（见 5.3.3.3.2）中的各项试验，其包括范围主要与以后试验结果的应用有关。因此，有关双方应在试验开始之前商定是否：

——试验结果仅用于供参考，不涉及合同值。在这种情况下初步试验仅在于暴露模型在涉及一些规定项目方面的一般特征或某些限制；

——或试验结果将被正式采用并有合同性质的量值，在这种情况下，验收试验期间这些试验结果将作为正式试验数据的一部分去完成或进行抽样检查，如，试验结果可用于确定效率值，还可确定系统和随机不确定度，然而，这些数据应该在验收试验期间确认。

c） 验收试验（或见证试验）

这些试验要测量，证实和检查所有有关模型方面的数据，这些数据是由技术规范（见 5.3.3.1.1）或技术大纲（见 5.3.3.3.2）所规定，并作为与保证值或其他合同规定值进行比较的基础。

结果的用途：

所有结果是合同性质的量值，并应该归入在最终的试验报告中（见 5.3.3.5）。

d） 辅助试验

这些试验是初步和验收试验结果的补充，试验可包括如 4.4 说明的辅助试验数据，这样的试验可见证也可不见证。

结果的用途：

这些结果也归入在最终的试验报告中（见 5.3.3.5），然而，是否成为具有合同性质的值需双方商定。

5.3.3.3.2 技术大纲

涉及技术规范（见 5.3.3.1.1）的技术大纲及其相关的合同保证值和数据应事先由双方确定，如果合同文件中并未包括，则技术大纲中应确定在初步试验和验收试验期间应完成的各种试验的目的及其范围。为便于试验和文件的积极开展，对各种型式的试验，如对主要的水力能量试验、空化试验、导叶力特性试验等，应确定以下事项：

——水力参数的变化范围及其增量，确定试验点的数量和分布；

——需保持恒定的试验条件，即，通常是试验速度（或比能）和空化系数（试验在 σ_{pl} 或高 σ 值情况下进行）；

——所要记录的试验数据的数量和类型及其记录方法；

——用来计算模型和/或原型结果的定义、公式和步骤（GB/T 15613.2—2008 中的 11.2.3.1 和图 40）；

——试验结果的图示说明。

对于验收试验，如果需要的话，可以对技术大纲进行补充，以便更加清楚和明确，例如：

——需见证检查、标定和试验的范围和步骤；

11） 经双方同意，在这一阶段应给供方留有足够的时间来作出试验部件的选择并进行最后的调整，但这些最终的开发试验不包括在本部分中。

——需由试验各方签字的试验数据记录和图表；

——用于示例计算和计算系统、随机和总误差所需的试验测点数目和定义；

——日志和最终协议的准备(见 5.3.3.3.9)。

5.3.3.3.3　**用于结果计算的数据**

在进行初始试验和/或验收试验之前，应对计算模型和原型结果的数据和公式进行检查和认同。这些数据是：

——高、低压测量断面的面积；

——几何和水力基准及模型和原型的数据；

——模型和原型的物理常量和性质；

——模型的摩擦力矩(如不能自动补偿)；

——所有相关仪器的标定数据；

——通过迷宫密封的漏水量(如果考虑的话)(见 5.1.3.4.3)；

——效率比尺换算步骤。

用计算示例介绍这些数据的正确用法，并对计算步骤加以解释。

5.3.3.3.4　**试验记录的签字和处理**

全部模型测量数据及其零点或其参照条件下相关数据，还包括检查和标定中的注释说明、验收和/或初步试验过程中的读数和观察结果应得到认同，每一阶段的试验完成后，应立即由见证各方和试验的主要负责人签字，各方保存完整的一份。

5.3.3.3.5　**性能试验**

建议首先确定无空化工况下的最优效率点，即，η_{hoptM}(对于水泵水轮机，为两种运行工况)作为计算 δ_{ref}(见 GB/T 15613.2—2008 中的 11.2.2)和效率增量 $\Delta\eta_h$ 的基础。

至少在保证范围内，性能试验应在恒定转速或恒定试验水头下进行。计算试验结果时(见 GB/T 15613.2—2008 第 11 章)，倾向于在恒定转速和水温(如果可能的话)下进行试验，以便雷诺数基本恒定。如果受模型和/或试验台的限制，无法保证恒定试验工况，则这类性能试验结果的下一步处理程序在条中有所描述。在该条款中，给出了不同型式机械性能试验数据的典型图示方法(见 GB/T 15613.2—2008 图 31 和图 37)。

a)　反击式水轮机：空化的影响

可以在下述两种试验条件之一下进行性能试验：

——在电站空化系数情况下，$\sigma_M = \sigma_{Pl}$

在这种情况下，特别是对于高比转速水轮机来说，在保证效率范围内空化可能对效率有影响。必须按 5.3.3.3.6 所述的在影响区域内改变 σ 值的方法进行检查。

——在无空化工况下，$\sigma_M > \sigma_{Pl}$

这意味着空化系数足够大，可以避免空化的发生。因此要按 5.3.3.3.6 所述的改变 σ 值的方法对电站条件下性能曲线是否受空化的影响进行检查。如果这一试验表明在保证范围内存在影响的话，在 GB/T 15613.2—2008 图 46 中(见 GB/T 15613.2—2008 中的 11.2.4.1)描述了在 $\sigma_M > \sigma_{Pl}$ 条件下，测得的效率曲线的修正步骤。

b)　冲击式水轮机：尾水位的影响

对于冲击式水轮机来说，建议确定对性能产生影响的尾水位高程，在所选择的满负荷工况点，要通过改变尾水位来进行检查。

5.3.3.3.6　**反击式水轮机的空化试验**

空化试验，即在选定的运行工况下，系统地改变空化系数 σ，同时记录空化流态。试验结果通常如 GB/T 15613.2—2008 中图 71 和图 72 所示。在规定的 σ(如 σ_{Pl})下，可以说明空化是如何对性能(效率、流量或比能、功率)产生影响的。这是确定电站 σ 值与空化将会对性能产生影响的 σ_d 值之间的裕量的唯一办法(见 GB/T 15613.2—2008 中图 46)。

在每次变化 σ 时,所选定的几何模型的参数保持不变很重要。应达成协议,或者能量系数(或速度因数),或流量系数(或流量因数)应保持恒定。

如果模型装置设有适当的窗口或有透明部分,利用闪频仪,则有可能在规定的 σ 值下,可以观察到转轮/叶轮和/或尾水管(例如,此处可以观察到混流式水轮机在部分负荷下运行时的涡带)处的空化流态。也可以通过在模型装置内装内窥镜对空化流态进行观察。通常采用手工绘图、照相或录像带的形式记录空化流态。

空化试验的结果也可能用于说明其他与空化有关的现象,如噪声、振动或压力脉动等。

对于大型低比能的机械,由于不能考虑弗劳德数相似,其影响说明见 5.3.1.5.1 中的 c)项。

合同各方应该就不同基准面及其所采用的相应的 σ_{Pl} 值(见 5.3.1.5.1 和附录 M)以及对空化怎样对性能产生影响的方法达成一致意见,如果有影响的话,还应在将结果转换到原型条件时考虑(见 GB/T 15613.2—2008 中的 11.2.4.2)。

5.3.3.3.7 飞逸试验

飞逸试验方法取决于试验台的设计、仪器和模型设计。如果试验台安装了用以补偿轴的密封和轴承产生的摩擦力矩的驱动电机,通常可以保证 $P_{mM}=0$,因此可以直接得出飞逸特性。如果无法做到这点,则可以通过外推法(见 GB/T 15613.2—2008 中图 52 示例)或内插法解决。

在大多数情况下,水力比能要降低,以便使模型和或试验装置在其承受的最高转速内运行而不被超过。但模型的最小飞逸转速不应低于性能试验时的转速。在接近飞逸转速范围内,雷诺数和弗劳德数的影响可认为忽略不计。

飞逸试验应在模型几何参数充分变化的条件下进行,以便能够覆盖最不利的参数配合和所有的规定条件。对于多喷嘴冲击式水轮机(水斗式水轮机),最大稳态飞逸转速的测量要考虑到喷嘴运行中最不利的配合情况。

GB/T 15613.2—2008 中的 11.3.1 说明了如何确定不同型式水轮机的模型飞逸特性,GB/T 15613.2—2008 中的图 50～图 52 给出了飞逸转速因数 $n_{ED,R}$ 的图示说明示例。

对于反击式水轮机,应检查空化对模型飞逸转速数据的影响(见 GB/T 15613.2—2008)。首先要对可能发生飞逸最不利的电站条件的 σ_{Pl} 值达成一致意见。下面是两种检查空化影响的可行方法:

a) 在足够高的空化系数下进行模型飞逸试验,然后在所选择的临界运行点处,用变化 σ 法检查空化的影响,即在每一个这类点上作出 $n_{ED,R}(\sigma)$ 和 $Q_{ED,R}(\sigma)$ 关系曲线。

b) 在 $\sigma_M=\sigma_{Pl}$ 和 $\sigma_M>\sigma_{Pl}$ 情况下进行模型飞逸试验。

5.3.3.3.8 检查辅助性能数据的试验

此步骤用于以下试验:

——压力脉动;

——活动导叶力矩;

——四象限运行特性;

——轴向/径向推力;

——其他。

在第 4 章中对上述试验进行了详细说明。

5.3.3.3.9 验收试验的日志和最终纪要

日志用于每天的总结:

——参加试验的人员和姓名;

——活动的内容,如检查、标定、各项试验、讨论;

——与试验结果有关的协议、决定和未解决的问题;

——对技术大纲和/或试验大纲的修订。

在验收试验结束后，所形成的最终纪要至少包括以下内容：

——验收试验的目的；

——试验的地点和日期；

——参加试验人员姓名；

——模型和/或模型部件的核对；

——对以下条款的意见和/或结论：

- 模型试验台、仪器和装置的检查；
- 仪器的标定；
- 数据采集系统（示例计算）；
- 模型尺寸检查；

——试验结果的讨论，并与保证值和/或规定数据值的比较，至少包括以下方面：

- 性能试验；
- 空化试验；
- 飞逸试验；

——以下方面的结论：

- 保证值和技术条件是否满足；
- 试验结果是否完全按技术大纲和技术条件进行；

——就以下方面达成一致意见：

- 辅助试验（如果有的话）；
- 试验结果文件；
- 模型的发运或保管。

5.3.3.4 试验的错误和重复

5.3.3.4.1 错误的类型及后果

在验收试验过程中，模型、试验台、仪器和数据程序可能出现错误，例如：

a) 模型中的机械错误

——模型的轴承或密封错误致使机械摩擦损失改变。需更换轴承和/或密封，但是机械摩擦损失可能要改变；

——转动中间隙和/或管路中漏水量的节流状态可能发生变化，致使水力性能改变；

——活动导叶和/或转轮/叶轮叶片调整不当，以致影响能量性能或空化流态；

——在转轮/叶轮或模型装置其他部件上出现的机械缺陷。

b) 试验台或试验仪器中的错误

——由于试验台的辅助控制系统错误或部件故障导致的转速、比能或流量出现异常变化；

——发现开启状态的阀出现额外漏水或测量导线有缺陷；

——检测到试验前后仪器零点指示值有过量漂移。

c) 数据处理中的错误

——数据采集系统不正常工作可产生错误的试验结果；

——由于基准值或标定数据错误导致试验结果错误。

以上错误的更正要在试验主要责任人和各方有关试验人员的严密监督下进行。

在对比试验中，特别应注意任何试验方此时都不能先得到试验结果。试验仍应在其起始状态不修改水力设计下完成。

改正错误之后，应进行几次准备试验和/或初步试验，以确保模型完全处于错误发生之前的状态那样。如果证实性能确已改变，以前所做过的一些试验由试验各方协商可以如下处理：

——认为试验可维持原状，不必再进行试验；

——或声明试验无效，整个试验重复进行。

5.3.3.4.2 **重复试验的程序**

任何试验方都有权要求中止和/或重复进行试验，前提是：试验主要负责人认为提出的理由是成立的，例如：

——试验前后的标定不满足协议；

——试验台、仪器或数据出现故障；

——模型中出现机械方面的错误；

——与标准规定有很大的差别，以前已经同意者除外。

在这种情况下，其他试验方（或几方）和/或试验主要责任人也可以要求重复试验。建议将重复试验的项目、重复标定的项目和相关的费用承担问题写在书面协议中。

如果在如何进行重复试验或由谁来承担费用方面无法达成一致意见，则要将此事交试验各方认可的独立的仲裁机构解决。

5.3.3.5 **最终试验报告**

按模型试验技术规范（见5.3.3.1.1）和技术大纲（见5.3.3.3.2）要求完成全部试验之后，应按本部分制定的规定准备最终技术报告并由试验主要负责人签字。在最终版本分发之前，试验各方应就全部报告的初稿或其中必须确认的部分章节达成一致。

最终试验报告主要包括以下几方面内容：

1） 试验的对象和目的，模型试验参照的技术规范，包括相关的保证值和其他合同数据；

2） 与试验有关的所有的协议内容，以及其他主要文件；

3） 参加试验的人员；

4） 模型装置的描述并附图，至少要包括模型装置主要剖面图和试验台的总体布置；

5） 试验台和测试设备的描述，包括标定方法和数据采集；

6） 模型试验结果的计算并将其转化为合同规定的模型和/或原型条件（包括比尺效应的考虑，如果有的话）；

7） 标定数据和检查报告；

8） 不同试验项目的试验程序；

9） 与所规定试验及试验程序相关的日志记录；

10） 从各种试验中测量和观察得到的有关试验记录和数据表，并将试验结果作图表示；

11） 根据标定数据、标定结果和进行的观察计算测量的不确定度；

12） 对试验结果的讨论和解释，并与保证值和其他合同数据值进行比较；

13） 得出是否已经满足保证值和合同要求的结论，以及各项试验按技术规范方面是否完整的结论。

5.4 测量方法的介绍

物理量的测量不可能不存在误差，这一点已得到公认。因此，任何测量结果如果不附有在给定置信度下得出的不确定度，则这一结果没有任何价值。不确定度的分析和合成的基本原理见GB/T 15613.2—2008第12章。

在模型试验中，用以检验主要水力性能保证的量的测量需要很高的精确性，见4.2。因此，为使试验可以认为符合本部分，GB/T 15613.2—2008中的第4章至第13章是强制性的。5.4.1中给出了如何从基础值（流量、比能、轴力矩、转速）计算出导出值（功率、效率）的描述。像 $NPSE$ 和 σ 等与空化对水力性能影响有关的水力量，由同样的物理量来测定，因此，同基础值一样具有相同的精确度。

其他的辅助测量值即使是合同所关心的，也仅供参考（见GB/T 15613.3—2008）。

5.4.1 与主要水力性能保证有关的测量

5.4.1.1 水力效率

本部分中所规定的水力机械模型验收试验，其目的都是为了将所获得的水力性能与供方所提供的保证值进行比较，水力性能可以用测得的模型性能表示或是用转化为原型的性能表示。

由于模型和原型的机械损失间无相连关系（在导轴承、推力轴承和轴密封处的功率损失），因此此类比较应基于转轮/叶轮的机械功率 P_m（见 3.3.8.3）和水力效率 η_h（见 3.3.9.1），而不是机械的机械功率 P（见 3.3.8.2）和效率 η（见 3.3.9.3）。

水力效率由下式计算，其中机械功率 P_m 为转轮/叶轮和轴的联接处传递处的功率，水力功率 P_h 为与水流的交换产生的功率。

$$\eta_h = \frac{P_m}{P_h} \quad \text{水轮机工况}$$

$$\eta_h = \frac{P_h}{P_m} \quad \text{水泵工况}$$

应该注意的是，根据这些定义圆盘摩擦损失和漏水损失（容积损失）在本部分中被认为是水力损失，因此不做修正。

方法的基理中包含了流量 Q、比能 E、力矩 T 和转速 n 的测量。

在模型验收试验中，不推荐使用直接测量水力效率的热力学方法。

5.4.1.2 **水力功率**

确定水力功率时，需要知道机械的比能和通过高压基准断面的质量流量。公式如下：

$$P_h = E(\rho Q)_1$$

对于基准断面和流量测量断面发生的任何水流变换，无论是进入系统还是流出系统都应该加以考虑。

在流量测量断面测量流量时，测量值应该与该流量测量断面处出现的压力和温度条件下的水的密度相关。

5.5 解释了如何确定如当地重力加速度、水的密度等物理量，这可以通过直接测量，或从国际公认的公式或表中获得。流量的测量方法见 GB/T 15613.2—2008 第 5 章。按 GB/T 15613.2—2008 第 6 章由压力测量确定比能的方法见 GB/T 15613.2—2008 第 8 章（或可能按 GB/T 15613.2—2008 第 7 章从水位测量来确定）。

5.4.1.3 **机械功率**

在模型验收试验中，不推荐使用从电动机/发电机接线端测量电气功率或从发电机效率计算机械功率的方法。因此确定转轮/叶轮机械功率需要知道提供/施加在转轮叶轮上的力矩和转速。

$$P_m = 2\pi n T_m$$

力矩测量方法见 GB/T 15613.2—2008 第 9 章。转速测量方法见 GB/T 15613.2—2008 第 10 章。

5.4.1.4 **效率的计算**

从上一条的定义中得出，每一运行工况点处模型的水力效率可以通过下式计算：

$$\eta_h = \frac{2\pi n T_m}{E(\rho Q)_1} \quad \text{水轮机工况}$$

$$\eta_h = \frac{E(\rho Q)_1}{2\pi n T_m} \quad \text{水泵工况}$$

当对原型性能进行保证时，原型的转轮/叶轮的水力效率和机械功率应由模型中的相应值利用比尺效应公式确定，见 GB/T 15613.2—2008 中的 11.2.4。然后应考虑原型的机械损失，以便确定机械的机械功率 P（通过水轮机轴输出或向水泵轴输入的功率）和总效率 $\eta = \eta_h \cdot \eta_m$（本部分中简称"效率"，见 3.3.9.3）。

5.4.2 **辅助数据的测量**

除了验证主要水力性能的保证外，模型试验被用来确定一些辅助数据（见 4.4）。这意味着需测量各种水力或机械量的稳定或/和脉动成分。

5.4.3 **数据的采集和处理**

无论要测量什么量，要特别注意把波动信号平均化来获得物理量的正确的平均值，并且分析这个信号确定出波形的频率和振幅，条和条中给出了对测量系统要求和获得平均值和波动值数据处理方面的指南。

5.5 物理特性

5.5.1 总则

本条定义水力机械中表征水力性能方面所需的物理量，其中大多数物理量的术语和定义及其符号与单位在3.3.3中列出。

这些量在数据处理中采用的公式列于以下条款中，为了方便起见，从这些公式中引用的数据值列于附录B中。

5.5.2 重力加速度

重力加速度(参阅3.3.3.1)以纬度和高度的函数给出：

$$g = 9.780\,3(1+0.005\,3\sin^2\varphi)-3\cdot 10^{-6}\cdot z$$

式中：

φ——指纬度，单位是度(°)；

z——指高度，单位是米(m)；

g——计算值见表B.1，国际标准值是9.806 65 $\mathrm{m\cdot s^{-2}}$。

如果已有g的测量值，可以使用此值，当地的g值可以通过一摆钟或是通过自由落体(在真空中)测量出。

5.5.3 水的物理特性

5.5.3.1 水的密度

5.5.3.1.1 水的密度的应用

在水力机械试验中，要确定水的密度ρ(见3.3.3)，这是为了：

——从压力测量中确定机械的水力比能E(见3.3.6.2)；

——计算水力功率(见3.3.8.1)时，需确定质量流量(ρQ)。

此外，如需要还可：

——在用水柱压力计测量时计算压力(见GB/T 15613.2—2008中的6.4.2)；

——用称重法测量或进行标定时确定流量(见GB/T 15613.2—2008中的5.2.1和GB/T 15613.2—2008中的5.2.2)。

5.5.3.1.2 实际水的密度

在试验室中用于作模型试验的水，包含微量的溶解物质，含量多少取决于当地的水文条件。因此，它实际密度ρ_{wa}比蒸馏水密度ρ_{wd}要高(见5.5.3.1.3)。不过，通常在模型测试设备中的ρ_{wa}值与蒸馏水ρ_{wd}值的差值小于0.05%。

计算水力效率时，如果机械的水力比能E主要是由压力获得(见附录D)，则上面所提到的差异可以忽略不计。因此，在大多数情况下，可以应用蒸馏水的密度值。

不过，如果需要确定实际用的水的密度值ρ_{wa}，可用下面几种方法实现：

——间接方法，用联结具有静态自由水面的经标定的压力表，见GB/T 15613.2—2008中6.5.2的描述。

——直接方法，如用一个精密的液体比重计(如被称为“密度瓶”的比重计)或测浮力的方法。

不管压力和温度的值是多少，可以认为实际水密度和蒸馏水密度的比值是常量。因此，如果实际水的密度已经在某种压力和温度($\rho_{wa.c}$)的条件下已测量，那么对于任何其他条件，它的密度值可以通过下式计算出：

$$\rho_{wa}=\frac{\rho_{wa.c}}{\rho_{wd.c}}\rho_{wd}$$

在这里ρ_{wd}和$\rho_{wa.c}$值可根据5.5.3.1.3计算出来。

5.5.3.1.3 **蒸馏水的密度**

蒸馏水的密度公式是温度和压力的函数，这个公式是 Herbst 和 Roegener[4] 根据蒸馏水的自由焓的经验公式导出的。在决定下述系数时应用了 Kell 和 Whalley[5]、McLaurin 和 Whalley[6] 的所有实验结果。

$$\rho_{\mathrm{wd}} = 10^2 \left[\sum_{i=0}^{3} \sum_{j=0}^{3} R_{\mathrm{ij}} \cdot \alpha^j \cdot \beta^{(i-1)} \right]^{-1}$$

这里：

$$\beta = \frac{1}{p^*}(p_{\mathrm{abs}} + 200 \cdot 10^5) \quad (p^* = 10^5 \text{ Pa})$$

$$\alpha = \frac{1}{\theta^*}(\theta - \theta_1) \quad (\theta^* = 1\ ℃)$$

从 0 ℃～20 ℃：$\theta_1 = 0$ ℃　从 20 ℃～50 ℃：$\theta_1 = 20$ ℃

此公式在压力从 $p_{\mathrm{abs}} = 0 \sim 150 \cdot 10^5$ Pa 之间的范围内有效。

表 5 给出了 R_{ij} 系数($\mathrm{m^3 \cdot kg^{-1}}$)。

表 5　Herbst 和 Roegener 公式中的各系数

温度范围在 0 ℃～20 ℃之间的 $R(i,j)$				
i	$j=0$	$j=1$	$j=2$	$j=3$
0	$0.446\,674\,155\,7 \cdot 10^{-4}$	$-0.559\,450\,069\,7 \cdot 10^{-4}$	$0.340\,259\,195\,5 \cdot 10^{-5}$	$-0.413\,634\,518\,7 \cdot 10^{-7}$
1	$0.101\,069\,380\,2$	$-0.151\,370\,926\,3 \cdot 10^{-4}$	$0.106\,379\,874\,4 \cdot 10^{-5}$	$-0.814\,607\,899\,5 \cdot 10^{-8}$
2	$-0.539\,839\,211\,9 \cdot 10^{-5}$	$0.467\,275\,668\,5 \cdot 10^{-7}$	$-0.119\,476\,536\,1 \cdot 10^{-8}$	$0.136\,632\,205\,3 \cdot 10^{-10}$
3	$0.778\,011\,812\,1 \cdot 10^{-9}$	$-0.161\,939\,132\,2 \cdot 10^{-10}$	$0.588\,354\,748\,5 \cdot 10^{-12}$	$-0.875\,401\,428\,7 \cdot 10^{-14}$
温度范围在 20 ℃～50 ℃之间的 $R(i,j)$				
i	$j=0$	$j=1$	$j=2$	$j=3$
0	$-0.441\,035\,565\,0 \cdot 10^{-4}$	$0.305\,225\,289\,8 \cdot 10^{-4}$	$0.920\,784\,842\,7 \cdot 10^{-6}$	$-0.259\,043\,119\,8 \cdot 10^{-7}$
1	$0.101\,126\,989\,2$	$0.176\,395\,623\,4 \cdot 10^{-4}$	$0.575\,034\,004\,4 \cdot 10^{-6}$	$-0.192\,376\,997\,8 \cdot 10^{-8}$
2	$-0.483\,244\,116\,3 \cdot 10^{-5}$	$0.153\,328\,170\,4 \cdot 10^{-7}$	$-0.374\,972\,129\,4 \cdot 10^{-9}$	$0.132\,280\,418\,0 \cdot 10^{-11}$
3	$0.619\,443\,332\,7 \cdot 10^{-9}$	$-0.316\,454\,043\,1 \cdot 10^{-11}$	$0.631\,138\,912\,3 \cdot 10^{-13}$	$0.246\,924\,934\,2 \cdot 10^{-15}$

Borel 和 Lan 公式[7] 或 Haar，Gallagher 和 Kell 公式[8] 可代替 Herbst 和 Roegner 公式[4] 用于计算机计算。

这些公式的创立者都是用试验值[5,6] 作为基础的。这些值在上述温度和压力范围内的准确度都在相同的范围以内(±0.01%)。

在数值计算应用中，可采用经某种转换过的较简单的 Weber 经验公式[9]。当温度在 35 ℃以下和压力在 150×10^5 Pa 以下时，得出的数值与上面提到的准确度相同：

若 v 为比容积，以 $\mathrm{m^3 \cdot kg^{-1}}$ 表示：

$$v = 1/\rho = v_0[(1 - A \cdot p) + 8 \cdot 10^{-6} \cdot (\theta - B + C \cdot p)^2 - 6 \cdot 10^{-8} \cdot (\theta - B + C \cdot p)^3]$$

此处　$v_0 = 1 \cdot 10^{-3}\ \mathrm{m^3 \cdot kg^{-1}}$

$A = 4.669\,9 \cdot 10^{-10}$　($p = p_{\mathrm{abs}}$，用 Pa 表示)

$B = 4.0$　(θ＝温度，用℃表示)

$C = 2.1318913 \cdot 10^{-7}$

在 Herbst 和 Roegener 公式[4]基础上，蒸馏水的值在表 B.2 和图 10 中示出。

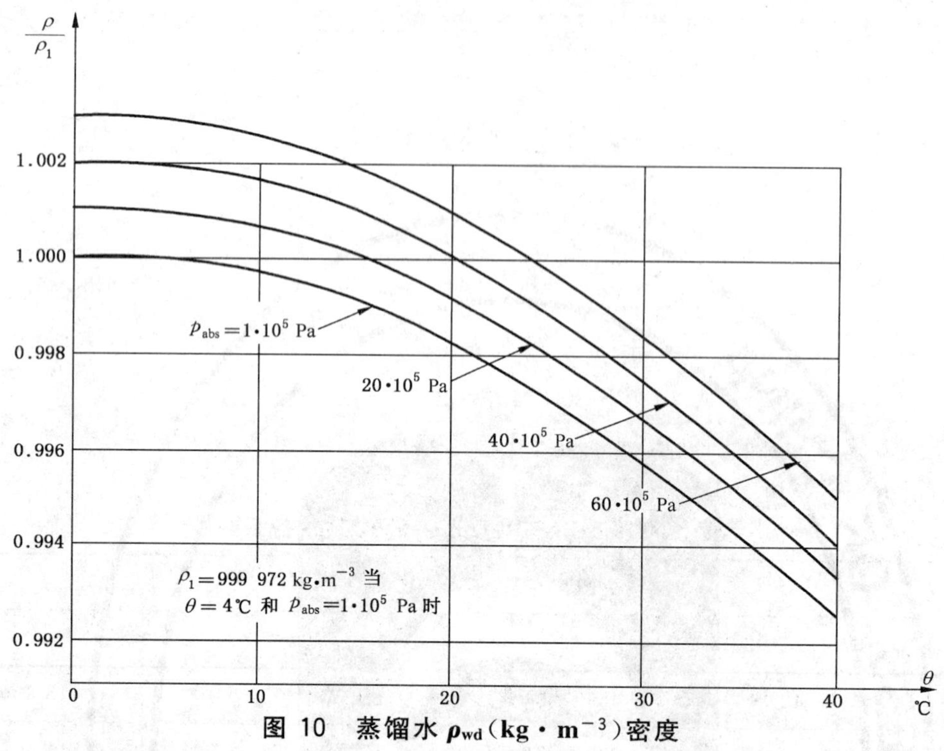

图 10 蒸馏水 ρ_{wd}(kg·m^{-3})密度

5.5.3.2 试验用水的条件

5.5.3.2.1 水中气体含量的定义

如 5.1.2.3 和 5.3.1.6.2 中所述，为确定空化对机械性能的影响，除了压力和温度外，了解水流过机械时的其他条件是有益的。这些条件是：

——核含量(见 5.1.2.3)，以每单位体积水中的核数量表示。每单位体积水中的核含量大约和未溶解的气体含量一致。

——每单位体积水中的溶解的气体含量。

水可能出现的特殊情况是：

——完全无气的水(无核含量和无气体含量的水)；

——完全饱和水(水中溶解气体已饱和，但有少量核含量)；

——与溶解的气体含量无关，由于人工注水，水中有大量核含量。

目前，不可能事先规定出核含量的需要值，它随模型尺寸大小、试验比能和其他因素而变。

模型试验用水条件引起的影响讨论见 5.3.1.6.2 和文献[1]和文献[3]。

5.5.3.2.2 水中核含量和气体含量的确定

5.5.3.2.2.1 水中的核含量

确定水中核含量需要测量核的数量和核的临界压力。

在文献[1]和文献[3]中有汽化核的计算的专门描述，在计算中用加速的水流通过一受限的区段来促进汽泡增大破裂。

在文献[1]和文献[3]中有对用注射器注射气泡的描述。注射器是基于饱和水通过孔口时快速膨胀而工作的。

5.5.3.2.2.2 水中的气体(空气)含量

正常情况下，水中包含溶解的和不溶解的气体。这些气体可能是空气或其他气体，如二氧化碳(CO_2)。

a） 已溶解的气体含量

已溶解的气体的最大可能含量取决于水的压力和温度，应对实际气体含量进行测量。有两个基本测量方法可以应用[12)]：

——用一个电分析仪器测量已溶解的氧气量，这个电分析仪器是基于氧气通过一个 PTFE 薄膜时的扩散（例如贝克曼氏仪器[10]）；

——物理分离法：Van Slyke 方法[11]。这种方法允许将空气含量（不管其是已溶解的形式或是未溶解形式）在真空条件下以集成柱状形式抽出取样，这种方法相对来说比较快，但只适合于取样量很小的情况。

b） 不溶的气体含量

当水力机械中的气体从高压侧移向水力循环中的低压侧时，高压侧中已完全溶解的气体可能释放，这样可以改变机械的性能。因此对气体含量不仅应确定已溶解气体含量，还应确定不能溶解的气体。如用抽吸器的方法在文献[13]中有描述。

在文献[12]中，对 Van Slyke 方法，Merl 和 Brand [13]装置和溶解氧气的计量器包括对溶解的和未溶解的气体含量的测量进行了比较。

5.5.3.3 运动黏度

水的运动黏性 ν（见 3.3.3.6）取决于它的温度 θ 和绝对压力。p_{abs} 是从基本物理特性中动态黏性 μ 中导出，用 $\nu=\mu/p$ 表示。

μ 的公式见文献[14]。

不过，基于实用原因，对于水力机械的近似值可用下列公式得出：

$$\nu=e^{[-16.921+396.13/(107.41+\theta)]}$$

使用这个方程式，相对于文献[15]中给出标准值的平均偏差是±0.05%，最大偏差是±0.09%。

压力的影响可忽略，压力 $p=10\times10^5$ Pa 时，相对 $p=10^5$ Pa 的偏差大约为−0.05%。

表 B.3 给出了 ν 的值。

5.5.3.4 蒸汽压力

水温在 $\theta=0$ ℃和 $\theta=40$ ℃之间时可通过下述经验公式计算出蒸汽压力 p_{va} 值（参阅 3.3.3.4）。

$$p_{va}=10^{(2.7862+0.0312\theta-0.000104\theta^2)}$$

由此得出的误差小于±7 Pa。

p_{va} 的数值列于表 B.4，见文献[8]。

应注意水中溶解的化学物质，它可能对蒸汽压力有影响。

5.5.4 大气压的物理条件

5.5.4.1 干燥空气的密度

干燥空气密度 ρ_a（见 3.3.3.3）是 p_{abs} 及空气温度 θ 的函数，可根据 ISO 2533 采用下式计算。

$$\rho_a=(p_{abs}\cdot3.4837\cdot10^{-3})/(273.15+\theta)$$

ρ_a 的数值见表 B.5。

用于确定 E 时湿度对空气密度的影响可忽略不计。

5.5.4.2 环境压力

通常，环境压力 p_{amb}（见 3.3.5.2）为用气压表在试验室中测得的大气压力。为使试验结果换算到原型现场条件（如确定 *NPSE* 或现场条件下的 σ）环境压力应采用 ISO 2533 规定的标准大气压进行计算。假设温度随高度的变化为线性变化且等于 -6.5×10^{-3} K/m，环境压力可采用下述由 ISO 2533 导出的公式进行计算。

$$p_{amb}=101325(1-2.2558\cdot10^{-5}\cdot z)^{5.255}$$

12） 采用碘剂的 Winller 法可以使用，它很精确，但应用很困难。

此处 z 为海拔高程，用米表示。

由此得出的误差小于±15 Pa。

由 ISO 2533 得出的 p_{amb} 数值见表 B.6。

5.5.5 汞

用于液体测量的汞密度 ρ_{Hg}(见 3.3.3.3)按纯汞采用下式进行计算，其中 $p_0=101\ 325$ Pa(海平面处的标准大气压)：

$$\rho_{Hg}=(13.595-2.46\theta)[1+3.85\cdot 10^{-11}(p-p_0)]$$

ρ_{Hg}的值见表 B.7，见文献[16]。

汞在实际应用中可能有溶解金属或其他物质的污染，为确保测量的正确，汞必须是纯的和清洁的。

附 录 A
（资料性附录）
无 量 纲 项

条款	术语	符号	定义	关系式	I 符号	I 定义	I 相对于术语的关系式	II 符号	II 定义	II 相对于术语的关系式	III 符号	III 定义	III 相对于术语的关系式
1.3.3.12 中的定义[3]					相对于其他定义值的关系式								
1.3.3.12.1	速度因数	n_{ED}	$\frac{nD}{E^{0.5}}$	$=\frac{1}{E_{nD}^{0.5}}$	n_{11}	$\frac{nD}{H^{0.5}}(n:\text{min}^{-1})$	$\frac{1}{60g^{0.5}}n_{11}$	K_u	$\psi^{-0.5}=\frac{\omega D/2}{\sqrt{2}E^{0.5}}$	$\frac{\sqrt{2}}{\pi}K_u$	ω_{ED}	$\frac{\omega D}{E^{0.5}}$	$\frac{\omega_{ED}}{2\pi}$
1.3.3.12.2	流量因数	Q_{ED}	$\frac{Q_1}{D^2E^{0.5}}$	$=\frac{Q_{nD}}{E_{nD}^{0.5}}$	Q_{11}	$\frac{Q_1}{D^2H^{0.5}}$	$\frac{1}{g^{0.5}}Q_{11}$	K_{cm}	$\varphi\psi^{-0.5}=\frac{Q_1}{\pi(D/2)^2(2E)^{0.5}}$	$\frac{\pi}{\sqrt{8}}K_{cm}$	Q_{ED}	$\frac{Q_1}{D^2E^{0.5}}$	1
1.3.3.12.3	力矩因数	T_{ED}	$\frac{T_m}{\rho_1D^3E}$	$=\frac{T_{nD}}{E_{nD}}=\frac{P_{ED}}{2\pi n_{ED}}$	T_{11}	$\frac{T_m}{D^3H}(T_m:\text{kmp})$	$\frac{1}{\rho g}T_{11}$	K_T	$\frac{T_m}{\rho_1\pi(D/2)^3E}$	$\frac{\pi}{8}K_T$	T_{ED}	$\frac{T_m}{\rho_1D^3E}$	1
1.3.3.12.4	功率因数	P_{ED}	$\frac{P_m}{\rho_1D^2E^{1.5}}$[1]	$=Q_{ED}\eta_{hT}$（水轮机） $=\frac{Q_{ED}}{\eta_{hP}}$（水泵） $=P_{nD}/E_{nD}^{1.5}=P_{nD}\cdot n_{ED}^3$ $=2\pi n_{ED}T_{ED}$	P_{11}	$\frac{P_m}{D^2H^{1.5}}(P:\text{kW})$	$\frac{1\,000}{\rho g^{1.5}}P_{11}$	K_P	$\frac{2P_m}{\rho_1\pi(D/2)^2(2E)^{1.5}}$	$\frac{\pi}{2^{1.5}}K_P$	P_{ED}	$\frac{P_m}{\rho_1D^2E^{1.5}}$	1
1.3.3.12.5	能量系数	E_{nD}	$\frac{E}{n^2D^2}$	$=\frac{1}{n_{ED}^2}$				ψ	$\frac{2E}{(\omega D/2)^2}$	$\frac{\pi^2}{2}\psi$	$E_{\omega D}$	$\frac{E}{\omega^2D^2}$	$4\pi^2E_{\omega D}$
1.3.3.12.6	流量系数	Q_{nD}	$\frac{Q_1}{nD^3}$	$=\frac{Q_{ED}}{n_{ED}}=Q_{ED}E_{nD}^{0.5}$				φ	$\frac{K_{cm}}{K_u}=\frac{Q_1}{\pi\omega(D/2)^3}$	$\frac{\pi^2}{4}\varphi$	$Q_{\omega D}$	$\frac{Q_1}{\omega D^3}$	$2\pi Q_{\omega D}$
1.3.3.12.7	力矩系数	T_{nD}	$\frac{T_m}{\rho_1n^2D^5}$	$=\frac{T_{ED}}{n_{ED}^2}=T_{ED}E_{nD}=\frac{P_{nD}}{2\pi}$				τ	$\frac{2T_m}{\rho_1\pi\omega^2(D/2)^5}$	$\frac{\pi^3}{16}\tau$	$T_{\omega D}$	$\frac{T_m}{\rho_1\omega^2D^5}$	$4\pi^2T_{\omega D}$

表（续）

1.3.3.12 中的定义[3]					相对于其他定义值的关系式								
					Ⅰ			Ⅱ			Ⅲ		
条款	术语	符号	定义	关系式	符号	定义	相对于术语的关系式	符号	定义	相对于术语的关系式	符号	定义	相对于术语的关系式
1.3.3.12.8	功率系数	P_{nD}	$\frac{P_m}{\rho_1 n^3 D^5}$[1]	$=E_{nD}Q_{nD}\eta_{hT}$（水轮机） $=\frac{E_{nD}Q_{nD}}{\eta_{hP}}$（水泵） $=P_{ED}/n_{ED}^3=P_{ED}E_{nD}^{1.5}$ $=2\pi T_{nD}$				λ	$\frac{2P_m}{\rho_1 \pi\omega^3 (D/2)^5}$	$\frac{\pi^4}{8}\lambda$	$P_{\omega D}$	$\frac{P_m}{\rho_1 \omega^3 D^5}$	$8\pi^3 P_{\omega D}$
1.3.3.12.9	托马数	σ	$\frac{NPSE}{E}$	$=\sigma_{nD}/E_{nD}=\sigma_{nD}n_{ED}^2$									
1.3.3.12.10	空化系数	σ_{nD}	$\frac{NPSE}{n^2 D^2}$	$=\sigma E_{nD}=\sigma/n_{ED}^2$				ψ_c	$\frac{2NPSE}{(\omega D/2)^2}$	$\frac{\pi^2}{2}\psi_c$			
1.3.3.12.11	比转速	n_{QE}	$\frac{nQ_1^{0.5}}{E^{0.75}}$	$=n_{ED}Q_{ED}^{0.5}=Q_{nD}^{0.5}/E_{nD}^{0.75}$	n_q[2]	$\frac{nQ_1^{0.5}}{H^{0.75}}$（$n$：$\min^{-1}$）	$\frac{n_q}{60g^{0.75}}$	ν	$\frac{\omega(Q_1/\pi)^{0.5}}{(2E)^{0.75}}=\frac{\varphi^{0.5}}{\psi^{0.75}}$	$\frac{\nu}{2^{0.25}\pi^{0.5}}$	ω_S	$\frac{\omega Q_1^{0.5}}{E^{0.75}}$	$\frac{\omega_s}{2\pi}$

注：1） 基准为转轮/叶轮的机械功率，通常在模型上测量。

2） 应用广泛的无量纲比转速 n_q 乃一添加的术语，也可以应用于定义水力机械。$n_s=\frac{nP_m^{0.5}}{H^{1.25}}$ 也应用于水轮机。

3） 单位：H(m)；D(m)；E(J·kg^{-1})；n(s^{-1})；ρ(kg·m^{-3})；T(Nm)；P(W)；Q(m^3·s^{-1})。

附　录　B
（规范性附录）
物理特性、数据

表 B.1　重力加速度 g(m·s^{-2})

纬度 φ/(°)	平均海平面以上的高程 z/m				
	0	1 000	2 000	3 000	4 000
0	9.780	9.777	9.774	9.771	9.768
5	9.781	9.778	9.775	9.772	9.769
10	9.782	9.779	9.776	9.773	9.770
15	9.784	9.781	9.778	9.775	9.772
20	9.786	9.783	9.780	9.777	9.774
25	9.790	9.787	9.784	9.781	9.778
30	9.793	9.790	9.787	9.784	9.781
35	9.797	9.794	9.791	9.788	9.785
40	9.802	9.799	9.796	9.793	9.790
45	9.806	9.803	9.800	9.797	9.794
50	9.811	9.808	9.805	9.802	9.799
55	9.815	9.812	9.809	9.806	9.803
60	9.819	9.816	9.813	9.810	9.807
65	9.822	9.820	9.817	9.814	9.811
70	9.826	9.823	9.820	9.817	9.814

注 1：g 值为纬度和海拔高程的函数；

注 2：定义和公式见 3.3.3.1 和 5.5.2。

B.2　蒸馏水的密度

表 B.2　水的密度 ρ(kg·m^{-3})

温度 θ/℃	绝对压力(10^5 Pa)							
	1	10	20	30	40	50	60	70
0	999.8	1 000.3	1 000.8	1 001.3	1 001.8	1 002.3	1 002.8	1 003.3
1	999.9	1000.4	1 000.9	1 001.4	1 001.9	1 002.4	1 002.9	1 003.4
2	1 000.0	1 000.4	1 000.9	1 001.4	1 001.9	1 002.4	1 002.9	1 003.4
3	1 000.0	1 000.4	1 000.9	1 001.4	1 001.9	1 002.4	1 002.9	1 003.4
4	1 000.0	1 000.4	1 000.9	1 001.4	1 001.9	1 002.4	1 002.9	1 003.4
5	999.9	1 000.4	1 000.9	1 001.4	1 001.9	1 002.4	1 002.8	1 003.3
6	999.9	1 000.4	1 000.9	1 001.4	1 001.8	1 002.3	1 002.8	1 003.3
7	999.9	1 000.3	1 000.8	1 001.3	1 001.8	1 002.3	1 002.7	1 003.2
8	999.9	1 000.3	1 000.8	1 001.2	1 001.7	1 002.2	1 002.7	1 003.2
9	999.8	1 000.2	1 000.7	1 001.2	1 001.6	1 002.1	1 002.6	1 003.1
10	999.7	1 000.1	1 000.6	1 001.1	1 001.6	1 002.0	1 002.5	1 003.0

表 B.2（续）

温度 θ/℃	绝对压力（10^5 Pa）							
	1	10	20	30	40	50	60	70
11	999.6	1 000.0	1 000.5	1 001.0	1 001.4	1 001.9	1 002.4	1 002.9
12	999.5	999.9	1 000.4	1 000.9	1 000.3	1 001.8	1 002.3	1 002.7
13	999.4	999.8	1 000.3	1 000.7	1 000.2	1 001.7	1 002.1	1 002.6
14	999.2	999.7	1 000.1	1 000.6	1 000.1	1 001.5	1 002.0	1 002.4
15	999.1	999.5	1 000.0	1 000.4	1 000.9	1 001.4	1 001.8	1 002.3
16	998.9	999.4	999.8	1 000.3	1 000.7	1 001.2	1 001.7	1 002.1
17	998.8	999.2	999.6	1 000.1	1 000.6	1 001.0	1 001.5	1 001.9
18	998.6	999.0	999.5	999.9	1 000.4	1 000.8	1 001.3	1 001.7
19	998.4	998.8	999.3	999.7	1 000.2	1 000.6	1 001.1	1 001.5
20	998.2	998.6	999.1	999.5	1 000.0	1 000.4	1 000.9	1 001.3
21	998.0	998.4	998.9	999.3	999.8	1 000.2	1 000.7	1 001.1
22	997.8	998.2	998.6	999.1	999.5	1 000.0	1 000.4	1 000.9
23	997.5	997.9	998.4	998.8	999.3	999.7	1 000.2	1 000.6
24	997.3	997.7	998.1	998.6	999.0	999.5	999.9	1 000.4
25	997.0	997.4	997.9	998.3	998.8	999.2	999.7	1 000.1
26	996.8	997.2	997.6	998.1	998.5	999.0	999.4	999.9
27	996.5	996.9	997.4	997.8	998.3	998.7	999.1	999.6
28	996.2	996.6	997.1	997.5	998.0	998.4	998.9	999.3
29	995.9	996.3	996.8	997.2	997.7	998.1	998.6	999.0
30	995.7	996.1	996.5	996.9	997.4	997.8	998.3	998.7
31	995.3	995.7	996.2	996.6	997.1	997.5	997.9	998.4
32	995.0	995.4	995.9	996.3	996.8	997.2	997.6	998.1
33	994.7	995.1	995.5	996.0	996.4	996.9	997.3	997.7
34	994.4	994.8	995.2	995.7	996.1	996.5	997.0	997.4
35	994.0	994.4	994.9	995.3	995.8	996.2	996.6	997.1
36	993.7	994.1	994.5	995.0	995.4	995.8	996.3	996.7
37	993.3	993.7	994.2	994.6	995.0	995.5	995.9	996.3
38	993.0	993.4	993.8	994.2	994.7	995.1	995.5	996.0
39	992.6	993.0	993.4	993.9	994.3	994.7	995.2	995.6
40	992.2	992.6	993.1	993.5	993.9	994.4	994.3	995.2

温度 θ/℃	绝对压力（10^5 Pa）							
	80	90	100	110	120	130	140	150
0	1 003.8	1 004.3	1 004.8	1 005.3	1 005.8	1 006.3	1 006.8	1 007.3
1	1 003.9	1 004.3	1 004.8	1 005.3	1 005.8	1 006.3	1 006.8	1 007.3
2	1 003.9	1 004.4	1 004.8	1 005.3	1 005.8	1 006.3	1 006.8	1 007.3
3	1 003.9	1 004.4	1 004.8	1 005.3	1 005.8	1 006.3	1 006.8	1 007.3
4	1 003.8	1 003.4	1 004.8	1 005.3	1 005.8	1 006.3	1 006.7	1 007.2
5	1 003.8	1 004.3	1 004.8	1 005.3	1 005.7	1 006.2	1 006.7	1 007.2

表 B.2（续）

温度 θ/℃	绝对压力（10^5 Pa）							
	80	90	100	110	120	130	140	150
6	1 003.8	1 004.2	1 004.7	1 005.2	1 005.7	1 006.2	1 006.2	1 007.1
7	1 003.7	1 004.2	1 004.7	1 005.1	1 005.6	1 006.1	1 006.5	1 007.0
8	1 003.6	1 004.1	1 004.6	1 005.0	1 005.5	1 006.0	1 006.5	1 006.9
9	1 003.5	1 004.0	1 004.5	1 005.0	1 005.4	1 005.9	1 006.4	1 006.8
10	1 003.4	1 003.9	1 004.4	1 004.8	1 005.3	1 005.8	1 006.2	1 006.7
11	1 003.3	1 003.8	1 004.3	1 004.7	1 005.2	1 005.6	1 006.1	1 006.6
12	1 003.2	1 003.7	1 004.1	1 004.6	1 005.0	1 005.5	1 006.0	1 006.4
13	1 003.1	1 003.5	1 004.0	1 004.4	1 004.9	1 005.4	1 005.8	1 006.3
14	1 002.9	1 003.4	1 003.8	1 004.3	1 004.7	1 005.2	1 005.7	1 006.1
15	1 002.7	1 003.2	1 003.7	1 004.1	1 004.6	1 005.0	1 005.5	1 005.9
16	1 002.6	1 003.0	1 003.5	1 003.9	1 004.4	1 004.8	1 005.3	1 005.8
17	1 002.4	1 002.8	1 003.3	1 003.8	1 004.2	1 004.7	1 005.1	1 005.6
18	1 002.2	1 002.7	1 003.1	1 003.6	1 004.0	1 004.5	1 004.9	1 005.4
19	1 002.0	1 002.4	1 002.9	1 003.3	1 003.8	1 004.2	1 004.7	1 005.1
20	1 001.8	1 002.2	1 002.7	1 003.1	1 003.6	1 004.0	1 004.5	1 004.9
21	1 001.6	1 002.0	1 002.5	1 002.9	1 003.3	1 003.8	1 004.2	1 004.7
22	1 001.3	1 001.8	1 002.2	1 002.7	1 003.1	1 003.5	1 004.0	1 004.4
23	1 001.1	1 001.5	1 002.0	1 002.4	1 002.9	1 003.3	1 003.7	1 004.2
24	1 000.8	1 001.3	1 001.7	1 002.2	1 002.6	1 003.0	1 003.5	1 003.9
25	1 000.6	1 001.0	1 001.5	1 001.9	1 002.3	1 002.8	1 003.2	1 003.7
26	1 000.3	1 000.7	1 001.2	1 001.6	1 002.1	1 002.5	1 002.9	1 003.4
27	1 000.0	1 000.5	1 000.9	1 001.3	1 001.8	1 002.2	1 002.7	1 003.1
28	999.7	1 000.2	1 000.6	1 001.1	1 001.5	1 001.9	1 002.4	1 002.8
29	999.4	999.9	1 000.3	1 000.8	1 001.2	1 001.6	1 002.1	1 002.5
30	999.1	999.6	1 000.0	1 000.4	1 000.9	1 001.3	1 001.7	1 002.2
31	998.8	999.3	999.7	1 000.1	1 000.6	1 001.0	1 001.4	1 001.9
32	998.5	998.9	999.4	999.8	1 000.2	1 000.7	1 001.1	1 001.5
33	998.2	998.6	999.0	999.5	999.9	1 000.3	1 000.8	1 001.2
34	997.8	998.3	998.7	999.1	999.6	1 000.0	1 000.4	1 000.9
35	997.5	997.9	998.4	998.8	999.2	999.7	1 000.1	1 000.5
36	997.1	997.6	998.0	998.4	998.9	999.3	999.7	1 000.2
37	996.8	997.2	997.6	998.1	998.5	998.9	999.4	999.8
38	996.4	996.8	997.3	997.7	998.1	998.6	999.0	999.4
39	996.0	996.5	996.9	997.3	997.8	998.2	998.6	999.0
40	995.7	996.1	996.5	996.9	997.4	997.8	998.2	998.7

注 1：ρ_{wd} 值为温度 θ(℃)和绝对压力 p_{abs}（10^5 Pa)的函数。

注 2：定义和公式见 3.3.3.3 和 5.5.3.1.3。

表 B.3 蒸馏水的运动黏度 $\nu(m^2 \cdot s^{-1})$

水温 θ/℃	运动黏度 ν/$m^2 \cdot s^{-1}$	水温 θ/℃	运动黏度 ν/$m^2 \cdot s^{-1}$
0	1.791×10^{-6}		
1	1.731×10^{-6}	21	0.980×10^{-6}
2	1.674×10^{-6}	22	0.957×10^{-6}
3	1.620×10^{-6}	23	0.934×10^{-6}
4	1.568×10^{-6}	24	0.913×10^{-6}
5	1.520×10^{-6}	25	0.892×10^{-6}
6	1.473×10^{-6}	26	0.873×10^{-6}
7	1.429×10^{-6}	27	0.854×10^{-6}
8	1.387×10^{-6}	28	0.835×10^{-6}
9	1.346×10^{-6}	29	0.817×10^{-6}
10	1.308×10^{-6}	30	0.800×10^{-6}
11	1.271×10^{-6}	31	0.784×10^{-6}
12	1.236×10^{-6}	32	0.768×10^{-6}
13	1.202×10^{-6}	33	0.753×10^{-6}
14	1.170×10^{-6}	34	0.738×10^{-6}
15	1.140×10^{-6}	35	0.723×10^{-6}
16	1.110×10^{-6}	36	0.709×10^{-6}
17	1.082×10^{-6}	37	0.696×10^{-6}
18	1.055×10^{-6}	38	0.683×10^{-6}
19	1.029×10^{-6}	39	0.670×10^{-6}
20	1.004×10^{-6}	40	0.658×10^{-6}

注 1：ν 值为在绝对压力 $p_{abs}=10^5$ Pa 下的水温 θ(℃)的函数。

注 2：定义和公式见 3.3.3.6 和 5.5.3.3。

表 B.4 蒸馏水的蒸汽压力

水温 θ/℃	蒸汽压力 p_{va}/Pa	水温 θ/℃	蒸汽压力 p_{va}/Pa
0	611		
1	657	11	1 313
2	706	12	1 403
3	758	13	1 498
4	814	14	1 599
5	873	15	1 706
6	935	16	1 819
7	1 002	17	1 938
8	1 073	18	2 064
9	1 148	19	2 198
10	1 228	20	2 339

表 B.4（续）

水温 θ/ ℃	蒸汽压力 p_{va}/ Pa	水温 θ/ ℃	蒸汽压力 p_{va}/ Pa
21	2 488	31	4 495
22	2 645	32	4 758
23	2 810	33	5 034
24	2 985	34	5 323
25	3 169	35	5 627
26	3 363	36	5 945
27	3 567	37	6 280
28	3 782	38	6 630
29	4 008	39	6 997
30	4 246	40	7 381

注 1：p_{va}为水温 θ(℃)的函数。

注 2：定义和公式见 3.3.3.4 和 5.5.3.4。

表 B.5 干燥空气的密度 ρ_a($kg \cdot m^{-3}$)

空气温度 θ_a/ ℃	干燥空气的密度 ρ_a/ $kg \cdot m^{-3}$
0	1.293
2	1.284
4	1.274
6	1.265
8	1.256
10	1.247
12	1.238
14	1.230
16	1.221
18	1.213
20	1.205
22	1.196
24	1.188
26	1.180
28	1.173
30	1.165

注 1：该值为在环境绝对压力 p_{amb-0}=101 325 Pa 下的空气温度 θ_a(℃)的函数。

注 2：定义和公式见 3.3.3.3 和 5.5.4.1。

表 B.6 环境压力 p_{amb}(Pa)

海拔 z/m	环境压力 p_{amb}/Pa	海拔 z/m	环境压力 p_{amb}/Pa
0	101 325		
100	100 129	2 100	78 520
200	98 945	2 200	77 548
300	97 773	2 300	76 586
400	96 611	2 400	75 634
500	95 461	2 500	74 692
600	94 322	2 600	73 759
700	93 194	2 700	72 835
800	92 076	2 800	71 921
900	90 970	2 900	71 017
1 000	89 876	3 000	70 121
1 100	88 792	3 100	69 235
1 200	87 718	3 200	68 358
1 300	86 655	3 300	67 490
1 400	85 602	3 400	66 631
1 500	84 560	3 500	65 780
1 600	83 528	3 600	64 939
1 700	82 506	3 700	64 106
1 800	81 494	3 800	63 283
1 900	80 493	3 900	62 467
2 000	79 501	4 000	61 660

注 1：该值为海拔 z(m)的函数。

注 2：定义和公式见 3.3.5.2 和 5.5.4.2。

表 B.7 水银的密度 ρ_{Hg}(kg·m^{-3})

温度 θ/℃	密度 ρ_{Hg}/kg·m^{-3}	温度 θ/℃	密度 ρ_{Hg}/kg·m^{-3}
0	13 595		
1	13 593	11	13 568
2	13 590	12	13 565
3	13 588	13	13 563
4	13 585	14	13 561
5	13 583	15	13 558
6	13 580	16	13 556
7	13 578	17	13 553
8	13 575	18	13 551
9	13 573	19	13 548
10	13 570	20	13 546

表 B.7（续）

温度 θ/ ℃	密度 ρ_{Hg}/ kg · m^{-3}	温度 θ/ ℃	密度 ρ_{Hg}/ kg · m^{-3}
21	13 543	31	13 519
22	13 541	32	13 516
23	13 538	33	13 514
24	13 536	34	13 511
25	13 534	35	13 509
26	13 531	36	13 507
27	13 529	37	13 504
28	13 526	38	13 502
29	13 524	39	13 499
30	13 521	40	13 497
注 1：该值为在环境绝对压力 p_{amb-0}＝101 325 Pa（海平面的标准环境压力）下的温度 θ（℃）的函数。 注 2：定义和公式见 3.3.3.3 和 5.5.5。			

附　录　C
（资料性附录）
机械水力比能公式的推导

C.1　理论公式

水力机械内部的能量平衡由伯努力微分方程表示，并考虑了能量损失项：

$$\frac{\mathrm{d}p_{\mathrm{abs}}}{\rho}+\mathrm{d}\left(\frac{\nu^2}{2}\right)+g\mathrm{d}z+\mathrm{d}e_{\mathrm{L}}+\mathrm{d}e=0$$

式中：

$\frac{\mathrm{d}p_{\mathrm{abs}}}{\rho}$——压力比能的变化；

$\mathrm{d}\left(\frac{\nu^2}{2}\right)$——速度比能的变化；

$g\mathrm{d}z$——位置比能的变化；

$\mathrm{d}e_{\mathrm{L}}$——损耗比能；

$\mathrm{d}e$——水与转轮/叶轮间的转换比能（水轮机：$\mathrm{d}e<0$，水泵：$\mathrm{d}e>0$）。

对于无损耗的理想机械（$\mathrm{d}e_{\mathrm{L}}=0$）而言，机械高低压基准面 1 和 2 间的水流水力比能 E 可由在此两截面间的积分获得：

$$\int_2^1\mathrm{d}e=\int_2^1\frac{\mathrm{d}p_{\mathrm{abs}}}{r}+\int_2^1\mathrm{d}\left(\frac{\nu^2}{2}\right)+\int_2^1g\mathrm{d}z \quad\cdots\cdots(\mathrm{C}.1)$$

C.2　压力比能项

$$\int_2^1\frac{\mathrm{d}p_{\mathrm{abs}}}{\rho}=\frac{p_{\mathrm{abs1}}-p_{\mathrm{abs2}}}{\rho^*}$$

考虑到该式的应用范围，ρ^* 可由下式近似确定：

$$\rho^*=\bar{\rho}=\frac{1}{2}(\rho_1+\rho_2)$$

该近似值的相对误差小于 2×10^{-4}。

C.3　速度比能项

水流流线的水力比能项的值和其截面上的平均值（$e_{\mathrm{c}}=\nu^2/2$）按 3.5.2.4 中的注 1 确定。

按惯例，假设速度比能的变化由下式计算：

$$\int_2^1\mathrm{d}\left(\frac{\nu^2}{2}\right)=\frac{1}{2}(\nu_1^2-\nu_2^2)$$

式中 ν_1 和 ν_2 为基准面 1 和基准面 2 的平均轴向速度（见 1.3.3.4.9）（严格地讲，应考虑速度的切向和径向分量）。

C.4　位置比能项

由于基准面 1 和基准面 2 间由于海拔高程的变化而引起的重力加速度的变化很小，它可以写成：

$$\int_2^1g\mathrm{d}z=\bar{g}(z_1-z_2)$$

式中：

$$\bar{g}=\frac{1}{2}(g_1+g_2)$$

C.5 实用公式

根据上述简化，确定机械水力比能（见 1.3.3.6.2）的式（C.1）变为：

$$E=\frac{1}{\overline{\rho}}(p_{abs1}-p_{abs2})+\frac{1}{2}(v_1^2-v_2^2)+\overline{g}(z_1-z_2)$$

工程上，机械的基准面的 g 值可作为 $\overline{g}$。此外，对于低水头机械 $(p_1-p_2)<4\times10^5$ Pa，低压基准面的 ρ 值可作为 $\overline{\rho}$。

附　录　D
（资料性附录）
实际用水的密度 ρ_{wa} 对测量和标定的影响

由于可溶性化学物质的存在，试验水的密度 ρ_{wa}（见 5.5.3.1.2 和 GB/T 15613.2—2008 中的 8.2.3）总比 5.5.3.1.3 和表 B.2 中给出的蒸馏水的密度 ρ_{wd} 要高。通常偏差要小于 0.05%。

若水力比能 E 主要由压力测量确定且测量仪器安装在大致相同的海拔高程，E 可表达为：

$$E=\frac{(p_1-p_2)}{\bar{\rho}}+\frac{\nu_1^2-\nu_2^2}{2}$$

水力功率变为：

$$\begin{aligned}P_h&=\left[\frac{(p_1-p_2)}{\bar{\rho}}+\frac{\nu_1^2-\nu_2^2}{2}\right]\cdot\rho_1\cdot Q_1\\&=\left[p_1-p_2+\bar{\rho}\cdot\frac{\nu_1^2-\nu_2^2}{2}\right]\cdot\frac{\rho_1}{\bar{\rho}}\cdot Q_1\end{aligned}$$

式中 $\rho_1=\rho_{wa,1}$ 且 $\bar{\rho}=\bar{\rho}_{wa}$。

工程中，可以假定模型试验装置的 ρ_{wa} 与 ρ_{wd} 相差很小且随压力和温度的变化规律相同：

$$\frac{\rho_{wa,1}}{\bar{\rho}_{wa}}=\frac{\rho_{wd,1}}{\bar{\rho}_{wd}}=\frac{\rho_1}{\bar{\rho}}$$

由于 $\frac{(\nu_1^2-\nu_2^2)}{2}$ 总是小于压力比能项的 10%，即使对高比转速机械也是这样，因此 $\bar{\rho}_{wd}$ 也可应用于项 $\bar{\rho}_{wa}\frac{(\nu_1^2-\nu_2^2)}{2}$ 中。由此应用蒸馏水的密度所引起的 E 或 η 的偏差总是要小于 0.005%。因此水力功率可近似为：

$$P_h=\left[p_1-p_2+\bar{\rho}_{wd}\frac{(\nu_1^2-\nu_2^2)}{2}\right]\cdot\frac{\rho_{wd,1}}{\bar{\rho}_{wd}}\cdot Q_1$$

附 录 E
（资料性附录）
试验和计算步骤的综述

E.1 前言

附录E包含了在试验前、试验中和试验后需执行的一系列协议、核查和操作。

一个试验点的计算以及与合同值相比较的所有必要的信息，包括测量不确定度的评估也作为一个主要方面，综述如下。

对每一项，都引用了本部分的相关章节。

E.2 试验前应达成的协议

试验前，有关各方应达成如下协议：

——模型尺寸（见5.3.2.2）和比尺值λ（见3.3.2.9）；

——模型结构特点（见5.1.3.2）；

——相似要求（见5.3.1）；

——试验条件（见5.3.2.1）；

——当合同提及模型的保证值时（见GB/T 15613.2—2008中的11.2.2）的Re_{M^*}或Re_{sp}值（见4.1.4）（对于水斗式水轮机为弗劳德数，见5.3.1.5.2）；

——模型所包括的范围（见5.1.3.3）；

——基准断面（见4.1.1）；

——压力测量断面（见GB/T 15613.2—2008中的6.2和8.2.1）和用于计算水力比能的面积（见GB/T 15613.2—2008中的8.2）和净上吸出比能（见GB/T 15613.2—2008中的8.4）；

——功率、流量、效率、稳态飞逸转速的合同值及空化对水力性能的影响（见4.2）；

——σ_{pl}值（见4.2.1.5）；

——空化试验程序（见5.3.3.3.6和见GB/T 15613.2—2008中的11.2.3.7）和空化基准面（见5.3.1.5.1）；

——如果必要的话，应在循环水中注入空化核（见5.1.2.3、5.3.1.6.2和5.5.3.2）；

——模型试验的所有其他规范（见5.3.3.1.1）；

——试验的时间表（见5.3.3.1.2）；

——人员和职责（见5.3.3.1.3）；

——进行试验的种类和范围（见5.3.3.3）；

——使用仪器的标定程序（见5.3.3.1.5）；

——原型的重力加速度g_P（见5.5.2）；

——原型的水温θ_P和相应的运动黏度ν_P（见5.5.3.3）；

——原型水的密度ρ_P（见5.5.3.1）；

——原型的稳态速度n_P；

——原型的稳态雷诺数Re_P；

——原型运行的$NPSE_P$范围（见4.2.1.5）；

——飞逸工况下的最大水力比能$E_{P\max}$（见4.2.1.4）；

——原型的机械功率损失（见4.2.1.1和见5.4.1.4）；

——电机风损（附录G）。

E.3 模型试验设备和测试仪表

E.3.1 模型制造和尺寸检查

模型应按5.1.3.2制造且按5.3.1.6和GB 10969进行尺寸检查。应特别注意：

——公称直径值(见3.3.2.6)；

——检查转轮/叶轮密封间隙(见GB 10969)；

——过水表面的粗糙度或表面质量(见GB 10969)。

E.3.2 试验仪器设备和数据采集系统

在试验前和试验过程中，试验台和整个循环系统都应仔细检查(见5.3.3.2.2)，应特别注意表计管路是否泄漏。

测量仪器和数据采集系统也应在试验前后加以仔细检查和标定(见5.3.3.2.3)。

下列几点通常由专门的操作试验的方法来检验：

——模型进出口截面处测点压力的规律性(见GB/T 15613.2—2008中的6.3.1)；

——相同的运行工况点在不同试验条件下仪器的响应情况(见5.3.3.3.1)。

E.4 试验和模型值的计算

通常，完整的预备性试验初步试验应由制造商执行或由制造商在场时执行，以确定合同中规定的保证值且确定机械的整个运行特性。由有关各方到场的验收试验应随后进行(见5.3.3.3.1)。

E.4.1 试验过程中主要量的测量

对每一个试验点，应获得下列仪器测量量的读数的平均值。测量应按GB/T 15613.2—2008中的第4章和11.2.1执行：

——流量(见GB/T 15613.2—2008中的第5章)；

——高压和低压测量断面的压力(或断面1和断面2间的压差与断面2处的吸出压力)(见GB/T 15613.2—2008中的第6章、第7章和第8章)；

——力矩(见GB/T 15613.2—2008中的第9章)；

——转速(见GB/T 15613.2—2008中的第10章)；

——试验水的温度；

——环境温度；

——仪器温度；

——环境压力。

所有测量仪器的标定应是可用的并加以检查(见5.3.3.1.5)。

应确定计算所需的恒定值[例如：g(见5.5.2)、ρ(见5.5.3.1)、z_c(见5.3.1.5.1)、p_{va}(见5.5.3.4)、ν(见5.5.3.3)、测力臂的长度(见GB/T 15613.2—2008中的9.2.1)、T_{Lm}(见GB/T 15613.2—2008中的9.5.3)]或按试验状态计算。

E.4.2 总不确定度

E.4.2.1 测量量的系统不确定度

为确定不确定度范围所需的系统不确定度值应对每个测量量定出并协商一致(见GB/T 15613.2—2008中的12.2.2.2和附录J)。

E.4.2.2 测量量的随机不确定度

随机不确定度值应在最优效率附近试验时，或在部分负荷试验时计算得出(如有需要)(见5.3.2.3.1、GB/T 15613.2—2008中的12.2.2.1和附录L)。

E.4.2.3 总不确定度

总不确定度是由上述系统不确定度和随机不确定度联合确定的，并确定曲线的不确定度带以便与保证值加以比较(见 GB/T 15613.2—2008 中的 12.2.2.4 和 13.2)。

E.4.3 与主要水力性能有关的测量量的计算

采用上述列出的常量和测量值,并运用标定数据和 5.4.1.1 给出的计算水力效率的关系式可计算出 ρ_M、Q_M、E_m、P_{mM}、η_{hM}、$NPSE_M$ 和 Re_M 的值。

E.4.4 无量纲因数或系数和空化系数的计算

采用关系式见 3.3.12,可计算出 Q_{nD}、E_{nD}、P_{nD} 和 σ_{nD} 和/或 Q_{ED}、n_{ED}、P_{ED} 和 σ 的值。

E.4.5 确定用于计算比尺效应的 δ_{ref}

可通过专门的试验确定出 η_{hMopt} 和在此条件下测量的 Re_{Mopt} 值。由此,采用 GB/T 15613.2—2008 中的 11.2.2 的公式便可定出在该条公式中用于效率比尺效应计算中的 δ_{ref} 值(亦可参见附录 F)。

E.4.6 与 Re_{M^*} 有关的效率和功率系数的计算

除了按 GB/T 15613.2—2008 中的图 38 描述的流程图计算外,还可应用计算程序。可计算出 η_{hM^*}、P_{nD^*} 和 P_{ED^*} 值(见 GB/T 15613.2—2008 中的 11.2.2.3),然后便可得到模型在 $Re_M{}^*$ 条件下的所有模型运行曲线(见 GB/T 15613.2—2008 中的 11.2.2 和 11.2.2.3)。

当给定的模型效率的保证值规定为特定值 Re_{Msp} 条件时,$Re_M{}^*$ 可选为与 Re_{Msp} 相等量(见.4.1.4 和 GB/T 15613.2—2008 中的 11.3.3.5)。

E.4.7 考虑空化影响后对模型测量值的修正

对于效率试验,见 5.3.3.3.5 和 GB/T 15613.2—2008 中的 11.2.3.7。

对于飞逸转速试验,见 5.3.3.3.7 和 GB/T 15613.2—2008 中的 11.3.2。

E.5 原型量的计算

参见 GB/T 15613.2—2008 中的图 38 的流程图。

基于 GB/T 15613.2—2008 中的 11.2.4 和 11.2.5,当在规定的 n_p 下稳定运行时,Q_p、E_p、P_{mP}、$NPSE_p$ 和 η_{hp} 值是在考虑到效率比尺效应 $(\Delta\eta_h)_{M\to P}$ 及空化影响后得出的(见 GB/T 15613.2—2008 中的 11.2.4.2)。

计算原型的效率 η_P 和机械功率 P_P 时应考虑原型的机械功率损失(见 3.3.8.4、4.2.1.1、GB/T 15613.2—2008 中的 13.3.4)和电机的风损(见附录 G)。

对于飞逸运行工况,应按 GB/T 15613.2—2008 中的 11.3.3 和 11.3.4 计算 $n_{R,P}$、$Q_{R,P}$ 和 $NPSE_P$。

按 GB/T 15613.2—2008 中的 11.3.2 考虑空化对条稳态飞逸转速的影响。

E.6 模型或原型结果的图式表示

在剔除错误点(见 GB/T 15613.2—2008 中的 12.1.3.1)后,以适当数目的试验点为基础(见 GB/T 15613.2—2008 中的 11.2.3 和 13.2)绘制出模型或原型试验结果的点和/或曲线。如果必须绘制一条内插曲线,附录 H 给出了一个示例。

若必须与保证值相比较(见 GB/T 15613.2—2008 中的 13.2),上述点或曲线应绘制不确定度带。

E.7 与保证值的比较

保证值是否满足按 GB/T 15613.2—2008 中的 13.3.1、13.3.2 和 13.3.3 所述执行。

罚款和奖励的实施,如果有的话,见 GB/T 15613.2—2008 中的 13.3。

E.8 最终纪要

最终纪要包括有签字的工作日志和试验结果文件,应在验收试验结束时作出(见 5.3.3.3.9),且一且所有参加各方均签字，模型验收试验即告结束。所有保证值是否符合要求应予检查并在纪要中提及，且纪要中应明确说明每一项保证值满足与否。

E.9 最终试验报告

最终试验报告(见 5.3.3.5)应包括正式试验的所有文件且应于试验完成后在各方商定的时间(通常为两个月)内完成。

附 录 F
（规范性附录）
反击式机械水力效率的比尺效应

F.1 基本描述和假定

本附录给出的描述和假定仅适用于反击式机械[13]（冲击式水轮机见附录 K）。反击式机械水力效率的比尺效应是基于摩擦损失随雷诺数 Re 变化而变化。

在本规程中，比尺效应仅适用于转轮/叶轮的效率和机械功率，而不适用于流量或水力比能。估算方法是基于下列假定的：浸润表面为水力光滑表面，且不考虑粗糙度或其他情况的影响[14]。

在比尺效应计算公式（见附录 F.3）中，可按比尺效应的损失曲线指数（0.16）和可按比尺效应的损失与总损失的比值（V_{ref}）均为平均试验值，其值基于以下得出：

a） 在水力表面光滑的模型上在不同的雷诺数下的模型试验；

b） 比较模型效率试验和相应的原型（其表面粗糙度符合 GB/T 10969）。按 GB/T 10969 所要求的表面粗糙度并不必须为水力光滑流动状态。

只要间隙几何偏差在 GB/T 10969 规定的限度内，即可认为以下给定的水力效率比尺效应计算公式仍然有效。

通常商定，在模型最大水力效率点处加上 $\Delta\eta_h$ 以计算原型的水力效率，且应用至整个效率保证值范围内，前提条件是若在此范围内，不太受空化现象的影响（见 GB/T 15613.2—2008 中的 11.2.4.2）。最优水力效率不应受空化的影响。

F.2 在效率保证值范围内可按比尺效应的相对损失数量

对于给定的水力透平机械而言，作为雷诺数 Re 的函数的比尺效应的可换算的相对损失量 δ 在整个保证效率的范围 R 内是相同的（范围 R 见图 F.1）。

这表明对于一个给定的恒定雷诺数而言，例如 Re_M，在整个范围 R 内每一个运行工况点的按比尺效应的相对损失量 δ 的数量为恒定的，非比尺效应的损失量 δ_{ns} 的量值取决于运行工况点的总的相对损失量（$1-\eta_h$）。

F.3 通用比尺效应公式的推导

按照 5.3.1.2 的假定，图 F.2 所示的 A 和 B 点表示水力相似的运行工况。

在雷诺数 Re_{ref}、Re_A 和 Re_B 下的可按比尺效应的相对损失（见图 F.2）有如下关系：

$$\frac{\delta_A}{\delta_{ref}}=\left(\frac{Re_{ref}}{Re_A}\right)^{0.16}$$

$$\frac{\delta_B}{\delta_{ref}}=\left(\frac{Re_{ref}}{Re_B}\right)^{0.16}$$

采用 $(\Delta h_h)_{A\rightarrow B}=\delta_A-\delta_B$

可获得如下的通用比尺效应公式：

$$(\Delta\eta_h)_{A\rightarrow B}=\delta_{ref}\left[\left(\frac{Re_{ref}}{Re_A}\right)^{0.16}-\left(\frac{Re_{ref}}{Re_B}\right)^{0.16}\right]$$

GB/T 15613.2—2008 中的 11.2.2 和 11.2.4.1 所引用的公式为其特例。

13） 特殊设计的反击式机械见 3.8.2.2.1 中表 7 的注 1。

14） 虽然对如何考虑水力比能和流量或粗糙度影响的比尺效应现已有很多种计算方法，但还未有被普遍接受的定量的分析方法。欲了解更多的资料，见 F.5 中的参考文献。

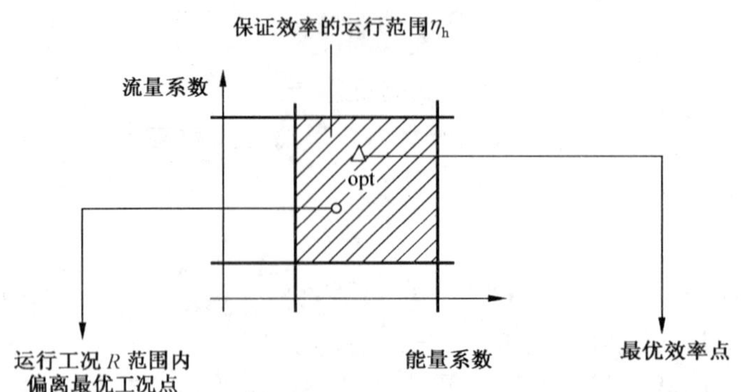

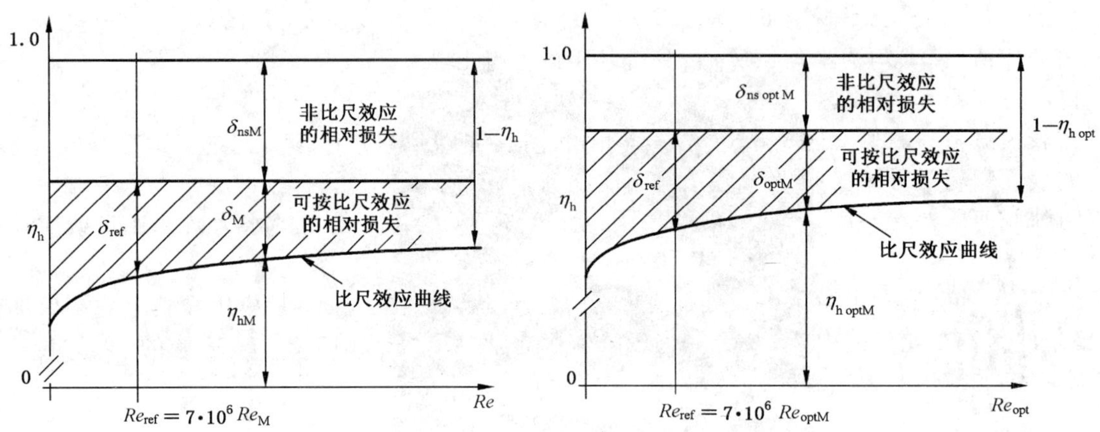

图 F.1 可按比尺效应的相对损失的变化

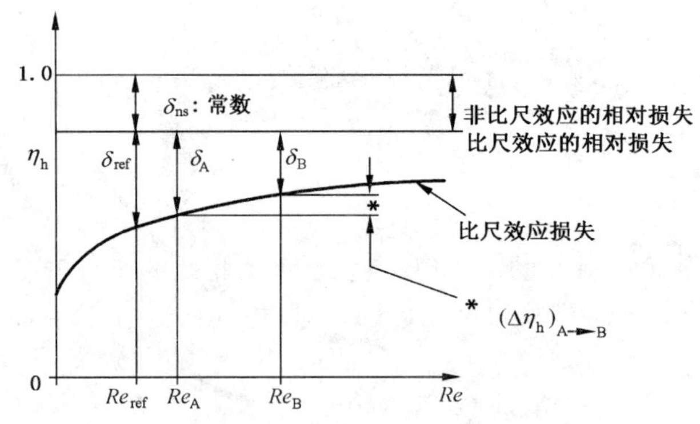

图 F.2 不同雷诺数下水力相似运行工况 A 和 B 的效率变化

根据 F.1 和 GB/T 15613.2—2008 中的 11.2.2.2 对于最优效率点的假定，可得出下列三等式：

$$\frac{\delta_{optM}}{\delta_{ref}}=\left(\frac{Re_{ref}}{Re_{optM}}\right)^{0.16}$$

$$V_{ref}=\frac{\delta_{ref}}{\delta_{ref}+\delta_{nsoptM}}$$

$$\delta_{optM}+\delta_{nsoptM}=1-\eta_{hoptM}$$

三个未知项为：

δ_{optM}——最优效率点的可按比尺效应的相对损失；

δ_{nsoptM}——最优效率点的非比尺效应相对损失；

δ_{ref}——在雷诺数为 Re_{ref} 且满足 $\delta_{ref}=(1-\eta_{href})\cdot V_{ref}$ 的工况点处的可按比尺效应的相对损失。

得出 GB/T 15613.2—2008 中的 11.2.2 给出的公式计算：

$$\delta_{ref}=\frac{1-\eta_{hoptM}}{\left[\left(\frac{Re_{ref}}{Re_{optM}}\right)^{0.16}+\frac{1-V_{ref}}{V_{ref}}\right]}$$

F.4 从模型换算至原型时效率增值的确定

以下所述中假定在保证值范围内的原型的雷诺数 Re_P 为定值且 δ_{ref} 值已按 GB/T 15613.2—2008 中的 11.2.2.1 所述确定。

若模型效率是在恒定雷诺数 $Re_M{}^*$ 下取得的，可由下式计算效率增值 $(\Delta\eta_h)_{M^*\rightarrow P}$。在整个保证值范围内仅需考察一个雷诺数值。

$$(\Delta\eta_h)_{M^*\rightarrow P}=\delta_{ref}\left[\left(\frac{Re_{ref}}{Re_{M^*}}\right)^{0.16}-\left(\frac{Re_{ref}}{Re_P}\right)^{0.16}\right]$$

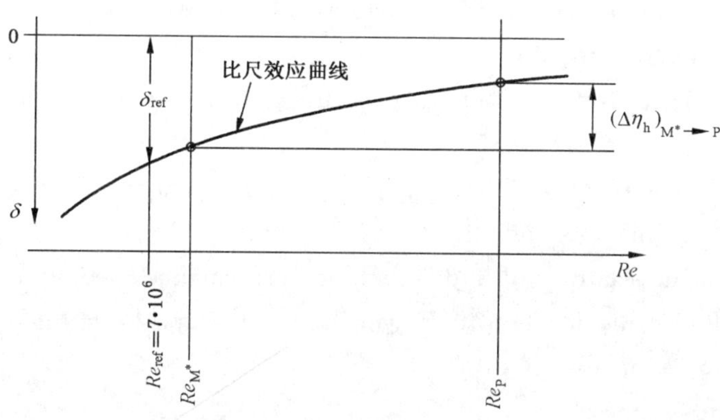

图 F.3 从 Re_M 为常数至 Re_P 为常数时的效率比尺效应

若模型效率是在不同的雷诺数 Re_M 下测得的，可用下式计算各 Re_{M_i} 值下的效率增加值 $(\Delta\eta_h)_{M_i\rightarrow P}$。在整个保证值范围内需考虑多个数值。

$$(\Delta\eta_h)_{M_i\rightarrow P}=\delta_{ref}\left[\left(\frac{Re_{ref}}{Re_{M_i}}\right)^{0.16}-\left(\frac{Re_{ref}}{Re_P}\right)^{0.16}\right]$$

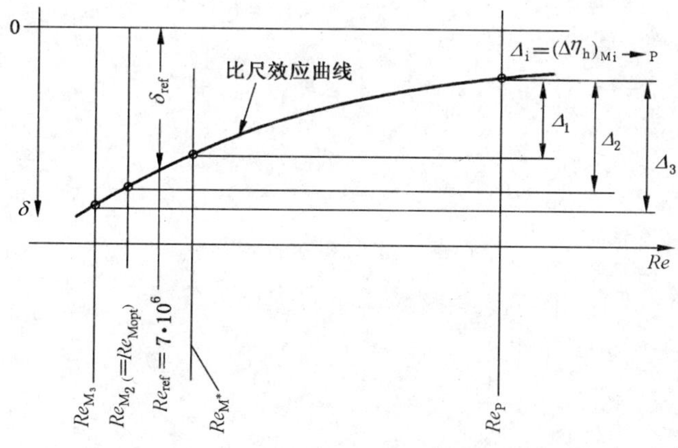

图 F.4 从 Re_M 为变数至 Re_P 为常数的效率比尺效应

F.5 参考书目

F.5.1 Osterwalder, J., "Efficiency scale-up for hydraulic turbomachines with due consideration of surface roughness", Journal of Hydraulic Research 16(1978)No. 1, pp. 55 to 76.

F.5.2 Ida, T., Recent research of scale effects on performance characteristics of hydraulic turbomachines, Kanagawa University, Yokohama, April 1983.

F.5.3 Osterawalder, J., Hippe L. "Guidelines for efficiency scaling process of hydraulic turbomachines with different technical roughness of flow passages", Journal of Hydraulic Research 22(1984), No. 2, pp. 77 to 102.

F.5.4 Ida, T., "Scale effects of water turbine performances considering only surface roughness", Proceedings from 14th Symposium IAHR 1988, pp. 813 to 824.

F.5.5 Henry, P., Leroux, A., Levesque, J. M., Miron, J. G., "Performance of the LG-4 turbines", Proceedings from 14th Symposium IAHR 1988, pp. 787 to 799.

F.5.6 Ida, T., "New foumula for efficiency step-up of hydraulic turbine", Proceedings from 17th Symposium IAHR 1994, pp. 827 to 840.

F.5.7 Nichtawitz, A., "Discussion on step-up procedures in hydraulic machines", Proceedings from 17th Symposium IAHR 1994, pp. 841 to 852.

F.5.8 Spurk, J. H., Grein, H., "Performance conversion method for hydraulic turbines and pumps", Water Power & Dam Construction, (1993-11), pp. 42-29.

F.5.9 Fay, Á. Á., "On the accuracy of hydro turbine performance prediction based on model tests", Modelling, Testing & Monitoring for Hydro Powerplants, Budapest, Hungary, July 1994, pp. 425-434.

附 录 G
（规范性附录）
考虑机组摩擦损失和风损的原型飞逸特性的计算

按 3.8.3.3 所述由模型试验值换算到原型的最大飞逸转速和流量时，应考虑由机组轴承和主轴密封所引起的摩擦损失及电机的风损，最大飞逸转速由 $n_{R_{max,P}}$ 减至 $n_{R_{max,P^*}}$。

考虑的步骤如下：

对于单调节水轮机而言，在靠近飞逸工况点处的定导叶开度或定喷针行程下，用测量点 X_1、X_2、X_3 等绘制曲线 $P_{mP}(n_P)$（见图 G.1）。若选定的开度恰好处于最大飞逸转速处（对混流式水轮机而言，通常为 $\alpha=\alpha_{max}$ 处），曲线 $P_{mP}(n_P)$ 与代表原型轴承和主轴密封摩擦损失与电机风损之和[15] 的曲线 $(P_{Lm}+P_W)(n_P)$ 的交点 Y 处的值即为在机组预期的最大稳态飞逸转速 $n'_{R_{max,P}}$。

对于双调节水轮机而言，上述步骤需在每一个转轮叶片转角下均执行一次；由此即可确定 $n'_{R,P}$ 的最大值。

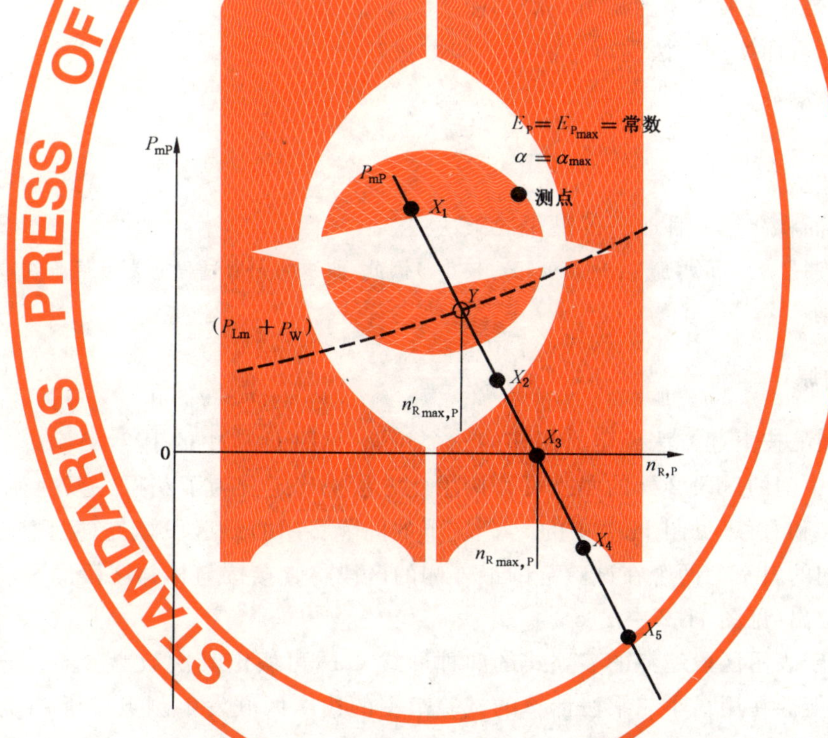

图 G.1 单调节水轮机 考虑机组摩擦损失和风损的原型飞逸特性的确定

15） 上述损失的确定见 GB/T 20043。

附 录 H
（资料性附录）
确定最光滑曲线的示例：独立区段法

H.1 前言

与原型试验不同的是，模型试验中通常对大量的运行工况点进行测量，有时，重复的测点距前一次测点的位置非常近。此外，试验范围通常都较合同保证范围大，但测点较集中在合同保证范围内。

在此种情况下，仅依靠标准最小二乘法的简单功能不太可能确定出通过这些测点的最优的拟合曲线；若该多项式的次数增加，曲线可能更趋近试验点，但也可能发生显著偏离正常的预期形状的现象。由于还未有适当的数学方法来描述上述物理现象，将整个试验区域分成若干区段以便通过计算的方法来确定最适合的曲线是一种更为方便的方法。该方法可以使每个区段都采用低次的多项式来表示曲线，这样便可采用最小二乘法得到相当光滑的曲线。

有几种计算拟合曲线的方法是可行的。这些方法基于：

——普通样条函数；

——B-样条；

——用面描述法。

作为例子，下面将介绍一种改进的最小二乘法。

注：目前采用的测量方法可使随机不确定度相对较小。因此，曲线的光滑过程通常可局限在取某一给定点周围的几个测量值的平均值。

H.2 计算方法的原理

沿横坐标的间隔按下述方法确定。相邻的三个间隔（见图 H.1 中的 1，2，3）构成了应用最小二乘法的区间，但仅居于中间的区段 2 处的曲线可直接用此方法来确定。为了获得一系列独立的区段，此过程将重复分两步左移和右移（见图 H.2 中的 a）。剩下的间隔将用曲线区段填充（见图 H.2 中的 b），区段的端点处具有相同的斜率。两个在试验范围最外侧的区段将直接按与相邻区段的多项式相同的数字系数用最小二乘法绘出（见图 H.2 中的 c）。

作为惯例，对于表示区段趋势的多项式的两种形式 a、b，可假定其次数为 3。由于测点的排列和间隔宽度的原因，可能会在用最小二乘法计算的试验范围的边缘区域发生测点仅够确定一系列的两个区间而非三个区间的情况。在此情况下，多项式将减为 2 次。

H.3 间隔最小宽度的选择

应设定一个间隔最小宽度值 S_{min}。最适宜的 S_{min} 值应小到足以确定插入曲线。应关注 S_{min} 的选择及由此而引出的间隔数目对曲线形状的影响：

——选择的 S_{min} 值过大会产生一条过于光滑的曲线，这将不能反映实际的物理现象；

——选择的 S_{min} 值过小则会使曲线在测量点处产生比真实情形大的随机性的分散现象。

因此，一个适当的值的选择应由试验负责人判断，要尽可能注意插入曲线应与表示每一测点处的随机不确定度的线段相交（见图 H.2）。

例如，当绘制一台单调节水轮机的效率曲线 $\eta_h(Q_{nD})$ 时（见 GB/T 15613.2—2008 中的 11.2.3.1），通常可将 S_{min} 近似地取为 $(Q_{nDmax}-Q_{nDmin})/10$，式中 Q_{nDmin} 和 Q_{nDmax} 为试验范围的极限值。

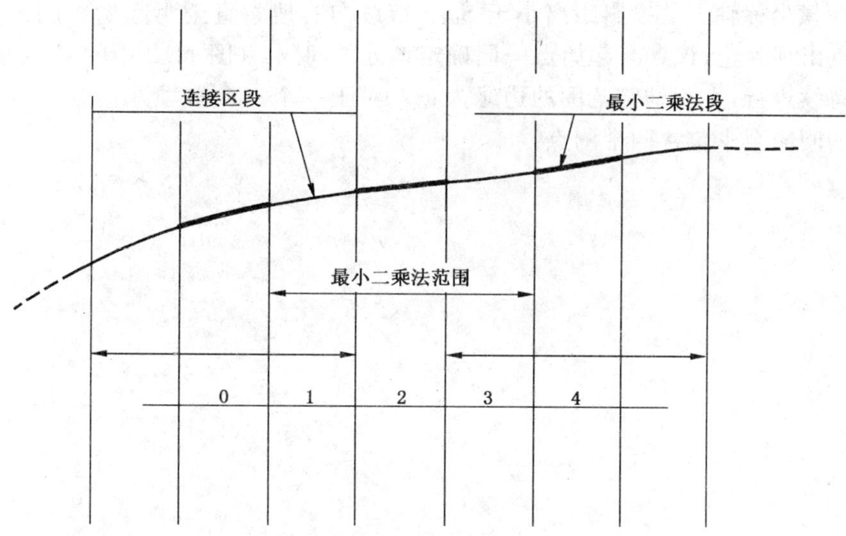

图 H.1 独立区段法的原理

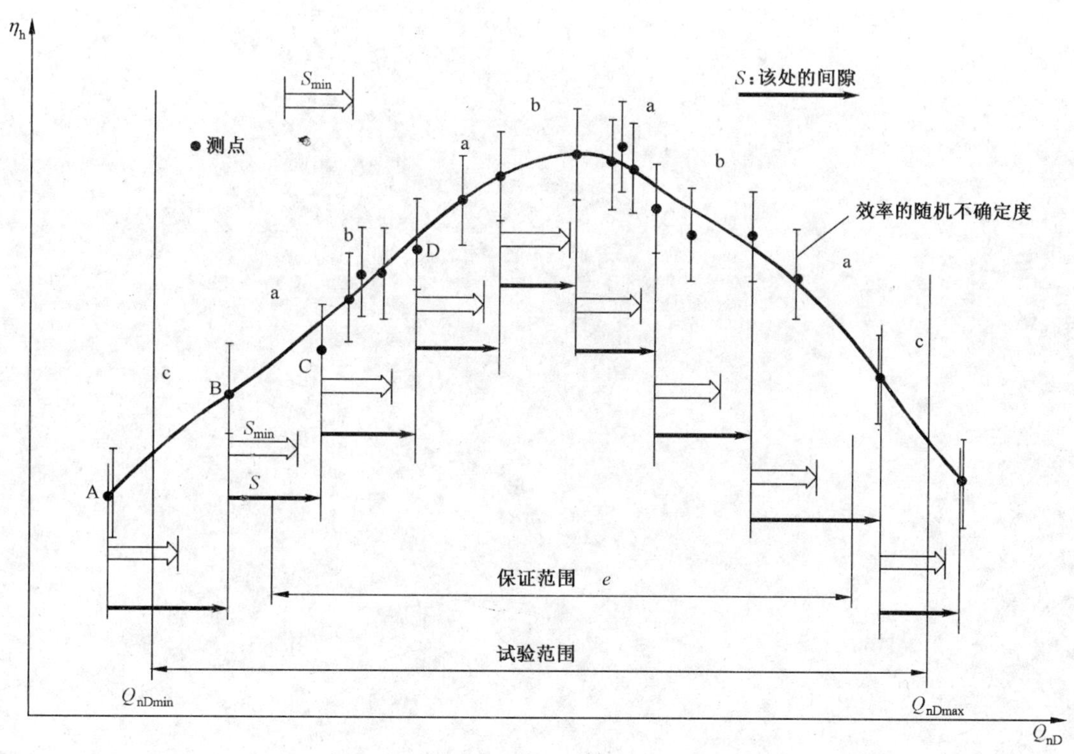

图 H.2 确定区隔的示例

H.4 间隔的确定

为简化陈述,假定试验开始于试验范围的左端,在效率试验时从试验范围的中部开始也是很方便的。

对于第一个测点而言,可能面临两种情况:

a) 下一点在横坐标轴上的投影距离大于或等于 S_{min}:该处的间隔 S 由此两点确定(图 H.2 中的 A 点和 B 点);

b) 下一点在横坐标轴上的投影距离小于 S_{min}：继续向右搜索直至距起始点的距离大于 S_{min} 的第一个测点出现为止；该点与起始点一同确定该处的间隔 S(图 H.2 中的 C 点和 D 点)。

该程序一直持续进行，直到试验范围的边缘为止。对于一个三次多项式而言，可应用最小二乘法，每一组三个相邻的间隔至少包含四个测点。

附 录 J
（资料性附录）
误差和不确定度评估的示例

本附录可用作模型试验误差的分析导则（见 GB/T 15613.2—2008 中表 8）。其包括下列三个示例：

——物理量测量的误差和不确定度的分析示例（见 J.1）；

——确定水力比能、转轮/叶轮的机械能和水力效率的系统不确定度的计算示例（见 J.2）；

——确定净正吸入比能的系统不确定度的计算示例（见 J.3）。

由于确定所需量的途径多种多样，故不可能在本规程中专门为相应的系统误差作一个通用的规定。例如，对于水力比能而言，其系统误差的值取决于测量仪表和随水力比能值不同所选定仪表的安装形式。在较低的水力比能值下，通常所得出的不确定度 $(f_E)_s$ 的值会较大。由于相同的原因，在确定净正吸入比能的相对系统误差时一般要比水力比能的系统误差要大。

J.1 物理量测量的误差和不确定度的分析示例[16)]

下面的例子就是要说明如何使采用电子设备测量物理量时所引起的误差的各种来源能得到辨认且如何能评估和综合各相应误差和联合误差。GB/T 15613.2—2008 中表 8 可作为该项分析的指南。下面给出的所有值都是在 95% 置信度下的不确定度。

J.1.1 标定引起的误差

J.1.1.1 各分量误差

a) 原级方法的偏差：此为原级方法的固有误差中的系统分量：$\pm f_a$。

例如，如果要测量的量为流量且用重量法标定，而如果二次仪表为电子仪器，原级方法的系统误差主要取决于称重机械的操作方法、其相应的标定方法、折向器的操作、计时装置、浮力的修正和密度的确定。如果全部按照 ISO 4185：1980 的规定执行，重量法的偏差可将各不同误差根源的分量系统误差综合考虑来估算。

b) 原级方法的重复性：此为原级方法用于标定中的固有误差的随机分量：$\pm f_b$。

在 a）项的例子中，采用重量法时原级方法的主要随机误差级来源为重量仪读数的分散性（在标定重量仪时可按读数的分散状况评估）和折向器动作的重复性。

c) 二次仪表的偏差：此为二次仪表固有误差的系统分量：$\pm f_c$。

在 a）项的例子中，这主要来自于电子仪器输出信号的系统误差。

d) 二次仪表的重复性：此为二次仪表的固有误差的随机分量：$\pm f_d$。

在 a）项的例子中，这主要来自于电子仪器输出信号的随机误差。这可由标定曲线周围点的分散情况评估。

e) 由物理现象和物理量影响引起的误差：$\pm f_e$。

这类误差来源可有很多种。在 a）项的例子中涉及到的有：

——流动情况对电子仪器反馈的影响；

——流动的不稳定性；

——水的物理性质（导热率、温度等）可能对电子仪器的影响；

——外部因素的影响（输出功率的波动、环境温度、电磁场等）。

这些误差的综合作用导致了显示流量的不确定度，这实际上一部分为系统误差另一部分为随机误差。

16） 本附录中所有使用术语的定义见《国际基本和常规度量衡词汇表（VIM）》。

f) 物理特性的误差：这些物理量的误差或是由直接测量引起的或是由国际标准数据引起的：$\pm f_{\mathrm{f}}$。

在 a)项的例子中，该类误差主要来自水密度的确定，用称重法求流求容积流量并对其从测得的质量流量中演绎而得。

J.1.1.2 标定结果的总不确定度

所有上述的误差都很小、数量很多且彼此都相互独立。系统和随机不确定度按均方根法计算(如 3.9.1.4 所述)，以获得标定曲线的相对不确定度：

$$f_{\mathrm{cal}}=\pm\left[(f_{\mathrm{a}})^2+(f_{\mathrm{b}})^2+(f_{\mathrm{c}})^2+(f_{\mathrm{d}})^2+(f_{\mathrm{e}})^2+(f_{\mathrm{f}})^2\right]^{1/2}$$

J.1.2 试验中出现的误差

J.1.2.1 分量误差

a) 标定中的系统误差：$\pm f_{\mathrm{cal}}$。

虽然实际上附录 J.1.1.2 所述的不确定度按其性质部分为系统不确定度，部分为随机不确定度，但当标定结果用于后续试验时，可假定其为系统误差。

b) 附加的系统误差：此为二次仪表标定中未能包括的固有误差中的系统分量，$\pm f_{\mathrm{h}}$。

c) 物理特性的误差：$\pm f_{\mathrm{j}}$。

在某些情况下，例如附录 J.1.1.1 中 a)项的情况，该类误差可忽略。

d) 物理现象和物理量影响引起的误差：$\pm f_{\mathrm{k}}$。

该类误差源与附录 J.1.1.1 中 e)项所列的相同，但其值随工况点的变化而不同。若试验与标定的工况相同，上述误差可以忽略。

否则，可设定其可分解为系统分量$\pm f_{\mathrm{ks}}$和随机分量$\pm f_{\mathrm{kr}}$。

e) 随机误差：这里包括二次仪表的重复性：$\pm f_{\mathrm{l}}$。

该误差可在试验中测量。在附录 J.1.1.1 中 a)项的例子，以标定时相同方式再次出现。

J.1.2.2 总不确定度

用方和根法综合处理各不确定度分量，相对总不确定度可按下式确定：

——系统不确定度：

$$f_{\mathrm{s}}=\pm\left[(f_{\mathrm{cal}})^2+(f_{\mathrm{h}})^2+(f_{\mathrm{j}})^2+(f_{\mathrm{ks}})^2\right]^{1/2}$$

——随机不确定度：

$$f_{\mathrm{r}}=\pm\left[(f_{\mathrm{kr}})^2+(f_{\mathrm{l}})^2\right]^{1/2}$$

——总不确定度：

$$f_{\mathrm{t}}=\pm\left[(f_{\mathrm{s}})^2+(f_{\mathrm{r}})^2\right]$$

J.2 确定水力比能、转轮/叶轮上的机械能和水力效率的系统误差计算示例

设定测量方法和其相应的不确定度[17]如下：

J.2.1 流量：由电磁流量计测量。系统不确定度估计为±0.20%。

J.2.2 压力：在高低压测量断面用自重压力计测量。

J.2.3 水力比能：按下式计算(见 GB/T 15613.2—2008 中图 16)：

$$E=\frac{p_{\mathrm{abs1}}-p_{\mathrm{abs2}}}{\bar{\rho}}+g\cdot(z_1-z_2)+\frac{(\nu_1^2-\nu_2^2)}{2}$$

通常情况下，若 e_{x}是量 x 的绝对系统不确定度(因此，相对系统不确定度为 $f_{\mathrm{x}}=\frac{e_{\mathrm{x}}}{x}$)，则水力比能的相对系统不确定度可按下式计算[18]：

17) 系统不确定度与许多因素有关，因此本条设定的值仅为举例。

18) 事实上，该式仅为近似计算式，ν_1^2 和 ν_2^2 为非独立的量。

$$(f_E)_s=\pm\frac{(e_E)_s}{E}=\pm\left\{\frac{\left[(e_{pabs1}/\bar{\rho})^2+(e_{pabs2}/\bar{\rho})^2+(ge_{z_1})^2+(ge_{z_2})^2+\left(\frac{e_{\nu_1}^2}{2}\right)^2+\left(\frac{e_{\nu_2}^2}{2}\right)^2\right]^{1/2}}{\frac{p_{abs1}-p_{abs2}}{\bar{\rho}}+g\cdot(z_1-z_2)+\frac{(\nu_1^2-\nu_2^2)}{2}}+f_{\Delta E}\right\}$$

假定：

$p_{abs1}=10.5\times10^5$	Pa	$f_{pabs1}=\pm0.1$	%
$p_{abs2}=0.5\times10^5$	Pa	$f_{pabs2}=\pm0.2$	%
$z_1=4$	m	$e_{z_1}=\pm0.01$	M
$z_2=2$	m	$e_{z_2}=\pm0.01$	M
$v_1=6$	$m\cdot s^{-1}$	$f_{\nu_1}=\pm0.2$	%
$v_2=1.5$	$m\cdot s^{-1}$	$f_{\nu_2}=\pm0.4$	%
$\bar{\rho}=1\ 000$	$kg\cdot m^{-3}$		
$g=9.81$	$m\cdot s^{-2}$		

且假定忽略 $\bar{\rho}$ 和 g 的不确定度而 $f_{\Delta E}$ 为零(见 GB/T 15613.2 中的 8.3)，

则：

$e_{pabs1}/\bar{\rho}=(p_{abs1}/\bar{\rho})f_{pabs1}=\pm10.5\times(10^5/10^3)\times(0.1/100)=\pm1.05$ $J\cdot kg^{-1}$

$e_{pabs2}/\bar{\rho}=(p_{abs2}/\bar{\rho})f_{pabs2}=\pm0.5\times(10^5/10^3)\times(0.2/100)=\pm0.1$ $J\cdot kg^{-1}$

$ge_{z_1}=\pm9.81\times0.01=\pm0.1$ $J\cdot kg^{-1}$

$ge_{z_2}=\pm9.81\times0.01=\pm0.1$ $J\cdot kg^{-1}$

$\frac{e_{v_1}^2}{2}=v_1^2f_{\nu_1}=\pm36\times0.2/100=\pm0.072$ $J\cdot kg^{-1}$

$\frac{e_{v_2}^2}{2}=v_2^2f_{\nu_2}=\pm2.25\times0.4/100=\pm0.009$ $J\cdot kg^{-1}$

而 $(f_E)_s=\pm\frac{[(1.05)^2+(0.1)^2+(0.1)^2+(0.1)^2+(0.072)^2+(0.009)^2]^{1/2}}{(1\ 050-50)+9.81\times(4-2)+\frac{(36-2.25)}{2}}=\pm\frac{1.07}{1\ 037}$

$=\pm0.1\%$

在此情况下，水力比能的相对系统不确定度实际上与压力测量的相对系统不确定度相等。

J.2.4 功率：力矩测量采用原级方法，其系统不确定度为±0.14%，转速由电子计数器测量，其系统不确定度为±0.075%。

功率的系统不确定度可按下式计算：

$$(f_P)_s=\pm[(0.14)^2+(0.075)^2]^{1/2}\%=\pm0.16\%$$

J.2.5 水力效率：水力效率的系统不确定度可由各测量量的系统不确定度综合计算获得：

$$(f_{\eta_h})_s=\pm\frac{(e_{\eta_h})_s}{\eta_h}=\pm[(f_Q)_s^2+(f_E)_s^2+(f_P)_s^2]^{1/2}=\pm[(0.2)^2+(0.1)^2+(0.16)^2]^{1/2}\%=\pm0.27\%$$

J.3 确定净正吸入比能的系统不确定度的计算示例

设定测量方法和相应的不确定度[19]如下：

J.3.1 流量：由电磁流量计测量。其系统不确定度约为±0.20%。

J.3.2 压力：在低压测量断面用自重压力计测量。

J.3.3 净正吸入比能：按下式计算(见 GB/T 15613.2—2008 中图 21)：

$$NPSH=\frac{(p_{abs2}-p_{va})}{\rho_2}+\frac{v_2^2}{2}-g\cdot(z_r-z_2)$$

19) 系统不确定度与许多因素有关，因此本条假定的值仅为举例。

在通常情况下，若 e_x 是量 x 的绝对系统不确定度$\left(\text{因此，相对系统不确定度为 } f_x=\frac{e_x}{x}\right)$，则净正吸入比能的相对系统不确定度可按下式计算：

$$(f_{\mathrm{NPSE}})_s=\pm\frac{(e_{\mathrm{NPSE}})_s}{NPSE}=\pm\frac{\left[\left(\frac{e_{\mathrm{pabs2}}}{\rho_2}\right)^2+\left(\frac{e_{\mathrm{pva}}}{\rho_2}\right)^2+\left(\frac{e^2_{v_2}}{2}\right)^2+(ge_{\mathrm{zr}})^2+(ge_{z_2})^2\right]^{1/2}}{\frac{(p_{\mathrm{abs2}}-p_{\mathrm{va}})}{\rho_2}+\frac{v_2^2}{2}-g\cdot(z_r-z_2)}$$

设定：

$p_{\mathrm{abs2}}=0.2\times10^5$	Pa	$f_{\mathrm{pabs2}}=\pm0.3$	%
$z_r=2$	m	$e_{\mathrm{zr}}=\pm0.01$	
$z_2=1$	m	$e_{z_2}=\pm0.01$	
$v_2=1.5$	$\mathrm{m\cdot s^{-1}}$	$f_{v_2}=\pm0.2$	%
$\rho_2=1\ 000$	$\mathrm{kg\cdot m^{-3}}$		
$p_{\mathrm{va}}=0.03\times10^5$	Pa		
$g=9.81$	$\mathrm{m\cdot s^{-2}}$		

ρ_2、p_{va}和 g 的不确定度可忽略不计，则：

$\frac{e_{\mathrm{pabs2}}}{\rho_2}=\frac{p_{\mathrm{abs2}}}{\rho_2}\times f_{\mathrm{pabs2}}=\pm0.2\times(10^5/10^3)(0.3/100)=\pm0.06$ $\mathrm{J\cdot kg^{-1}}$

$ge_{\mathrm{zr}}=\pm9.81\times0.01=\pm0.1$ $\mathrm{J\cdot kg^{-1}}$

$ge_{z_2}=\pm9.81\times0.01=\pm0.1$ $\mathrm{J\cdot kg^{-1}}$

$\frac{e^2_{v_2}}{2}=\pm v_2^2\cdot f_{v_2}=\pm2.25\times0.4/100=\pm0.009$ $\mathrm{J\cdot kg^{-1}}$

$$(f_{\mathrm{NPSE}})_s=\pm\frac{[(0.06)^2+(0.1)^2+(0.1)^2+(0.009)^2]^{1/2}}{(20-3)+\frac{2.25}{2}-9.81\times(2-1)}=\pm\frac{0.153\ 9}{8.315}=\pm1.85\%$$

附 录 K
（规范性附录）
水斗式水轮机效率的比尺效应

本附录基于理论方面的考虑和试验数据总结了目前最适用的近似办法。最新研究工作的进展可使水斗式水轮机效率的比尺效应更精确。根据这些最新的研究成果，可应用 K.2 给出的比尺效应公式进行模型到原型的比尺效应计算。

K.1 相似条件

由量纲分析可知（见附录 A 并参见 K.4.1），水斗式水轮机的损失由五项无量纲项参数决定：

——雷诺数 Re（见 3.3.11.1）；

——弗劳德数 Fr（见 3.3.11.2）；

——韦伯数 We（见 3.3.11.3）；

——速度因数 n_{ED}（见 3.3.12.1）或能量系数 E_{nD}（见 3.3.12.5）；

——流量系数 Φ_B，按下式确定：

$$\Phi_B=\frac{4Q}{z_0\cdot\pi\cdot(2E)^{1/2}\cdot B^2}$$

式中：

Q——流量（见 3.3.4.1），单位为立方米每秒（$m^3\cdot s^{-1}$）；

z_0——喷嘴数；

E——机械的水力比能（见 3.3.6.1），单位为焦耳每千克（$J\cdot kg^{-1}$）；

B——水斗宽度（见 3.3.2.8），单位为米（m）。

根据 5.3.1.1 可知，可用下列特征值来确定上述无量纲数：

——用 $(2E)^{1/2}$ 表示特征速度 v_c；

——用水斗宽度 B 表示特征长度 L_c。

对两台几何相似的水斗式水轮机（例如，原型及其相应的模型）而言，可得下列相似数的比值。

$$C_{Fr}=\frac{Fr_P}{Fr_M}=\left(\frac{E_P}{E_M}\right)^{1/2}\cdot\left(\frac{B_M}{B_P}\right)^{1/2}\cdot\left(\frac{g_M}{g_P}\right)^{1/2}$$

$$C_{We}=\frac{We_P}{We_M}=\left(\frac{E_P}{E_M}\right)^{1/2}\cdot\left(\frac{B_P}{B_M}\right)^{1/2}\cdot\left(\frac{\rho_P}{\rho_M}\right)^{1/2}\cdot\left(\frac{\sigma_M^*}{\sigma_P^*}\right)^{1/2}$$

$$C_{Re}=\frac{Re_P}{Re_M}=\left(\frac{E_P}{E_M}\right)^{1/2}\cdot\frac{B_P}{B_M}\cdot\frac{\nu_M}{\nu_P}$$

这些比值具有在两台几何相似的冲击式水轮机间描述效率的比尺效应的功能，在相同的速度因数 n_{ED} 或能量系数 E_{nD} 情况下，流量系数 Φ_B 成为 C_{Re}、C_{Fr} 和 C_{We} 中最重要的因素。上述结果是根据对大量的在不同试验条件下进行的模型试验结果的分析以及从全部或部分相似的原型与模型的效率测量结果的比较中获得的。

弗劳德数对水力效率的影响 $\Delta\eta_h$ 见图 K.1、韦伯数的影响见图 K.2、雷诺数的影响见图 K.3。

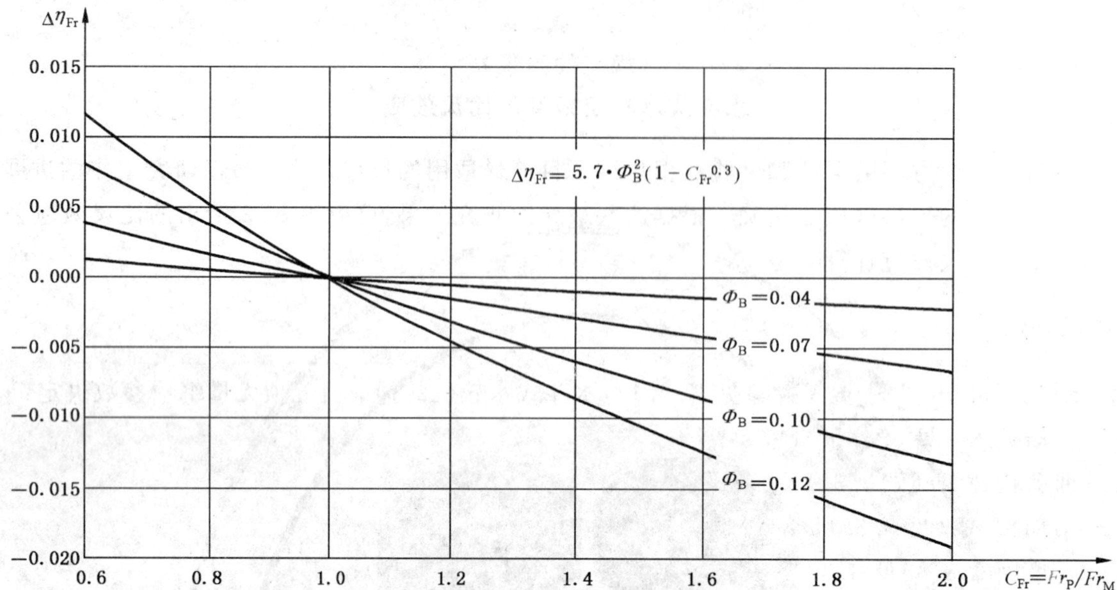

图 K.1 弗劳德数的影响

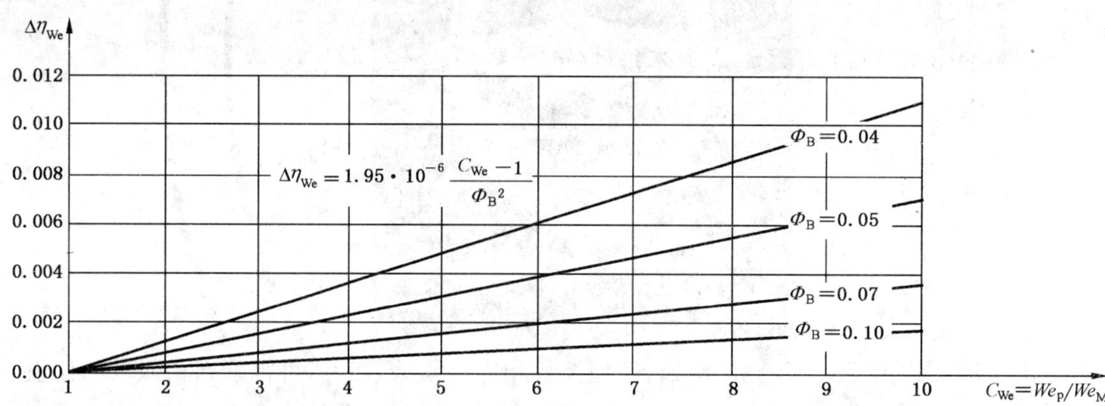

图 K.2 韦伯数的影响

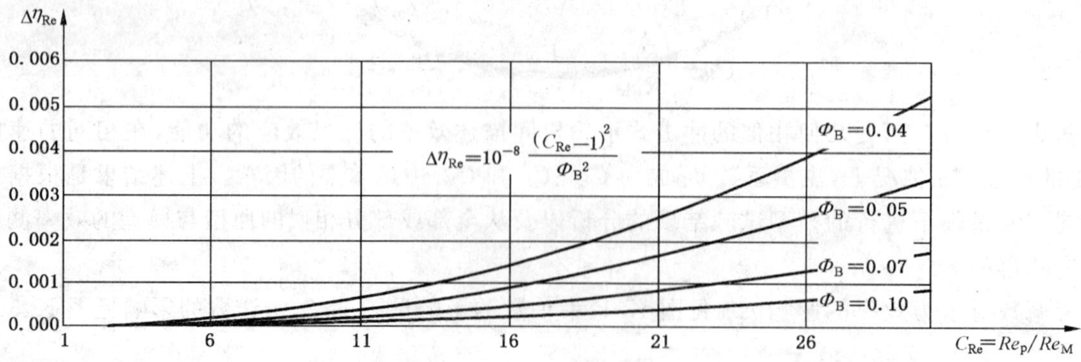

图 K.3 雷诺数的影响

K.2 计算程序

若合同中对原型有要求，可将模型水力效率 η_{hM} 按下式换算到原型工况：

$$\Delta\eta_h = \eta_{hP} - \eta_{hM} = \Delta\eta_{Fr} + \Delta\eta_{We} + \Delta\eta_{Re}$$

$$\Delta\eta_h = \eta_{hP} - \eta_{hM} = 5.7 \cdot \Phi_B^2 (1 - C_{Fr}^{0.3}) + 1.95 \cdot 10^{-6} \frac{C_{We} - 1}{\Phi_B^2} + 10^{-8} \frac{(C_{Re} - 1)^2}{\Phi_B^2}$$

K.3 表面张力 σ^* 值

温度 θ/℃	表面张力 σ^* /J·m^{-2}
5	0.074 9
10	0.074 2
15	0.073 5
20	0.072 8
25	0.072 0
30	0.071 2
35	0.069 6

K.4 参考书目

K.4.1 Grein, H., Meier, J., Klicov, D., "Efficiency scale effects in Pelton turbines", Proceedings, Vol. Ⅱ, IAHR Symposium, Montreal, Canada, 1986, paper No. 76.

K.4.2 Grein, H., Klicov, D., Wieser, W., "Efficiency scale effects in Pelton turbines." Water Power & Dam Construction, May 1988, p. 32.

K.4.3 Handbook of chemistry and physics, editor Robert C. West, 58th edition 1977-78, CRC Press Inc., Cleveland, Ohio.

附　录　L
（规范性附录）
在固定运行条件下试验时随机不确定度分析[20)]

在一个运行工况点进行重复测量可能产生测量误差，但其平均值要较任何一次独立的测量更接近真值。平均值的精确度取决于测量次数和其与平均值的偏差（离散度）。

当相应的误差纯粹为随机误差时，测量量的不确定度可按统计学方法计算。为此，必须计算标准差和确定不确定度的置信度。在本部分中，采用95%置信度。

L.1　标准差

任何测量量的标准差σ的真实值几乎不可能求得；通常仅采用基于有限观测次数的σ的近似值s。

若测量量Y的误差纯粹为随机量，那么，当进行了n次独立的测量时，测量结果的标准差S_Y[21)]可按下式计算：

$$S_Y=\left[\frac{\sum_{r=1}^{n}(Y_r-\overline{Y})^2}{n-1}\right]^{1/2}$$

式中：

$\overline{Y}$——测量量Y的n次测量算术平均值；

Y_r——测量量Y的第r次测量值；

n——测量量Y的总测量次数。

为方便起见，S_Y通常称为"Y的标准差"。标准差的平方S_Y^2成为方差。

由于n次独立测量量的平均值的标准差要比其本身测量量的标准差小$\sqrt{n}$倍，故增加测量次数和采用算术平均值可减小结果的随机误差。

因此，平均值的标准差$S_{\overline{Y}}$可按下式计算：

$$S_{\overline{Y}}=\frac{s_Y}{\sqrt{n}}$$

L.2　置信度

如果标准差的真值σ_Y为已知（若n趋近于无穷大，则S_Y趋近于σ_Y），置信度与测量的不确定度的关系见表L.1。

表 L.1　置信度

不　确　定　度	置　信　度
$\pm 0.647 \cdot \sigma_Y$	0.50
$\pm 0.954 \cdot \sigma_Y$	0.66
$\pm 1.960 \cdot \sigma_Y$	0.95
$\pm 2.576 \cdot \sigma_Y$	0.99

例如，区间$Y_r \pm 1.96 \cdot \sigma_Y$可预期已有总数的95%。这就是说，当对$Y$测量一次，且$\sigma_Y$值是独立已知的，则区间$Y_r \pm 1.96 \cdot \sigma_Y$有0.05的概率可能不包含真值。

20）　本附录正文基于ISO 5168:1978。

21）　本附录所指的标准偏差更确切地是属于统计学所称的"预计标准偏差"。

当然，工程上只可能得到标准差的近似值，如果要非常精确就需进行无穷多次测量，而置信度的限值也必须以此近似值为基础。采样少时的 Student's"t 分布"可用来建立需要的置信度与测量区间的关系。

L.3 Student's t 分布

95%置信度下的不确定度可按下法找出：

a) 如果 n 为测量次数，则$(n-1)$为 n 的自由度数，v；

b) 相近自由度数的 t 值见表 L.2；

c) 测量量 Y 的分布的标准差 S_Y 按 L.1 计算；

d) 在 95%置信度下的任何读数的范围都处在下式所规定的范围内：

$$\overline{Y} \pm t \cdot S_Y$$

e) 新读数与采样平均值之差应小于：

$$t \cdot S_Y \cdot \sqrt{1+1/n}$$

f) 置信度的测量量真值的范围，即，不确定度带为：

$$\overline{Y} \pm \frac{t \cdot S_Y}{\sqrt{n}} = \overline{Y} \pm t \cdot S_{\overline{Y}}$$

表 L.2 Student's 分布 t 值

自由度 $v=n-1$	Student's 分布 t	$\frac{t}{\sqrt{n}}$
	95%置信度	
1	12.706	8.984
2	4.303	2.484
3	3.182	1.591
4	2.776	1.241
5	2.571	1.050
6	2.447	0.925
7	2.365	0.836
8	2.306	0.769
9	2.262	0.715
10	2.228	0.672
11	2.201	0.635
12	2.179	0.604
13	2.160	0.577
14	2.145	0.554
15	2.131	0.533
20	2.086	0.455
30	2.042	0.367
60	2.000	0.256
∞	1.960	0

对于其他的 ν 值，可按下列经验公式计算 t：

$$t=1.96+2.36/\nu+3.2/\nu^2+5.2/\nu^{3.84}$$

L.4 随机不确定度的最大允许值

若 $\overline{Y}$ 的可接受的随机不确定度的范围为 $\pm e_{rmax}$，则

$$e_r=\frac{t \cdot S_Y}{\sqrt{n}}$$

将不超出 e_{rmax}。

对于置信度 95%的 e_{rmax} 而言，其预计标准差 S_Y 将不超出

$$S_{Ymax}=\frac{e_{rmax} \cdot \sqrt{n}}{t}$$

为方便起见，$\frac{t}{\sqrt{n}}$ 列于表 L.2 中。

这些符合上述准则的一系列点的平均值是可接受的，表 L.2 仅适用于稳定运行工况下点的重复采集。

L.5 计算示例

下面的例子介绍了 $n=8$ 的测量量 Y 的预计标准差和不确定度的计算。

表 L.3

测量值 Y_i	$\overline{Y}-Y_i$	$(\overline{Y}-Y_i)^2$
92.80	−0.156 25	0.024 414
92.70	−0.056 25	0.003 164
92.60	+0.043 75	0.001 914 1
92.50	+0.143 75	0.020 664 1
92.70	−0.056 25	0.003 164 1
92.75	−0.106 25	0.011 289 1
92.50	+0.014 375	0.020 664 1
92.60	+0.043 75	0.001 914 1

$$\overline{Y}=\frac{1}{n}\sum_{i=1}^{n}Y_i=92.643\ 75 \qquad \sum_{i=1}^{n}(\overline{Y}-Y_i)^2=0.087\ 187\ 6$$

上述数值的预计标准差：

$$S_Y=\sqrt{\frac{\sum(\overline{Y}-Y_i)^2}{n-1}}=\sqrt{\frac{0.087\ 187\ 6}{8-1}}=0.111\ 604$$

平均值在 95%置信度下的随机不确定度：

$$(e_Y)_r=\pm\frac{t \cdot S_Y}{\sqrt{n}}=\pm 0.111\ 604\times 0.836=\pm 0.093\ 3$$

$$(f_Y)_{r_{95}}=\frac{(e_Y)_r}{\overline{Y}}=\pm\frac{0.093\ 3}{92.643\ 7}=\pm 0.1\%$$

若这里考察的是效率值，这里便可认真观测此处的随机不确定度 $(f_{\eta_h})_r$ 值不大于试验前约定的最大允许随机不确定度（见 3.9.2.2.1）。

附 录 M
（规范性附录）
机组空化系数 σ_{pl} 的计算

M.1 σ_{pl}、*NPSE* 和 *NPSH* 的定义

这几项均与机械的低压侧有关且与空化现象直接相关。符号 σ_{pl} 表示机组空化系数（见 3.3.12.9）的范围且表示如下：

$$\sigma_{pl}=\frac{NPSE}{E}=\frac{NPSH}{H}$$

GB/T 20043 第 19 章介绍了如下所述的计算原型 *NPSE* 的各种可能性。若已知尾水管内的点 2 的压力 p_{abs2}（见图 M.1），水轮机或水泵的 *NPSE* 可按下式计算：

$$NPSE=g_2\cdot NPSH=\frac{p_{abs2}-p_{va}}{\rho_2}+\frac{v_2^2}{2}-g_2\cdot(z_r-z_2)$$

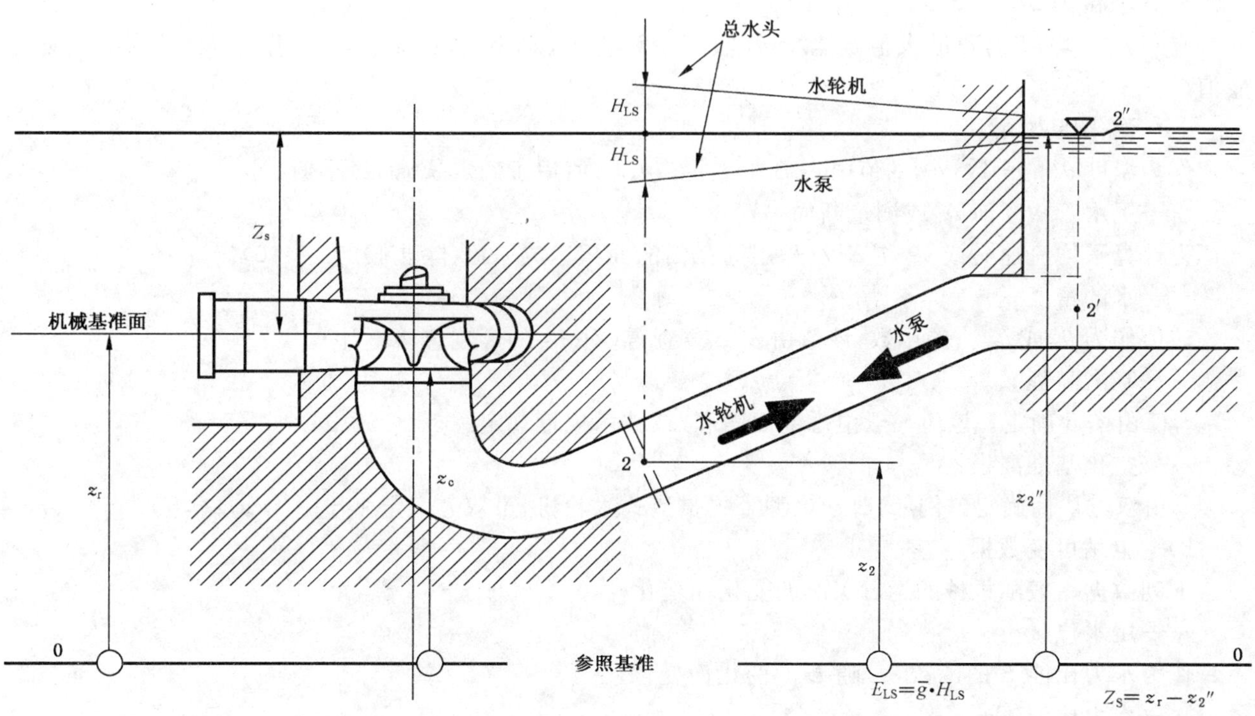

图 M.1 用于确定原型净正吸入比能 NPSE 及净正吸入水头的定义（$E_{LS}\neq0$）

通常仅知尾水位。在此情况下，*NPSE* 可根据靠近尾水管出口（水轮机）或尾水管进口（水泵）处的尾水位 $z_{2''}$ 并考虑断面 2 到 2′间的水力比能损失 E_{LS} 按下式进行计算：

$$NPSE=g_2\cdot NPSH=\frac{p_{amb2''}-p_{va}}{\rho_2}+\frac{v_{2'}^2}{2}-g_2\cdot(z_r-z_{2''})\pm E_{LS}$$

$$NPSE=g_2\cdot NPSH=\frac{p_{amb2''}-p_{va}}{\rho_2}+\frac{v_{2'}^2}{2}-g_2\cdot Z_S\pm E_{LS}$$

（水轮机为＋，水泵为－）

σ_{pl} 一般与机械的基准高程 z_r（见 3.3.7.6）有关。如 GB/T 15613.2—2008 中的 5.3.1.5.1 所述，

空化基准高程 z_c 应根据空化发生的位置来选择。因此，σ_{pl} 也与 z_c 有关系且可表示为 σ_{plc}：

$$\sigma_{plc}=\frac{NPSE-g_2(z_c-z_r)}{E}$$

$$\sigma_{plc}=\frac{\dfrac{p_{amb2''}-p_{va}}{\rho_2}+\dfrac{\nu_{2'}^2}{2}-g_2(z_c-z_{2''})\pm E_{LS}}{E}$$

若断面 2′及相应的尾水平面 2″距尾水管出口较远，即可假定 $v_{2'}=0$，上式可改写为：

$$\sigma_{plc}=\frac{\dfrac{p_{amb2''}-p_{va}}{\rho_2}-g_2(z_c-z_{2''})\pm E_{LS}}{E}$$

M.2 计算 σ_{plc} 所需的数据

按照 4.1.1 的规定，下列中的多数现场数据应由需方规定或限定：

a) 电站的固定数据

下列数据一般假定为定值，即其不随工况的变化而变化。

——外界压力 p_{amb}

若无特别规定，p_{amb} 作为尾水位 $z_{2''}$（平均值）的函数由表 B.6 查得。

——水温 θ_w、θ_{wmax}

应规定平均值 θ_w 和最大值 θ_{wmax}。θ_w 值用于计算 E、P_h 和 η_{hM}，而 θ_{wmax} 则用来确定 σ_{plc} 的最低可能值。

——汽化压力 p_{va}

作为温度 θ_w 的函数，p_{va} 的值由表 B.4 查得。θ_{wmax} 值用于确定 σ_{plc} 的最小值。

——尾水管横断面 A_2 或测量断面 A'_2

为计算平均流速 ν_2 或 $\nu_{2'}$，应对所采用的截面的面积达成一致（除非假定 $\nu_{2'}=0$）。

——水的密度 ρ_2

该值作为 θ_w 或 θ_{wmax} 的函数，该值由表 B.2 查得（对 σ_{plc} 的影响忽略不计）。

——基准高程 z_r

z_r 值由图 5 确定。该值一般由总剖面图和/或技术规范规定。

——空化基准高程 z_c

z_c 由双方协商确定。例如，对于大型卧式贯流式水轮机，可双方商定多于一个 z_c。

b) 电站可变数据

下列数据一般随机械的运行工况的变化而变化。

——尾水位 $z_{2''}$

作为水力比能 E 的函数，$z_{2''}$ 随 E 的变化而变化。

——水力比能 E

有关的 E 值及其范围应在技术规范中规定。有时仅给出上游和尾水高程及静高程（毛水头）的值。在此情况下，在计算 E 时应对机械高低压侧的有关能量损失 E_{LS} 加以考虑。

——平均速度 ν_2 或 $\nu_{2'}$

ν_2 或 $\nu_{2'}$ 应按双方确定的相应的尾水管横截面面积 A_2 或 $A_{2'}$ 及各规定进行空化试验的工况点的流量 Q 计算。

——水力比能损失 E_{LS}

若考虑该损失，其一般会规定其与流量的关系，即与 Q^2 有关。

对于空化试验而言，应有专门的文件规定计算各 σ_{plc} 值所需的有关数据。附上与图 M.1 类似的示意图是有益的。表 M.1 就如何得出最终 σ_{plc} 的结果及其他相关的数据作了说明。

表 M.1 σ_{plc}值及其他相应的数据计算一览表

E/(J/kg)	$Z_{2''}$/m		Q/(m^3/s)		$V_{2'}$/(m/s)		E_{LS}/(J/kg)		σ_{plc}/(—)	
	最大	最小	最大	最小	最大	最小	最大	最小	最大	最小
最大值 规定值 …… 最小值										

附 录 N
（资料性附录）
水力比能、流量和功率的详细流程图

作为图6的补充，图N.1和图N.2中对反击式机械的转轮/叶轮内部损失进行了更详细的分析。根据最新的各出版物，该分析方法在进行效率和功率及水力比能的比尺效应分析时是需要的。

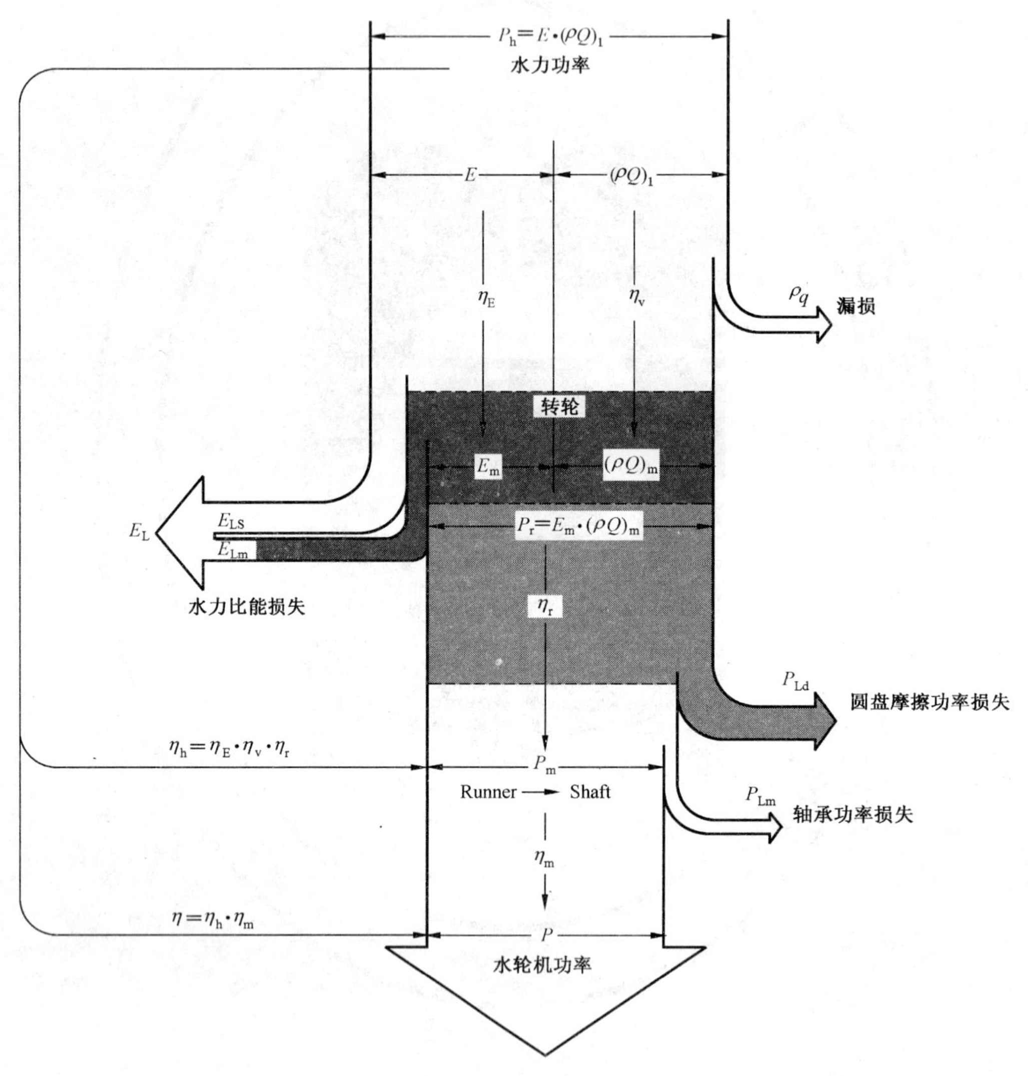

图 N.1 水轮机

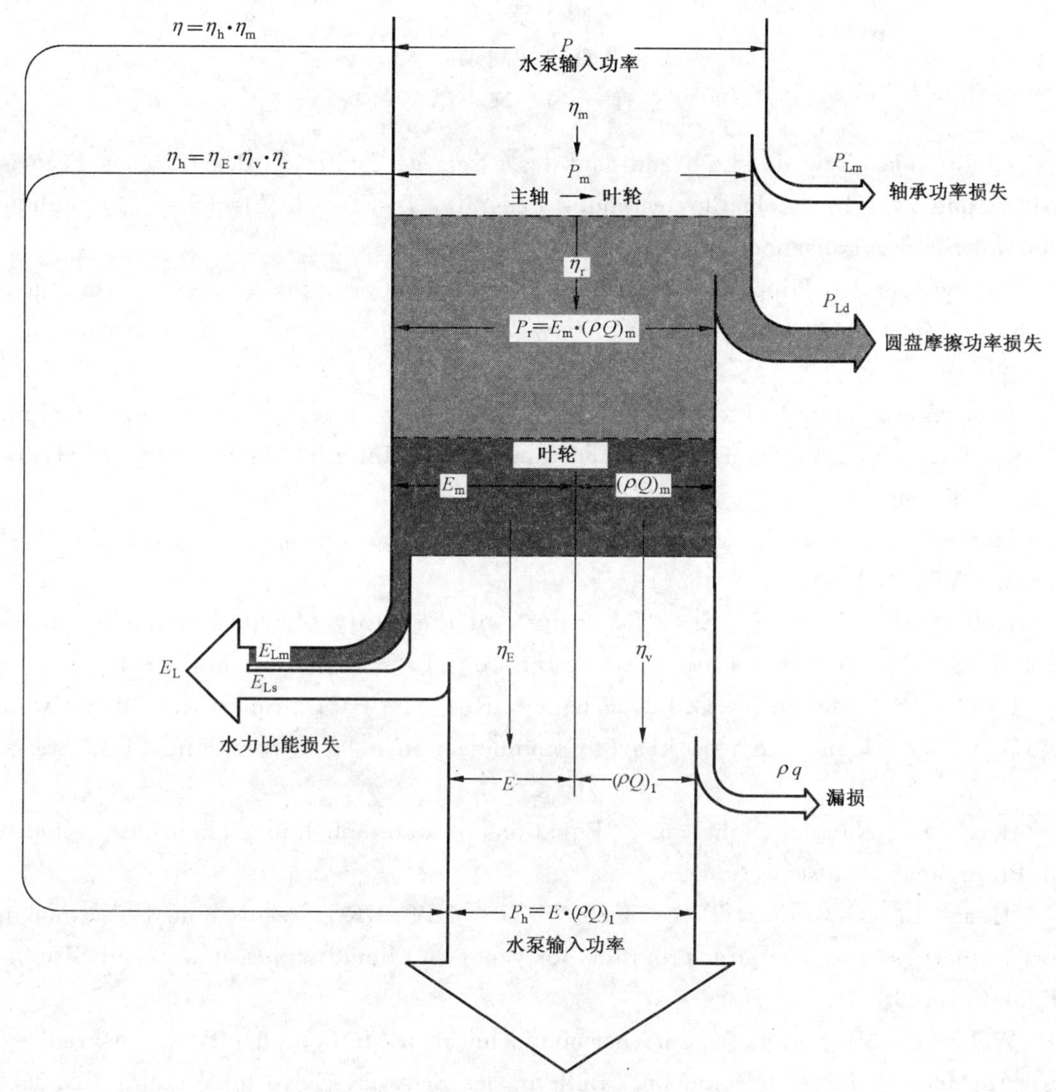

图 N.2 水泵

下列量：P、P_h、P_m、P_{Lm}、Q、q、E、E_L、ρ、η、η_h、η_m 和 η_v 已在第 3 章中作了定义。

下列量的定义如下：

P_r——水流至转轮(水轮机)或叶轮至水流间的转换水能；

P_{Ld}——转轮/叶轮外表面与相应固定部件壁间的水能损失；

E_m——由转轮产生能量(水轮机)或由叶轮传递到水流(水泵)所具备的水力比能；

Q_m——单位时间通过转轮/叶轮叶片的水的体积；

E_{Lm}——转轮/叶轮叶片处的水力比能损失；

E_{Ls}——固定部分的水力比能损失；

E_L——水轮机(水泵)高(低)压侧和低(高)压侧间的水力比能损失；

η_E——由比率 E_m/E(水轮机)或 E/E_m(水泵)得出的转轮/叶轮的比能效率；

η_r——由比率 P_m/P_r(水轮机)或 P_r/P_m(水泵)得出的转轮/叶轮的功率效率；

附 录 P
（资料性附录）
参 考 文 献

［1］ Gindroz,B. ,Lois de similitude dans les essais de cavitation des turbines Francis. Thesis published in June 1991 by Ecole Ploytechnique Fédérale, Institut de Machines Hydrauliques et de Mécanique des Fluides,Lausanne(Switzerland).

［2］ Osterwalder,J. , Hippe, L. ,"Guidelines for efficiency scaling process of hydraulic turbomachines with different technical roughnesses of flow passages". Journal of Hydraulic research, Vol. 11, 1984.

［3］ Gindroz,B. ,Henry, P. , Avellan, F. , "Similarity of cavitation inception in Francis turbines". Proceedings (Vol. 1) from 15th Symposium IAHR (Internal Association for Hydraulic Research),Belgrade,Sept. 1990.

［4］ Herbst, G. , Roegener, H. , "Neue kanonische Zustandsgleichung des Wassers", Fortshritt-Berichte VDI-Z, Reihe 6, Nr. 50(1977).

［5］ Kell, G. S. , Whalley, E. , "Re-analysis of the desity of liquid water in the range 0 to 150 ℃ and o to 1 kbar". Communication *à* la 8e Int. Conf. Prop. Steam,Giens,(1974).

［6］ Kell, G. S. , McLaurin, G. E. , Whalley, E. ,"The PVT properties of liquid water in the range of 150 to 350 ℃ and " o to 1 kbar". Communication *à* la 8e Int. Conf. Prop. Steam, Giens, (1974).

［7］ Borel, L. , Nguyen Dinh Lan. , "Equations of state and Joule. Thomson coefficient", 10th Int. Conf. Prop. Steam, Moscow (1984).

［8］ Haar, L. , Gallagher, J. S. , Kell, S. G. , NBS/NRC steam tables: thermodynamic an dtransport properties, and computer programs for vapor and liquid states of water in SI units,Hemisphere Publ. Corp. (1984).

［9］ Weber,P. ,"Bemerkungen zur thermodynamischen Methode der Wirkungsgradbestimmung von Wasserturbinen und Speicherpumpen". Bulletin des Schweiz. El. techn. Vereins BD. 55,(1964), No. 24,pp. 1199-1208.

［10］ Dissolved oxygen analyzer, Beckman Instruments, Inc. ,Fullerton, CA 92634.

［11］ Van Slyke, D. D. , Neil, J. M. , "The determination of gases in blood and other solutions by vacuum extraction and measurement, Journal of Bilolgical Chemistry, Vol. 2, Sept. 1924.

［12］ Mohammed, W. A. , Hutton S. P. ,"Improved monitoring of air in water", Water Power & Dam Construction, Sept. 1986,p. 48.

［13］ Brand, F. L. , "A physical process for the determination of dissolved and un-dissolved gases in water",Voith Research and Construction, Vol. 27e(1980),Paper 7.

［14］ Kestin,J. , Whitelaw, J. H. , Sixthe international Conference on the Properties of Steam-Transport Properties of Water Substance.

［15］ VDI-Wärmeatlas, VDI Verlag Düsseldorf 1984.

［16］ Landolt, Börnstein, "Zahlenwerte und Funktionen",Vol. Ⅳ, Technik,Part 1 and Physikalisch-Technische Bundesanstalt, Germany, 1953.

［17］ Kubota, T, Tsukamoto, T. , "Calculation of prototype cavitation characteristics in large bulb turbines", Water Power & Dam Construction, September 1988.

[18] JSME Standard 2008, “Performance Conversion Method for Hydraulic Turbines and Pump-Turbien”, The Japan Society of Mechanical Engineers, January 1999.

[19] Kubota, T. , Tsukamoto, T. , “Scale effect on cavitation runaway speed of large bulb trubien for low head”, presented at IAHR Symposium 1990.

[20] Grubbs, F. E. , “Procedrues for detecting outlying observations in samples”, Technometrics, Vol. 12, n. 1, February 1969, pp 1-21.

以下是 4.2 和 4.3 参考的文献。

[21] Bendat J. , Piersol A. G. , “Random data: analysis and measurements procedures”. New York, John Wiley, (1986).

[22] Fanelli M. , “Research on off-design behaviour of Francis turbines: an overview of present state, difficulties, open problems, needs and strategies”. IAHR WG, Milan(1991).

[23] Hewlett Packard, “The fundamentals of signal analysis”. HP application note 243(1985).

[24] Jacob T. , “Evaluation sur modéle réduit et préle rédiction de la stabilité de fonctionnement des turbines Francis”. Thesis No 1146, EPFL, Lausanne(1993).

[25] Jacob T. , Prénat J. E. , “Francis turbine surge: Discussion and data base”. XVIII IAHR Symposium, Valencia(1996).

[26] Ouaked R. , “Etude des phénomènes propagatifs en conduite dans un circuit hydraulique: intensimétrie hydroacoustique”. Thesis 400, USTL Flandres-Artois(1989).

[27] Doerfler P. A. , “ ‘Cross impedance’ method for frequency-domain representation of oscillations in power plants with meshed waterways”. BHRA Pressure Surges, Hannover(1986).

[28] Jacob T. , Prénat J. E. , “Generation of hydroacoustic disturbances by a Francis turbine model and dynamic behavior analysis”, IAHR Symposium, Belgrade(1990).

附 录 Q
（资料性附录）
本部分与 IEC 60193：1991 技术性差异及其原因

表 Q.1 给出了本部分与 IEC 60193：1991 技术性差异及其原因的一览表。

表 Q.1 本部分与 IEC 60193：1991 技术性差异及其原因

本部分章条编号	技术性差异	原 因
1	归纳 IEC 60193 第 1 章总则的相关内容，规范形成第 1 章“范围”，第 2 章“规范性引用文件”，第 3 章“术语、定义、符号和单位”	符合 GB/T 1.1—2000 的编写规定
3.3.2.6	“例如混流式水轮机、径向（离心式）泵和水泵水轮机；对于多级机械：为低压侧”改为“公称直径 D 为 D_1 或 D_2，D_1 为叶片高压边与下环交点的直径，D_2 为叶片低压边与下环交点的直径，D_1 和 D_2 的单位同 D”	符合我国使用习惯
3.3.4.13	参见标准由“IEC 60041”改为“GB/T 20043”	已有相应的国标
3.3.6.4	“见图 45”改为“见 GB/T 15613.2—2008 图 21”	IEC 60193 第 3 条对应 GB/T 15613.2—2008
3.3.6.6	“托马数”改为“空化系数（托马数）”	符合我国使用习惯
3.3.10	参见标准由“IEC 60994”改为“GB/T 17189”	已有相应的国标
3.3.13	“4.3～4.6”改为“GB/T 15613.3—2008 中的 5.1～5.4”	IEC 60193 第 4 条对应 GB/T 15613.3—2008
3.3.14	增加“单位参数”一条	符合我国使用习惯
5.2	参照 GB/T 10969 水轮机通流部件技术条件执行	IEC 60193 中 2.2 对应 GB/T 10969
5.3.1.5.1a	国内工程实践中，通常空化基准面 Z_c 简化为导叶中心线	符合我国使用习惯

ICS 27.140
K 55

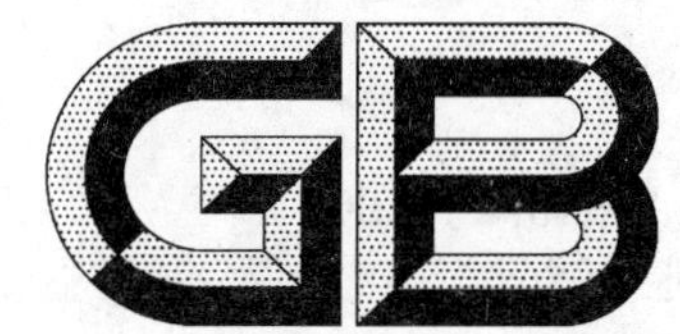

中华人民共和国国家标准

GB/T 15613.2—2008

水轮机、蓄能泵和水泵水轮机模型验收试验　第二部分：常规水力性能试验

Model acceptance tests of hydraulic turbines, storage pumps and pump-turbines—Part 2: Main hydraulic performance test

(IEC 60193:1999, NEQ)

2008-06-30 发布　　2009-04-01 实施

中华人民共和国国家质量监督检验检疫总局
中国国家标准化管理委员会　发布

前　言

GB/T 15613《水轮机、蓄能泵和水泵水轮机模型验收试验》分为三部分：

——第一部分：通用规定；

——第二部分：常规水力性能试验；

——第三部分：辅助性能试验。

本部分为 GB/T 15613 的第二部分，对应于 IEC 60193：1999《水轮机、蓄能泵和水泵水轮机模型验收试验》的第 1 章和第 3 章。本部分非等效采用 IEC 60193：1999，主要差异如下：

——根据国标 GB/T 1.1—2000 的编写规定，在编制格式上进行了规范化处理。

——对章条结构进行了调整，将原第 3 章分解为 10 个章节。

——本部分不包括附录部分，附录部分统一收录在本部分的第 1 部分：通用规定中。

有关技术差异在它们所涉及的条款的页边空白处用垂直单线标识。在附录 A 中给出了这些技术性差异及其原因的一览表以供参考。

本部分的附录 A 为资料性附录。

本部分由中国电器工业协会提出。

本部分由全国水轮机标准化技术委员会(SAC/TC 175)归口。

本部分起草单位：东方电机有限公司、哈尔滨大电机研究所、中国水利水电科学研究院。

本部分主要起草人：胡江艺、赵越、孟晓超、潘罗平、温国珍、覃大清。

水轮机、蓄能泵和水泵水轮机模型验收试验 第二部分:常规水力性能试验

1 范围

GB/T 15613 的本部分适用于在试验室条件下所试验的各种类型的冲击式和反击式的水轮机、蓄能泵或水泵水轮机。

本部分适用于机组功率大于 10 MW 或公称直径大于 3.3 m 的原型所对应的模型。如将本部分所规定的步骤完全地应用于机组功率或直径较小的水轮机,一般来讲并不合适,但若供需双方协议认可,此类机械上也可采用本部分。

在本部分中,术语"水轮机"包括作水轮机方式运行的水泵水轮机,术语"水泵"包括作水泵方式运行的水泵水轮机。

除了必须与试验有关的事项之外,本部分不包括纯商业利益的事项。

只要机械的结构或部件不影响模型的性能或模型与原型间的相互关系,那么本部分既不涉及机械的详细结构,也不涉及机械部件的机械性能。

2 规范性引用文件

下列文件中的条款通过 GB/T 15613 的本部分的引用而成为本部分的条款。凡是注日期的引用文件,其随后所有的修改单(不包括勘误的内容)或修订版均不适用于本部分,然而,鼓励根据本部分达成协议的各方研究是否可使用这些文件的最新版本。凡是不注日期的引用文件,其最新版本适用于本部分。

GB/T 15613.1 水轮机、蓄能泵和水泵水轮机模型验收试验 第一部分:通用规定(GB/T 15613.1—2008,IEC 60193:1999,MOD)

GB/T 15613.3 水轮机、蓄能泵和水泵水轮机模型验收试验 第三部分:辅助性能试验(GB/T 15613.3—2008,IEC 60193:1999,MOD)

GB/T 20043 水轮机、蓄能泵和水泵水轮机水力性能现场验收试验规程

ISO 31-3:1992 参数和单位 第 3 部分:机械

ISO 1438-1:1980 用堰板和文吐里法测量明渠中的水流量 第 1 部分:薄堰板法

ISO 2186:1973 封闭管道中的液流测量 原级和次级之中间传递压力信号的联接

ISO 4185:1980 封闭管道中的液流测量 重量法

ISO 4373:1995 明渠中的液量测量 水位测量装置

ISO 5168:1978 液流的测量 流速测量置信度的估计

ISO 6817:1992 封闭管道中导电液体的测量 电磁流量计法

ISO 7066-1:1997 流量测量装置标准和使用中不确定度的估计 第 1 部分:线性校准关系

ISO 7066-2:1988 流量测量装置校准和使用中不确定度的估计 第 2 部分:非线性校准关系

ISO 8316:1987 封闭管道中液流的测量 容积法

ISO 9104:1991 封闭管道中液流的测量 电磁流量计测量液体的性能评价方法

IEC 5167-1:1991 通过压差装置测量液流的方法 第 1 部分 在充满液体的圆形横断面的管道中插入孔板,喷嘴和文吐里等

3 术语、定义、符号和单位

3.1 总则

本部分中将采用下列通用的术语、定义、符号和单位,特殊术语将在出现处给予解释。

合同双方在试验前应对有异议的术语、定义或度量单位做出澄清。

3.1.1

试验点　point

试验点是由在不改变运行条件和设置情况下，由一个或多个连续一组读数和/或记录组成，它足以计算出在该运行条件和设置下机械的性能。

3.1.2

试验　test

试验是整个规定运行范围内足以计算出机械性能的一系列试验点和结果。

3.1.3

水力性能　hydraulic performance

由于流体动力作用于机械的各种性能参数。

3.1.4

主要水力性能数据　main hydraulic performance data

一组水力性能参数，如：功率、流量和/或比能、效率、稳态飞逸和/或流量。这里必须考虑空化的影响。

3.1.5

辅助性能数据　additional data

一组水力性能数据，它可从模型试验得出（参见 GB/T 15613.3），然而由于只能应用粗略的相似规则，由此得出的相应原型数据预测精度要低于由主要水力性能数据得出的结果。

3.1.6

保证值　guarantees

合同中商定的规定性能数据。

3.2　单位

本部分采用国际单位制（SI，见 ISO 31-3）。

所有术语都由 SI 基本单位或由此导出的相关单位给出[1)]。使用这些单位的基本等式均是有效的，如某些数据使用与 SI 非相关的其他单位时也必须考虑这种情况（例如，功率中千瓦代替瓦，压力中千帕或巴代替帕斯卡、以每分钟转速中每分钟代替每秒钟等）。因为绝对温度（以凯尔文表示）很少需要，所以温度以摄氏度给出。

仅在合同双方以书面形式同意的情况下，可以使用任何其他单位制。

3.3　术语、定义、符号和单位表

GB/T 15613.1 中确立的术语、定义、符号和单位适用于本部分。

4　数据采集和数据处理

4.1　引言和定义

数据采集和处理包括把测量信号转化为适当的工程量的一个测量过程，该测量过程由若干个测量环节组成，这些测量环节依次为：传感器、多路转换器、信号转换器或信号调理器、数据存储器和计算机。最终输出的参数为有意义的性能数据。

尽管测量对象的数值是波动的，但在确定模型主要水力性能时，主要是关心测量对象的平均值。

定义：

测量对象：被测量的量。

1)　$N=kg\cdot m\cdot s^{-2}$，$Pa=kg\cdot m^{-1}\cdot s^{-2}$，$J=kg\cdot m^{2}\cdot s^{-2}$，$W=kg\cdot m^{2}\cdot s^{-3}$。

传感器：测量设备，提供输出量，该输出量与输入量保持一定的相互关系。

带数字量输出的传感器：带内置电路、提供数字量输出的测量设备。

多路转换器(MUX)：用于切换两路或多路信号的设备，以期能共享同一套模数转换器 A/D、频率计数器或电缆系统。

模数转换器(A/D 转换器)：将连续的模拟量信号转换为非连续的数字信号的设备。

计数器：测量频率、时间周期或脉冲数的设备。

幅频转换器(V/F 转换器)：按一定的相互关系将电压电平转换为频率的设备。

失真：当模拟信号的采样频率少于两倍最高信号频率或噪声分量(尼奎斯特频率)时，该测量过程将产生一个干扰低频信号(失真)，该干扰低频信号不能与源信号分离。

计算机接口：计算机对其他兼容设备进行控制和通讯的通讯端口。

4.2 基本要求

数据采集和处理系统的输出必须是测量对象的真实反映。

对于使用中的所有仪器，其标定过程的资料应当保留。用于检验符合某项规定要求的所有测量标准和测量设备的过程记录也应保留。

只要可能，数据采集和处理系统应能够允许通过并行的连接设备对所有测量环节的仪器进行原位见证标定，通过原级方法检验整个数据采集系统是否在规定范围内再现了测量量。这通常意味着在标定和性能试验过程中应使用同样的信号路径、同样的硬件和同样的软件结构。

性能试验时，应保证每一个参数求平均值的测量量都在同样的时间区间内获得。

应配备能对所有测量环节进行检查的并列仪器。最好能在机械试验的运行条件下，具有将数据采集系统的结果与参照仪器进行比较的能力。

4.3 数据采集

数据采集系统可以按多种方式配置(包括人工方式)，配置方式可根据现有的硬件设备和平均值的取值方法来确定。

以下列出了各种数据采集系统可能的配置及示例。通常实际采用的是不同系统的组合。

4.3.1 多路分时系统

在多路分时数据采集系统中(见图 1)，测量对象被通过多路转换器进行测量。多路转换器在给定测量周期内，按一定的时间长度顺序扫描有关通道。

将计算所得的测量对象平均值用于后续的数据处理。

4.3.2 并行测量系统

在并行测量系统中(图 2)，测量对象被计算机直接通过各通道进行采集。这种配置使高速数据记录和所有通道的同步采样成为可能(见 4.4.4)。

4.4 部件要求

测量环节中的有关部件应能适应相关频率范围的要求。

将测量对象的信息传递到传感器的那些部件，如压力管路，能在测量时产生干扰效应和误差。

对于所有测量环节中的部件，应注意它们所在环境温度的变化，当温度超出一定范围时也会导致测量误差。

标定时，部件的特性，如线性、迟滞等应记录在案。

4.4.1 传感器

用于性能参数测量的传感器应当在稳定的温度环境下工作。这些传感器应位于不受温度变化影响的地方，如远离阳光直射、散热板和通风道等。

应当了解测量对象的动态特性，因为传感器只能在设计的频率范围内使用。

对使用具有特殊的固有阻尼特性或可调响应时间的传感器及传感器具有超高偏移的敏感单元时，应非常小心。这些传感器在测量平均值和动态测量时均会导致错误的测量。

4.4.2 电缆及接线端子

在传感器与放大器的信号路径设计时，应使外界对信号的影响最小(如远离电力线、避免温度变化等)。应当注意正确的屏蔽和接地。接头和接线端子应有稳定、可靠的机械和电气特性。

尽管采取了上述所有预防措施，还需注意电网对测量结果的干扰影响。

4.4.3 信号调理

传感器的模拟量输出通常需要在信号调理单元中进行放大和滤波。

4.4.3.1 放大器

为提高 A/D 转换器的分辨率，放大器的输出范围应与转换器的工作范围相匹配。

放大器的布置应尽可能靠近传感器，以减少电缆拾取噪声的干扰。

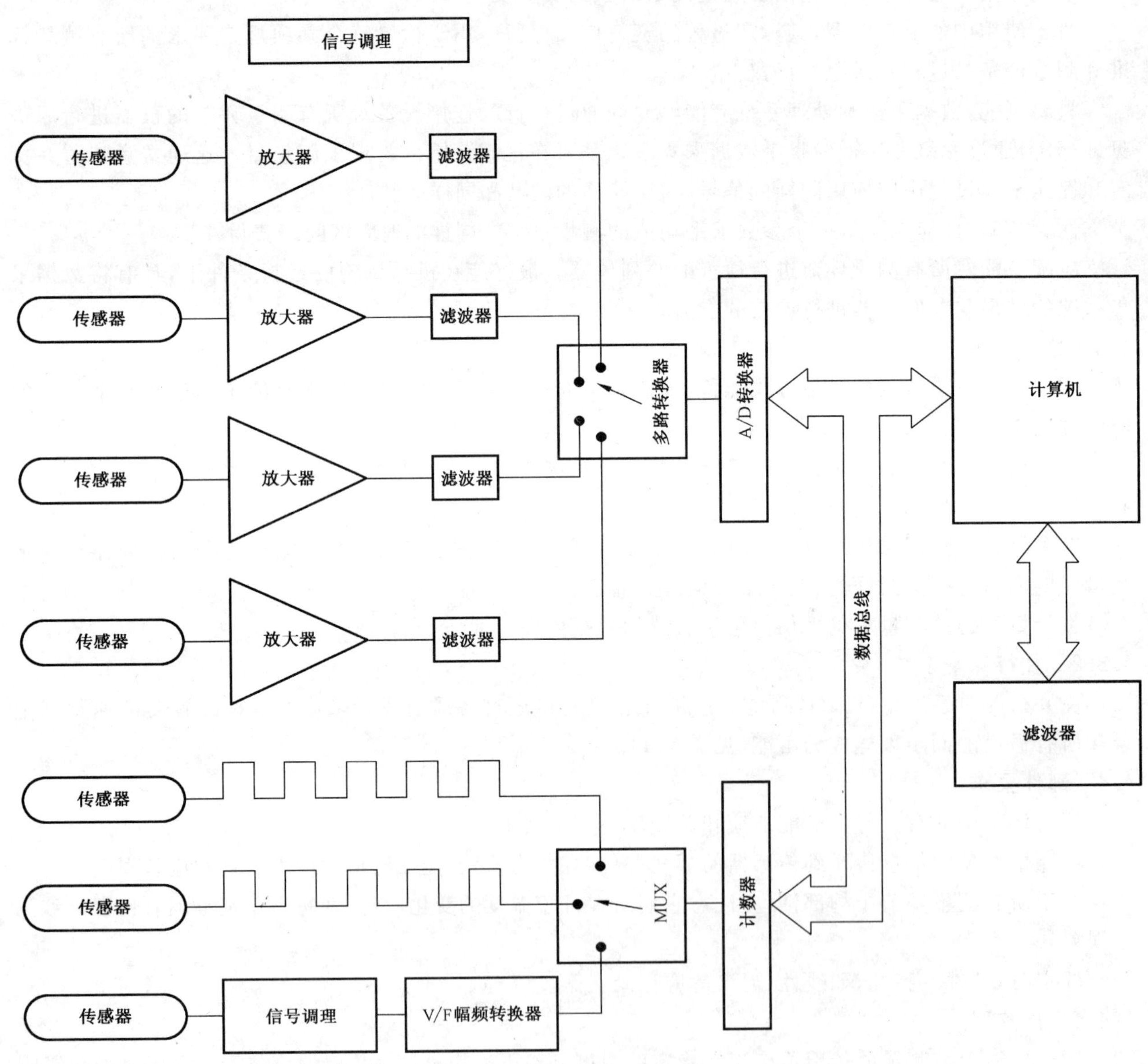

图 1 多路分时数据采集系统

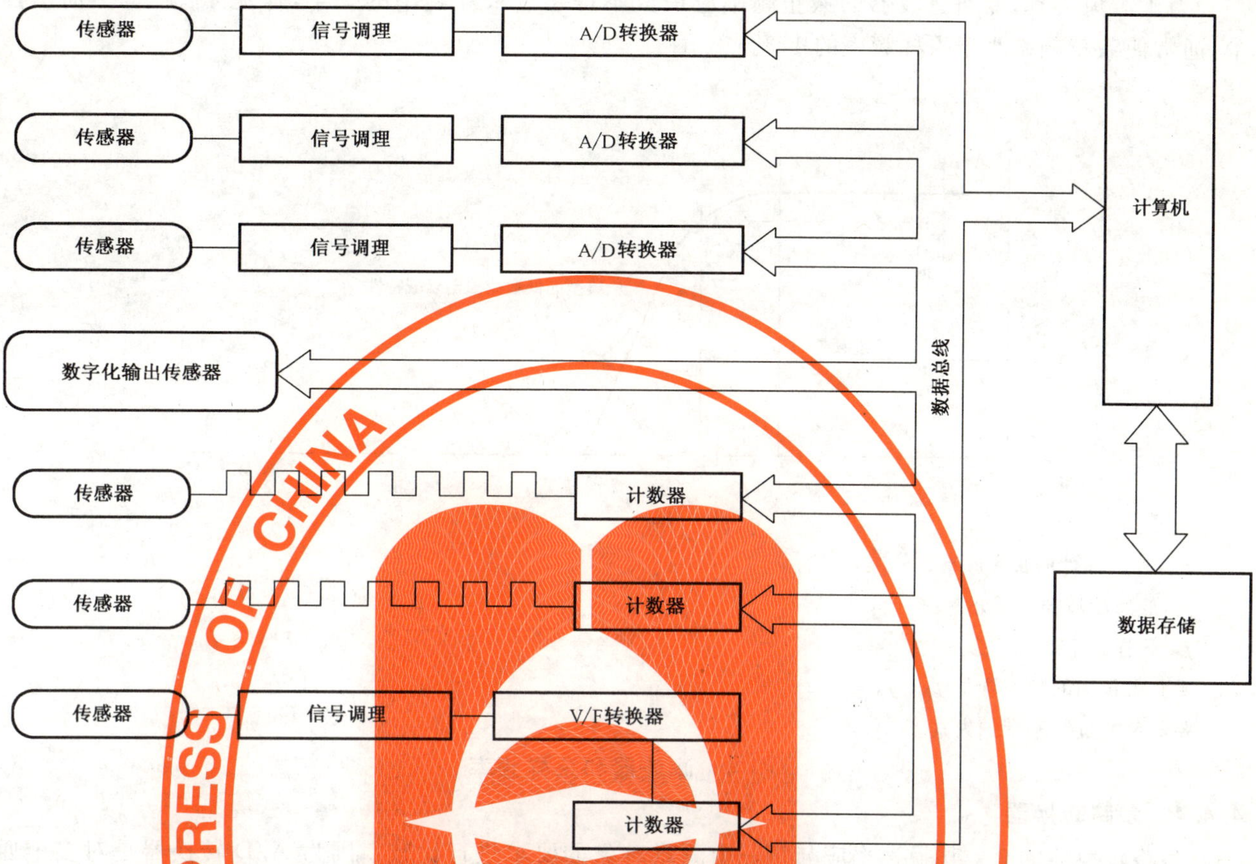

传感器
信号调理
A/D转换器
传感器
信号调理
A/D转换器
传感器
信号调理
A/D转换器
计算机
数字化输出传感器
数据总线
传感器
计数器
传感器
计数器
数据存储
传感器
信号调理
V/F转换器
计数器

图 2 并行操作数据采集系统

4.4.3.2 **滤波器**

在选择滤波器时,应特别注意其以下特性:

——交流信号:截止频率、衰减(等级)和时间延时;

——直流信号:零漂、温漂和线性度。

两个或多个测量对象分析中若同步测量对分析非常重要时,应当注意信号调理和数据采集系统的时间延时。滤波器会导致延时(相位漂移),这种时间延时与滤波器的类型和截止频率有关(图 3)。

输入
输出
时间(s)
时间延时

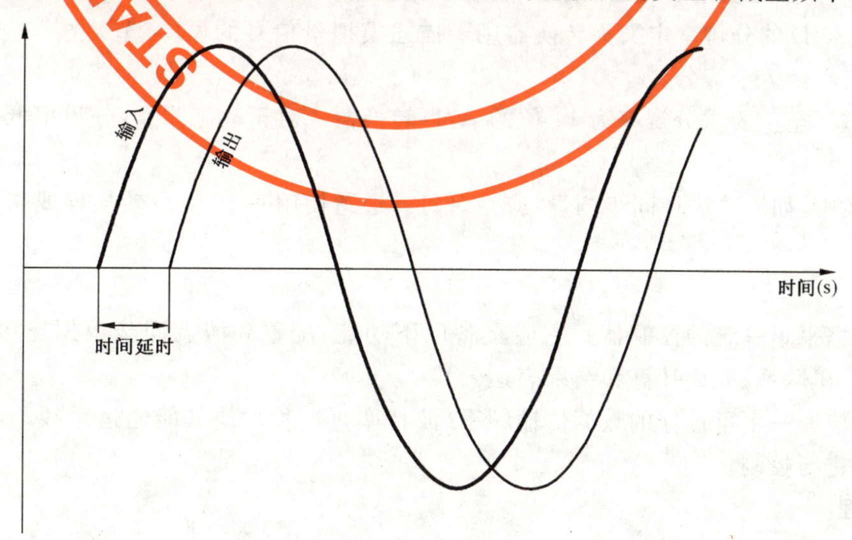

图 3 时间延时

为了避免失真，低通滤波器的截止频率应最大不得超过采样频率的一半，详见于图4。然而工程中，通常使截止频率小于采样频率的1/3。

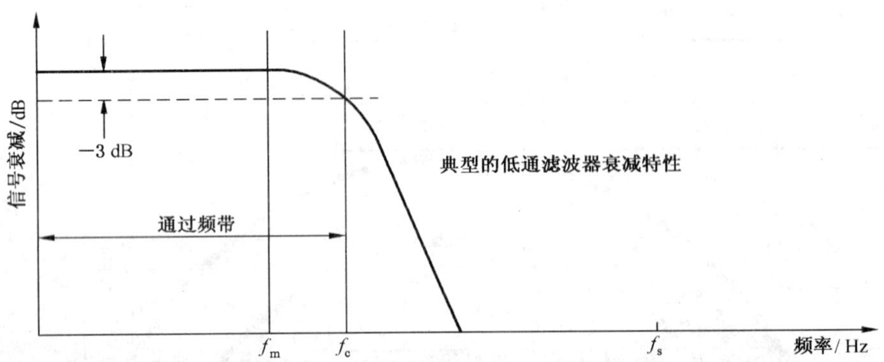

f_m：有关部件的最大频率；

f_c：低通滤波器的截止频率；

f_s：采样频率；

要获得预期的频率含量 $f_c > f_m$；

要避免通过频率带的失真 $f_s \geqslant 2f_c$。

图4　滤波器和采样频率

4.4.4　多路转换器

多路转换器的有效切换速率应与每一个测量对象的要求进行比较。因为A/D转换器是对多个通道进行顺序采样，每一通道的采样速率将随着通道数的增加而减少。

切换系统通常为继电器，或是固态切换器。继电器通常比固态切换器更精确，但其切换速率低。当在不同电压电平间进行切换时，应注意相邻通道的干扰效应。通常，这种误差随着切换速率增加而增加。

4.4.5　模拟量/数字量(A/D)转换器

连续的模拟量信号必须转换为数字量后才能为计算机读取。

模数转换器的重要参数有：转换时间，分辨率，精度，输入范围、温漂和线性度。

模数转换器A/D的分辨率定义为转换器用于描述模拟量信号的位(字节)数。一个3位的转换器将范围划分为 $2^3-1=7$ 个等分。

对于性能试验，至少要求分辨率为14位的A/D转换器。对于动态测量，分辨率低一些也是可以接受的。

在A/D转换中，如果要进行同步测量，应当对每一通道使用一个A/D转换器或采用一个同步采样保持设备。

4.4.6　计算机

计算机是数据采集系统的控制器。它应具备以下功能：配置和协调同步数据连接、控制数据的转换、与外设进行通讯联系、完成计算和结果表达。

计算机接口应有一个可选择的数据传输频率(波特率，位/秒)，使其能通过总线与各种不同的设备进行通讯和对其进行控制。

4.4.7　数据处理

典型的软件任务包括：

——数据采集系统的控制；

——标定系数的计算；
——由电量到工程量的转换；
——平均值和其他统计值的计算；
——性能参数的计算；
——随机不确定度的评估；
——结果的表达；
——数据的存储。

在模型验收试验中，在对某一试验点进行确认评估时，应提交该工况点的所有参数的原始数据，以便进行人工计算和校验计算机程序。

如果可能，试验时应连续显示主要的性能参数，以便对模型的性能以及它连接的水力系统的性能有一个全面的了解。

采样的数目和采样频率应当反映全部测量环节的特性，具体如下：
——对性能测量，能给出精确的平均值；
——对波动测量；能满意地确定必要的波动特征。

4.5 数据采集系统的检查

每一测量链路均应提供完整的系统图，以反映其主要部件。这有助于有关各方在出现特殊问题时，用于确定须检测的部位；或可对波动信号进行更为细致的研究。图 5 给出了一些典型的测量链路，其上标有建议的试验项目和检测点。

4.5.1 模拟量输出的传感器

图 5 中，点 1 为检测点，用以判断测量对象的动态特性。

通过比较 A 点的输入信号和检测点 3 的输出，可以确认信号调理系统工作是否正常。

通过比较 A 点的输入信号和检测点 2 的输出，可以确认放大器工作是否正常。

通过比较 B 点的输入信号和检测点 3 的输出，可以确认滤波器工作是否正常。

通过在 C 点输入基准信号，并与检测点 5 的输出进行比较，可以确认多路转换器和 A/D 转换器工作是否正常。

4.5.2 频率或比例脉冲输出的传感器

检测点 4 的信号质量应予以控制，以保证计数器的正确触发。在 D 点输入基准信号来检查计数器的时基。

4.5.3 数字化输出的传感器

此类传感器和测量链路最好在标定中检查。

4.5.4 偏移效应的检查

要检查信号调理器没有任何偏移效应，系统的输出信号可与输入信号一致。输入信号可以是由独立电源产生的基准信号。检测点在图 5 中为点 A 和点 3。

4.5.5 软件

将控制点 5 读出的原始数据进行另外的计算，将其结果与计算机的输出结果进行比较，通过这种方式来对软件程序进行检查。

通过在 E 处输入一些数值来得到已知的性能结果来检查软件的性能算法。

标定测量链路的算法应和那些用于性能计算的算法一样应作为资料保存。

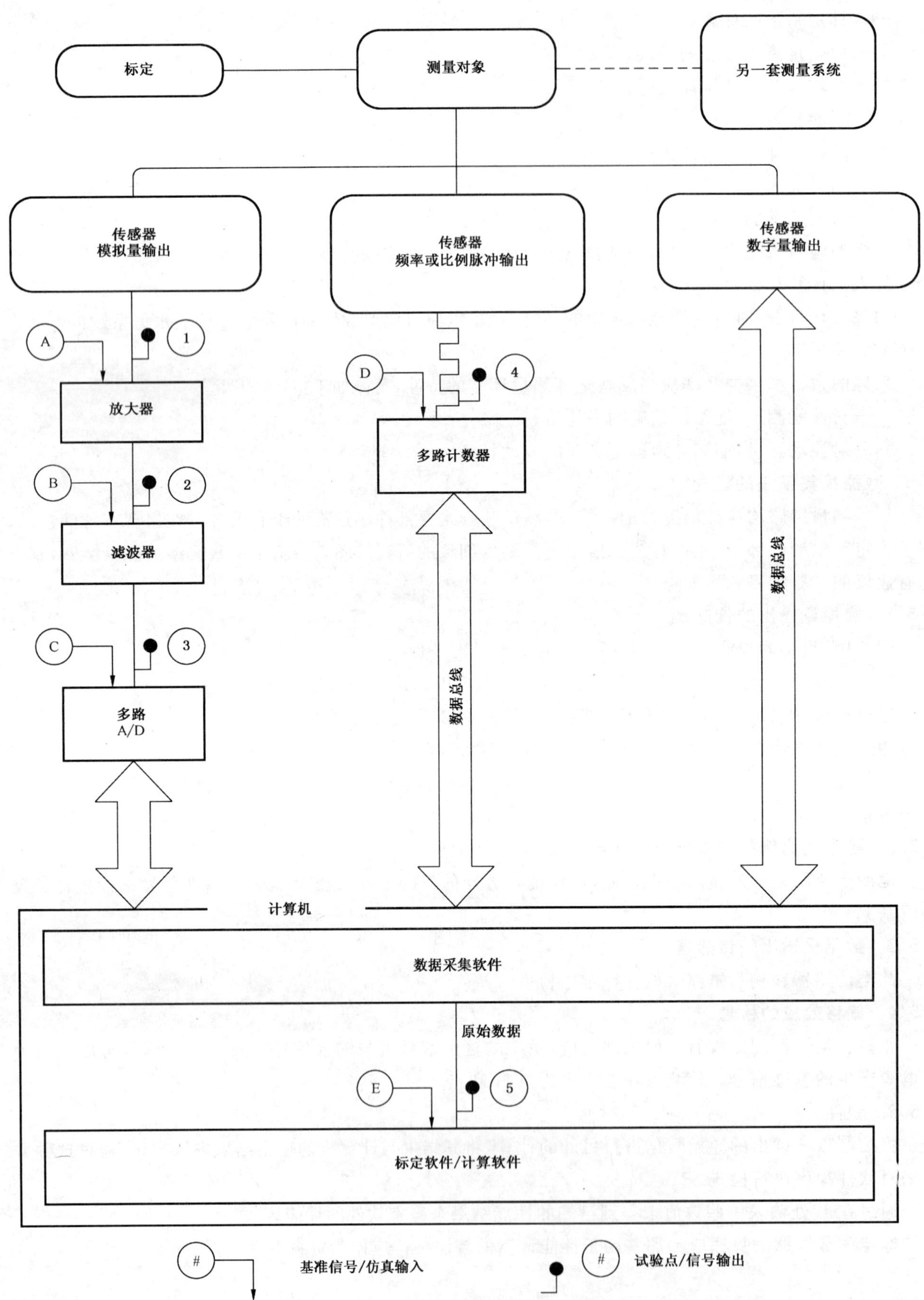

图5　各种测量链路及其推荐的检测点

5 流量的测量

5.1 概要

在机械和流量测量仪器之间，应尽可能不要有水的流失和增加。但如果存在附加流量，应对其进行单独测量。

5.1.1 测量方法的选择

模型验收试验可采用的流量测量方法可分为原级方法和次级方法。

5.1.1.1 原级方法

原级方法为那些仅需测量基本量(如长度，质量和时间)的方法。本部分应用的原级方法包括：

——重量法；

——容积法；

——移屏法。

上述原级方法最为精确。为此，尽管这些方法还有其固有的一些缺点(如笨重的设备、时间的测量等等)，但任何模型设施都应包括使用上述原级方法中的一种的可能性。不过，为了便于使用，通常应辅助以次级方法。

5.1.1.2 次级方法

模型试验中基于各种各样原理用于流量测量的许多其他方法，可认为为次级方法。尽管其中有一些次级测量方法已标准化，但为了满足本部分要求的高精度，这些测量设备必须在正常试验状态下，利用上述原级方法进行原位标定。由于重复性是对次级流量测量设备要求的最重要的因素，因此不必要求次级方法满足有关标准中的所有要求。

在试验设施的设计阶段时就应考虑能在不拆卸或修改测量管路情况下进行定期标定。

流量测量的次级方法主要有：

——流速面积法。通过流速仪或皮托管和示踪法测量流速。这种方法在模型试验中很少采用，因此在以下的条款中将不作阐述。

——薄板堰法和差压计法(孔板，喷嘴，文吐里管)。即使按 ISO 有关的标准进行设计、安装和使用，如果直接采用标准的流量系数，其精度也不能满足模型试验要求。为此，必须依法对其进行定期原位标定。

——各种各样的流量计，如涡轮流量计、电磁流量计、超声波或涡流流量计。这些流量计能够快速测量，输出信号易于为数据采集系统识别，且大多数流量计对流动的扰动小，因此使用特别方便。目前，由于安装条件对其响应的影响还不具备足够精度以满足模型试验的要求。为此，流量计必须进行原位标定，对其所应满足的所有流量范围内的重复性应定期进行检查。

5.1.2 测量精度

5.1.2.1 参照 ISO 标准

以下条款中，仅对在别处无标准测量过程的方法进行详细说明。只要可能，还列出了可参考的现有标准，特别是 ISO 标准，它特别适合本部分的精度要求。

5.1.2.2 不确定度的评估

以下条款中列出的系统不确定度数值仅作为指南，这仅在满足以下条件时方才有效：

——测量处于最佳状态；

——本部分和有关标准的所有要求均得到满足，且

——试验和分析由具有资格和经验的人员来完成。

如果上述条件不能满足，则流量的系统和随机误差的增加将难于预测。

对于每一特定试验，使用者都应当评估系统和随机不确定度的实际值，评估时应充分考虑所有测量系统和试验设施的运行状况。

与每一误差源相关的随机和系统不确定度的合成在12.2.2.4中说明。这样，所表达的最终结果的不确定度的置信度约为95%。

5.1.2.3 流动的稳定性

不管采用何种流量测量方法，对于模型验收试验的每一工况点，只有在流动稳定或接近稳定时，流量的测量结果方为有效。

一般而言，原级方法要求测量的时间相当长，其结果仅为这一段时间内的平均值。所以仅能得到发生于2次测程之间的流量变化，而不能得到波动值(见GB/T 15613.1中的5.3.2.3)。

在5.1.1.2中提到的大部分次级方法，将可以得到准瞬态读数，通过这些读数可以得到该工况点的平均值，而且通过绘图法和统计法，可以得到流量波动的特性和幅值。这也是试验设施应当同时具备原级方法和次级方法的原因。

5.2 原级方法

5.2.1 重量法

5.2.1.1 重量法的基本原理

ISO 4185:1980给出了所有与重量法流量测量有关的必要要求，它包括测量仪器、测量步骤、与测量有关的流量及其不确定度的计算方法等。虽然ISO 4185:1980提到了2种方法，“静态”法和“动态”法，但本部分只推荐采用静态重量法，即在一定时间内将水流切入称重筒，然后称出切入的质量。

重量法，即通过收集一定时间内一定质量的水，从而仅能给出该时间内流量的平均值，这种方法可认为是流量测量最精确的方法。

正如ISO 4185:1980所述，标定设备应定期检查，对于承重樑应至少每2年检查一次，对负荷传感器应至少每年检查一次。如果标定历史资料表明结果稳定，上述检查周期还可适当延长。

5.2.1.2 测量的不确定度

影响重量法的误差有：称重，测量充水时间，密度的确定，考虑流体温度和偏流器的影响等。此外还必须对空气浮力进行修正，因为大气压对被称重流体的向上推力不等于其对称重设备标定时作用于参考质量的向上推力。

如果装置的制造、维护和使用都十分小心，则流量测量的系统不确定度(对应95%置信概率)可望在±0.1%和±0.2%之间。

5.2.2 容积法

5.2.2.1 容积法的基本原理

ISO 8316:1987给出了所有与容积法流量测量有关的必要要求，它包括测量仪器、测量步骤、与测量有关的流量及其不确定度的计算方法等。

虽然ISO 8316:1987提到了2种方法，“静态”法和“动态”法，但本部分只推荐采用静态表记法。

容积法与重量法具有同样的精度，同样是通过收集一定时间内一定质量的水，从而仅能给出该时间内流量的平均值。

正如ISO 8316:1987所述，标定用的容积筒应定期检查，对于混凝土容积筒应至少每5年检查一次，对金属容积筒应至少每3年检查一次。如果标定历史资料表明结果稳定，上述检查周期还可适当延长。

5.2.2.2 测量的不确定度

影响容积法的误差有：容积筒(水池)标定，测量水位，充水时间和偏流器的影响等。应当检查容积筒的密封性能，必要时应对漏水进行修正。

如果装置的制造、维护和使用都十分注意，则流量测量的系统不确定度(对应95%置信度)可望在±0.1%和±0.2%之间。

5.2.3 移动屏幕法

5.2.3.1 移动屏幕法的基本原理

该方法的原理与容积法相似，可以认为是容积法的延伸。它的原理是通过一个屏幕随水移动的方法，确定明渠中断面 A 和断面 B 之间水流的移动体积(见图 6)。则流量通过下式计算：

$$V = b \cdot d \cdot L$$

$$Q = \frac{V}{t} = b \cdot d \cdot \frac{L}{t} = b \cdot d \cdot v$$

式中：

V——水的移动体积；

L——断面 A 和断面 B 之间的距离(测量断面长度)；

b——测量断面之间明渠的平均宽度；

d——测量断面之间明渠水流的平均深度；

t——屏幕在断面 A 和断面 B 之间的移动时间；

Q——在移动时间 t 内的平均流量；

v——在明渠断面 A 和断面 B 之间的流速。

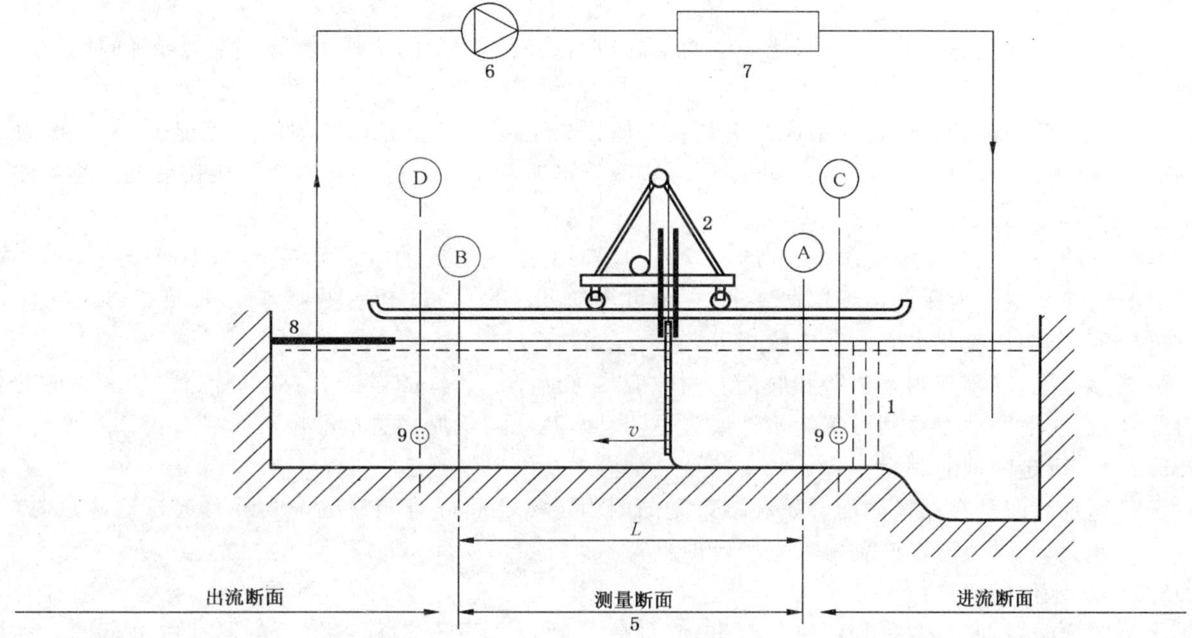

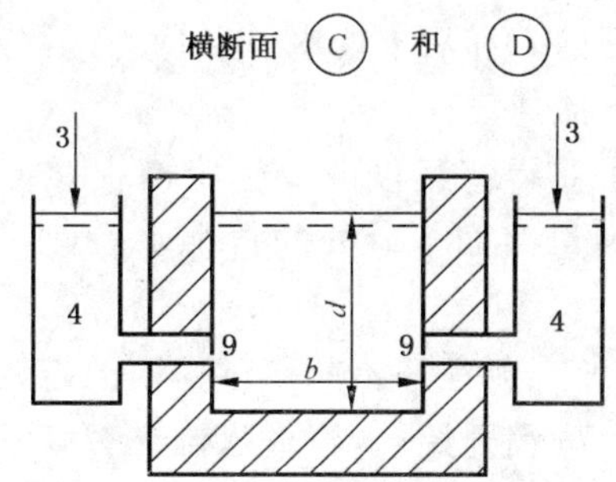

1——稳流装置；

2——移动屏幕及小车；

3——水位的测量；

4——测井；

5——移动时间的测量；

6——试验回路的增压泵；

7——试验台需标定的流量计；

8——降低下游自由水面的盖板；

9——与测井连通的孔板。

图 6　移动屏幕法

5.2.3.2 测量设备

5.2.3.2.1 明渠

测量明渠的底平面应笔直水平，而且在整个屏幕移动经过的范围内，其断面为矩形且须进行精确标定。明渠宽度和深度应满足流量的测量要求，即应使明渠中的平均流速为 0.05 m/s～1 m/s。

明渠中的水流应保证流速分布规则、无旋涡、无非对称流动和明显的扰动。这样的水流条件可通过在明渠中的稳流装置(如孔板、蜂窝装置等)来实现。

明渠的总长包括：

——进流断面：屏幕由此导入水中并达到匀速运动。

——测量断面：需要精确确定的一段明渠长度。

——出流断面：屏幕由此移出水流。

一定水平面与其对应的明渠断面的面积关系可通过几何测量来确定。所有有关的几何尺寸应定期检查，推荐每 5 年检查一次。在极坏条件下，还应考虑水重量引起热膨胀和变形对尺寸的影响。

5.2.3.2.2 屏幕

屏幕通常悬挂在小车上，该小车能在沿明渠的轨道或液体润滑的滑块上移动，浮动屏幕的使用应尽量避免。

屏幕通常采用轻质刚性材料制成并安装在轻质构架上。小车和屏幕装配应尽可能轻，使摩擦力减小到最小，或用一驱动马达来抵消，使屏幕移动速度能迅速等于水流的平均速度并能在最低流速条件下屏幕也能顺利移动。

屏幕移动法的一个基本要求是：当屏幕导入明渠时对水流的扰动应尽可能小，并不应产生导致严重误差的波纹和波浪。为保证达到这些要求，一个可行的办法是：通过电动驱动单元，在屏幕导入水流之前，使屏幕小车加速到与水流速度大致相等。

为减小泄漏，屏幕与明渠边壁和底部的间隙应尽可能小。较好的做法有：在屏幕边沿加装合适的柔性唇缘密封，要使摩擦力做到可忽略不计或通过驱动马达以消除摩擦力的影响。

5.2.3.2.3 行走时间的测量

屏幕行走时间是在测量截面开始和结束处的两固定点之间进行测量的。当屏幕通过这些点时，由电气机械开关、光学或磁性开关触发电子计时器。

5.2.3.2.4 水位的测量

水位应在测量前、后和过程中进行测量，测量是在上、下游测量截面各侧面的测井中进行的。水位由测针、钩形测针或高精度的传感器定出(测量仪表见第 7 章)。

屏幕前方和后方的水位保持为常数是十分重要的(如在 0.5 mm 之内)，这样能认为移动屏幕的速度等于水流速度。

为了获得高精度减少标定槽中缓慢的质量波动很重要(通过调节流量)。为监视此类波动应尽量减少测量截面下游处的自由水表面，从而可将可表示状态是否稳定的水位变动状况视作质量波动状况。

5.2.3.2.5 测程开始前和过程中的控制

一个测程开始前，检查水位是否为常数十分重要，这样以便可确保在槽中无波动。

波纹和波浪能明显增加测量不确定度应予避免，这对屏幕的匀速运动十分重要。可在沿测程均匀地布置一些附加的开关以便确定其中间过程中的行走时间。

应使屏幕一侧至另一侧的泄漏量尽量小也很重要。这可用靠墙和底部密封处注入一种有色液体进行检查。

不过，屏幕前后有轻微的扰动或存在很少的泄漏，特别是在邻近自由表面处经常可以见到，这并不说明仪器的运行出现毛病。

两次连续进行测程之间的时间间隔应该是足以平息上次测量中造成的扰动。

5.2.3.3 测量的不确定度

若装置的建造、维护和使用是仔细的，且上述要求得到满足，则其流量测量的系统误差(95%置信度)可达到±0.2%～±0.3%之间。

5.3 次级方法

5.3.1 基本要求

在下述条件下，可商定采用各种不同形式的流量计。

——所选设备具有最好质量，特别在其重复性及其对一些影响量的敏感程度方面(环境温度、供电的频率和电压等)；

——流量计及其相应的测试系统应在实际的运行条件下用原级方法进行标定(参见 GB/T 15613.1—2008 中的 5.3.3.2.3 和本规程的 5.3.8)；

——应在所测量的整个流量范围内检查其重复性。

虽然这些流量计的应用并非强制性的，但有关的各种标准及制造商的使用手册均对如何使安装和测量条件达到最好给出了有益的建议。

常用流量计的类型见 5.3.2～5.3.7。

5.3.2 堰板

只有长方形和三角形带刃的薄壁堰可在本部分范围内使用。堰板的设计及其安装和堰板之上水位的测量应参考 ISO 1438-1:1980，但是标准化了的流量系数不能达到所需的精度要求(见 5.1.1.2)。此外，堰板还对靠近处速度分布的任何变化以及堰板的状况(上游面的粗糙度、清洁度以及刃边的锐角度等)都非常敏感。

通常堰板位于机械的低压侧，应注意确保进入槽中的水流是平稳流动(无旋涡，无表面扰动或无大量空气卷入等)。

当堰板位于所试验机械的出口侧，应离开机械有足够远的距离或应使流道出口处在达到堰板前能释放水中的空气泡。当需要在整个断面处有均匀均速度分布，应采用静水栅和导流板。若有被扰动的水表面或存在潜流或存在任何性质的不对称均应采用适当的栅板给予纠正。

5.3.3 差压流量计

在孔板、喷嘴或文吐里管可作为流量测量的模型试验设备，特别是在无自由水面的闭合环路中工作。

差压设备的设计，包括其测压头，其安装和工作条件参见 IEC 5167-1:1991。然而其标准化了的流量系数不能达到本部分所需的精度要求(见 5.1.1.2)。除了 IEC 5167-1:1991 描述的流量计之外，其他形式的差压设备也可使用。

差压流量计常常具有很高的可靠性，但对流态非常敏感，且压力损失大，特别是孔板和喷嘴更是如此。

由差压设备产生的差压应按 6.4 进行测量。

原级方法的设备和压力计之间的连接管路应符合 ISO 2186:1973。

应注意避免发生空化。

5.3.4 涡轮流量计

涡轮流量计通常包括一导流器，在其上、下游需要有一直管段，流量计仅产生非常小的水流扰动，但产生一些高的压力损失。其输出信号为易于测量的频率，不存在影响精度因素，需注意使其轴承处于良好状态，并保持涡轮叶片的清洁。每次维修后至少应标定一次。

由于在低压条件下转轮叶片上能发生空化，故应于最低压力条件下检查标定状况。

5.3.5 电磁流量计

电磁流量计属 ISO 6817:1992 和 ISO 9104:1991 的内容。

电磁流量计的主要优点乃是既不引起水流干扰也无压力损失，且对磨损不太敏感。流量计能给出一即时的读数，因此特别适用于观察流量的波动。应注意电子回路输出中是否存在漂移，还应注意电极表面的状态，每次维修后应至少检查一次其标定状况。

5.3.6 声学流量计

存在有数种声学测流方法。按目前的认识,适用于本部分用途的方法乃是测量声脉冲从上游或下游通过的过渡时间。最好包括有数个平行路径的测量。

数据采集和处理系统应演示该设备工作是否正确(沿每一单个路径对其平均速度进行分别测量,验证声速,检查所损失脉动数的比例等)。

此方法的较详细说明见 GB/T 20043。

另一些类型的声学流量计也可使用,如基于测量声束被液体折射的流量计,或基于在两截面处发射的声讯号的交叉关系的流量计。

声学流量计的优点是不引起任何水流干扰或压力损失,但对速度分布和对气泡的存在以及噪音有些敏感。其对紊流的敏感性以及局部瞬间速度的采样的有限性使之不能用于连续读数以评价流量的波动状况。

5.3.7 涡流流量计

涡流流量计的原理基于测量插入水流中非流线型体产生的涡旋流出频率,此频率与给定雷诺数范围内的平均速度成正比。

虽然这种型式的测量装置已有多种,但采用此法测量流量的经验还是很有限的,使用此法时应该小心,如管道中的任何振动都会引起测量频率的改变,因此要予以避免。

涡流流量计中的非流线型体有引起空化的危险,应检查在最低试验压力条件下的评定状况(见 5.3.8)。

5.3.8 标定步骤

如上所述,任何用于测量流量的次级方法应相对于原级方法进行标定见 5.2。标定应在试验回路中不拆卸流量计或改变流量计进口处的水流状况下进行。

标定应包括整个流量计及其相应的测量系统,如孔板、连接管、压力传感器、供电系统和数据采集系统。

标定正常应在试验中在要出现的实际工作条件下进行(压力、温度和水质等)。如果在试验过程中出现的压力必须低于用于标定时开式循环回路中可得到的最低压力。此时,应演示说明流量计的标定并不受降低压力时空化的影响。这可用两个次级流量计串联的办法来达到。其中之一可不受空化的影响,流量测量时流量计存在空化影响是不能允许的,即使标定是在相同的工作条件下进行。这是由于这时包括的现象是难于很好重复的。

任何标定中应包括有足够的测量点,这些测点应均匀地分布在试验中涉及的整个流量范围以便正确地评估其发散度。

在大部分情况下,标定结果可写成(至少在其使用范围内):

$$Q = CR^{\alpha}$$

式中:

R——由次级流量计给定的输出信号;

α——由理论上的关系得出的指数(当 R 为涡轮流量计的频率时 $\alpha=1$,当 R 为文吐里管的差压时 $\alpha=1/2$,当 R 为长方形堰板上的高程时 $\alpha=3/2$ 等);

C——流量系数,它在流量计的范围可为常数,亦可为变数。

这样便可得出流量系数相对于原级方法得到的流量,或者最好是将流量系数相对于适用于相应某种型式流量计的无量纲系数(在闭合循环回路中的流量计为雷诺数,堰板时为弗劳德数)。

任何情况下,应将这些测点用回归法如最小二乘方啮合成曲线(通常为直线)。这种标定曲线的导出以及相应不确定度评估方面的指南可在 ISO 7066 中找到(亦见附录 H)。

次级流量计通常应在试验前及试验后进行标定(见 GB/T 15613.1 中的 5.3.3.1.5),如果这两次标定结果出现明显差异[2)],则应对流量计及其相应测试系统进行仔细检查以找出出现差异的原因。这

---

2) 可以商定,相对偏差 $2(Q_1-Q_2)/(Q_1+Q_2)$ 应小于试验前规定的允许值(如 0.1%),此处 Q_1 及 Q_2 为在原级方法给出的相同流量下由次级流量计在试验前后得出的读数。

次试验可能被否定，但应存有流量计标定的历史档案以便检查和分析。若无系统性的趋势发生，则将所得到值取其平均值可能是其真实值较好的近似值。这要好于仅将试验前后得到的两个值加以平均。

6 压力测量

6.1 概述

本条仅涉及压力的该时段平均值的测量，压力波动值的测量见GB/T 15613.3中的5.1。水力机械中压力测量在于确定：

a) 水力性能方面的量值，如：

——水力比能（见8.2及8.3）及

——净正吸入高程 *NPSE*（见8.4）。

或

b) 模型通流中指定部位的压力及差压表计值，可用于不同用途，如差压装置用于测量流量（见5.3.3）或得到以下方面的信息：

——局部压力；

——压力分布；

——指数试验（该值需转换至现场条件）。

压力是在稳定条件下压力的单个表计压力或差压。

6.2 压力测量断面的选择

应对测量断面的位置给予特别注意，通常与其基准面一致。该处水流的扰动应是最小，由合同规定的高压和低压基准断面1和2通常应满足这些条件。但是在基准面的速度分布受到严重扭曲的例外情况下，该基准面应予更换，若有可能，用尽量靠近并能提供较好流动条件的其他测量断面来代替。

测量断面的平面最好应与水流的平均方向相垂直，需要用于计算平均水流速度的截面积应易于测量。

测量断面最好应布置在直段截面处，但可稍有收缩或扩散。

6.3 测压头和连接管线

6.3.1 测压头的数量及位置

通常，对于任何形状的断面至少应采用两对相对的测压头（4个测压头），对于圆形断面，四个测压头应布置在互相垂直的直径处，测压头不应布置在最高或接近最高处以避免聚气，也不应布置在接近最低点处，以避免脏物引起的堵塞。

在非圆形的断面时（大多数情况为长方形），测压头不应布置在接近角落处。如果测压头布置在其底部或顶部时，应特别注意避免空气或脏物的干扰。

若流动条件受到了干扰或是非对称的，则应采用多于四个测压点。

同一测量断面处的单测压点的平均压力测量值相互之间的差值应不大于机组水力比能的0.5%，或对于低水头机组不大于由测量断面处用平均流速计算得出的比动能的20%（见8.2.4），这两种情况均是指接近最优效率点的工况而言。

若此要求不能得到满足，两方应协商，改用以下方法：

——选择另一测量位置，或

——按8.2.4对测量断面处比动能的分布作出评估，或

——接受此偏差，对水力比能 E 的测量不确定度在标书上增加一附加不确定度。

6.3.2 测压头的设计

测压头应布置在耐腐蚀材料的插入件中。图7示出了典型插入件结构，插入件的安装应与流道的边壁平齐。

测压头的柱形孔径应为2 mm～4 mm，应具有至少两倍孔径的长度 L。测压点应与流道壁垂直，并应无可引起局部干扰的毛刺或不规则处。孔开口处的边缘应是尖角的或有 $r \leqslant d/4$ 的倒角与流道平滑

连接。倒角的目的在于消除可能出现的毛刺。

流道的表面应是光滑的，在测压孔上、下游至少 100 mm 的邻近处不应有水流方向的弯曲。

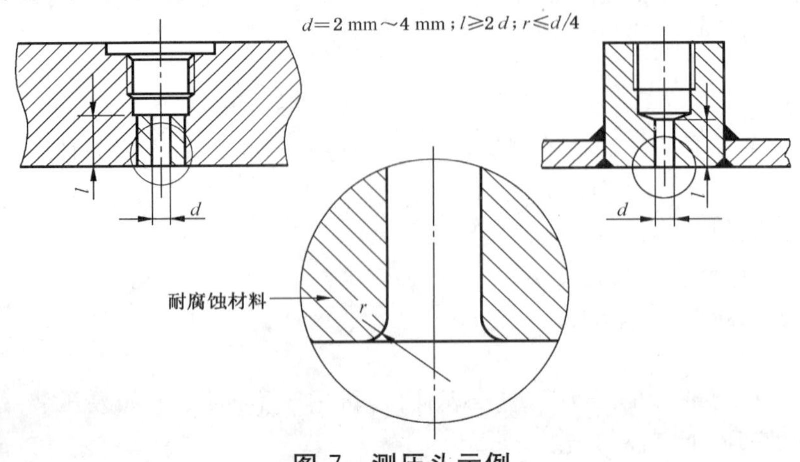

图 7　测压头示例

6.3.3　测压管布置

测压头可采用集流管式的(图 8)，但每个测压头应单独设阀门以便分别单个读数。连接管的管径至少应是测压孔径的 2 倍，且不小于 6 mm。集流管[或集流环管，图 8b)]管径应至少不小于测压头孔径的 3 倍。若有可能，连接管道应有相等长度，斜向向上与测压计或压力表连接，中途无可聚气的高点，为排气于所有最高点处应有集气腔的阀门。建议使用可适应较宽压力范围的透明塑料管。因为这有益于发现气泡的存在。但是在有压力波动的情况下，应考虑塑料管道中存在的阻尼效应(见 6.3.4)，管道连接中不允许出现泄漏。

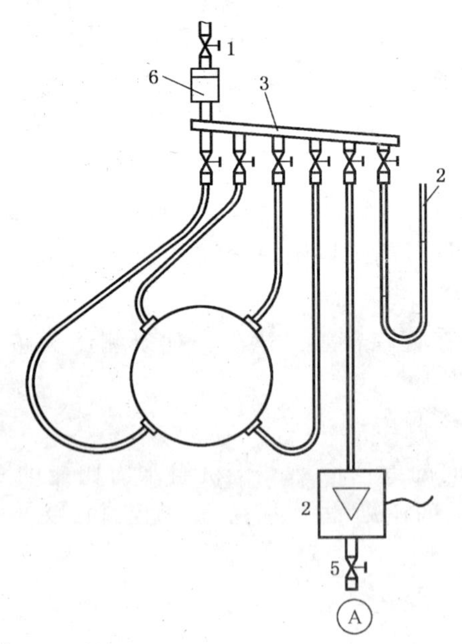

a) 单个与集流管连接

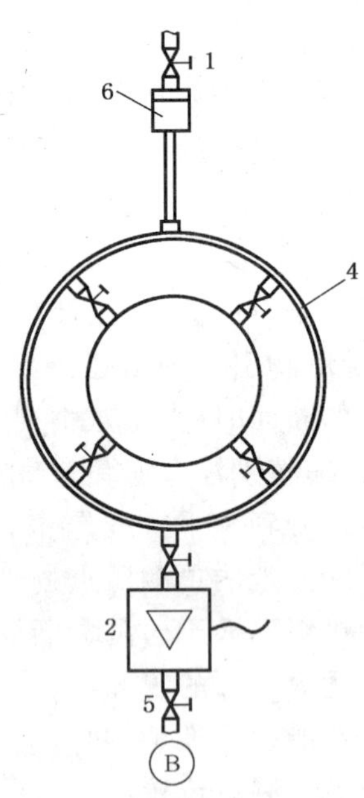

b) 均压环

1——排气；
2——压力测量仪表；
3——集流管；
4——均压环；
5——排水；
6——集流腔。

图 8　测压管形式

6.3.4 稳压阻尼装置

所有测量均应尽量在稳态条件下和压力波动源头消除的条件下进行测量，尤其在正常运行工况范围内压力表应不需设置阻尼装置。

在某些运行工况范围内（小 Q 及低 σ 等情况）波动是不可避免的。为了在此种条件下能使测压仪表能得出正确读数，可以安装适当的阻尼装置，前提是流经阻尼装置的流动是层流且在二个方向具有相同的阻力，以此来确保线性的粘阻。这可采用约 1 mm 孔径的毛细管或一专门设计的阀门来达到。阻尼装置也可用长的塑料管的办法来达到，也可在压力计之前的压力管道上连接一空气腔或调压腔来达到更多的阻尼效应。不推荐采用孔板，因为孔板可造成由于非线性阻尼所造成的误差，对任何节流装置应设置带阀门的旁通管，除了在读数的短时间外，通常保持于开通状态，将连接管道弯曲、箍缩或其中插入任何非对称的节流装置（如加阀门）都是不允许的。

6.4 压力测量仪器

6.4.1 仪器的种类

压力测量仪器分二类：

——原级法（或原级仪器），如液柱压力计（见 6.4.2），重力压力计（见 6.4.3）和压力重梁（见 6.4.4），这些方法仅用于基础量（长度、质量）的测量，因此不需要任何标定。

——次级法（或次级仪表）如压力传感器（见 6.4.5）和其他仪器如弹簧压力计（见 6.4.6），这些仪器均需相对作为标准的原级法进行标定。

测量仪器的选择应考虑数据自动采集系统的需要。常常将原级法和次级法联合使用。

可用于试验装置的物理原理及典型例子在下述章节中针对不同仪器加以描述。

6.4.2 液柱压力计（原级法）

液柱压力计用于测量低压或较小的差压（以水银作为压力计液体，约至 5×10^5 Pa）。大部分情况用水柱或水银柱压力计［图 9a）、图 9b）和图 9c）］，在有些情况下，可采用已知密度的其他液体。

液柱压力计的压力测量按下述基本关系式确定：

$$p=\rho\cdot g\cdot h$$

式中：

h——液柱高度；

ρ——压力计中采用的考虑了液体温度后的液体密度。

水柱压力计在其测量范围内的管子最小内径应为 12 mm，以减小毛细管效应。对于水银柱压力计，此内径至少应为 8 mm。

作为压力计或差压计的液柱压力计的常用形式是：

a） 单管压力计（直管式）

——带直管的水银杯［图 9a）］

若此种压力计已对杯中水银高度 h_1 作了标定或修正，则只需读出单管中的高度 h_2。

——水柱压力计（直管式）［图 9b）］

b） U 型管压力计

——普通 U 型管［图 9c）］

应用时读出两管中的液柱高度，这可用光学的办法来达到。不管采用哪种液体组合，都应采用这两种测压液体的正确密度。

压力计	测压 $p_2=p_{amb}$	测压差 $p_2 \neq p_{amb}$
	$p=p_{abs}-p_{amb}$	$\Delta p=p_1-p_2$
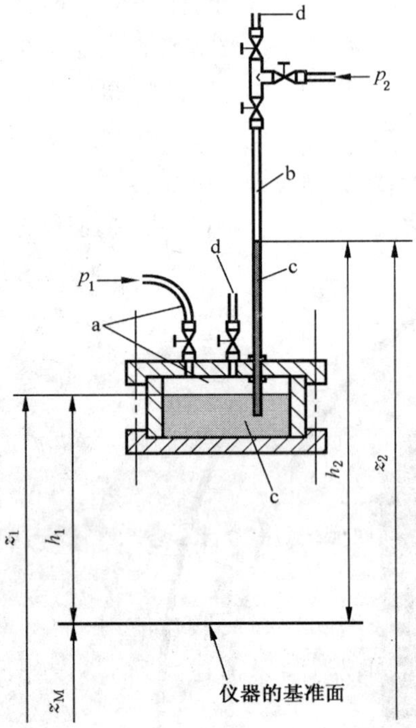 a) 带直管的水银杯	p_M＝仪器基准面处的压力 $p_M=g[\rho_{Hg}(h_2-h_1)+\rho h_1]$ $h_1=z_1-z_M$ $h_2=z_2-z_M$ a——水； b——空气； c——水银； d——排气。	$\Delta p=g(\rho_{Hg}-\rho)(h_2-h_1)$ $\Delta p=g(\rho_{Hg}-\rho)(z_2-z_1)$ a——水； b——水； c——水银； d——排气。
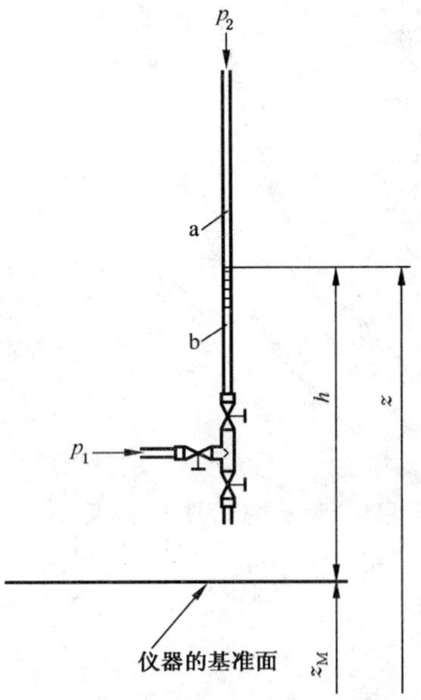 b) 水柱式(直管式)	$p_M=g\rho h$ $h=z-z_M$ a——空气； b——水。	不适用

图 9　液体压力计(试验装置的示例)(**ρ**、**ρ_{Hg}** 和 **ρ_a** 值见 GB/T 15613.1 附录 B)

压力计	测压 $p_2 = p_{amb}$	测压差 $p_2 \neq p_{amb}$
	$p = p_{abs} - p_{amb}$	$\Delta p = p_1 - p_2$
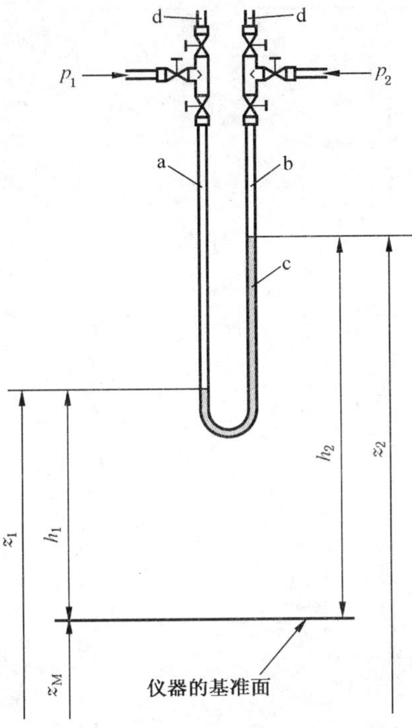 c) U 型管式	p_M= 仪器基准面处的压力 $p_M = g[\rho_{Hg}(h_2 - h_1) + \rho h_1]$ $h_1 = z_1 - z_M$ $h_2 = z_2 - z_M$ a——水； b——空气； c——水银； d——排气。	$\Delta p = g(\rho_{Hg} - \rho)(h_2 - h_1)$ $\Delta p = g(\rho_{Hg} - \rho)(z_2 - z_1)$ a——水； b——水； c——水银； d——排气。

图 9（续）

6.4.3 重力压力计(原级法)

重力压力计(亦称活塞式压力计)，可以是单活塞的或差压式的。其应用范围取决于活塞的有效面积 A_e 及其活塞的结构系统相对于所测量压力的灵敏度。对于低压或低的差压采用较大的有效面积 A_e(如对压力降至约 3×10^4 Pa 时，$A_e\approx0.000\,5\ m^2$)，反之，则采用较小值(如压力$>2\times10^5$ Pa 时，$A_e\approx0.000\,1\ m^2$)。

活塞的有效直径 d_e 可按活塞直径 d_p 及其孔径 d_b 的算术平均值定出。

$$d_e = (d_b + d_p)/2$$

此种仪器用于压力计算时可不需进一步标定，其条件是：

$$(d_b - d_p)/(d_b + d_p) \leqslant 0.001$$

重力式压力计活塞下侧测得的压力 p，其加载的质量是：

$$p = (gm)/A_e = (4gm)/(\pi d_e^2)$$

重力压力计应满足下列主要条件：

——活塞有效直径 d_e 确定时，其相对不确定度 $f_{d_e} < 5\times10^4$；

——活塞与活塞缸之间的摩擦应用慢速旋转活塞的办法消除($0.25\ s^{-1}\leqslant n\leqslant 2\ s^{-1}$)，活塞缸应充满合适的液体，通常为低黏度($\upsilon\approx10^{-5}\ m^2\ s^{-1}$)的油。

——活塞轴线应为垂直，所有的作用重量(砝码、活塞、活塞板等)应予标定。

当采用数据采集系统时，推荐将重力压力计与压力或力传感器联合成一套装置使用(见图 10)。

这些装置的标定曲线应予确定。一是不采用补偿装置，用相对标定过的重力压力计定出。另一种是用在压力为常数情况下在砝码架上添加标定过的相应质量的砝码定出，使补偿器上的指示值为零。

上述型式的重力压力计与传感器或力传感器相连接在数据自动采集系统中应优化采用。

在良好条件下，重力压力计的灵敏度小于 0.002 kg，即小于 0.02/A_e Pa（如 A_e＝0.002 m^2，灵敏度：100 Pa）。

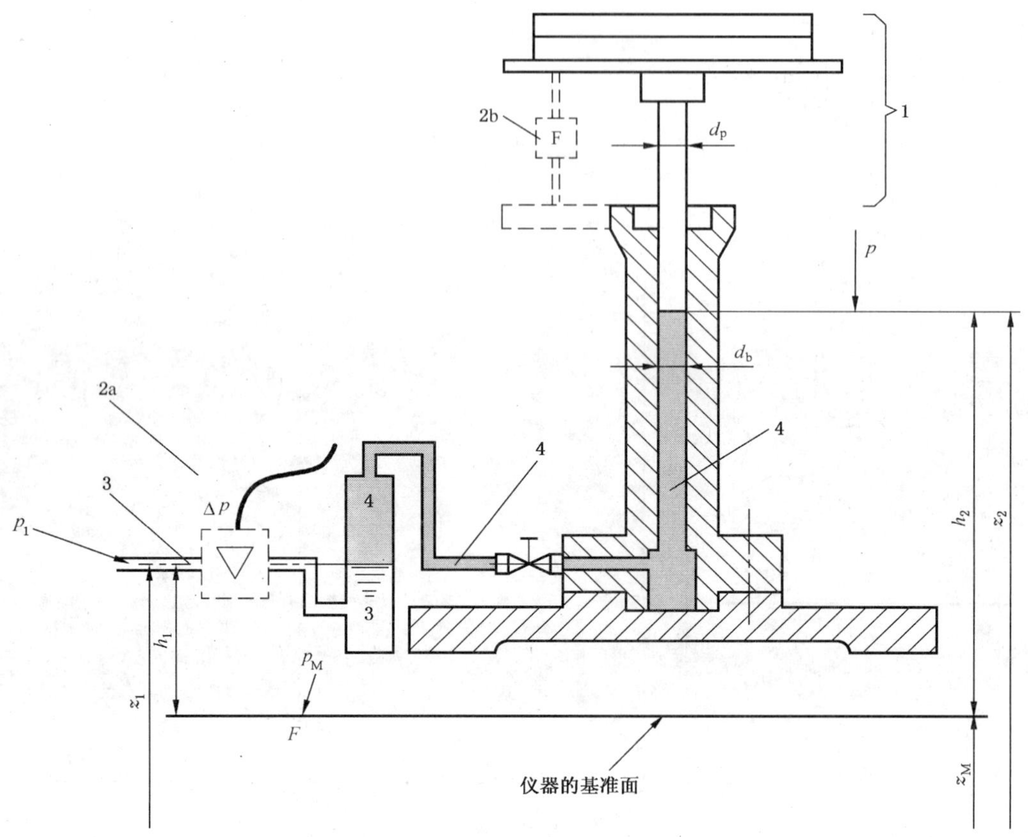

$h_1 = z_1 - z_M$ $h_2 = z_2 - z_M$

$p = (4mg)/(\pi d_e^2)$

$d_e = (d_b + d_p)/2$

a 方案：由差压传感器补偿；

$p_M = p_1 + \rho g h_1 = p + \rho_{油} g(h_2 - h_1) + \rho g h_1 + \Delta p$

b 方案：由力传感器补偿；

$p_M = p_1 + \rho g h_1 = p + \rho_{油} g(h_2 - h_1) + \rho g h_1 + (4F)/(\pi d_e^2)$

1——作用的质量；

2a——差压传感器；

2b——力传感器；

3——水；

4——油。

图 10　由压力或力传感器补偿的重力压力计（试验装置的示例）

6.4.4　压力重梁（原级方法）

压力重梁是从重力压力计发展而来，它包括一装于无摩擦支点的秤杆并支撑于一个或几个重力压力计或一个差压式重力压力计。由重力压力计作用于活塞的力被沿秤杆移动的导轮重块所平衡（图 11）。秤杆和导轮重块的操作可以是手动的，也可以由自动的伺服系统操作。压力重梁从原理上属于原级法，但在有些情况下需进行标定。

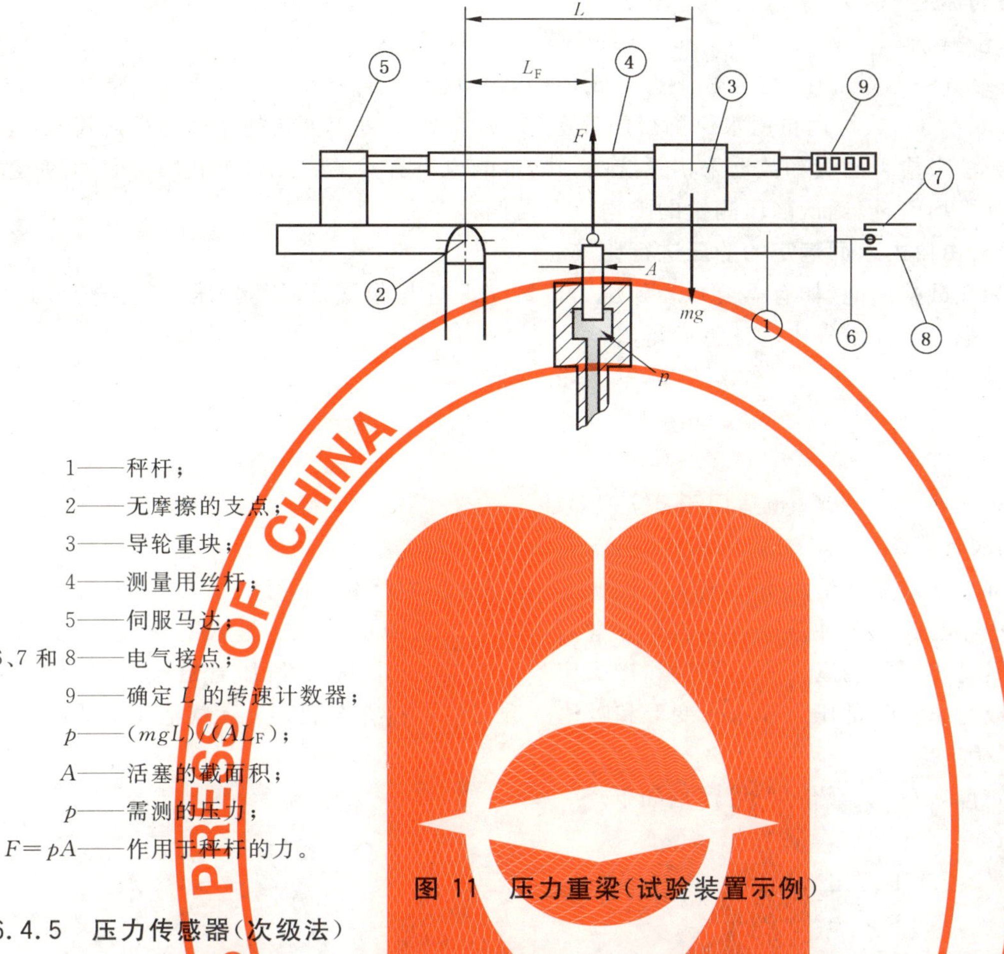

1——秤杆；
2——无摩擦的支点；
3——导轮重块；
4——测量用丝杆；
5——伺服马达；
6、7和8——电气接点；
9——确定 L 的转速计数器；
p——$(mgL)/(AL_F)$；
A——活塞的截面积；
p——需测的压力；
$F=pA$——作用于秤杆的力。

图11　压力重梁(试验装置示例)

6.4.5　压力传感器(次级法)

压力传感器是一种电气机械装置。由压力产生的机械效应随需测量的压力被转换为电信号，应选择范围相适应的压力传感器。

采用压力传感器的一些优点是：

——易于与电气的数据采集系统相结合；

——通常仅需要极少的液体流经测压头，因此可提供反速和精确的反馈；

——采用现存的电子设备便可很容易获得压力脉动或压差的平均值，并记录其过渡过程；

压力传感器应具有以下性能：

——足够的标定稳定性；

——高重复性，迟滞现象可忽略不计；

——零漂移和对温度的灵敏度低；

——施压时对偏移效应无影响。

应在电子设备有及无滤波器条件下操作以判定有滤波器运行时无偏移存在。

整个压力传感器系统应在试验压力条件下进行标定。传感器的精度主要取决于标定的精度。应采用原级法进行标定。如采用重力压力计，它可在试验中的任何时间对传感器系统的测试进行核对。

为减少系统的不确定度，还建议平行地装两套相似的传感器系统并在试验中同时读数。两传感器系统应在试验前及试验后进行校核。若两系统表示的读数差大于其系统不确定度，则应与原级进行比较。

6.4.6　其他诸如弹簧压力计的压力测量仪器(次级方法)

这种压力计利用环状管子(平的或螺旋状的)，或薄膜片的机械变形来指示压力。根据所测量的压力，应选择与之相应压力范围的弹簧压力计。若此种压力计具有合适的精度，可在双方同意下，在其最优测量范围内使用(通常为全量程的60%～100%)，并应在试验前后用原级法适当地加以标定。

6.5 压力测量仪器的标定

6.5.1 标定的基本步骤

如上所述,用次级方法测量的压力(弹簧压力表或传感器)应于核对或标定。这可用与原级方法进行比较(见 6.4.2 和 6.4.3),或可用自由水位测得的静压(如 6.5.2)或可用公认的标准进行比较。

用动态标定的方法来检查测量和数据采集系统的影响可能也是有益的。此时可利用一变频的压力脉动发生器及已知其平均值,以确认静压测量的平均值中无偏移存在。

6.5.2 将表计压力与由自由水面确定的静压进行比较

验收试验前后和在试验期间(如有需要),表计压力读数 P_M 可与零流量时的静压进行比较。此静压是从一自由水位考虑了水在空气中的浮力后得出:

$$p = (\rho - \rho_a) g \cdot \Delta z$$

6.6 真空测量

6.6.1 基本要求

除 6.6.2 中所述之外,6.2~6.4 也适用于真空测量。

6.6.2 真空测量的表计管路

测压管道在全部充水或充气情况下必须采用透明管路,以便观察水位(如有的话)。此类管道在充水时应在运行过程中小心和经常冲洗以排除由于分解而析出的空气或由测压头进入的空气,并使测压管道中的水与流道具有相同的温度。所有管道和接头应是气密的(无泄漏)。测压管道可采用软管,但必须具有足够刚度以防止在外部压力作用下变形和吸瘪。透明的塑料管对观察有无气泡非常适用。

6.7 压力测量的不确定度

绝对系统不确定度 e_p(95%显信度)可评估如下[3]:

——液柱压力计

水银/水　±50 Pa~±300 Pa

水/空气　±10 Pa~±50 Pa

——重力压力计　$\pm(1\sim3)\times10^{-3}$ Pa

——压力重梁　$\pm(2\sim5)\times10^{-3}$ Pa

——弹簧压力计　$\pm(3\sim10)\times10^{-3}\ p_{max}$[4]

——压力传感器　$\pm(1\sim5)\times10^{-3}\ p_{max}$[2]

7 自由水位的测量[5]

7.1 概要

一般情况下,模型水力比能的确定应基于按 8.1.2 在水力流道内的压力测量。

对具有稳定自由水位的试验台,水力比能可基于自由水位测量(见 8.3.3)来确定。

自由水位的测量对有些流量测量方法也是必须的(见,如 5.2.2,5.2.3 及 5.3.2)。

7.2 水位测量断面的选择

选择确定自由水位的测量断面应满足以下要求:

a) 若无专门的相似性的要求,模型上应设置在水流稳定且无干扰之处,特别是测量断面处的自由水位表面应是稳定的。因此应具有足够的埋设深度。

b) 通常用以确定平均水流速度的面积应能正确确定并易于测量。

---

3) 这些数值是在稳态压力条件下有效。应该指压力脉动在水泵高压侧可能很重要且多少有些不对称。因此若此压力脉动不能正确地加以阻尼(见 3.3.3.4),则其不确定度可能增大。

4) p_{max}是指仪器全量程读数。

5) 亦见 ISO 4373:1995。

7.3 测量断面处的测点数

只要有可能，自由水位测量应在每个测量断面或多通道测量断面的每个通道处至少设两个测点，且取其读数的平均值作为自由水位值。

7.4 测量仪器

通常，自由水位是相对仪器的基准水位 z_M 进行测量的。而基准水位是藉一相对于其他基准面的高精度仪器定出的。

自由水位通常不直接在断面处测量而是在与测量断面相连结的测压井中进行的，如图 12。

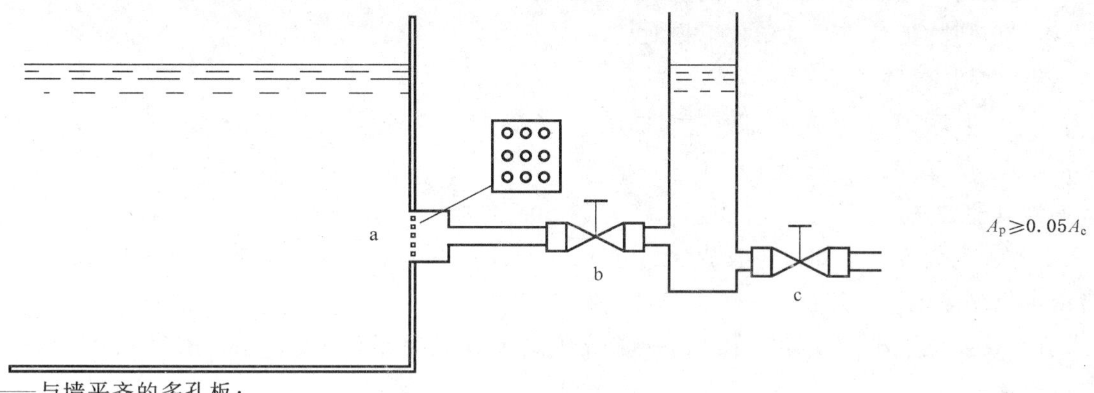

a——与墙平齐的多孔板；

b——截断阀；

c——冲洗阀；

A_p——穿孔的总面积；

A_c——测压井的截面积。

图 12 测压井

7.4.1 测针或钩形测针

测针或钩形测针（见图 13）可用于确定平静水中的水位。最好在测压井时进行，也可在自由水位几乎无干扰时在水流中直接测量。

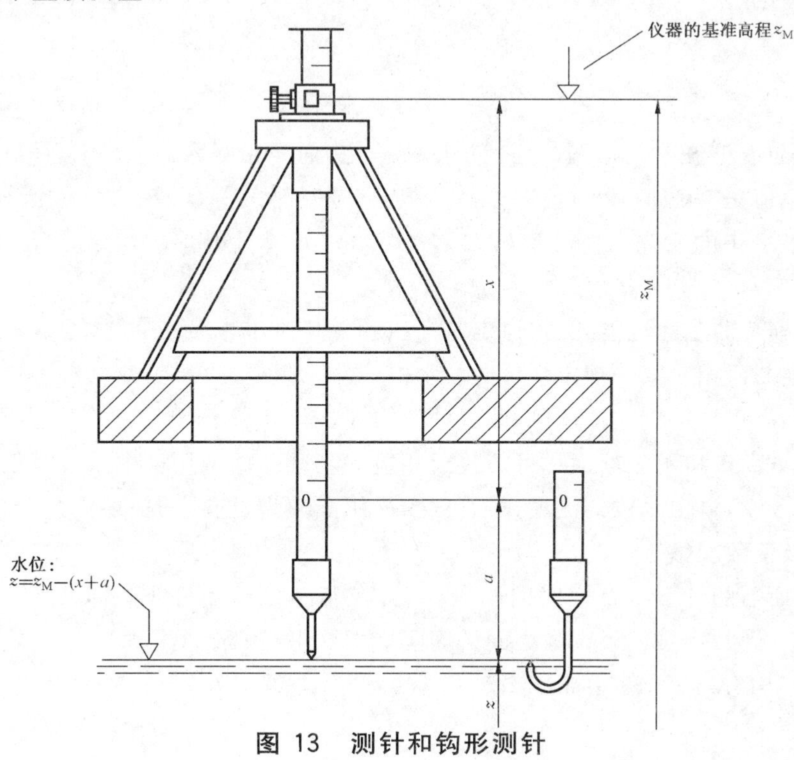

图 13 测针和钩形测针

除了采用与水接触的正常目测值外，电气的、光学的或其他型式的指示值也可采用。前提是这些值应相对直接目测法进行标定。

7.4.2 浮子计

当水位变化较大时可采用浮子计。浮子直径应不小于150 mm。测压井的最小直径应是200 mm。当手动将其从真实读数处移开时，浮子计的灵敏度应在1 mm之内（±0.001 m的分辨率）。

7.4.3 压力测量装置

埋入式的压力传感器或其他压力测量装置包括液柱压力计（直管式）可用于确定自由水位（见第6章），压力指示值应在无水流流动条件下核对。

7.4.4 压缩空气扩散器

自由水位也可藉管中充压缩空气的压力来确定，即所谓驱气扩散管技术（详细资料见GB/T 20043）。

7.4.5 各种其他方法

可采用各种其他方法诸如超声波装置和电容法，只要这些方法满足所需的精度要求(见7.5)。

7.5 自由水位测量的不确定度

在水流平稳且流速小于或等于1.0 m/s时（较低值是指速度接近于0），绝对系统不确定度 e_Z（95%置信度）可预期如下：

——测针或钩形测针　　±0.001 m～±0.003 m

——浮子计　　±0.001 m～±0.003 m

——埋入计压力传感器　　$\pm(0.5\sim5)\times10^{-3}z_{max}$[6)]

——压缩空气扩散器　　±0.001 m～±0.003 m

——超声波装置　　±0.002 m～±0.010 m

当紊流程度很高和 $v>1.0$ m/s时，如接近水轮机尾水管出口处，其不确定度可显著增大。

8 *E* 和 *NPSE* 的确定

8.1 概要

8.1.1 目的

机械的水力比能 *E* 应在水力模型的任何试验中确定，而净正吸入比能 *NPSE* 只是在需要时加以确定。*E* 值及 *NPSE* 值是在该时段的稳态条件下按平均值测定。*E* 及 *NPSE* 值评定的公式分别见GB/T 15613.1—2008中的3.3.6.2及3.3.6.5。GB/T 15613.1—2008附录C给出了 *E* 公式的推导。

8.1.2 确定方法

为确定作用于模型的水力比能，必须评定其高压和低压基准断面处的水的比能。对于净正吸入高程，需评定低压基准断面相对某一规定水位时的水的比能。只要有可能，应立即确定出基准断面处的绝对压力、平均速度和高程。特别在低压侧，此处的压力应在尾水管内测定。在某些情况下，对于特定的模型试验设备可双方商定将测量断面尽可能接近相应的基准断面或用自由水位测量替代压力测量。压力测量的描述见第6章，自由水位的测量（尽管很少采用于模型试验）的描述见第7章。

8.1.3 稳态条件及读数次数

确定水力比能所需的计数应在定时的间隔内，且在基本稳态条件下读数如GB/T 15613.1—2008中5.3.2.3.1所述。读数次数以及读数之间的间隔应能在考虑其数据采集系统功能情况下非常接近其平均值（见GB/T 15613.1—2008中5.3.2.3及本规程第4章）。

---

6) z_{max}是仪器的全值读数。

8.2 水力比能 E 的确定

8.2.1 测量断面

8.2.1.1 概要

为获得精确确定水力比能的基本条件见 8.1.2 的描述，对测压断面选择的见 6.2。

8.2.1.2 测量断面的挪动

模型验收试验通常在其合同规定的基准断面处进行测量，但在个别情况下测量断面可与基准断面有差异。若在基准断面处因机械原因或来流条件有水流干扰，在此情况就需挪动，这种挪动应经双方同意。在此情况下，经合同方同意影响流态的部件也可进行改型。

实例：

对于泵：若压力和速度的分布差异大，以致从其平均值计算得出的水力比能可能会造成很大误差时其高压测量断面应予挪动，使测量断面位于距离泵有一定的管道直径倍数时通常可增加测量的可靠性。

对于水轮机：若蝶阀离高压基准断面很近时，可能需要挪动其测量断面，这是由于很难去估计蝶阀对测量的影响。

8.2.1.3 测量断面挪动后水力比能的修正

当测量断面与基准断面不一致时，测量断面与基准断面之间水力比能损失应予考虑，应对水流方向及其分布状况以及两断面之间的相对位置给予应有考虑。此类损失的估计可基于一些理论资料和/或基本于实践经验。

在作出采用不同的测量断面前，应对损失计算引起的不确定度与基准断面处由于测量条件不满足引起的不确定度进行比较。

8.2.2 基准面

8.2.2.1 参照基准

所有高程诸如试验台的基准面或模型的基准面均应相对参照基准（见 GB/T 15613.1—2008 中 3.3.7.6）。主要高程和高度见图 14。

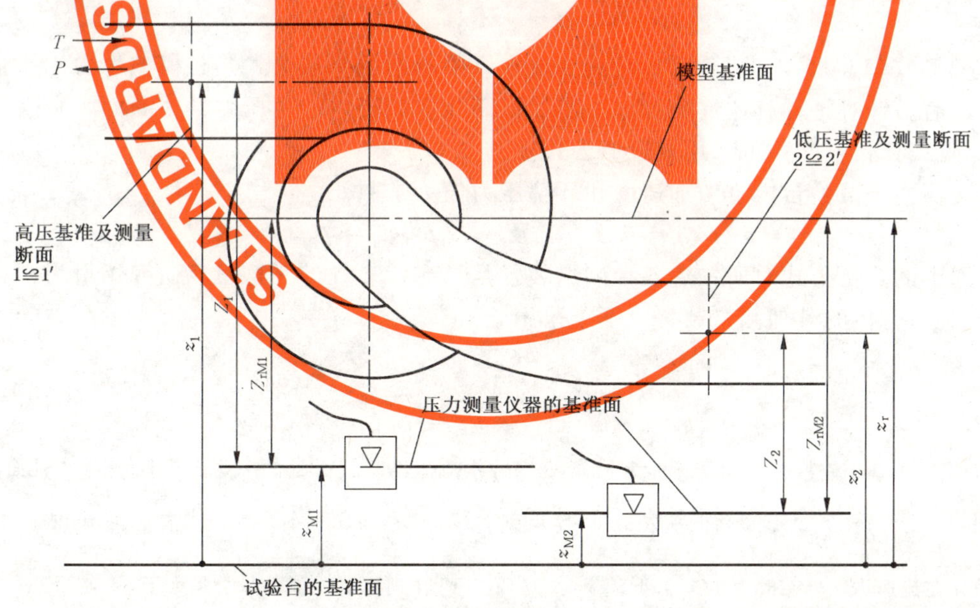

特殊情况：当 $z_{M1}=0$ 和 $z_{M2}=0$ 时，则 $Z_{rM1}=Z_{rM2}=z_r$

图 14 示例：试验台及模型的主要高程、高度及基准面

8.2.2.2 高程差

精确确定高程之间的差值十分重要。其中模型试验中最重要的高程差为模型基准面 z_r 与压力测量仪器的基准面 z_M：$Z_{rM}=z_r-z_M$。若所有压力测量仪器的基准面是相同的，且作为参照基准，则

$Z_{rM}=z_r$(见图 14)。

8.2.3 水密度(见 GB/T 15613.1—2008 中 5.5.3)

从模型水力比能按 GB/T 15613.1—2008 中 3.3.6.2 中的定义,水的平均密度 $\bar{\rho}$ 应按两基准断面处的平均密度值计算。由于模型进出口间的温度差甚小,低压基准断面处的水温可用作 $\bar{\rho}$ 评定中计算两处的密度。

蒸馏水的密度值(见 GB/T 15613.1—2008 中 5.5.3.1.3 及表 B.2)通常可用作确定 E 或 $H=E/g$ 时的水密度 ρ_w,这是因为:

a) 模型试验设施中实际用水的密度值 ρ_{wa} 与蒸馏水的值 ρ_{wd} 相差极小,通常其编差值小于 0.05%(见 8.3);

b) 若模型的水力比能主要是靠压力测定来获得,则水力功率 $P_h=E(\rho Q)_1$,(见 GB/T 15613.1—2008 中 3.3.8.1),作为确定效率时主要水力参数仅与密度的二阶精度有关(见 GB/T 15613.1—2008 中 5.5.3.2.1 及 5.5.3.2.2 的简化公式以及 GB/T 15613.1—2008 附录 D 中的说明)。

在特殊情况下,可能需要确定所采用实际水的密度 ρ_{wa}(见 GB/T 15613.1—2008 中 5.5.3.1.2)。

8.2.4 比动能

按照惯例,基准断面处的比动能按垂直于该断面的水流平均速度确定,取 $e_c=v^2/2$。

平均速度 v 乃是流过基准断面处的实际流量除以该基准断面的面积[7]。该面积应在进行模型相似性检查时进行测量。当测量截面与模型界限范围内的基准断面不同时亦采用相同办法。

8.2.5 水力比能 E 时的不确定度的确定

按 8.3 中描述的示例,E 的确定应适应各种方法和各种布置。

GB/T 15613.1—2008 中的 J.2.3 示出了确定相对系统不确定度 f_E 的示例(见图 15)。

为了考虑测量断面处压力分布不均的影响,在总的相对不确定度 f_E 中从算术计算上增加了一项附加不确定度 f_E:$f_{E,corr.}=f_E+f_{\Delta E}$。

8.3 E 的简化公式

8.3.1 概要

如同 GB/T 15613.1—2008 附录 C 及其 3.3.6.2 中给出的一般公式乃是模型水力比能精确值中便于使用的近似值。针对每种具体情况可进一步加以简化。如当水的可压缩性或断面 1 和断面 2 之间环境压力值差异可忽略不计时,可采用其近似公式。

可以假设在整个试验台内重力加速度和环境压力值为常数。

$$\bar{g}=g_1=g_2=g \quad \text{及} \quad p_{amb1}=p_{amb2}=p_{amb}$$

本条中列出的简化公式对所描述各种测量装置是具有代表性的。这里仅研究了最为常见的测量装置,对未考虑其适合性的其他测量装置应不予采用。

---

7) 对流体中的局部流速 v_i,其水力比能为 $e_{c,j}=v_i^2/2$。水流流经断面 A 处的平均比动能值(平均轴面流速为 v 时)可用 $e_c=\alpha v^2/2$ 表示。其中动能系数 α(见 ISO 4006)按:$\alpha=\int_A v_i^2 v_{zi}\cdot \mathrm{d}A/v^3 A$,式中 v_{zi} 为 v_i 的轴面分量。

系数 α 在流速均匀分布时为 1(长方形流态分布),在工业中所遇到的流动 α 总是大于 1。

在水力机械试验时,测量断面处的实际流态由于电站的布置以及模型的运行工况原因为不均匀的速度分布。通常假设模型和原型中的流态是大约相同的。然而,在模型试验中,详细地测量速度分布是不现实的,也是十分费时的。因此,按照惯例商定设 $\alpha=1$,由此 $e_c=v^2/2$。

虽然比动能的惯例值与实际值之差对于低水头机组可达到机械水力比能和 1%~2%,但当评价测量中的不确定度时,同意不考虑此差异(见 GB/T 15613.1—2008 的 J.2 中 E 不确定度计算的示例。这里比动能中的不确定度只考虑在确定流量 Q 和面积 A 时的不确定度)。

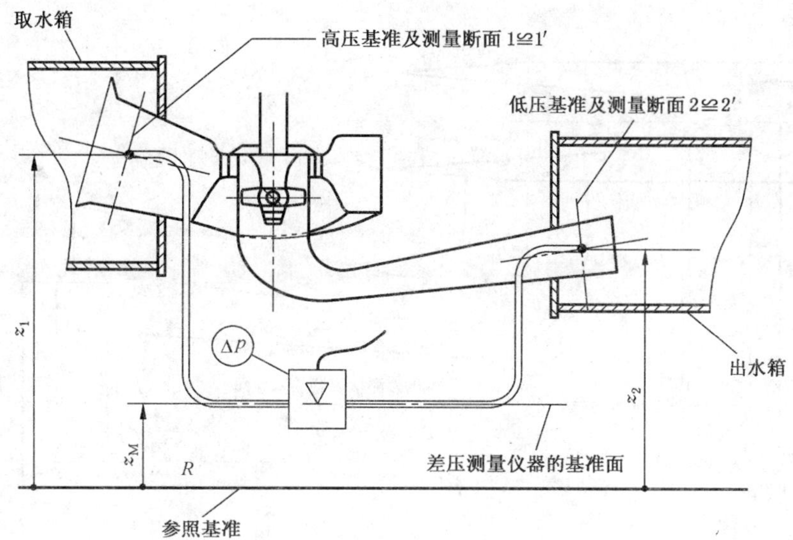

$$E = gH = (p_{abs1} - p_{abs2})/\bar{\rho} + (v_1^2 - v_2^2)/2 + g(z_1 - z_2)$$

采用差压测量时可得出下式：

$$(p_{abs1} - p_{abs2})/\bar{\rho} = \Delta p/\bar{\rho} + g[(z_2 - z_M) \cdot \rho_2/\bar{\rho} - (z_1 - z_M) \cdot \rho_1/\bar{\rho}]$$

当应用于低水头模型试验时($\Delta p \leqslant 400\ 000$ Pa,即 $H \leqslant 40$ m),水的可压缩性可以忽略不计。可设定 $\bar{\rho} = \rho_1 = \rho_2$。

由此,可得出简化公式：

$$E = \Delta p/\rho_2 + (v_1^2 - v_2^2)/2$$

图 15 采用差压测量仪器确定水力比能

8.3.2 通过压力测量确定 E(见第6章)

8.3.2.1 差压测量

图21示出了采用差压测量仪器确定水力比能时的测量装置示意图。此方案特别适合于模型试验水头较低的情况。这种使用仪器可具有足够的精度。

8.3.2.2 分别测量压力

a) 反击式机械

各断面处的压力分别测量,当压力差值小于约400 000 Pa时(约为40 m水柱),水的可压缩性可忽略不计。

当压力测量仪器提供的是绝对压力测量(如用压力传感器),环境压力不需考虑。

若压力测量仪器提供的是表计压力测量(如用弹簧压力计或液柱压力计),则仪器处环境压力的差值应否包括应于核对[见图16(影响可忽略不计)及图17(考虑了影响)]。

将压力测量仪器置于相同的基准面处,则可进一步简化。通常这是很容易办到的(见图16最终简化式)。

b) 水斗式水轮机(冲击式水轮机)

对于水斗式水轮机,当机壳是处于大气压力之下,仅需在高压基准断面测量压力值 p_1。如将通用公式应用于水斗式水轮机,还可进一步简化(见图18及图19)。

按惯例,v_2 取作零。低压基准断面的高程 z_2 取作射流轴线与水斗式射流节圆处的所有接触点的平均高程。在机壳内不充压且充有足够量空气的条件下,机壳内部的压力被设定等于环境压力。

若机壳内充压,则机壳内的环境压力应予测量,且当确定 $E(p_{amb2} \neq p_{amb1})$ 时应予计及。

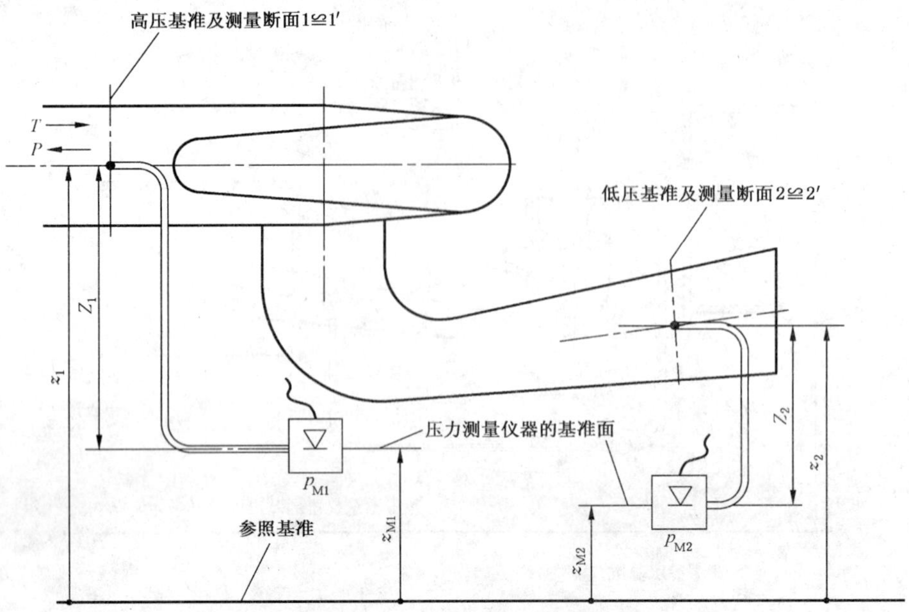

$$E=gH=(p_{abs1}-p_{abs2})/\bar{\rho}+(v_1^2-v_2^2)/2+g(z_1-z_2)$$

表计压力计应用于点1及点2处。z_{M1}和z_{M2}间环境压力的差值可忽略不计，因为$(z_{M1}-z_{M2})$值与H相比很小；因此

$$p_{ambM1}=p_{ambM2}=p_{amb}$$

$$p_{abs1}=p_{M1}+\rho_1 g(z_{M1}-z_1)+p_{amb}$$

$$p_{abs2}=p_{M2}+\rho_2 g(z_{M2}-z_2)+p_{amb}$$

若水的可压缩性能忽略不计，则$\rho_1=\rho_2=\bar{\rho}$

由此，$(p_{abs1}-p_{abs2})/\bar{\rho}=(p_{M1}-p_{M2})/\bar{\rho}+g(z_{M1}-z_1-z_{M2}+z_2)$，

因此，简化公式为：

$$E=gH=(p_{M1}-p_{M2})/\bar{\rho}+(v_1^2-v_2^2)/2+g(z_{M1}-z_{M2})$$

可进一步简化：

若压力测量仪器位于相同高程处，$z_{M1}=z_{M2}$，那么，

$$E=gH=(p_{M1}-p_{M2})/\bar{\rho}+(v_1^2-v_2^2)/2$$

图16 通过分别测量表计压力来确定模型水力比能

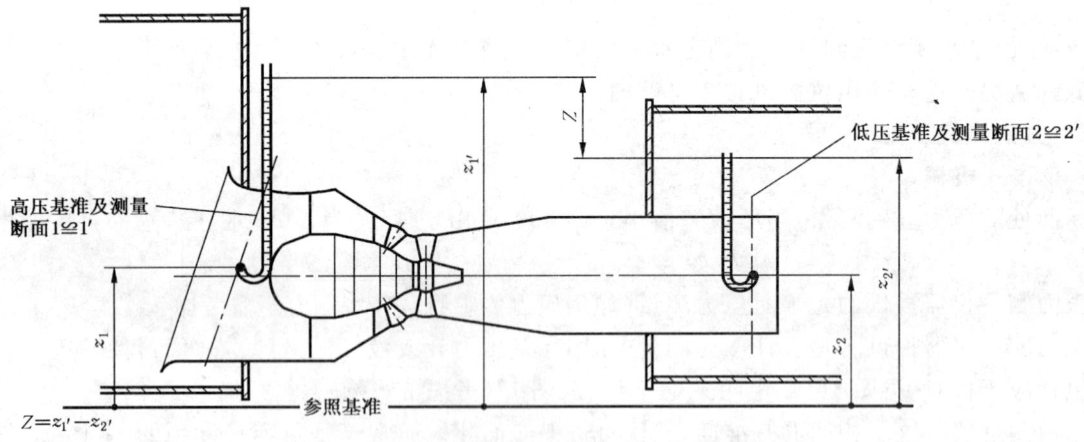

$$E=gH=(p_{abs1}-p_{abs2})/\bar{\rho}+(v_1^2-v_2^2)/2+g(z_1-z_2)$$

断面1及断面2处采用水柱压力计。

水的可压缩性可忽略不计，这是因为断面1及断面2处的压力差值甚小。

因此：$\rho_1=\rho_2=\bar{\rho}=\rho$

由此：$p_{abs1}=\rho\cdot g(z_{1'}-z_1)+p_{amb1'}$

$p_{abs2}=\rho\cdot g(z_{2'}-z_2)+p_{amb2'}$

$p_{amb1'}-p_{amb2'}=-\rho_a\cdot g(z_{1'}-z_{2'})$

此时简化公式为：

$$E=g(z_{1'}-z_{2'})(1-\rho_a/\rho)+(v_1^2-v_2^2)/2=g\cdot Z(1-\rho_a/\rho)+(v_1^2-v_2^2)/2$$

图17 通过用水柱压力计分别测量压力时模型水力比能的确定

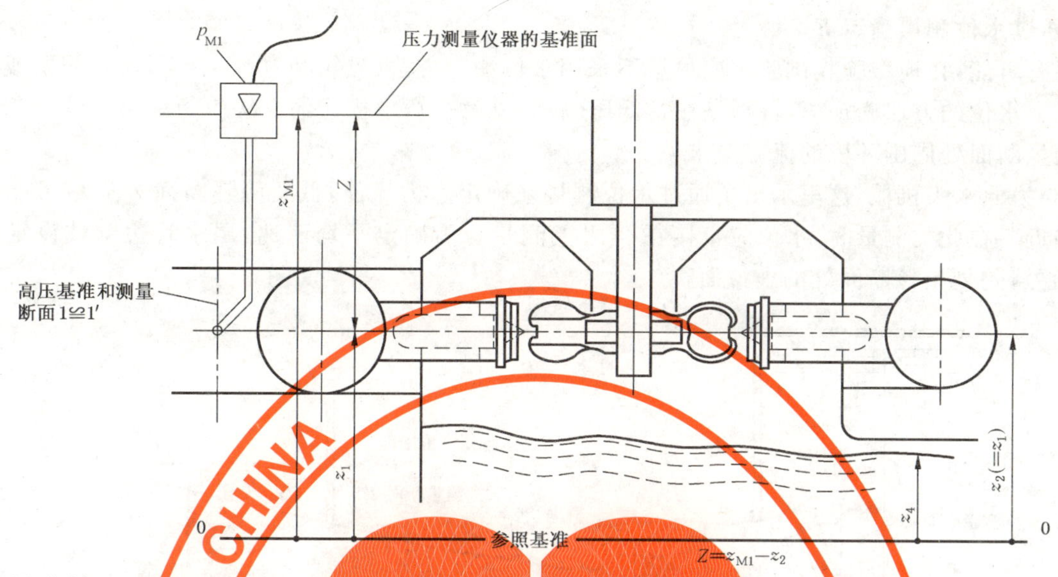

$Z=z_{M1}-z_2$

按惯例，将低压基准断面设定为高程为 z_2 的转轮平面处，对于不充压的机壳，机壳内部的压力通常设定为等于环境压力：

$$E=gH=(p_{abs1}-p_{abs2})/\bar{\rho}+(v_1^2-v_2^2)/2+g(z_1-z_2)$$

z_{M1} 和 z_2 之间环境压力的差值可忽略不计，这是由于 Z 与 H 相比甚小。

因此：

$$p_{ambM1}=p_{amb2}=p_{amb}$$

进一步可设定：

$$Z\cdot\rho_1/\bar{\rho}=Z$$

由此：

$$p_{abs1}=p_{M1}+Z\cdot\rho_1\cdot g+p_{amb}$$

此处 p_{M1} 为 z_{M1} 处测得的表计压力：

$$p_{abs2}=p_{amb}$$

由于 $z_1=z_2$，且设定 $v_2=0$，简化公式为：

$$E=p_{M1}/\bar{\rho}+g\cdot(z_{M1}-z_2)+v_1^2/2=p_{M1}/\bar{\rho}+g\cdot Z+v_1^2/2$$

图 18　竖轴水斗式水轮机机械水力比能的确定

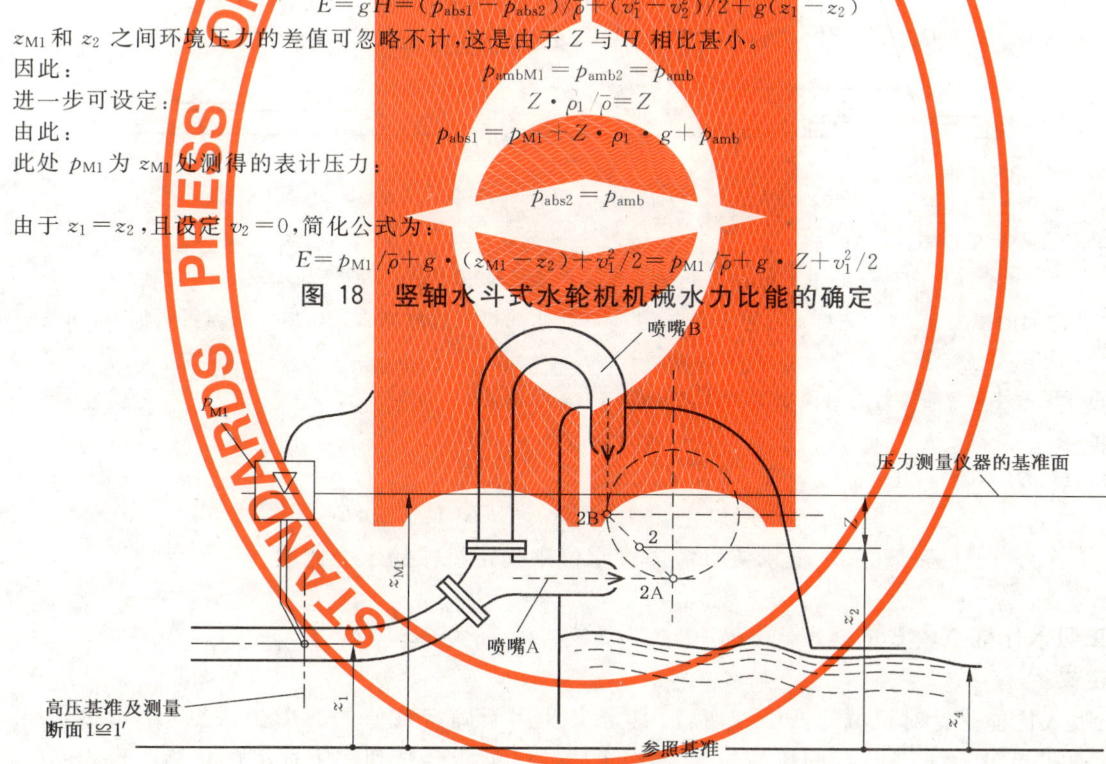

$Z=z_{M1}-z_2$

注：在多喷嘴的情况下，低压基准断面处的高程 z_2 定义为各接触点高程的平均值(图中的 2A 和 2B)。

对于不充压的机壳条件下：机壳内部的压力通常设定为等于环境压力。

$$E=gH=(p_{abs1}-p_{abs2})/\bar{\rho}+(v_1^2-v_2^2)/2+g(z_1-z_2)$$

z_{M1} 和 z_2 之间环境压力的差值可忽略不计，这是由于 Z 与 H 比甚小。

因此：

$$p_{ambM1}=p_{amb2}=p_{amb}$$

进一步可设定：

$$Z\cdot\rho_1/\bar{\rho}=Z$$

由此：

$$p_{abs1}=p_{M1}+(z_{M1}-z_1)\rho_1 g+p_{amb}$$

此处 p_{M1} 为 z_{M1} 处测得的表计压力：

$$p_{abs2}=p_{amb}$$

设 $v_2=0$，简化公式为：

$$E=p_{M1}/\bar{\rho}+g\cdot(z_{M1}-z_2)+v_1^2/2=p_{M1}/\bar{\rho}+g\cdot Z+v_1^2/2$$

图 19　卧轴水斗式水轮机水力比能的确定

8.3.3 通过水位测量确定 E

只要有可能，在模型验收试验中应尽量不采用水位测量方法（见第7章）。然而，若有需要或已商定用测量自由水位的方法确定 E，特别是在其低压侧，则见第7章中描述的方法应予采用。

对测量断面处周围环境的流态要求见7.2。

图20为低水头机械，这里示出了通过水位测量来确定水力比能，低压测量断面2′应尽可能与尾水管出口相近。在此类测量时，水位应直接在2′之上测量。为确定平均流速，尾水管边壁被设定为延伸至2′断面处，勾划出该断面处的虚拟面积。

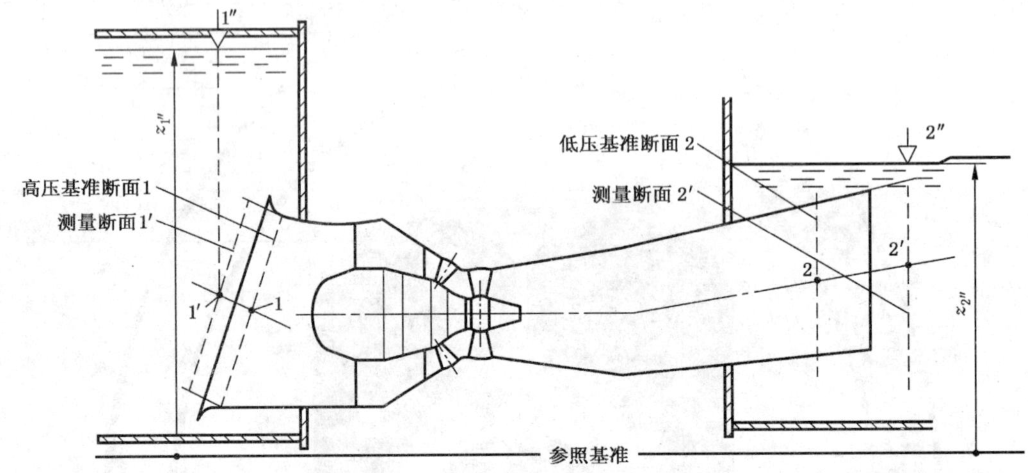

$$E=gH=(p_{abs1}-p_{abs2})/\bar{\rho}+(v_1^2-v_2^2)/2+g(z_1-z_2)$$

断面1′及2′被选作测量断面。

$$E=gH=(p_{abs1'}-p_{abs2'})/\bar{\rho}+(v_{1'}^2-v_{2'}^2)/2+g(z_{1'}-z_{2'})\pm E_{L1'-1}\pm E_{L2-2'}$$

1′与1之间的损失 $E_{L1'-1}$ 及2与2′之间的损失 $E_{L2'-2}$ 在作水轮机运行时减去。在作水泵运行时加上，如图中所描述[8]。

水的可压缩性可忽略不计这是由于1′与2′之间的压力差值甚小。

因此 $\rho_{1'}=\rho_{2'}=\bar{\rho}=\rho$

简化公式为（见图17）：

$$E=g(z_{1''}-z_{2''})(1-\rho_a/\rho)+(v_{1'}^2-v_{2'}^2)/2\pm E_{L1'-1}\pm E_{L2-2'}$$

图20 低水头机械通过水位来确定机械的水力比能

8.4 净正吸入比能 $NPSE$ 的确定

8.4.1 定义

净正吸入比能是针对机械的低压侧而言，其定义及用于确定该值的通用公式见GB/T 15613.1—2008中3.3.6.5，其测定工作如同机械的水力比能 E 一样可能会受到实际环境的影响。8.2也应在确定净正吸入比能时考虑。

8.4.2 简化公式

只要压力值能在低压基准断面处测出，便可直接应用通用公式，且对水泵和水轮机两种工况都是成立的。图21描述了确定 $NPSE$ 的三种情况。

---

8) 建立计算比能损失 $E_{L1'-1}$ 及 $E_{L2-2'}$ 的方法是困难的，特别是在非对称流动和涡流情况下（比动能系数 α 为高值），这就使得难于在本部分中给出一般可适用的指南。特别是当机组的取水口和出口并不完全模拟，此时这些损失的评定方法是试验前商定的。

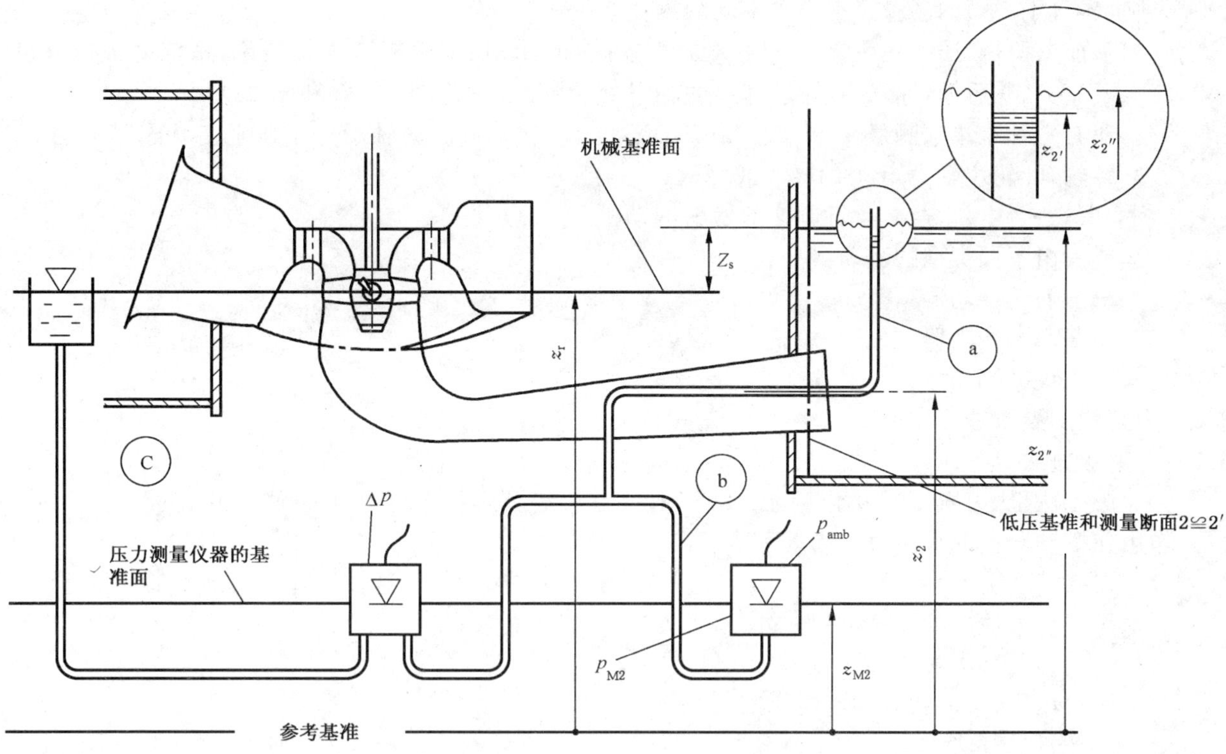

$Z_s = z_r - z_{2'}$ 9)

$$NPSE = g \cdot NPSH = (p_{abs2} - p_{va})/\rho_2 + v_2^2/2 - g(z_r - z_2)$$

情况 a)测点 2 处为液柱(水柱)压力计：

$$p_{abs2} = \rho_2 \cdot g(z_{2'} - z_2) + p_{amb}$$

简化公式为：

$$NPSE = (p_{amb} - p_{va})/\rho_2 + v_2^2/2 - g(z_r - z_{2'})$$
$$= (p_{amb} - p_{va})/\rho_2 + v_2^2/2 - gZ_s$$

情况 b)测点 2 处为 z_{M2} 面处的表计压力：

$$p_{abs2} = p_{M2} + g \cdot \rho_2 \cdot (z_{M2} - z_2) + p_{amb}$$

简化公式为：

$$NPSE = (p_{M2} + p_{amb} - p_{va})/\rho_2 + v_2^2/2 - g(z_r - z_{M2})$$

情况 c)位于机械基准面处压力杯相连的差压压力计：

简化公式为： $$NPSE = (\Delta p + p_{amb} - p_{va})/\rho_2 + v_2^2/2$$

图 21 净正吸入比能 ***NPSE*** 和净正吸入高程 ***NPSH*** 的确定

9 主轴力矩的测量

9.1 概要

转轮/叶轮机械功率 P_m 的计算是由作用在转轮/叶轮上的力矩 T_m 确定的：

$$P_m = 2 \cdot \pi \cdot n \cdot T_m$$

其中，$T_m = T \pm T_{Lm}$ {水轮机转向取＋；水泵转向取－}

T_{Lm}是由于密封和轴承布置而产生的摩擦力矩。

9) 当 $z_{2'}$ 低于机械基准面 z_r 时，Z_s 为正值，反之为负值。

原则上，对于力矩的测量可有两种不同的测量系统。

a) 一种类型是“摆动套系统”，这时 T_{Lm} 就成了所谓的“内部力矩”，也就是说，系统力矩本身包含了 T_{Lm}（在后面，称之为“转动部分的轴承处于平衡状态”，见图 22 和图 23）。

b) 还有一种是单独测量 T 和 T_{Lm}（在后面称之为“转动部分的轴承处于非平衡状态”，见图 25）。

转轮/叶轮主轴力矩 T 的吸收或释放可由：

——一台电机，通常是可调速的发电电动机；

或者由不同类型的制动器吸收，

——涡流测功器；

——水力测功器；

——机械测功器。

9.2 力矩的测量方法

9.2.1 原级方法

在原级方法里，力矩 T 是由作用在测功臂上的力 F 与其半径 r 的乘积来确定的，表示为：$T=F\cdot r$

作用在摆动套上的平衡力的测量可通过：

a) 在杠杆系统上使用称重砝码（标定过的砝码重量与测功臂），这在原理上是基本的原级方法；

b) 用下列方法中的一种，用基本的原级方法 a）在原位标定：

——力传感器法；

——压力计法（通过一旋转活塞）；

——机械秤法。

在确定总力矩时，为了提高其精度，建议使用标定砝码来平衡掉作用在测功臂上的部分力。

9.2.2 次级方法

若扭矩仪的精度为各方所接受，且用原级方法标定则也可以使用。扭矩仪为轴系中的一段长度，当主轴在旋转时，其扭矩可以通过光、电或其他方式转变为电量输出。这种类型的扭矩仪的设计和安装，应该以其测量不受转速、温度、轴向推力和径向推力影响为宜。

9.3 吸收功率/输出功率的方法

9.3.1 可调速的发电电动机

这个方法包括一台发电电动机，用来吸收电能和发电，为了能够测量机械力矩，要合理固定。这种装置对水轮机模型和水泵模型二者都适用。

9.3.2 涡流测功器

电磁制动的运行受吸收功率的限制。

9.3.3 水力测功器

这种制动器通过水力吸收功率，由于吸收的功率与 n^3 成比例，故不适合在低转速下使用。

9.3.4 机械测功器

这种制动器通过摩擦吸收功率，它的优点是在低转速时甚至接近于零的低转速时对施加高扭矩。所施加的力矩应是稳定的且其机械系统应不受振动影响。

9.4 布置原理图

9.4.1 概要

图 22～图 30 表示了力矩测量的原级和次级方法在工程应用中的布置，所示的所有布置都可用于卧式或立式试验台。

图 22 和图 23 示出了处于平衡状态布置的原理。作用在转轮/叶轮上的力矩，要在摆动套的测功臂上测量。

如图 24，如果一个摆动套是由两个独立的套组成的，那么就应该测量作用在每个套上的力并代数相加。

图 25 是一种不完全平衡状态的布置，因此由轴承和密封产生的损失就要单独测量。

图 26 是一种在尾水管肘管处加模型轴的布置。通常，这种布置是不完全平衡的，所以必须计算损失。

如图 27,对于多级水泵和水泵水轮机的试验来说,有必要进行特殊布置。在实验过程中,要特别注意机械损失 P_{Lm},应在试验的整个转速与压力范围内准确确定和计算。

图 28 示出了一种使用扭矩仪的布置。图 29 和图 30 示出了带有附加导轴承时的布置。附加导轴承可处于平衡或非平衡状态。

图 22～图 30 的术语

1—转动部分;

2—摆动套;

3—固定部分;

4—转动部分轴承处于平衡状态;

5—处于平衡状态下的机械密封;

6—摆动套的低摩擦轴承;

7—迷宫密封,膜片密封;

8—转动部分轴承处于非平衡状态;

9—转动部分的机械密封处于非平衡状态;

10—扭矩仪;

11—轴向推力轴承;

——力矩测量基准断面。

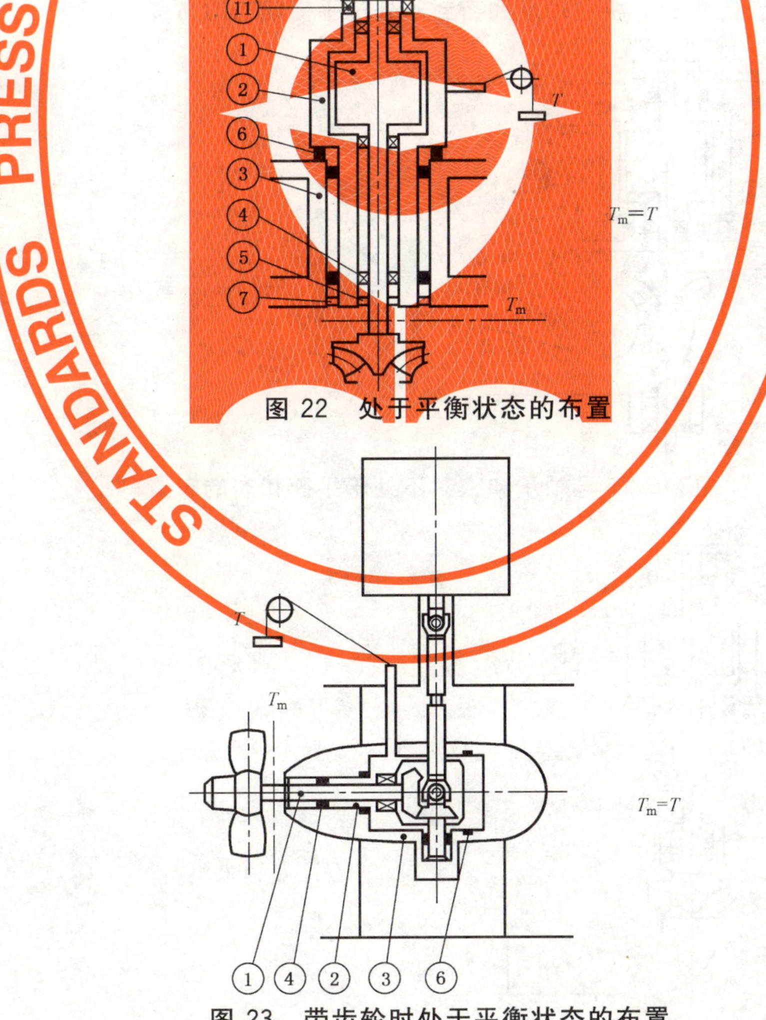

图 22 处于平衡状态的布置

图 23 带齿轮时处于平衡状态的布置

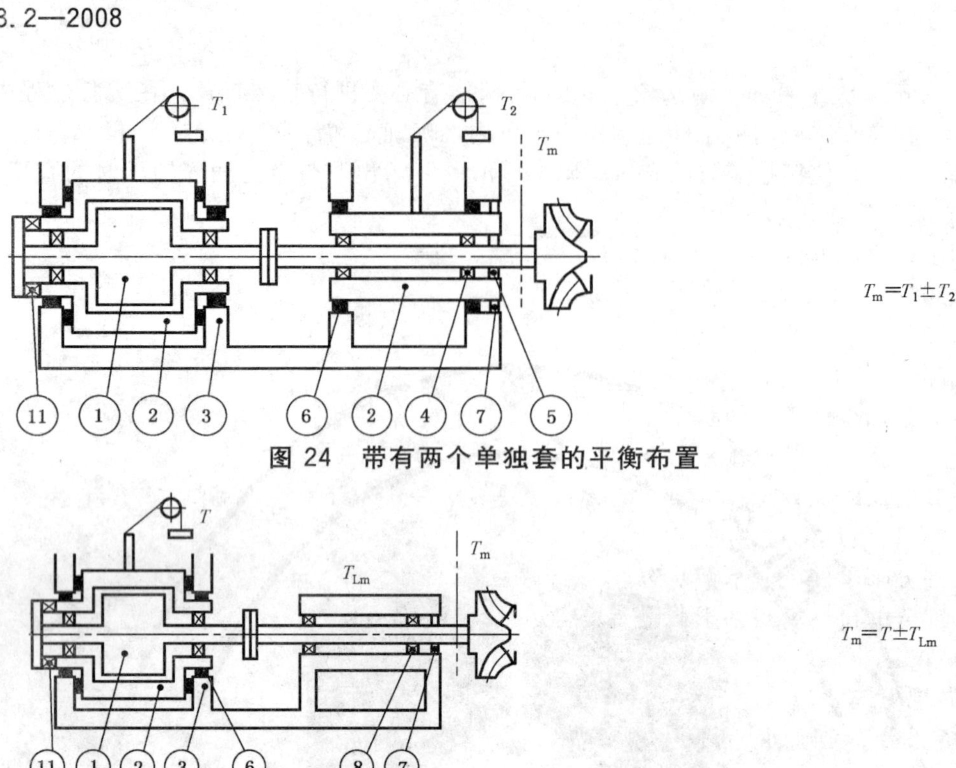

$$T_m = T_1 \pm T_2$$

图 24　带有两个单独套的平衡布置

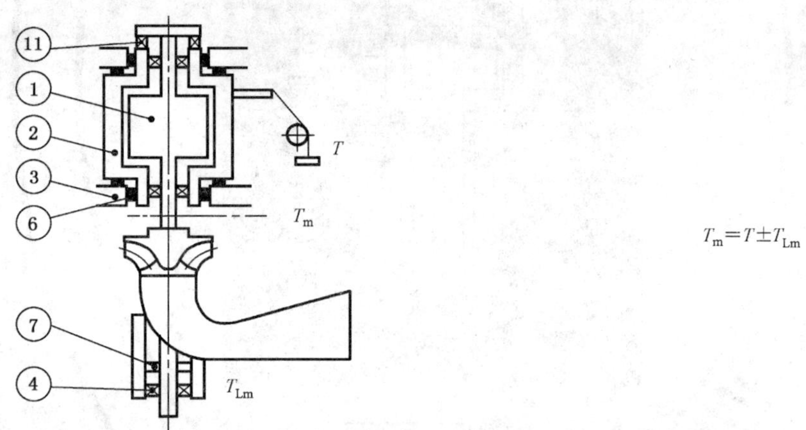

$$T_m = T \pm T_{Lm}$$

图 25　机械轴承和密封不处于平衡状态的布置

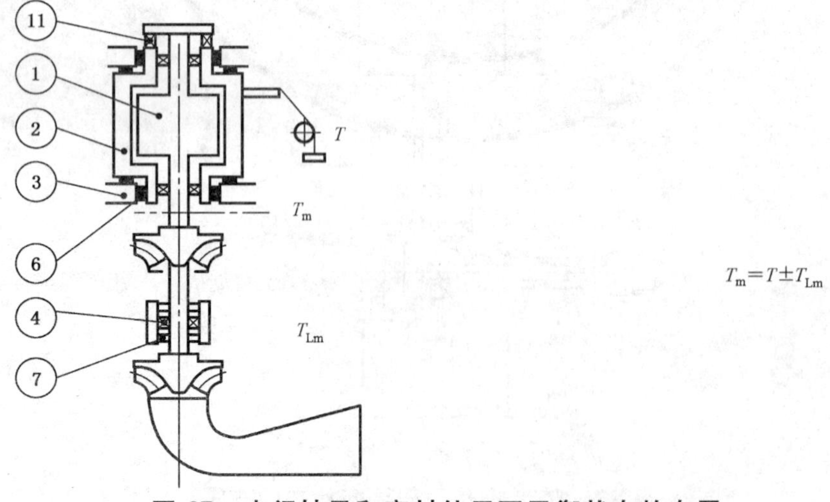

$$T_m = T \pm T_{Lm}$$

图 26　下导轴承和密封不处于平衡状态的布置

$$T_m = T \pm T_{Lm}$$

图 27　中间轴承和密封处于不平衡状态的布置

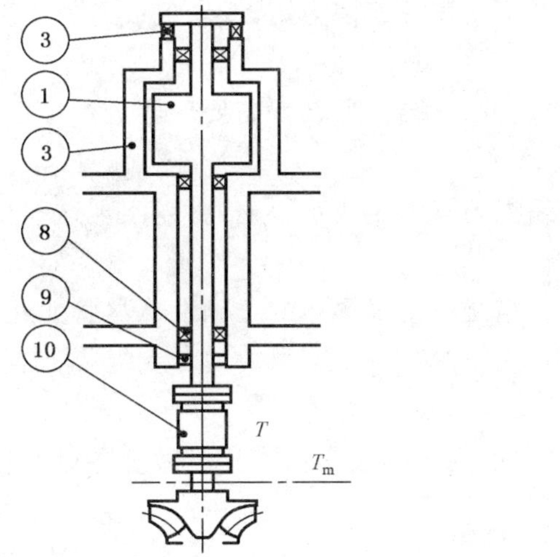

$T_m = T$

图 28　采用扭矩仪的布置

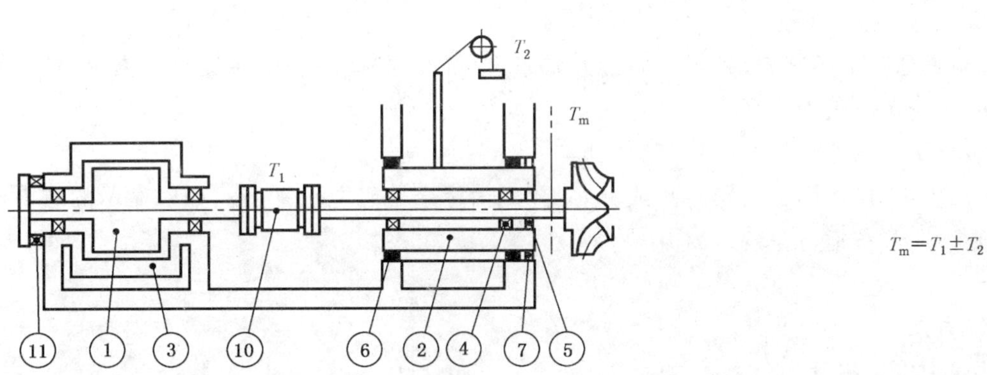

$T_m = T_1 \pm T_2$

图 29　扭矩仪在附加导轴承处于平衡状态时的布置

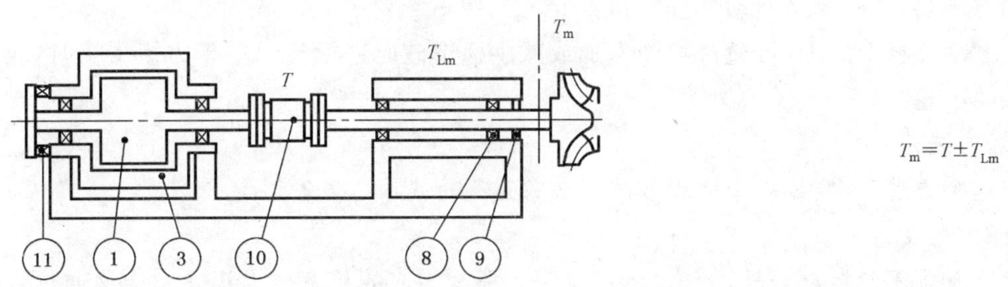

$T_m = T \pm T_{Lm}$

图 30　扭矩仪在附加导轴承处于不平衡状态时的布置

9.4.2　摆动套的悬挂

为在所测量的范围内，满足测量不确定度的要求，在摆动套悬挂时，必须使用特制的低摩擦轴承，即使用油或水润滑的静压轴承。摆动套必须处于很好平衡状态，否则的话就要限制其转动范围。

9.4.3　风损修正

不论发电电动机的转速多少，都不应有因风损或鼓风机而引起的反力矩；但如果存在的话，就要将其计算进来。

9.4.4　冷却液的连接

力矩测量装置的设计应该做到：冷却液的进入与流出不会因切向速度分量而产生错误。软管（如果使用）尤其是在压力作用下不应该产生可察觉的切向阻力。缓冲筒（如果使用）应该在运动的任一方向产生相等的阻力。此外，主轴阻水盘根应不产生明显的摩擦力矩，或者应设有力矩测量装置。

9.4.5 密封

如果摆动部分与固定部分用摩擦或隔膜的方式密封，那么就需要对其进行标定。

9.4.6 电力引线

电力引线不应产生可察觉的切向阻力，编织的软铜线或水银壶，可以实现这一目的。

9.5 系统检查

下面所提到的检查，建议用来验证整个力矩测量装置操作的正确性。尽管如此，测量装置还应进行标定。

9.5.1 灵敏度检查

一个试验装置的灵敏度表示从系统所测得的力矩的最小差值。灵敏度在很大程度上取决于装置的布置和容量。较低的灵敏度表明其功能有误。

随所采用装置的布置和容量变化，灵敏度应该在 0.05 N·m～0.5 N·m 的范围内，此处，较低的灵敏度值适用于 $T_{m,max}$<500 N·m。

9.5.2 速度试验

该项试验是通过拆掉转轮/叶轮或者拆开轴来进行的。如果在整个转速范围内，机械力矩 T_m 保持为零，则说明系统运行正确。

9.5.3 配重平衡

在该项检查中，所作用的力矩/力，或其一部分，由标定砝码配重平衡。如果显示的减小量与平衡砝码相一致，则说明系统运行正确。

9.6 标定

9.6.1 原级方法

标定过程中应该测量：

——制动杠杆长度；

——制动杠杆上的作用力；

——如有需要，还应测量制动杠杆的粗重。

作用在制动杠杆上的力，可通过顺序增加或减少标定砝码来标定。用于力矩平衡时，应该使用金属带和无摩擦的滑轮。

9.6.2 次级方法

在使用这个方法时，要相对于原级方法对装置进行标定。

9.6.3 摩擦力矩 T_{LM}

如果摆动套中不包括部分轴承/密封装置部分，那么相应的总摩擦力矩 T_{Lm} 应该通过合适的实验来确定，并要考虑与转速及主轴密封压力之间的关系。

9.7 力矩测量的不确定度

预期的相对系统不确定度，(95%置信度下)如下所述。

9.7.1 力矩测量的不确定度(原级方法)

9.7.1.1 力臂长度 r

力臂长度的测量不确定度应在下述范围之内：

$$f_{r,s} = \pm 0.05\% \sim 0.1\%$$

9.7.1.2 力 F

作用在力臂上的力的测量不确定度应在下述范围之内：

$$f_{F,s} = \pm 0.05\% \sim 0.1\%$$

9.7.2 主轴力矩测量的不确定度(次级方法)

主轴力矩测量的系统不确定度在很大程度上取决于所采用的装置。预期的不确定度应在下述范围之内：

$$f_{T,s}=\pm 0.15\%\sim 0.25\%$$

9.7.3 摩擦力矩 T_{LM} 测量的不确定度

轴承/密封结构不包括在摆动套中，预期的摩擦力矩应在下述范围之内：

$$f_{T_{Lm,s}}=\pm 0.02\%\sim 0.05\%, T_{m,max}$$

9.7.4 转轮/叶轮力矩测量中的系统不确定度

采用了上述的不确定度(见 9.7.1～9.7.3)，转轮/叶轮力矩的系统相对不确定度能按以下计算：

a) 在摆动套中按原级方法测得的 T_{LM}(见图 22 及图 23)：

$$f_{T_{m,s}}=\sqrt{(f_{r,s}^2+f_{F,s}^2)}$$

b) 按次级方法(见图 28)

$$f_{T_{m,s}}=f_{T,s}，按 9.7.2 确定$$

c) 按原级方法但 T_{LM} 不随摆动套一起测得(见图 25，图 26，图 27)

系统绝对不确定度：

$$e_{T_m}=\sqrt{T^2\cdot f_{T,s}^2+T_{Lm}^2\cdot f_{T_{Lm,s}}^2}=\sqrt{T^2(f_{r,s}^2+f_{F,s}^2)+T_{Lm}^2\cdot f_{T_{Lm,s}}^2}$$

于是，系统相对不确定度：

$$f_{T_m}=\frac{e_{T_m}}{T_m}$$

d) 按次级方法但 T_{Lm} 不随摆动套一起测得(见图 30)

系统绝对不确定度：

$$e_{T_m}=\sqrt{T^2\cdot f_{T,s}^2+T_{Lm}^2\cdot f_{Lm,s}^2}$$

于是系统相对不确定度：

$$f_{T_m}=\frac{e_{T_m}}{T_m}$$

10 转速测量

10.1 概要

转轮/叶轮机械功率的确定需了解转轮/叶轮轴处的转速。

10.2 转速测量的方法

水轮机/水泵模型的转速可用下列方法之一进行测量：

——采用电子计数器及时基记录模型轴处发出的脉冲值，脉冲发生器可以是电子的或光学的；

——由模型轴直接驱动的发电机与电气频率计连接；

——由模型轴直接驱动的永磁机组成的高精度电气转速计。

10.3 检查

通常转速测量装置并不真正标定，但需检查

——用另一种转速测量装置进行比较；

——或单独检查脉冲记数值及时基的精度。

在误动作的情况下，可能出现的误差有：

——丢失脉冲；

——时基有变化。

10.4 测量的不确定度

采用上述的仪器下，其预期的系统不确定度将在下列范围之内：

$$f_{n,s}=\pm 0.01\% \sim 0.05\%$$

11 试验结果的计算

11.1 概要

模型试验中可验证的主要性能保证(见 GB/T 15613.1—2008 中 4.2)：功率、流量和/或水力比能、效率、稳态飞逸转速及流量。

模型试验结果应直接转换成可与合同中的规定值或保证值相比的量值。这些量值的计算步骤描述如下，并归结于图 38 中的流程表，该计算步骤应在试验开始前由双方商定。

11.2 中涉及了保证范围内转轮/叶轮机械功率、流量和/或水力比能和水力效率，并包括了空蚀的影响(见 11.2.3.7 及 11.2.4.2)。

11.3 中涉及了稳态飞逸转速和流量的计算，并包括了空蚀的影响(见 11.3.2)。

11.2.5 及 11.3.4 给出了所采用的公式。

GB/T 15613.1—2008 附录 E 给出了试验和计算步骤的综述。

对于机械的水力性能试验，表 1 中示出了：

——各几何参数；

——各独立的水力变量；

——各引伸而得的水力变量。

混流式水轮机、转桨式水轮机、离心泵、双调节的(轴流)泵及水斗式水轮机的性能曲线的示例分别见图 31～图 36。在单调节水轮机情况下，采用流量因数和转速因数(国内习惯采用单位流量与单位转速)表示的特性曲线见图 31 或用流量系数和能量系数(国内习惯采用单位流量与单位转速)表示的特性曲线的见图 32。单调节离心泵情况下的四象限特性曲线见图 37。

两台几何相似的反击式水轮机在其保证效率范围内的水力相似工况(见 GB/T 15613.1—2008 中 5.3.1.2)由于试验的雷诺数不同，其测得的水力效率通常是不同的，试验时的雷诺数能影响水力效率(相应地也影响转轮/叶轮的机械功率)，其说明见 GB/T 15613.1—2008 附件 F。

因此，甚至在与模型给出的保证值进行比较时，在给定模型条件的试验中计算所得的所有水力效率值应采用通常在合同中规定的比尺效应公式(见 GB/T 15613.1—2008 中 4.1.4 及 11.2.2)换算至雷诺数为常数的情况。其相应的符号变成为 η_{hM^*} 和 P_{ED^*} 或 P_{nD^*}。

模型试验可在合同规定的雷诺数下进行，此时就不采用比尺效应公式。

原型通常具有一个明确规定的雷诺数 Re_P。在反击式水轮机上测得的水力效率应在考虑雷诺数的比尺效应后转换至原型水力效率。

对于 n,Q,E 及其相应的无量纲值，被设定为不受雷诺数的比尺效应，除非另有规定(见 11.2.5.1)。因此，$n_{EDM}=n_{EDP}$，$Q_{EDM}=Q_{EDP}$(或 $E_{nDM}=E_{nDP}$ 及 $Q_{nDM}=Q_{nDP}$)。

对于多级机械，若模型试验是在减少级数情况下进行(见 GB/T 15613.1—2008 中 5.1.3.4.2)，在考虑减少级数效应的情况下的模型数据的计算方法(考虑止漏环漏水及功率损失)及这些数据向原型条件的换算应商定。

对于冲击式水轮机(水斗式)，不考虑效率的比尺效应，除非在合同中另有规定[见 GB/T 15613.1—2008 中 4.1.4a)及 11.2.2b)]。

表 1 确定机械工况点的各种变量

	机械		
	单调节	双调节	无调节
几何参数	α 或 β 或 s	α 和 β	—
独立的水力变量	E_{nD}，Q_{nD}，σ_{nD} 或 n_{ED}，Q_{ED}，σ	E_{nD}，Q_{nD}，σ_{nD} 或 n_{ED}，Q_{ED}，σ	E_{nD}，或 Q_{nD}，σ_{nD} 或 n_{ED}，或 Q_{ED}，σ
引申而得的水和变量	η_h P_{nD} 或 P_{ED}	η_h P_{nD} 或 P_{ED}	η_h Q_{nD} 或 E_{nD} 或 P_{nD} 或 Q_{ED} 或 n_{ED} 或 P_{ED}
对于飞逸试验时，$\eta_h=0$ 和 $P_{nD}=P_{ED}=0$： ——对于单调节水轮机，只有其中的一个量为独立的变量 E_{nD}，Q_{nD}（或 n_{ED}，Q_{ED}）； ——对于无调节的水轮机，只有一个飞逸工况点（忽略空化对其影响）。			

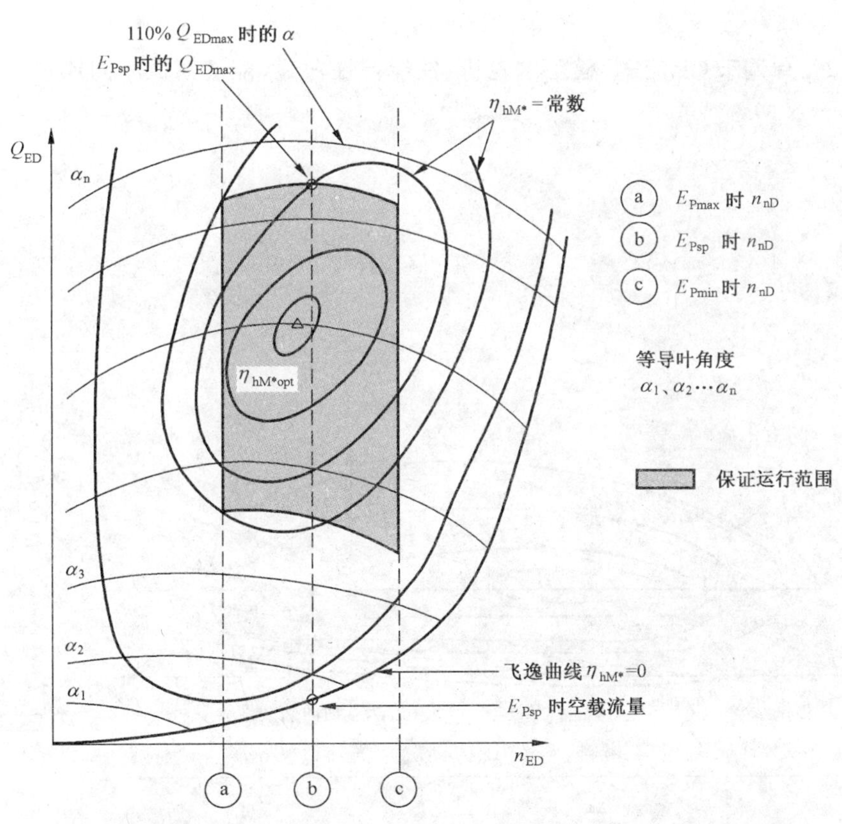

图 31 单调节（混流式）模型水轮机：性能特性曲线（流量因数相对速度因数）

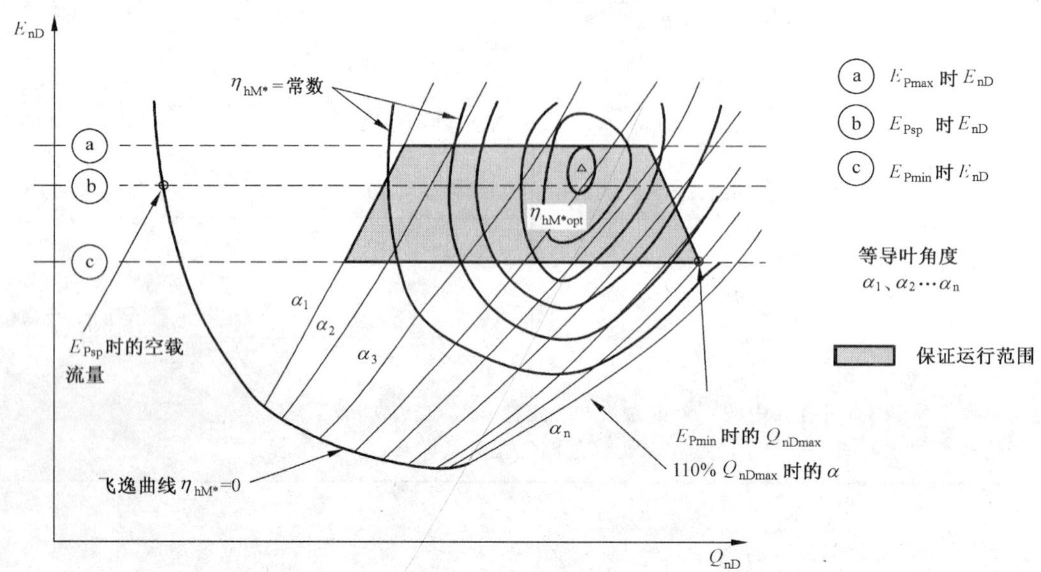

图 32 单调节(混流式)模型水轮机:性能特性曲线(能量系数相对流量系数)

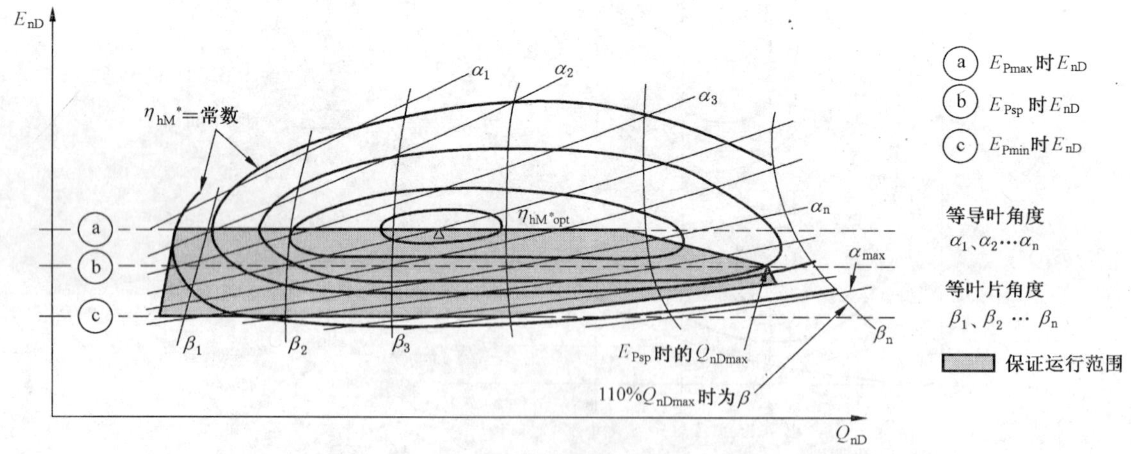

图 33 双调节(转桨式模型水轮机):性能特性曲线

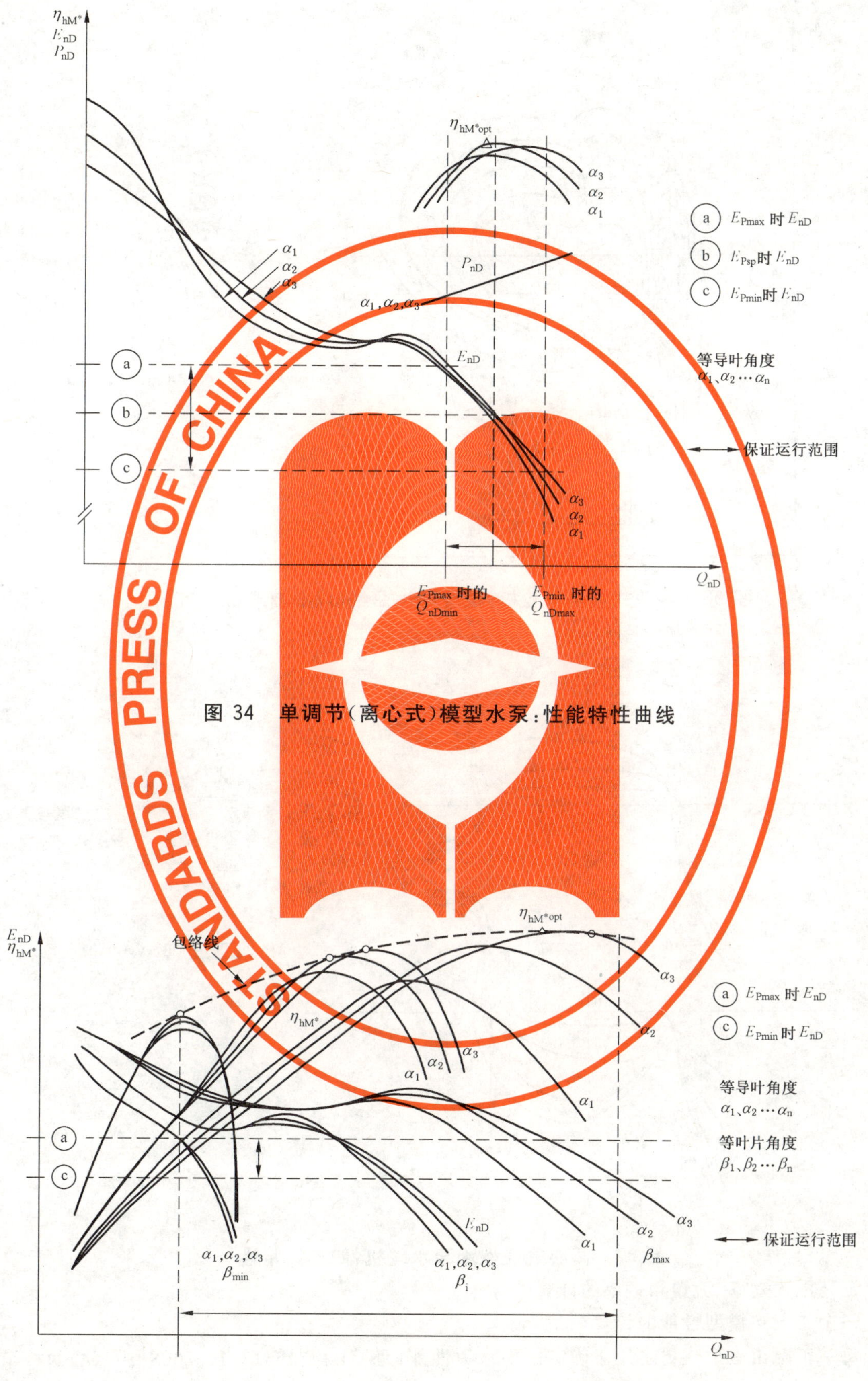

图 34　单调节(离心式)模型水泵:性能特性曲线

图 35　双调节模型水泵:性能特性

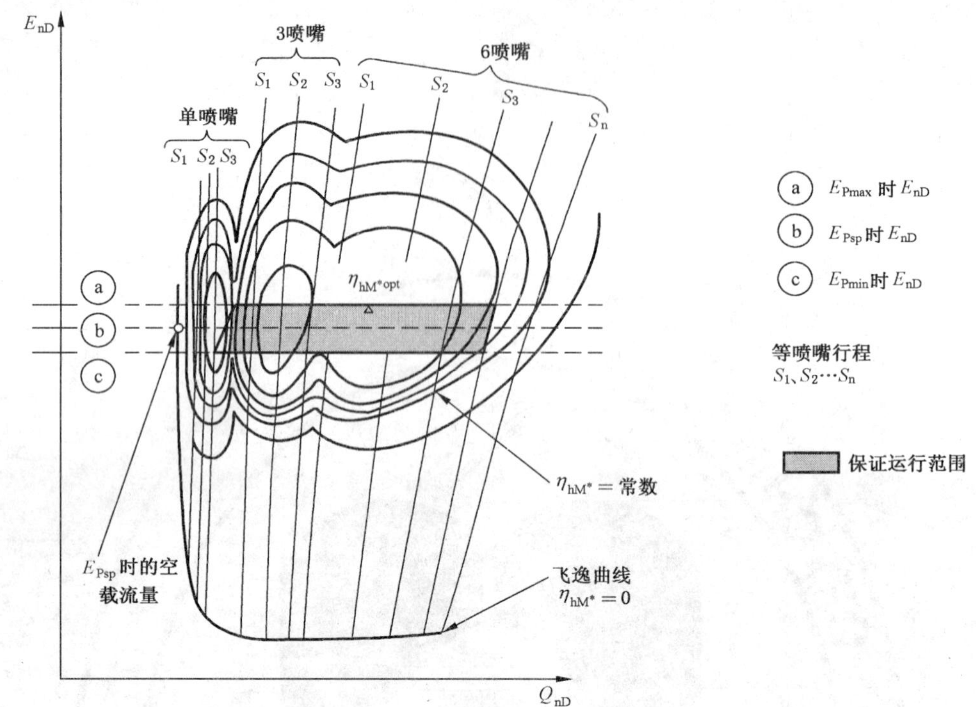

图 36　水斗式模型水轮机:性能特性曲线(以 6 喷嘴机械为例)

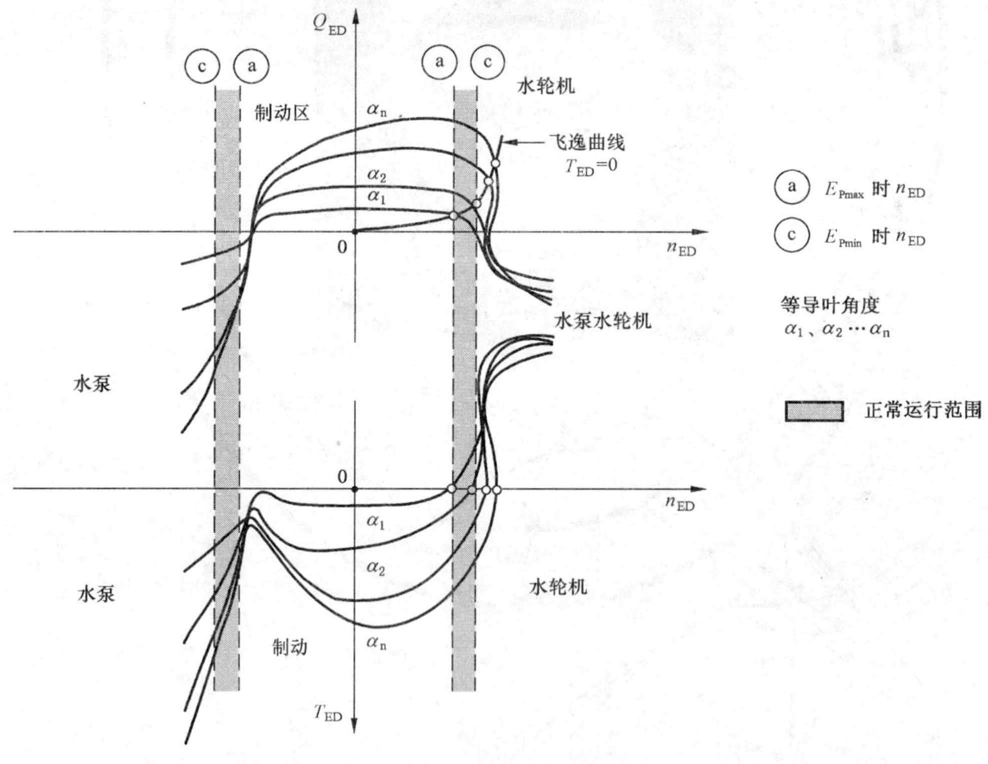

图 37　离心式模型水泵水轮机:四象限特性

11.2　保证范围内功率、流量和效率的计算

11.2.1　一个工况点模型性能的计算

对于每一工况由一个或更多用于确定模型水力性能(见 GB/T 15613.1—2008 中 5.4)的一组物理量的读数和/或记录组成。

然后计算 E_M、Q_{1M}、n_M、P_{mM}和 $NPSE_M$(见第 4 章),示于 GB/T 15613.1—2008 中 5.4.1.4 的公式

可计算出模型的水力效率 η_{hM}。雷诺数 Re_M 按 3.3.11.1 公式进行计算。

11.2.2 Re_M 为常数时模型性能的计算

a) 反击式水轮机

通常模型试验是在雷诺数为常数 Re_{M^*} 条件下进行。若保证值是在模型规定的雷诺数 Re_{Msp} 条件下进行，则选择 $Re_{M^*}=Re_{Msp}$ 为好。若模型试验不能在雷诺数为常数下进行，则各工况点具有不同的雷诺数 Re_M，其水力效率应换算至 Re_{M^*}（见图 38 及图 39）。

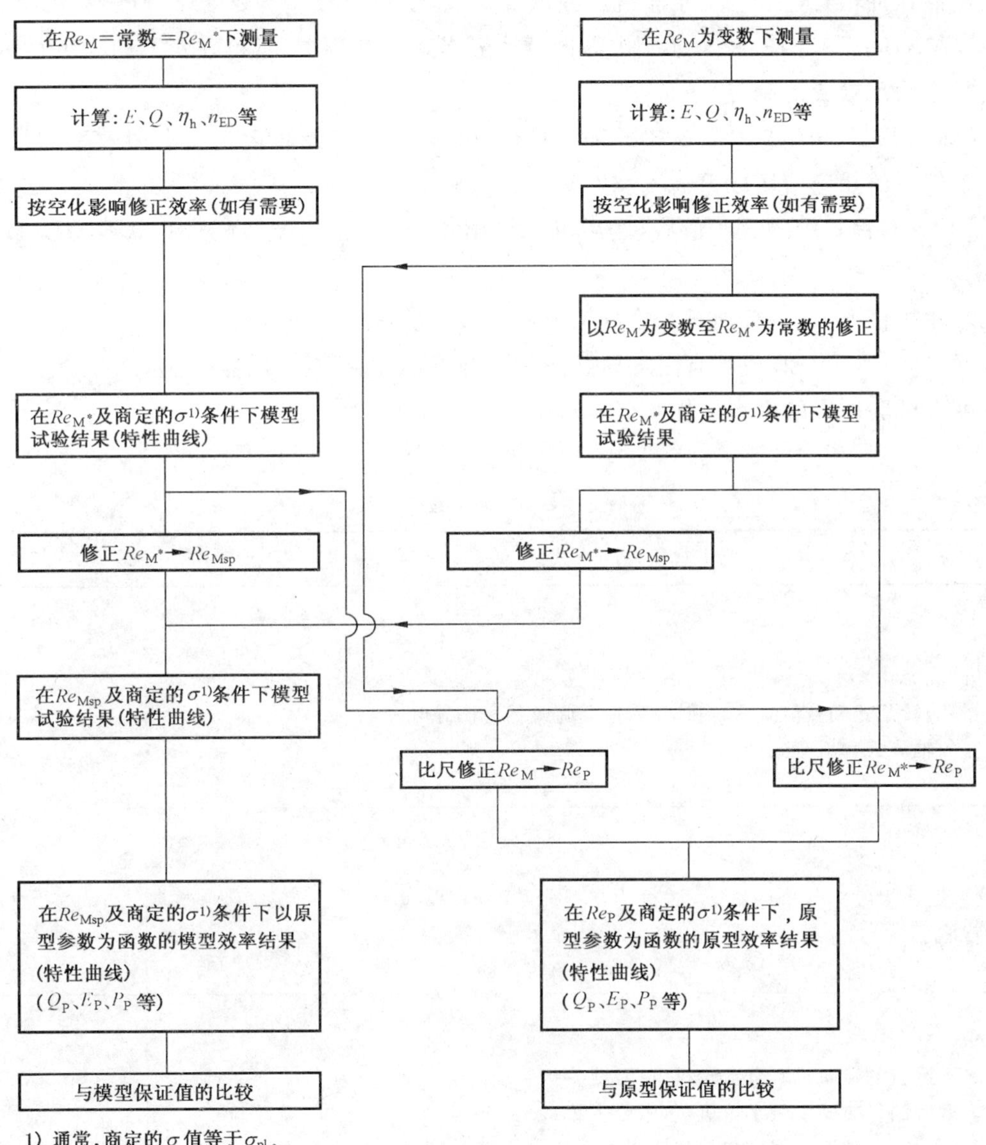

图 38 反击式水轮机：试验结果与保证值比较方面的计算步骤

此时采用以下公式[10]：

$$(\Delta\eta_h)_{M\to M^*}=\delta_{ref}\left[\left(\frac{Re_{ref}}{Re_M}\right)^{0.16}-\left(\frac{Re_{ref}}{Re_{M^*}}\right)^{0.16}\right]$$

10) 此公式为 GB/T 15613.1—2008 附录 F 中比尺效应公式通用形式中的特殊形式。

此处：

$$\delta_{\mathrm{ref}}=\frac{1-\eta_{\mathrm{hoptM}}}{\left(\frac{Re_{\mathrm{ref}}}{Re_{\mathrm{optM}}}\right)^{0.16}+\frac{1-V_{\mathrm{ref}}}{V_{\mathrm{ref}}}} \quad 和 \quad Re_{\mathrm{ref}}=7\times10^{6}$$

——Re_{optM}乃是模型各运行模态下测得最优水力效率 η_{hopt} 处的雷诺数(见 11.2.2.1)；

——从 11.2.2.2 中取得的 v_{ref} 值。

b) 冲击式水轮机

不同制造商在冲击式(水斗式)水轮机方面的经验表明，比尺效应主要受弗劳德数、雷诺数和韦伯数的影响。建议按 GB/T 15613.1—2008 附录 K 的步骤考虑这些因素，且可在双方商定下采用。

11.2.2.1 效率比尺效应的确定

按 GB/T 15613.1—2008 中 5.3.3.3.5 完成的一系列试验便能确定模型水力效率的最优值 η_{hoptM} 和在无空化条件下的相应雷诺数 Re_{optM}。

采用 11.2.2 方程式中的这些值后，然后可计算出 δ_{ref} 及 $(\Delta\eta_{\mathrm{h}})_{\mathrm{M\to M^*}}$ (见图 39 及 GB/T 15613.1—2008 附录 F)。

在水泵水轮机情况下，应分别对水轮机工况和水泵工况按此步骤进行。

对具有固定转轮叶片和/或具有固定导叶角度的轴流式和斜流式机器(见表 2)，η_{hoptM} 乃是与原型具有相同开度下试验所得的模型最优效率。

表 2 v_{ref} 值

反击式机械的型式[1)]	v_{ref}
水轮机	
径向式水轮机(混流式)	0.7
轴流转桨式、斜流转桨式和贯流式水轮机[2)](具有可调或不可调导叶)	0.8
具有固定叶片的轴流式和斜流式(定桨式水轮机)	0.7
蓄能泵	
径向蓄能泵(单级或多级)	0.6
轴向或斜流蓄能泵	0.6
水泵水轮机	
在水轮机工况下运行的径向式水泵水轮机(单级或多级)	0.7
在水泵工况下运行的径向式水泵水轮机(单级或多级)	0.6
在水轮机工况下运行的轴流转桨式和斜流转桨式水泵水轮机	0.8
在水泵工况下运行的轴流转桨式和斜流转桨式水泵水轮机	0.6
在水轮机工况下运行的具定固定转轮叶片的轴流或斜流式水泵水轮机	0.7
在水泵工况下运行的具定固定转轮叶片的轴流或斜流式水泵水轮机	0.6

1) 对于特殊设计的水力机械(如双向流动的机械，具有短叶片的混流式水轮机，全贯流水轮机等)在 11.2.2 方程式的效率换算公式中采用另外的 V_{ref} 值和另外的 $Re_{\mathrm{ref}}/Re_{\mathrm{M^*}}$ 比值指数值是基于对单项损失的考虑和经验，可商定采用。

2) 贯流式水轮机包括灯泡式水轮机、竖井式水轮机、全贯流式水轮机、S 型水轮机。

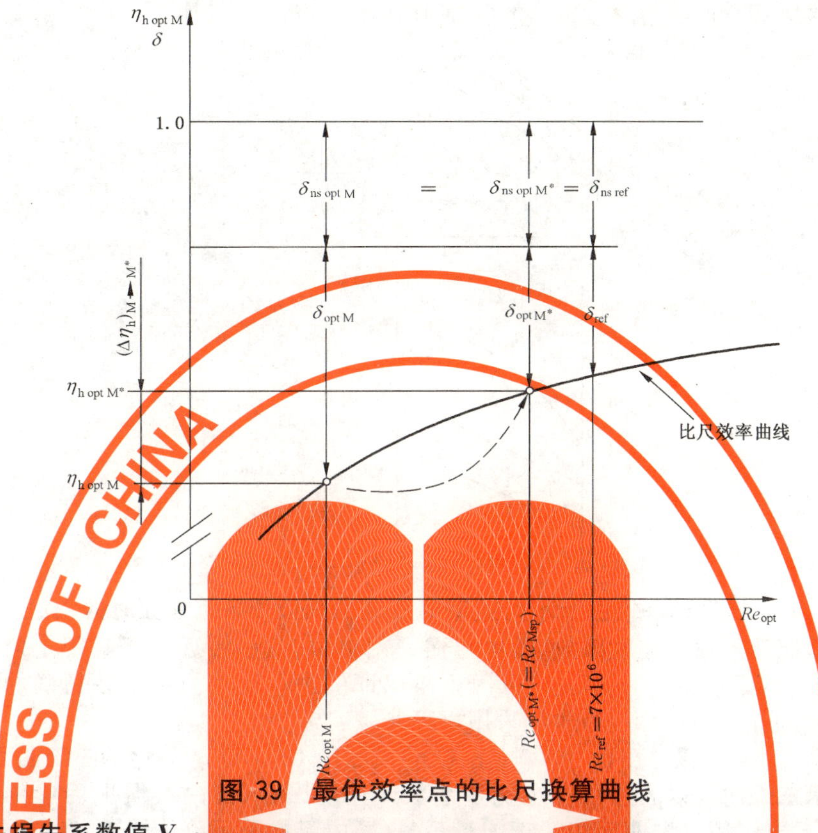

图 39　最优效率点的比尺换算曲线

11.2.2.2　**损失损失系数值 V_{ref}**

表 2 中列出的 V_{ref} 值是针对 $Re_{ref}=7\times10^6$ 情况的。这些值代表了不同型式的反击式机械在参照雷诺数 $Re_{ref}=7\times10^6$ 条件下最优水力效率工况点可换算的相对损失相对总相对损失$(1-\eta_{hopt})$的比值(见 GB/T 15613.1—2008 附录 F)。

11.2.2.3　**反击式机械在雷诺数 Re_{M^*} 为常数条件下转轮/叶轮机械功率因数(国内习惯采用单位出力)P_{ED^*}(或 P_{nD^*} 系数)的计算**

当 $Re_M\neq Re_{M^*}$，则必须将 P_{ED} 修正至 P_{ED^*} 或 P_{nD} 修正至 P_{nD^*}，如下述：

水轮机

$$P_{ED^*}=P_{ED}\frac{\eta_{hM^*}}{\eta_{hM}}$$

$$P_{nD^*}=P_{nD}\frac{\eta_{hM^*}}{\eta_{hM}}$$

水泵

$$P_{ED^*}=P_{ED}\frac{\eta_{hM}}{\eta_{hM^*}}$$

$$P_{nD^*}=P_{nD^*}\frac{\eta_{hM}}{\eta_{hM^*}}$$

11.2.3　**模型性能的表述**

对以下三种水力机械型式分别说明：

——单调节机械；

——双调节机械；

——无调节的机械。

每种型式的机械又分为水轮机(或水轮机工况运行的水泵水轮机)及水泵(或水泵工况运行的水泵水轮机)。

由于在一规定 Re_{Msp} 值下的模型效率保证值通常在水轮机情况下表达为原型 E_P 和 Q_{1P} 值(或 P_{mP})的函数或在水泵情况下为 Q_P 值(或 E_P)的函数，模型性能数据用相应的公式转化为原型数据(见 11.2.5)。空化对模型性能的影响和对效率换算的影响见 11.2.3.7 及 11.2.4.2。

在所有以下情况下，第一步乃是确定 η_{hoptM}、δ_{ref} 及 $\Delta\eta_h$(见 11.2.2)。

11.2.3.1　**单调节水轮机(图 40)**

以下所描述的步骤适用于任何型式的冲击式或反击式水力机械。

保证效率和流量通常是在一个规定转速和规定的水力比能范围下给出的。由此得出，必须在模型试验数据中获得足够的试验点或曲线以覆盖其保证值。

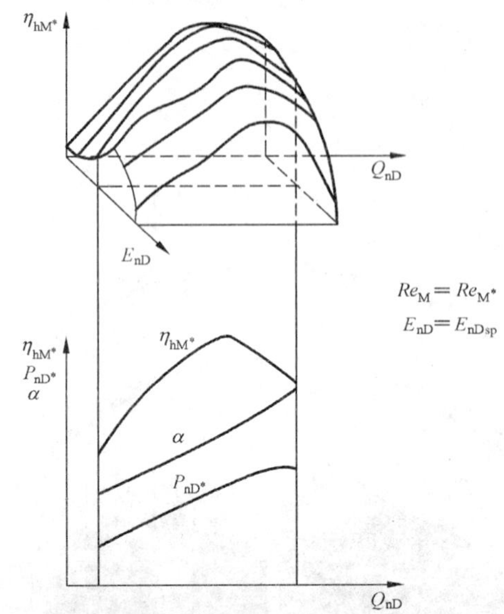

图 40 单调节水轮机 水力效率的三维曲面及 E_{nD} 为常数时的曲线

若试验是在选择能量系数或速度因数(国内习惯采用单位转速)接近等于其规定值时，则可得到一组试验点或曲线[11] $\eta_{hM^*}(Q_{nD})$或 $\eta_{hM^*}(Q_{ED})$可用于与保证值进行比较。由于在精确的速度因数(国内习惯采用单位转速)下进行试验不可能，建议采用以下步骤：

——测量的试验点数目足以给出以 $\eta_{hM^*}(E_{nD},Q_{nD})$或 $\eta_{hM^*}(n_{ED},Q_{ED})$表达的三维曲面(特性曲线)；

——分截面表示三维曲面以表达在规定能量系数或速度因数(国内习惯采用单位转速)的水力效率。图 40 示出了用三维曲面相对于能量系数(国内习惯采用单位转速)和流量系数(国内习惯采用单位流量)表示的 η_{hM^*} 及其于各规定的 $E_{nD} = E_{nDsp}$ 值处的截面。

三维曲面(特性曲线)的确定当保证值是在基于年发电量条件下作出时是必须的。

在每一 E_{nDsp}(或 n_{EDsp})值下，按上述步骤中之一得到的 η_{hM^*} 值便可计算得出转轮机械功率系数 P_{nD^*}(或 P_{ED^*} 因数)曲线，并可与模型保证值进行比较。

11.2.3.2 单调节水泵(图 41)

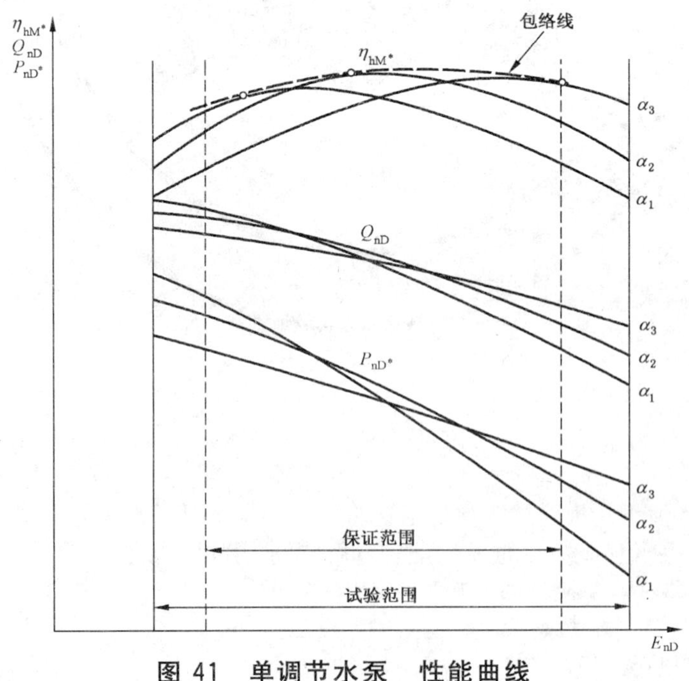

图 41 单调节水泵 性能曲线

11) 为得出最佳光滑曲线，可见 GB/T 15613.1—2008 附录 H。

保证效率和流量通常是在一个规定转速和规定的水力比能条件下给出的。由此得出，必须在模型试验数据中获得足够的试验点或曲线以覆盖其保证值。

在不同导叶开度下，绘出 $\eta_{hM^*}(Q_{nD})$ 和 $E_{nD}(Q_{nD})$ 或 $\eta_{nM^*}(E_{nD})$ 和 $Q_{nD}(E_{nD})$ 曲线[11]，且计算出相应的机械功率系数 P_{nD^*}（见图 41）。在考虑其保证流量和效率及其功率限值的条件下选择出导叶开度。

11.2.3.3 **双调节水轮机（图 42）**

保证效率通常是在一种规定转速和一个或几个规定的水力比能下给出。由此，需在模型试验数据中得到足够数量的点或曲线以覆盖其保证范围。

若试验是在选择能量系数或速度因数（国内习惯采用单位转速）接近相等于规定值下进行的，则可获得一组点或曲线[12] $\eta_{hM^*}(Q_{nD})$ 或 $\eta_{hM^*}(Q_{ED})$ 与保证值进行比较：试验通常是将双调节水轮机视作具有不同转轮叶片安放角的一组单调节水轮机。图 42 中示出了转桨式水轮机作出的能量特性。在 6 个不同叶片安放角 β_1、β_2 等，并保持 E_{nD} 为常数（等于 E_{nDsp}）测量下一些工况点：协联工况水力效率 η_{hM^*} 曲线乃是由导叶和转轮叶片最佳关系定出的包络线[13]。

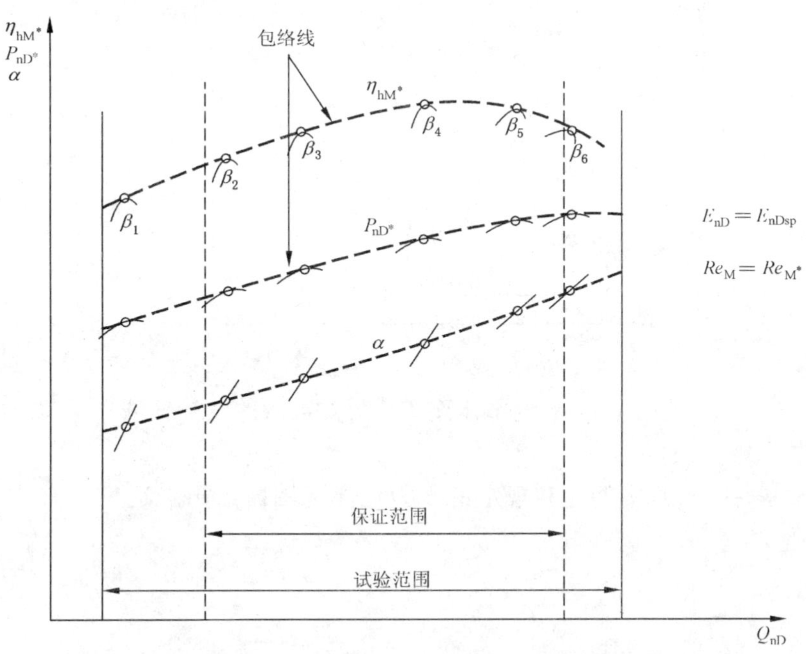

图 42 **双调节水轮机：E_{nD} 为常数时的性能曲线**

由于不可能在能量系数或速度因数（国内习惯采用单位转速）完全相同的条件下进行试验，因此推荐使用以下步骤：

——在选定的转轮叶片安放角下按测得的足够数量的工况点作出三维曲线（三维特性曲线）$\eta_{hM^*}(E_{nD},Q_{nD})$ 或 $\eta_{hM^*}(n_{ED},Q_{ED})$；

——在三维曲线上作切面，以得出规定能量系数或速度因数（国内习惯采用单位转速）下的水力效率。

以此法，可如图 42 得出协联工况时的 η_{hM^*} 值。

如果保证值是基于年发电量得出的，则作出三维特性曲线是必须的。

对各个 E_{nsp}（或 n_{EDsp}），由得出的 η_{hM^*} 值按上述步骤之一便可计算出转轮机械功率系数 P_{nD^*}（或 P_{ED^*} 因数）曲线以便与模型保证值进行比较。

11.2.3.4 **双调节水泵（图 43）**

保证效率及保证流量通常是在一种规定转速和规定的水力比能范围内给定。因此，需在模型试验中得到足够数量的点或曲线以覆盖其保证范围。

12） 为得出最佳光滑曲线，可见 GB/T 15613.1—2008 附录 H。

13） 模型和原型的最佳协联关系（α,β）只是大致相同（见第 7 章）。

其步骤与双调节水轮机是相同的(见 11.2.3.3)。图 43 中示出了在保持 E_{nD}为常数(=E_{nDsp})条件下为双调节水泵作出的性能曲线。

对各个 E_{nDsp}(或 n_{EDsp}),由得出的 η_{hM^*} 值按上述步骤之一便计算出转轮机械功率系数 P_{nD^*}(或 P_{ED^*} 因数)曲线以便与模型保证值进行比较。

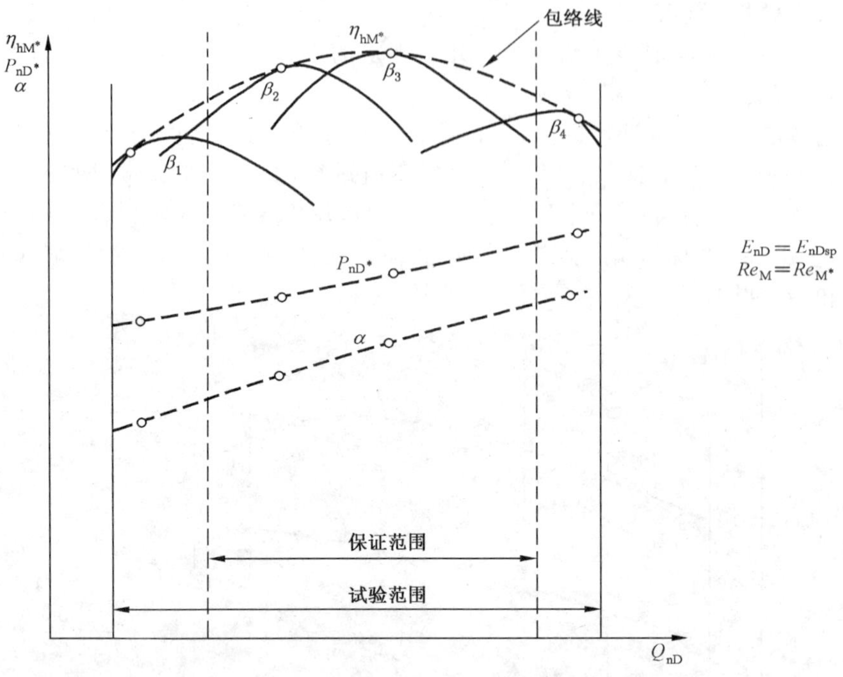

图 43 双调节水泵 E_{nD}为常数时的性能曲线

11.2.3.5 无调节水轮机(图 44)

保证效率通常是在一种规定转速和规定的水力比能范围内给出。这里只有一个独立变量 E_{nD}(或 Q_{nD})或 n_{ED}(或 Q_{ED})见表 1。

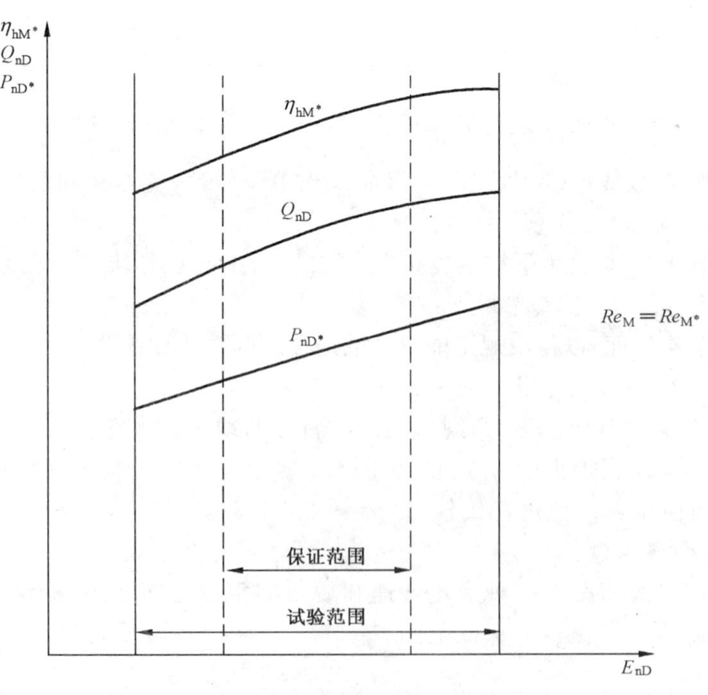

图 44 无调节水轮机 性能曲线

性能曲线[14]包括转轮机械功率系数 P_{nD^*} 或功率因数(国内习惯采用单位出力)P_{ED^*} 经由水力效率 η_{hM^*} 算出,见图 44,其值可直接与模型保证值进行比较。

11.2.3.6 无调节水泵(图 45)

保证效率和流量通常是在一种规定转速和规定的水力比能范围内给出,这里只有一个独立变量 E_{nD}(或 Q_{nD})。

性能曲线[15]包括转轮机械功率系数 P_{nD^*} 经由水力效率 η_{hM^*} 算出,见图 45,其值可直接与模型保证值进行比较。

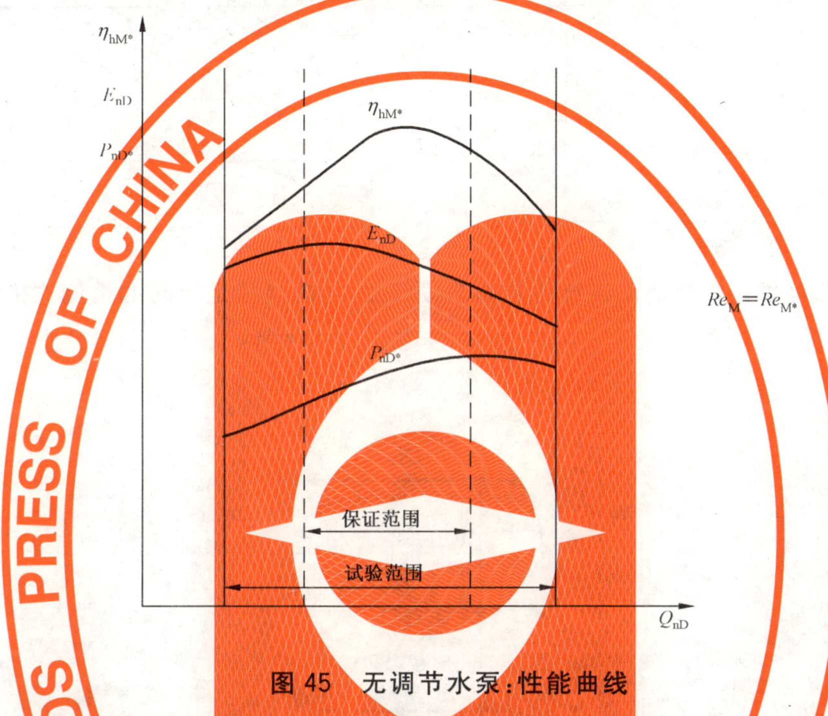

图 45 无调节水泵:性能曲线

11.2.3.7 空化对模型功率、流量和/或水力比能的影响

建议核实由空化系数(或空化系数)表征的空化现象对模型性能的影响[16]。在 GB/T 15613.1—2008 中 5.3.3.3.5 及 5.3.3.3.6 中阐述了试验步骤。

如果在这些试验中发现在保证范围内存在这种影响,图 46 中阐述了对在 $\sigma_M > \sigma_{pl}$ 条件下测得的效率曲线在许多商定的工况点下的修正步骤。空化在 σ_{pl} 条件下对效率和流量的影响将增加到 $\sigma_M > \sigma_{pl}$ 条件下测得的性能曲线之上。用于与保证值进行比较的水力性能值应是考虑了在电站条件下空化影响后的数值(如果有的话)。

图 47 中示出了 P_{ED},Q_{ED} 及 η_{hM} 曲线,这是针对混流式水轮机或水泵水轮机的水轮机工况中一个测点用改变空化系数下作出的;图 48 中的曲线是相对于模型水泵或水泵水轮机的水泵工况而言的,在后者情况下,Q_{ED} 曲线已用 E_{nD} 曲线来替代,因为这更适合于水泵性能。在水泵情况下,用 σ_{nD} 替代 σ,这是由于 E 在空化试验时是变量[17]。

14) 为得出最佳光滑曲线,可见 GB/T 15613.1—2008 附录 H。

15) 为得出最佳光滑曲线,见 GB/T 15613.1—2008 附录 H。

16) $NPSE$ 及 σ 值在模型的低压基准断面 2 处定出(见 3.3.6.5 及 GB/T 15613.1—2008 中 5.3.6.6)。由于只有电站出口渠道中的自由水位通常是已知的。当计算保证性能的工况点时,考虑经水位和断面之间的水力比能的损失是必要的。当在水泵条件下在其出口渠道中的自由水面能在很靠近断面 2 处测量时,其水泵进口损失可忽略不计,断面 2 处的水力比能设定为其相应的吸入高程。在其他情况下,需由双方商定。

17) 就水泵情况而言,保持 E_{nD} 接近等值可能也是有益的,如图 47 所示。

模型上测得的空化系数按 11.2.5.3 给出的公式转化成原型的 $NPSE_P$。

当保证值是按原型给出时，空化对比尺效应公式的影响见 11.2.4.2。

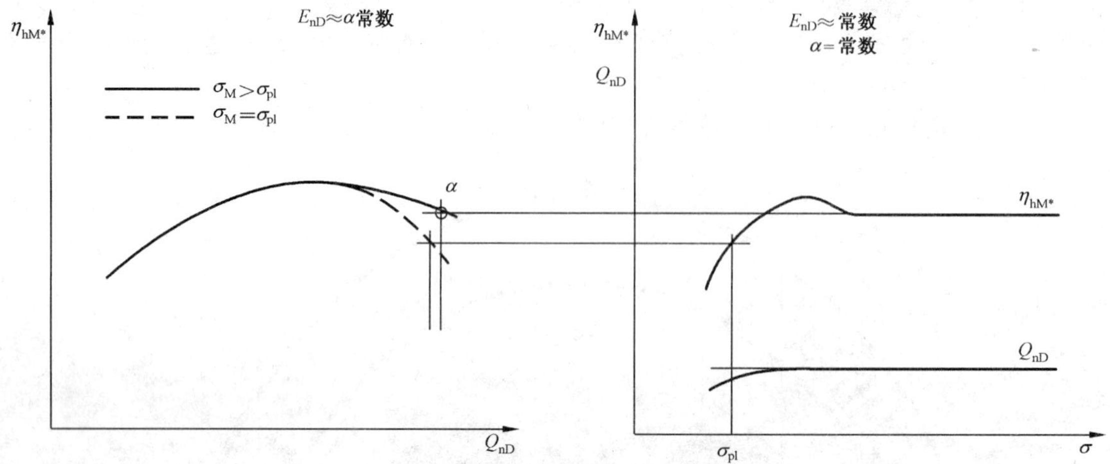

图 46 为考虑空化影响而进行的效率曲线修正(如超负荷运行时的贯流式机械)

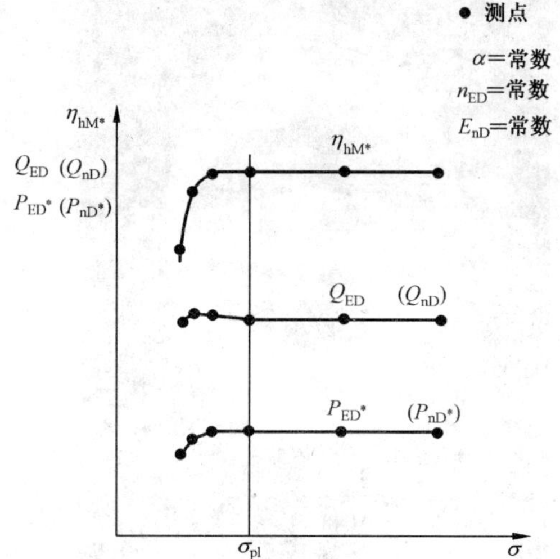

图 47 混流式模型水轮机的空化曲线

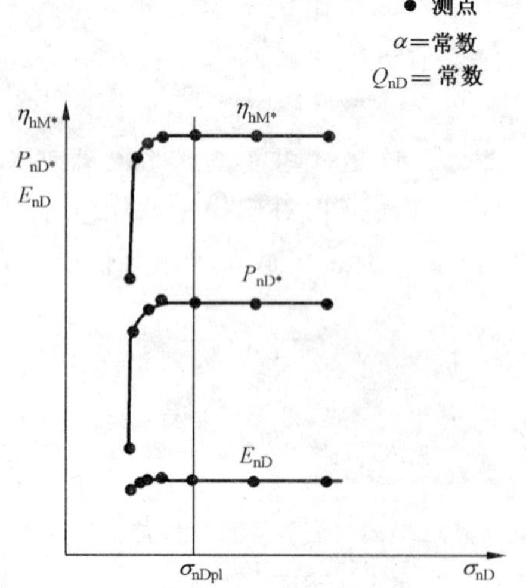

图 48 模型水泵的空化曲线

11.2.4 原型性能的计算

11.2.4.1 效率换算

对于反击式机械，若保证值是针对原型的，则在不同雷诺数 Re_M 条件下测得的模型效率 η_{hM} 采用下述公式换至原型雷诺数：

$$(\Delta\eta_h)_{M\to P}=\delta_{ref}\left[\left(\frac{Re_{ref}}{Re_M}\right)^{0.16}-\left(\frac{Re_{ref}}{Re_P}\right)^{0.16}\right]$$

Re_{ref} 值及计算 δ_{ref} 的公式见 11.2.2a)。

若模型水力效率已在雷诺数为常数的条件下测得，或已换算至雷诺数为常数 Re_{Msp} 的条件下，则在保证效率的运行范围内 $\Delta\eta_h$ 为一常数，这是由于通常遇到的情况是 n_P 为常数，其相应的雷诺数 Re_P 也为常数（见 GB/T 15613.1—2008 图 F.3）。

若模型水力效率已在不同的雷诺数条件下测得，则 $\Delta\eta_h$ 值应对各测点考虑其相应的 Re_M 后计算得出（见 GB/T 15613.1—2008 图 F.4）。

对于冲击式水轮机，$(\Delta\eta_h)_{M\to P}$ 可按 GB/T 15613.1—2008 附录 K 进行计算，其前提是双方在合同上已商定要考虑比尺效应对效率的影响。

涉及原型主要水力性能的其他数据（流量、水力比能和转轮/叶轮机械功率）按 11.2.5 公式得出，原型转轮/叶轮机械功率计算时要考虑水力效率的比尺应效应。

原型性能曲线的绘制步骤[18]以及与原型保证值进行比较曲线的确定与模型上得出保证值的确定步骤是相同的（见 11.2.3）。

11.2.4.2 空化对效率比尺效应公式的影响

鉴于尚未有关于在空化条件下比尺效应方面有科学基础的理论，通常商定当 σ 值处于空化对性能无影响时，在无空化条件下计算得出的比尺效应就可以采用。

按照惯例，若由于空化系数的减小引起的水力效率的增减若不超过 0.5%，则比尺效应还可继续采用，除非另有协定（见图 49）。

当效率的增减超过 0.5%时，模型和原型之间的关系不易确定，合同双方需事先就此关系达成一致意见。

以 σ_{pl} 下的 η_{hP}，Q_P，E_P 值确定 P_{mP} 值。

对于大型贯流式机组，若弗劳德相似准则不能满足（见 GB/T 15613.1—2008 中 5.3.1.5.1），从模型转换到原型时空化特性的比尺效应方法中应考虑空化在垂直方向的分布，作为示例，见 GB/T 15613.1—2008参考文献[17]。

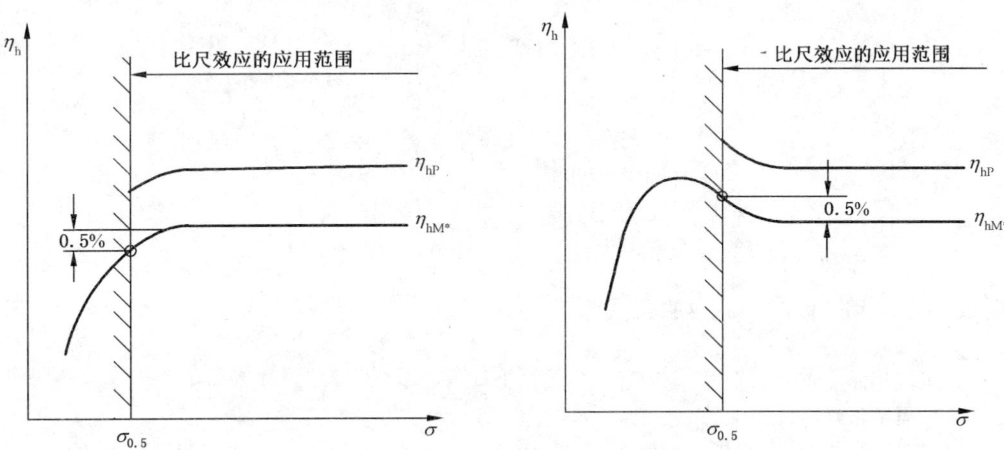

图 49 混流式模型水轮机：空化曲线：比尺效应公式应用界限的示例

18） 为得出最佳光滑曲线，见 GB/T 15613.1—2008 附录 H。

11.2.5 原型在效率保证范围内的性能计算公式

模型试验数据为几何相似的原型运行于水力相似条件下提供了各工况点的流量 Q_{1P}、水力比能 E_P 及转轮/叶轮的机械功率 P_{mP}，采用的是下列公式。

11.2.5.1 反击式水轮机

由于雷诺数影响对水力效率的比尺效应在转轮/叶轮机械功率中要考虑[19]。由于对流量和水力比能的比尺效应并没有显出一致性的趋向，故设定只有效率和功率(由于效率的增高)受到比尺效应的影响[20]。

可采用两种步骤：

a) 从模型测得的数据进行直接计算：

$$\eta_{hP}=\eta_{hM}+(\Delta\eta_h)_{M\to P}$$

式中$(\Delta\eta_h)_{M\to P}$按 11.2.4.1 中的公式算出。

$$Q_{1P}=Q_{1M}\left(\frac{D_P}{D_M}\right)^2\left(\frac{E_P}{E_M}\right)^{0.5}=Q_{1M}\left(\frac{D_P}{D_M}\right)^3\frac{n_P}{n_M}$$

$$E_P=E_M\left(\frac{D_P}{D_M}\right)^2\left(\frac{n_P}{n_M}\right)^2$$

对水轮机：

$$P_{mP}=\rho_{1P}Q_{1P}E_P\eta_{hP}=P_{mM}\frac{\rho_{1P}}{\rho_{1M}}\left(\frac{D_P}{D_M}\right)^2\left(\frac{E_P}{E_M}\right)^{1.5}\frac{\eta_{hP}}{\eta_{hM}}=P_{mM}\frac{\rho_{1P}}{\rho_{1M}}\left(\frac{D_P}{D_M}\right)^5\left(\frac{n_P}{n_M}\right)^3\frac{\eta_{hP}}{\eta_{hM}}$$

其中

$$P_{mM}=\rho_{1M}Q_{1M}E_M\eta_{hM}$$

对水泵：

$$P_{mP}=\frac{\rho_{1P}Q_{1P}E_P}{\eta_{hP}}=P_{mM}\frac{\rho_{1P}}{\rho_{1M}}\left(\frac{D_P}{D_M}\right)^2\left(\frac{E_P}{E_M}\right)^{1.5}\frac{\eta_{hM}}{\eta_{hP}}=P_{mM}\frac{\rho_{1P}}{\rho_{1M}}\left(\frac{D_P}{D_M}\right)^5\left(\frac{n_P}{n_M}\right)^3\frac{\eta_{hM}}{\eta_{hP}}$$

其中

$$P_{mM}=\frac{\rho_{1M}Q_{1M}E_M}{\eta_{hM}}$$

b) 按无量纲因数(或系数)从模型测得的数据进行计算

$$\eta_{hP}=\eta_{hM}+(\Delta\eta_h)_{M\to P}$$

$$Q_{1P}=Q_{ED}D_P^2E_P^{0.5}=Q_{nD}D_P^3n_P$$

$$E_P=\frac{1}{n_{ED}^2}D_P^2n_P^2=E_{nD}D_P^2n_P^2$$

对水轮机：

$$P_{mP}=P_{ED}\rho_{1P}D_P^2E_P^{1.5}\frac{\eta_{hP}}{\eta_{hM}}=P_{nD}\rho_{1P}D_P^5n_P^3\frac{\eta_{hP}}{\eta_{hM}}$$

对水泵：

$$P_{mP}=P_{ED}\rho_{1P}D_P^2E_P^{1.5}\frac{\eta_{hM}}{\eta_{hP}}=P_{nD}\rho_{1P}D_P^5n_P^3\frac{\eta_{hM}}{\eta_{hP}}$$

上述公式也能应用于当模型测得的水力效率是在雷诺数为常数下的值(η_{hM^*})(见 11.1)。

11.2.5.2 冲击式水轮机(水斗式)

在下列条件下应用 11.2.5.1 中的公式：

---

19) 对于低水力比能下运行的轴流式水轮机，当运行于远离其最优工况时，有些测量结果表明其功率值与按本部分计算所得的值是不同的。

20) 有时，原型试验中 $Q_{1P}=f(E_p)$ 曲线以及相应的 $P_{mP}=f(E_p)$ 曲线与相应的模型曲线相比出现漂移效应。对 $Q_{1P}=f(E_p)$ 的漂移效应必须在确定水泵最大机械功率时加以考虑，在 JMSE S008 标准[18]中给出了一种可能的考虑方法。这里应用了以下公式：

$$P_{mP}=P_{mM}\frac{\rho_{1P}}{\rho_{1M}}\left(\frac{n_P}{n_M}\right)^3\left(\frac{D_P}{D_M}\right)^5$$

——若不考虑比尺效应，即设定 $\eta_{hP}=\eta_{hM}$；

——若合同中商定考虑比尺效应，这样 $(\Delta\eta_h)_{M\to P}$ 可按 GB/T 15613.1—2008 附录 K 计算。

11.2.5.3 原型 $NPSE_P$ 的计算公式

原型的净正吸入高程按下式之一进行计算：

$$NPSE_P=\sigma\cdot E_P=\sigma_{nD}\cdot n_P^2D_P^2$$

11.3 稳态飞逸转速及流量的计算

11.3.1 模型稳态飞逸曲线的确定

在接近飞逸运行的范围内，雷诺数的比尺效应设定为0，空化系数对飞逸转速的影响可能很显著（见 11.3.2）。

在单调节模型条件下，对各工况点记录一系列 $T_{mM}=0$ 时的模型稳态飞逸转速和流量的物理量的读数和/或记录（见 GB/T 15613.1—2008 中 5.3.3.3.7）。

随后计算出 E_M，Q_{1M}，n_M 和 $NPSE_M$ 的平均值，最后由 3.3.12 的公式导出 $n_{ED,R}$ 和 $Q_{ED,R}$（或 $E_{nD,R}$ 和 $Q_{nD,R}$）。

飞逸曲线[21]要在不同开度 α 或 s 下作出，以获得最高稳态飞逸 $n_{ED,Rmax}$ 和流量 $Q_{ED,Rmax}$，见图 50。

在双调节模型条件下，飞逸曲线通常是针对各个转轮/叶轮安放角 β 下作出的。由这些曲线的包络线确定出最高飞逸转速和流量（见图 54 和图 55）。

在无调节模型条件下，采用无量纲因数或系数时飞逸曲线缩为一点。

飞逸试验应在涵盖所有应保证范围内改变导叶开度、转轮/叶轮叶片安放角和喷针行程下进行。

在水斗式水轮机条件下，确定最高飞逸转速时要考虑喷嘴数的影响（见图 51）。

如果在试验中，无法满足 $T_{mM}=0$，可通过插值曲线确定飞逸工况。

11.3.2 空化对稳态飞逸转速和流量的影响

建议空化系数对模型性能的影响也应在飞逸条件进行验证。GB/T 15613.1—2008 中 5.3.3.3.7 中详细阐明了试验步骤。

图 53 中示出了空化对中比速混流式水轮机在导叶开口 α_{max} 时的影响。

空化对转桨式水轮机模型的飞逸曲线有较大影响。图 54 中示出了在不同导叶开度 α 和不同转轮叶片安放角 β 下的空化曲线 $n_{ED,R}$ 和 $Q_{ED,R}$。相同现象示于图 55，图中示出了在高 σ 值和 $\sigma=\sigma_{pl}$ 时的 $n_{ED,R}(Q_{ED,R})$ 曲线。

通常利用 11.2.5.3 中给出的公式将从模型测得的空化系数或空化系数换算到原型的 $NPSE_P$。

在大型贯流式水轮机中，如果无法满足弗劳德模拟（见 GB/T 15613.1—2008 中 5.3.1.5.1），将模型空化特性换算到原型的一种方便方法应是考虑其空化随垂直方向的分布，见 GB/T 15613.1—2008 中所列的参考文献[19]中的示例。

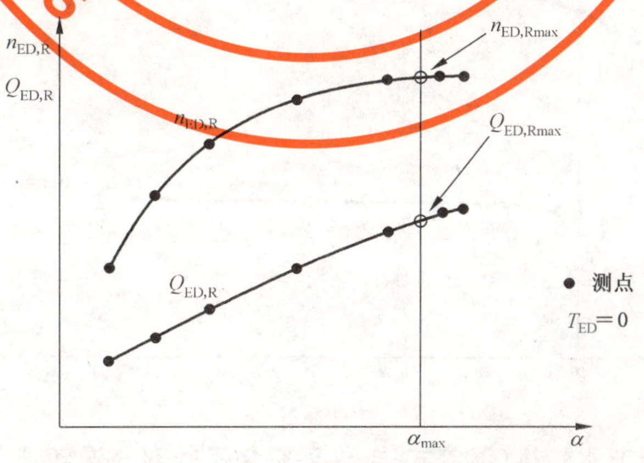

图 50 单调节水轮机（混流式）的飞逸曲线

21） 在水泵条件下，飞逸转速和流量通常称之为反向飞逸转速和反向飞逸流量。

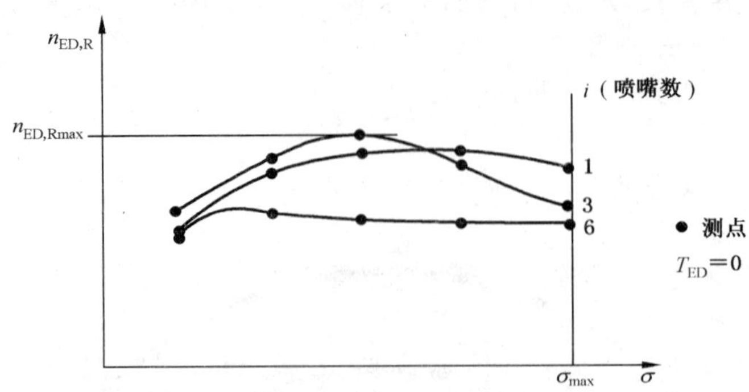

图 51　单调节水轮机（六喷嘴水斗式）的飞逸曲线

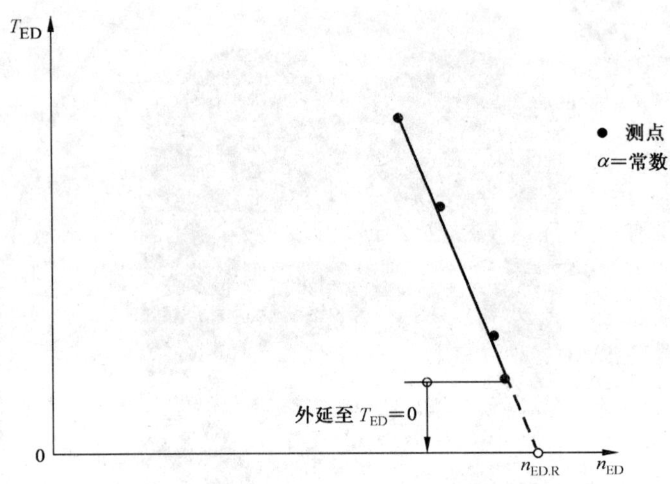

图 52　用外延法确定飞逸转速　单调节水轮机（混流式）的示例

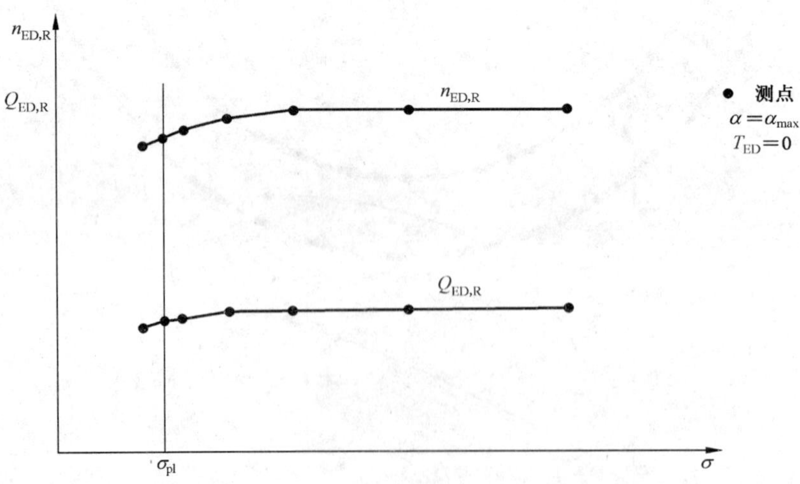

图 53　单调节水轮机（混流式）条件下空化系数对飞逸转速及流量的影响

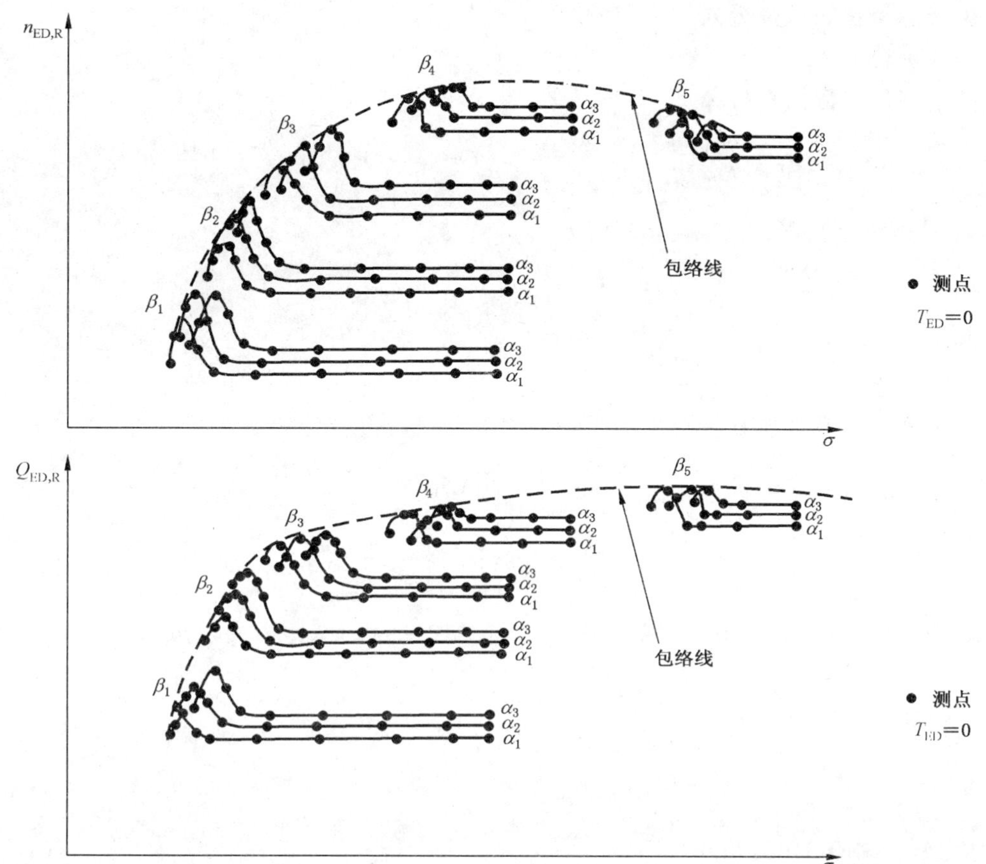

图 54　双调节水轮机(转桨式)条件下空化系数对飞逸转速和流量的影响

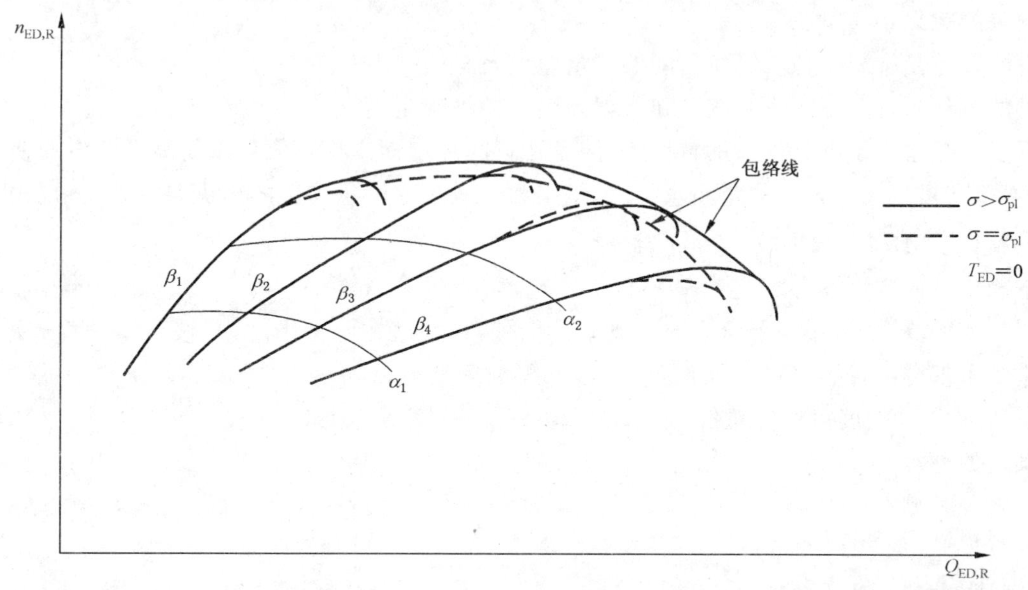

图 55　双调节水轮机(转桨式)条件下空化系数对非协联工况飞逸曲线的影响

11.3.3　原型稳态飞逸转速曲线的换算

如果已经给出了原型的飞逸保证,这里通常不考虑比例影响:这就意味着在临近飞逸工况范围内,$P_{ED,M}=P_{ED,P}$。原型的飞逸数据,是在σ_{pl}下得出的模型试验结果基于相似法则的公式计算得出的(见11.3.4);由此就可以确定出最大飞逸转速和飞逸流量点。如有需要,可考虑因机组推力轴承、导轴承与主轴密封的摩擦损失以及电机的风损,除非另有协定,详见GB/T 15613.1—2008附录G。

11.3.4 原型飞逸特性的换算公式

有两种程式可行：

a） 从模型测得的数据直接计算

$$n_{R,P}=n_{R,M}\frac{D_M}{D_P}\left(\frac{E_P}{E_M}\right)^{0.5} \qquad Q_{1,RP}=Q_{1,RM}\left(\frac{D_P}{D_M}\right)^2\left(\frac{E_P}{E_M}\right)^{0.5}$$

公式

$$P_{mP}=P_{mM}\frac{\rho_{1P}}{\rho_{1M}}\left(\frac{D_P}{D_M}\right)^2\left(\frac{E_P}{E_M}\right)^{1.5}$$

用来绘制 $P_{mP}(n_p)$曲线，其中必须要考虑轴承与主轴密封的摩擦损失及风损（见 GB/T 15613.1—2008 附录 G）。

b） 用模型测得的数据中计算得出的无量纲因数（系数）进行计算：

$$n_{R,P}=n_{ED,R}\frac{E_P{}^{0.5}}{D_P} \qquad Q_{1,RP}=Q_{ED,R}D_P^2E_P^{0.5}$$

公式

$$P_{mP}=P_{ED}\cdot\rho_{1P}\cdot D_P^2\cdot E_P^{1.5}$$

用来绘制 $P_{mP}(n_p)$曲线，其中必须要考虑轴承与主轴密封的摩擦损失及风损（见 GB/T 15613.1—2008 附录 G）。

对于 $NPSE_P$ 的计算，见 11.2.5.3。

12 误差分析

12.1 基本原理（见 ISO 5168:1978）

从在模型试验上的测量开始，应该分析由不同原因引起的误差，并确定相应的不确定度。

12.1.1 误差的定义

测量中的误差是指测量值与真实值间的数量差值。

物理量的测量永远离不开由系统及随机误差引起的不确定度。

因为系统误差是由于测量仪器的特性、安装及运行的环境而产生，所以，重复测量并不能使它减小。然而，随机误差却可以通过多次测量而减小，这是因为 n 次独立测量均值的随机误差要比单次测量的随机误差小$\sqrt{n}$倍（见 GB/T 15613.1—2008 附录 L）。

12.1.2 不确定度的定义

对于测量值的真实值，用一个恰当的高概率，可预期真实值在此范围之内，该范围就称为测量的不确定度。作为本部分的目标，所使用的概率应为 95%的置信度。

测量值 X 的不确定度可由绝对值 e_X 或相对值 $f_X=e_X/X$ 来表示。

12.1.3 误差的种类

要考虑三种类型的误差：

——乱真误差（见 12.1.3.1）；

——随机误差（见 12.1.3.2）；

——系统误差（见 12.1.3.3）。

12.1.3.1 乱真误差

这里是指可使测量失效的误差，如人为误差及仪器故障。例如：在录入数据时的数据错位或在水流到压力计的流道内有气腔存在。必须要剔除这类误差，并且不能混入任何的统计分析中去。如果误差不是很大还不能使结果明显失效的话，那么该数据点就要重复测量或者使用一些判据来确定是否应该剔除该数据点（见 GB/T 15613.1—2008 中所列的参考文献[20]）。

12.1.3.2 随机误差及其相关的不确定度

随机误差是由许多微小的、各自不相关的干扰而产生的，当给测量系统提供相同的输入量时，测量系统不能产生相同的读数(测量系统的重复性)。测量结果按概率偏离其平均值，因此，它们的分布通常随着测量次数的增加而接近于正态分布(高斯分布)。

随机误差受测量时的人为因素、测量次数及运行条件的影响。由仪器和运行条件的影响综合引起的随机误差，使试验结果中得出的读数分散。在给定的运行条件下点的重复测量便可通过统计学方法把不确定度的值与随机误差联系起来(见12.2.2.1和GB/T 15613.1—2008附录L)。

当采样数(即测量的次数)少的时候，通过Student's t 值的办法(见GB/T 15613.1—2008附录L所述)，对在假定是正态分布的基础上的统计结果进行修正是必要的。Student's t 值乃是在给定置信度水平下在采样数减少、标准偏差增大时补偿不确定度的一个系数。

12.1.3.3 系统误差及其相关的不确定度

系统误差在相同的测量条件下总是有相同的量级和符号。因此，如果测量的装置和条件保持不变，增加测量次数并不能减小系统误差。

系统误差并不影响试验中的测量重复性。

在不改变测量的装置和条件下，不能通过试验方法估算与系统误差相关的不确定度。要证实主要的测量系统并得到系统误差的数量级，唯一的办法是在可利用的条件下，使用两组不同和测量系统来对每一个基本量进行测量。

另一种方法是在经验和考虑到装置的情况的基础上，进行主观判断。

如果此误差为一单一已知值，那么就应该在测量值中加上(或减去)，这样在测量中就不再成为由于此种原因的系统不确定度了。

如果不知道测量装置的系统误差，但是却已给了其误差限值(精度等级已经规定)，那么就可以假定该区间为该装置置信度优于95%的系统不确定度。

尽管如上所述系统误差与随机误差之间存在差别，但是系统误差中各成分的不确定度值的分布概率基本上是按高斯分布，并且传统采用的不确定度 f_s 的计算方法是对单个的系统不确定度进行均方根法。

12.1.4 总不确定度

测量中的总不确定度 f_t 是通过把系统的(f_s)与随机的(f_r)不确定度结合在一起而得到的(见12.1.3.3和12.1.3.2)。它确定了一个范围，在该范围内可认为真实值有95%的概率，并且在该范围内的任何点都是等价有效的。

假定系统与随机不确定度有相同的概率分布类型，它们可以通过均方根法组合。12.2.2.4解释了在模型试验中怎样确定总不确定度。

12.2 模型试验中不确定度的确定

12.2.1 误差源

表3列举了在模型试验中可能发生的误差的所有误差源。

GB/T 15613.1—2008附录J的J.1中给出了在使用次级电器装置测量物理量时对误差源与系统不确定度的分析示例。

12.2.1.1 次级仪表标定过程中产生的误差

除了要除掉可能的乱真错误，在次级仪表标定中要产生系统误差和随机误差。原级方法和次级仪中的偏移[22]以及物理特性中的误差是系统误差，而原级方法和次级仪表的重复度则属于随机误差；由物理现象及干扰量产生的误差部分属于系统误差部分属于随机误差。

只要每个部分的不确定度(见表3和GB/T 15613.1—2008附录J的J.1)都可以评估，那么次级仪表标定中的总不确定度就可以用均方根法将部分不确定度复合而得到。在工程中，如图56所示的标定结果可用于估算表3中b)项到e)项的误差。f)项通常可忽略，a)项(原级方法的偏差)应从更高层次的标定环节(原级方法的跟踪)中得到或由中立权威机构出具证明。

22) 偏移是指某测量仪表中误差的系统部分。

表 3　误差汇总表

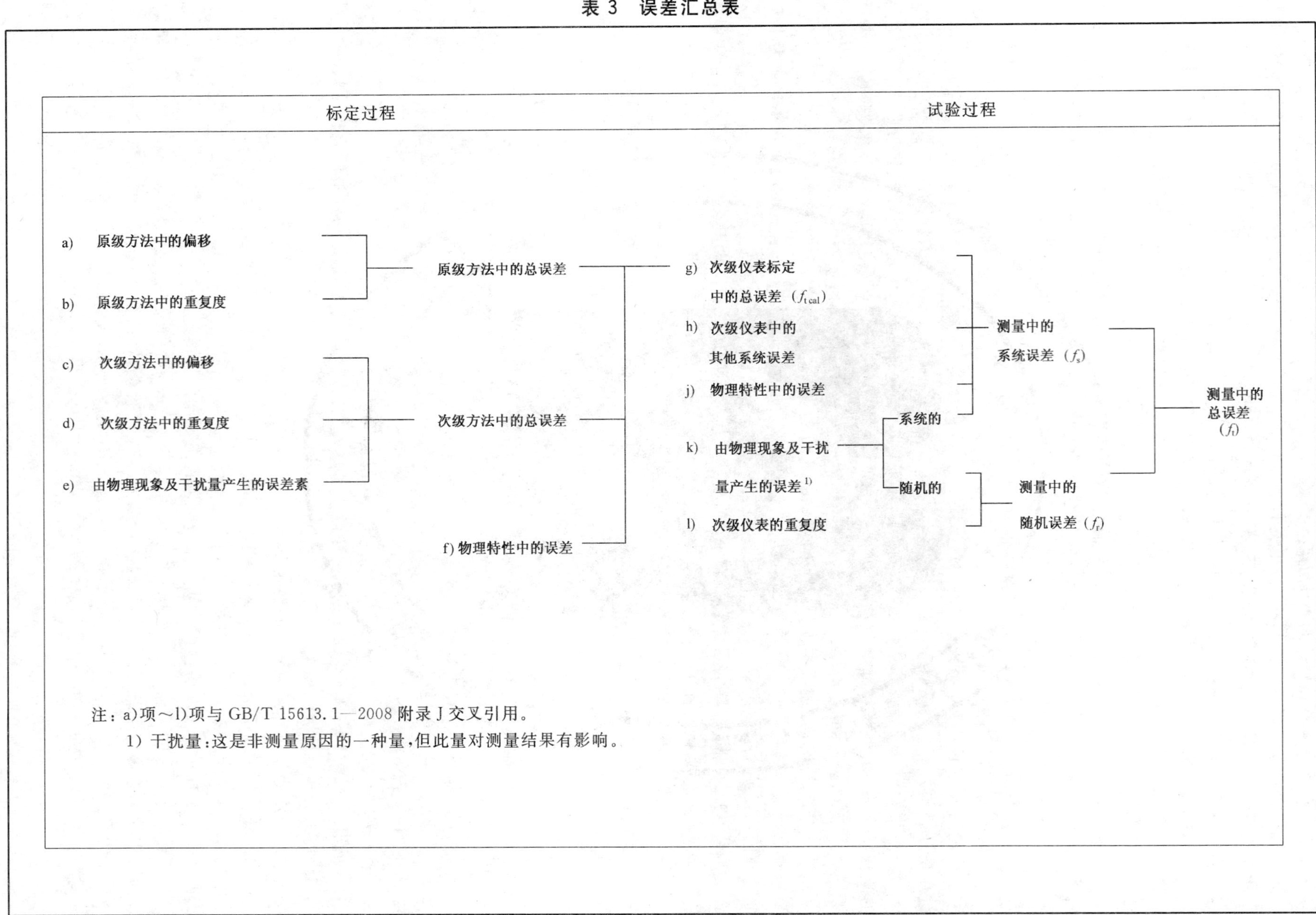

注：a)项～l)项与 GB/T 15613.1—2008 附录 J 交叉引用。

1）干扰量:这是非测量原因的一种量,但此量对测量结果有影响。

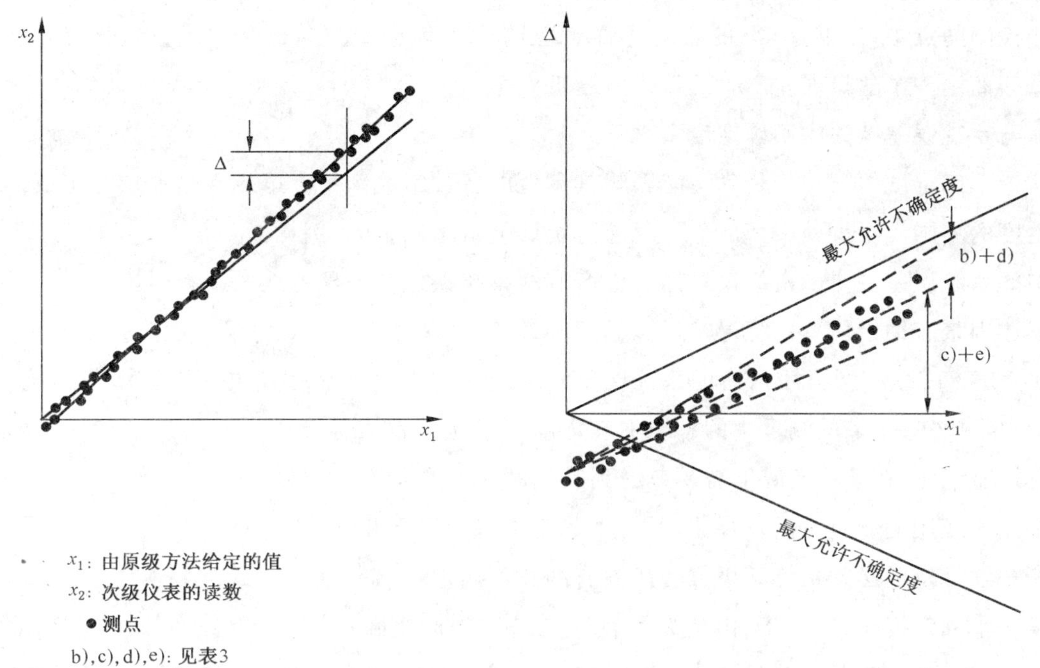

图 56　标定曲线的示例

12.2.1.2　试验过程中产生的误差

不管单个部分的性质如何，在 12.2.1.1 中所述的标定中测量量的总误差[g)项]当其标定结果用于随后的模型试验时就成为系统误差。

如果在标定和试验中测量条件（环境温度、供电电压和频率、流态、等等），保持在一个合理的范围内时，那么在试验中由于物理现象和干扰量产生的误差[k)项]就可以忽略。

由于在确定物理特性中的误差[j)项]很小，所以系统误差在很大程度上取决于标定方法的选择、测量仪表的特性及安装和运行的条件。例如，当所测量的断面上的速度分布不均时，从平均速度计算所得的动能值与其真实值不同（见 8.2.4）。

在试验过程中次级仪表又出现重复度[l)项]问题，从而产生了一个随机误差，如下 12.2.2.1 中所述。

12.2.2　不确定度的估算

12.2.2.1　与随机误差有关的不确定度

试验之前，双方应对各个属于保证的量商定最大允许的不确定度值 f_r，在无此类协议时，接近最优点处水力效率的最大随机误差的不确定度值应为$(f_{\eta h})_r = \pm 0.1\%$。

在试验过程中运行范围内的随机误差的不确定度的实际值应在模型于稳定工况范围内的几个工况下（例如，在最高效率点附近）进行估算。对于每一测点，都要重复测量多次（例如，至少 5 次），以采用如 GB/T 15613.1—2008 附录 L 中所述的步骤）。

在这些检测的点中，如果观测到的随机误差的不确定度小于其事先商定值，则认为在整个保证运行范围内，随机误差的不确定度的最大允许值是满足的。即使在不稳定的工况点，其随机误差直接评估结果要比规定值高。在不稳定工况条件下(例如混流式水轮机在部分负荷运行时),测量结果的分散度有很大增加;尽管如此,仍然可以接受这些较高值。

在这些检测的点中,如果有5%的点超过商定范围,那么就应对测量条件进行精确分析并且重复进行测量或重新商定一个随机误差产生的不确定度带。

12.2.2.2 **与系统误差有关的不确定度**

估算这个不确定度的第一步是确定能影响其量值的各种组成部分。第二步是界定各组成部分可允许的不确定度的界限。至少其中一部分可以通过统计分析来确定(示例见ISO 5168:1978)。

测量中的系统误差主要由次级仪表标定中产生的系统误差及物理特性的误差得出。

考虑下述因素有助于估算系统误差(见表3和GB/T 15613.1—2008附录J)。

a) 如12.2.1.2所述,几乎所有的系统误差源都包含于次级仪表标定之中。在多数情况下,在试验中,可将一个量的测量中的系统不确定度等于次级仪表标定中的总不确定度,即 $f_s \cong f_{tcal}$,但是要记住,在某些情况下需要考虑到其他的误差源。

b) 根据所使用的测量方法及仪器,系统不确定度包括以下几部分:

——在标定前必须估算原级方法所固有的总不确定度 f_{t1}(见12.2.1.1);

——不确定度 f_d 产生于:由次级仪表标定过程中产生随机误差和在不同时期进行数次标定时出现的分散度且其变化无一定倾向。例如,试验中得到的标定系数是用标准偏差 S_c 表征的 n 次标定的平均值,那么这个组成部分的不确定度等于:

$$f_d = \pm \frac{tS_c}{\sqrt{n}}$$

其中 t 是($n-1$)自由度时的Student's系数(见GB/T 15613.1—2008中表L.2);

——次级仪表中的偏移以及由于物理现象和干扰量产生的不确定度均包含在标定中,所出现的残余不确定度在应用中通常可忽略;

——如果物理特性的误差存在的话,则会很小;例如,水的密度的不确定度 f_ρ 要低于±0.05%;

——在确定标定曲线的回归过程中会产生一个附加不确定度,虽然这个不确定度可参考ISO 7066估算,但按惯例通常假定为±0.05%。

c) 用次级方法测量时测量中的系统的不确定度 f_{s2} 可以通过用均方根法将各组部分的不确定度的值组合而成。

涉及确定水力性能所必须的每一物理量测量的条款均给出了相关的系统不确定度的数量级。

在正常条件下由熟练人员使用高精度仪表进行的测量,且按符合本部分的规定,则该值可以使用,并且可以作为确定系统不确定度值的参考。

在试验前,在双方的协议中要规定不同物理量的系统不确定度的带宽,包括水力效率。系统不确定度的实际值,像随机不确定度那样,受限于许多因素,有些因素只有在试验完成时才能估计出。要检查这些因素,并达成协议以确定在此技术基础点上是否需改变预期的不确定度。

12.2.2.3 **导出量的不确定度**

一个导出量的不确定度(系统的或随机的)是通过用均方根法将各组成部分测量的不确定度组合而得到。

例如,在水力效率中的系统不确定度$(f_{\eta h})_s$是从各单项系统不确定度计算得到的,是对流量$(f_Q)_s$、水力比能$(f_E)_s$,力矩$(f_T)_s$,转速$(f_n)_s$及水的密度$(f_\rho)_s$[23],按下式计算得来的:

$$(f_{\eta h})_s = \pm\sqrt{(f_Q)_s^2+(f_E)_s^2+(f_T)_s^2+(f_n)_s^2+(f_\rho)_s^2}$$ (见 GB/T 15613.1—2008 附录 J)

用于合同的目的,与水力效率比尺效率公式有关的不确定度按惯例可忽略不计。

12.2.2.4 总不确定度

任何物理量的总不确定度是根据下式计算的(见表 3):

$$(f_t) = \pm\sqrt{f_s^2+f_r^2}$$

当随机不确定度(按 12.2.2.1 中所述评估)小于或等于最大允许值时(通常为±0.1%),按惯例可用该值计算总的不确定度。

对于某些工况点,当测量条件受到干扰或读数分散时(见 12.2.2.1),可导致出现随机不确定度增加,因此在计算总不确定度时对出现的测得值应有合理的考虑,而不是采用事先商定方法计算。

13 与保证值的比较

13.1 概要

建议对根据第 11 章计算所得的试验结果,考虑到总的不确定度带宽(见 13.2)和合同规定(见 13.3),使用下述的分析方法,与保证值比较。为简便起见,以下只考虑原型功率、流量和/或者水力比能、水力效率和稳定状态时的飞逸转速及流量(见 GB/T 15613.1—2008 中 4.2)。

与原型保证值比较时,还要考虑空化的影响(见 11.2.4.2 和 11.3.2)。

与所给的模型保证值比较时,可直接采用相同的方法。

建议要相对于流量(或无调节水轮机的水力比能)而不是相对于功率来表示水力效率。

13.2 插值曲线和总不确定度带宽

可使用不同方法和规则来绘制插值曲线,可用手工方法或更高级的方法(其中的一种可能的绘制方法在 GB/T 15613.1—2008 附录 H 中描述)。插值方法的最后选择应由双方商定。

考虑到由 12.2 计算所得的总不确定度,每个测量点可用椭圆在图上描述。椭圆的半轴代表两个量的坐标在置信度为 95%下的总不确定度,椭圆内的所有点都等同有效。

由这些椭圆的最高和最低的包络线形成的不确定带迭加在通过试验点绘制的曲线(插值曲线)之上。这个带内的所有点都等同有效,因此,这个带包含一个与保证值比较的容许带宽。

这些椭圆只是在评估保证工况点或当结果比较不够明确的情况下才需要使用(见图 59,X 及 Y 部位)。在多数的其他情况下,在确定总的不确定度时可以简化,如在横坐标方向的误差可忽略时或当测得的曲线在通过保证点时基本水平或只有轻微斜度时可将椭圆缩简到主轴线方向(见图 62)。

如果保证值是由点给出,建议测量点的选择应尽可能的靠近保证值点:图 57 和图 58 分别举出了两个关于水力效率的单调节和双调节水轮机的例子。

---

23) 水密度$(f_\rho)_s$的系统不确定度通常可忽略。

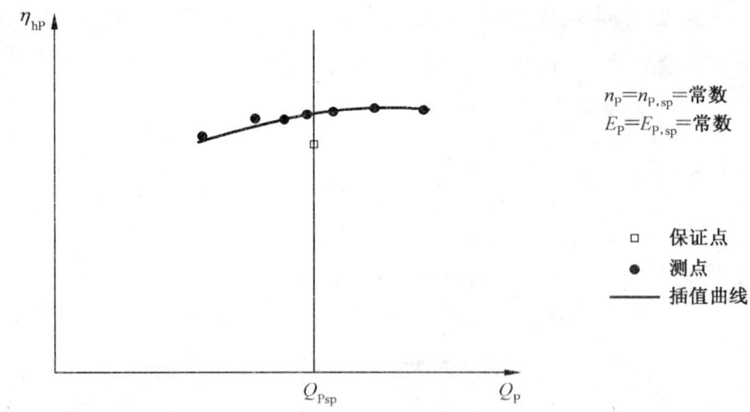

图 57 单调节机械

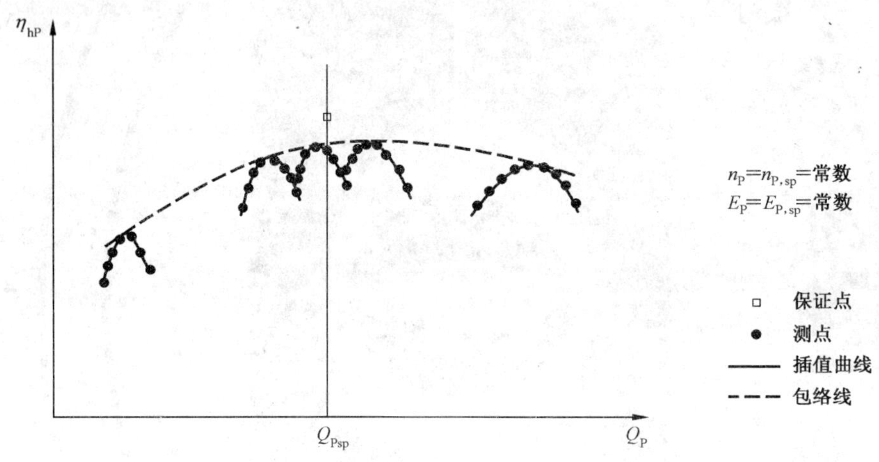

图 58 双调节机械

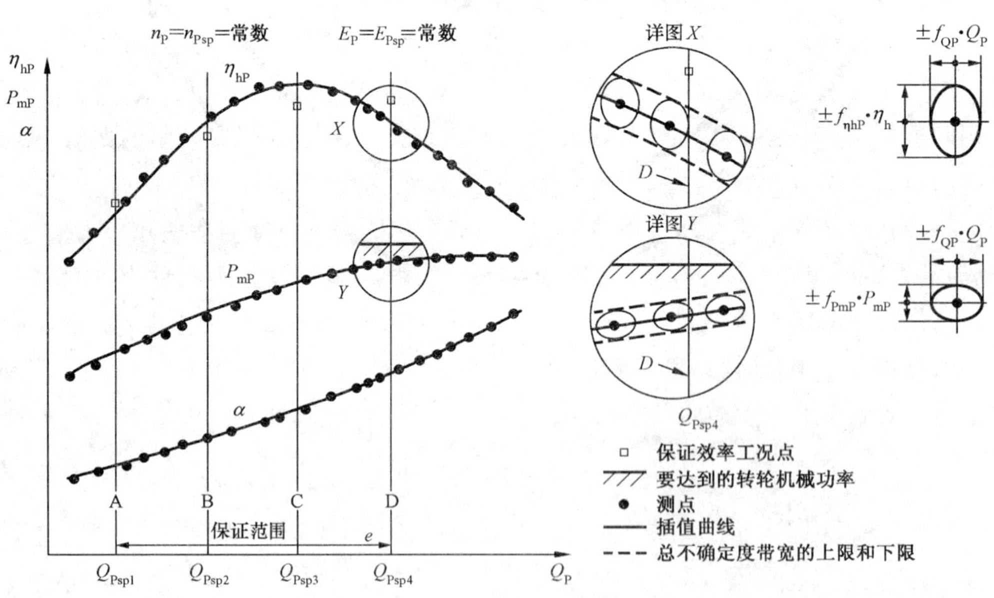

图 59 单调节水轮机 保证值与测量值之间的比较

13.3 功率、流量和/或水力比能和效率的保证范围

将涉及以下各种水轮机：

——可调节水轮机；

——无调节水轮机；

——无调节/可调节水泵。

13.3.1 可调节水轮机

如果水力效率保证值是由一个或多个规定功率或流量下给出，当在规定转速和规定的水力比能下，单个的保证值处于该规定功率或流量的总的不确定度带宽的上限之下，则视为满足。

如果水力效率保证值是由效率的加权或代数平均值给出，当在规定转速和规定的水力比能下，保证的平均效率值在相同的规定流量（或功率）下计算所得的平均效率小于其总不确定度带的上限，则视为满足。

当保证值是在不同的 E_{Psp} 下给出时，则应画一个类似于图 59 各个规定水力比能下的图表。

对于双调节水轮机，用于与保证值比较的曲线应为各包络线。

图 59 给出了一个单调节水轮机在规定的 E_P 下，在四个工况点处与保证值比较的例子。它表明了：

a) D 点的水力效率保证值不满足（见 X 详图）；

b) 即使考虑了不确定度上限，保证功率也还没有达到，所以转轮的机械功率保证值不满足（见 Y 详图）。

所画的曲线 $\alpha(Q_P)$ 是用来确定：

——飞逸试验的最大开口 α_{max}（见图 62）；

——在保证功率与转轮/叶轮机械功率饱和时两者之间是否有足够的安全余量。

13.3.2 无调节水轮机

如果水力效率保证值是在一个或多个水力比能下给出，当在规定转速下，单点的保证值处于总的不确定度带宽的上限之下，则视为满足。

如果水力效率保证值是由效率的加权或代数平均值给出，当在规定转速下，保证的平均效率值在相同的水力比能下计算所得的平均效率小于其总不确定度带的上限，则视为满足。

在没有其他协定时，机械转轮功率界限通常由下限 kP_{mPsp} 和上限 $(k+0.03)P_{mPsp}$ 确定，k 是处于 0.97 和 1.0 之间由双方商定。通常情况下，k 的值为 0.985。k 值的选择应与 P_{mP} 的保证限值相匹配。

图 60 给出了在给定三个工况点及其界限值下与保证值比较的例子：

a) A、B、C 三点的水力效率保证值满足；

b) A 点已超过流量限值[24)]是满足的；

c) C 点未超过功率限是满足的（见 X），因为该点 k 值取 $k=0.970$，并且总不确定度带的下限低于保证值上限 $P_{mP}=(0.970+0.030)P_{mPsp}$。

13.3.3 无调节/可调节水泵

若无其他协定，流量界限通常由一个或多个点的下限 kQ_{Psp} 和上限 $(k+0.03)Q_{Psp}$ 确定，k 是处于 0.97 和 0.1 之间由双方商定。通常情况下，k 的值是 0.985。

如在规定的水力比能下，如果在由流量界限值所作出的带与流量特性上各测量点处不确定度椭圆所作出的包络线而引出的总不确定度带宽（见图 61）之间相交或相切，则流量保证值视为满足。

为了检查水力效率保证值，作为与保证值比较的值，乃是在该工况点效率值的总的不确定度的带宽的上限，而该工况点为由经各测量值绘制的插值曲线与 $E_P=f(Q_P)$ 特性线的交点处（见图 61 中的 A′ 工况点）。

---

24) 原型的保证流量应针对环境压力条件。虽然原型流量的符号应为 Q_{1P}（见 GB/T 15613.1—2008 中 3.3.4.5），但通常仍采用符号 Q_P。

如果一台可调节水泵在不同开口下运行，那么上述的考虑也适用于与其相关的包络线。

图 61 给出了在三个工况下，一台无调节水泵与保证值比较的例子：

a) 在点 A′和点 B′水力效率保证值满足，但在点 C′则不满足；

b) 最小流量的界限在点 A′不满足；

c) 在点 C′未超过功率界限满足。

对于变转速水泵，必须考虑由速度改变而引起的 $E(Q)$ 和 $E(P)$ 特性的改变。

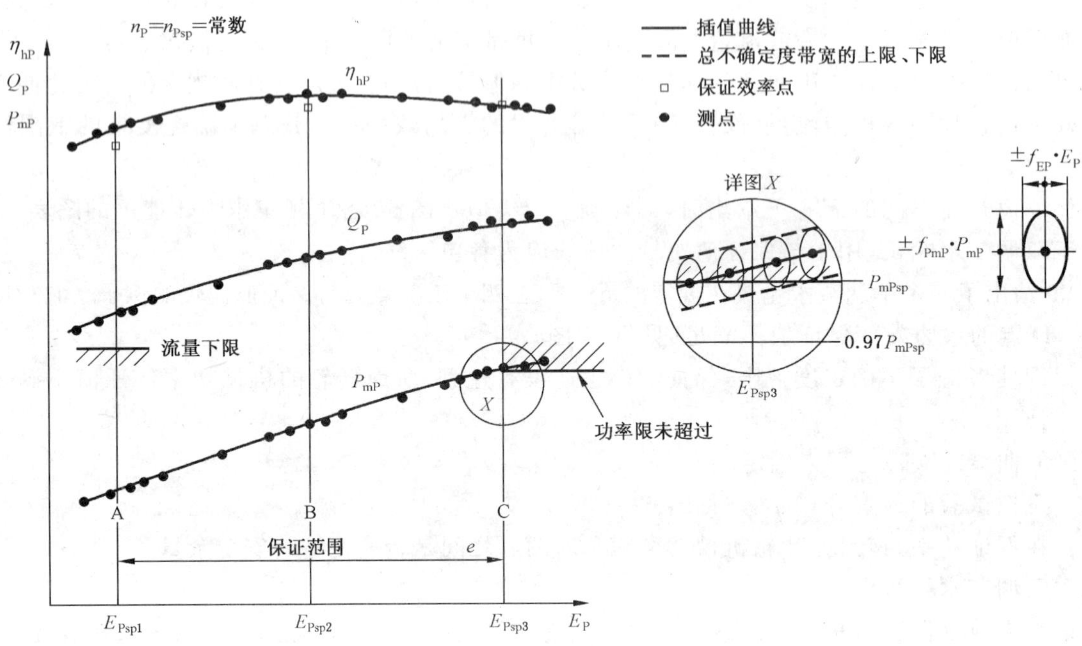

图 60 无调节水轮机 保证值与测量值的比较

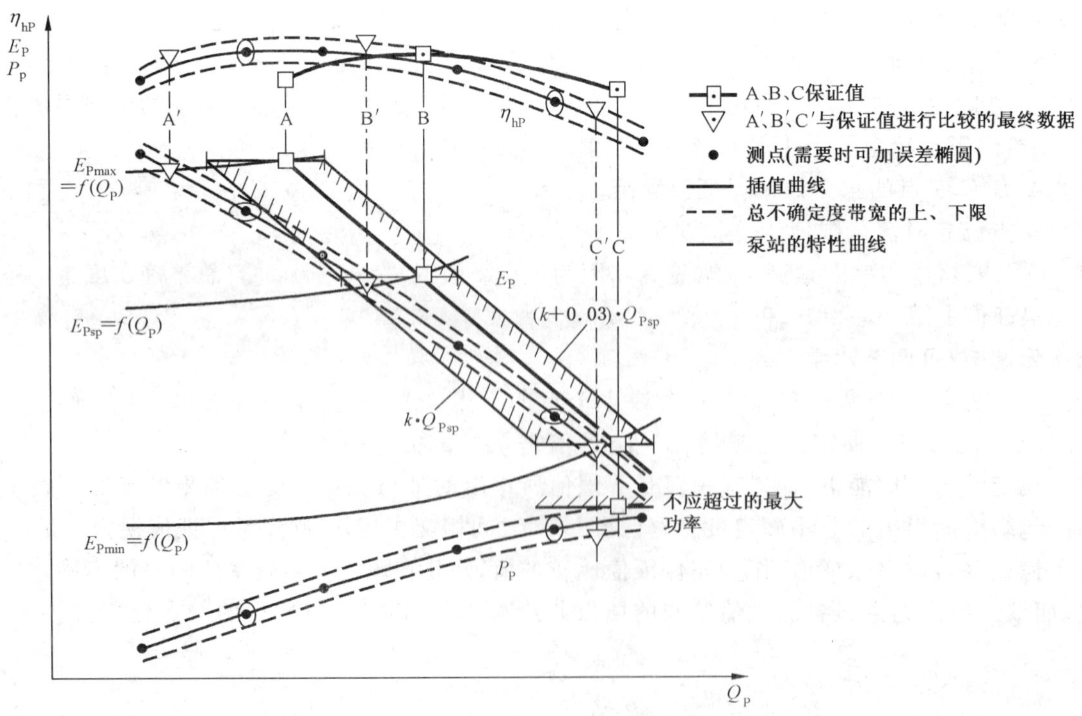

图 61 无调节水泵 保证值与测量值的比较

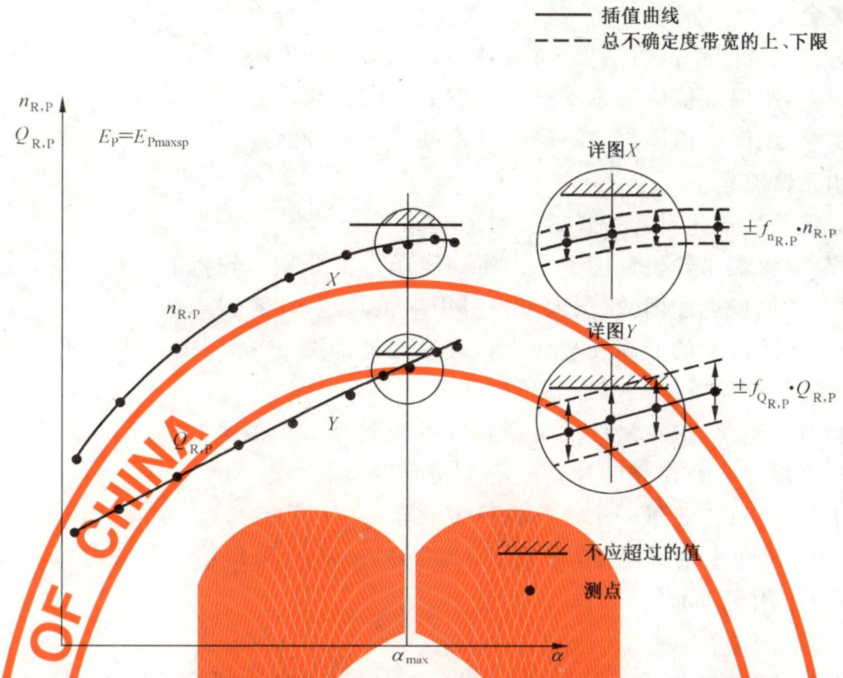

图 62 混流式水轮机 飞逸转速和流量曲线保证值与测量值的比较

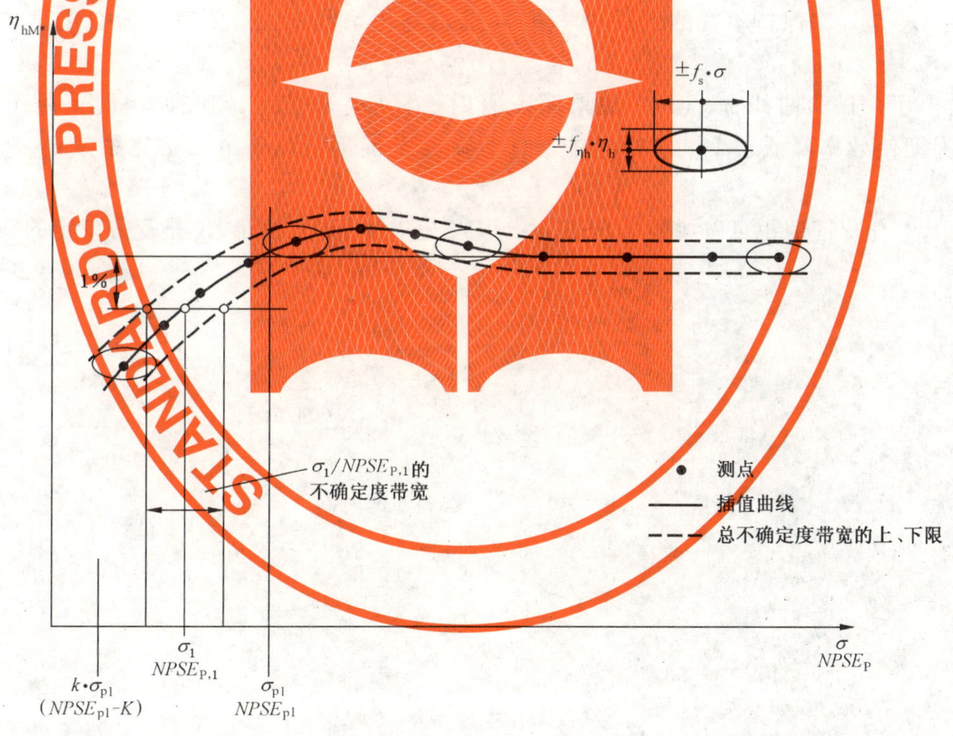

图 63 模型水轮机 空化曲线及在空化影响效率时与保证值的比较

13.3.4 原型机械损失

如果需保证的是原型功率 P_P，那么必须考虑原型机械损失(见 GB/T 15613.1—2008 中 4.2.1.1)。

如果需保证的是原型效率 η_P，则应用下式：

$$\eta_P = \eta_{hP} \cdot \eta_{mP}$$

(见 GB/T 15613.1—2008 中 3.3.9.3)。

13.3.5 罚款及奖金

建议合同中应详细说明按试验结果计算罚款和/或奖金的方法。

按效率确定罚款,则保证值应与总不确定度带的上限比较。

近效率确定奖金,则保证值应与总不确定度带的下限比较。

13.4 飞逸转速和飞逸流量

飞逸曲线的形状及其空化对各型式机械的影响见第11章。

图62表示的是混流式水轮机。图中示出了稳定条件下原型水轮机的飞逸曲线,是相对于导叶开口的曲线,是按所测得的模型速度因数(国内习惯采用单位转速)计算得来的。

在此示例中,稳定条件下的最高飞逸转速和飞逸流量都满足,如图中 X 和 Y 所示,因为在开口 α_{max} 以下条件下不确定度带宽的下限低于不能超过的值。

对于一个双调节水轮机,应在最坏的飞逸条件下校验其保证值。在空化系数和水力比能保证范围内的最坏的飞逸条件随导叶开口和叶片安放角不同而变。

对于无调节水轮机,只需测量一个点与保证值比较。

除非另有协议,否则要考虑发电电动机的机械损失和风损,以及水力机械的机械损失(见GB/T 15613.1—2008附录G)。

13.5 空化保证

空化对机组性能的影响见GB/T 15613.1—2008中5.3和本规程第11章,对于由模型试验得出的性能数据与原型保证值的比较,有如下建议。

空化系数 σ_0 是效率保持不变的最低的 σ 值,在确定空化系数 σ_0 时,要考虑无空化时效率的不确定度带宽。

图63给出了一试验曲线 $\eta_{hM}(\sigma)$。如果保证值用 $\sigma_l \leqslant k\sigma_{Pl}$ 来描述,则在此情况下是不满足保证值的。这是因为即使效率降低了1%的 σ_l 考虑了总不确定度带宽仍高于电站空化系数 σ_{Pl} 乘以一个允许安全系数 k。

在原型中,空化保证值也可以按照 $NPSE_{Pl} \leqslant (NPSE_{Pl} - K)$ 形式给出,K 是双方商定的安全余量。

附 录 A
（资料性附录）
本部分与 IEC 60193:1999 技术性差异及其原因

表 A.1 给出了本部分与 IEC 60193:1999 技术性差异及其原因的一览表。

表 A.1 本部分与 IEC 60193:1999 技术性差异及其原因

本部分章条编号	技术性差异	原 因
1	第一章名称规范为“范围”	符合 GB/T 1.1—2000 的编写规定
2	增加了“引用标准”一章和相应的引用文件	符合 GB/T 1.1—2000 的编写规定
3.3	增加了“GB/T 15613.1—2008 中确立的术语、定义、符号和单位适用于本部分。”	符合 GB/T 1.1—2000 的编写规定
4	对原文编排作了适当调整，对应于 IEC 60193:1999 中 3.1 的内容	不影响章条顺序，符合 GB/T 1.1—2000 的编写规定
5	对原文编排作了适当调整，对应于 IEC 60193:1999 中 3.2 的内容	不影响章条顺序，符合 GB/T 1.1—2000 的编写规定
5.3.6	“详细资料见 IEC 60041”改为“详细资料见 GB/T 20043”	引用新的国家标准
6	对原文编排作了适当调整，对应于 IEC 60193:1999 中 3.3 的内容	不影响章条顺序，符合 GB/T 1.1—2000 的编写规定
7	对原文编排作了适当调整，对应于 IEC 60193:1999 中 3.4 的内容	不影响章条顺序，符合 GB/T 1.1—2000 的编写规定
7.4.4	“详细资料见 IEC 60041”改为“详细资料见 GB/T 20043”	引用新的国家标准
8	对原文编排作了适当调整，对应于 IEC 60193:1999 中 3.5 的内容	不影响章条顺序，符合 GB/T 1.1—2000 的编写规定
9	对原文编排作了适当调整，对应于 IEC 60193:1999 中 3.6 的内容	不影响章条顺序，符合 GB/T 1.1—2000 的编写规定
10	对原文编排作了适当调整，对应于 IEC 60193:1999 中 3.7 的内容	不影响章条顺序，符合 GB/T 1.1—2000 的编写规定
11	对原文编排作了适当调整，对应于 IEC 60193:1999 中 3.8 的内容	不影响章条顺序，符合 GB/T 1.1—2000 的编写规定
12	对原文编排作了适当调整，对应于 IEC 60193:1999 中 3.9 的内容	不影响章条顺序，符合 GB/T 1.1—2000 的编写规定
13	对原文编排作了适当调整，对应于 IEC 60193:1999 中 3.10 的内容	不影响章条顺序，符合 GB/T 1.1—2000 的编写规定
	“托马数”均改为“空化系数”，“能量系数”改为“能量系数(国内习惯采用单位转速)”，“速度因数”改为“速度因数(国内习惯采用单位转速)”，“流量系数”改为“流量系数(国内习惯采用单位流量)”，“流量因数”改为“流量因数(国内习惯采用单位流量)”，“功率因数”改为“功率因数(国内习惯采用单位出力)”	添加国内习惯用法的表达说明
	对附录的引用说明全部改为“GB/T 15613.1—2008 附录…”	本部分不包括附录部分，附录部分统一收录在本部分的第 1 部分：通用规定中

ICS 27.140
K 55

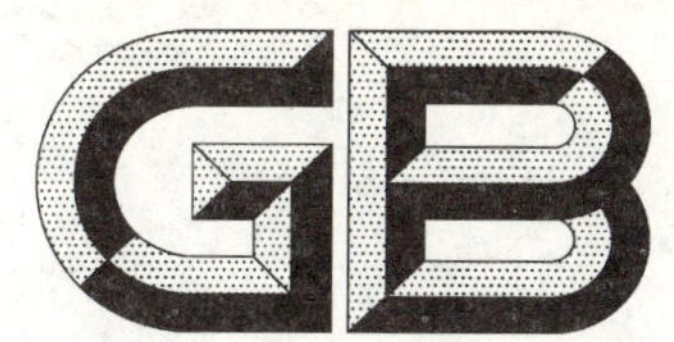

中华人民共和国国家标准

GB/T 15613.3—2008

水轮机、蓄能泵和水泵水轮机模型验收试验　第三部分：辅助性能试验

Model acceptance tests of hydraulic turbines, storage pumps and pump-turbines Part 3: Additional performance test

(IEC 60193:1999, NEQ)

2008-06-30 发布　　2009-04-01 实施

中华人民共和国国家质量监督检验检疫总局
中国国家标准化管理委员会　发布

前　言

GB/T 15613《水轮机、蓄能泵和水泵水轮机模型验收试验》分为三部分：

GB/T 15613.1　第一部分：通用规定；

GB/T 15613.2　第二部分：常规水力性能试验；

GB/T 15613.3　第三部分：辅助性能试验。

本部分为系列标准 GB/T 15613 的第 3 部分，对应于 IEC 60193：1999《水轮机、蓄能泵和水泵水轮机模型验收试验》的第四章。本部分与 IEC 60193：1999 的一致性程度为非等效，主要差异如下：

——根据 GB/T 1.1-2000 的要求，对书写格式进行了修改；

——用小数点“.”代替作为小数点的逗号；

——将规范性引用文件的内容进行了调整，且将原 IEC 标准中有对应的国家标准的均予更换；

——第 3 章的引导语按 GB/T 1.1—2000 的要求作了修改；

——为保证标准的完整性，归纳 IEC 60193 第 1 章总则的相关内容，规范形成第 1 章“范围”，第 2 章“规范性引用文件”，第 3 章“术语、定义、符号和单位”。

——对章条结构进行了适当调整，将 4.1 和 4.2 内容合为第 4 章“试验的实施”，4.3～4.8 内容合为第 5 章“测量方法和结果”。

——针对电站机组在实际运行中尾水位是变化的原因，增加了变空化系数压力脉动试验的相关内容。

——尾水管固有频率相关的物理学理论相当复杂，目前处于研究之中，故将 5.1.7.4“尾水管水体的固有频率”从正文中拿出，列为附录 A，作为资料性附录。

有关技术差异在它们所涉及的条款的页边空白处用垂直单线标识。在附录 C 中给出了这些技术性差异及其原因的一览表以供参考。

本部分附录 A、附录 B 和附录 C 为资料性附录。

本部分由中国电器工业协会提出。

本部分由全国水轮机标准化技术委员会(SAC/TC 175)归口。

本部分起草单位：中国水利水电科学研究院、东方电机股份有限公司、哈尔滨大电机研究所

本部分主要起草人：潘罗平、温国珍、赵越、覃大清、孟晓超、胡江艺

水轮机、蓄能泵和水泵水轮机模型验收试验　第三部分:辅助性能试验

1　范围

1.1　范围

本部分适用于在试验室条件下所试验的各种类型的冲击式和反击式的水轮机、蓄能泵或水泵水轮机。

本部分适用于机组功率大于 10 MW 或公称直径大于 3.3 m 的原型所对应的模型。如将本部分所规定的步骤完全地应用于机组功率或直径较小的水轮机,一般来讲并不合适,但若供需双方协议认可,也可采用本部分。

在本部分中,术语“水轮机”包括作水轮机方式运行的水泵水轮机,术语“水泵”包括作水泵方式运行的水泵水轮机。

除了必须与试验有关的事项之外,本部分不包括纯商业利益的事项 1。

只要机械的结构或部件不影响模型的性能或模型与原型间的相互关系,本部分既不涉及机械的详细结构,也不涉及机械部件的机械性能。

1.2　目的

本部分的主要目的是通过模型辅助性能试验获得辅助性能数据,可作为原型的设计或预测原型运行的指导。

本部分也适用于其他目的模型试验,例如比较试验和研究及开发性的工作。

如果模型验收试验已经完成,现场试验可以仅限于进行指数试验(见 GB/T 20043,第 8 章)

2　规范性引用文件

下列文件中的条款通过 GB/T 15613 的本部分的引用而成为本部分的条款。凡是注日期的引用文件,其随后所有的修改单(不包括勘误的内容)或修订版均不适用于本部分,然而,鼓励根据本部分达成协议的各方研究是否可使用这些文件的最新版本。凡是不注日期的引用文件,其最新版本适用于本部分。

GB/T 15613.1　水轮机、蓄能泵和水泵水轮机模型验收试验　第一部分:通用规定(GB/T 15613.1—2008,IEC 60193:1999,NEQ)

GB/T 15613.2　水轮机、蓄能泵和水泵水轮机模型验收试验　第二部分:常规水力性能(GB/T 15613.2—2008,IEC 60193:1999,NEQ)

GB/T 2900.45—2006　电工术语　水电站水力机械设备(IEC/TR 61364:1999,MOD)

GB/T 20043—2005　水轮机、蓄能泵和水泵水轮机水力性能现场验收试验规程(IEC 60041:1991,MOD)

GB/T 17189—2007　水力机械(水轮机、蓄能泵和水泵水轮机)振动和脉动现场测试规程

ISO 31-3:1992　参数和单位—第 3 部分:机械

3　术语、定义、符号和单位

3.1　总则

本部分中采用 GB/T 15613.1 中通用的术语、定义,符号和单位,特殊术语将在出现处给予解释。

合同双方在试验前应对有异议的术语、定义或度量单位做出澄清。

3.1.1

试验点 point

试验点是由在不改变运行条件和设置情况下，由一个或多个连续一组读数和/或记录组成，它足以计算出在该运行条件和设置下机械的性能。

3.1.2

试验 test

试验是整个规定运行范围内足以计算出机械性能的一系列试验点和结果。

3.1.3

水力性能 hydraulic performance

由于流体动力作用于机械的各种性能参数。

3.1.4

主要水力性能数据 main hydraulic performance data

一组水力性能参数，如：功率、流量和/或比能、效率、稳态飞逸和/或流量。这里必须考虑空化的影响。

3.1.5

辅助性能数据 additional data

一组水力性能数据，它可从模型试验得出（见 GB/T 15613.1 中的 4.4），然而由于只能应用粗略的相似规则，由此得出的相应原型数据预测精度要低于由主要水力性能数据得出的结果。

3.1.6

保证值 guarantees

合同中商定的规定性能数据。

3.2 单位

本部分采用国际单位制（SI，见 ISO 31-3）。

所有术语都由 SI 基本单位或由此导出的相关单位给出[1]。使用这些单位的基本等式均是有效的，如某些数据使用与 SI 非相关的其他单位时也必须考虑这种情况（例如，功率中千瓦代替瓦，压力中千帕或巴代替帕斯卡、以每分钟转速中每分钟代替每秒种等）。因为绝对温度（以凯尔文表示）很少需要，所以温度以摄氏度给出。

仅在合同双方以书面形式同意的情况下，可以使用任何其他单位制。

3.3 术语、定义、符号和单位表

GB/T 2900.45 和 GB/T 15613.1 中确立的术语、定义、符号和单位适用于本部分。有关振动和脉动的术语、定义、符号以及数学术语见 GB/T 17189—2007。

4 试验的实施

4.1 试验数据测量介绍

4.1.1 概述

辅助性能试验数据（力矩、力、压力脉动等）可为水电站中的水力机械的设计和运行提供资料。目前辅助性能数据的测量方法和评估技术发展得很快，因此，辅助性能数据的测量是必需的，且应详细加以规定。

将辅助性能数据测量精度规定得与常规水力性能试验相同既不可能也没有必要。为了使需方可以在必要的精度下和可比较的条件下进行测量，本部分规定了有关建议和指南。

1 $N=kg \cdot m \cdot s^{-2}$ $Pa=kg \cdot m^{-1} \cdot s^{-2}$ $J=kg \cdot m^2 \cdot s^{-2}$ $W=kg \cdot m^2 \cdot s^{-3}$。

水力机械的每一个工况点，不论其为稳定状态还是非稳定状态，都可以用多种机械量和水力量（通常为脉动量）来描述。模型总是工作在稳定工况下。通常，不可能用模型模拟原型的暂态工况，仅可从一系列稳定工况下的试验数据导出。

除 GB/T 15613.2 第 4 章规定的之外，4.2 还叙述了对数据采集及其处理方面的要求。

如果某些模型的辅助数据可由相同类型水力机械中具有足够精度的数据中得出，则通常不必对其进行测量（例如，叶片和导叶力矩、径向力等）。辅助数据的测量应按专门技术步骤进行（见 GB/T 15613.1 中的 2.3.3）。

水力机械是整个水电设施的一部分。因此，有必要对由于水力系统的固有频率激振引起的不稳定工况进行研究，模型试验可用来验证不同工况下水力机械激振的频率和波形，见 5.1 和 5.2。

作用在原型不同部件上的水作用力，可由模型试验数据通过原模型相应的换算程序，按比尺放大获得。5.3 和 5.4 介绍了为获得上述水作用力平均值和动态分量的方法和试验条件。

开机、关机和/或任何运行工况的转换都将导致机组瞬间运行时远离"正常"运行范围。因此，在某些情况下，要求对某些水力和机械变量在更拓展的运行范围内进行研究。5.5 介绍了更拓展的运行范围内的水力性能测量（即水泵水轮机的 4 象限范围）。

最后，5.6 介绍了如何根据模型试验结果对原型进行指数试验的可行性。

4.1.2 试验条件和试验程序

辅助性能试验通常在 GB/T 15613.1 和 GB/T 15613.2 规定的常规试验所采用的同一模型装置、同一试验台进行。应对常规试验的试验条件进行核实或设法适应。在任何情况下，应将由振动、共振、机械变形和漏水量增大等原因引起的干扰效应和辅助数据试验测试仪器的缺陷降至最小限度。

GB/T 17189—2007 介绍了对测量仪器的要求和脉动量测量的方法。另外，在第 5 章有关条款中还就有关问题相应地作了介绍。

根据测量方案、试验内容及所能达到的和所需要的试验条件，来确定试验程序和试验大纲。辅助数据的测量可分别与/或与常规水力试验同时进行。

GB/T 15613.1 中 4.3 所述有关标定、初步试验、验收试验、检查零点读数等相同程序也可在辅助数据试验中采用。

应在试验前商定试验条件和基本分析方法。

4.1.3 测量的不确定度

总地来讲，辅助试验数据测量的总不确定度大于常规试验测量的不确定度，理由如下：

a) 被测量偏离常规设计运行范围；

b) 被测量的不稳定性；

c) 所用测量仪器和标定程序的不完善性。

按给定目标根据双方商定的不确定度来选择测量方法。在许多情况下，不确定度可采用物理单位（Pa、N、N·m……）。

不确定度的有关特性见 5.1～5.5 的有关内容。

4.1.4 模型与原型间的换算

根据基本相似定律，原型上的有关数据可由模型试验值经过换算得出。相应的换算程序在下面各条中介绍。一般习惯于用无量纲量来表示模型与原型间的换算关系。

然而，应首先检查各个量是否满足水力和机械相似定律。不然，换算时就应考虑整个水力发电系统中原型的动态结构方面的因素，这些因素包括进口和出口的水流情况、共振、外部振源等。

下列可能影响模型试验结果的因素应尽可能加以消除：

a) 流态的影响；

b) 机械结构的影响；

c) 其他。

4.2 脉动量测量的数据采集和数据处理

4.2.1 概述

GB/T 15613.2 第 4 章介绍了常规试验水力性能参数的平均值的测量方法。所用的方法也可用于脉动量的测量。

4.2 介绍了测定脉动量所需要的数据采集和数据处理方法。数据处理包括表示模型测量中试验结果的计算、评估和表达方式。详细可参见 GB/T 17189—2007。

应在试验前就测量程序、数据采集和数据处理方法达成一致。

被测量可能是：

a） 具有周期性；

b） 具有非周期性、随机性和间歇型。

测量的脉动量：

a） 均值（GB/T 15613.1 图 7 中的 $\overline{X}$）；

b） 脉动分量（GB/T 15613.1 图 7 中的 $\widetilde{X}$）。

为获取脉动量的特性，测量方法应能够以足够高的分辨率记录脉动量。测量时可采用：

a） 压力传感器；

b） 加速度传感器；

c） 应变仪；

d） 其他类型的机械量传感器。

为进一步对数据进行分析，从传感器至数据存储器的整个测量系统应符合信号分析理论的有关准则（见附录 B 参考文献[1]）。测量系统应首先满足 GB/T 15613.2 第 4 章的有关规定，在脉动量测量时还应满足本条提出的附件要求。

4.2.2 数据采集

4.2.2.1 信号调理

测量目的和数据采集及数据处理方法决定了与之相适应的信号调理的形式。信号调理的主要目的为：

——滤掉高频噪声以防发生信号混淆现象（模拟滤波器）；

——清除不相关的信号分量（模拟、数字滤波器，或软件方法）；

——偏差补偿。

4.2.2.2 模拟量与数字量的转换

大多数数据采集系统是基于周期采样来完成模拟量与数字量的转换的。图 1 所示为一个典型的数据采集系统。

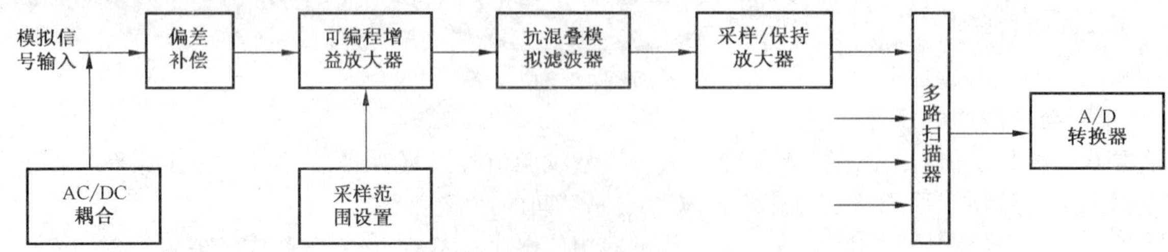

图 1 典型的数据采集系统

当信号稳态值并不相关且比峰-峰值大时，偏差补偿可改善信号脉动分量的存储质量。转换器输入的 AC 耦合可降低信号的低频畸变。选择适当的直流偏差给模拟信号附加一个常量，使信号在无低频畸变的情况下集中在 A/D 转换器的范围内。

可编程增益放大器的作用是使模拟信号的范围适合于 A/D 转换器的变化范围。

模拟抗混淆低通滤波器用于周期性信号采样，采样频率取决于滤波器的特性。通过与每个测量通道相联的采样保持放大器可实现所有信号的同步采集，采样信号可实现按顺序多路传输和转换。若信号按顺序采集，应考虑采样结果的延迟性(见 4.2.2.4)。

A/D 转换器的作用是将连续的模拟信号转换为一定时间间隔的离散的数值序列，这种连续模拟信号的离散化转换会产生不可挽回的数据损失(信号泄漏)，应仔细对待。

模拟信号转换为数字信号的精确度取决于 A/D 转换器的分辨率，分辨率通常用比特来表示。

数字信号的品质也取决于模拟信号的极值与 A/D 转换器输入范围之间的匹配关系。因此，应对每一测量通道进行调理，以使信号最适应 A/D 转换器的输入范围。

4.2.2.3 采样率

周期性采样要求信号的所有能量均被包含在零到一半采样频率之间(见附录 B 参考文献[1])。若未能满足上述条件，则在所采集的信号中会产生信号混淆。

为防止发生信号混淆效应，在采样前应使用低通模拟滤波器。若该滤波器具有升至 f_{max} 的线性增益功能，则所要求的采样频率为：

$$f_s > 2f_{max} + f_{trans}$$

式中：

f_{trans}——过渡频率(见图 2)。

过渡频率与下列因素有关：

——模拟防混淆滤波器的形式与级别；

——滤波器截断频率；

——A/D 转换器的特性；

——测量信号可能存在的高频分量；

——允许噪声水平。

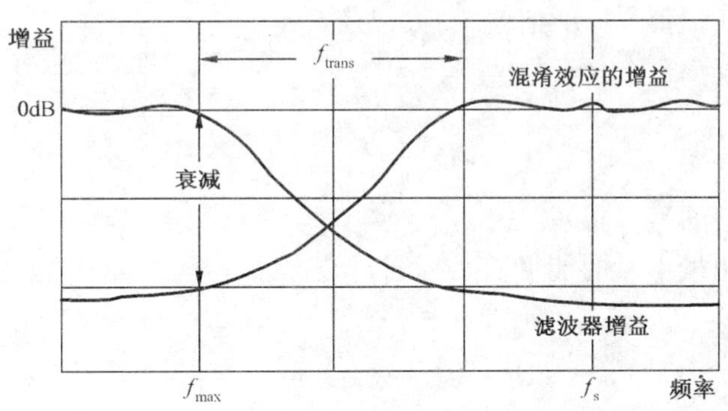

图 2 模拟防混淆滤波器的频率响应

4.2.2.4 相位信息

在某些工况下，不同脉动量之间的相位关系是很重要的。在这些工况下，应仔细对待相位移信息以防止由数据处理系统产生的相位失真。

当数据采集系统的测量通道装有不同的信号调理器且相位差很重要时，则应考虑相位差的影响，并加以修正。

若各通道按顺序采样，与通道 0 相比，通道 i ($i = 1,2,\cdots\cdots,n$)的相位失真 $\Delta\varphi$ 决于：

——相邻两通道采样时间 Δt；

——通道 i 的位置：

——所关注的频率 f。

相位失真为：

$$\Delta\varphi = 2\pi \cdot \Delta t \cdot i \cdot f$$

Δt 可为常数或等于 $1/(n \cdot f_s)$。

4.2.2.5 数据存储

模拟数据记录仪和数字量记录装置均可用于数据存储。

在第一种情况下，未经处理的信号被诸如磁带这样的设备记录下来，这样就可以进行信号波形重放和对其进一步分析。磁带记录仪可认为是数据采集系统的一部分，其频率响应符合数据采集规则。

在第二种情况下，数字量用如磁盘等这样的大容量设备来存储。

4.2.2.6 数据采集程序

为确定数据采集程序，应获取下列信息：

——以比特为单位的模/数转换的分辨率；

——采样频率；

——抗混淆滤波器的频率响应；

——测量系统的频率响应；

——记录次数和每次记录的采样数；

——数据存储程序。

4.2.3 数据处理

在满足数据采集的规则下，为了获得信号相关信息就要进行数据处理。数据处理可采用多种转换方法对随时间变化的信号进行分析：

——其统计特性；

——其谱分量(在频域内)；

——信号间的相关性或其他关系。

时域分析的参数为：

——平均值；

——特征峰峰值、特征幅值[2]、标准偏差、均方根值；

——概率密度函数、概率分布；

——其他。

频域分析的参数为：

——振幅谱(自功率谱的平方根)；

——自功率谱(有限能量信号的能量谱)；

——互功率谱；

——传递函数；

——相关函数；

——其他。

5.1.6 详细介绍了压力脉动的数据处理方法。该方法，特别是 5.1.6.1 中介绍的方法，也适用于主轴扭矩脉动(见 5.2)、轴向力和径向力(见 5.3)、导叶力矩(见 5.4.2)等脉动量的数据处理。

5 测量方法和结果

5.1 压力脉动

5.1.1 概述

5.1.1.1 水力机械压力脉动

压力脉动是水力机械中的自然现象。它们具有周期性或随机性。这是由水力机械流道和流场中的

2 特征峰峰值是指借助于计算出的概率分布和假定某一概率范围(例如 97%)内的最大值与最小值之差。国内按 97%置信度进行取值。特征幅值为特征峰峰值的一半。

叶片及导叶引起的。它们与设计、运行工况、引水钢管和转动部件的动态响应有关。压力脉动实际上是包含不稳定压力和流速分布在内的水力-声学现象的一部分。它们也可能与主轴扭矩的机械脉动、转速、导叶上的水力负荷及水力机械振动有关。

由于低频扰动可以传播到整个引水管和电机的转动部分,故应对其特别关注。低频扰动通常发生在0.2～3倍转频之间。

混流式、轴流定桨式水轮机和水泵水轮机的尾水管压力脉动可能是低频压力脉动中最典型的现象。在上述机械中,在转轮出口可能产生强烈的漩涡,从而引起压力脉动。另外,尾水管空化可改变水力系统的固有频率。

具有双调节功能的轴流转桨式或斜流式水轮机,协联控制导叶开度和转轮叶片转角使转轮出口的漩涡为最小,且不会发生严重的尾水管压力脉动。

对冲击式水轮机而言,转轮在恒压作用下与喷嘴是分离的。由于该原因,转轮与引水管间无相互影响,故本条中不予讨论。

水轮机和水泵在转频乘以转轮或叶轮叶片数的频率(通常称之为叶片过流频率)下会产生激振。由于转轮叶片与活动导叶/固定导叶/蜗壳之间的相互作用,可产生了 k 倍于叶片过流频率的高频,k 值对于水轮机而言通常为1～2,而对于水泵和水泵水轮机而言通常为1～4。

由于紊流性脱流和因漩涡破裂导致的间歇压力脉冲,可能在一个很大的运行范围内的多个工况下产生随机压力脉动。

一些不同工况下的反击式水轮机的压力脉动的实例见图3～图6。建议的压力传感器安装位置如图7所示。

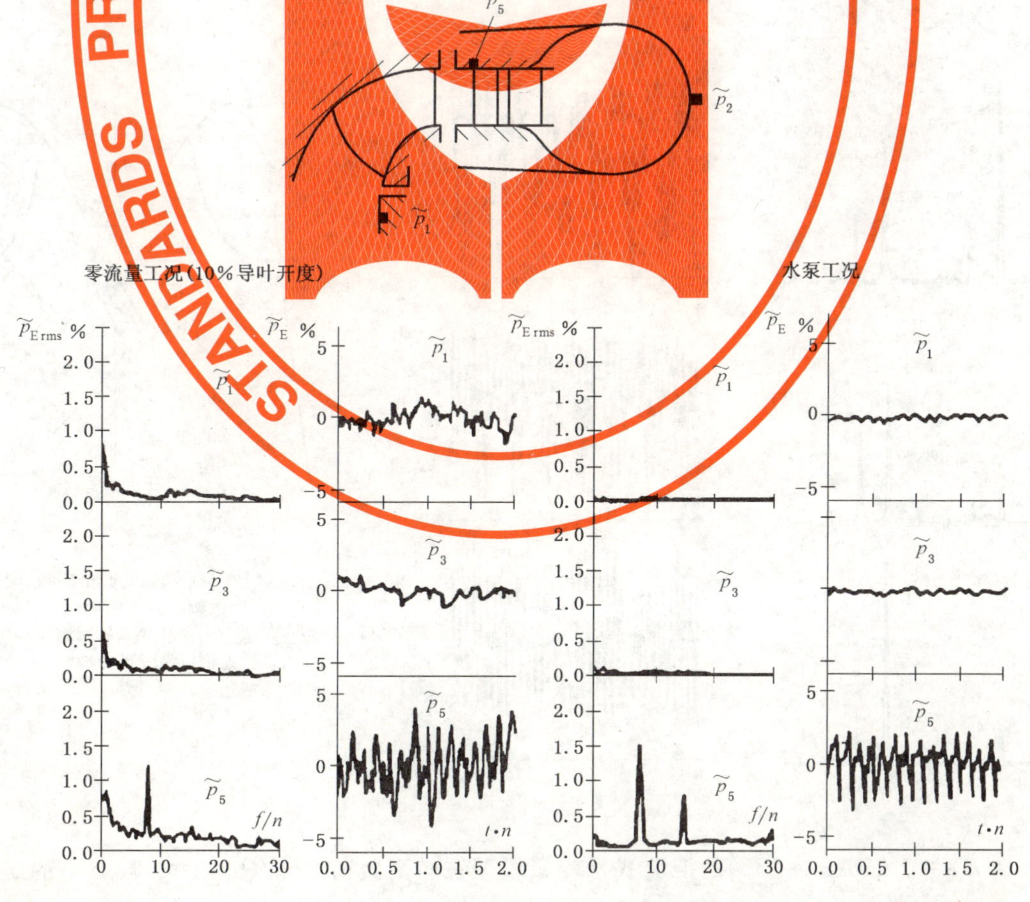

图3 一台 n_{QE}=0.102(n_s=106)的水泵水轮机在水泵工况及其零流量时的压力脉动

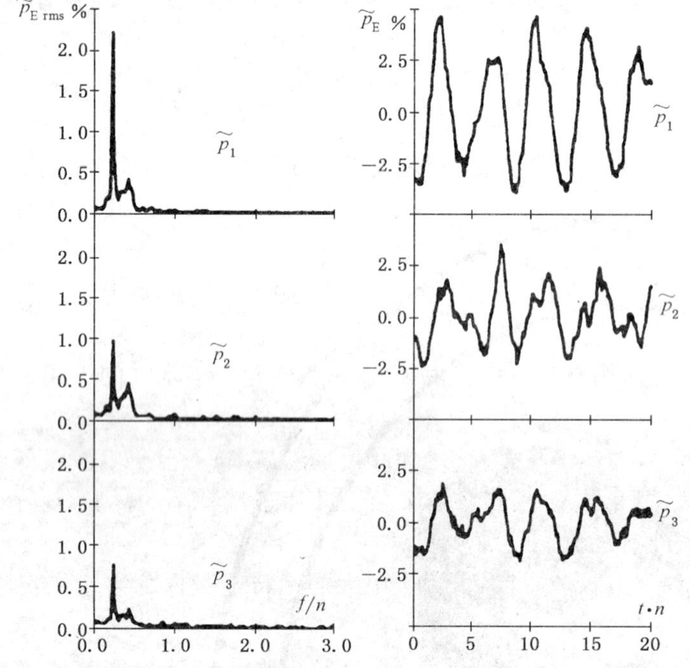

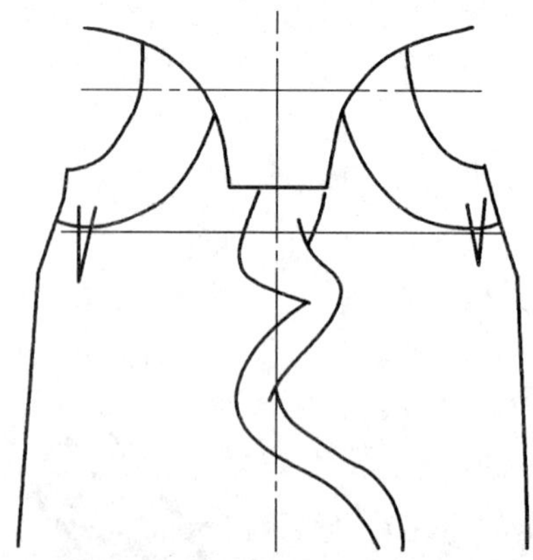

图 4　一台 $n_{\mathrm{QE}}=0.321$（$n_{\mathrm{s}}=334$）的混流式水轮机模型在部分负荷（$Q_{\mathrm{nD}}/Q_{\mathrm{nDopt}}=0.719$）下的压力脉动

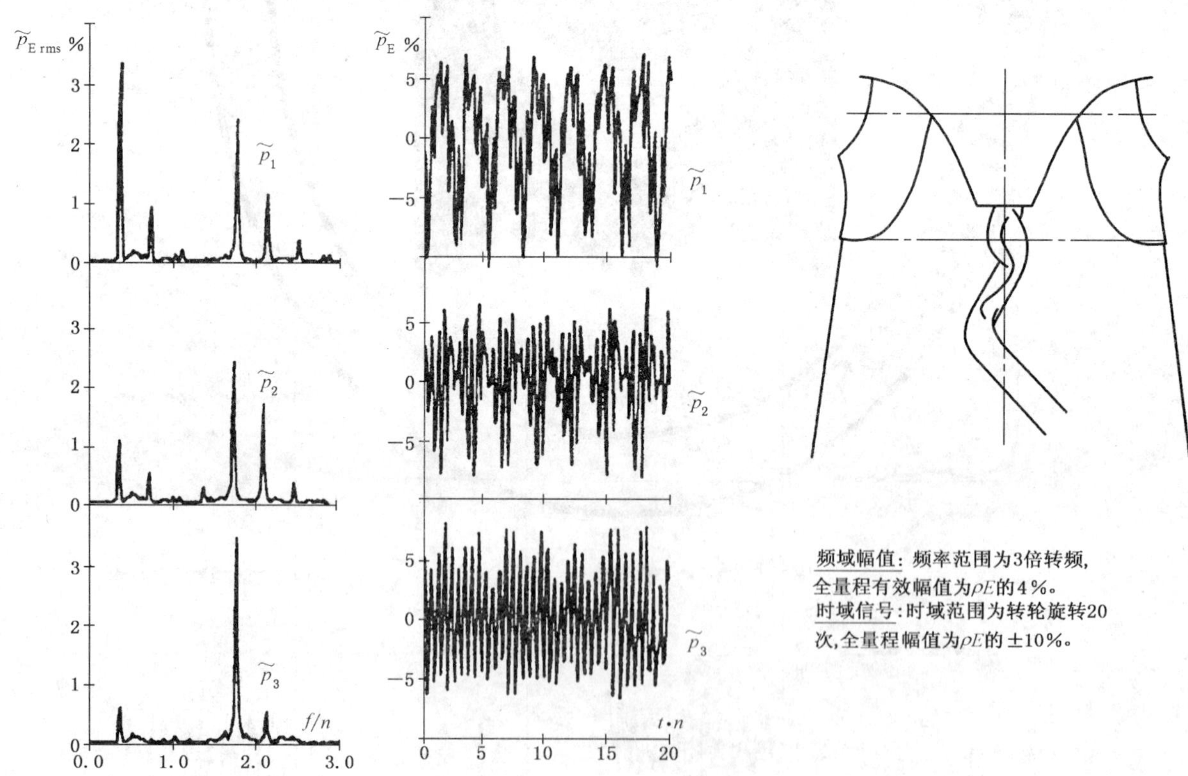

图 5　一台 $n_{\mathrm{QE}}=0.226$（$n_{\mathrm{s}}=235$）的混流式水轮机模型在较高负荷（$Q_{\mathrm{nD}}/Q_{\mathrm{nDopt}}=0.764$）下的压力脉动

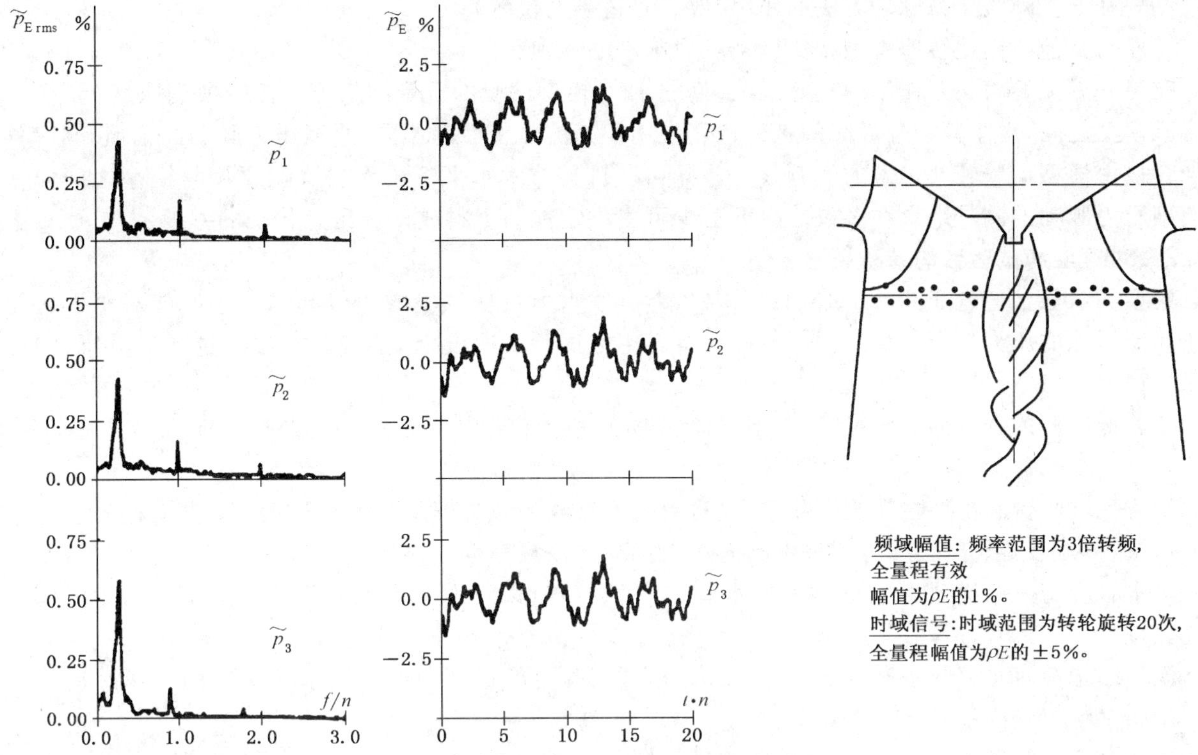

图 6　一台 n_{QE}＝0.173（n_s＝180）的混流式水轮机模型在满负荷（Q_{nD}/Q_{nDopt}＝1.218）下的压力脉动

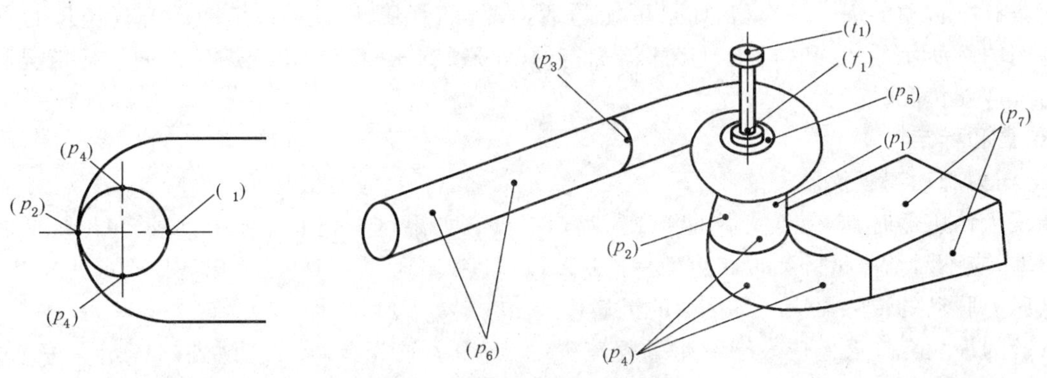

图 7　传感器的安装位置

5.1.1.2　水力系统和机械旋转的影响

由于水力-声波受边界条件影响很大，孤立的水力机械模型试验并不能完全再现所有的原型动力现象。

压力脉动并非仅是模型的唯一特征，而且也受试验台设备特征的影响。下列条件可能影响相似性：

a）　引水管（引水管长度，管壁刚度）；

b）　试验流体的特性（气体含量）；

c）　转动部件的动态特性；

d）　雷诺数和弗劳德数。

5.1.1.3　测量目的

测量压力脉动通常是为了获取下列信息：

——特定运行范围内的压力脉动相对幅值；

——周期或随机压力脉动特征；

——压力脉动的主频，（如果出现的话）；

——补气等减缓压力脉动方法的作用(效果和适当的位置);

——与其他相同比转速模型相比模型压力脉动的强烈程度。

在与外界无显著相互作用的较好工况(见图12),模型试验的定量结果可直接转换到原型上。

原模型之间,由于其与外界间的各种相互作用或其流体特性的不同,原型压力脉动的幅值和频率可能与直接由模型试验转换过来的值有很大差异。在目前技术水平下还无法量化原型与模型之间偏差,但模型压力脉动的测量结果在多数情况下至少可提供定性的资料或评价压力脉动的程度。

5.1.2 对模型和试验台的特殊要求

模型和试验台应遵守GB/T 15613.1中2.1所述水力机械试验的一般要求。它应能对水力比能、转速和低压侧的压力进行充分的调节。一旦所希望的试验工况设定完毕,应能在测量脉动量所需时间内保持稳定。

转轮低压侧的透明部分应足够大,不仅仅能够观察到转轮叶片处的空化,还应该能观察到尾水管的上部。

为避免试验台和模型之间发生共振,试验台的固有频率应与模型频率有很大的差异(见5.1.4.1)。由供水泵、节流装置、旁通管、弯管等引起的水力扰动在该频率范围内应不影响模型装置。

尾水管应与一个横截面积足够大的水管或水箱相连,以克服模型与试验台低压部分之间的动态干扰。

模型结构应有足够的刚度以防变形过大。模型试验台的振动和由控制系统引起的转速脉动,应在所测试频率带范围内不引起压力脉动。

试验台应以闭环方式运行,以使气体含量保持在较低和恒定的水平。模型进口处的水流应无移动的气泡。

对于具有全包角的蜗壳的模型,如果可能的话,模型的高压侧应至少安装6倍直径长的直引水管路。允许用图7所示的 p_3 和 p_6 压力传感器测得的信号预测压力波在蜗壳进口处的传播情况和此压力波的水力—声能情况。

5.1.3 仪器和标定

5.1.3.1 压力脉动测量仪器

安装压力传感器时,应使传感器的膜片与流道平齐。如果达不到上述要求,应避免出现凹腔并估算其固有频率,应不对欲测量的频带产生干扰(见5.1.1.1和GB/T 17189—2007中6.3)。

测量压力脉动的传感器应具有足够的灵敏度($\pm 0.1\% \rho E$)。

测量链的最大允许误差应小于所测量程范围的±5%。该误差可通过预先的标定程序来减小(见5.1.3.2)。

信号处理装置的最大允许误差应小于振幅的±1%且相位差应小于±10°。

图7所示为混流式、轴流定桨式或水泵水轮机推荐的传感器安装位置。推荐对下述 p_1、p_2、p_3 和 p_5 点进行测量。p_1 和 p_2 点处的传感器应置于距转轮/叶轮低压侧0.3～1.0倍直径处。

p_1 压力传感器位于尾水锥管的下游侧;

p_2 压力传感器位于尾水锥管的上游侧;

p_3 压力传感器位于蜗壳进口。

p_5 压力传感器位于转轮/叶轮和导叶间;

根据要测量的压力脉动值的情况,也可安装下列传感器:

p_4 另增的压力传感器置于尾水锥管处:最好位于与 p_1 和 p_2 相同平面上且与之相隔90°,或位于肘管段或相当于原型进入孔的位置上;

p_6 另增的压力传感器沿进水管布置:

p_7 压力传感器置于尾水管出口处。

下列力和力矩的测量也可与压力脉动测量同时进行:

f_1 轴向和径向力传感器位于轴-转轮联接法兰处(见5.3);

t_1 力矩传感器位于轴上(见5.2)。

5.1.3.2 标定

应对压力测量系统进行动态标定。这包括确定输入压力信号和输出电信号间的传递函数。

通常不要求确定压力和输出信号间的绝对相位移。然而,由不同信号调理系统引起的输出信号间的相位移应加以分辨或补偿。

在模型试验中使用的相同的频率和幅值范围内,可通过将相同的压力脉动作用于所有的传感器上来确定的增益和相位修正。通过标定应能确保各通道间增益和相位的差值在信号处理装置的不确定度裕度之内(见5.1.3.1)。

5.1.4 详细步骤

5.1.4.1 试验水头(水力比能)

试验水头(水力比能)是按调整稳定状态的运行参数后能达到良好的运行工况下选择的。选择试验水头(水力比能)时也可按压力脉动的频率和幅值都能落在试验仪器的限度内进行选择。

此外,如果怀疑模型和试验装置间可能发生共振,建议在不同的试验水头(水力比能)下进行试验(见5.1.2)。

只要可能实现,试验水头(水力比能)都应满足弗劳德数相似。对低水头(水力比能)下运行的大型机械,弗芝德数的影响明显增加(见GB/T 15613.1中2.3.1.5)。

5.1.4.2 压力脉动测量的空化基准面

压力脉动测量在电站空化系数下进行。

如果不能实现弗芝德数相似,尾水锥管内的流场及其压力脉动将受到气体空穴变化的影响。

压力脉动试验的空化基准面参照GB/T 15613.1中5.3.1.5.1执行,对于立式混流式机组,空化基准面 z_c 为导叶中心线。

5.1.4.3 模型试验工况

图8给出了水泵或水泵水轮机的典型试验工况及试验工况的范围,而图9中的 $E_{nD}-Q_{nD}$ 图则给出了混流式或轴流定桨式水轮机的典型试验工况。

ⓐ 最大 $E_{Psp\,max}$ 时的 E_{nD}

ⓑ E_{Psp} 时的 E_{nD}

ⓒ 最大 $E_{Psp\,min}$ 时的 E_{nD}

ⓓ 零流量工况(小导叶开度)

ⓔ 部分流量工况

ⓐ—ⓒ 保证运行范围

图8 带水泵曲线的试验途径

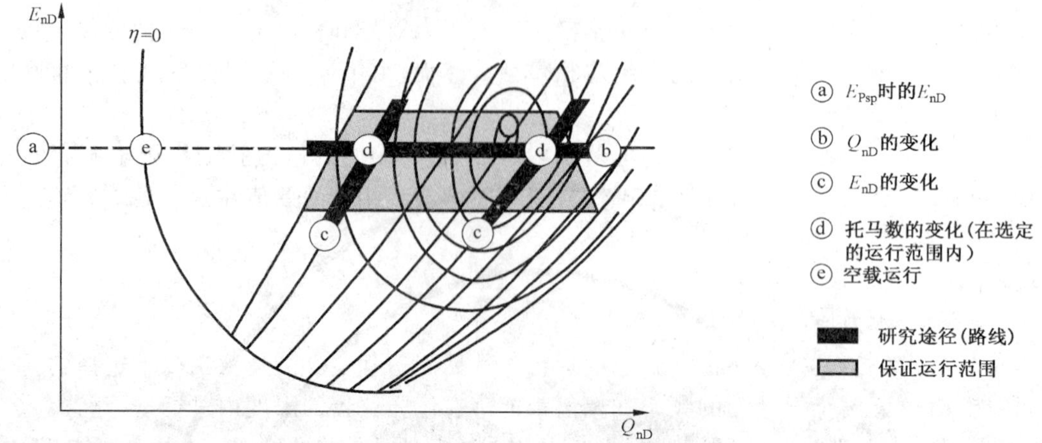

图9 水轮机综合特性曲线中的试验途径

就水轮机而言,试验点至少应能覆盖在恒定试验水头(水力比能)下的规定流量范围,且在5.1.4.2确定的空化基准面条件下的空化系数时进行试验。

对于运行水头(水力比能)变幅较大的电站机组,应在不同的能量系数条件下进行试验,试验应在其对应的空化系数下进行。

在部分负荷、满负荷以及有明显压力脉动发生的试验工况点,进行稍微改变试验条件的详细试验可获得清晰的压力脉动特性。

a) 在恒定试验水头(水力比能)、空化系数和导叶开度的情况下改变能量系数(国内习惯采用单位转速)。

b) 改变空化系数和试验水头(水力比能)。

超出运行范围时,可能发生显著的压力脉动。该情况对水轮机是指飞逸工况,对水泵水轮机(或水泵)是指极端的运行工况(例如水泵的逆运转方式)。

这些数据的综合对压力脉动进行分析是有益的。

5.1.4.4 变空化系数压力脉动试验

尾水位变幅较大的电站可进行变空化系数压力脉动试验。

在电站确定的运行范围内,由供需双方协商选择若干工况点进行变空化系数压力脉动试验。在电站最低尾水位和最高尾水位所对应的空化系数范围内,测量其压力脉动特性随空化系数的变化规律。

5.1.4.5 补气试验

可在模型上进行以减小压力脉动为目的的补气试验。由于没有足够的相似性,该类试验仅能对原型的补气效果给出一个大致的概念。

5.1.5 测量

对于每一个试验工况点,应采集记录足够时间段内的脉动信号,以满足信号分析的要求,例如研究低频脉动。

应观察尾水管空化现象并记录气泡图形。

信号的采样和记录应符合4.2的规定。

5.1.6 结果的分析、显示和整理

5.1.6.1 分析

按照压力脉动的周期性或非周期性特点,应选择进行频域或时域分析。

5.1.6.1.1 时域分析

时域分析对于处理随机的和断续的脉动最为有效(见图3～图6)。对压力脉动试验,时域分析可由确定信号的标准偏差来实现。标准偏差与信号幅值的频域估计值的比较可表示随机脉动信号叠加于周期信号的状况,同时由统计法确定的特征峰峰值可表示脉动的绝对值状况。

也可用于检查目的观测信号的时域波形。

5.1.6.1.2 频域分析

压力脉动的频域分析应采用富利叶分析仪或富利叶分析软件进行。由于使用了多通道分析仪,可以同时跟踪不同频率的周期信号且确定通道间的相位移。富利叶分析仪通常可用工程量表明谱分量的大小。

频谱可由按一系列时间间隔测算出的离散富利叶变换的平均值来评定。为了减小由于有限时间间隔引起的泄漏效应并最好地确定各频率成分,应采用适当的加权窗,如 Hanning 窗和 Kaiser-Bessel 窗等。

在给定的采样时间间隔内,通过离散富利叶变换获得的频谱在采样时域数值和叠加的正弦波之间是最合适的。在一次变换中,对所有频率来讲,采样时间长度都是相同的。因此高频要较低频多出许多个周期。由于此原因,离散富利叶变换并不适合于分析含有频率随时间变化的信号。

在小波/时频分析法中,时间加权窗是频率的函数。所有频率系数都采用相同周期数目进行计算。这种结果精确地反映了作为时间的函数的相关信号中的频率成分。

5.1.6.1.3 无量纲频率和压力

压力脉动频率与转轮/叶轮转频 f_n 间引入无量纲量。

$$频率系数\ f_c=\frac{f}{f_n}$$

压力脉动幅值与试验水力比能 ρE 间引入无量纲量。

$$压力脉动因子\ \tilde{p}_E=\frac{\tilde{p}}{\rho E}$$

5.1.6.2 压力脉动的表述和解释

5.1.6.2.1 概述

用无量纲项(f_c,$\tilde{p}_E$)表示的振动值应与一试验参数建立联系,以便在所希望的原型运行工况下获得全面的压力脉动信息。这试验参数是:

a) 流量系数(国内习惯采用单位流量)或因子;

b) 能量系数(国内习惯采用单位转速)或速度因子;

c) 空化系数;

d) 试验水头(水力比能);

e) 空气流量或其他。

极力推荐对在 p_1、p_2 和 p_3 点测得的信号(图7)进行分析和描述。

下图给出了描述试验结果的例子。

5.1.6.2.2 瀑布图

图10所示瀑布图为三维表示的幅值-频率谱,作为某一选定的试验参数的函数。瀑布图可在所考察的频带和运行范围内快速观察所有压力脉动。

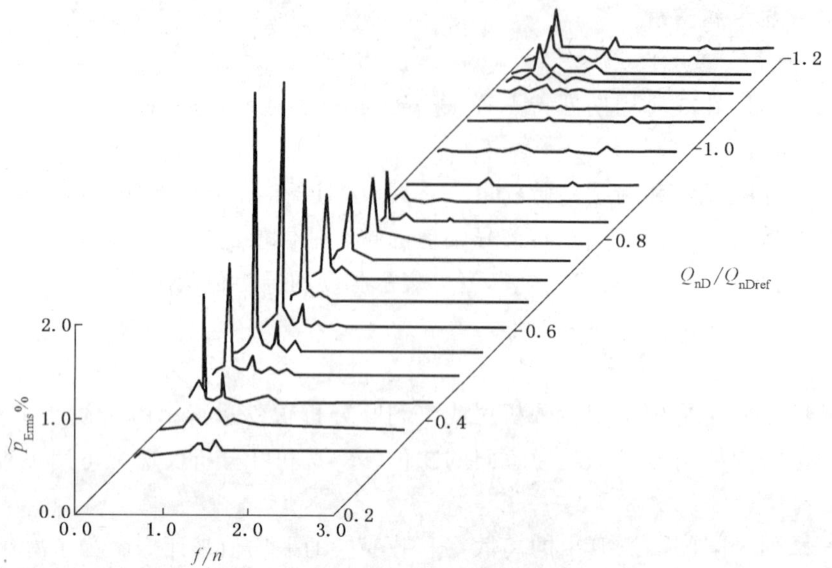

图 10　图 9 所示的混流式水轮机尾水管在试验工况(b)及传感器 p_1 处的压力脉动瀑布图

5.1.6.2.3　汇总图

图 11 中所示的汇总图示出了与每一测量通道主频相关的频谱数值与所选择的试验参数(以二维方式显示)之间的函数关系。

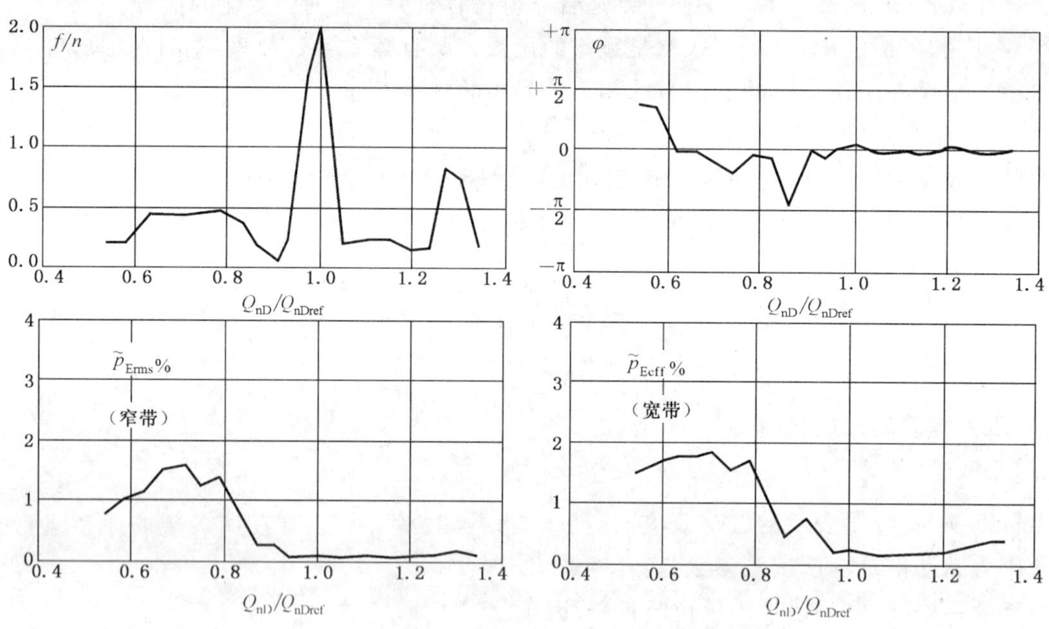

图 11　图 9 所示的混流式水轮机尾水管在试验工况(b)及传感器 p_2 处的压力脉动图

主频是指相关频带内信号具有最高频率幅值的频率。

汇总图中表示：

——主频；

——相对于以主频为基准的相位移：

——主频的窄带幅值；

——宽带幅值。

窄带有效幅值按主频处离散富利叶变换系数 $\tilde{p}_{rms}(f)$ 得出的有效值计。宽带有效幅值按时间信号

的标准偏差 $\tilde{p}_{\text{eff}}$ 计。

若有足够多的试验点，则可将压力脉动幅值曲线可绘在 $E_{\text{nD}}-Q_{\text{nD}}$ 或 $n_{\text{ED}}-Q_{\text{ED}}$ 曲线上，见图 9。

5.1.7 原型换算

5.1.7.1 压力脉动幅值

在对模型试验有利的条件下(见 5.1.1.2)和不存在对外部系统有严重干扰的情况下，压力脉动幅值可较好地由模型换算到原型。

当存在外部系统的干扰时，应在原型布置条件下内通过动态响应分析来预测原型的压力脉动幅值，原型布置中包括引水管道、叉管、阀室、尾水渠道等。由于电站原型布置的复杂性，实际上很难对如图 12 所示的包含所有相应系统部分的综合数字模型进行此种分析。

作为此种分析的一部分，只可能检查压力脉动的主频与下列各种外部系统元件的固有频率间是否可能发生共振：

——引水钢管；

——尾水渠；

——电气设施。

在与外部系统的共振是可预期的情况下，原型压力脉动幅值的预测不包括在模型试验的压力脉动测量过程中。

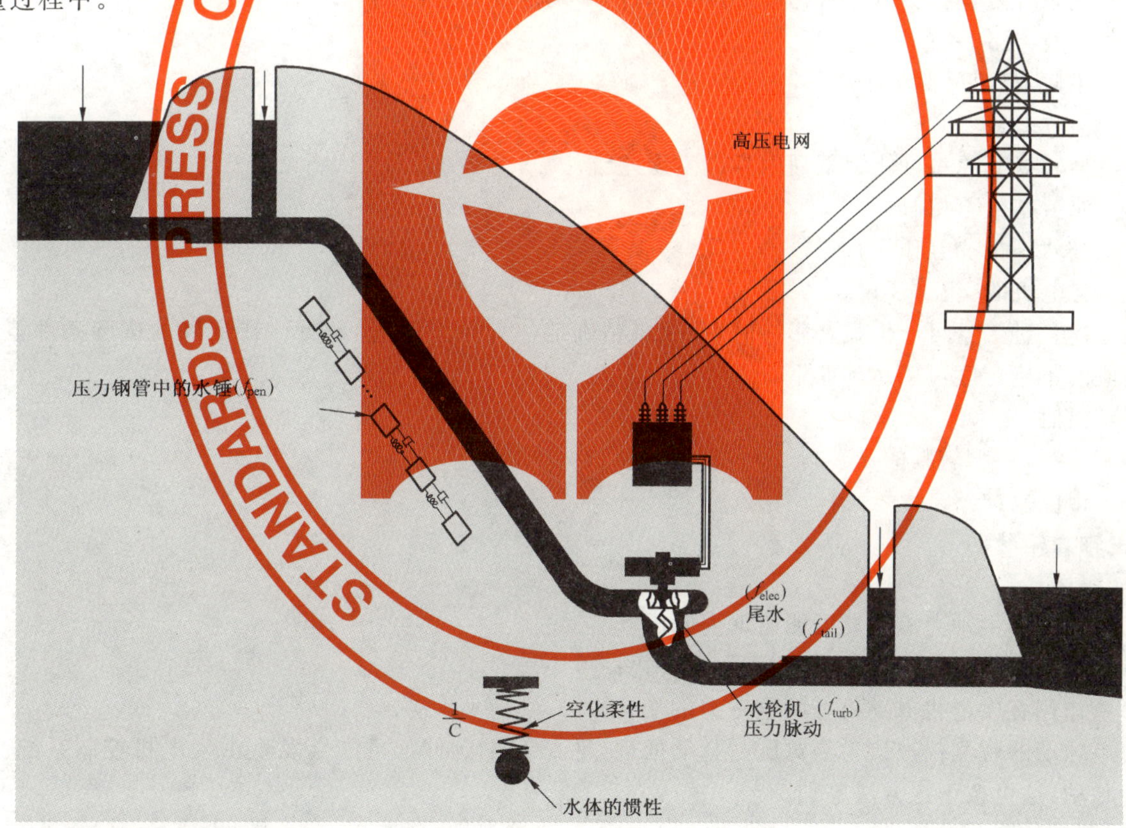

f_{turb}——水力机械的脉动频率；

f_{pen}——压力钢管的固有频率；

f_{tail}——尾水的固有频率；

f_{elec}——电机的固有频率。

图 12 外部因素对水力发电设备压力脉动的影响

5.1.7.2 脉动频率

5.1.6.1.3 所述频率系数可由模型转换到原型的有如下：

a) 转轮出口处由惯性力引起的压力脉动，如螺旋涡带；

b) 因空化或补气导致尾水管中水柱相对气体体积弹性产生的自由震荡(若存在的话);

c) 由转轮/叶轮叶片与导叶间相互作用而产生的压力脉动。

5.1.7.3 脉动量值

压力脉动的量值对压力与水轮机水力比能具有相同比值,这仅适用于脉动的辐射情况。压力波在引水系统中传播时被反射,所观测到的幅值受驻波强烈影响。在水力与系统间的相互作用下,压力脉动幅值丧失其相似性。

激振水平可通过估算与水力振动相关的有效水-声功率来合适地确定。对给定截面处的此功率是按瞬时压力脉动和瞬时流量波动的乘积求得的。工程中是按附录B的参考文献[8]中的 p_3 和 p_6 的测量值确定的。由于有效水-声功率不受引水管中的驻波的影响,这表明扰动的辐射功率若不是来自水力机械本身(正值)就是来自于试验台管路(负值)。

5.1.8 不确定度

模型试验压力脉动测量的不确定度受下列因素影响:

a) 仪器的不确定度;

b) 与试验台的交互作用;

c) 与电机的交互作用。

若测量条件好,则测定模型试验压力脉动时的不确定度如下:

a) 幅值:±10%;

b) 主频:模型转频的±2%;

c) 相位差:±10°。

由模型转换到原型可能因下列因素产生误差:

a) 弗劳德数不相似;

b) 与水道的交互作用;

c) 与电机的交互作用。

在上述各种因素可产生显著影响时,就很难精确地估计原型的值。相反,在良好的试验条件下,原型预测值的不确定度可望达到如下:

a) 幅值:±30%;

b) 主频:原型转频的±5%;

c) 相位差:±30°。

5.2 主轴力矩脉动

5.2.1 概述

水力机械的主轴力矩脉动可能由下列原因产生:

a) 作用在转轮/叶轮叶片上的压力的变化;

b) 作用在发电机电动机上的电磁力的变化。

力矩脉动的观测仅被认为是对压力脉动处理(见5.1)的延伸。可能会发生由发电机控制系统产生的力矩脉动,这可按下述方法鉴别。

5.2.2 测量规则

力矩传感器应安装在发电电动机和转轮/叶轮之间的轴上。参见5.3和GB/T 15613.2中的图25。其频率范围应覆盖相关频率的范围(见5.1.1.1)。

在所关心的频带范围内,速度控制系统、试验台的功率传输系统和模型主轴的扭转固有频率都不应对主轴力矩频率产生显著影响。

5.2.3 模型试验结果分析

力矩脉动的处理和显示与压力脉动相同(见5.1.6)。幅值以无量纲的力矩因子或系数来表示(见GB/T 15613.1中的3.3.13.1和3.3.13.3),并以相对值表述。其参照值可以是最优效率或满负荷工况的力矩因数(或系数)。

若在所关心的频带范围内,发电电动机对欲考察的频率无动态影响,则力矩脉动幅值表示的是总体作用在转轮上的脉动压力的结果。

5.2.4 换算到原型

力矩脉动频率可换算到原型,其条件为:

a) 其频率与压力脉动频率相同;

b) 发电电动机对欲考察的频率无动态影响。

如果电气、机械结构和引水系统等不能模拟的边界条件影响很大的话,则水轮机模型试验可能会无法再现原型的力矩脉动幅值。

在模型控制系统的原因起明显主导作用时,如在飞逸工况或调相工况测得的力矩脉动就是与此无关的。

5.3 轴向力和径向力

5.3.1 概述

本条将涉及到作用在水力机械的转轮/叶轮上的力(推力)和力矩的稳态测量问题。

在绝大多数常规试验情况下,仅测量轴向力。要测量径向力和力矩,就需进行专门的改装。下面对测量一个分量(轴向力)至测量六个分量(作用在转轮/叶轮上的所有力和力矩)的试验方法作了描述。

至于这些轴向力和径向力的脉动测量也属于下述测量方法和装置的组成部分。这些脉动的数据处理方法通常与压力脉动采用同样的方法(见 5.1.6)。

5.3.1.1 测量目的

由水力因素引起的力和力矩为水力机械转动部分全部载荷中的一部分。例如作用在轴向和径向轴承和埋入部分上的力、主轴的应力和挠度等重要的设计参数,可由模型测量值算出和/或导出。

测量目的旨在确定不同工况下力和力矩的大小和方向。

5.3.1.2 定义

作用在转轮/叶轮上的力和力矩被定义在固定笛卡尔坐标系上(见图 13)。

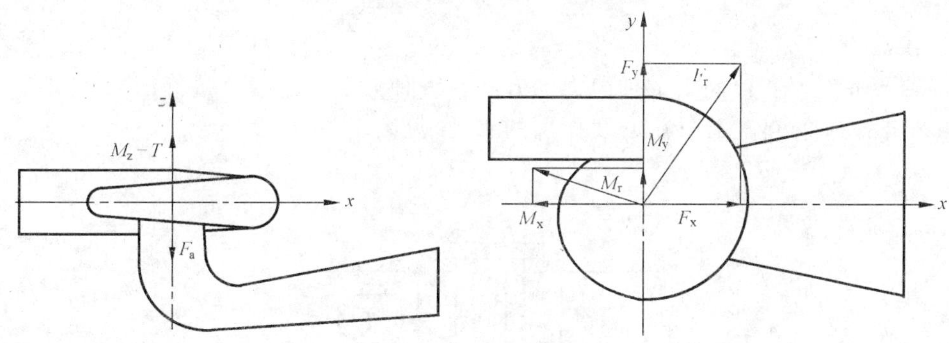

图 13 坐标系定义

坐标系原点由 GB/T 15613.1 中 1.3.3.7.6 所述的参考面确定。

F_x——径向力,x 分量;

F_y——径向力,y 一分量;

F_z——轴向力($-\vec{F}_z=\vec{F}_a$ 轴向推力);

F_r——径向力($\vec{F}_r=\vec{F}_x+\vec{F}_y$);

M_x——力矩,x-轴

M_y——力矩,y-轴;

M_z——力矩,z-轴 (=主轴力矩 T);

M_r——径向力矩($\vec{M}_r=\vec{M}_x+\vec{M}_y$);

径向力及其力矩的角度可在规定的坐标系中计算：

$$\varphi_{Fr}=\arctan\frac{F_y}{F_x} \qquad \varphi_{Mr}=\arctan\frac{M_y}{M_x}$$

5.3.1.3 影响因素

本条仅考虑由转轮/叶轮和水流间的水力相互作用引起的力和力矩。因此，还要考虑由下列因素产生的力：

——转轮/叶轮的重量；
——离心力；
——静水作用力（浮力）；
——迷宫密封的水动力影响；
——机械力（摩擦力）；
——共振影响。

下述各条将介绍如何在每一特殊情况下处理上述因素。

5.3.2 轴向力

5.3.2.1 试验程序

试验应覆盖全部运行范围，并应特别留意出现最大轴向力的区域。试验应在各规定的原型运行工况下进行。应在最小到最大水力比能和最小到最大流量间由足够的试验点来描述轴向力。建议试验范围应延伸到合同规定的运行范围并对空化对轴向力的影响加以考虑。

除通常运行范围外，轴向力应在下列非设计工况进行测量：

——飞逸工况；
——双调节机械的非协联工况；
——过渡工况下的可能出现大轴向力的运行工况点（例如水泵及水泵水轮机在最大导叶开度下由水泵工况向水轮机工况过渡）；
——轴向机械中能引起向上推力的空载工况。

5.3.2.2 测量方式

5.3.2.2.1 直接测量

有许多测量作用在转轮/叶轮上的轴向力的方法。一种典型方法为测量静压轴承中的油压，以此作为参照量来推算出沿转轮/叶轮旋转中心线作用的水力（见图 14）。

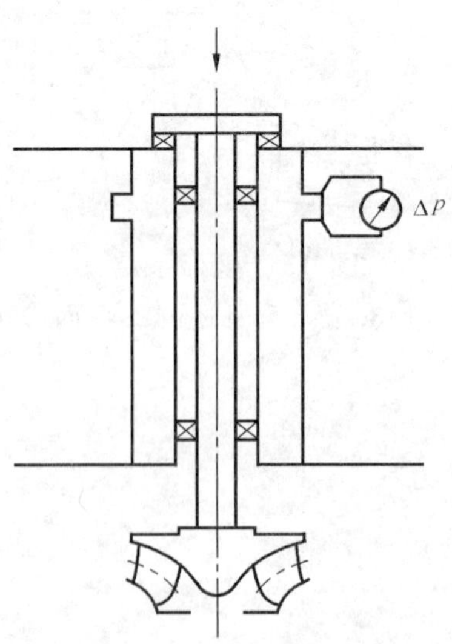

图 14 轴向力测量的典型试验布置

另一种典型方法为用应变仪或测距感应仪来测量导轴承与轴承座间连接部分的变形。

轴向力也可用一个可测量所有六个力和力矩分量的装置确定(见图 17,d)。

与所采用的方法有关,还应对下述影响因素加以考虑:

——作用于主轴静水压力;

——油的黏度;

——重力;

——其他。

5.3.2.2.2 间接法

考虑了随水流动量变化而得出的轴向推力计算值,轴向力可由沿转轮/叶轮外轮廓线的多个压力测量值来确定。相应的压力测点见图 16。所有这些压力都应相对诸如机械的基准断面处的参照压力取值(见 GB/T 15613.1 图 1)。

5.3.2.3 标定

为进行标定,在模型转轮/叶轮轴上沿轴线方向加一个力。力的大小可由下列决定:

——经检验的质量;

——各种质量与一力传感器一起作用;

——液压千斤顶与一力传感器一起作用(见图 15);

——其他。

为了绘制标定曲线,应建立轴向力测量仪信号与作用在轴上的参照力之间的联系。

图 15 轴向力的典型标定布置

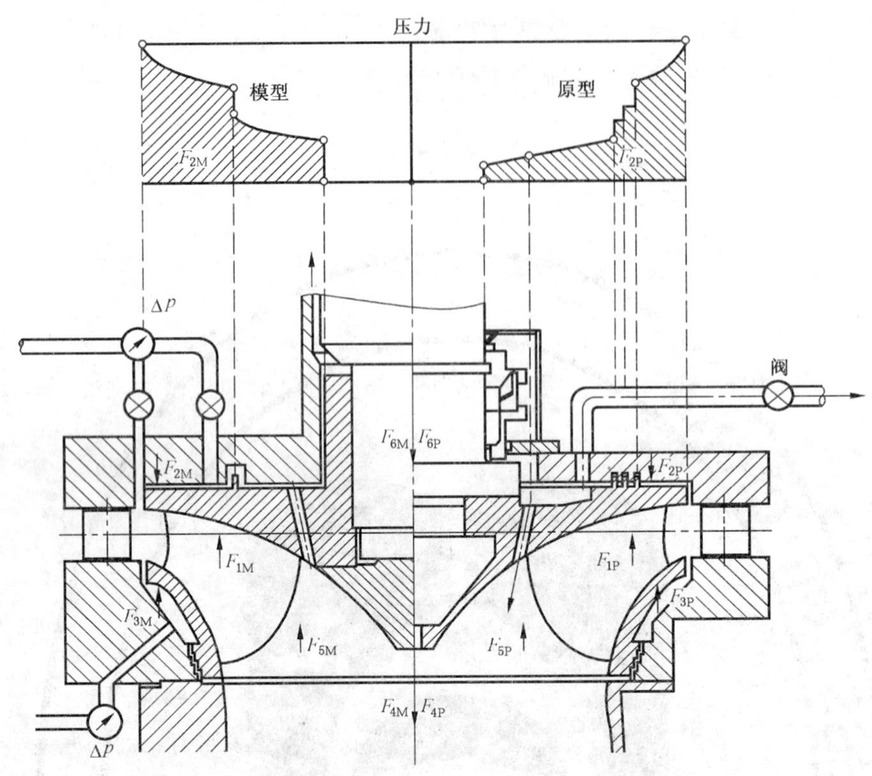

图 16 作用在混流式水轮机轴向力的各分量

5.3.2.4 测量前后的检查

在每一次试验前后，测量信号应在一参照状态下记录和检查(例如，在停机状态)。建议在一个工况点检查变转速时的轴向力测量值。这种检查可表明标定、修正和评定是否正确。

5.3.2.5 换算到原型

在模型上测得的轴向力 $F_{a,M}$ 并不总能够直接换算到原型状态。为保证换算的准确性，应分别考虑模型和原型总轴向力中的各个分量。

图 16 和表 1 所示为一台立轴混流式水轮机的总轴向力中的各轴向力分量。对去掉作用在转轮上冠和下环上的轴向力分量后便可将该确定步骤使用于轴流式机组。

为解决模型和原型的转轮/叶轮的差异(密封几何形状、卸荷孔、平压管)，试验数据应进行修正。值得注意的是，即使模型和原型间完全几何相似，也无法当然地认为其流动在上述区域也相似。

模型轴向力由下列分量组成：

$$F_{aM}=F_{1M}+F_{2M}+F_{3M}+F_{4M}+F_{5M}+F_{6M}$$

因此

$$F_{1M}=F_{aM}-(F_{2M}+F_{3M}+F_{4M}+F_{5M}+F_{6M})$$

引入下列无量纲轴向力因子/系数(见 GB/T 15613.1 中 3.3.13.2 和 3.3.13.4)：

$$F_{1ED}=\frac{F_1}{D^2\cdot\rho\cdot E}\quad \text{轴向力因子；}\quad F_{1nD}=\frac{F_1}{D^4\cdot n^2\cdot\rho}\quad \text{轴向力系数；}$$

可用下式计算原型的轴向力：

$$F_{1P}=F_{1M}\cdot\left(\frac{D_P}{D_M}\right)^2\cdot\frac{E_P}{E_M}\cdot\frac{\rho_P}{\rho_M}=F_{1ED}\cdot D_P^2\cdot\rho_P\cdot E_P$$

$$F_{1P}=F_{1M}\cdot\left(\frac{D_P}{D_M}\right)^4\cdot\left(\frac{n_P}{n_M}\right)^2\cdot\frac{\rho_P}{\rho_M}=F_{1nD}\cdot D_P^2\cdot n_P^2\cdot\rho_P\cdot E_P$$

因此，原型的轴向力为：

$$F_{aP}=F_{1P}+F_{2P}+F_{3P}+F_{4P}+F_{5P}+F_{6P}$$

原型轴向力也可由测量和计算的联合方法来确定。此种情况下，用计算模型轴向力来校核计算原型轴向力的计算机程序，并随后与模型试验结果进行比较。相同的程序也可用于计算由于转轮/叶轮密封磨损而导致的上冠压力增加的情况下的原型轴向力。

表 1 各轴向力分量和处理方法

力分量		模型	原型
F_1	水动力[1)]	从测量值中由 F_{aM} 减去 F_2 至 F_6 来确定	用 F_{1ED} 或 F_{1nD} 来换算
F_2	上冠	按抛物线型压力分布计算 建议测量静压 轴流式中不存在	按抛物线型压力分布计算 轴流式中不存在
F_3	下环	按抛物线型压力分布计算 轴流式中不存在	按抛物线型压力分布计算 轴流式中不存在
F_4	转轮/叶轮重量	称重确定或在标定程序中考虑 对于斜流式机组，仅考虑其轴向分量	由计算确定
F_5	转轮/叶轮浮力	由转轮/叶轮体积 $F_5=V\rho_w g$ 确定或在标定程序中考虑	由计算确定 $F_5=V\rho_w g$
F_6	轴端处静水力	作用在暴露于大气面积处的压力	作用在暴露于大气面积处的压力
1) F_1 由作用于转轮/叶轮流道的轴向水动力产生。			

5.3.2.6 不确定度

原型轴向力的不确定度来自于模型测量的不确定度和由模型换算到原型的近似性。

若测量条件好，则确定模型轴向水作用力平均值的不确定度可按小于正常工况下极值的±(5～10)%来确定。与之相对应的原型的不确定度值大约为最大平均值的±(10～20)%。

5.3.3 径向力

5.3.3.1 试验程序

径向力(力和力矩)的大小和方向为确定主轴、轴承及其相邻构件的应力和挠度时所必须。测量范围应覆盖所有主要的运行范围，并应特别留意那些径向力出现极值(平均值和/或脉动值)的工况点。

出现径向力极值的典型工况为：

——飞逸工况；

——水泵的零流量；

——与过渡过程有关联的工况点；

——空化工况。

5.3.3.2 测量方法

径向力可通过测量下列量来确定(见图 17)：

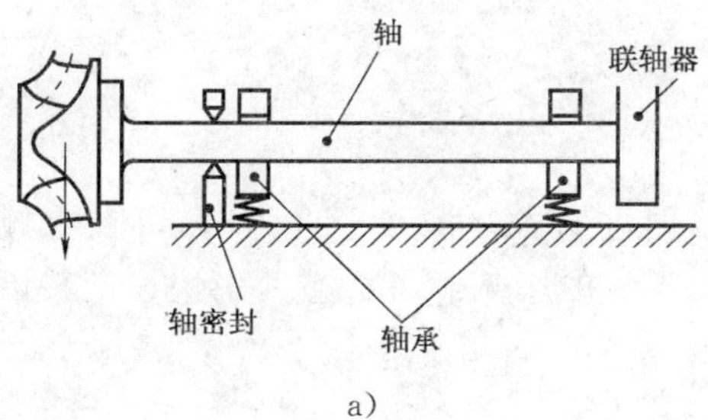

a)

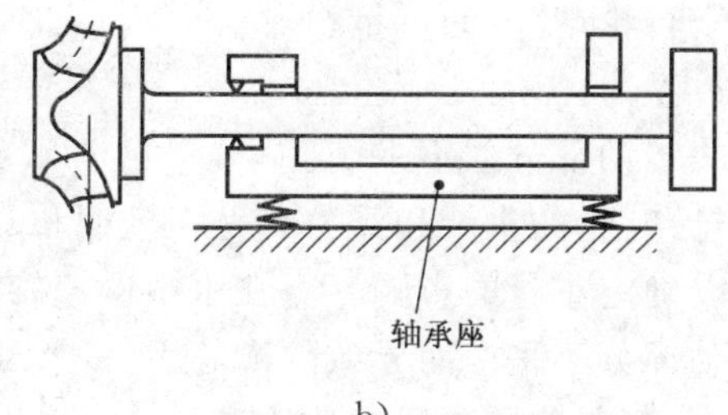

b)

图 17 径向力测量的典型布置

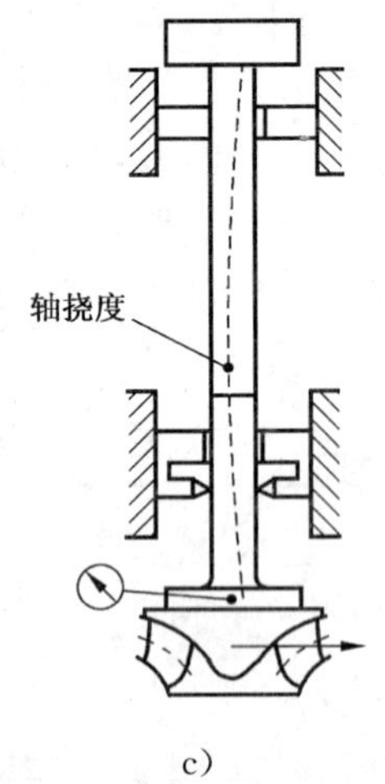

c)

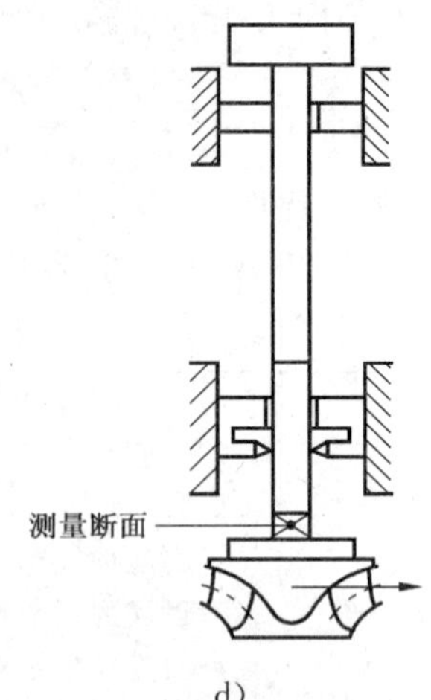

d)

图 17（续）

——两个轴承的反作用力；

——轴承座的支持力；

——轴的挠度；

——靠近转轮/叶轮处主轴某一特定测量断面处的多方向应力。

图 17 之方法 d)允许测量转动和固定部分的所有力和力矩的六个分量(F_x,F_y,F_z,M_x,M_y,M_z)。应变仪电桥的信号通过滑环或遥测装置从轴上传到固定部分。连续测量旋转角，并将其信号转换成静止坐标。

由于采用了上述方法，径向力的测量可能受到如表 2 所示的非水力作用力的影响。

径向密封的动压轴承效应可严重影响径向力的测量。可通过在模型中测量径向力时增加密封间隙来减弱其影响。

表 2　影响径向力测量的非水力作用力

非水力作用力的来源		测量方法			
		a	b	c	d
轴	（固有频率）	×	×	×	×
联轴器	（惯性）	×	×	×	
轴承座	（惯性）		×		
轴密封	（反作用力）	×		×	

5.3.3.3　标定

通常所用的基本标定方法为通过在已知的杠杆臂和经校验过的质量在轴上施加力和力矩。实际的力和力矩按其各自的仪器读数。如果用油压来确定轴承力，则应记录油温并注意黏度的影响(如果有的话)。如果在转动部分上测量(图 17 中方法 d)，则应在转动工况下进行标定。

由于仅确定水力径向力，应通过标定对下列影响加以考虑：

——转轮/叶轮的重量；

——浮力；

——转动部分的不平衡。

转轮/叶轮的重量和浮力只是在模型和/或原型不是立式时才有关。测量径向力时，可在空气中慢速旋转以确定重量的影响。可在水中慢速旋转以考虑重量和浮力的影响。可在空气中快速旋转以确定由于转动部分不平衡而导致的离心力。

5.3.3.4　测量前和测量中的检查

每一次试验前后，测量信号应存储起来并在参照工况(例如，停机时)下加以检查。建议在一个运行工况点改变转速以对径向力的测量加以检查。该项检查可显示标定、修正和判定是否正确。

观察改变转速试验还可发现在某一转速下出现显著差异，这说明在此转速下模型出现了特有的共振影响。

5.3.3.5　换算到原型

在所有影响因素被消除而仅考虑水力作用力的情况下，可以将径向力由模型换算到原型上。

引入下列无量纲的径向力和力矩因数/系数(见 GB/T 15613.1 中 3.3.13)：

$$F_{rED}=\frac{F_r}{D^2\cdot\rho\cdot E}\qquad \text{径向力因数}$$

$$M_{rED}=\frac{M_r}{D^3\cdot\rho\cdot E}\qquad \text{径向力矩因数}$$

$$F_{rnD}=\frac{F_r}{D^4\cdot n^2\cdot\rho}\qquad \text{径向力系数}$$

$$M_{rnD}=\frac{M_r}{D^5\cdot n^2\cdot\rho}\qquad \text{径向力矩系数}$$

可按下列各式计算原型的径向力和力矩：

$$F_{rP}=F_{rM}\cdot\left(\frac{D_P}{D_M}\right)^2\cdot\frac{\rho_P}{\rho_M}\cdot\frac{E_P}{E_M}=F_{rED}\cdot D_P^2\cdot\rho_P\cdot E_P$$

$$F_{rP}=F_{rM}\cdot\left(\frac{D_P}{D_M}\right)^4\cdot\left(\frac{n_P}{n_M}\right)^2\cdot\frac{\rho_P}{\rho_M}=F_{rnD}\cdot D_P^4\cdot n_P^2\cdot\rho_P$$

$$M_{rP}=M_{rM}\cdot\left(\frac{D_P}{D_M}\right)^3\cdot\frac{\rho_P}{\rho_M}\cdot\frac{E_P}{E_M}=M_{rED}\cdot D_P^3\cdot\rho_P\cdot E_P$$

$$M_{rP}=M_{rM}\cdot\left(\frac{D_P}{D_M}\right)^5\cdot\left(\frac{n_P}{n_M}\right)^2\cdot\frac{\rho_P}{\rho_M}=M_{rnD}\cdot D_P^5\cdot n_P^2\cdot\rho_P$$

将径向力由模型换算到原型时，应确定径向力作用的参照平面的轴向位置。此平面或许应规定为指定的参照平面(见 GB/T 15613.1 中 3.3.7 的图 5)。

由模型换算到原型还应考虑不能模拟的机械分量和条件(见 4.1.4)。

5.3.3.6　不确定度

原型径向力的不确定度取决于模型测量的不确定度和由模型换算到原型时的近似程度。

即使在良好的测量状态下，模型径向力平均值的不确定度是不可能小于最大平均值的±5%至±10%。

相应的原型径向力平均值的不确定度也不可能小于最大平均值的±(10～20)%。脉动值的不确定度甚至可能更高。

5.4　控制机构部件的水力负荷

5.4.1　总则

5.4.1.1　控制机构部件的类型

为了控制功率或流量，大多数类型的反击式水力机械都配备有：

——导叶，和/或

——可调节的转轮/叶轮叶片。

冲击式水轮机(例如，水斗式水轮机)的控制元件为由喷针可调节的喷嘴及折向器。

有时闸门或阀门也可用作控制部件，但并不在此考虑。

5.4.1.2　负荷测量的目的

该试验的目的通常为用模型测量水力负荷(例如作用在机械控制部件上的力和力矩)以对此加以检查或确定。模型应在稳定运行工况状态下运行(见 4.1.1)。

模型试验结果(绝对值或无量纲值)可用于：

a)　检查与模型设计有关的水力负荷的最大值(平均值和脉动分量)；

b) 确认在什么运行工况下水力负荷脉动量最关键及其相应的激振频率;

c) 检查在什么运行工况下水力矩具有开或关的趋势;

d) 为原型在过渡运行工况的负荷计算提供数据;

e) 按设计和调整导叶及其导叶保护机构的要求确定作用在同步和非同步导叶上的力矩。

5.4.1.3 进行水力负荷测量的控制机构部件的设计

准备用于水力负荷测量的模型部件通常都专门设计。如果采用应变仪,在水力负荷的作用下,被测部件必须产生足够的变形。这可以由恰当的设计来达到,但必须对测量部件的机械安全性和固有频率的影响应进行检查。检查摩擦力或力矩对模型测量的影响程度也是很重要的。若摩擦力的影响不能忽略,则应在最终的模型试验结果中对其加以剔除,因为在原型中其对应值是不同的。

由于设计的原因,可能要降低试验比能下进行试验,以避免发生超过允许范围的水力负荷或共振。因此,确定上述部件在水中的固有频率也是很重要的。

有时,更好的办法是另备一套测量部件,该套部件仅在确定水力负荷试验时安装,这样的话,就可以在无额外约束和避免测量元件损坏的风险下进行常规试验了。

5.4.1.4 信号处理

由标定和/或测量得到的测量信号可人工或自动记录。然而,对于有多个测量点或多个测量部件的复杂测量而言,建议采用自动数据采集。如同压力脉动一样,这对试验结果的处理和显示都是有利的(见5.1.6)。

5.4.2 导叶力矩

5.4.2.1 测量导叶的数目和位置

许多试验的经验已表明,由于水力和/或结构设计的原因,反击式水轮机导水机构的入流和出流情况可能沿蜗壳的圆周方向或贯流式水轮机的进口方向改变。因此,应在位于具有代表性的圆周方向位置上测量几只导叶的力矩:

a) 对于全蜗壳:在鼻端导叶影响区布置两只导叶,与之相对的位置布置一只导叶;

b) 对于半蜗壳:应准备多于三只的测量导叶;

c) 对于贯流式机组:在灯泡体支撑或机坑的影响区布置两只导叶,在其垂直方向上布置一只导叶。

当相似的试验数据已表明了圆周方向的影响时,可商定仅使用一或二只测量导叶。

当固定导叶数和导叶数不同时,除非相似布置的试验数据表明两相邻导叶间无明显差异,应对两相邻导叶进行测量。

如果要确定与相邻导叶不同步的导叶力矩的情况,必须对三只相邻的导叶进行测量,这三只导叶中间的那只导叶为不同步的。

5.4.2.2 试验点数量

运行工况和试验点数目很大程度上依赖于机械种类和试验目的。在水轮机工况,主要的控制参数为流量因数或导叶开度。速度因数影响很小,且实际上对于高比速水轮机而言可以忽略其影响。仅在由比能值 E_{nDmax} 和 E_{nDmin}(见图19)确定的运行范围内测量导叶力矩就足够了。对于更高比转速的混流式水轮机和轴流式水轮机而言,在运行范围内仅在一个固定的单位值 E_{nD} 上测量导叶力矩就够了。在此情况下,可按由5.4.2.6确定的导叶力矩因数 $T_{G,QD}$ 来估算。

若运行范围扩大,则试验点数目应增加。过渡过程分析要求有足够数目的试验点。

如果要测量非同步导叶的导叶力矩,为使试验程序不过于复杂,商定可能出现的几何条件和水力运行工况非常重要。

5.4.2.3 测量方法

在大多数情况下,作用在导叶上的水力矩是通过用粘贴式应变仪测量导叶轴的扭曲变形来实现的。测量轴的上端与导叶的调节机构相连。可以是普通的导叶轴,通常其直径是减小了的,或将普通的导叶轴换为专用的测量轴，有时也采用具有合适弹性模数和负荷滞后性的其他材料。图 18 为两种典型的设计方案。

为避免由横向和/或轴向水作用力引起的摩擦力的干扰，应特别注意测量轴支撑系统的设计（例如采用球轴承）和导叶端面间隙，这些都可能增加力矩的测量值。导叶圆盘（如果有的话）应设计成不会在测量时产生干扰轴向力的结构。

如果测量断面不在干燥的空气中，采用良好的防护措施以防止受潮是很重要的。应定期检查绝缘电阻。

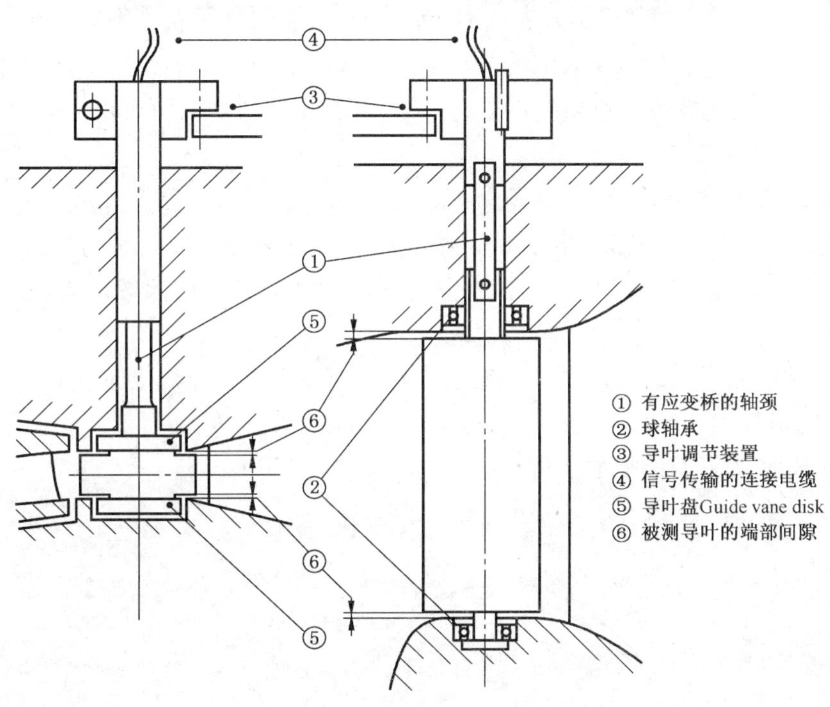

图 18　导叶力矩测量方法实例

5.4.2.4　标定

标定通常采用静载荷，即将已知的力臂和质量作用在测量导叶的开启和关闭方向上的方法。标定可以在已安装在模型上或在已安装在导叶专用标定装置上进行。

应检查无负荷运行工况点的稳定性和由于带加载和减载所引起的滞后性以及在恒定负荷下测量信号的漂移。标定的结果通常为输出信号与标定力矩之间的一条平均标定曲线。

5.4.2.5　测量前和测量过程中的检查

建议在将导叶安装在模型上后，为证明机械安装正确（无摩擦）和检查测量信号的处理情况和启、闭方向的符号，在导叶上加一个检查载荷（特别当导叶用专用标定装置标定时）。

包含转速变化在内的预试验应说明滤掉噪声的测量信号并不影响信号本身且可避免共振工况。在每一试验系列的前后，零负荷时的测量信号应被记录和检查。

在水泵工况，应可确定叶轮轮叶通过频率为其优势激振频率。这也可适用于水泵水轮机的水轮机工况。

5.4.2.6　无量纲的力矩因数和模型导叶力矩的计算

对每一个工况点，平均值 T_G 可用来计算无量纲的导叶力矩因数 $T_{G,ED}$ 或 $T_{G,QD}$。

导叶力矩因数的定义（见 GB/T 15613.1 中 3.3.13.1）：

$$T_{G,ED}=\frac{T_G}{\rho \cdot D^3 \cdot E}$$

或

$$T_{G,QD}=\frac{T_G \cdot D}{\rho \cdot Q^2}$$

基于水力相似条件，原型导叶力矩可由一个力矩因数或模型绝对值来计算。

$$T_{G,P}=T_{G,M} \cdot \left(\frac{D_P}{D_M}\right)^3 \cdot \frac{E_P}{E_M} \cdot \frac{\rho_P}{\rho_M}=T_{G,ED} \cdot D_P^3 \cdot E_P \cdot \rho_P$$

或

$$T_{G,P}=T_{G,M} \cdot \left(\frac{Q_P}{Q_M}\right)^2 \cdot \frac{D_M}{D_P} \cdot \frac{\rho_P}{\rho_M}=T_{G,QD} \cdot Q_P^2 \cdot \frac{1}{D_P} \cdot \rho_P$$

应注意，原型导叶水力矩的结果并不包括导叶轴承、密封和调整机构的摩擦力。通常来讲，由于导叶不断往复摆动，导叶轴承的摩擦力矩相当小，而连接导叶和接力器的调整机构的摩擦力更为重要。原型摩擦力矩大小由计算或现场实测经验得出。

5.4.2.7 结果的图示

对正常的水轮机工况和水泵工况，导叶力矩或相应的因数通常用确定水力工况（例如，在确定的 $E_{P,sp}$ 下）下的导叶转角来表示。而在水泵工况，相应的导叶力矩值或相应因数通常用 E_{nD} 与 Q_{nD} 的包络曲线来表示。

在一个或多个象限（见 5.5.2）中的导叶力矩通常在几个固定的导叶角度下测量并表示为速度因数 n_{ED} 或流量因数 Q_{ED} 的函数。

图 19、图 20 和图 21 为试验结果的示例。

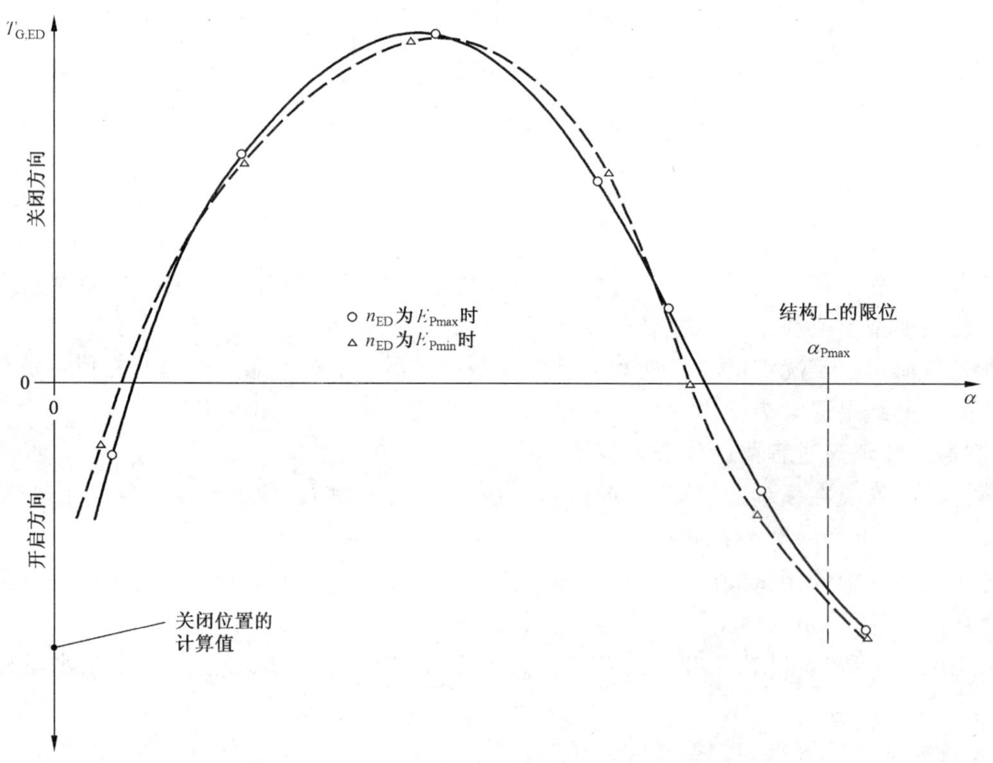

图 19 水轮机工况各水力比能为常数下测得的导叶力矩因数与导叶角度的变化曲线

图 20　水泵工况不同水力比能为常数下测得的导叶力矩因数与导叶角度的变化曲线

图 21　水泵水轮机四象限中在不同导叶角度为常数下测得的导叶力矩因数与速度因数的变化曲线

5.4.2.8 模型与原型导叶力矩脉动的比较

在绝大多数情况下，在模型上测得的导叶力矩脉动不能不经修正就直接放大到原型上，这是由于有下列原因：

a) 不满足水力弹性相似定律；

b) 由于附加水质量和轴承设计引起的阻尼效应是不同的；

c) 激振频率和固有频率间的比值是不同的。

5.4.2.9 不确定度

模型导叶力矩结果的不确定度受下列因素影响：

a) 所使用的导叶测量仪表标定曲线的滞后性；

b) 零力矩点的重复性和漂移；

c) 摩擦力的影响。

若测量条件良好，则可按最大平均值的±5%确定模型水力矩平均值的不确定度。相应的原型值约为原型最大平均值的±(5～10)%。

在额定工况下的模型导叶力矩脉动的幅值可按不确定度小于±10%确定，然而预测原型值时其不确定度上升至±(50～100)%。

零力矩导叶角度，如果有的话，在模型上其不确定度小于±1°，预测的原型不确定度大约为±2°。零力矩角随着来流和/或出流情况的变化可沿圆周方向变化。

5.4.3 转轮叶片力矩

5.4.3.1 用于测量的叶片数目

对于转轮/叶轮叶片可调的斜流式和轴流式机械而言，通常在一只叶片上测量转轮叶片力矩。

5.4.3.2 测点数目

测点数目取决于试验目的。对于双调节机械而言，转轮叶片力矩取决于转轮叶片角度、导叶角度和运行工况点。在额定运行工况，转轮叶片和导叶角度处于协联位置。在过渡过程，出现无数的非协联位置。因此，必须有足够的测点来测量非协联工况下的转轮叶片力矩。

5.4.3.3 试验程序

在大多数情况下，该类试验都在高的托马数，即在$\sigma>\sigma_{pl}$情况下进行。然而，在大流量情况下，转轮叶片上的空蚀能够影响叶片力矩的测量结果。因此，在一些选定的工况点，应检查改变σ对转轮叶片力矩的影响。

多数模型都在停机时靠人工来调整转轮叶片角度。因此，尽管水力因素，例如速度因数n_{ED}，和导叶角度都在系统地变化，但在整个试验范围内，转轮叶片力矩试验都是在某已选定的转轮叶片角度下进行的。

5.4.3.4 试验方法

通常采用应变仪测量叶片枢轴的扭曲变形来确定作用在转轮或叶轮叶片上的水力矩。枢轴的端部安装在轮毂中。可以采用常规的枢轴，通常是减小其直径，或用专用的测量枢轴代替常规的枢轴，有时可采用具有合适弹性模量和载荷滞后性的其他材料。图22为一个遥测的例子。

为避免摩擦力的影响，测量枢轴上可以加装球轴承，而叶片—轮毂和叶片外缘间隙可适当增加。

本方法仅测量扭曲应力。

若测量断面不在干燥的空气中，重要的是要做好表面防潮措施。应定期检查绝缘电阻。

轮毂内的测量信号或通过轴传至滑环或由遥测装置传至模型外的记录仪中。

5.4.3.5 标定

为进行标定，通常通过在已知的杠杆和质量在开启和关闭方向向被测转轮叶片施加静载荷。可将被测叶片安装在轮毂上或安装在专用的标定装置上进行标定。

应对由于加载和卸载所引起的零力矩点稳定性和迟滞性以及定载荷下测量信号的漂移加以检查。

标定的结果通常为一条表示输出信号与标定力矩关系的平均标定曲线。

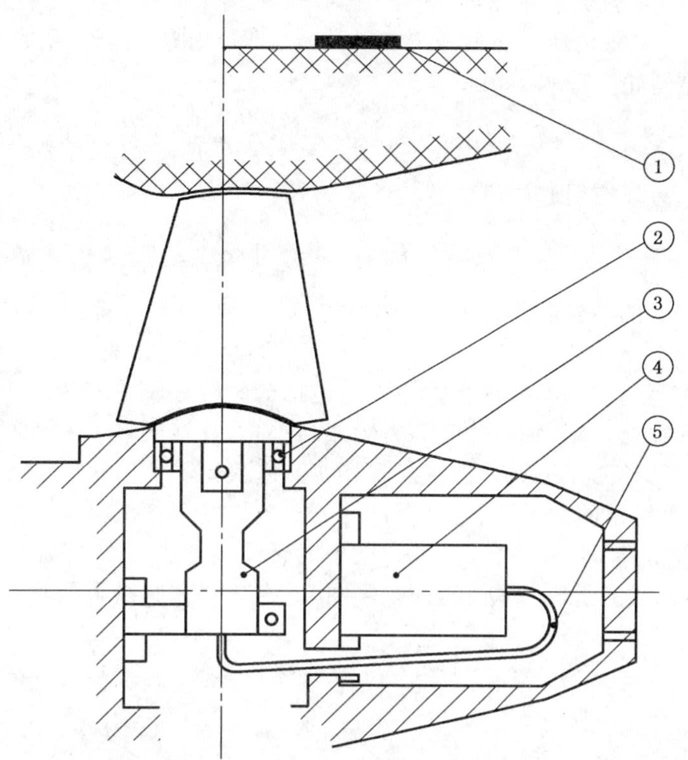

图 22 转轮叶片力矩测量遥测装置示例

5.4.3.6 测量前和测量过程中的检查

建议在模型中安装被测转轮叶片后，施加一个静态载荷(特别是当转轮叶片是在专用标定装置上标定的)以确定安装正确(无摩擦)并检查测量信号的处理和开启和关闭方向的符号。

包括转速变化的预试验应证明滤掉测量信号中的噪声并不影响信号本身且可避免发生共振。每次试验前后都应记录零负荷时的测量信号并对此加以检查。

5.4.3.7 考虑离心力的影响

被测力矩是叶片上的水压分布和由于离心力产生的动量共同作用的结果，而离心力通常并不作用在叶片枢轴中心线处。当模型和原型叶片采用不同的材料时，必须将力矩分解成两个力矩分量。建议采用以不用的转速和叶片角度使转轮在空气中旋转或近似计算的办法来确定由离心效应单独所产生的叶片力矩。

因此，每一工况点的叶片水力矩 T_{Bh} 可表示为测量力矩 T_{Btot} 和由离心效应所引起的力矩 T_{Bc} 之差：

$$T_{Bh}=T_{Btot}-T_{Bc}$$

5.4.3.8 无量纲的力矩因数和原型转轮叶片水力矩的计算

对每一工况点而言，平均值 T_{Bh} 可表示为测量力矩 T_{Btot} 和由离心效应所引起的力矩 T_{Bc} 之差。T_{Bh} 可用来计算无量纲力矩因数 $T_{Bh,ED}$。

叶片力矩因数/系数的定义(见 GB/T 15613.1 中 3.3.13)：

叶片水力矩因数：

$$T_{Bh,ED}=\frac{T_{Bh}}{\rho\cdot D^{3}\cdot E}$$

由离心效应引起的转轮叶片力矩系数：

$$T_{Bc,nD}=\frac{T_{Bc}}{\rho_{B}\cdot n^{2}\cdot D^{5}}$$

式中：

ρ_B——叶片材料的密度。

在水力相似的情况下，原型转轮叶片力矩即可用力矩因数/系数来计算或可用模型试验的绝对值来换算。

原型转轮叶片水力矩：

$$T_{Bh,P}=T_{Bh,M}\cdot\left(\frac{D_P}{D_M}\right)^3\cdot\frac{E_P}{E_M}\cdot\frac{\rho_P}{\rho_M}=T_{Bh,ED}\cdot D_P^3\cdot E_P\cdot\rho_P$$

由离心效应引起的原型转轮叶片力矩：

$$T_{Bc,P}=T_{Bc,M}\cdot\left(\frac{D_P}{D_M}\right)^5\cdot\frac{n_P^2}{n_M^2}\cdot\frac{\rho_{BP}}{\rho_{BM}}=T_{Bc,nD}\cdot D_P^5\cdot n_P^2\cdot\rho_{BP}$$

原型总的转轮叶片力矩：

$$T_{Btot,P}=T_{Bh,P}+T_{Bc,P}$$

应注意转轮原型叶片水力矩并不包括转轮叶片轴承和密封及调节机构中的摩擦力。通常，由于转轮叶片的往复摆动，轴承的摩擦力矩相当小，而连接转轮叶片和接力器的调节机构的摩擦力更为重要。原型总的摩擦力矩可通过计算或现场实测来确定。

5.4.3.9 结果的图示

在水轮机工况下，每一叶片角度下的转轮叶片力矩或相应的因数通常表示为不同的导叶开度下速度因数 n_{ED} 或流量因数 Q_{ED} 的函数。图 23 为一个试验结果的示例。

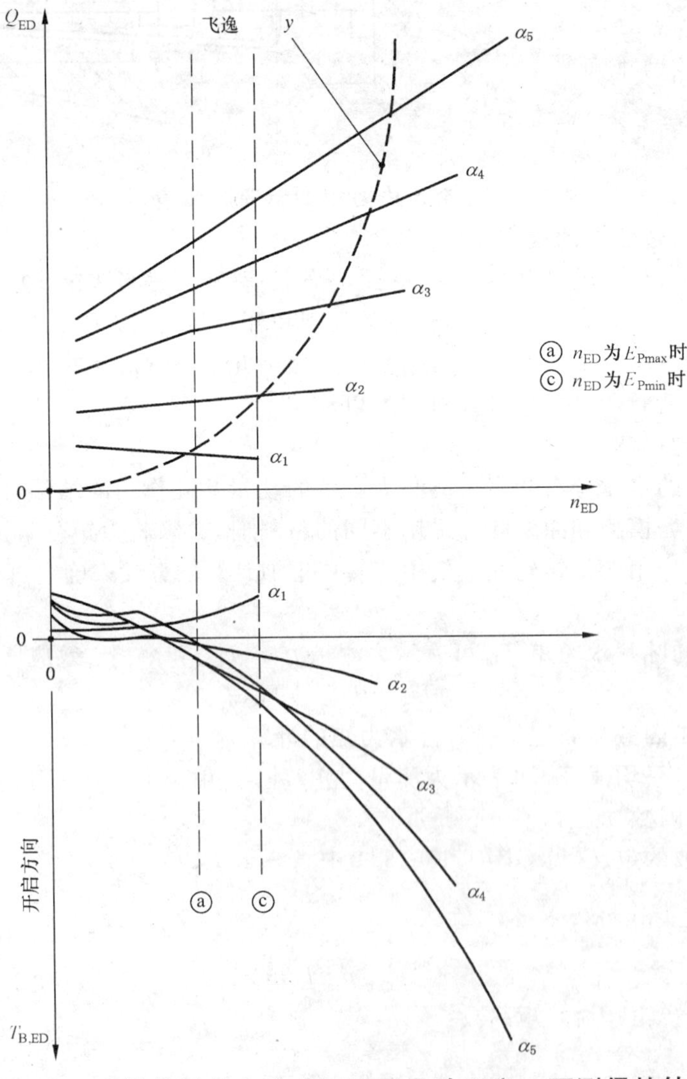

图 23 轴流式水轮机在一种转轮叶片角度 β 及不同导叶开度 α 下测得的转轮叶片水力矩特性

5.4.3.10 **模型与原型转轮叶片力矩脉动的比较**

在大多数情况下，由于下列原因，模型的转轮叶片力矩脉动测量值未经修正不能直接按比例换算到原型上：

a) 不满足水弹性相似律；

b) 由于附加水质量和轴承设计的差异而导致阻尼效应不同；

c) 激振频率与固有频率之比不同。

5.4.3.11 **不确定度**

模型转轮叶片力矩试验结果的不确定度受下列因素影响：

a) 被测转轮叶片标定曲线的滞后性；

b) 零力矩点的重复性和漂移；

c) 各种摩擦力的影响；

d) 空化的影响。

若试验条件良好，模型水力矩平均值的不确定度应小于最大平均值的±5%。相应导出的原型不确定度约为最大原型平均值的±(5～8)%。

模型额定工况下的转轮叶片力矩脉动幅值的不确定度小于±10%，而预测的原型的不确定度可升至±(50～100)%。

5.4.4 **水斗式水轮机作用在喷针上的力和折向器力矩**

由于有足够的模型或现场试验数据可供利用或可通过计算求出，在大多数情况下，不必要求测量作用在喷针上的力和折向器力矩。

5.4.4.1 **测量喷针和折向器的数目**

对于多喷嘴冲击式水轮机，这种测量中不同的喷针间的流动差异不大，故仅在一个喷针和/或一个折向器上测量水力负荷就足够了。

5.4.4.2 **试验程序**

喷针上的作用力和折向器力矩主要是由其位置和流量决定的。折向器力矩也受到机壳内的飞溅水滴的影响。转轮的速度因数对喷针上的作用力无影响，对折向器力矩稍有影响。因此，喷针上的作用力和折向器的力矩可由一个试验过程来确定，在此过程中，喷针的行程由全关位置变至全开位置，其间，在某些喷针行程位置上，折向器角度也相应进行变化。

5.4.4.3 **测量方法**

a) 喷针上的作用力：作用在喷针上的水作用力可直接按安装在内部接力器中并联接在喷针操作杆末端上的力传感器测出。也可以延长的喷针操作杆使从配水管中引出，以便可以把力传感器安装在外部。另外，喷嘴本体中的静压力应予记录以考察由于模型和原型间喷嘴开度和喷针操作杆的直径比不同而可能产生的力。

b) 折向器力矩：作用在折向器上的水力矩可直接通过用应变仪测量器支撑结构或调节装置上的变形来确定。对于水平轴的冲击式水轮机，折向器力矩包括水力矩和作用在折向器上的重力矩。因此，应预先在空气中测量重力矩以便在测量力矩中获得正确的水力矩值。

应设计成摩擦效应对力或力矩的测量没有显著的影响。若测量处不在干燥的空气中，表面的防潮处理是非常重要的。应定期对绝缘电阻进行检查。

5.4.4.4 **标定**

最好标定的测量方法与试验相同，以便检查和/或考察由轴承和密封引起的摩擦力。

a) 喷针上的作用力：用标准质量向安装在喷针操作杆上的力传感器施加静载荷。

b) 折向器力矩：应采用专用装置通过经标定的力传感器或已知质量在折向器上施加已知的力或力矩。对于作用力来讲，确定力的方向及其至作用点的距离(作用臂的长度)很重要。

5.4.4.5 **试验前和试验过程中的检查**

每次试验前后，应记录和检查静止状态时的测量信号(喷嘴未完全关闭，折向器未达其限位)。预试验中应证明力因数和/或力矩因数与试验转速和试验比能无关。

5.4.4.6 无量纲力和力矩因数和原型值的计算

对每一个运行工况点，平均值 F_N 和/或 T_D 可通过无量纲喷针作用力因数 $F_{N,ED}$ 和/或无量纲力矩因数 $T_{D,ED}$ 来确定。

喷针作用力因数的定义（见 GB/T 15613.1 中 3.3.13.2）：

$$F_{N,ED}=\frac{F_N}{\rho \cdot D^2 \cdot E}$$

折向器力矩因数的定义（见 GB/T 15613.1 中 3.3.13.1）：

$$T_{D,ED}=\frac{T_D}{\rho \cdot D^3 \cdot E}$$

在水力相似的工况，原型喷针作用力和/或折向器力矩既可用力和/或力矩因数又可由模型的绝对值来计算。

原型喷针上的水作用力的计算：

$$F_{N,P}=F_{N,M} \cdot \left(\frac{D_P}{D_M}\right)^2 \cdot \frac{E_P}{E_M} \cdot \frac{\rho_P}{\rho_M}=F_{NED} \cdot D_p^2 \cdot E_P \cdot \rho_p$$

若模型和原型的喷针操作杆直径不相似，应对总作用力 F_{NtotP} 进行修正。

原型折向器水力矩的计算：

$$T_{D,P}=T_{D,M} \cdot \left(\frac{D_P}{D_M}\right)^3 \cdot \frac{E_P}{E_M} \cdot \frac{\rho_P}{\rho_M}=T_{D,ED} \cdot D_P^3 \cdot E_P \cdot \rho_P$$

5.4.4.7 结果的图示

通常喷针作用力因数可表示为喷针行程 s 如相对于喷嘴出口直径的函数：$F_{N,ED}=f(s/d)$。在喷嘴关闭位置，$s=0$。图 24 所示为其示例。

通常折向器力矩因数为折向器位置的函数。

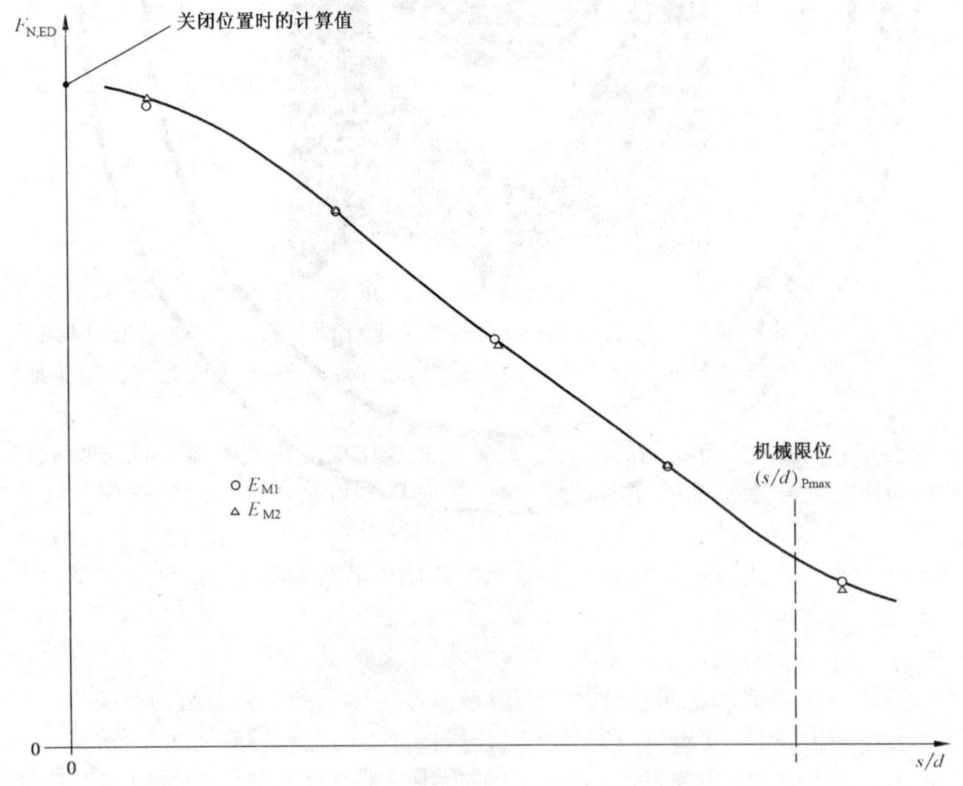

s——喷针行程；

d——喷嘴出口直径。

图 24 水斗式喷针力因数为喷针相对行程的函数

5.4.4.8　模型和原型上的喷针作用力和折向器力矩脉动的比较

由于转轮上的流动不能影响到喷针上，喷针上的作用力的脉动可忽略不计。在全开位置时，折向器受到来自转轮的飞溅水沫的脉动力矩的影响。在偏转位置时，力矩脉动主要来自于偏转喷嘴的飞溅水沫。由于绝大多数情况下机壳内的两相流动不能满足水力相似的要求，在模型上测量出的折向器力矩脉动不能直接按比例换算到原型上。

5.4.4.9　不确定度

模型喷针上的作用力和折向器力矩的不确定度受下列因素影响：

——被测量部件标定曲线的滞后性；

——零作用力或力矩的重复性和漂移；

——摩擦力的影响。

在良好的测量条件下，模型折向器力矩或喷针上的作用力的平均值可约由最大平均值的±5%的不确定度来确定。导出的原型相应值的不确定度约为原型最大平均值的±(5～10)%。

5.5　在拓展的运行范围内进行的试验

5.5.1　总则

除在水力比能和单位流量限定的范围内确定机械的水力性能外，了解常规运行范围外的覆盖所有运行状态的所有性能也是很重要的。最大拓展的运行范围在水泵和水泵水轮机中还包括由两个流量方向和两个转速方向的运行(四象限运行)。

如5.3.1所述，模型试验不能再现原型的过渡过程。然而，所获得的数据是很有意义的，乃是原型设计中过渡过程和载荷计算所必需的输入量。

5.5.2　术语

水力机械的水力性能的全面描述用四象限图表示。

5.5.2.1　象限的定义

四象限由如下的流量和转速的正负方向的组合确定的(见表3、图25和图26)。

表3　象限和运行模式的定义

象限		(信号)方向				模式
序号	名称	Q	n	E	T	
1	水泵象限	—	—	—	—	反转水轮机
				—	+	制动
				+	+	水泵
1/2		0	—	+	+	零流量
2	制动象限	+	—	+	+	水泵——制动
2/3		+	0	+	+	零转速
3	水轮机象限	+	+	+	+	水轮机
				+	0	飞逸
				+	—	水轮机——制动
				—	—	反转水泵(仅限于轴流式机械)
3/4		0	+	+/—	—	零流量
4	反转水泵象限	—	+	+	—	反转水泵(仅限于径向式机械)
				—	—	制动
4/1		—	0	—	—	零转速

每一个象限中可能出现几个运行模式，这取决于：

a) 相应于力矩方向的功率符号(输出/输入)；

b) 特殊情况下的水力比能符号(例如，潮汐电站)。

在下述 5.5.2.2 中，应用于水电方面正常情况时 E 为正值。

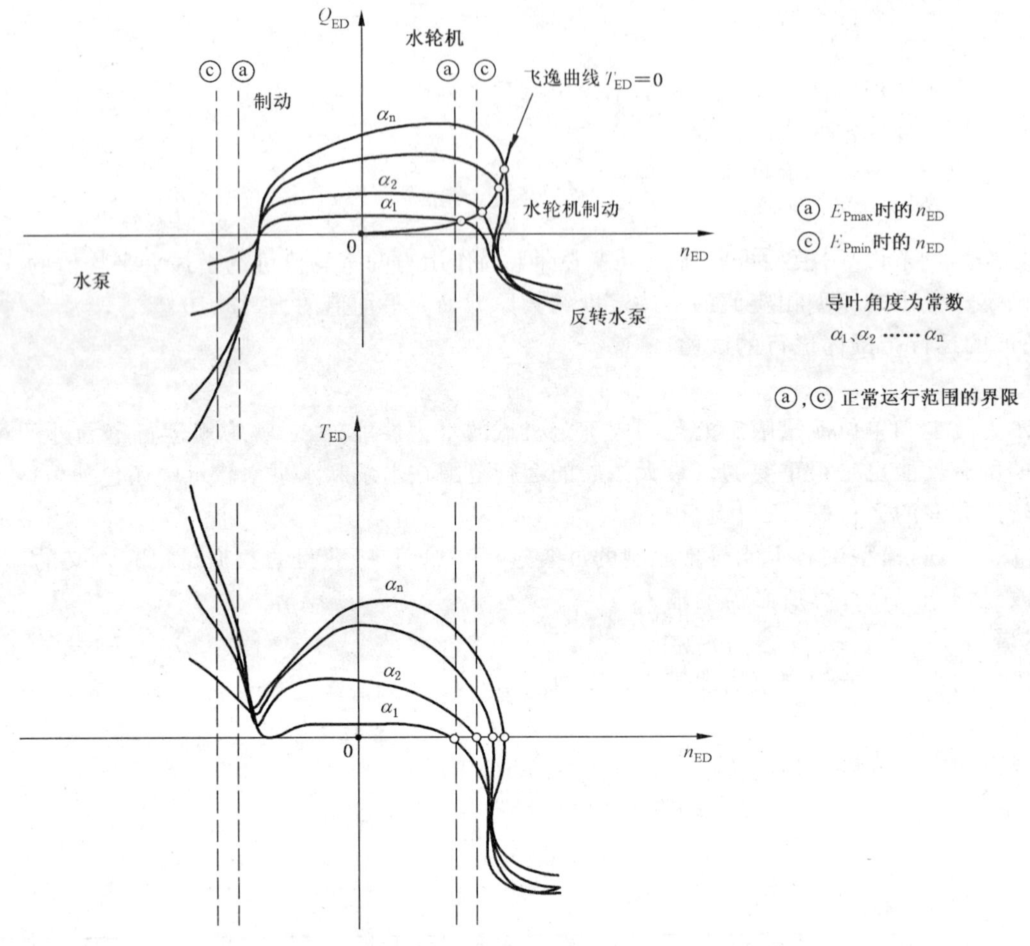

图 25 径向式水泵水轮机四象限运行图的示例

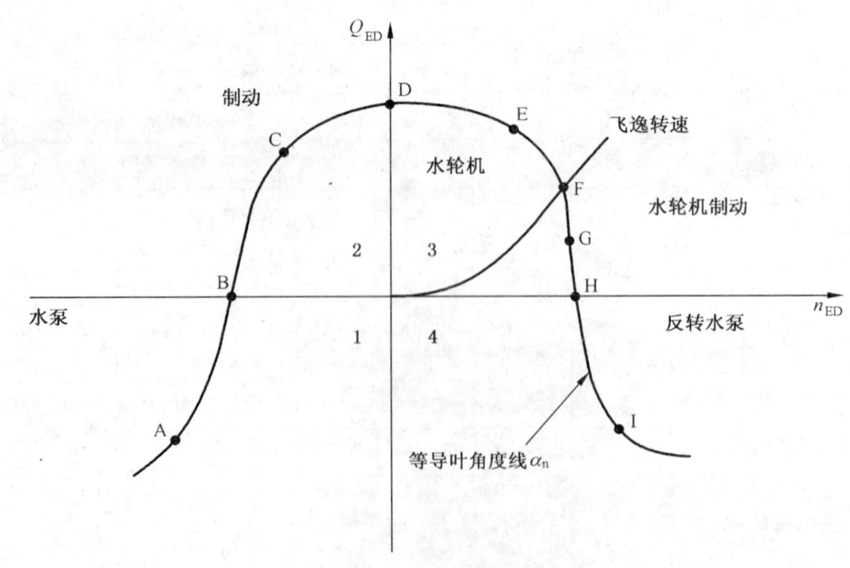

图 26 各种运行模式

5.5.2.2 运行模式

5.5.2.2.1 水泵模式

水泵模式的特点为负流量和负转速(见图26运行工况点A)。

5.5.2.2.2 水泵制动模式

该模式的特点为旋转方向为负但流量为正方向(见C点)。该模式在水泵工况运行时突然断电就显得重要。

5.5.2.2.3 水轮机模式

该模式具有正方向的流量和转速且由一个正方向的力矩作用在机械轴上(见E点)。零力矩的特殊情况对应于水轮机飞逸(见F点)。

5.5.2.2.4 水轮机制动模式

该模式流量和转速方向均为正但力矩为负(见G点)。

5.5.2.2.5 反转水泵模式

该模式的特点为转速方向为正。然而,流量方向为负(见I点)。该模式仅见于过渡过程。

5.5.2.3 零转速和零流量运行

除了在各象限中的运行模式外,在坐标系轴上的各运行工况点也在研究之列(见图26):

——水泵模式下的零流量时的水力比能 E_0(见B点);

——零转速时的流量和摆脱制动时的力矩(见D点);

——水轮机模式下零流量时的水力比能(见H点)。

5.5.3 试验范围

5.5.3.1 相关的各种运行模式

与水力机械的有关的关注范围可由一个到四个象限。

a) 冲击式水轮机:随流动和速度显然是正向的,故仅有水轮机模式和水轮机制动模式;

b) 反击式水轮机:随比转速和导叶开度变化有关,有时反转水泵模式也同常规的水轮机模式一样重要,特别是在甩负荷和开机时;

c) 轴流式水泵水轮机:可在三个象限中运行。除了常规的水泵模式和水轮机模式外,在过渡过程中可能出现制动模式。不可能出现反转水泵模式;

d) 径向式水泵和水泵水轮机:在四象限中运行均是可能的,除了正常的水泵模式和水轮机模式之外,水轮机制动模式乃至由于转轮在径向方面的伸展所引起的反转水泵模式在过渡过程中都可能出现。

5.5.3.2 性能数据

在常规运行范围内试验测得的所有性能数据也可在四象限试验中获得。可测量的常规水力量为:

——水力比能;

——流量;

——轴力矩;

——转速;

——净正吸入比能。

此时两测点间的间隔可比在保证范围内运行时的测点间隔适当增大。另一方面,建议将试验范围扩大至导叶和/或转轮/叶轮最大可能开口,这将对将来原型的运行有益。

虽然水力相似定律依然有效,但二次流能对模型试验得到的特性影响很大。特别应注意在极限工况下空化对水力特性的影响。

5.5.3.3 辅助水力数据

除上述常规水力数据外,可进行相应的专门试验。在试验前应确定试验范围:

——轴向力;

——径向力;

——压力脉动；
——导叶水力矩；
——转轮叶片力矩；
——喷针操作力；
——折向器力矩；
——轴力矩脉动。

上述试验的特殊要求已在本部分 4.2～5.4 中进行了讨论。某些可与常规试验值同时测量。某些需要专门的方法和数采系统。

5.5.4 特殊试验项目的注意点

在正常运行范围以外的模型试验不需特殊装置。然而，由于不要求这些试验值与正常运行范围的试验值具有同样高的精确度，为保护模型和测量系统，可降低这些试验的水力比能。

5.5.4.1 水轮机制动模式中的S形特性

随反击式水轮机的比转速的变化，在定导叶开度下的 $Q_{ED}-n_{ED}$ 特性可能呈S形（见图 27）。此时稳态下试验可能很困难。试验台应具备进行S形特性试验的能力，应尽量增加该区域的试验工况点。

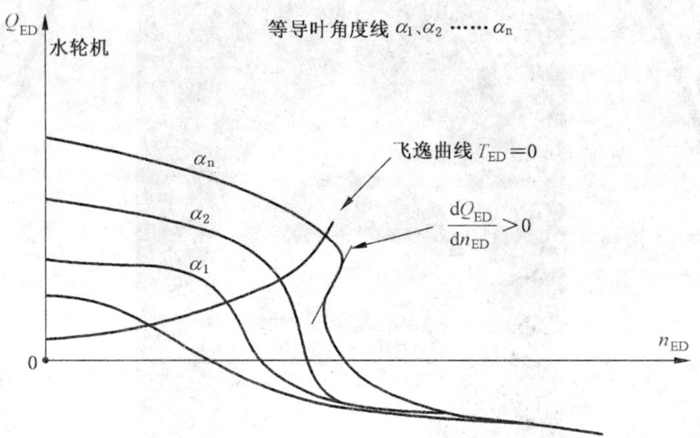

图 27 水轮机制动工况时的S形特性

5.5.4.2 水泵特性

随水泵和水泵水轮机的设计而变化，在一定的流量范围内 $E_{nD}-Q_{nD}$ 特性曲线的斜率可为正值（见图 28）。在运行过程中正斜率可导致不稳定。因此，应对该区域仔细研究，特别应考查最大比能下的过渡过程。

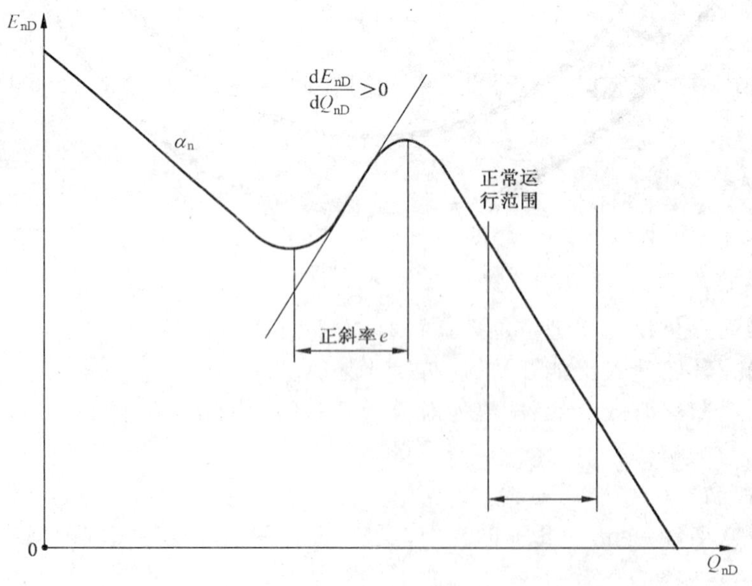

图 28 在一定流量范围内具有正斜率的水泵特性

5.5.4.3 飞逸转速

进行飞逸转速试验时,建议降低水力比能以保护测量装置。由于同样的原因,并不完全按照相似关系而增加模型转动部分和固定部分的间隙也是允许的。应特别关注在高比转速机械中托马数 σ 对飞逸转速特性的影响。

5.5.4.4 零流量时的水力比能

为保证在所有导叶开度范围内流量恰好为零,应采用像阀门或闷头类的装置以阻断试验水流。

零流量时的水力比能条件下的重要数据为输入功率和转轮/叶轮在水中转动时的压力脉动的幅值和频率。

叶轮在空气中转动时的功率也要关心。由于相应的力矩较小,故需要一套高精度的力矩测量系统。在空气中转动的叶轮轴力矩测量不确定度可上升至10%。此外,由于模型的雷诺数较低和弗罗德数不同,模型试验结果换算到原型是有争议的。

另一个非常特殊的试验项目为测量转轮/叶轮在空气中转动、导叶关闭但保证迷宫密封中不断补入冷却水时的轴力矩。

5.5.4.5 零转速时的流量和摆脱制动时的力矩

对此专门试验而言需将模型转轮轴锁住。对于静压轴承而言,为确定摆脱制动时力矩,转动部分应力矩测量仪器相连的摆动机构相联接。当采用扭矩仪时,转动轴应与固定部分锁在一起。

5.6 有关原型指数试验的差压测量

5.6.1 总则

如果原型要进行指数试验(水泵或水轮机模式),则可在模型试验过程中增加这些测量。本节仅涉及用压差作为指数值的指数试验。模型的指数试验永远也不能替代原型的绝对流量测量。

指数试验的压差测量在一对精心选择的相对于局部动能而言能造成明显压差的测压嘴间进行。

所有用压差测量的指数试验都可以用下式描述:

$$Q=f(\Delta p)\cdot\Delta p^{0.5}$$

式中:

Δp——用压差计或差压传感器测量的两测压嘴间的压差值;

$f(\Delta p)$——流动状态、雷诺数和管壁粗糙度的函数。

按照GB/T 20043—2005第8章,公式可写为:

$$Q=k\cdot\Delta p^{n}$$

式中 k 和 n 均为常数。

n 的值通常在0.48～0.52范围内。

5.6.2 试验目的

在模型上进行此项试验的目的为:

a) 选择适当的压差明显的压力测点的位置;

b) 确定可能在原型上将出现的最大压差值。这有助于选择恰当的测量仪器;

c) 检查所选择的压力测点的差压稳定性;

d) 确认压差与流量间的相对关系不受其他运行参数(例如,导叶开度、n_{ED}等)的影响。

所述的试验目的并不是要为原型的绝对流量建立一条标定曲线。

5.6.3 试验的实施

5.6.3.1 压力测点

根据水力机械的不同种类,压力测点可以选择不同的位置。GB/T 20043—2005第8章给出了具体示例。

压力测点的设计应与GB/T 15613.2中6.3所述一致。

5.6.3.2 仪器

可选择不同的差压计或差压传感器，压力量程应完全满足预期的差压值的需要，且使其使用在最佳测量范围内。

5.6.3.3 试验程序

为证明所选压力测点对位于恰当的位置，建议采用下列程序：

a） 维持恒定的水力比能，通过改变导叶开度改变模型流量；

b） 第二步，在某一固定的导叶开度下，通过改变水力比能来改变流量；

c） 对于双调节水轮机而言，为扩大流量范围，应在另一桨叶角度下重复上述程序；

d） 对于水泵运行工况，应在不同速度因数下检查试验结果的一致性，这要比改变导叶开度来达到此目的为好。

可同时测量上述压差值和水力特性参数。

如果在不同流动条件下的所有读数在合理的范围内形成为流量的幂函数，就可以认为所选的一对测压的位置是合适的。

为精确地确定 k 和 n，可采用最小二乘法。

5.6.4 换算到原型

为计算原型上差压值的大小，可采用下式计算：

$$Q_{\mathrm{P}}=k_{\mathrm{P}}\cdot(\Delta p)_{\mathrm{P}}^{0.5} \qquad Q_{\mathrm{M}}=k_{\mathrm{M}}\cdot(\Delta p)_{\mathrm{M}}^{0.5}$$

又

$$k_{\mathrm{P}}=k_{\mathrm{M}}\cdot\frac{D_{\mathrm{P}}^{2}}{D_{\mathrm{M}}^{2}}$$

故

$$(\Delta p)_{\mathrm{P}}=\frac{1}{k_{\mathrm{M}}^{2}}\cdot\frac{D_{\mathrm{M}}^{4}}{D_{\mathrm{P}}^{4}}\cdot Q_{\mathrm{P}}^{2}$$

5.6.5 不确定度

即使在良好的环境下，由原型制造误差和压力测点的位置误差型以及来流条件的偏差使基于模型试验结果得出的原型的流量，其不确定度大约为±5％。因此，由模型试验确定的 k 值不应被用来出于合同目的确定绝对流量。

附 录 A
（资料性附录）
尾水管水体的固有频率

转轮叶片固定的反击式水轮机的运行稳定性主要取决于尾水管固有频率相对于压力脉动的频率范围。与尾水管固有频率相关的物理学理论相当复杂，正在研究之中。尾水管的固有频率 f_0 从概念上可被看做是空化或补气（如果有的话）造成水柱抵抗气体体积弹性引起的自由振荡的频率。

于是，尾水管固有频率 f_0 可通过下式估算：

$$f_0 = \frac{1}{2\pi}\sqrt{\frac{1}{\frac{-\partial V_{vap}}{\partial NPSE}\int\frac{dL}{A}}}^{3}$$

式中：V_{vap}——尾水管中的气体空腔体积；

$\int\frac{dL}{A}$——长度与截面面积的比沿尾水管中心线在整个域内的积分，这里在该域内水体可视作抵抗具有弹性的气体体积的惯性质量。

因此，尾水管固有频率决定于下列运行参数：

——流量比$\frac{Q_{nD}}{Q_{nDref}}$；

——托马数；

——弗劳德数；

——补气量。

如果能够通过下述的方法确定模型尾水管的固有频率，则可沿试验路径针对每一个商定的工况点评估其发生共振的可能性，其评估方法是将其同压力激振的频率范围相比较。

f_0 可按下列程序所述的直接法确定：

在某一给定的横截面，尾水管的自由振荡可描述为相同相位的压力脉动。因此，有可能用至少两个压力传感器，例如 p_1 和 p_2 来确定相应的频率，并且检查流量中气泡体积的变化是否会对上述频率中的一种产生影响。由 f_0 的解析表达式可知，尾水管固有频率值在气泡体积的出现和增大而降低。此外，共振能产生时必然导致压力脉动在涡带旋进频率或其一次谐波下增大，由此，共振可有助于 f_0 的确定。

图 A.1 所示为模型混流式水轮机在部分负荷至满负荷下流量系数对尾水管固有频率的影响。有时，f_0 曲线与表示出现共振危险的涡旋旋进频率曲线相交。

当有怀疑时，可通过改变下列试验参数来验证上述判断：

——改变托马数（减小托马数增加气泡体积，从而使 f_0 减小）；

——通过改变试验水力比能来改变弗劳德数（减小弗劳德数增大气泡的体积，从而使 f_0 减小）。

也可通过另外两种途径来确定 f_0，但其都需增加测量时间和应用特殊的试验系统。他们包括：

——通过一个特殊试验系统施加一外部压力脉动来激振尾水管，以此分析压力脉动传感器的频率响应；

——在改变运行情况下的流量系数 Q_{nD} 和托马数情况下，测量尾水管中各种气泡的体积，以此来估算 f_0 解析表达式中的频率值。

若满足托马数和弗劳德数相似，由模型转换到原型的尾水管固有频率可按下式计算：

---

3 项$\frac{-\partial V_{vap}}{\partial NPSE}$称为尾水管的“空化柔量”。

$$\frac{f_{0\mathrm{M}}}{f_{0\mathrm{P}}}=\frac{n_{\mathrm{M}}}{n_{\mathrm{P}}}=\frac{D_{\mathrm{P}}}{D_{\mathrm{M}}}\sqrt{\frac{E_{\mathrm{M}}}{E_{\mathrm{P}}}}$$

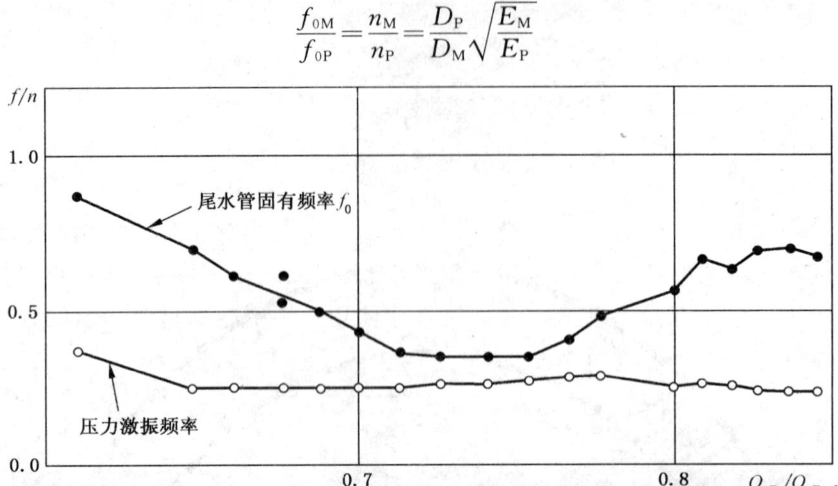

图 A.1 流量系数对混流式模型水轮机尾水管固有频率的影响

附 录 B
（资料性附录）
参 考 文 献

[1] Bendat J. , Piersol A. G. , "Random data : analysis and measurements procedures". New York, John Wiley, (1986).

[2] Fanelli M. , "Research on off-design behaviour of Francis turbines: an overview of present state, difficulties, open problems, needs and strategies". IAHR WG, Milan (1991).

[3] Hewlett Packard, "The fundamentals of signal analysis". HP application note 243(1985).

[4] Jacob T. , "Evaluation sur modéle réduit et prédiction de la stabilité de fonctionnement des turbines Francis". Thesis No 1146, EPFL, Lausanne(1993).

[5] Jacob T. , Prénat J. E. , "Francis turbine surge: Discussion and data base". XVⅢ IAHR Symposium, Valencia (1996).

[6] Ouaked R. , "Etude des phénomènes propagatifs en conduite dans un circuit hydraulique: intensimétrie hydroacoustique". Thesis 400, USTL Flandres-Artois (1989).

[7] Doerfler P. A. , "'Cross impedance' method for frequency-domain representation of oscillations in power plants with meshed waterways". BHRA Pressure Surges, Hannover (1986).

[8] Jacob T. , Prénat J. E. , "Generation of hydroacoustic disturbances by a Francis turbine model and dynamic behavior analysis", IAHR Symposium, Belgrade (1990).

附 录 C
（资料性附录）
本部分与 IEC 60193:1999 技术性差异及其原因

表 C.1 给出了本部分与 IEC 60193:1999 技术性差异及其原因的一览表。

表 C.1 本部分与 IEC 60193:1999 技术性差异及其原因

本部分章条编号	技术性差异	原 因
1	归纳 IEC 60193 第 1 章总则的相关内容，规范形成第 1 章“范围”，第 2 章“规范性引用文件”，第 3 章“术语、定义、符号和单位”	符合 GB/T 1.1—2000 的编写规定
1.1	本部分适用范围由原 IEC 的“机组功率大于 5MW 或公称直径大于 3m 的原型所对应的模型”改为“机组功率大于 10MW 或公称直径大于 3.3m 的原型所对应的模型”	与国内相关标准一致，另外目前 10MW 以下的原型机组一般不开展模型试验
1.2	参见标准由 IEC 60041 改为 GB/T 20043	已有相应的国标
4.1.2	删除“和相同的试验仪器上”	强调辅助性能试验应在与一“常规试验所采用的同一试验台和同一模型装置上进行”。“相同的试验仪器上”这层意思表述不确切，易引起误解
4.1.2	参见标准由 IEC 60994 改为 GB/T 17189	已有相应的国标
4.2.1	参见标准由 IEC 60994 改为 GB/T 17189	已有相应的国标
4.2.3	增加“特征峰峰值”一项，并注释“特征峰峰值是指借助于计算出的概率分布和假定某一概率范围(例如 97%)内的最大值与最小值之差。国内按 97%置信度进行取值。特征幅值为特征峰峰值的一半”	国内习惯采用“特征峰峰值”来描述脉动的幅度，符合我国使用习惯
5.1.1.1	图 3、图 4、图 5、图 6 分别为 $n_{QE}=0.102$，0.321，0.226 和 0.173 的混流式水轮机或水泵水轮机水泵工况的压力脉动实例，图标题中增加了国内习惯使用的比转速 n_s 值	原文 n_{QE} 均采用转速 n 为 S^{-1} 的单位，与我国习惯比转速 n_s 单位不同，其值也不同，使用阅读均为不便
5.1.3.1	参见标准由 IEC 60994 改为 GB/T 17189	已有相应的国标
5.1.3.1	建议 p_5 测点(转轮/叶轮和导叶间)作为推荐的试验测点	目前在我国大中型水电机组的招标中，p_5 测点的压力脉动幅值有合同保证值要求
5.1.4.1	试验水力比能改为试验水头(水力比能)	便于国内使用和理解
5.1.4.2	压力脉动空化基准面由原 IEC 的“应对空化参照面达成一致(见 GB/T 15613.1 中 5.3.1.5.1)。对立式机组而言，该面可位于或低于转轮/叶轮的低压侧”，改为“压力脉动测量在电站空化系数下进行，压力脉动试验的空化基准面参照 GB/T 15613.1 中 5.3.1.5.1 执行，对于立式混流式机组，空化基准面 z_c 为导叶中心线”	目前我国压力脉动的评估标准，都是基于电站装置空化系数条件下统计的试验结果

表 C.1(续)

本部分章条编号	技术性差异	原　因
5.1.4.3	试验水力比能改为试验水头(水力比能),托马数改为空化系数,能量系数改为能量系数(国内习惯采用单位转速)	便于国内使用和理解
5.1.4.4	增加“变空化系数压力脉动试验”一条	由于电站机组在实际运行中尾水位是变化的,且多数电站变幅较大
5.1.6.1.2	增加“或富利叶分析软件”	随着计算机技术的发展,目前国内外大多采用富利叶分析软件进行压力脉动的频域分析
5.1.6.1.3	将“转轮/叶轮转频 n”改为“转轮/叶轮转频 f_n”	国内习惯描述转频为 f_n
5.1.6.2.1	试验水力比能改为试验水头(水力比能),托马数改为空化系数,能量系数改为能量系数(国内习惯采用单位转速),流量系数改为流量系数(国内习惯采用单位流量)	便于国内使用和理解
5.1.7.4	将5.1.7.4“尾水管水体的固有频率”从正文中拿出,列为附录A,作为资料性附录	尾水管固有频率相关的物理学理论相当复杂,目前处于研究之中
5.5.4.1	增加“试验台应具备进行S形特性试验的能力,应尽量增加该区域的试验工况点”	提醒试验注意点,在“S”形区域应尽量增加试验工况点
5.6.1	参见标准由IEC 60041改为GB/T 20043	已有相应的国标
5.6.3.1	参见标准由IEC 60041改为GB/T 20043	已有相应的国标

ICS 71.040.99
N 53

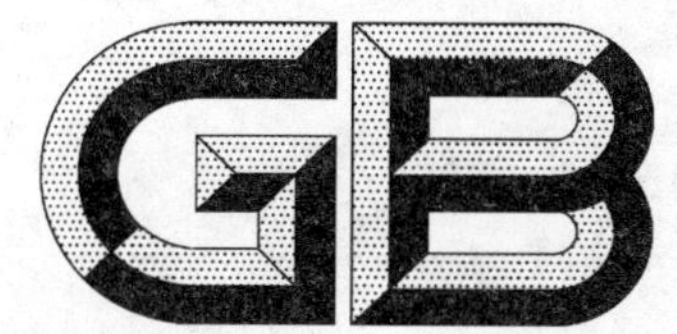

中华人民共和国国家标准

GB/T 15616—2008
代替 GB/T 15616—1995

金属及合金的电子探针定量分析方法

Quantitative method for electron probe microanalysis of metals and alloys

2008-08-20 发布 2009-04-01 实施

中华人民共和国国家质量监督检验检疫总局
中国国家标准化管理委员会 发布

前　言

本标准代替 GB/T 15616—1995《金属及合金的电子探针定量分析方法》。

本标准与 GB/T 15616—1995 相比主要变化如下：

——在“范围”中删除了原“浓度在 1%以上”的规定，增加“也适用于用配置了波谱仪的扫描电子显微镜对金属及合金做定量分析”的规定；

——增加了引用标准；

——部分术语按 ISO 23833:2006 进行了修改；

——增加第 11 章“结果报告”；

——删除了原标准附录 A。

本标准由全国微束分析标准化技术委员会提出。

本标准由全国微束分析标准化技术委员会归口。

本标准起草单位：钢铁研究总院、北京航空材料研究院。

本标准起草人：朱衍勇、钟振前、毛允静、董玉琢。

本标准所代替标准的历次版本发布情况为：

——GB/T 15616—1995。

金属及合金的电子探针定量分析方法

1 范围

本标准规定了用电子探针对金属及合金的化学成分进行定量分析的方法。

本标准适用于金属和合金试样立方微米尺度的微区成分分析，分析元素的范围是^{11}Na～^{92}U。

本标准也适用于用配置了波谱仪的扫描电子显微镜对金属及合金做定量分析。

2 规范性引用文件

下列文件中的条款通过本标准的引用而成为本标准的条款。凡是注日期的引用文件，其随后所有的修改单(不包括勘误的内容)或修订版均不适用于本标准，然而，鼓励根据本标准达成协议的各方研究是否可使用这些文件的最新版本。凡是不注日期的引用文件，其最新版本适用于本标准。

GB/T 4930 电子探针分析标准样品通用技术条件

GB/T 13298 金属显微组织检验方法

GB/T 15074 电子探针定量分析方法通则

GB/T 20725 波谱法定性点分析电子探针显微分析导则

ISO 22309:2006 微束分析 能谱定量分析

ISO 22489 微束分析-电子探针显微分析(EPMA)-波谱仪块状试样定量点分析方法

ISO/IEC 17025 检测和校准实验室能力的通用要求

3 分析原理

金属及合金的电子探针定量分析是应用具有一定能量的聚焦电子束照射试样，在被照射区激发出各元素不同波长的X射线，通过晶体分光谱仪对X射线进行分光，检测各元素的特征X射线强度，并和相同检测条件下的标准样品的特征X射线强度进行比较，经校正计算，从而获得试样被激发区内各元素的质量分数。

4 仪器与辅助设备

4.1 电子探针分析仪或配置波谱仪的扫描电子显微镜

4.2 金相显微镜及试样研磨和抛光装置

4.3 超声波清洗装置

5 标样

5.1 标样应为纯金属或与试样化学组成相近的已知成分的化合物或合金。

5.2 优先选用满足GB/T 4930要求的标准样品，若无合适的标准样品，可选用相应机构认可的研究标样，但其性能指标应接近或符合GB/T 4930的要求，并应在结果报告中说明。

6 试样

6.1 试样分析表面应进行研磨、抛光，得到金相抛光面，在200倍～500倍金相显微镜下检查试样表面分析部位，应无污染、磨痕等缺陷。

6.2 在截面上测镀层或扩散层成分时，试样须经镶嵌或用夹具夹好再进行研磨和抛光，保证待测边缘区无倒角。

6.3 如显微分析需要同时对照观察组织，则建议试样与标样表面作同样轻度腐蚀，并注意腐蚀后用超声波清洗装置清洗表面。

6.4 试样应是块状的金属与合金，颗粒状试样需镶嵌后再研磨和抛光，颗粒度不小于 5 μm。

6.5 镶嵌、研磨、抛光和组织显示方法应按照 GB/T 13298 进行。

7 实验条件

7.1 仪器处于定量分析所要求的校准状态和稳定状态，见 GB/T 15074、ISO 22489。

7.2 根据待检测试样中所含元素和分析要求选择分析线系、分光晶体、加速电压、电子束束流、束斑直径和测量时间。

7.2.1 推荐采用的线系

a) 被分析元素原子序数＜32 时，采用 K 线系；

b) 被分析元素原子序数 72≥Z≥32 时，采用 L 线系；

c) 被分析元素原子序数＞72 时，采用 M 线系。

按照常规分析线系，如有谱线重叠时，可依次选用 K_α，L_α，M_α，K_β，L_β，M_β 等其他线分析。

7.2.2 按所要检测元素的 X 射线线系选择相应的分光谱仪及分光晶体，一般情况下可参照仪器操作说明书进行选择，但是应注意根据所分析材料的情况，尽量使用同一块分光晶体检测其中尽可能多的元素，以降低因为谱仪位置调整引起的误差。

7.2.3 加速电压应选择试样中被检测主要元素分析线的临界激发电压的 2 倍～3 倍，通常采用 20 kV～25 kV。

7.2.4 电子束流的选择

7.2.4.1 一般在 1×10^{-8} A～1×10^{-7} A 范围内选用。

7.2.4.2 电子束流应调到使主元素分析线系的特征 X 射线计数率大于 1×10^{3} CPS；

7.2.4.3 对于含量近于 1％的微量元素可适当加大电流(改变束流时，分析位置不应改变)，使其特征 X 射线在规定的计数时间内总计数不少于 3 000。

7.2.5 束斑直径

通常应将束斑调到最小，如需获得较大区域的平均成分，可适当扩大束斑，但不得超过 50 μm。

7.2.6 检测时间的确定

7.2.6.1 根据元素的含量，可在 10 s～60 s 范围内选择，要满足 7.2.4.2 和 7.2.4.3 计数条件。

7.2.6.2 背底测量时间可在 6 s～10 s 范围内选择。

8 检测方法和步骤

8.1 参照 GB/T 20725 的要求进行定性分析，确定被分析试样中的主要元素和次要元素。

8.2 根据定性分析结果，确定标样和实验条件。

8.3 选择一种成分与试样相近的标样检验仪器的分析可靠性。

8.4 测量特征 X 射线的峰值强度和背底强度：

8.4.1 测量标样元素的特征 X 射线的峰值强度 I_i^0，并在谱峰左右选择合适位置测量背底强度 I_{B1}^0 和 I_{B2}^0。

8.4.2 在完全相同的实验条件下，测量试样中元素的特征 X 射线的峰值强度 I_i 和背底强度 I_{B1} 和 I_{B2}。

8.4.3 背底强度计算

8.4.3.1 用在标样上谱峰两侧对称处测量的计数值 I_{B1}^0 和 I_{B2}^0，按式(1)计算背底强度 I_B^0 值和比值 a：

$$I_B^0 = (I_{B1}^0 + I_{B2}^0)/2 \quad \cdots\cdots(1)$$

$$a_1 = I_B^0/I_{B1}^0$$

或

$$a_2 = I_B^0/I_{B2}^0$$

8.4.3.2 选择谱峰两侧合适的位置(避开干扰线和吸收边)测量 I_{B1} 和 I_{B2},利用上述比值 a 计算试样背底强度:

$$I_B = a_1 \times I_{B1}$$

或

$$I_B = a_2 \times I_{B2}$$

9 计算元素质量分数

9.1 对各元素谱峰强度 I' 进行死时间校正,见 GB/T 15074。

9.2 分别对各元素谱峰计数和背底强度做束流校正,校正方法见 GB/T 15074。

9.3 计算特征谱峰强度,计算见式(2):

$$I_P^0 = I_i^0 - I_B^0$$

$$I_P = I_i - I_B \qquad \cdots\cdots(2)$$

式中:

有上标“0”代表标样,没有上标的代表试样,I_i 是未扣除背底前谱的强度计数,I_p 是扣除背底后谱峰强度计数。

9.4 计算强度比(K 值)

9.4.1 采用纯元素标样时,元素 i 的 K 值计算见式(3):

$$K_i = (I_P / I_P^0)_i \qquad \cdots\cdots(3)$$

9.4.2 采用含 i 元素的合金或化合物作标样时,元素 i 的 K 值计算见式(4):

$$K_i = \left(\frac{I_P}{I_P^0} \cdot C_i^0\right)_i \qquad \cdots\cdots(4)$$

式中:

C_i^0——标样中元素 i 的质量分数。

9.5 基体校正——ZAF 校正

ZAF 校正方法是电子探针定量分析中普遍使用的一种校正方法,适用于块状固体试样中除超轻元素以外的元素($11<Z<92$)定量分析的校正处理,它是根据电子和物质相互作用的基本物理过程,用三个近似独立的系数 Z、A 和 F 的相乘积来代表试样中各种元素的校正函数,其中:

Z——试样中各元素综合原子序数校正系数;

A——试样中各元素综合的吸收校正系数;

F——各元素间的特征 X 射线相互激发的荧光效应校正系数。

Z、A、F 系数与试样基体中各元素的含量、原子序数、加速电压、X 射线检出角有关。关于 Z、A 和 F 的计算可参见 ISO 22489 及其所引用的有关文献。

也可以选择其他校正方法,见 GB/T 15074 和 ISO 22489。

9.6 计算试样中元素 i 的质量分数

试样中元素 i 的质量分数 C_i 的计算公式见式(5):

$$C_i = K_i \cdot (Z \cdot A \cdot F)_i \qquad \cdots\cdots(5)$$

Z、A、F 分别为原子序数、吸收、和荧光校正系数。

10 分析准确度

分析准确度取决于所分析元素的质量分数、检测条件和校正计算,本方法分析准确度为:

a) 元素含量在 40%~100%时,相对误差≤2.0%;

b) 元素含量在 20%~40%时,相对误差≤4.0%;

c) 元素含量在 10%~20%时,相对误差≤6.0%;

d) 元素含量在 1%~10%时,相对误差≤15.0%。

实验室应对其检测方法的不确定度进行分析，影响电子探针定量分析结果的不确定度的主要来源有试样制备、仪器校准、分析条件选择、标样选择和校正方法等。详细的不确定度来源可参见ISO 22309：2006附录C。

11 结果报告

结果报告应包括ISO/IEC 17025要求的内容，特别是结果报告中应包括以下信息：

a) 仪器名称、型号；

b) 分析条件(包括加速电压、电子束电流、束斑直径、检出角等)；

c) 使用的标样；

d) 校正方法(如果不是采用ZAF校正)；

e) 分析结果的不确定度估计(客户要求时提供)。

ICS 25.160.20
J 33

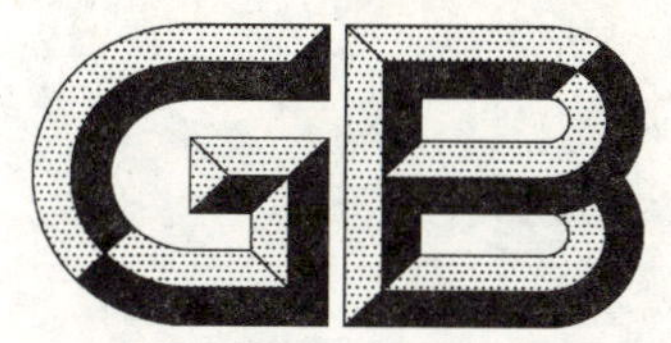

中华人民共和国国家标准

GB/T 15620—2008
代替 GB/T 15620—1995

镍及镍合金焊丝

Nickel and nickel alloy wires and rodes

(ISO 18274:2004,Welding Consumables—Wire and strip electrodes,wires and rods for arc welding of nickel and nickel alloys—Classification,MOD)

2008-06-26 发布　　2009-01-01 实施

中华人民共和国国家质量监督检验检疫总局
中国国家标准化管理委员会　发布

前　言

本标准修改采用ISO 18274:2004《焊接材料　镍及镍合金焊丝和填充焊丝　分类》(英文版)。

本标准根据ISO 18274:2004重新起草。

考虑我国镍及镍合金焊丝的实际情况,采用ISO 18274:2004时做了如下技术内容修改:

——删除了规范性引用文件EN ISO 544、ISO 31-0:1992和ISO 14344;

——取消了附录B,焊接填充金属的示例,将其内容列入分类和型号中;

——带极要求未列入本标准;

——增加了表2、表3、表4和图1。

为便于使用,本标准还做了如下编辑性修改:

——标准名称改为"镍及镍合金焊丝";

——标准结构方面,增加了检验规则、标志和品质证明书内容;

——将"本国际标准"改为"本标准";

——用小数点"."代替作为小数点的逗号",";

——删除了国际标准的前言。

本标准是对GB/T 15620—1995《镍及镍合金焊丝》的修订。与GB/T 15620—1995相比,主要修改内容如下:

——焊丝分类、型号划分采用ISO 18274:2004标准中的方法。

——焊丝化学成分与ISO 18274:2004要求一致。为了适应我国的需要,保留了GB/T 15620—1995中17种焊丝,化学成分不变。焊丝型号增加了35个。

——焊丝尺寸及包装形式做了相应的调整。

本标准从实施之日起,代替GB/T 15620—1995。

本标准的附录A、附录B为资料性附录。

本标准由全国焊接标准化技术委员会提出并归口。

本标准起草单位:哈尔滨焊接研究所、锦州市锅炉压力容器检验研究所、天津大桥焊材集团有限公司。

本标准主要起草人:何少卿、储继君、于国宏。

本标准所代替标准的历次版本发布情况为:

——GB/T 15620—1995。

镍及镍合金焊丝

1 范围

本标准规定了镍及镍合金实心焊丝和填充丝分类和型号、技术要求、试验方法、检验规则、包装、标志和品质证明书。

本标准适用于熔化极气体保护电弧焊、钨极气体保护电弧焊、气焊及等离子弧焊等焊接用镍及镍合金实心焊丝和填充丝(以下简称焊丝)。

2 规范性引用文件

下列文件中的条款通过本标准引用而成为本标准的条款。凡是注日期的引用文件,其随后所有的修改单(不包括勘误的内容)或修订版均不适用于本标准,然而,鼓励根据本标准达成协议的各方研究是否可使用这些文件的最新版本。凡是不注日期的引用文件,其最新版本适用于本标准。

GB/T 8647(所有部分) 镍化学分析方法

3 分类和型号

3.1 焊丝分类

焊丝按化学成分分为镍、镍铜、镍铬、镍铬铁、镍钼、镍铬钼、镍铬钴、镍铬钨等8类。

3.2 型号划分

焊丝按化学成分进行型号划分。

3.3 型号编制方法

焊丝型号由三部分组成。第一部分用字母“SNi”表示镍焊丝;第二部分四位数字表示焊丝型号;第三部分为可选部分,表示化学成分代号。主要焊丝的简要说明和国际上主要标准型号的对应关系见附录A和附录B。

本标准完整型号示例如下:

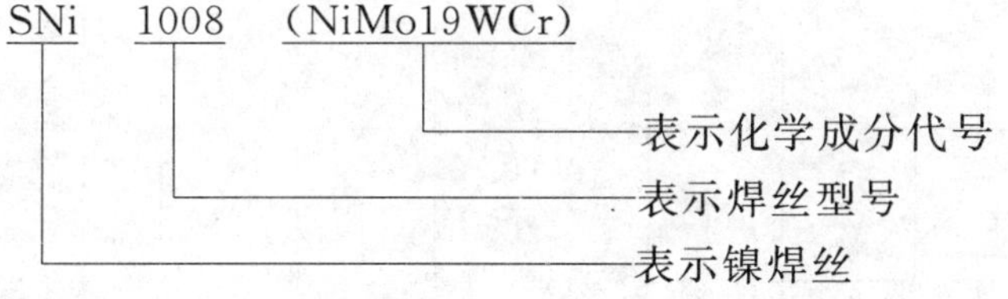

4 技术要求

4.1 化学成分

焊丝化学成分应符合表1规定。

4.2 尺寸及允许偏差

焊丝尺寸及允许偏差应符合表2规定,直条焊丝长度为500 mm~1 000 mm,允许偏差为±5 mm。

4.3 表面质量

焊丝表面应光滑,无毛刺、凹坑、划痕、裂纹等缺陷。不应有其他不利于焊接操作或对焊缝金属有不良影响的杂质。

4.4 松弛直径和翘距

缠绕在焊丝盘上的焊丝应具有一定的松弛直径和翘距,应符合表3规定。

4.5 送丝性能

缠绕的焊丝应适于在自动和半自动焊机上连续送丝。

表 1 焊丝化学成分(质量分数)

%

焊丝型号	化学成分代号	C	Mn	Fe	Si	Cu	Ni[a]	Co[a]	Al	Ti	Cr	Nb[b]	Mo	W	其他[c]
镍															
SNi2061	NiTi3	≤0.15	≤1.0	≤1.0	≤0.7	≤0.2	≥92.0	—	≤1.5	2.0～3.5	—	—	—	—	—
镍-铜															
SNi4060	NiCu30Mn3Ti	≤0.15	2.0～4.0	≤2.5	≤1.2	28.0～32.0	≥62.0	—	≤1.2	1.5～3.0	—	—	—	—	—
SNi4061	NiCu30Mn3Nb	≤0.15	≤4.0	≤2.5	≤1.25	28.0～32.0	≥60.0	—	≤1.0	≤1.0	—	≤3.0	—	—	—
SNi5504	NiCu25Al3Ti	≤0.25	≤1.5	≤2.0	≤1.0	≥20.0	63.0～70.0	—	2.0～4.0	0.3～1.0	—	—	—	—	—
镍-铬															
SNi6072	NiCr44Ti	0.01～0.10	≤0.20	≤0.50	≤0.20	≤0.50	≥52.0	—	—	0.3～1.0	42.0～46.0	—	—	—	—
SNi6076	NiCr20	0.08～0.25	≤1.0	≤2.00	≤0.30	≤0.50	≥75.0	—	≤0.4	≤0.5	19.0～21.0	—	—	—	—
SNi6082	NiCr20Mn3Nb	≤0.10	2.5～3.5	≤3.0	≤0.5	≤0.5	≥67.0	—	—	≤0.7	18.0～22.0	2.0～3.0	—	—	—
镍-铬-铁															
SNi6002	NiCr21Fe18Mo9	0.05～0.15	≤2.0	17.0～20.0	≤1.0	≤0.5	≥44.0	0.5～2.5	—	—	20.5～23.0	—	8.0～10.0	0.2～1.0	—
SNi6025	NiCr25Fe10AlY	0.15～0.25	≤0.5	8.0～11.0	≤0.5	≤0.1	≥59.0	—	1.8～2.4	0.1～0.2	24.0～26.0	—	—	—	Y:0.05～0.12; Zr:0.01～0.10
SNi6030	NiCr30Fe15Mo5W	≤0.03	≤1.5	13.0～17.0	≤0.8	1.0～2.4	≥36.0	≤5.0	—	—	28.0～31.5	0.3～1.5	4.0～6.0	1.5～4.0	—

表 1（续）

%

焊丝型号	化学成分代号	C	Mn	Fe	Si	Cu	Ni[a]	Co[a]	Al	Ti	Cr	Nb[b]	Mo	W	其他[c]
SNi6052	NiCr30Fe9	≤0.04	≤1.0	7.0～11.0	≤0.5	≤0.3	≥54.0	—	≤1.1	1.0	28.0～31.5	0.10	0.5	—	Al+Ti：≤1.5
SNi6062	NiCr15Fe8Nb	≤0.08	≤1.0	6.0～10.0	≤0.3	≤0.5	≥70.0	—	—	—	14.0～17.0	1.5～3.0	—	—	—
SNi6176	NiCr16Fe6	≤0.05	≤0.5	5.5～7.5	≤0.5	≤0.1	≥76.0	≤0.05	—	—	15.0～17.0	—	—	—	—
SNi6601	NiCr23Fe15Al	≤0.10	≤1.0	≤20.0	≤0.5	≤1.0	58.0～63.0	—	1.0～1.7	—	21.0～25.0	—	—	—	—
SNi6701	NiCr36Fe7Nb	0.35～0.50	0.5～2.0	≤7.0	0.5～2.0	—	42.0～48.0	—	—	—	33.0～39.0	0.8～1.8	—	—	—
SNi6704	NiCr25FeAl3YC	0.15～0.25	≤0.5	8.0～11.0	≤0.5	≤0.1	≥55.0	—	1.8～2.8	0.1～0.2	24.0～26.0	—	—	—	Y：0.05～0.12；Zr：0.01～0.10
SNi6975	NiCr25Fe13Mo6	≤0.03	≤1.0	10.0～17.0	≤1.0	0.7～1.2	≥47.0	—	—	0.70～1.50	23.0～26.0	—	5.0～7.0	—	—
SNi6985	NiCr22Fe20Mo7Cu2	≤0.01	≤1.0	18.0～21.0	≤1.0	1.5～2.5	≥40.0	≤5.0	—	—	21.0～23.5	≤0.50	6.0～8.0	≤1.5	—
SNi7069	NiCr15Fe7Nb	≤0.08	≤1.0	5.0～9.0	≤0.50	≤0.50	≥70.0	—	0.4～1.0	2.0～2.7	14.0～17.0	0.70～1.20	—	—	—
SNi7092	NiCr15Ti3Mn	≤0.08	2.0～2.7	≤8.0	≤0.3	≤0.5	≥67.0	—	—	2.5～3.5	14.0～17.0	—	—	—	—
SNi7718	NiFe19Cr19Nb5Mo3	≤0.08	≤0.3	≤24.0	≤0.3	≤0.3	50.0～55.0	—	0.2～0.8	0.7～1.1	17.0～21.0	4.8～5.5	2.8～3.3	—	B：0.006；P：0.015
SNi8025	NiFe30Cr29Mo	≤0.02	1.0～3.0	≤30.0	≤0.5	1.5～3.0	35.0～40.0	—	≤0.2	≤1.0	27.0～31.0	—	2.5～4.5	—	—

表 1（续）

%

焊丝型号	化学成分代号	C	Mn	Fe	Si	Cu	Ni[a]	Co[a]	Al	Ti	Cr	Nb[b]	Mo	W	其他[c]
SNi8065	NiFe30Cr21Mo3	≤0.05	1.0	≥22.0	≤0.5	1.5～3.0	38.0～46.0	—	≤0.2	0.6～1.2	19.5～23.5	—	2.5～3.5	—	—
SNi8125	NiFe26Cr25Mo	≤0.02	1.0～3.0	≤30.0	≤0.5	1.5～3.0	37.0～42.0	—	≤0.2	≤1.0	23.0～27.0	—	3.5～7.5	—	—
镍-钼															
SNi1001	NiMo28Fe	≤0.08	≤1.0	4.0～7.0	≤1.0	≤0.5	≥55.0	≤2.5	—	—	≤1.0	—	26.0～30.0	≤1.0	V:0.20～0.40
SNi1003	NiMo17Cr7	0.04～0.08	≤1.0	≤5.0	≤1.0	≤0.50	≥65.0	≤0.20	—	—	6.0～8.0	—	15.0～18.0	≤0.50	V≤0.50
SNi1004	NiMo25Cr5Fe5	≤0.12	≤1.0	4.0～7.0	≤1.0	≤0.5	≥62.0	≤2.5	—	—	4.0～6.0	—	23.0～26.0	≤1.0	V≤0.60
SNi1008	NiMo19WCr	≤0.1	≤1.0	≤10.0	≤0.50	≤0.50	≥60.0	—	—	—	0.5～3.5	—	18.0～21.0	2.0～4.0	—
SNi1009	NiMo20WCu	≤0.1	≤1.0	≤5.0	≤0.5	0.3～1.3	≥65.0	—	1.0	—	—	—	19.0～22.0	2.0～4.0	—
SNi1062	NiMo24Cr8Fe6	≤0.01	≤0.5	5.0～7.0	≤0.1	≤0.4	≥62.0	—	0.1～0.4	—	7.0～8.0	—	23.0～25.0	—	—
SNi1066	NiMo28	≤0.02	≤1.0	2.0	≤0.1	≤0.5	≥64.0	≤1.0	—	—	≤1.0	—	26.0～30.0	≤1.0	—
SNi1067	NiMo30Cr	≤0.01	≤3.0	1.0～3.0	≤0.1	≤0.2	≥52.0	≤3.0	≤0.5	≤0.2	1.0～3.0	≤0.2	27.0～32.0	≤3.0	V≤0.20
SNi1069	NiMo28Fe4Cr	≤0.01	≤1.0	2.0～5.0	0.05	≤0.01	≥65.0	≤1.0	≤0.5	—	0.5～1.5	—	26.0～30.0	—	—
镍-铬-钼															
SNi6012	NiCr22Mo9	≤0.05	≤1.0	≤3.0	≤0.5	≤0.5	≥58.0	—	≤0.4	≤0.4	20.0～23.0	≤1.5	8.0～10.0	—	—

表 1（续）

%

焊丝型号	化学成分代号	C	Mn	Fe	Si	Cu	Ni[a]	Co[a]	Al	Ti	Cr	Nb[b]	Mo	W	其他[c]
SNi6022	NiCr21Mo13Fe4W3	≤0.01	≤0.5	2.0～6.0	≤0.1	≤0.5	≥49.0	≤2.5	—	—	20.0～22.5	—	12.5～14.5	2.5～3.5	V≤0.3
SNi6057	NiCr30Mo11	≤0.02	≤1.0	≤2.0	≤1.0	—	≥53.0	—	—	—	29.0～31.0	—	10.0～12.0	—	V≤0.4
SNi6058	NiCr25Mo16	≤0.02	≤0.5	≤2.0	≤0.2	≤2.0	≥50.0	—	≤0.4	—	22.0～27.0	—	13.5～16.5	—	—
SNi6059	NiCr23Mo16	≤0.01	≤0.5	≤1.5	≤0.1	—	≥56.0	≤0.3	0.1～0.4	—	22.0～24.0	—	15.0～16.5	—	—
SNi6200	NiCr23Mo16Cu2	≤0.01	≤0.5	≤3.0	≤0.08	1.3～1.9	≥52.0	≤2.0	—	—	22.0～24.0	—	15.0～17.0	—	—
SNi6276	NiCr15Mo16Fe6W4	≤0.02	≤1.0	4.0～7.0	≤0.08	≤0.5	≥50.0	≤2.5	—	—	14.5～16.5	—	15.0～17.0	3.0～4.5	V≤0.3
SNi6452	NiCr20Mo15	≤0.01	≤1.0	≤1.5	≤0.1	≤0.5	≥56.0	—	—	—	19.0～21.0	≤0.4	14.0～16.0	—	V≤0.4
SNi6455	NiCr16Mo16Ti	≤0.01	≤1.0	≤3.0	≤0.08	≤0.5	≥56.0	≤2.0	—	≤0.7	14.0～18.0	—	14.0～18.0	≤0.5	—
SNi6625	NiCr22Mo9Nb	≤0.1	≤0.5	≤5.0	≤0.5	≤0.5	≥58.0	—	≤0.4	≤0.4	20.0～23.0	3.0～4.2	8.0～10.0	—	—
SNi6650	NiCr20Fe14Mo11WN	≤0.03	≤0.5	12.0～16.0	≤0.5	≤0.3	≥45.0	—	≤0.5	—	18.0～21.0	≤0.5	9.0～13.0	0.5～2.5	N:0.05～0.25;S≤0.010
SNi6660	NiCr22Mo10W3	≤0.03	≤0.5	≤2.0	≤0.5	≤0.3	≥58.0	≤0.2	≤0.4	≤0.4	21.0～23.0	≤0.2	9.0～11.0	2.0～4.0	—
SNi6686	NiCr21Mo16W4	≤0.01	≤1.0	≤5.0	≤0.08	≤0.5	≥49.0	—	≤0.5	≤0.25	19.0～23.0	—	15.0～17.0	3.0～4.4	—
SNi7725	NiCr21Mo8Nb3Ti	≤0.03	≤0.4	≥8.0	≤0.20	—	55.0～59.0	—	≤0.35	1.0～1.7	19.0～22.5	2.75～4.00	7.0～9.5	—	—

表 1（续）

%

焊丝型号	化学成分代号	C	Mn	Fe	Si	Cu	Ni[a]	Co[a]	Al	Ti	Cr	Nb[b]	Mo	W	其他[c]
镍-铬-钴															
SNi6160	NiCr28Co30Si3	≤0.15	≤1.5	≤3.5	2.4～3.0	—	≥30.0	27.0～33.0	—	0.2～0.8	26.0～30.0	≤1.0	≤1.0	≤1.0	—
SNi6617	NiCr22Co12Mo9	0.05～0.15	≤1.0	≤3.0	≤1.0	≤0.5	≥44.0	10.0～15.0	0.8～1.5	≤0.6	20.0～24.0	—	8.0～10.0	—	—
SNi7090	NiCr20Co18Ti3	≤0.13	≤1.0	≤1.5	≤1.0	≤0.2	≥50.0	15.0～21.0	1.0～2.0	2.0～3.0	18.0～21.0	—	—	—	d
SNi7263	NiCr20Co20Mo6Ti2	0.04～0.08	≤0.6	≤0.7	≤0.4	≤0.2	≥47.0	19.0～21.0	0.3～0.6	1.9～2.4	19.0～21.0	—	5.6～6.1	—	Al+Ti：2.4～2.8[e]
镍-铬-钨															
SNi6231	NiCr22W14Mo2	0.05～0.15	0.3～1.0	≤3.0	0.25～0.75	≤0.50	≥48.0	≤5.0	0.2～0.5	—	20.0～24.0	—	1.0～3.0	13.0～15.0	—

注 1：“其他”包括未规定数值的元素总和，总量应不超过 0.5%。

注 2：根据供需双方协议，可生产使用其他型号的焊丝。用 SNiZ 表示，化学成分代号由制造商确定。

a 除非另有规定，Co 含量应低于该含量的 1%。也可供需双方协商，要求较低的 Co 含量。

b Ta 含量应低于该含量的 20%。

c 除非具体说明，P 最高含量 0.020%，S 最高含量 0.015%。

d Ag≤0.000 5%，B≤0.020%，Bi≤0.000 1%，Pb≤0.002 0%，Zr≤0.15%。

e S≤0.007%，Ag≤0.000 5%，B≤0.005%，Bi≤0.000 1%。

表 2 焊丝直径及允许偏差

单位为毫米

包装形式	焊丝直径	允许偏差
直条	1.6、1.8、2.0、2.4、2.5、2.8、3.0、3.2、4.0、4.8、5.0、6.0、6.4	±0.1
焊丝卷[a]		
直径 100 mm 和 200 mm 焊丝盘	0.8、0.9、1.0、1.2、1.4、1.6	+0.01 −0.04
直径 270 mm 和 300 mm 焊丝盘	0.5、0.8、0.9、1.0、1.2、1.4、1.6、2.0、2.4、2.5、2.8、3.0、3.2	
注：根据供需双方协议，可生产其他尺寸、偏差和包装形式的焊丝。		
[a] 当用于手工填充丝时，其直径允许偏差为±0.1。		

表 3 焊丝松弛直径和翘距

单位为毫米

焊丝盘直径	100	200	270、300
松弛直径	60～380	250～890	380～1 300
翘距	≤13	≤19	≤25

5 试验方法

5.1 化学成分

5.1.1 焊丝化学成分分析应在成品焊丝或制造产品的原料上取样。仲裁试验时应在成品焊丝上取样。

5.1.2 焊丝化学成分分析可采用任何适宜方法。仲裁试验应按 GB/T 8647 进行。

5.2 尺寸及表面质量

5.2.1 焊丝尺寸检验用精度为 0.01 mm 的量具，按表 2 要求，在同一位置互相垂直方向测量，测量部位不少于两处。

5.2.2 焊丝表面质量按 4.3 要求，对焊丝任意部位进行目测检验。

5.3 松弛直径和翘距

测量缠绕在焊丝盘上焊丝的松弛直径和翘距时，按表 3 要求，从焊丝盘上截取足够长度的焊丝，不受拘束地放在平面上，测量所形成圆或圆弧的直径即为松弛直径；焊丝翘起的最高点到平面的距离即为翘距。

6 检验规则

成品焊丝由制造厂质量检验部门按批检验。

6.1 批量划分

每批焊丝由同一炉号、同一形状、同一尺寸、同一交货状态的焊丝组成。每批焊丝最大质量为 5 t。

6.2 取样方法

每批焊丝按盘(卷)数任取一盘(卷)，直条焊丝任取一单位包装，分别进行焊丝化学成分、尺寸和表面质量检验。

6.3 验收

6.3.1 每批焊丝化学成分应符合表 1 规定。

6.3.2 每批焊丝尺寸、表面质量应符合 4.2 和 4.3 规定。

6.3.3 每批焊丝也可按供需双方协商的验收项目进行验收。

6.4 复验

任何一项检验不合格时，该项检验应加倍复验。对于化学成分分析，仅复验那些不满足要求的元素。加倍复验结果均应符合该项检验的规定。

7 包装、标志和品质证明书

7.1 包装

焊丝应采用适当的内外包装，以防止在运输和贮存过程中损坏。

7.2 包装质量

每种包装形式的净质量见表4。

表4 焊丝包装质量

包装形式	尺寸 mm	净质量 kg
直条	—	2.5、5、10、25
焊丝卷	a	10、15、20、25
焊丝盘规格	100	0.3、0.5、1.0
	200	2.0、2.5
	270、300	5～12
注：根据供需双方协商，可包装其他净质量的焊丝。		
[a] 焊丝卷的尺寸由供需双方协商确定。		

7.3 包装形式

7.3.1 焊丝包装形式为直条、有(无)支架焊丝卷和焊丝盘。

7.3.2 焊丝盘的设计和制造，应能防止在正常的搬运和使用中变形，并应清洁和干燥，以保持焊丝的清洁。焊丝盘的尺寸见图1。

7.3.3 根据供需双方协议，允许采用其他的包装形式。

7.4 焊丝缠绕

每个焊丝盘(卷)上焊丝应是连续长度的焊丝，焊丝不应有扭结、折弯、搭接或嵌入等。焊丝缠绕的外端应牢固，明显易找。成盘焊丝的最外层与焊丝盘外缘的距离不少于3 mm。

7.5 标志

每件焊丝的内外包装至少应标记下列内容：

——标准号、焊丝型号及焊丝牌号；

——制造厂名及商标；

——规格及净质量；

——批号及生产日期。

7.6 品质证明书

制造厂应对每一批焊丝，根据检验结果出具品质证明书。当用户提出要求时，制造厂应提供检验报告的副本。

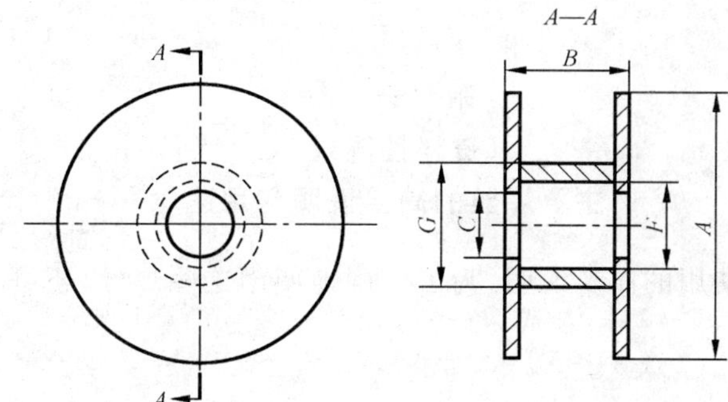

直径 100 mm 焊丝盘

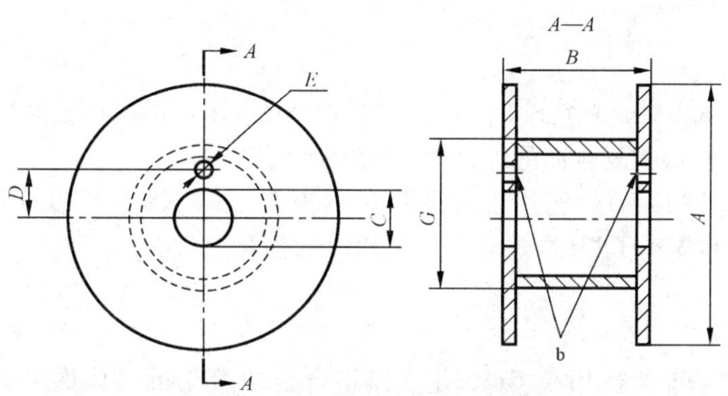

直径200 mm、270 mm和300 mm焊丝盘

单位为毫米

焊丝盘直径		100	200	270	300
A	直径[a]及允许偏差	100^{+2}_{0}	200^{+3}_{0}	270^{+5}_{0}	300^{+5}_{0}
B	幅宽及允许偏差	45^{0}_{-2}	55^{0}_{-3}	100^{0}_{-3}	100^{0}_{-3}
C	法兰内径及允许偏差	16^{+1}_{0}	$50.5^{+2.5}_{0}$	$50.5^{+2.5}_{0}$	$50.5^{+2.5}_{0}$
D	驱动孔轴间距及允许偏差	—	$44.5^{+0.5}_{-0.5}$	$44.5^{+0.5}_{-0.5}$	$44.5^{+0.5}_{-0.5}$
E	驱动孔[b]直径及允许偏差	—	10^{+1}_{0}	10^{+1}_{0}	10^{+1}_{0}
F	芯轴内径	焊丝盘膨胀或芯轴与法兰对不准时，芯轴内径应以大于 *C* 来确定			
G	芯轴外径	应以能使焊丝顺利送进来确定			

[a] *A* 尺寸取最大值。

[b] 每个法兰上有孔，但它们不必对准。对于直径 100 mm 焊丝盘，不要求驱动孔。

图 1　焊丝盘尺寸

附 录 A
（资料性附录）
主要焊丝的简要说明和用途

本附录提供了主要焊丝使用的简要说明，为了正确地使用这些焊丝，还可参阅有关的技术资料。

A.1 镍焊丝

SNi2061(SNiTi3)焊丝用于工业纯镍的锻件和铸件焊接，如 UNS N02200 或 UNS N02201，也可用于焊接镍板复合钢和钢表面堆焊以及异种金属焊接。

A.2 镍铜焊丝

A.2.1 SNi4060(SNiCu30Mn3Ti)、SNi4061(SNiCu30Mn3Nb)焊丝用于镍铜合金的焊接，如 UNS N04400，也可用于复合钢、镍铜复合面的焊接以及钢表面堆焊。

A.2.2 SNi5504(NiCu25Al3Ti)焊丝用于时效强化铜镍合金(UNS N05500)的焊接。采用钨极氩弧焊、气体保护焊、埋弧焊和等离子焊时，焊缝金属采用时效强化处理。

A.3 镍铬焊丝

A.3.1 SNi6072(NiCr44Ti)焊丝用于 Cr50Ni50 镍铬合金的熔化极气体保护焊和钨极惰性气体保护焊，在镍铁铬钢管上堆焊镍铬合金以及铸件补焊。焊缝金属具有耐高温腐蚀、空气中含硫和矾的烟尘腐蚀的能力。

A.3.2 SNi6076(NiCr20)焊丝用于镍铬铁合金的焊接，如 UNS N06600 和 UNS N06075 的焊接、镍铬铁复合钢接头的复合面焊接、钢表面堆焊以及钢与镍基合金的连接。可以采用钨极惰性气体保护焊、金属熔化极气体保护焊、埋弧焊和等离子弧焊等焊接方法。

A.3.3 SNi6082(NiCr20Mn3Nb)焊丝用于镍铬合金(如 UNS N06075、N07080)、镍铬铁合金(如 UNS N06600、N06601)、镍铁铬合金(如 UNS N08800、N08801)的焊接。也可用于镀层与异种金属接头的焊接和低温条件下镍钢的焊接。

A.4 镍铬铁焊丝

A.4.1 SNi6002(NiCr21Fe18Mo9)焊丝用于低碳镍铬钼合金，特别是 UNS N06002 合金的焊接，也用于复合钢板低碳镍铬钼合金复合面的焊接、低碳镍铬钼合金与钢材以及其他镍基合金的焊接。

A.4.2 SNi6025(NiCr25Fe10AlY)焊丝用于 UNS N06025 与 UNS N06603 成分相似的镍基合金的焊接。焊缝金属具有抗氧化、硫化和防渗碳的性能，使用温度高达 1 200 ℃。

A.4.3 SNi6030(NiCr30Fe15Mo5W)焊丝用于镍铬钼合金(如 UNS N06030)与钢以及和其他镍基合金的焊接，也用于复合镍铬钼钢板的焊接。采用钨极惰性气体保护焊、金属熔化极气体保护焊和等离子弧焊等焊接方法。

A.4.4 SNi6052(NiCr30Fe9)焊丝用于高铬镍基合金(如 UNS N06690)的焊接。也可以用于低合金和不锈钢以及异种金属的耐腐蚀层的堆焊。

A.4.5 SNi6062(NiCr15Fe8Nb)焊丝用于镍铁铬合金(如 UNS N08800)、镍铬铁(UNS N06600)的焊接以及特殊用途的异种金属焊接。工作温度高达 980 ℃，但温度超过 820 ℃时，降低焊缝金属的抗氧化能力和强度。

A.4.6 SNi6176(NiCr16Fe6)焊丝用于镍铬铁合金(如 UNS N06600、UNS N06601)焊接、镍铬铁复合钢板的复合层堆焊和钢板表面堆焊。具有良好的异种金属焊接性能。工作温度高达 980 ℃，但温度超过 820 ℃时，降低焊缝金属的抗氧化能力和强度。

A.4.7 SNi6601(NiCr23Fe15Al)焊丝用于镍铬铁铝合金(如 UNS N06601)的焊接以及与其他高温成分合金的焊接。采用钨极惰性气体保护焊。焊缝金属可在超过 1 150 ℃温度条件下工作。

A.4.8 SNi6701(NiCr36Fe7Nb)焊丝用于镍铬铁合金及与高温合金的焊接，焊缝工作温度高达 1 200 ℃。

A.4.9 SNiNi6704(NiCr25FeAl3YC)焊丝用于相似成分的镍基合金(如 UNS N06025、UNS N06603)的焊接。焊缝金属具有抗氧化，防渗碳和硫化的性能。焊缝工作温度高达 1 200 ℃。

A.4.10 SNi6975(NiCr25Fe13Mo6)焊丝用于镍铬钼合金(如 UNS N06975)、镍铬钼合金与钢材、镍铬钼复合钢以及其他镍基合金的焊接。采用钨极惰性气体保护焊、金属熔化极气体保护焊和等离子弧焊等焊接方法。

A.4.11 SNi6985(NiCr22Fe20Mo7Cu2)焊丝用于镍铬铁复合钢焊接及与镍基合金的焊接。采用钨极惰性气体保护焊、金属熔化极气体保护焊和等离子弧焊等焊接方法。焊缝金属采用时效强化处理。

A.4.12 SNi7069(NiCr15Fe7Nb)焊丝用于镍铬铁(如 UNS N06600)合金的焊接。采用钨极惰性气体保护焊、金属熔化极气体保护焊和等离子弧焊等焊接方法。由于焊丝中 Nb 含量高，使大截面母材出现较高的应力，从而减小裂纹倾向。

A.4.13 SNi7092(NiCr15Ti3Mn)焊丝用于镍铬铁复合钢焊接及与镍基合金焊接。采用钨极惰性气体保护焊、金属熔化极气体保护焊和等离子弧焊等焊接方法。焊缝金属采用时效强化处理。

A.4.14 SNi7718(NiFe19Cr19Nb5Mo3)焊丝用于镍铬铌钼(如 UNS N07718)合金的焊接。采用钨极惰性气体保护焊、金属熔化极气体保护焊和等离子弧焊等焊接方法。焊缝金属采用时效强化处理。

A.4.15 SNi8025(NiFe30Cr29Mo)焊丝用于含铬量高的 Ni8125 或 Ni8065 合金的焊接。也可用于铬镍钼铜合金(如 UNS N08904)和镍铁铬钼合金(如 UNS N08825)的焊接。也可用于钢表面堆焊。

A.4.16 SNi8065(NiFe30Cr21Mo3)、SNi8125(NiFe26Cr25Mo)焊丝用于铬镍钼铜合金(如 UNS N08904)、镍铁铬钼合金(如 UNS N08825)的焊接。也可用于钢材表面堆焊和隔离层堆焊。

A.5 镍钼焊丝

A.5.1 SNi1001(NiMo28Fe)焊丝用于镍钼合金(如 UNS N10001)的焊接。

A.5.2 SNi1003(NiMo17Cr7)焊丝用于镍钼合金(如 UNS N10003)、镍钼合金与钢以及其他镍基合金的焊接。采用钨极惰性气体保护焊和金属熔化极气体保护电弧焊等焊接方法。

A.5.3 SNi1004(NiMo25Cr5Fe5)焊丝用于镍基、钴基和铁基合金的异种金属焊接。

A.5.4 SNi1008(NiMo19WCr)、SNi1009(NiMo20WCu)焊丝用于 9%镍钢(如 UNS K81340)的焊接。采用钨极惰性气体保护焊、金属熔化极气体保护电弧焊和埋弧焊等焊接方法。

A.5.5 SNi1062(NiMo24Cr8Fe6)焊丝用于镍钼合金，特别是 UNS N10629 合金的焊接，也用于带有镍钼合金复合面的钢板、镍钼合金与钢和其他镍基合金的焊接。

A.5.6 SNi1066(NiMo28)焊丝用于镍钼合金，特别是 UNS N10665 合金的焊接，也用于带有镍钼合金复合面的钢板、镍钼合金与钢和其他镍基合金的焊接。

A.5.7 SNi1067(NiMo30Cr)焊丝用于镍钼合金(如 UNS N10675)的焊接，也用于带有镍钼合金复合面钢板、镍钼合金与钢和其他镍基合金的焊接。采用钨极惰性气体保护焊、金属熔化极气体保护焊和等离子弧焊等焊接方法。

A.5.8 SNi1069(NiMo28Fe4Cr)焊丝用于镍基、钴基和铁基合金的异种金属的焊接。

A.6 镍铬钼焊丝

A.6.1 SNi6012(NiCr22Mo9)焊丝用于 6-Mo 型高合金奥氏体不锈钢的焊接。焊件在含氯化物的条件下，具有良好的抗点蚀和缝蚀性能。Nb 含量较低时，可提高可焊性。

A.6.2 SNi6022(NiCr22Mo13Fe4W3)焊丝用于低碳镍铬钼，特别是 UNS N06002 合金的焊接。也可

用于铬镍钼奥氏体不锈钢、低碳镍铬钼合金复合面的焊接。也可用于低碳镍铬钼合金与钢及其他镍基合金的焊接和钢材表面堆焊。

A.6.3 SNi6057(NiCr30Mo11)焊丝的名义成分为:Ni:60%;Cr:30%;Mo:10%。用于耐腐蚀面的堆焊,堆焊金属具有良好的耐缝蚀性能。采用钨极惰性气体保护焊、金属熔化极气体保护焊和等离子弧焊等焊接方法。

A.6.4 SNi6058(NiCr25Mo16)、SNi6059(NiCr23Mo16)焊丝用于低碳镍铬钼,特别是UNS N06059合金的焊接。也可用于铬镍钼奥氏体不锈钢、低碳镍铬钼合金复合面的焊接。也可用于低碳镍铬钼合金与钢及其他镍基合金的焊接。

A.6.5 SNi6200(NiCr23Mo16Cu2)焊丝用于镍铬钼合金(如UNS N06200)的焊接,也用于与钢、其他镍基合金和复合钢的焊接。

A.6.6 SNi6276(NiCr15Mo16Fe6W4)焊丝用于镍铬钼合金(如UNS N10276)的焊接,也用于低碳镍铬钼合金复合钢面、低碳镍铬钼合金与钢以及其他镍基合金的焊接。

A.6.7 SNi6452(NiCr20Mo15)、SNi6455(NiCr16Mo16Ti)焊丝用于低碳镍铬钼合金,特别是UNS N06455的焊接,也用于低碳镍铬钼合金复合钢面、低碳镍铬钼合金与钢以及其他镍基合金的焊接。

A.6.8 SNi6625(NiCr22Mo9Nb)焊丝用于镍铬钼合金,特别是UNS N06625的焊接,也用于与钢的焊接和堆焊镍铬钼合金表面。焊缝金属的耐腐蚀性能与N06625相当。

A.6.9 SNi6650(NiCr20Fe14Mo11WN)焊丝用于海洋和化工用的低碳镍铬钼合金和镍铬钼不锈钢的焊接,如UNS N08926。也用于复合钢和异种金属,如低碳镍铬钼与碳钢或者镍基合金的焊接。也可用于9%Ni钢的焊接。

A.6.10 SNi6660(NiCr22Mo10W3)焊丝用于超级双向不锈钢、超级奥氏体钢、9%Ni钢的钨极惰性气体保护焊、金属熔化极气体保护焊。与Ni6625相比,焊缝金属具有良好的耐腐蚀性能,不产生热裂纹,具有良好的低温韧性。

A.6.11 SNi6686(NiCr21Mo16W4)焊丝用于低碳镍铬钼合金(特别是UNS N06686)和镍铬钼不锈钢焊接。也用于低碳镍铬钼复合钢面、低碳镍铬钼与钢以及其他镍基合金的焊接和钢材表面镍铬钼钨层的堆焊。

A.6.12 SNi7725(NiCr21Mo8Nb3Ti)焊丝用于高强度耐腐蚀镍合金,特别是UNS N07725和UNS N09925的焊接,也用于与钢的焊接和高强度镍铬钼合金表面堆焊。强度达到最大值时,焊后需要进行沉淀淬火,可进行各种热处理。

A.7 镍铬钴焊丝

A.7.1 SNi6160(NiCr28Co30Si3)焊丝用于镍钴铬硅合金(UNS N02160)的焊接。采用钨极惰性气体保护焊、金属熔化极气体保护焊和等离子弧等焊接方法。该焊丝对铁敏感性强,焊缝金属在还原和氧化环境下,具有抗硫化、耐氟化物腐蚀的性能,工作温度高达1 200 ℃。

A.7.2 SNi6617(NiCr22Co12Mo9)焊丝用于低碳镍钴铬钼合金(UNS N06617)的焊接和钢表面堆焊。也可用于异种高温合金(1 150 ℃左右时具有高温强度和抗氧化性能)和铸造高镍合金的焊接。

A.7.3 SNi7090(NiCr20Co18Ti3)焊丝用于镍钴铬合金(UNS N07090)的焊接。采用钨极惰性气体保护焊。焊缝金属进行时效强化处理。

A.7.4 SNi7263(NiCr20Co20Mo6Ti2)焊丝用于镍铬钴钼合金(UNS N07263)以及与其他合金的焊接。采用钨极惰性气体保护焊。焊缝金属进行时效强化处理。

A.8 镍铬钨焊丝

A.8.1 SNi6231(NiCr22W14Mo2)焊丝用于镍铬钴钼合金(UNS N06617)的焊接。采用钨极惰性气体保护焊、金属熔化极气体保护焊和等离子弧等焊接方法。

附　录　B
（资料性附录）
焊丝型号对照

表 B.1　焊丝型号对照表

类别	焊丝型号	化学成分代号	AWS A5.14:2005	GB/T 15620—1995
镍	SNi2061	NiTi3	ERNi-1	ERNi-1
镍铜	SNi4060	NiCu30Mn3Ti	ERNiCu-7	ERNiCu-7
	SNi4061	NiCu30Mn3Nb		
	SNi5504	NiCu25Al3Ti	ERNiCu-8	
镍铬	SNi6072	NiCr44Ti	ERNiCr-4	
	SNi6076	NiCr20	ERNiCr-6	
	SNi6082	NiCr20Mn3Nb	ERNiCr-3	ERNiCr-3
镍铬铁	SNi6002	NiCr21Fe18Mo9	ERNiCrMo-2	ERNiCrMo-2
	SNi6025	NiCr25Fe10AlY		
	SNi6030	NiCr30Fe15Mo5W	ERNiCrMo-11	
	SNi6052	NiCr30Fe9	ERNiCrFe-7	
	SNi6062	NiCr15Fe8Nb	ERNiCrFe-5	ERNiCrFe-5
	SNi6176	NiCr16Fe6		
	SNi6601	NiCr23Fe15Al	ERNiCrFe-11	
	SNi6701	NiCr36Fe7Nb		
	SNi6704	NiCr25FeAl3YC		
	SNi6975	NiCr25Fe13Mo6	ERNiCrMo-8	ERNiCrMo-8
	SNi6985	NiCr22Fe20Mo7Cu2	ERNiCrMo-9	ERNiCrMo-9
	SNi7069	NiCr15Fe7Nb	ERNiCrFe-8	
	SNi7092	NiCr15Ti3Mn	ERNiCrFe-6	ERNiCrFe-6
	SNi7718	NiFe19Cr19Nb5Mo3	ERNiFeCr-2	ERNiFeCr-2
	SNi8025	NiFe30Cr29Mo		
	SNi8065	NiFe30Cr21Mo3	ERNiFeCr-1	ERNiFeCr-1
	SNi8125	NiFe26Cr25Mo		
镍钼	SNi1001	NiMo28Fe	ERNiMo-1	ERNiMo-1
	SNi1003	NiMo17Cr7	ERNiMo-2	ERNiMo-2
	SNi1004	NiMo25Cr5Fe5	ERNiMo-3	ERNiMo-3
	SNi1008	NiMo19WCr	ERNiMo-8	
	SNi1009	NiMo20WCu	ERNiMo-0	
	SNi1062	NiMo24Cr8Fe6		
	SNi1066	NiMo28	ERNiMo-7	ERNiMo-7
	SNi1067	NiMo30Cr	ERNiMo-10	
	SNi1069	NiMo28Fe4Cr		

表 B.1（续）

类别	焊丝型号	化学成分代号	AWS A5.14:2005	GB/T 15620—1995
镍铬钼	SNi6012	NiCr22Mo9		
	SNi6022	NiCr21Mo13Fe4W3	ERNiCrMo-10	
	SNi6057	NiCr30Mo11	ERNiCrMo-16	
	SNi6058	NiCr25Mo16		
	SNi6059	NiCr23Mo16	ERNiCrMo-13	
	SNi6200	NiCr23Mo16Cu2	ERNiCrMo-17	
	SNi6276	NiCr15Mo16Fe6W4	ERNiCrMo-4	ERNiCrMo-4
	SNi6452	NiCr20Mo15		
	SNi6455	NiCr16Mo16Ti	ERNiCrMo-7	ERNiCrMo-7
	SNi6625	NiCr22Mo9Nb	ERNiCrMo-3	ERNiCrMo-3
	SNi6650	NiCr20Fe14Mo11WN	ERNiCrMo-18	
	SNi6660	NiCr22Mo10W3		
	SNi6686	NiCr21Mo16W4	ERNiCrMo-14	
	SNi7725	NiCr21Mo8Nb3Ti	ERNiCrMo-15	
镍铬钴	SNi6160	NiCr28Co30Si3		
	SNi6617	NiCr22Co12Mo9	ERNiCrCoMo-1	
	SNi7090	NiCr20Co18Ti3		
	SNi7263	NiCr20Co20Mo6Ti2		
镍铬钨	SNi6231	NiCr22W14Mo2	ERNiCrWMo-1